Extrusion Dies for Plastics and Rubber

Design and Engineering Computations

4th Edition

橡塑挤出模具

——设计与工程模拟

（原著第四版）

（德）克里斯蒂安·霍普曼（Christian Hopmann）
（德）瓦尔特·米夏埃利（Walter Michaeli） 编著
林 祥 译

·北京·

本书主要阐述了热塑性塑料与橡胶在不同结构的制品挤出成型过程中的基本现象与问题，并具体讨论了其挤出模具的结构差异。此外，因为定型线也被涵盖在了挤出模具的广义概念中，本书还针对定型线及定型模具的基本结构也进行了讨论。

本书既可以作为高等院校模具设计课程的教材使用，也可作为技术人员的参考书籍。读者既可根据需要查阅其中的一两章节，也可将整本书作为模具设计的系统教程。

Extrusion Dies for Plastics and Rubber Design and Engineering Computations，4th edition/by Christian Hopmann，Walter Michaeli

ISBN 978-1-56990-623-1

北京市版权局著作权合同登记号：01-2018-6514

图书在版编目（CIP）数据

橡塑挤出模具：设计与工程模拟/（德）克里斯蒂安·霍普曼，（德）瓦尔特·米夏埃利编著；林祥译．—北京：化学工业出版社，2019.6

书名原文：Extrusion Dies for Plastics and Rubber：Design and Engineering Computations

ISBN 978-7-122-34015-3

Ⅰ.①橡… Ⅱ.①克… ②瓦… ③林… Ⅲ.①橡胶加工-挤出成型-模具-设计Ⅳ.①TQ330.4

中国版本图书馆 CIP 数据核字（2019）第 040623 号

责任编辑：仇志刚　高　宁　　　　装帧设计：韩　飞

责任校对：王鹏飞

出版发行：化学工业出版社（北京市东城区青年湖南街 13 号　邮政编码 100011）

印　　装：大厂聚鑫印刷有限责任公司

787mm×1092mm　1/16　印张 20½　字数 497 千字　2019 年 7 月北京第 1 版第 1 次印刷

购书咨询：010-64518888　　　　售后服务：010-64518899

网　　址：http://www.cip.com.cn

凡购买本书，如有缺损质量问题，本社销售中心负责调换。

定　　价：168.00 元

■ 参编人员 ■

Dr. -Ing. Ulrich Dombrowski

Dr. Ulrich Hüsgen

Dr. -Ing. Matthias Kalwa

Dr. -Ing. Stefan Kaul

Dr. -Ing. Michael Meier-Kaiser

Dr. -Ing. Boris Rotter

Dr. -Ing. Micha Scharf

Dr. -Ing. Claus Schwenzer

Dr. -Ing. Christian Windeck

Nafi Yesildag, M. Sc.

译者前言

历经一年半的时间，我很高兴本书中文版很快就要与中国各位橡塑加工领域的同仁们见面了。当然，这首先要感谢原版的两位编者：Christian Hopmann 博士以及 Walter Michaeli 博士——德国亚琛工业大学塑料加工研究所（IKV）的两位主任。因为从本书的架构及内容可以看出，编者在选择模具设计的相关知识体系时进行了精挑细选，尽管有些信息已经是老生常谈，但理论与数据永远不会过时。

在聚合物的精密成型过程中，模具的结构极大地影响了熔体的流动形态，这一过程涉及了流变学、力学、传热学等多学科的综合交叉，温度与力场的耦合必然导致其解析计算过程非常复杂。因此，必须依靠计算机进行流动的模拟计算与模具的结构优化，而有限元法或有限差分法在这个方面就显得非常方便，避免了学生或设计人员对复杂微积分方程的恐惧。正是如此，本书并没有纠结于方程的推导过程，而是强调了设计人员对理论与方程的运用。

本书主要阐述了热塑性塑料与橡胶在不同结构的制品挤出成型过程中的基本现象与问题，并具体讨论了其挤出模具的结构差异。此外，除了模具之外，本书针对定型线及定型模具的基本结构也进行了讨论，因为定型线也被涵盖在挤出模具的广义概念中。因此，本书既可以作为高等院校模具设计课程的教材使用，也可作为技术人员的参考书籍。读者既可根据需要查阅其中的一两章节，也可将整本书作为模具设计的系统教程。

挤出模具的设计虽然很依赖设计人员的个人经验，但要实现精密的挤出控制，必须对其中的细节精雕细琢。例如，书中第 9 章在讨论关于挤出模具的力学设计时，编者不仅讨论了多孔板的力学强度核算，还特别强调了滤网的力学设计问题，甚至还特意提到了滤网的金属丝线问题。这种对细节“穷追猛打”的思维也许正是德国制造的精髓，非常值得我们认真学习，也非常契合国家大力提倡的“工匠精神”，对提升我国制造业在全球行业的格局非常重要。

在最初接手本书的翻译工作时，我还未意识到这一过程会给我带来如此的震撼，尽管过程非常艰难与耗时，但回顾这一过程却发现其令我受益匪浅。由于个人能力有限，我尽量弄清楚书中的每一句话每一个单词，并坚守“信、达、雅”的原则力求言简意赅地表达出来，但是，纰漏与不当之处还是不可避免，望读者谅之。在此，希望各位专家同仁不吝指正。不过，如果能耐心地阅读书中的内容，并将其与模具的实际设计与使用过程相结合，那么，我认为本书还是值得一读的。

林祥

2018 年夏于北京科技大学

第四版前言

2003 年 1 月，本书第三版的英文版正式发行。从此，关于此书的德文版与英文版就不断地收到读者的再版要求。为了满足需求，我们很高兴看到 Hanser 出版社印刷发行了该书的第四版。在本书新版的编辑过程中，第一次迎来了两位主编：2011 年 4 月，Christian Hopmann 教授接替 Walter Michaeli 教授担任德国亚琛工业大学塑料加工协会主席及塑料加工研究所（IKV）主任。我们很高兴本书与 Hanser 出版社的长期合作关系进入了 IKV 的下一个时代。

相信本书的此次更新将继续给您的工作、生活带来帮助，并希望给您的阅读过程带来愉悦。我们保留了本书多年以来久经考验的内容结构，同时也新增了众多读者的反馈与建议。

这里，我们要特别感谢 IKV 挤出系前主任 Christian Windeck 教授及其继任者 Nafi Yesildag，M. Sc.，两位均对本书中的内容、方程及参考文献进行了严格的分析、检查与增补。在此，我们表示由衷的感谢。

此外，我们对 Hanser 公司的 Mark Smith 及 Jorg Strohbach 在本书出版过程中所给予的大力支持也表示谢意。

再次，来自塑料与橡胶工业界对本书第四版所提出的建议也悉数被采纳，感谢所有对本书出版提供建议与帮助的各位同仁。IKV 的众多研究和发展贡献组成了本书中所陈述的内容基础，在这样的背景下，我们要感谢联邦经济与能源部门（BMWi，柏林）通过德国联邦工业研究协会（AIF e. V.，科隆）、德意志研究联合会（DFG，波恩-拜德哥德斯堡）、联邦教育与研究部（BMBF，波恩）以及欧洲委员会（布鲁塞尔）对众多工业研究项目的促进与支持。

Walter Michaeli
Christian Hopmann

第一版前言

在本书中，我们试图向聚合物加工的从业人员以及学生们展示所有塑料挤出模具的大致发展现状。在实现这一目标时，我们讨论了各种类型的模具以及它们的具体特点，并阐述了它们的设计指南与工程模拟分析方法及其局限性。鉴于工业界和学术界从之前到现在以及将来的不断努力，通过数学方法实现对挤出模具中的熔体输运现象（流动和传热）进行建模，这一点甚至更为重要。这些重要的项目研究主要是出于对更高生产率并希望获得质量更高的挤出半成品（即尺寸精度、表面质量等）的需求。由于经济方面的考虑，关于挤出模具的纯经验工程方法反而变得越来越不受欢迎。

在挤出模具的工程设计过程中，流道结构的设计占据了其中最重要的部分。关于这部分内容，本书将从确认并解释相关流道设计所需的材料参数开始进行叙述。

根据基本方程的推导，则可以估算流道中的压力损失、作用在流道壁上的力以及流道中熔体的速度分布场、平均速度大小等。关于那些可用于实际情况下的简单计算方程，则罗列在了本书相关表格中。对于大多数的挤出模具而言，这些方程足以在考虑流变特征的基础上实现对模具的实际设计。

由于数值模拟方法在挤出模具设计中的重要性日益增加，因此，本书也讨论了如何利用有限差分法和有限元法（FEM）来计算速度场和温度场。

在第5章和第6章中，详细介绍了各种类型的单、多层挤出模具及其具体结构特征，随后回顾了模具的热力学和机械设计过程，并讨论了模具材料的选择及模具的制造。本书还讨论了模具的操控、清洗和维护以及管材与型材的定型装置。最后，在本书的结尾部分则罗列了全部的参考文献。

本书的撰写工作主要是在我担任亚琛工业大学塑料加工研究所（IKV，亚琛，西德，主任：Dr.-Ing. G. Menges）挤出与注塑成型实验室负责人期间完成的。在挤出模具工程领域，我可以获得IKV研究的所有重要成果。在此，我要对所有在IKV的前同事以及现同事们表示我由衷的感谢，尤其是：J. Wortberg，A. Dierkes，U. Masberg，B. Franzkoch，H. Bangert，L. Schmidt，W. Predoehl，P.B. Junk，H. Cordes，R. Schulze-Kadelbach，P. Geisbuesch，P. Thienel，E. Haberstroh，G. Wuebken，U. Thebing，K. Beiss以及U. Vogt等各位先生们。他们的研究工作是构成本书文稿的重要组成部分，同时也要感谢其他对本书做出贡献的同事以及研究所的学生与毕业生们。但最重要的是，我要感谢Dr. -Ing G. Menges在我准备这本书时对我鼓励，以及他对我的帮助、提升和支持，这使我有可能完成这本书的编写。

此外，我还要进一步感谢塑料工业界的一些代表，特别是对IKV赞助商协会中的挤出和挤出吹塑成型咨询委员会的成员。

本书中涉及了许多IKV的研发项目内容，这成了书中部分内容的事实基础。这些内容得益于工业界与 IKV 的联合研究工作，只有这样才能得到经济上的支持。这些支持机构包括了德国联邦工业研究协会（AIF，科隆）、德意志研究联合会（DFG，波恩-拜德哥德斯堡）、联邦研究和技术部（BMFT，波恩）。

1979 年，本书第一版在德国成功出版发行，而大家所看到的则是基于 1979 年版本稍微进行修改的英文版。在这一版中，我们增添了一个字母索引，并检查了其引用列表，以确保最重要参考文献中的英语可以很容易识别。

“生活在继续”——这也发生在挤出成型工具中——因此所列的参考文献在 1979 的版本中就已经完成。因此，向所有致力于本书英文版的各位同仁们表示感谢：塑料工程师协会（SPE）赞助了本书的出版，Dr. Herzberg 翻译了本书的英文稿，Hanser 出版社的 Dr. Immergut 与 Dr. Glenz 协调了本书的出版工作，史蒂文斯理工学院（霍博肯，新泽西）聚合物加工研究所的（PPI）的 Dr. Hold 则为本书进行技术编辑，最终由 Hanser 出版社进行出版印刷。

Walter Michaeli

1983 年 8 月写于德国黑彭海姆

第二版前言

距离本书第一版的成功出版已经将近十年，是时候重新审视和整理有关挤出模具设计和制造领域的最新发展和应用了。因此，这也就是本书新修订版与大家见面的缘故。尽管关于挤出模具的基本设计原则是相同的，但因为对提高产品质量与提高生产率的需求不断增长，以及新兴的聚合物和新产品，这一领域同时也产生了许多的发展和进步。例如，近年来的共挤技术越来越受到人们的重视，而基于液晶的一类聚合物则是一种全新的材料；毫无疑问，这需要在挤出模具设计中引入全新的设计理念。这意味着该领域的相关技术仍会继续向前发展，因此，本书第二版的内容将会涵括目前的技术发展现状。这其中需要特别注意相关的理论工具，如有限元方法，它在过去十年中已经得到了很大的发展，可用于解决许多当前的技术问题。

正如第一版前言中所述，本书的基本目标在任何情况下都不会改变，即本书为相关从业者指导其日常工作并解决相关问题；或为该领域的学生所用，引导其学习复杂的挤出模具，并提供广泛的培训和进一步的教育。从第一版的反馈来看，读者对这本书的反应非常积极。尽管如此，跟所有的事物一样，本书也可以进一步完善，而这就是我们目前在第二版中尝试去做的事情。其中，我们增添了关于弹性体材料挤出成型模具的设计内容，并大幅度地增加了共挤出模具的相关讨论，同时也对所有其他章节内容都进行了实质性的修改。

这里，我所说的“我们”当然包括了我的许多同事，他们来自亚琛工业大学的塑料加工研究所（IKV），包括 Dr. U. Dombrowski、Dr. U. Huesgen、Dr. M. Kalwa、Dr. M. Meier 以及 Dr. C. Schwenzer。他们付出了较长的个人时间来参与本书的编辑撰写工作。同样地，N. Petter 夫人与 D. Reichelt 夫人对于本书的文本抄写也做了大量的工作，而 G. Zabbai 与 M. Cosier 先生则负责了本书中高质量的插图编辑。在此，向各位同僚表示我个人最衷心的感谢。

本书中的许多数据结果则来自研究所的学生们，他们在课题研究与学习过程中做了大量的工作，因此也需要向他们表示感谢。

在第二版中，我们也采纳了来自塑料与橡胶工业界的意见。因此，也需要感谢那些提供了建议和帮助的人，特别是 IKV 的挤出、吹塑和橡胶技术咨询委员会成员们。

IKV 的许多科学研究和技术发展工作构成了本书中某些内容的基础。这得益于工业界和 IKV 的众多合作，才使这些研究能够展开并结出硕果。这些研究得到了德国联邦工业研究协会（AIF，科隆）、德意志研究联合会（DFG，波恩-拜德哥德斯堡）、联邦研究和技术部（BMFT，波恩）以及大众汽车基金会（汉诺威）的大力支持。

Walter Michaeli

1991 年 11 月，亚琛

第三版前言

在我上次访问哥伦比亚麦德林的时候，恰逢蓬勃发展中的塑料和橡胶研究所（ICIPC）成立十周年之际，在那里我遇到了许多年轻和热心的学生，因为他们学习了一本关于挤出模具设计的书，所以他们知道了我的名字。他们向我问了很多问题，但我没来得及和他们合影就匆匆告别了。我感到很高兴，原因有两点：第一，这一事件表明这本书甚至在离我家乡很远的地方也能被读者认可；第二，重要的是，要知道那些年轻人喜欢在他们的职业生涯中学习并使用这本书。但是，这本书也是为那些在工业领域和科学应用中需要日常技术支持的人编写。自从这本书的第二版出版以来，已经过去十二年了，其间挤出成型和模具设计领域均有非常明显的变化和创新。例如，螺旋芯棒式模具已经应用了三十多年，但是它的某些功能已经发生了变化。如今，我们会将螺旋结构设定在某一平面上，并从其中的一侧进行喂料。当我们将这些功能性系统相互堆叠在一起时，其结果就是所谓的组合模具，它比传统的带有环形狭缝的共挤模具具有更多方面的优点。这部分内容将在本书的第 5 章进行介绍。

作为挤出模具的设计人员，其很可能希望能够采用计算机来处理所有待加工材料、加工工艺参数以及最终模具的几何结构等问题，并最终获得完全由设计而确定的流道结构，而这有助于优化流动的分布形态。在学习本书时，读者可能会意识到有限元分析是解决上述问题的有效方法，但是，如何适当表征挤出材料的黏弹性仍然是流变学家和工程师的一大挑战。然而，这一问题目前已经取得了很大的进步。对于黏性流动来说，这个问题基本已经解决，我们可以正确地对其流动进行描述。因此，在本书的第三版中，我们新增了一章内容，讲述了如何基于计算机对挤出模具进行优化。

我要感谢我的同事，IKV 挤出系的负责人 Dr.-Ing，Boris Rotter 以及系的研究工程师 Dipl.-Ing，Stefan Kaul。他们基于他们的专业知识与经验对本书进行了审查和修改，并给予了莫大的支持和积极的帮助。此外，本书中的许多结果都是由该研究所的学生在论文研究期间得到。

我还要感谢那些对本书的成功出版提供了许多建议和帮助的人，特别是 IKV 咨询委员会的成员——挤出、吹塑和橡胶技术委员会。其中，一些 IKV 的许多研发项目构成了本书的内容基础，而这得益于工业界和 IKV 的众多合作，才使这些研究能够顺利展开。这些研究得到了德国联邦工业研究协会（AIF，科隆）、德意志研究联合会（DFG，波恩-拜德哥德斯堡）、柏林联邦教育与研究部和技术部（分别在波恩和欧盟委员会、布鲁塞尔）的大力支持。

最后，我要感谢慕尼黑 Hanser 出版社的 Wolfgang Glenz 博士，其敏锐的洞察力使得其多年来与我一直保持着良好的合作。像我这样的技术人员很欣赏 Wolfgang Glenz 博士的洞察力，他们的工作相当有挑战性，至少能使我得以获得可观的收入，并让我有可能写出这本书，使其最终与读者见面。综上，所有的这些有利因素均促成了本书的完成与出版。

Walter Michaeli

目　录

第1章 概述

在将热塑性塑料挤出成半成品时，有两个结构单元非常重要：对熔体进行塑形的挤出机模具（有时也称之为挤出机机头）以及与挤出模具相连接的成型器或定型器。其中，后者的作用是对熔融态的聚合物半成品进行牵引拉伸，并在一定冷却强度下保持其所需的结构尺寸（图 1.1 和图 1.2）。

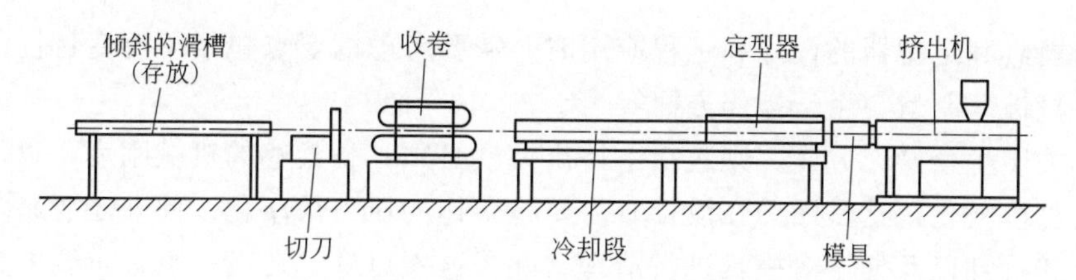

图 1.1 型材挤出生产线的结构示意图

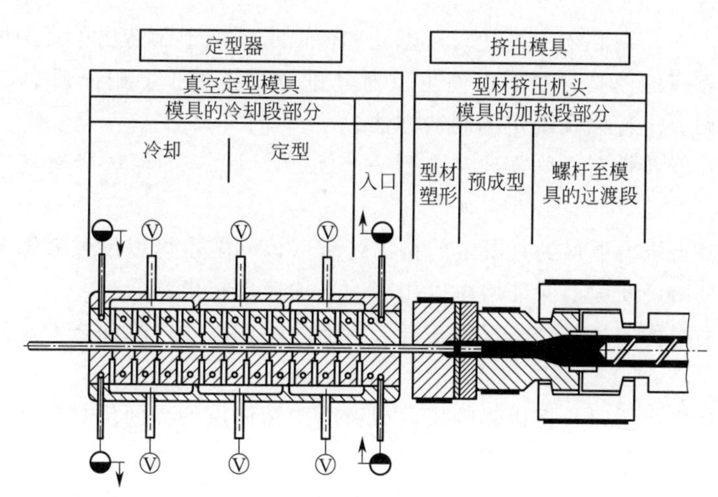

图 1.2 挤出模具与定型器中的各功能段部分

（图片来源：Reifenhäuser）

相对而言，当挤出弹性材料时，产品的结构尺寸则基本上由挤出模具的几何形状决定。只有当挤出成型后还需要对挤出物进行硫化处理时，产品的结构尺寸才会发生变化，这主要是因为弹性体材料发生了交联，尤其是在挤出物可以发生自由收缩的情况下。

在挤出过程中，一般要求挤出机能够提供充足的、无波动的、可重复生产的熔体料流，且具有均匀的热稳定性与力学稳定性。随后，再通过挤出模具和定型器来确定半成品的结构尺寸。为此，必须考虑模具内与定型器中材料的流变过程和热力学过程，以及可能存在于模具和定型器之间或二者的连接器之间的任何拉伸过程，这对挤出半成品的性能质量有着决定性的影响（如制品表面质量和力学特性等）。为了能够从加工工程的角度来设计挤出模具和定型器，则必须考虑这两个部分中的材料流动、变形和温度之间的关系。如果对该物理加工过程进行理论性分析描述，则可以降低模具设计阶段和制造阶段中对设计人员自身经验的依赖。这是因为根据挤出半成品的塑形与冷却过程，可以直接对模具结构与流道可能发生的变化、生产工艺条件的变化或者是所加工聚合物材料的流变特性及热力学参数的变化进行评估。这为挤出模具与定型器的结构设计提供了更加可靠的方法与途径。

因此，本书的主要目的是综合地介绍挤出模具和定型器中材料的加工成型过程及其工程技术方法，其中重点介绍了挤出模具的相关内容。另外还推导讨论了二者的相关设计规则，并给出了其符合实际需要的、简单的数学辅助工具。此外，还涉及模具和定型器中特殊结构特征的不同设计方法，并指出了弹性体材料的成型模具与热塑性塑料的成型模具间的具体不同之处。

在挤出模具和定型器的设计和工程应用时，需要考虑的要点包括了流变特性、热动力学特征、力学特性、制造与生产操作方面等[1]。

例如，关于生产操作方面，则包括了挤出模具必须具备足够的机械刚度，以便模具出口处的横截面可以变化，这是因为在设计时需要将熔体的压力最小化；此外还要易于模具和定型器的安装和拆卸以及便于对模具进行清理。除了这些以外，还有一点很重要的是，要尽可能地减少模具内具有较高密封性要求的表面数量，另外挤出机与模具之间必须容易拆卸以及通过紧密固定连接[1]。

而关于制造方面，则必须在设计时考虑到如何以最低成本制造出单个的模具与定型器部件，例如，采用相应的模具材料，以便可以对其进行机械加工、抛光研磨，如果有需要的话，还要考虑到回火过程以及既定的制造方法。

当在考虑其流变特性时，则需要注意到一个问题[1]——如何选择模具内的流道结构尺寸，以便能：

- 在一定的挤出压力下得到其既定的挤出产量（该问题也可以反过来思考）；
- 在整个模具出口断面上保证熔体以相同的平均速率挤出；
- 对于轴向不对称的半成品，保证其设计所需的结构尺寸（除此之外，这还取决于材料的黏弹性效应）；
- 在较高的挤出产量时，挤出物的表面或者不同熔体层的界面仍具有光滑性（但在较高的剪切速率下，则可能发生熔体破裂）；
- 避免挤出材料发生滞流或者发生降解，材料发生降解时也伴随有局部的滞流效应（这个问题与模具内材料的停留时间以及该位置处的温度相关）。

在考虑热动力学特征问题时，由于其与材料的流变特性密切相关，因此，需要在现有热传递和耗散关系的基础上，了解模具内熔体流动时产生最高温度的相关信息，特别是对于热敏性聚合物材料。此外，熔体温度的均匀性也非常重要，因为局部熔体温度的变化会直接改变材料的黏度，由此可能导致挤出产量产生波动。关于这个方面的问题，还包括了模具和定型器中温度的均匀性与可控性。

一般来说，在设计挤出模具和定型器时，并不是所有的问题我们都能同时考虑周全。正是由于这个原因，必须确定一定的优先考虑顺序。例如，在设计挤出机造粒模具时（用于造粒的多孔板结构），所有的努力都是为了能够尽可能地提高其挤出产量，然而在线缆涂覆成型过程中，则需要优先考虑如何制备出光滑的表面特征[1]。

在考虑上述问题时，还需要注意挤出机和挤出模具在生产操作特性方面会相互影响。这一点在具有光滑料筒与三段式螺杆的传统单螺杆挤出机中尤其明显。在这种情况下，正如图1.3所示，在恒定的螺杆转速下增加挤出模阻则会明显降低挤出产量。因此，挤出模具内的压力降对模具本身以及锁紧固定模具用的螺栓的机械力学设计非常重要，同样也会影响模具所能达到的挤出产量。（注意：在许多情况下，挤出产量不仅受到模具或挤出机的限制，还会受到定型装置与冷却段冷却速率的影响。例如，壁厚较大的圆形棒材一般采用螺杆直径较小的挤出机生产。）此外，在绝热条件下，由熔体内部摩擦（耗散）所导致的模具温升则可由下面的公式计算得到，这与熔体流动时的压力降相关：

$$\Delta T=\frac{\Delta p}{\rho c_p} \tag{1.1}$$

式中，ΔT 为温差；Δp 为压力降；ρ 为密度；c_p 为比热容。

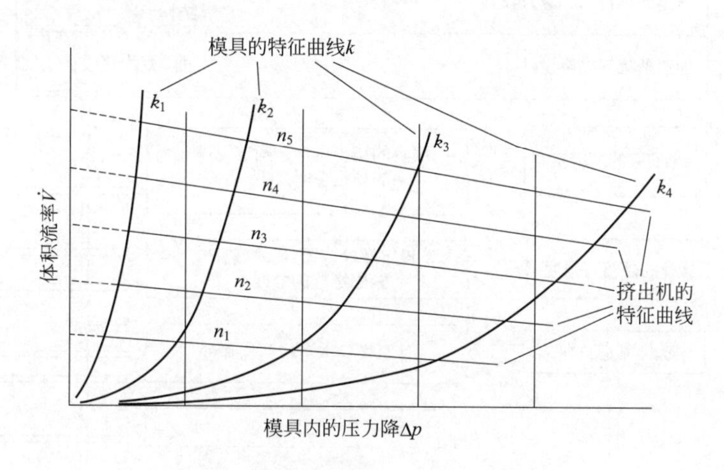

图1.3 传统挤出机与模具的特征曲线

n—螺杆转速（$n_1<n_2<n_3<n_4<n_5$）；

k—模阻（$k_1<k_2<k_3<k_4$）

关于挤出模具的设计，其模具内的压力降是最重要的考虑因素。而在设计挤出模具时，必须考虑的方面如图1.4所示。其中，设计模具时所需要的“输入数据”如下（图1.4中步骤Ⅰ）：

■ 待挤出半成品的几何形状（例如，管、平膜及任何结构的型材），以及这是否与所加工聚合物材料的性能需求相一致；

■ 模具的喂料方法，以及是否可以同时加工多个半成品（图1.5）；

■ 共挤生产过程中需要加工的聚合物材料或多组分材料；

■ 挤出模具的生产工作点或工作特性区域（这里的生产工作点可以看作是模具的产量及其工作温度）。

在接下来的步骤Ⅱ中，则需要选择并设计模具内的流道结构，并基于步骤Ⅰ中提供的信息，计算出流道内的压力降。此外，还需要考虑加热器相对于流道的安装位置，并使二者之间的安装间隙最小化。

在步骤Ⅲ中，需要建立模具的基本尺寸结构。这一步骤中各项之间的顺序可适当变化。

关于模具结构的具体设计，则主要在第Ⅳ步中进行。如果需要的话，可以对结构细节进行控制计算。

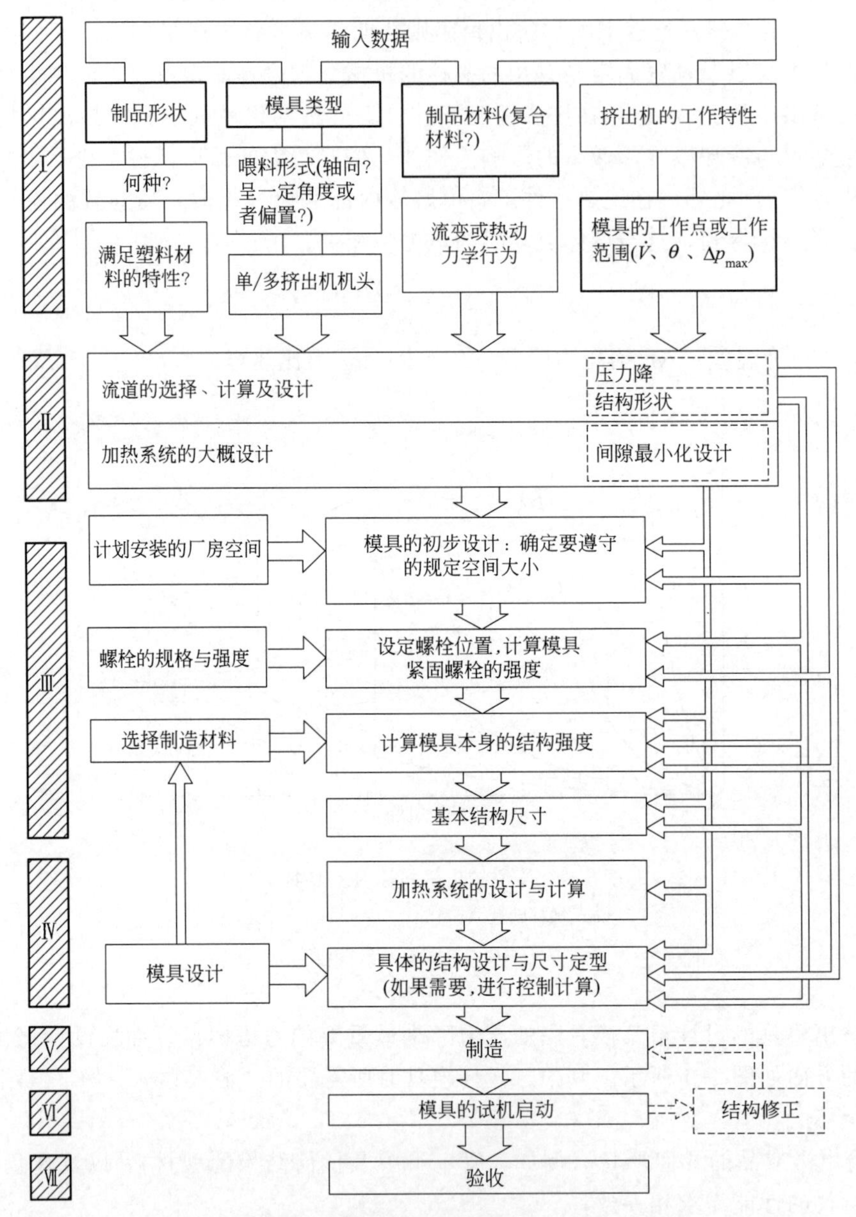

图 1.4　挤出模具从设计到验收整个过程的流程图

在模具制造完成之后（步骤Ⅴ），需要对模具带料初次开机试运行（步骤Ⅵ），且应采用设计时所选取的材料（复合材料）并基于未来生产时的生产工艺条件（步骤Ⅰ）进行试运行。有时还需要对模具结构进行多次修正。

最后（步骤Ⅶ），如果模具的工作特性满足要求，则进行产品验收并准备应用生产。

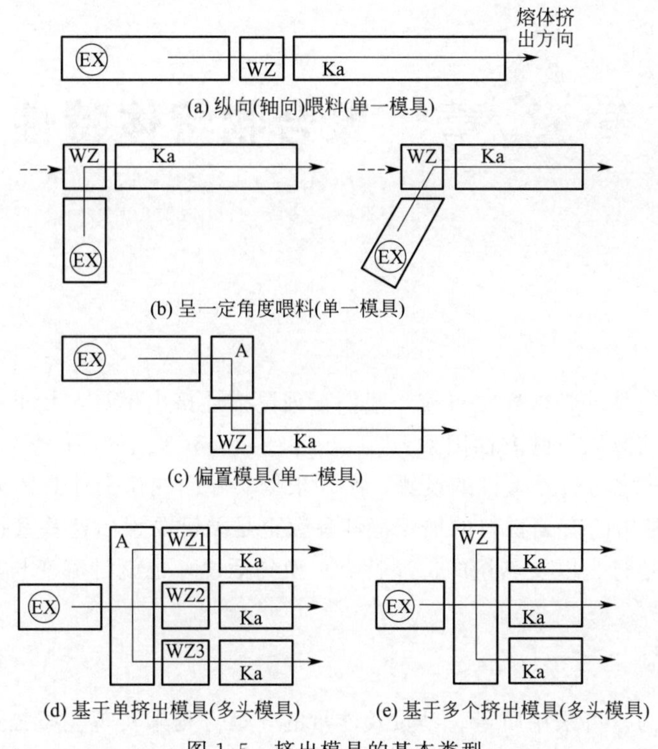

图 1.5 挤出模具的基本类型

EX—挤出机；WZ—挤出模具；A—适配器；Ka—成型器

符号与缩写

c_p	比热容	T	温度
k	模阻	ΔT	温差
n	螺杆转速	$\dot{V}$	体积流动
p	压力	ρ	密度
Δp	压力降		

参考文献

[1] Röthemeyer, F.: Bemessung von Extrusionswerkzeugen. Maschinenmarkt 76 (1970) 32, pp. 679-685.

第 2 章　聚合物熔体特性

考虑到所设计的系统必须稳定可靠，我们在理论描述挤出模具与校准单元之间的过程性关联时，需要特别注意以下两方面因素：

- 物理模型的简化与边界条件的设置，必须根据实际问题认真地具体分析；
- 输入物理模型中的有关物料的加工特性参数也是关键要素。这些数据一般描述了物料的流动、变形与松弛行为以及热量的传递特点；换句话说，也就是流变与热力学数据[1]。

2.1　流变行为

常规的流动行为，可采用质量、动量及能量的守恒方程来实现完整描述，也就是通过流变与热力学状态方程。其中，流变状态方程，通常作为反映材料本身属性的方法，用于描述流场与应力场之间的关联性。对一种特定的聚合物材料而言，其所有的流动特性参数都可以输入该方程中。这种用于描述、分析及测量一种流体流动过程中形变与流动行为的科学，被称为流变学[2]。

本章中，我们将引入流变学来阐述关于挤出模具的设计问题。聚合物熔体并不是一种纯黏性流体，它同时也具有很强的弹性。因此，其表现出的特性介于牛顿流体（黏性）与胡克固体（弹性）之间，常常称之为黏弹行为或黏弹性。当我们在描述一种材料的流变行为时，要明确区分纯黏性行为与具有时间依赖的弹性与黏性共存行为之间的差异。

2.1.1　熔体的黏性特征

生产过程中当熔体在挤出模具内发生流动时，熔体承受了剪切形变。这种形式的剪切是由于熔体黏附在模具壁面并发生流动所导致，也称之为斯托克式黏附。熔体流动过程中，由于流动界面的改变，导致流场、流速发生变化，从而形成剪切，这可用下面方程进行表述：

$$\dot{\gamma}=-\frac{\mathrm{d}\nu}{\mathrm{d}y} \tag{2.1}$$

式中，ν 为流动速度；y 为剪切方向距离。

在稳态剪切流动中，剪切应力 τ 存在于任何两层流动的流体之间。以最经典、最简单的牛顿流体为例，其剪切应力 τ 正比于其剪切速率 $\dot{\gamma}$：

$$\tau=\eta\dot{\gamma} \tag{2.2}$$

式中，正比例常数 η 称为动态剪切黏度，或简称为黏度，单位为 Pa・s。黏度可用于衡量流体发生剪切流动时其内部摩擦阻力的大小。

通常情况下，聚合物熔体并不表现为牛顿行为特征。其黏度的大小并不是一个常数，而是随剪切速率发生变化。上述方程式（2.2）仅在表征牛顿流体时是有效的，其表达式可进一步进行扩展，如

$$\tau=\eta(\dot{\gamma})\dot{\gamma} \tag{2.3}$$

或

$$\eta(\dot{\gamma})=\frac{\tau}{\dot{\gamma}}\neq\text{常数} \tag{2.4}$$

注意：有些聚合物的黏度多少还会表现出显著的时间依赖性特征（如触变性、震凝性、剪切或拉伸启动时的黏度滞后性[2,3]）。这种黏度的时间依赖性在模具的设计过程中一般不予考虑，因此在后面的章节中我们也不再讨论。

2.1.1.1　黏度与流动方程

当对黏度 η 与剪切速率 $\dot{\gamma}$ 的函数关系做 $\lg\eta$-$\lg\dot{\gamma}$ 的对数关系曲线时，对大多数的聚合物而言，在某一恒定的温度下，我们很容易得到图 2.1 所示的黏度曲线。可以发现，在较低的剪切速率下其黏度保持恒定，然而随着剪切速率的增大直至某一临界点，在一个相对较宽的剪切速率范围内，黏度曲线表现出对数坐标下的线性特征。

这种黏度随着剪切速率增大而降低的现象，我们称之为假塑性特征或剪切变稀行为。低剪切速率下所保持的恒定的黏度被称为零剪切黏度，用 η_0 表示。

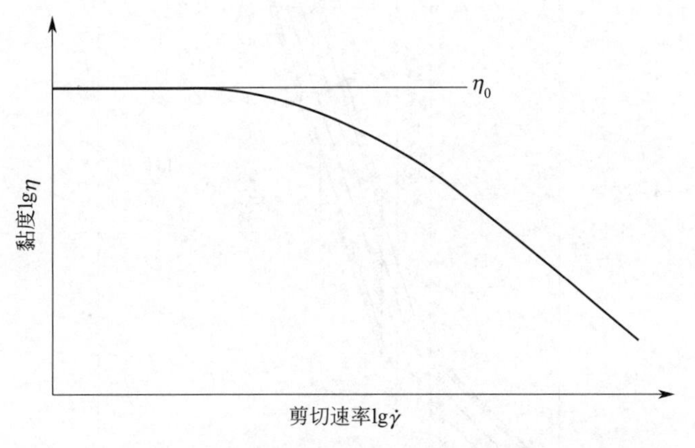

图 2.1　黏度曲线中黏度与剪切速率的关系

除了黏度与剪切速率之间的关系曲线外，俗称黏度曲线，剪切应力与剪切速率之间的关系（同样为 $\lg\eta$-$\lg\tau$ 对数关系）称之为流动曲线（图 2.2）。对牛顿流体而言，剪切速率正比于剪切应力，其对数关系曲线表现为斜率为 1 的直线，也就是与横轴夹角为 45°。只要流动曲线的斜率不为 1，就表明该材料表现出非牛顿行为。

对假塑性流体而言，其流动曲线的斜率值大于 1，意味着剪切速率相对于剪切应力增大更快；相反地，剪切应力随着剪切速率的增大而表现出弱正比关系（详见第 3 章）。

2.1.1.2　熔体假塑性行为的数学描述

关于黏度曲线和流动曲线的数学描述，至今已发展出了很多各种各样的数学模型。它们在数学方法的使用中表现各异，适应性也不同，因此精确性较高。文献[2,4]中对这些模型

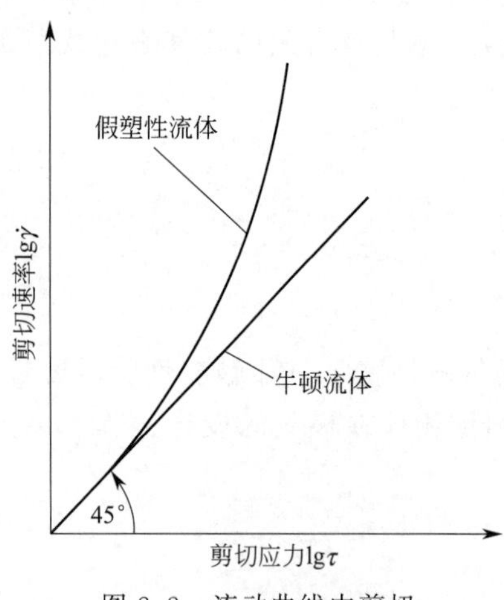

图 2.2　流动曲线中剪切速率与剪切应力的关系

进行了综合性的举例阐述。下面我们将讨论热塑性塑料及橡胶中最常用的数学模型。

Ostwald 与 de Waele 的幂律模型[5,6]

当对不同的聚合物在对数坐标下作流动曲线时，所得到的曲线包含了大约两段的线性区域及一段转变区域（图 2.3）。在许多情况下，我们可以在其中一个区域进行操作，并对处于这些区域的曲线采用下面的通用公式进行数学表达：

$$\dot{\gamma}=\Phi\tau^{m} \tag{2.5}$$

式(2.5) 被称为 Ostwald 与 de Waele 幂律模型。式中，参数 m 为流动指数；Φ 为流度。流动指数 m 表示了材料的流动能力及其偏离牛顿行为的程度，常采用下面的公式进行表达：

$$m=\frac{\Delta\lg\dot{\gamma}}{\Delta\lg\tau} \tag{2.6}$$

注意：m 值的大小也表示了对数流动曲线中某一段曲线的斜率大小（图 2.3）。

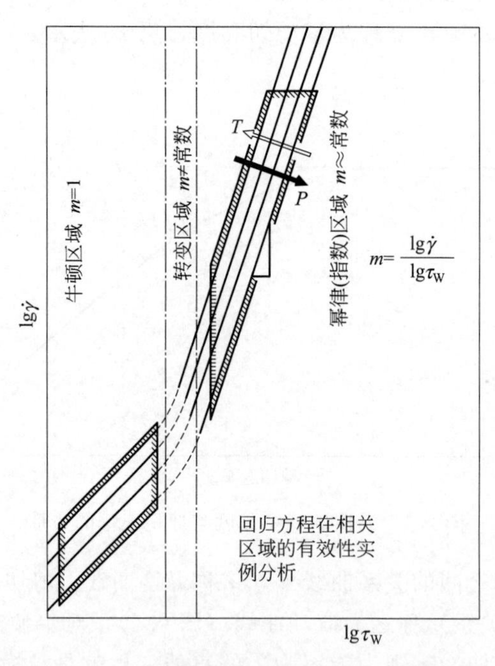

图 2.3　幂律模型的流动曲线的示意图

对聚合物熔体来说，m 常常处于 1～6。对挤出模具设计中常涉及的剪切速率范围在 $1\sim10^4\text{s}^{-1}$ 时，其相应的 m 值为 2～4。当 $m=1$ 时，$\Phi=1/\eta$，为牛顿流体的表达式。

因为

$$\eta=\tau/\dot{\gamma}$$

所以式(2.5) 可变换为

$$\eta = \Phi^{-1}\tau^{1-m} = \Phi^{-\frac{1}{m}}\dot{\gamma}^{\frac{1}{m}-1} \tag{2.7}$$

令 $K=\Phi^{-\frac{1}{m}}$ 及 $n=\frac{1}{m}$，则得到黏度方程的常用表达式：

$$\eta = K\dot{\gamma}^{n-1} \tag{2.8}$$

式中，参数 K 为稠度系数，其表示了剪切速率为 1s^{-1} 时的黏度值。对牛顿行为而言，黏度指数 n 为 1。大多数聚合物材料的 n 值为 0.2～0.7，其表示了在剪切速率可视范围内黏度曲线的斜率值。

幂律模型在数学表达上非常简单，它几乎可以用于牛顿流体中所有简单流动形态问题的分析处理过程（见第 3 章）。但是，其不足之处在于，当剪切速率趋近于 0 时，黏度值将趋近于无限大，因此其无法用于描述与剪切速率无关的牛顿平台区域。另外还存在的不足之处在于，流动指数 m 还与流动的几何维度相关。

在可接受的精确度要求下，幂律模型可用于表征一定剪切速率范围内的流动或黏度曲线，而该精度要求下的剪切速率范围取决于该幂律方程所表示的图线曲率。

如果需要在较大的剪切速率范围内采用幂律模型来描述某流动曲线，则必须将其划分成多个区域段，每一个区域段都有相应的 Φ 和 m [7]。因此，在材料标准流变参数的统计中[8, 9]，不同的剪切速率范围常常对应着不同的 Φ 和 m 值。

Prandtl-Eyring 本构（正弦双曲线）模型[7, 10～12]

基于聚合物分子流动过程中的位置交换，Prandtl 与 Eyring 共同提出了该模型。其表达式如下：

$$\dot{\gamma} = C\sinh\left(\frac{\tau}{A}\right) \tag{2.9}$$

式中，$C(\text{s}^{-1})$ 及 $A(\text{N/m}^2)$ 为材料相关常数。

Prandtl-Eyring 模型的优势在于，它可以表征极小剪切速率下黏度的有限值（零剪切黏度），因此可便捷地用于流动过程的几何维度分析[13, 14]。然而，由于该模型相对复杂，其在数学解析应用方面相对困难。

Carreau 本构模型[9, 15, 16]

在挤出模具的设计过程中，该模型的重要性逐渐得到提升，其表达式如下：

$$\eta(\dot{\gamma}) = \frac{A}{(1+B\dot{\gamma})^C} \tag{2.10}$$

式中，A 为零剪切黏度，Pa・s；B 为所谓的剪切速率的倒数，s；C 为假塑性区域 $\dot{\gamma}\to\infty$ 内黏度曲线的斜率（图 2.4）。Carreau 所提出的这个模型有一个显著的优点，它可以在一个比幂律模型宽泛得多的剪切速率范围内，描述材料的实际流动行为，并且在 $\dot{\gamma}\to 0$ 的极限剪切速率值下可以得到一个相对合理的黏度数值。

除此之外，该模型也可以用于计算毛细管型或缝隙型口模挤出过程中压力与产量之间的关系，并得到较为一致的解析结果。因此，只需要使用简单的计算器，就可以采用该模型进行粗算。当只需要一个大概的估算值而不是精确的解析值时，该模型就显得非常便捷、有效[9, 16]。

Vinogradov 与 Malkin 提出的广义黏度方程[17, 18]

Vinogradov 与 Malkin[17]发现，在无温度变量的黏度描述时（见 2.1.1.3 节），各材料

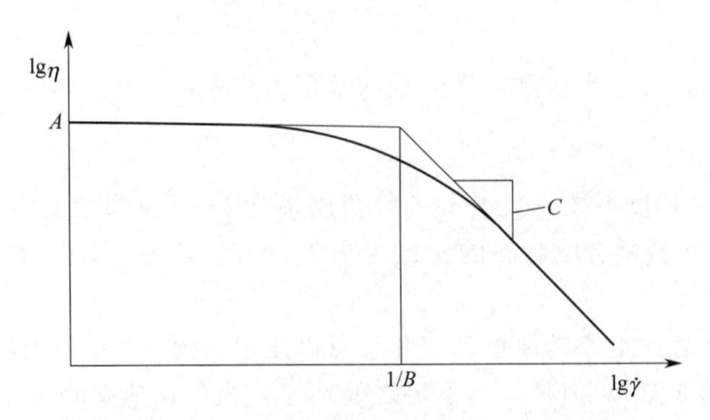

图 2.4 Carreau 本构模型下的黏度方程示意图

的黏度函数统一分布在一个分散范围之内，如图 2.5 所示。这些材料包括：聚乙烯（PE），聚丙烯（PP），聚苯乙烯（PS），聚异丁烯（PIB），聚乙烯醇缩丁醛（PVB），天然橡胶，丁苯橡胶以及乙酸纤维素（CA）等。

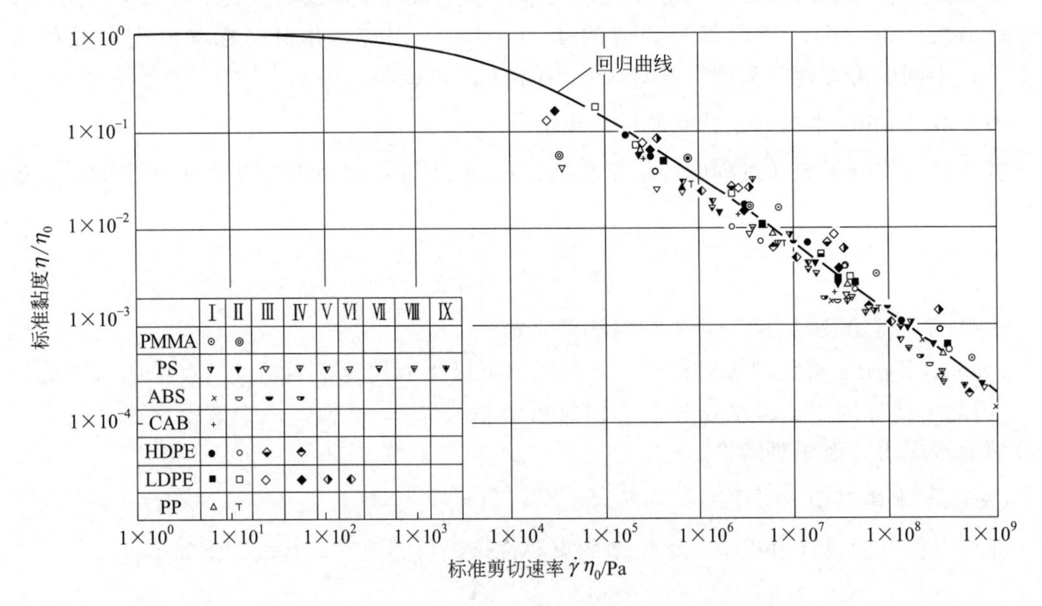

图 2.5 Vinogradov 与 Malkin 提出的广义黏度曲线

该回归曲线与温度和压力无关，可以表观地当作是广义黏度函数，至少可以用于估算分析。当只有一个数据点已知时，该函数可满足在一个较宽的剪切速率范围内对黏度行为进行估算，经过迭代计算后从而得到零剪切黏度。

该广义黏度函数的曲线可以由下面的回归方程式进行表述[17]：

$$\eta(\dot{\gamma})=\frac{\eta_0}{1+A_1(\eta_0\gamma)^{\alpha}+A_2(\eta_0\gamma)^{2\alpha}} \tag{2.11}$$

式中，η_0 为零剪切黏度，即：$\dot{\gamma}\to 0$ 时的黏度极限值；常数 A_1 为 1.386×10^{-2}；A_2 为 1.462×10^{-2}；α 为 0.355。A_1 及 A_2 的单位由黏度与剪切速率的单位决定。这里所给出的 A_1 及 A_2 值是针对 η 单位为 Pa·s 及 $\dot{\gamma}$ 单位为 s^{-1} 时所得到的。

广义的 Vinogradov 函数的优点在于它只有一个变量参数，即零剪切黏度 η_0，而 η_0 可以轻而易举地通过黏度测试得到。当给定回归曲线中参数 A_1、A_2 及 α 时，函数关系的准确性就表现出一定的局限性。当 $\dot{\gamma}\to 0$ 时，Vinogradov 函数就变为一个极限值，也就是 η_0。

下面，我们将简单演示如何基于一个单独的数据点$[\dot{\gamma}_p,\eta(\dot{\gamma})_p]$，即剪切速率为 $\dot{\gamma}_p$、黏度为 $\eta(\dot{\gamma})_p$，通过简单的迭代计算来计算材料的零剪切黏度。然而，通过这种方法得到的黏度函数只是一个估算值，在实际相关的剪切速率范围内，该估算值并不能替代黏度的测试。

从实际函数得到的偏差会随着在曲线上远离已知数据点$[\dot{\gamma}_p,\eta(\dot{\gamma})_p]$距离的增大而增大。首先，将已知数值代入式(2.11)，变形得到：

$$\eta_0=\eta(\dot{\gamma}_p)[1+A_1(\eta_0\dot{\gamma}_p)^{\alpha}+A_2(\eta_0\dot{\gamma}_p)^{2\alpha}] \tag{2.12}$$

式(2.12) 的两侧都含有 η_0，要得到 η_0 的精确解是不可能的。因此，需要进行一次迭代计算过程，如

$$\eta_{0_{n+1}}=\eta(\dot{\gamma}_p)[1+A_1(\eta_{0_n}\dot{\gamma}_p)^{\alpha}+A_2(\eta_{0_n}\dot{\gamma}_p)^{2\alpha}] \tag{2.13}$$

式中，η_{0_n} 为估算值，而 $\eta_{0_{n+1}}$ 为第 n 次迭代计算经过修正的零剪切黏度值。根据式(2.13)，再将 $\eta_{0_{n+1}}$ 值代入第（$n+1$）次的迭代计算。迭代计算过程如下。

第 0 步：将 η_{0_0} 等同于已知的黏度数据点，$\eta(\dot{\gamma}_p)$；

第 1 步：将上述的估算值 η_{0_0} 代入式(2.13)，计算 η_0 的新估算值；

第 2 步：结论——如果前后两次迭代计算得到的估算值相差足够小，迭代计算停止，最后计算得到的估算值 η_0 即为所需要的计算结果；如果前后两次迭代计算得到的结果差值不够小，则返回第 1 步，计算继续。

通常情况下，经过 5 ～ 10 次的迭代计算，即可得到足够精确的结果。这种迭代计算方式操作简单，步骤少，容易通过便携式计算器编程实现。

当然，综合形式上的 Vinogradov 模型也可以用作黏度方程，此时，参数 A_1、A_2 及 α 则为自由变量，并可通过回归分析法确定。这种情况下得到的结果将比广义函数下的黏度估算值更加精确。

另一方面，由于回归曲线根据数据点所画出，针对曲线所定义的广义函数而言（图 2.5），在具有足够的精度条件下，任何趋近于曲线的模型都可以用来代替方程，如式 2.11 所示。

Herschel-Bulkley 模型[2, 12, 19]

对许多聚合物而言，尤其是橡胶材料，可以看到一种所谓的屈服应力现象。类似的流体只有在某有限的剪切应力值以上时（屈服应力），流动才能发生。表现出这种现象的流体一般称之为宾汉（Bingham）流体。

宾汉流体的流动曲线如图 2.6 所示。可以清晰地看到，在剪切应力小于屈服应力 τ_0 之前，剪切速率为 0，意味着未发生流动；只有在 τ_0 以上，才能发生流动。这表示剪切应力小于屈服应力时，流体的黏度趋近于无穷大[2]。

宾汉流体在充分发展的流动形态下，其剪切流动存在一个范围，在该范围内剪切应力 τ 比 τ_0 大，而在另外一种情况下其剪切应力 τ 比 τ_0 小（图 2.7 [20]）。图 2.7 表示了一种被称为柱塞流的流动形态，这种柱塞流的程度随着壁面剪切应力与屈服应力比例的增大而减弱。因此，当壁面剪切应力较低时，这种柱塞-剪切流动模型是有效的，也就是说，流动是在较低的体积流率下进行或发生在流动截面较大的模具内。

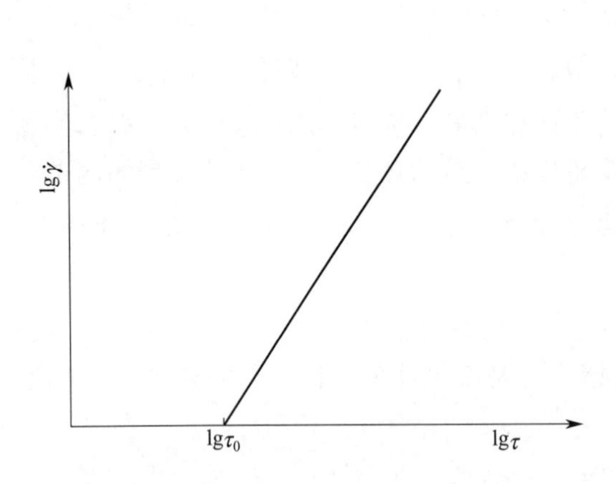

图 2.6　宾汉流体的流动曲线

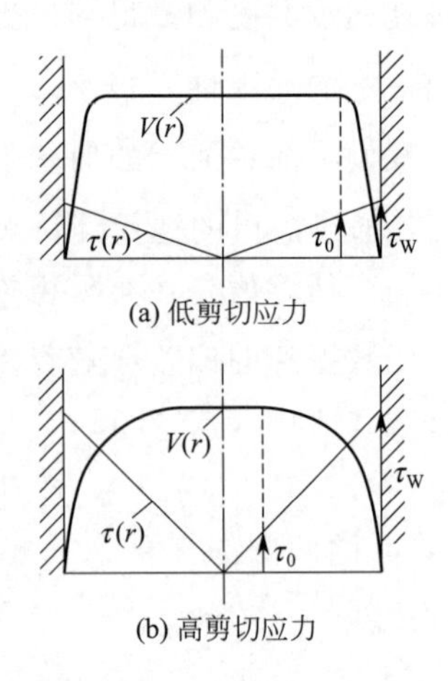

图 2.7　由壁面剪切应力与屈服应力决定的宾汉流体的速度分布形态[20]

Herschel-Bulkley 模型[19] 已经成功地应用于表征具有屈服应力的聚合物材料的流动行为。该模型是通过将简单宾汉模型（$\eta=$常数，$\tau>\tau_0$[2]）与幂律模型结合而得到，即：

$$\dot{\gamma}=\Phi(\tau-\tau_0)^m \tag{2.14}$$

当 $\tau=\tau_0$ 时，式(2.14)则变为幂律模型［式(2.5)］；当 $m=1$ 时，则变为简单的宾汉模型。对式(2.14) 进行形式变换，得到下列剪切应力的表达式：

$$\tau-\tau_0=K(\dot{\gamma})^{n-1}\dot{\gamma} \tag{2.15}$$

式中，$K=\Phi^{-\frac{1}{m}}$；$n=\dfrac{1}{m}$。

因为

$$\eta=\frac{\tau-\tau_0}{\dot{\gamma}} \tag{2.16}$$

在 $\tau>\tau_0$ 时，则得到幂律模型［式 (2.8)］的相似表达式，即

$$\eta=K\dot{\gamma}^{n-1}$$

2.1.1.3　温度与压力对流动行为的影响

对某一指定的聚合熔体而言，影响其流动形态的因素除了剪切速率 $\dot{\gamma}$ 及剪切应力 τ 之外，还包括了熔体温度 T、熔体静水压力 p_{hyd}、分子量、分子量分布以及添加剂，如填料与润滑剂。对于指定的聚合物组分，影响其流动形态的自由变量就只有 $\dot{\gamma}$ 或 τ、p_{hyd} 以及 T。

图 2.8[21]列出了温度与压力对材料剪切黏度的影响，并将这种影响进行量化，即：压力大约增大 550bar（1bar=0.1MPa，下同），待测样品 PMMA（聚甲基丙烯酸甲酯）的黏度增加了约 10 倍。这种情况下若要保持黏度的恒定，熔体的温度则大约应该提高 23℃。

图 2.9[22] 显示了多种聚合物材料的黏度随温度的变化行为。可以清晰地看到，半结晶型聚合物相对于无定形态聚合物表现出较低的玻璃化转变温度 T_g，在黏度方面表现出明显较弱的温度依赖性特征。这种影响聚合物流动能力的原因主要有两个方面[23，24]：

■ 热活化态下大分子链段的流动（即分子内流动）；

■ 大分子链之间可能存在足够多的自由体积空间，使得大分子链之间发生了位置交换。

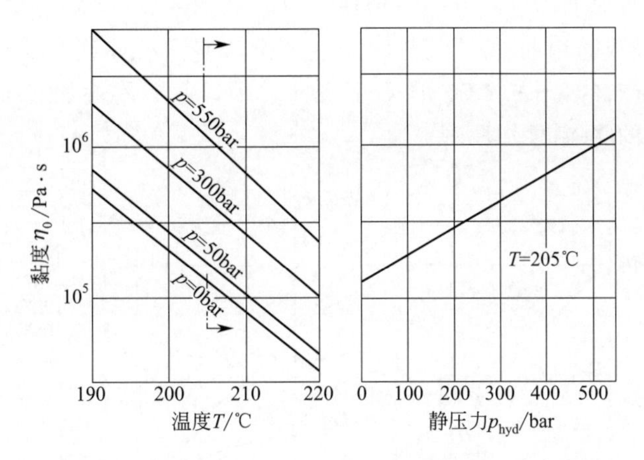

图 2.8　PMMA 黏度与温度及熔体静压力之间的关系

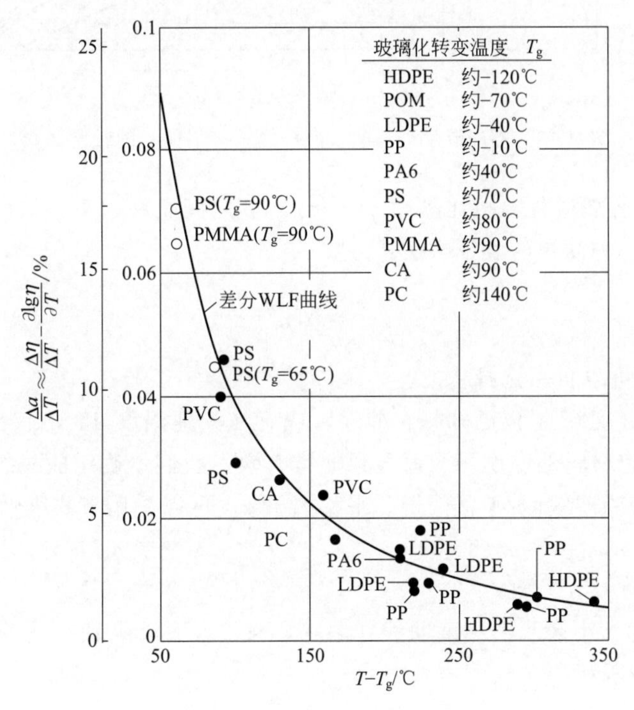

图 2.9　不同聚合物材料黏度与温度之间的关系[22]

温度的影响

针对不同温度下的同一种聚合物熔体，在对数坐标 $\lg\eta$-$\lg a_T$ 下作其黏度曲线（图 2.10)，可以得到以下结论：

■ 首先，相对于高剪切速率条件下，温度对黏度的影响在低剪切速率下更加突出，尤其是在零剪切黏度范围内；

■ 其次，不同温度下的黏度曲线保持相同的形态，但随着温度的变化，图线将发生移动。

可以发现，对几乎所有的聚合物熔体而言（也就是所谓的“热流变简单流体”[25]），将其黏度值除以 η_0 所对应的温度，并将剪切速率与 η_0 相乘，其黏度曲线就可以转变成一条与温度无关的叠合曲线或通用曲线[1, 2, 25, 26]。这就意味着这些曲线沿着一条斜率为 -1 的直线发生移动，即沿着直线 $\lg[\eta_0(T)]$ 向右下方向移动，并最终叠加成唯一的一条曲线（图 2.10）。这就是常说的时-温叠加原理。

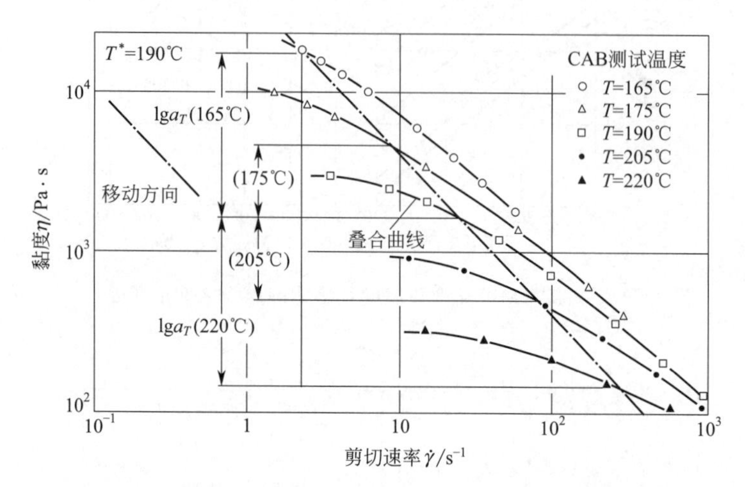

图 2.10　不同温度下乙酸丁酸纤维素（CAB）的黏度曲线

通过这种时-温叠加过程，将比黏度 η/η_0 与 $\eta_0\dot{\gamma}$ 之间联系起来，采用这种方式就可以得到关于聚合物材料一种简单的表征方法：

$$\frac{\eta(\dot{\gamma},T)}{\eta_0(T)}=f\left[\eta_0(T)\dot{\gamma}\right] \tag{2.17}$$

式中，温度 T 可以自由选择。

当在某一特定温度 T 下仅已知叠合曲线，或者在其他温度 T_0 下仅已知其黏度曲线时，通过温度平移来确定材料的黏度函数就显得非常有效。我们不确定曲线的平移距离或平移量到底是多少，这时就需要引入平移因子。平移因子 a_T 可以采用下式表示：

$$a_T=\frac{\eta_0(T)}{\eta_0(T_0)}\qquad \text{或者} \qquad \lg a_T=\lg\frac{\eta_0(T)}{\eta_0(T_0)} \tag{2.18}$$

式中，$\lg a_T$ 的大小表示了黏度曲线在参考温度 T_0 下沿纵轴、横轴方向所需移动的距离大小，如图 2.11 所示。

关于温度平移因子的大小，则可以通过几组不同的公式进行计算。其中阿伦尼乌斯（Arrhenius）方程及 WLF 方程是最重要的两个方程，也是必须谨记的两个方程。

阿伦尼乌斯方程可以通过研究纯热活化态下分子链位置的相互交换来进行推导：

$$\lg a_T=\lg\frac{\eta_0(T)}{\eta_0(T_0)}=\frac{E_0}{R}\left(\frac{1}{T}-\frac{1}{T_0}\right) \tag{2.19}$$

式中，E_0 为给定材料的流动活化能，J/mol；R 是理想气体常数，8.314J/(mol·K)。阿伦尼乌斯方程适合于描述温度对半结晶热塑性塑料黏度的影响[9, 25]。

在小幅度温度平移或只进行粗算时，a_T 的大小可以通过一组经验公式计算得到，但该

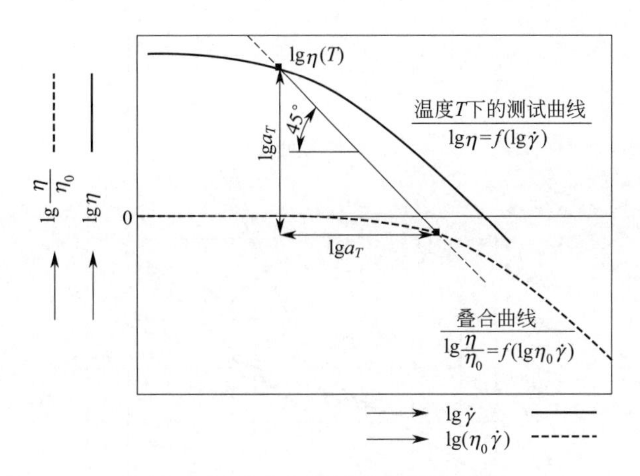

图 2.11 黏度方程的时-温叠加原理

公式并未得到物理性验证，其基本表达式为[1, 9]：

$$\lg a_T = -\alpha(T - T_0) \tag{2.20}$$

式中，α 为所给定材料的黏度温度系数。

另外一种方法是基于自由体积理论，即分子链相对位置交换的可能性。该理论由 Williams、Landel 及 Ferry 三人共同提出[27]，最初应用于研究温度相关的松弛谱，之后才被应用于黏度的计算。WLF 方程最常用的表达式为：

$$\lg a_T = \lg \frac{\eta(T)}{\eta(T_S)} = \frac{C_1(T - T_S)}{C_2 + (T - T_S)} \tag{2.21}$$

在恒定剪切应力下，该方程将所计算的温度 T 下的黏度 $\eta(T)$ 与标准温度 T_S 下的黏度 $\eta(T_S)$ 联系起来。一般情况下，T_S 可近似等于 $T_g + 50K$ [27]（即比玻璃化转变温度高 50K），$C_1 = -8.86$ 以及 $C_2 = 101.6K$。

图 2.9 中列出了几种常见聚合物的玻璃化转变温度，其具体数据在文献 [28] 可查阅。无定形态聚合物玻璃化转变温度 T_g 可根据 DIN EN ISO 75-2，A 步骤方法测试得到。这是一种在承载下测试塑料挠曲温度的方法。在美国标准下，可参考 ASTM 标准 ASTM D 648 ISO 75，这种方法下所测试的软化温度可当作 T_g[7]。

当 T_s（如果需要的话，C_1、C_2 也可以作为与材料无关的参数确定下来）可以通过不同温度下黏度曲线的回归分析确定时，则温度因子 a_T 可以得到更精确的计算。尽管 WLF 方程适应于定义无定形态聚合物材料且优于阿伦尼乌斯方程[9,24,25]，但在计算精度要求不高的情况下，WLF 方程也可以用于半结晶型材料的计算[22,29~32]。

图 2.12 比较了从阿伦尼乌斯方程与从 WLF 方程所得到的温度平移因子 a_T 的计算过程[30]。当温度处于参考温度 ±30K 范围内时，该温度通常可满足实际的生产加工，此时，两种计算平移温度因子 a_T 的方法都满足要求。然而，一般我们倾向于采用 WLF 方程，其主要原因主要有两方面：

- 针对给定的聚合物材料，其标准参考温度 T_s 与已知的 T_g 相关性具有很高的、足够的精度（$T_s \approx T_g + 50K$）；
- 当在标准温度以上计算时，压力对温度的影响可以很容易地被确定（这一点将在后面进一步阐述）。

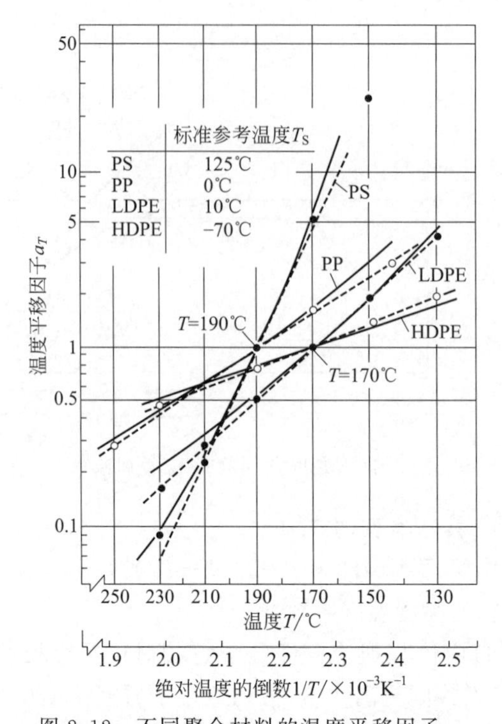

图 2.12 不同聚合材料的温度平移因子a_T

○● —测试数据；---- —阿伦尼乌斯方程；—— —WLF 方程

当在采用 WLF 方程将黏度曲线从任意温度 T_0 平移至所需温度 T 时，式(2.21) 展开如下：

$$\lg a_T=\lg\frac{\eta(T)}{\eta(T_0)}=\lg\left[\frac{\eta(T)}{\eta(T_S)}\cdot\frac{\eta(T_S)}{\eta(T_0)}\right]=\lg\left[\frac{\eta(T)}{\eta(T_S)}\right]+\lg\left[\frac{\eta(T_S)}{\eta(T_0)}\right]=\lg\left[\frac{\eta(T)}{\eta(T_S)}\right]-\lg\left[\frac{\eta(T_0)}{\eta(T_S)}\right]$$

$$=\frac{C_1(T_0-T_S)}{C_2+(T_0-T_S)}-\frac{C_1(T-T_S)}{C_2+(T-T_S)} \tag{2.22}$$

式中，$C_1=8.86$ 以及 $C_2=101.6\text{K}$；T_0 为黏度已知的参考温度。

压力的影响

压力对聚合物熔体流动行为的影响可以通过参考 WLF 方程计算温度影响的方法来确定[29]，可以明确的是，在 1 bar 环境下 WLF 方程中所使用的标准温度 T_s 值一般大约为 T_g+50 K，且随着压力的增大而增大。这种变化对应着转向 T_g 温度下的变化，T_g 的大小可以直接由 p-v-t 曲线得到[22, 33]。在压力高达 1000bar 范围之内时，玻璃化转变化温度跟压力之间的函数关系可以假设为线性的（图 2.13 [34]），所以有：

$$T_g(p)=T_g(p=1\text{bar})+\xi p \tag{2.23}$$

这种情况下得到的 T_g 温度将以每 1000 bar 变化 10～30 K，当压力高于 1000 bar 时，玻璃化转变温度随压力增大的变化幅度将变得更小。对于所给定的聚合物材料，若无法获得其 p-v-t 曲线来确定其压力对 T_g 的影响，其玻璃化转变温度则可以通过下面的方法得到：

$$T_g\approx T_g(1\text{bar})+(10\sim30)\times10^{-3}p(\text{K/bar}) \tag{2.24}$$

式中，p 为所需计算的压力，bar（一般而言，压力对无定形态聚合物的流动性能的影响要比其对半结晶型聚合物流动性能的影响更强烈）。

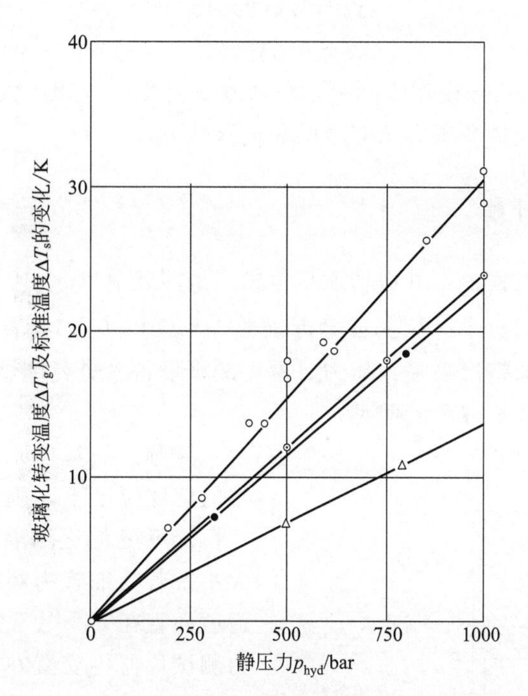

图 2.13　压力对玻璃化转变温度及标准温度的影响

○—标准 PS；⊙—PS；●—PMMA；△—PVC

此时，WLF 方程从温为 T_1、压力为 p_1 的黏度曲线平移至温度为 T_2、压力为 p_2 的位置上，式中，平移因子a_T 可以通过下面的公式进行计算：

$$\lg a_T = \lg\left[\frac{\eta(T_2, p_2)}{\eta(T_1, p_1)}\right] = \frac{C_1[T_2 - T_S(p_2)]}{C_2 + [T_2 - T_S(p_2)]} - \frac{C_1[T_1 - T_S(p_1)]}{C_2 + [T_1 - T_S(p_1)]} \tag{2.25}$$

模拟计算的应用

在温度 T_1 下，当黏度曲线上的某数据点 $P_1[\dot{\gamma}, \eta(T_1)]$需平移至有效温度 T_2 的黏度曲线上时（图 2.11)，则需要采用：

$$\eta_2 = \eta_1 a_T$$

$$\dot{\gamma}_2 = \frac{\dot{\gamma}_1}{a_T}$$

式中，a_T 可通过迭代方程中的一个方程模拟计算得到。如果采用 WLF 方程，在 p_1 不等于 p_2 的情况下，则 a_T 也可能由于压力的原因而发生变化。因此，黏度函数也可以采用与温度、压力无关的表达式来描述，此时 Carreau 模型可变成：

$$\eta(\dot{\gamma}, T, p) = \frac{a_T(T, p)A}{[1 + a_T(T, p)B\dot{\gamma}]^C} \tag{2.26}$$

而类似的，广义 Vinogradov-Malkin 黏度模型也可以变成

$$\eta(\dot{\gamma}, T, p) = \frac{a_T(T, p)\eta_0}{1 + A_1[a_T(T, p)\eta_0\dot{\gamma}]^C + A_2[a_T(T, p)\eta_0\dot{\gamma}]^{2\alpha}} \tag{2.27}$$

式中，黏度的单位为 Pa・s，剪切速率的单位为 s^{-1}，并且有：

$$A_1 = 1.386 \times 10^{-2}$$

$$A_2 = 1.462 \times 10^{-3}$$
$$\alpha = 0.355$$

由于 Vinogradov-Malkin 模型实际上与材料本身无关[17]，因此式(2.27) 代表了材料广义上的不变量、温度不变量及压力不变量的黏度函数方程。

2.1.2 黏流行为的计算

在挤出模具的设计过程中，其剪切速率范围一般设定在 $10 \sim 10^4\ s^{-1}$，常采用毛细管流变仪来测试材料的流动函数 $\dot{\gamma}=f(\tau)$或黏度函数 $\eta=f(\dot{\gamma},T)$，或者也可以结合实验室的挤出设备，配备黏度计式的挤出喷嘴与压力、温度测试设备来进行测试。式中，毛细管口模的截面形状可以为圆形、环形或者缝隙型。

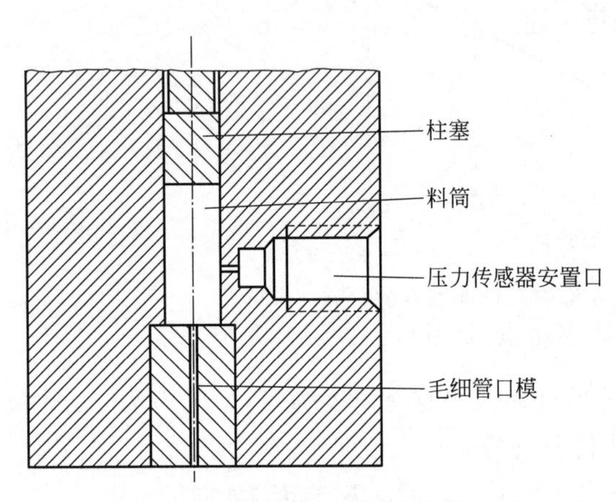

图 2.14 毛细管流变仪的基本原理

该测试的基本原理是在已知的流率及恒定的熔体温度下，确定熔体在结构明确且尺寸恒定不变的毛细管中流动时的压力降 Δp 大小。若毛细管为圆形截面，由于毛细管流道截面直径太小（常常为 1～3mm），相关压力测试仪器不安置在毛细管处，而是安置在具有较大直径的料筒处；而第二处压力测试点则以毛细管出口处压力计算（即大气压力），如图 2.14 所示。

假设流动发生在半径为 R 的圆形毛细管中，稳态、等温、层流流动且壁面无滑移，壁面处剪切应力为

$$\tau_W = \frac{\Delta p R}{2L} \tag{2.28}$$

式中，L 为毛细管长度；Δp 为压力损耗或压力降。

如果流动为牛顿性流动，则壁面处剪切速率为

$$\dot{\gamma}_W = \frac{4\dot{V}}{\pi R^3} \tag{2.29}$$

式中，$\dot{V}$ 为已知的体积流率［注意，式(2.28) 及式 (2.29) 仅对圆形毛细管适用，但对环形及缝隙型毛细管也存在类似的表达式，具体详见第 3 章内容］。根据黏度的基本定义，我们得到

$$\eta = \frac{\tau_W}{\dot{\gamma}_W} \tag{2.30}$$

从式(2.28)～式(2.30) 可以看出，黏度曲线的某一点（$\dot{\gamma}$，η）可以通过已知的结构尺寸参数 R 与 L、给定的体积流率 $\dot{V}$ 以及测试得到的压力降 Δp 计算得到。不同的体积流率 $\dot{V}$ 对应着不同的剪切速率 $\dot{\gamma}$，因此黏度可以在一个相对较宽的剪切速率范围内被确定下来。

假塑性流动的校正

在上述的讨论中，我们假设熔体的流动行为表现为牛顿性特征。然而牛顿流动行为在聚

合物中却不常见，这导致采用这种方法计算测试的黏度并不是其真正的黏度值，俗称表观黏度[2]

然而式(2.28)在表征牛顿性流动及假塑性流动时均为有效（详见第3章），式(2.29)仅仅只能用于描述牛顿区域内的剪切速率范围，因此，对非牛顿流体材料，我们可以得到其所谓的表观剪切速率 D_s，其意义表示的是牛顿流体在壁面处的剪切速率。

为了获得真实的黏度曲线，可以采用两种校正方法。

当采用 Weissenberg-Rabinowitsch 校正方法时[1, 2, 35]，真实剪切速率可以通过对表观流动曲线的求导得到。表观剪切速率与真实剪切速率之间的关系为：

$$\dot{\gamma}=D_s\frac{3+s}{4} \tag{2.31}$$

式中，s 为表观流动曲线中 lg-lg 图线的斜率，即：

$$s=\frac{\mathrm{d}(\lg D_s)}{\mathrm{d}(\lg\tau_W)} \tag{2.32}$$

然后，将式(2.28)所得到的剪切应力除以相应的剪切速率，就得到了真实黏度的大小。这种方法由于需要通过流动曲线中点对点的求导计算，因此过程比较耗费时间。

Chmiel 及 Schümmer 通过提出特征黏度（representative viscosity）的概念[30, 36~38]，首次克服了上述方法的不足之处[36]，在保证相同精度的情况下大大减少了计算的工作量。

这种校正方法所蕴含的基本思路是，当由压力推动的等温层流流动发生在毛细管流道或挤出口模中时［假设熔体黏附壁面（无滑移）并忽略其弹性效应］，则流道中将存在某一点，在该点位置上，牛顿流体与假塑性流体的剪切速率相等（假设体积流率一致）。一旦确定了牛顿性流体情况下的剪切应力与剪切速率，则特征剪切速率及剪切应力下所对应的真实黏度值也就可以得到（图2.15）。横截面上该点的位置以及因此而得到的管道特征半径的大小，都取决于材料的流动特性[38]。然而，对大多数聚合物而言，该位置一般可认为其恒定不变，并采用圆形管道中到流道中心线的特征距离 e 来描述，特征距离 e 的大小[37] 为

$$e_{\bigcirc}=\frac{r_s}{R}=\frac{\pi}{4}\approx 0.785$$

对矩形横截面的缝隙型流道而言，则

$$e_{\square}=\frac{h_s}{H/2}=\frac{\pi\sqrt{\frac{3}{2}}}{6}\approx 0.64$$

由 Ostwald-de Waele 幂律模型中所引申出来的、距离中心的特征距离则详见文献［38］。

正如 Wortberg[30] 表示，针对流动指数 m 介于 2～4 之间对应的实际应用时，相应的特征距离 $e_{\bigcirc}$ 与 $e_{\square}$ 可认为是常数，基于这种假设条件下，两种流道中各自所得到的结果误差小于1.8%与2.5%。

此时，流道横截面上其真实的剪切速率的可以通过表观剪切速率 D_s 得到，如：

$$\dot{\gamma}_{rep}=D_s e \tag{2.33}$$

式中，e 可以通过图2.16中的方法确定，或采用式中的数值进行计算得到。

真实黏度 η_{rep}（与特征黏度相当）可以由下面的公式进行计算：

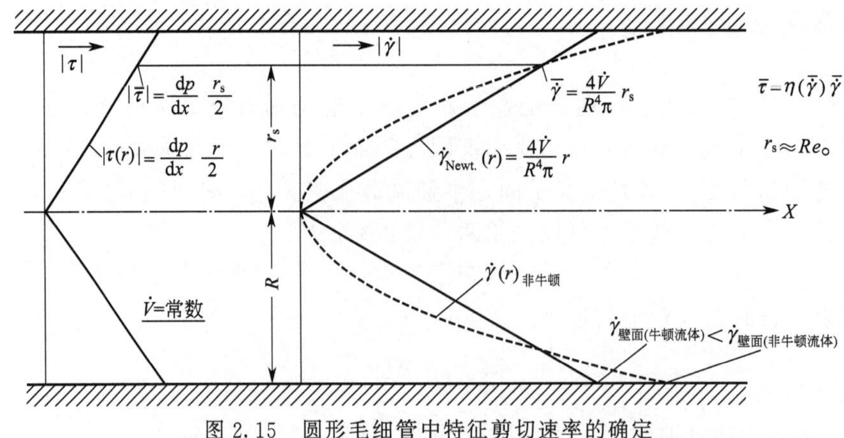

图 2.15　圆形毛细管中特征剪切速率的确定

r_s —毛细管的特征半径；$\bar{\dot{\gamma}}$ —特征剪切速率；$\bar{\tau}$ —特征剪切应力

$$\eta_{rep} = \frac{\tau_W}{D_s} = \frac{\tau_W e}{\dot{\gamma}} \tag{2.34}$$

上式对特征剪切速率 $\dot{\gamma}_{rep}$ 也适用。

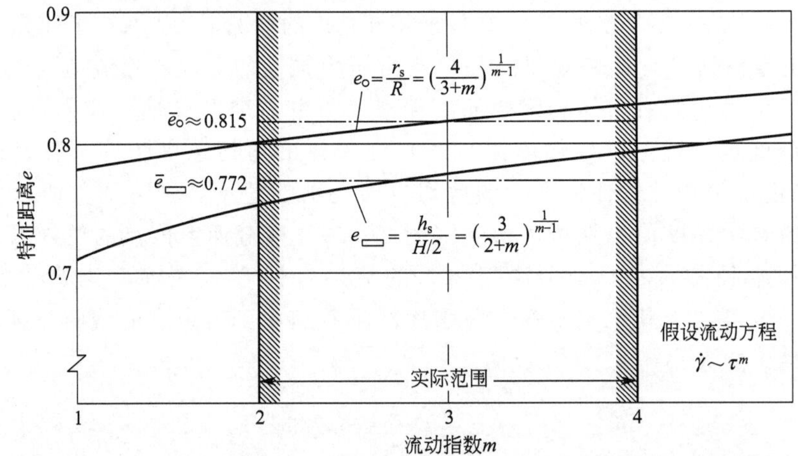

图 2.16　距离流道中心的特征距离与流动指数（幂律指数）的关系

▭ —缝隙型；○ —圆形

当我们在对数坐标体系下画出黏度曲线时，上述校正过程的结果表现为将黏度曲线沿横轴方向移动 $\lg e_○$ 的距离，如图 2.17 所示。

关于入口压力降的考虑

在采用毛细管流变仪测试时，计算所需的压力降并不是毛细管流道中两压力传感器之间所测试的压力差值，而是毛细管前端的压力差值（图 2.14）。这种情况下得到的压力降并非完全是由于流体在毛细管内部摩擦导致（虽然这才是黏度方程计算过程中真正需要的正确压力差），其还包括了由于入口处熔体弹性形变所引起的压力损耗，即所谓的入口压力降。在流道入口处的收缩区域内，熔体“流动单元”沿着流动方向被拉伸（延长）。这种形式的形变在熔体于毛细管输运过程中以弹性能量储存了起来，并在毛细管口模出口处以挤出胀大的形式部分释放（参考 2.1.3 节）。该过程中产生的以弹性形变形式所储存起来的能量必然带来额外的压力损耗，而这种压力损耗与剪切流动所导致的压力损耗一起被压力传感器所测得，因此在黏度计算中必须将其消除。

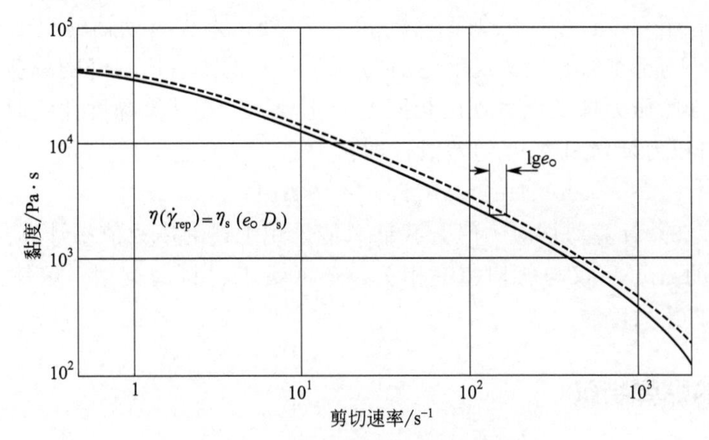

图 2.17　基于特征黏度概念的黏度方程校正

---- —表观黏度 η_s（D_s）；—— —真实黏度 η（$\dot{\gamma}_{rep}$）

所谓的 Bagley 校正就是为了消除入口压力降效应[2, 39]。

Bagley 校正[39] 基于以下两个方面的假设：

① 入口压力降仅仅发生在毛细管入口处，其大小与毛细管长度无关；

② 黏性流动是导致毛细管内压力降低的原因，且压力下降的梯度为常数。

当在恒定剪切速率下，确定具有不同长径比 L/D 的毛细管（一般为直径 D 保持一致，长度 L 发生变化）内部的压力降时，我们可以得到其压力降 Δp 与长径比 L/D 之间的关系曲线（图 2.18）。这些得到的数据点分布在一条直线上，而直线的斜率对应着熔体毛细管内部流动时的压力梯度。当改变剪切速率时，则相应地得到一组以剪切速率为变化参数的类似直线。

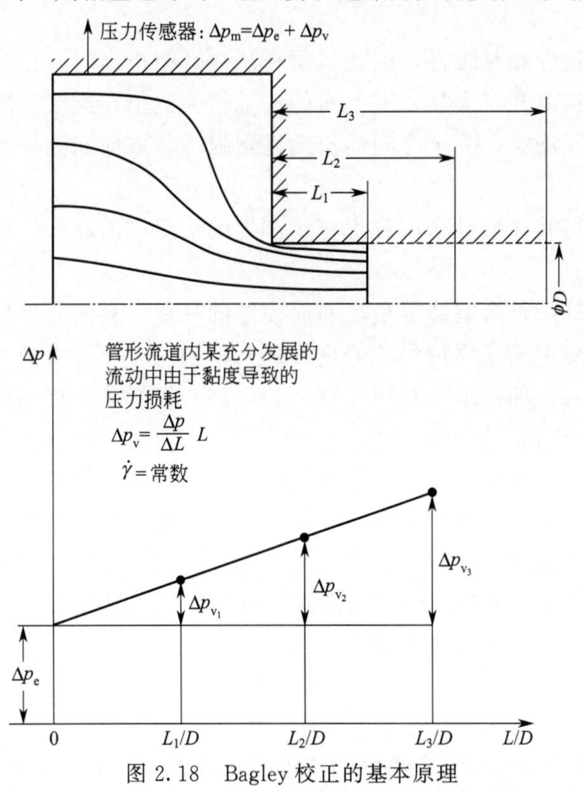

图 2.18　Bagley 校正的基本原理

将该直线延长至“零长度”毛细管（$L/D=0$）处，直线与纵轴的交点即表示了入口压力损耗值，其大小与毛细管长度无关。这种方法下得到的入口压力降随着剪切速率的增大而增大，毛细管内部的压力梯度也表现出相同的变化规律。在计算黏度曲线时，必须得到测试压力 Δp_m 与入口压力降之间 Δp_e 的差值，即：

$$\Delta p_v = \Delta p_m - \Delta p_e \tag{2.35}$$

在运用式(2.28) 计算剪切应力时，我们只能采用上述的压力值来计算。

注意：上述的 Δp_e 不仅与剪切速率相关，还取决于材料的类型。熔体的弹性越强，其流动过程中的入口压力降越大。

2.1.3 熔体的黏弹特征

聚合物熔体不仅表现出黏性行为，还表现出弹性行为（即黏弹性），例如，在熔体通过流道截面形状显著变化的挤出模具时，这种行为表现得尤为明显，直接结果是导致了入口压力降。这种现象的发生是因为熔体在流经流道中不同截面的过渡区时发生变形，并且部分变形以弹性的形式储存了起来，直至流到模具出口处，这些储存起来的弹性形变才被释放，并导致了挤出物形状发生膨胀（也就是所谓的挤出胀大）。这种被释放出来的弹性能主要由生产设备所引起（如挤出机），且在系统中几乎会丧失殆尽。

这种聚合物熔体形变可逆的能力是由其本身的熵弹性所导致，意味着最开始毫无排列规则的、相互缠结的大分子（最大限度的无序排布对应着熵的最大值状态）可以沿形变方向发生大尺度的取向。随着大分子排列有序性的提高，其熵值逐渐降低。然而，一旦发生这种情况，已经取向的网状结构将会力图恢复到最大限度的无序性状态（根据第二热力学定律）。材料逐渐适应所施加的形变状态，但是随着时间的推移，部分大分子链还会发生重新排列(即所谓的松弛)。

由于这种解取向过程相对缓慢，因此当材料从模具中挤出时，松弛过程并未结束。这导致了即使所加工的材料离开了模具，进一步的松弛行为也仍在继续。随着温度的提高，大分子之间的自由体积空间增大，分子之间的流动性增强，从取向态到松弛态所需要的时间逐渐缩短。

由于熔体似乎记得其在模具挤出过程中所产生的形变，因此我们将这种现象称为记忆效应或记忆流体。

黏弹性流体的另外一种典型特征是法向应力差的存在，其主要发生在黏弹性流体流经弧形流道以及周期性形变中相迁移过程，表现为最大剪切应力及最大剪切速率发生变化，这些极大值的结果并不统一，如文献［2～4，12，25，26］中所述。这两种效应都被用来测试与表征聚合物的黏弹性行为。

当聚合物熔体流经挤出模具时，主要发生以下两种形式的形变（图 2.19[30]）：

■ 由于流道区域截面的扩散或收缩，导致发生拉伸或压缩形变（挤出物在脱离挤出模具外也可以承受自由拉伸形变）；

■ 由于流道内流动速度场分布存在梯度，导致发生剪切形变。

在上述第一种情况下，其拉伸速率可被定义为

$$\dot{\varepsilon}_D = \frac{dv}{dz} \tag{2.36}$$

从图 2.19 中可以看出，由于边界流动速度差的存在，体积单元在单位时间内发生角度

α 的形变。当形变过程继续推进，形变角 α 逼近 $90°$，单位时间的移动量 Δl^* 则向 $\Delta(\Delta y)$ 靠近。这意味着剪切形变也可以看作是诱导大分子链沿流动方向上产生取向的一种方式，可采用以下方程表达：

$$\dot{\varepsilon}_E=\frac{\Delta l^*}{\Delta t}=\dot{\gamma} \tag{2.37}$$

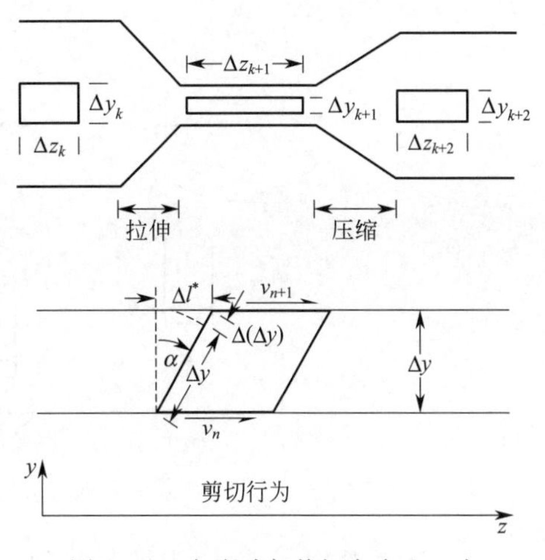

图 2.19 在流动与剪切方向上，由于速度差异导致的拉伸与剪切形变

采用拉伸流变仪进行单轴拉伸实验，为测试可逆形变提供了可能性。利用这台仪器，我们可以在一定温度下对聚合物丝线进行拉伸，并在不同的时间点上保持该拉伸速率。因此，该过程允许自由收缩[30, 31]。根据 Henky 的自然拉伸概念，可逆形变可由下式进行定义：

$$\varepsilon_R(t)=\ln\left[\frac{l(t)}{l_\infty}\right]=\ln[\lambda_R(t)] \tag{2.38}$$

式中，$\lambda_R(t)$为拉伸速率；$l(t)$为时间 t 时样品的长度；l_∞为完全收缩时样品的长度。

图 2.20 描述了这种关系的基本原理。可逆形变的衰减也可以定义为松弛。假设在形变发生的一瞬间，所有形变量都是完全可恢复的，而黏性部分的形变发展则是时间的函数，其依赖弹性形变部分的衰减过程，换句话说，也就是松弛过程[30, 31]。这种与时间相关的可逆形变的衰退过程与材料的类型、温度以及初始形变的程度密切相关[30]。

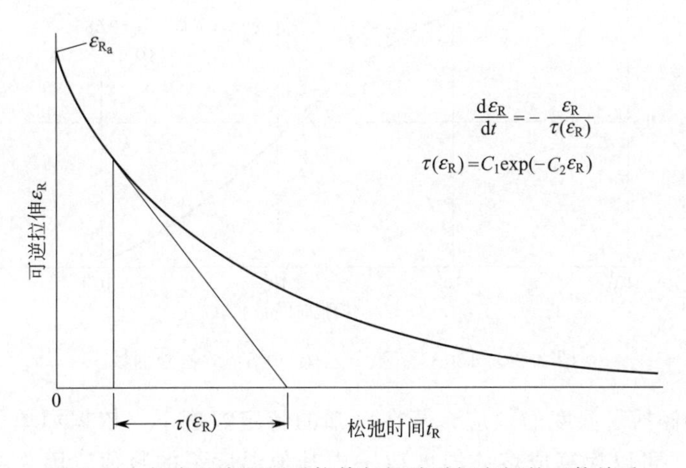

图 2.20 恒定温度下可逆拉伸与松弛时间之间的函数关系

上述的聚合物熔体的弹性与黏性行为，也可以通过串联的弹簧与黏壶模型来得到很好的解释（图 2.21）。聚合物熔体的丝线（弹簧与黏壶）在时间 $t=0$ 时被拉伸 Δl，此时保持其外形尺寸不变，熔体内部则开始发生松弛，形式上表现为黏壶的拉伸。在一个较长的时间范围内（$t\rightarrow\infty$），弹簧再一次获得了初始长度，也就是说，刚开始 $t=0$ 时输入的全部能量以弹性形变的形式储存起来，然后逐渐地又转变为黏性能量，即黏壶中的不可逆形变。该过程的变化曲线如图 2.20 所示，表现出典型的指数函数特征，可由下面的方程进行描述[30,31]：

$$\frac{d\varepsilon_R}{dt}=-\frac{\varepsilon_R}{\tau(\varepsilon_R)} \tag{2.39}$$

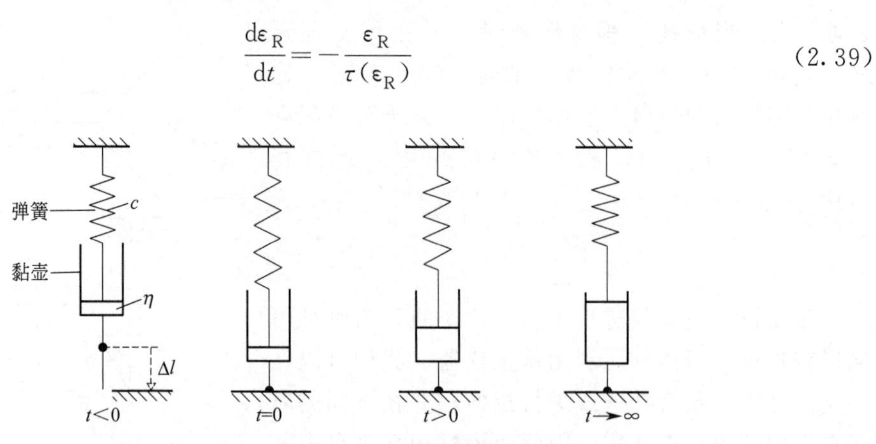

图 2.21　弹性形变的衰减模型（弹簧-黏壶模型）

在上述关系中，$\tau(\varepsilon_R)$为松弛时间，是形变 ε_R 的瞬态函数。相关测试表明，针对不同温度下的各种热塑性聚合物材料，在初始形变 ε_{Rin} 下，其特征松弛时间 $\tau(\varepsilon_R)$可以通过式(2.40) 得到很好的近似估算，如：

$$\tau(\varepsilon_R)=C_1\exp(-C_2\varepsilon_R) \tag{2.40}$$

式中，C_1、C_2 为材料的特定参数[30, 31]。

图 2.22 表示了正常情况下的松弛曲线，通过该松弛曲线我们可以得到其特征松弛时间 τ（ε_R）分布，如图 2.23 所示。

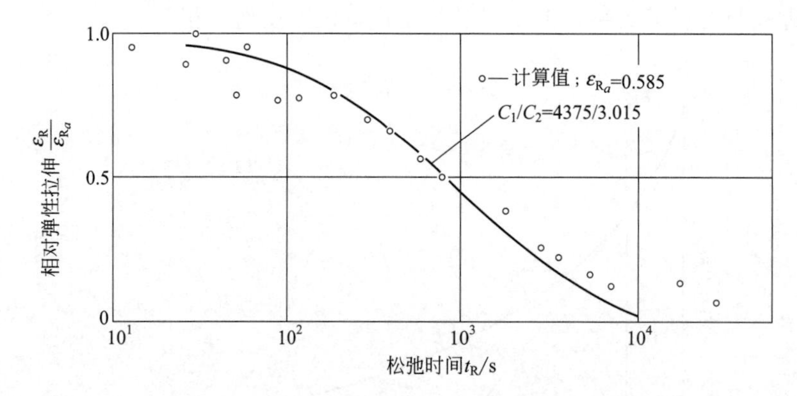

图 2.22　130°C 下聚苯乙烯（PS）的松弛曲线

C_1 值的大小涵括了温度的效应，若在已知的特定温度下，依据简单的温度平移法则，如 WLF 方程，C_1 可以换算成熔体温度范围内其他温度下的数值（因为松弛与流动一样，也是基于分子位置的相互交换过程）[30]：

$$\tau(\varepsilon_R,T)=C_1(T^*)a_T(T)\exp(-C_2\varepsilon_R) \tag{2.41}$$

式中，$a_T(T)$为时-温叠加方程中的平移因子，其大小可通过式(2.19) 或式(2.22) 中的一个公式来计算。

由于剪切或拉伸，在聚合物材料可逆形变发生的同时，松弛现象也同时存在。文献[30, 31] 中描述了一种简单可逆形变的形成，其可以作为已有的松弛形变与同时新加入的形变的一种叠加（图 2.24）。在选择的时间步长 Δt_i 内，局部熔体的外部形状保持不变，在该时间内最初呈现的可逆形变由 $\varepsilon_{R_{i-1}}$ 逐渐减弱至 $\varepsilon^*_{R_{i-1}}$。在时间步长 Δt_i 结束时，通过一个

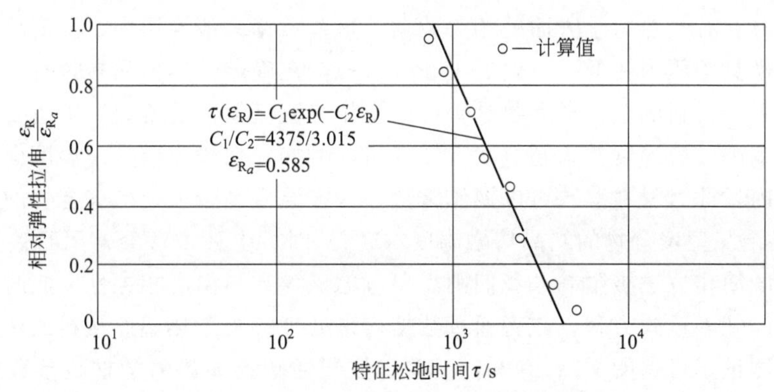

图 2.23 130℃下聚苯乙烯（PS）的特征松弛时间与相对弹性拉伸之间的函数关系

时间步长的改变即可得到增加的形变 $\Delta\varepsilon_i=\dot{\varepsilon}\Delta t_{i+1}$，且其完全可逆，图 2.24 中描述了这些概念之间的关系。

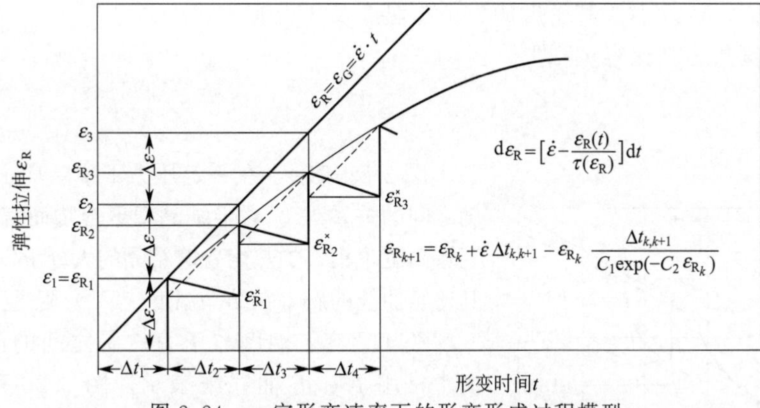

图 2.24 一定形变速率下的形变形成过程模型

在采用拉伸流变仪实验时发现，如果时间步长 Δt_i 足够的小，可逆形变的形成可以通过上述方法得到很好的近似描述。该模型不但可以用于不同温度下的形变分析，也可以用于不同类型的形变过程。在这种情况下，我们应该选择一个大概的时间步长 Δt_i，并且在确认 C_1 值的大小时，温度对松弛行为的影响也应该考虑。

上述讨论的模型由 Wortberg 与 Junk 共同提出，该模型非常清晰明确且简便实用。在解决该方面问题时，也发展了许多其他的模型，其中部分模型可参考文献［4，12，18，40，41］。

当然，所有的模型都有其优点与不足之处，这在采用计算机程序进行流动模拟分析时显得格外分明。若要对非常多的材料在不同的形变下（剪切、单轴或双轴拉伸以及这几种形式的复杂形变）实现同样足够精确的流动分析计算，就目前来说，还没有一个模型能够做得到。正因如此，我们必须了解在提出各种材料模型时的所有条件或相关的材料参数，以便所采用的方法是在其所适用的范围内进行计算。

2.2 热力学行为

为了模拟挤出模具中（非等温流动）的热传递过程，如模拟交联挤出过程中的冷却系统（比如尺寸定型线）或加热系统，或者在确定挤出模具所需的加热与冷却功率的安装需求时，我们需要了解材料有关热力学方面的相关数据，这些数据一般与压力、温度均相关。

由于挤出模具中压力较低（一般低于 300 bar），在确定其热力学参数时，压力的影响一般可以忽略。至于材料的热力学参数是否可以视作与温度无关的常数，则主要取决于系统所需考虑的温度范围。若温度并未超过状态转变值，例如，在挤出模具中温度保持在材料的熔融状态范围之内，此时材料参数可以视作常数。这在温度高于无定形聚合物的玻璃化转变温度（T_g）及半结晶型聚合物的结晶熔融温度（T_m）时，上述方法经常可行。如果这种将材料参数常数化的简化方法被限制，我们则需要考虑该参数与温度相关性。此时，我们可以通过该问题的某已知多项式方程，或者通过数据表来处理。关于热塑性塑料的热力学材料参数的详细阐述及测试，可参阅文献［42］，而关于热塑性塑料的热力学材料参数的标准化工作则可参阅文献［43］。

2.2.1 密度

聚合物材料的密度要明显低于金属材料的密度。在室温及常压状态下，未填充聚合物的密度一般为 1 g/cm^3 左右。其密度的大小与温度及压力有关。

密度 ρ 的倒数为其比容 v，即：

$$v=\frac{1}{\rho} \tag{2.42}$$

图 2.25 表示了在一定压力下 $p=1\text{bar}$，比容值与温度之间的关系[44]。对半结晶型聚合物而言，由于其结晶区域高度聚集，加热熔融时结晶的大分子发生膨胀，导致其比容曲线的斜率在结晶温度（T_m）附近急剧增大。

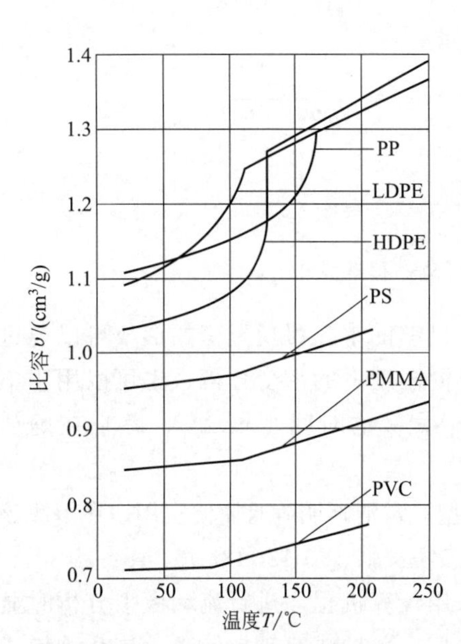

图 2.25 比容与温度之间的关系

关于比容、温度与压力三者之间的函数关系，我们常常用 p-v-T 曲线来表示，图 2.26 列举描述了一种半结晶型聚合物的 p-v-T 曲线。

当在模拟挤出模具中的流动时，熔体常常被认为是不可压缩。由于熔体压力较低且熔体温度波动较小，这种假设一般是可以接受的。文献［43］中收集了一些聚合物材料的 p-v-T 曲线。当温度从参考温度 T_0 变为温度 T 时，其密度的变化可依据以下方程进行计算：

$$\rho(T)=\rho(T_0)\frac{1}{1+\alpha(T-T_0)} \tag{2.43}$$

式中，α 为热膨胀线性系数；$\rho(T_0)$为参考温度 T_0 下材料的密度；$\rho(T)$为温度 T 下材料的密度。该方程的有效使用范围仅仅受限于其线性区域：对无定形态聚合物而言，低于或高于其玻璃化转变温度 T_g；对半结晶型聚合物而言，低于或高于其熔融温度 T_m。

2.2.2 导热性

塑料的热导率 λ 一般非常小，其值大约为 0.12 W/（m·K），比金属材料低 2～3 个数量级。正如文献［45］中所述，塑料的热导率随着压力的升高而增大。在一般的挤出成型压力下（压力低于 300bar），材料的热导率大约提高 5%，但在流动诱导分子链发生取向导致各向异性时，压力对热导率的影响几乎没有[46, 47]。正因如此，压力对热导率的影响常常忽略不计。

相对于无定形态的聚合物，温度对半结晶型塑料热导率的影响更加明显（图 2.27[48]），而半结晶型聚合物在熔融状态时，其热导率对温度的依赖性才与无定态聚合物旗鼓相当[42]。因此，熔融状态下聚合物的热导率一般可以认为是一个常数，并具有很高的精度。

通过图表形式，文献［43］中给出了各种各样的热塑性塑料的热导率与温度之间的关系。

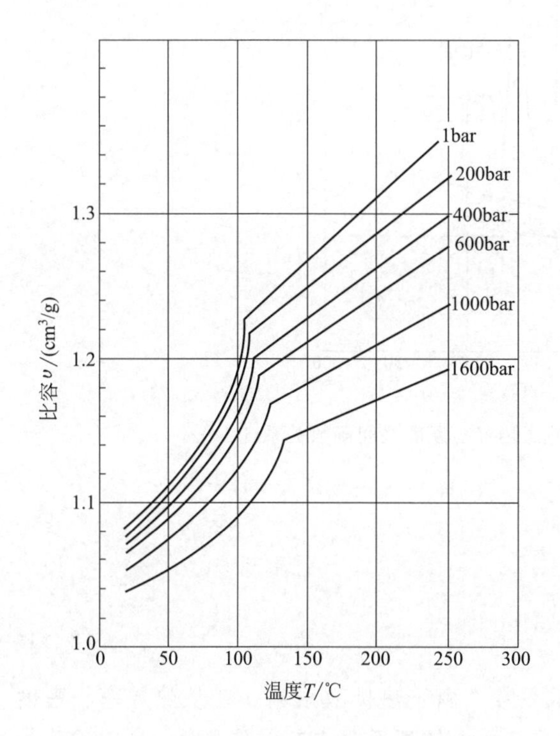

图 2.26 低密度聚乙烯的 p-υ-T 曲线图（平均冷却速率 4K/s；等压冷却 p_c=400bar；低密度聚乙烯 Lupolen 1810H）

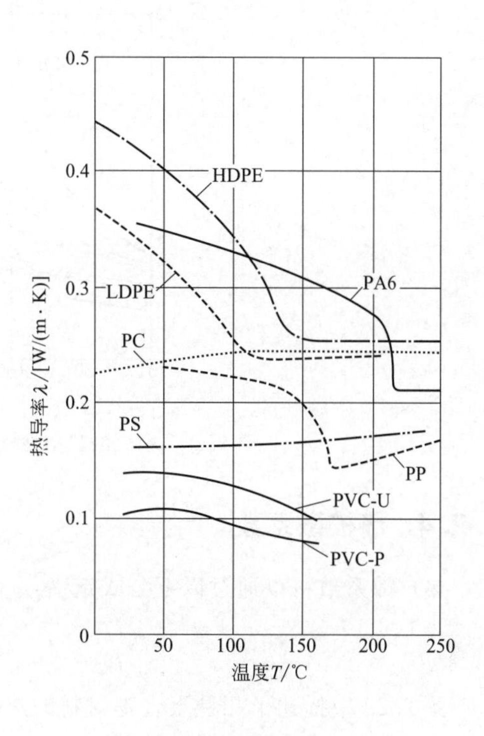

图 2.27 不同的热塑性塑料的热导率与温度之间函数关系[48]

2.2.3 比热容

比热容 c_p，也常常被称为“比热”，是指在相同压力下，1g 的物质温度升高 1 K 所需要的热量[43]。从这个定义中可以看出，c_p 仅仅与非稳态过程相关，如加热或冷却过程。室温状态下，塑料的 c_p 值大约为 1.5J/(g・K)，因此其大小大约为钢铁的三倍左右，但仅仅略大于 20℃下水的比热容的三分之一［水在 20℃下时的比热容为 4.18 J/(g・K)］。压力对比热容的 c_p 影响一般可以忽略不计[7]。

对无定形聚合物而言，不管是低于还是高于其玻璃化转变温度，其 c_p 的大小均随着温度的提高而几乎线性增大，如图 2.28 所示，并且在 T_g 处出现阶跃变化[43]。

对半结晶型聚合物而言，上述的 c_p 阶跃式变化没有无定形聚合物的那么明显，或者说这种阶跃式变化不存在；然而，在结晶熔融温度（T_m）处，由于结晶部分的聚合物的熔融需要吸收热量，导致其 c_p 出现一个急剧增大的峰值[42]，如图 2.28 所示。

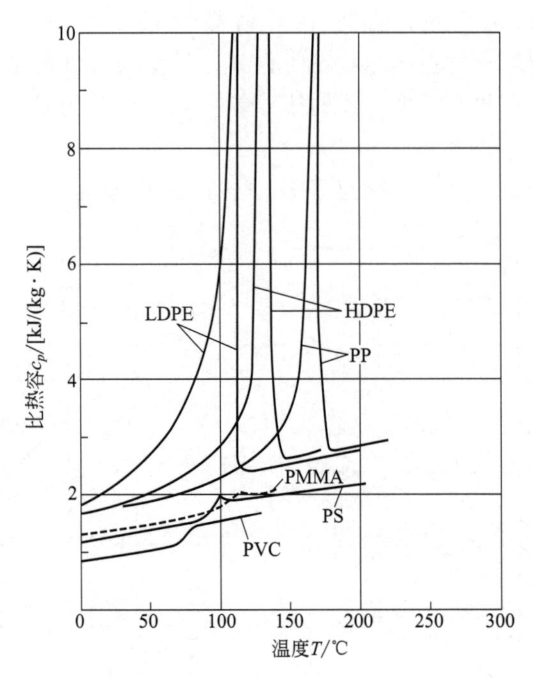

图 2.28 不同的热塑性塑料的比热容与温度之间函数关系

2.2.4 热扩散系数

热扩散系数可以通过以下公式定义：

$$a=\frac{\lambda}{\rho c_p} \tag{2.44}$$

图 2.29 中描述了几种聚合物材料的热扩散系数。由于热扩散系数 a 是从热导率、密度及比热容计算得到，因此其与温度、压力之间的关系也是基于上述参数对温度、压力的依赖性得到。

2.2.5 比焓

比焓的大小可以通过下列公式进行定义：

$$\Delta h=\int_{T_1}^{T_2} c_p(T)\mathrm{d}T \tag{2.45}$$

可以发现，比焓的计算可以通过对 c_p 的表达式在温度 $T_1 \sim T_2$ 的范围内进行积分得到。Δh 是指一个物体在温度 T_1 时的热含量与温度在参考温度（一般为 0～20℃）时的热含量之间的差值。

在模拟计算聚合物加热或冷却过程中所需的功率时，必须已知材料焓值，即：$\dot{Q}=\dot{m}\Delta h$（式中，$\dot{Q}$ 为加热或冷却能力，$\dot{m}$ 为质量流率）。图 2.30 中描述了几种不同聚合物的比焓变化情况，更多的图表资料可以参考文献 [43]。

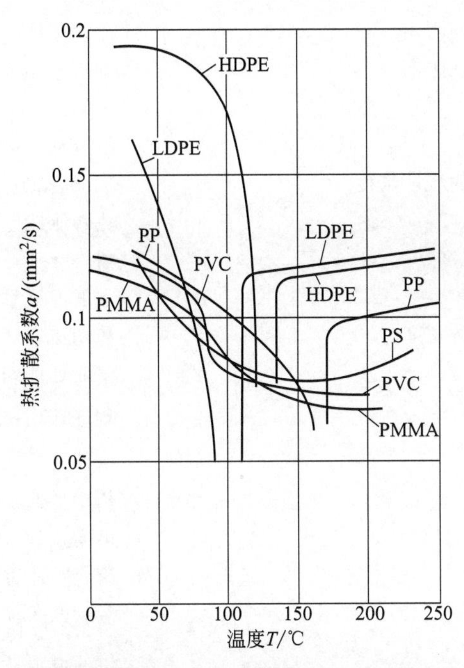

图 2.29　不同的热塑性塑料的热扩散系数与温度之间函数关系

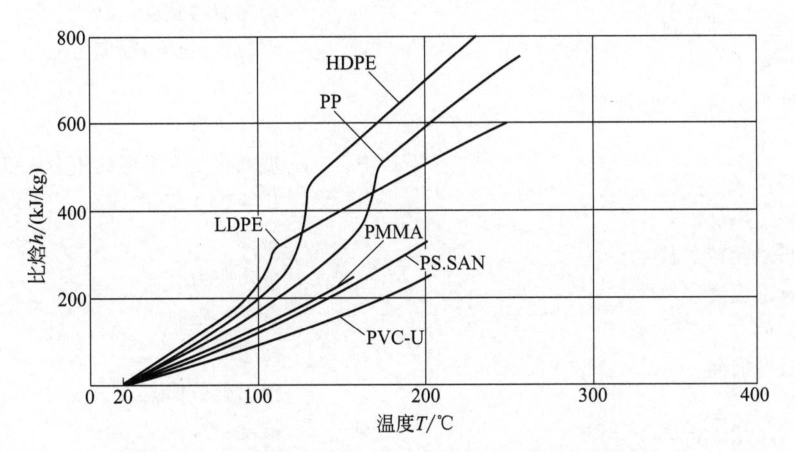

图 2.30　不同热塑性塑料的比焓与温度之间函数关系

符号与缩写

符号	含义
A	Prandtl-Eyring 模型中的材料常数
A	Carreau 模型中的材料常数(零剪切黏度)
A_1, A_2	Vinogradov-Malkin 函数式中的参数
a	热扩散系数
a_T	温度平移因子
B	Carreau 模型中的材料常数(剪切速率的倒数)
C	Prandtl-Eyring 模型中的材料系数
C	Carreau 模型中的材料常数(黏度曲线的斜率)
C_1, C_2	(a)WLF 方程中的系数 (b)式(2.40)中的常数
c	弹簧系数
c_p	比热容
D	直径
D_s	表观剪切速率
E_0	流动活化能
e	特征距离

$e_{\bigcirc}$　圆形流道中的特征距离

$e_{\square}$　矩形流道中的特征距离

H　高度

h　比焓

h_s　矩形缝隙流道中的特征高度

K　稠度系数

L　长度(毛细管的长度)

$l(t)$　样品 t 时刻的长度

l_{∞}　完全收缩后的样条长度

m　流动指数

$\dot{m}$　质量流率

n　黏度系数

p　压力

p_{hyd}　熔体静水压力

p_m　测试的压力

Δp　压力损耗

Δp_e　入口压力降

Δp_v　毛细管中的黏性压力降

$\dot{Q}$　加热(或冷却)能力

R　理想气体常数

R　半径

r_S　圆形流道中的特征半径

s　斜率

T　温度

T_0　参考温度

T_g　玻璃化转变温度

T_S　标准温度

t　时间

t_R　松弛时间

$\dot{V}$　体积流率

ν　流动速度

y　垂直于流动方向沿流道高度方向的坐标轴

z　沿流动方向的坐标轴

α　Vinogradov-Malkin 函数式中的参数

α　热膨胀线性系数

α　角

α　黏度温度系数

$\dot{\gamma}$　剪切速率

$\dot{\gamma}_W$　壁面处剪切速率

$\dot{\gamma}_{rep}$　特征剪切速率

$\dot{\varepsilon}$　拉伸速率

ε_{R_a}　初始形变

ε_R　可逆拉伸

ε_{Ri}　第 i 步时的可逆拉伸

ε_{Ri}^{*}　第 i 步松弛后的可逆形变

$\dot{\varepsilon}_D$　拉伸速率

$\dot{\varepsilon}_S$　由于剪切导致的拉伸速率

η　动态剪切黏度,黏度

η_0　零剪切(速率)黏度

λ　热导率

λ　拉伸速率

ξ　玻璃化转变温度的压力依赖性参数

v　比容(p-v-T 图线)

ρ　密度

τ　剪切应力

τ　特征松弛时间

τ_0　屈服应力

τ_W　壁面处剪切应力

Φ　流度

参考文献

[1] Münstedt, H.: Die Bedeutung physikalischer Kenndaten für die Kunststoffverarbeitung. In: Berechnen von Extrudierwerkzeugen. VDI-Verl., Düsseldorf (1978).

[2] Pähl, M.: Praktische Rheologie der Kunststoffschmelzen und Lösungen. VDI-Verl., Düsseldorf (1982).

[3] Gleiβle, W.: Kurzzeitmessungen zur Ermittlung der Flieβeigenschaften von Kunststoffen bis zuhöchsten Schergeschwindigkeiten. In: Praktische Rheologie der Kunststoffe. VDI-Verl., Düsseldorf (1978).

[4] Bird, R. B., Armstrong, R. C. and Hassager, O.: Dynamics of PolymerLiquids. Vol. 1: Fluid Mechanics. Wiley, New York (1977).

[5] Ostwald, W.: Über die Geschwindigkeitsfunktion der Viskosit. t disperser Systeme I. Kolloid-Z. 36 (1925) pp. 99-117.

[6] Waele, A. de: J. Oil Colour Chem. Assoc. 6 (1923) p. 33.

[7] Schulze-Kadelbach, R., Thienel, P., Michaeli, W., Haberstroh, E., Dierkes, A., Wortberg, J. and Wübken, G.:

Praktische Stoffdaten für die Verarbeitung von Piastomeren. Proceedings of Kunststofftechnisches Kolloquium of IKV, Aachen (1978) .

[8] N. N. : Kenndaten für die Verarbeitung thermoplastischer Kunststoffe. VDMA (Ed.) . T. 2: Rheologie. Hanser, München (1982) .

[9] N. N. : Kenndaten für die Verarbeitung thermoplastischer Kunststoffe. VDMA (Ed.) . T. 4: Rheologie II. Hanser, München (1986) .

[10] Prandtl, L. : Ein Gedankenmodell zur kinetischen Theorie der festen Körper. Z. Ang. Math. Mech. 8 (1928) pp. 86-106.

[11] Eyring, H. : Viscosity, plasticity and diffusion as examples of absolute reaction rates. J. Chem. Phys. 4 (1936) pp. 283-291.

[12] Ebert, F. : Strömung nicht-newtonscher Medien. Vieweg, Braunschweig (1980) .

[13] Rautenbach, R. : Kennzeichnung nicht-newtonscher Flüssigkeiten durch zwei Stoffkonstanten. Chem. Ing. Techn. 36 (1964) p. 277.

[14] Schultz-Grunow, F. : Exakte Viskosimetrie und Modelltheorie für die Rheologie. Kolloid- Z. 138 (1954) p. 167.

[15] Carreau, P. J. : Rheological Equations from Molecular Network Theories. Ph. D. Thesis, University of Wisconsin (1968) .

[16] Geiger, K. and Kühnle, H. : Analytische Berechnung einfacher Scherströmungen aufgrund eines Fließgesetzes vom Carreauschen Typ. Rheol. Acta 23 (1984) pp. 355-367.

[17] Vinogradov, G. V. and Malkin, A. Y. : Rheological properties of polymer melts. J. Polym. Sci. , Polym. Chem. Ed. 4 (1966) pp. 135-154.

[18] Pearson, J. R. A. : Mechanics of Polymer Processing. Elsevier, London (1985) .

[19] Herschel, W. H. and Bulkley, R. : Kolloid-Z. 39 (1926) p. 291.

[20] Limper, A. : Methoden zur Abschätzung der Betriebsparameter bei der Kautschukextrusion. Thesis at the RWTH Aachen (1985) .

[21] Knappe, W. and Schönewald, H. : Anwendung der temperaturinvarianten Auftragung Theologischer Daten für die Auslegung von Düsen. Kunststoffe 60 (1970) 9, pp. 657-665.

[22] Menges, G. et al. : Eine Absch. tzmethode für die Relaxation von Molekülorientierungen in Kunststoffen. Kunststoffe 66 (1976) 1, pp. 42-48.

[23] Lenk, R. S. : Rheologie der Kunststoffe. Hanser, München (1971) .

[24] Ramsteiner, F. : Abh. ngigkeit der Viskosit. t einer Polymerschmelze von Temperatur, hydrostatischem Druck und niedermolekularen Zusätzen. Rheol. Acta 9 (1970) 3, pp. 374-381.

[25] Laun, H. M. : Rheologie von Kunststoffschmelzen mit unterschiedlichem molekularem Aufbau. Kautsch. Gummi Kunstst. 40 (1987) 6, pp. 554-562.

[26] Meissner, J: Rheologisches Verhalten von Kunststoffschmelzen und L. sungen. In: Praktische Rheologie der Kunststoffe. VDI-Verl. , Düsseldorf (1978) .

[27] Williams, M. L. et al. : The temperature dependence of relaxation mechanisms in amorphous polymers and other glass-forming liquids. J. Am. Chem. Soc. 77 (1955) 7, pp. 3701-3706.

[28] Lee, W. A. and Knight, G. J. : Ratio of the glass transition temperature to the melting point in polymers. Br. Polym. J. 2 (1970) 1, pp. 73.

[29] Wübken, G. : Einflu. der Verarbeitungsbedingungen auf die innere Struktur thermoplastischer Spritzgußteile unter besonderer Berücksichtigung der Abkühlverh. ltnisse. Thesis at the RWTH Aachen (1974) .

[30] Wortberg, J. : Werkzeugauslegung für die Ein- und Mehrschichtextrusion. Thesis at the RWTH Aachen (1978) .

[31] Junk, P. B. : Betrachtungen zum Schmelzeverhalten beim kontinuierlichen Blasformen. Thesis at the RWTH Aachen (1978) .

[32] Kühnle, H. : Evaluation of the viscoelastic temperature and pressure shift factor over the full range of shear rates. P. I: Int. Polym. Process. 1 (1987) 2, pp. 89-97; P. II: Int. Polym. Process. 1 (1987) 3, pp. 116-122.

[33] Hellwege, K. H. et al. : Die isotherme Kompressibilität amorpher und teilkristalliner Hochpolymerer. Kolloid-Z.

183 (1962) 2, pp. 110-119.

[34] Menges, G. et al.: Abschätzung der Viskositätsfunktion über den Schmelzindex. Kunststoffe 68 (1978) 1, pp. 47-50.

[35] Rabinowitsch, B.: über die Viskosität und Elastizität von Solen. Phys. Chem. 145 (1929) pp. 1-26.

[36] Chmiel, H. and Schümmer, P.: Eine neue Methode zur Auswertung von Rohrrheometer-Daten. Chem. Ing. Techn. 43 (1971) 23, pp. 1257-1259.

[37] Schümmer, P. and Worthoff, R. H.: An elementary method for the evaluation of a flow curve. Chem. Eng. Sci. 38 (1978) pp. 759-763.

[38] Giesekus, H. and Langer, G.: Die Bestimmung der wahren Fließkurven nicht-newtonscher Flüssigkeiten und plastischer Stoffe mit der Methode der repräsentativen Viskosität. Rheol. Acta 16 (1977) pp. 1-22.

[39] Bagley, E. B.: End corrections in the capillary flows of polyethylene. J. Appl. Phys. 28 (1957) 5, pp. 624-627.

[40] Carreau, P. J. and De Kee, D.: Review of some useful rheological equations. Can. J. Chem. Eng. 57 (1979) pp. 3-15.

[41] Astarita, G. and Marrocci, G.: Principles of Non-Newtonian Fluid Mechanics. McGraw Hill, London (1974).

[42] Menges, G.: Werkstoffkunde der Kunststoffe. 3. Edition Hanser, München (1990)

[43] N. N.: Kenndaten für die Verarbeitung thermoplastischer Kunststoffe. VDMA (Ed.). T. 1: Thermodynamik. Hanser, München (1979).

[44] Michaeli, W.: Berechnen von Kühlprozessen bei der Extrusion. In: Kühlen von Extrudaten. VDI-Verl., Düsseldorf (1978).

[45] Dietz, W.: Bestimmung der Wärme- und Temperaturleitfahigkeit von Kunststoffen bei hohen Drücken. Kunststoffe 66 (1976) 3, pp. 161-167.

[46] Picot, J. J. C. and Debeauvais, F.: Molecular orientation effects on thermal conductivity of polydimethylsiloxane under shearing strain. Polym. Eng. Sci. 15 (1975) 5, pp. 373-380.

[47] Retting, W.: Orientierung, Orientierbarkeit und mechanische Eigenschaften von thermoplastischen Kunststoffen. Colloid Polym. Sci. (1975) 253, pp. 852-874.

[48] Haberstroh, E.: Analyse von Kühlstrecken in Extrusionsanlagen. Thesis at RWTH Aachen (1981).

第3章 简单流动的基本方程

本章节中，我们将推导熔体在圆形、矩形及环形截面流道中发生流动时的基本方程。这些方程的推导过程可以应用在许多情形中，至少可以用于估算挤出时压力损耗及产量的大小，而关于流动过程计算模拟的基础正是基于这些质量、动量及能量的守恒定律（如文献［1～3］）。

为了推导出这些使用方便的基本方程，需要做以下假设。

- 稳态流动：流道内部任意一点的流动状态无瞬态变化。
- 缓慢流动：相对摩擦阻力而言，流动过程中的内阻力忽略不计；根据流动的低雷诺数特征，流动为层流流动。
- 等温流动：流动过程中所有流动单元的温度相同。
- 流动过程中静水压力充分发展。
- 流体不可压缩：密度为常数。
- 无外力作用：例如，流体重力可忽略不计。
- 熔体黏附于流道固体壁面，意味着壁面处流体流动速度与壁面速度一致（边界无滑移条件）。

当上述所有条件均满足时，通过下列的动量通量平衡式可以推导出简单的基础方程。

$$\left\{\begin{matrix}\text{入口(初始)}\\\text{动量/时间}\\\text{(动量通量)}\end{matrix}\right\}-\left\{\begin{matrix}\text{出口(结束)}\\\text{动量/时间}\\\text{(动量通量)}\end{matrix}\right\}+\left\{\begin{matrix}\text{作用于系}\\\text{统的所有}\\\text{力的总和}\end{matrix}\right\}=0 \tag{3.1}$$

$$\vec{I}_1 \quad - \quad \vec{I}_2 \quad + \quad \Sigma\vec{F} \quad = \vec{0}$$

针对所研究的系统，可以将动量通量作为熔体总体运动的结果，或者看作是力作用在流动介质上的结果。然而，如果速度在所考虑的平衡空间内其大小与方向均不发生改变，或者流动介质具有不可压缩特性（即：密度为常数），$\vec{I}_1=\vec{I}_2$。此时，问题就简化为力的平衡，$\Sigma\vec{F}=\vec{0}$。其中，压力与剪切力可以看作是平衡空间内作用在系统上的力。

若进一步假设流动中的流线为直线，例如，熔体在矩形流道中发生流动，根据参考文献［1］可知，处理简单的黏性流动问题的基本方法是：

① 根据具有有限壁面厚度的流动单元建立动量通量平衡（考虑连续性方程）；

② 让壁面厚度趋近于0，其结果则是动量通量平衡转换成微分方程（即：动量通量平衡的微分）；

③ 引入材料属性方程：

$$\dot{\gamma}=f(\tau) \tag{3.2}$$

④ 在确定独立变量的数值时，通过引入边界条件，可以使物理状态更加清晰明确。依据上述第②与第③条，可以得到：速度场 $v=f(r)$ 或 $f(x)$，平均速度场 $\bar{v}$，最大速度 $v_{\max}$，流率 $\dot{V}$，壁面处作用力 F，压力降 ΔP，停留时间谱 $t(r)$ 或者 $t(x)$ 以及平均停留时间 $\bar{t}$。

本章中的 3.1～3.3 节将举例阐述上述的推导方法，更加具体的内容与细节可进一步参考文献［4～6］。

3.1 管内流动

在圆形流道（半径 R，长度 L）中发生流动时，其入口与出口效应均可忽略，则作用在壁面厚度为 $\mathrm{d}r$（速度为 v_z）的圆柱形质量单元上的力平衡可以表示为如图 3.1 所示。正如前面所述，其动量通量的平衡简化成了力的平衡，加上流体不可压缩及熔体以匀速沿直线、平行路径发生流动，则有：

$$2\pi r\,\mathrm{d}r[p(z)-p(z+\mathrm{d}z)]+\tau(r)\times 2\pi r\,\mathrm{d}z-\tau(r+\mathrm{d}r)\times 2\pi(r+\mathrm{d}r)\mathrm{d}z=0 \tag{3.3}$$

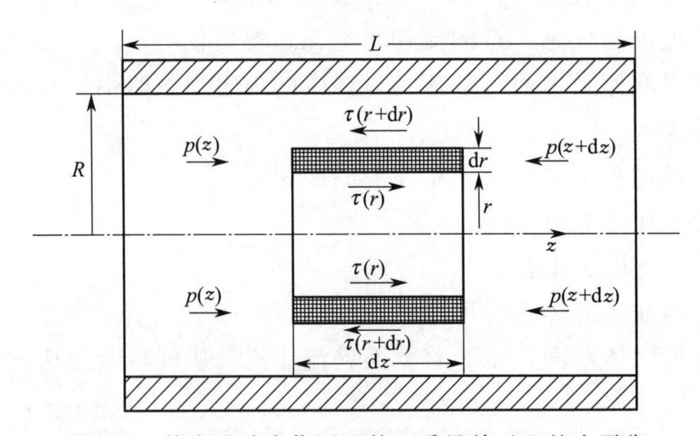

图 3.1 管内流动中作用于某一质量单元上的力平衡

将上式进行泰勒级数展开，并只保留第一级数项：

$$p(z+\mathrm{d}z)=p(z)+\frac{\partial p}{\partial z}\mathrm{d}z$$

$$\tau(r+\mathrm{d}r)=\tau(r)+\frac{\partial \tau}{\partial r}\mathrm{d}r \tag{3.4}$$

由于流动充分展开，则流道内压力梯度可视为常数，如：

$$\frac{\partial p}{\partial z}=-\frac{\Delta p}{L} \tag{3.5}$$

式中，$\Delta p>0\mathrm{bar}$。

通过忽略更高级数项后，我们可以得到下式的微分方程：

$$\frac{\Delta p}{L}=\frac{\tau(r)}{r}+\frac{\mathrm{d}\tau}{\mathrm{d}r}=\frac{1}{r}\frac{\partial}{\partial r}(\tau r) \tag{3.6}$$

代入计算，则得：

$$\tau(r)=\frac{\Delta p}{2L}r+\frac{C_1}{r} \tag{3.7}$$

当 $r=0$ 时，所有的力都将不复存在，因此，第一边界条件为：当 $\tau(r=0)=0 \Rightarrow C_1=0$ 时，

$$\tau(r)=\frac{\Delta pr}{2L} \tag{3.8}$$

上式给出了壁面处的剪切应力 $\tau_w=\tau(r=R)$ 为：

$$\tau_w=\tau(r=R)=\frac{\Delta pR}{2L} \tag{3.9}$$

式(3.8) 与式(3.9) 是通过力的平衡严格地推导得到的，并未根据材料属性进行任何假设。这意味着，式(3.8) 中的剪切应力所表现的线性依赖性与材料本身属性无关。现在，我们可以将材料属性引入式(3.8) 中。

情形 A：牛顿流动

当流动为牛顿流动时，其剪切应力与剪切速率之间的相互关系可表示为：

$$\tau(r)=-\eta\frac{\mathrm{d}v_z(r)}{\mathrm{d}r}=\eta\dot{\gamma}(r) \tag{3.10}$$

将上式代入式(3.8)，得到

$$-\eta\frac{\mathrm{d}v_z(r)}{\mathrm{d}r}=\frac{\Delta pr}{2L} \tag{3.11}$$

$$-\dot{\gamma}=\frac{\mathrm{d}v_z(r)}{\mathrm{d}r}=\frac{\Delta pr}{2L\eta} \tag{3.12}$$

上式中，负号表示的是 v_z 沿半径 r 方向递减，根据式(3.12) 我们得到

$$\mathrm{d}v_z(r)=-\frac{\Delta pr}{2L\eta}\mathrm{d}r \tag{3.13}$$

考虑引入边界条件 $v_z(r=R)=0$（边界无滑移条件），整个流道横截面上的速度场分布可采用以下公式表示：

$$v_z(r)=\frac{\Delta pR^2}{4L\eta}\left[1-\left(\frac{r}{R}\right)^2\right] \tag{3.14}$$

式中，在 $r=0$ 处，速度达到最大，

$$v_{z\text{-max}}=v_z(r=0)=\frac{\Delta pR^2}{4L\eta} \tag{3.15}$$

对平均速度 $\bar{v}_z$ 而言，其大小为：

$$\bar{v}_z=\frac{1}{A}\int v_z(r)\mathrm{d}A \tag{3.16}$$

式中，$A=\pi R^2$；$\mathrm{d}A=2\pi r\,\mathrm{d}r$。根据上式可得：

$$\bar{v}_z=\frac{\Delta pR^2}{8L\eta} \tag{3.17}$$

比较式(3.15)可知，平均速度的大小为最大速度的一半：

$$\bar{v}_z=\frac{1}{2}v_{z\text{-max}} \tag{3.18}$$

其与流率 $\dot{V}$ 之间的关系为：

$$\dot{V}=\bar{v}_zA \tag{3.19}$$

式中，管道横截面积为 $A=\pi R^2$。根据 Hagen-Poiseuille（哈根-泊肃叶）方程，

$$\dot{V}=\frac{\pi R^4}{8L}\frac{1}{\eta}\Delta p \tag{3.20}$$

式中，$K=\frac{\pi R^4}{8L}$=常数（模导系数）。

当我们已知体积流率 $\dot{V}$ 时，压力降 Δp 的大小可以通过式(3.20）计算得到。

在长度为 L 的管道内，其半径 r 上的某流动质点的停留时间可以通过下面的方程计算得到：

$$t(r)=\frac{L}{v_z(r)}=\frac{4L^2\eta}{\Delta pR^2\left[1-\left(\frac{r}{R}\right)^2\right]} \tag{3.21}$$

其平均停留时间 $\bar{t}$ 为：

$$\bar{t}=\frac{L}{\bar{v}_z}=\frac{8\eta L^2}{R^2\Delta p} \tag{3.22}$$

由于停留时间与流动速度成反比，其平均数值的大小为最短停留时间的 2 倍。在最短停留时间处，流动质点的速度处于最大速度值，$v_{z\text{-max}}=v_z(r=0)$。

剪切速率与流率之间的关系可以结合式(3.12）与式(3.20）计算得到：

$$\dot{\gamma}(r)=\frac{4\dot{V}r}{\pi R^4} \tag{3.23}$$

而在管道壁面处，其剪切速率 $\dot{\gamma}_W$ 为：

$$\dot{\gamma}_W=\dot{\gamma}(r=R)=\frac{4\dot{V}}{\pi R^3} \tag{3.24}$$

当采用毛细管流变仪测试时（参考 2.1.2 节），上述方程对测试结果的估算显得尤为重要。

作用在流道表面的力 F_z 可以通过流道壁面面积与剪切应力相乘得到，如下[1]：

$$F_z=2\pi RL\tau(r=R)=\pi R^2\Delta p \tag{3.25}$$

式(3.25）的有效性与熔体的流动行为无关。

情形 B：符合幂律定律的假塑性流动

根据幂律定律的定义[式(2.5)]，我们可以得到下列关系式：

$$\tau(r)=\left[\frac{\dot{\gamma}(r)}{\Phi}\right]^{\frac{1}{m}}=\left(\frac{1}{\Phi}\right)^{\frac{1}{m}}\left[-\frac{\mathrm{d}v_z(r)}{\mathrm{d}r}\right]^{\frac{1}{m}} \tag{3.26}$$

代入式(3.8)，由于速度 v_z 沿半径 r 反向递减，赋予剪切速率 $\dot{\gamma}$ 值为负（负号），则：

$$\dot{\gamma}(r)=-\frac{\mathrm{d}v_z(r)}{\mathrm{d}r}=\Phi\left(\frac{\Delta p}{2L}r\right)^m \tag{3.27}$$

积分，变形得到

$$v_z(r)=-\Phi\left(\frac{\Delta p}{2L}\right)^m\frac{r^{m+1}}{m+1}+C_1=-\frac{\Phi L}{m+1}\left(\frac{\Delta p}{2}\right)^m\left(\frac{r}{L}\right)^{m+1}+C_1 \tag{3.28}$$

结合边界条件 $v_z(r=R)=0$（壁面无滑移），则：

[1] 该方程原著有误，原文为 $F_z=\tau R^2\Delta p$——译者注

$$C_1=\frac{\Phi L}{m+1}\left(\frac{\Delta p}{2}\right)^m\left(\frac{R}{L}\right)^{m+1} \tag{3.29}$$

代入式(3.28) 计算速度 v_z，得到：

$$v_z(r)=\frac{\Phi L}{m+1}\left(\frac{\Delta p}{2}\right)^m\left[\left(\frac{R}{L}\right)^{m+1}-\left(\frac{r}{L}\right)^{m+1}\right] \tag{3.30}$$

依此类推，式(3.15) 至式(3.24) 可变为下述形式：

$$v_{z\text{-max}}=v_z(r=0)=\frac{\Phi R}{m+1}\left(\frac{\Delta pR}{2L}\right)^m \tag{3.31}$$

$$\bar{v}_z=\frac{\Phi R}{m+3}\left(\frac{\Delta pR}{2L}\right)^m \tag{3.32}$$

$$\dot{V}=\Phi\Delta p^m\ \frac{\pi R^3}{m+3}\left(\frac{R}{2L}\right)^m,$$

式中

$$K'=\frac{\pi R^3}{m+3}\left(\frac{R}{2L}\right)^m \tag{3.33}$$

$$\bar{t}=\frac{L}{\bar{v}_z}=\frac{m+3}{\Phi}\left(\frac{2}{\Delta p}\right)^m\left(\frac{L}{R}\right)^{m+1} \tag{3.34}$$

$$\dot{\gamma}(r)=\frac{\dot{V}}{\pi R}(m+3)\left(\frac{r}{R}\right)^m \tag{3.35}$$

$$\dot{\gamma}_{\mathrm{W}}=\dot{\gamma}(r=R)=\frac{\dot{V}}{\pi R^3}(m+3) \tag{3.36}$$

正如前面所述，作用于流道壁面上的力 F_z 与流体的流动行为无关，可采用下式表达：

$$F_z=\pi R^2\Delta p \tag{3.37}$$

若 $m=1$，$\eta=\frac{1}{\Phi}$，则式(3.26) 至式(3.34) 转变为牛顿流体的相关系列方程。

3.2 平板缝隙流动

当流动发生在两块平板之间，在考虑其动量平衡时，按照 3.1 节所述的方法，我们将对高度为 dx、宽为 B 及长为 L 的矩形流动单元进行力平衡分析，如图 3.2 所示。根据式(3.6)，类似地，也得到其微分方程：

$$\frac{\Delta p}{L}=\frac{\mathrm{d}\tau}{\mathrm{d}x} \tag{3.38}$$

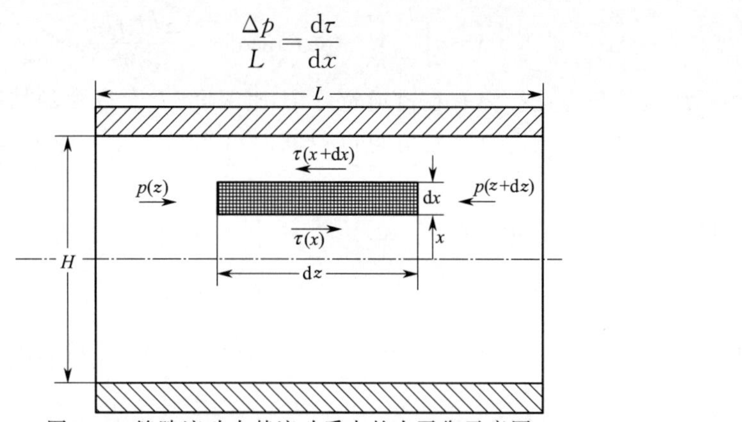

图 3.2 缝隙流动中某流动质点的力平衡示意图

很重要的一点是，需假设流动过程中沿宽度方向的流量恒定不变（忽略边际效应，即认为流动沿宽度方向充分展开）。

当代入边界条件 $\tau(x=0)=0$ 时，我们得到：

$$\tau(x)=\frac{\Delta p}{L}x \tag{3.39}$$

则壁面剪切应力为：

$$\tau_{W}=\tau(r=\frac{H}{2})=\frac{\Delta pH}{2L} \tag{3.40}$$

需要再次申明的是，上述各参数的关系与流体的流动行为无关。

情形 A：牛顿流动

假设流动为牛顿流动行为，则得到下述的函数关系：

$$\tau(x)=\dot{\gamma}\eta=-\eta\frac{\mathrm{d}v_z(x)}{\mathrm{d}x} \tag{3.41}$$

将剪切应力 τ 代入式(3.39)，得到：

$$-\eta\frac{\mathrm{d}v_z(x)}{\mathrm{d}x}B=\frac{\Delta P}{L}B\,\mathrm{d}x \tag{3.42}$$

对上式中的 x 的进行积分，代入边界条件，$v_z=(x=-H/2)=v_z(x=H/2)=0$，则在流动宽度无限大的缝隙型流道中，其速度场分布为：

$$v_z(x)=\frac{\Delta p}{2\eta L}\left[\left(\frac{H}{2}\right)^2-x^2\right]=\frac{\Delta pH^2}{8L\eta}\left[1-\left(\frac{2x}{H}\right)^2\right] \tag{3.43}$$

在 $x=0$ 处，流动速度最大值 $v_{z\text{-max}}$，其大小为：

$$v_{z\text{-max}}=v_z(x=0)=\frac{\Delta pH^2}{8L\eta} \tag{3.44}$$

其平均速度 $\bar{v}_z$ 大小为：

$$\bar{v}_z=\frac{1}{H}\int_{-\frac{H}{2}}^{\frac{H}{2}}v_z(x)\mathrm{d}x=\frac{\Delta pH^2}{12\eta L} \tag{3.45}$$

通过比较式(3.44) 与式(3.45) 发现，

$$\bar{v}_z=\frac{2}{3}v_{z\text{-max}} \tag{3.46}$$

通过对整个流动横截面进行积分计算，我们得到了其体积流率：

$$\dot{V}=\int_{-\frac{H}{2}}^{\frac{H}{2}}\int_0^B v_z(x)\mathrm{d}y\,\mathrm{d}x=\frac{\Delta pBH^3}{12\eta L} \tag{3.47}$$

式中，B 为流道宽度。只有在流道宽度 B 比深度 H 大得多的情况下，式(3.47) 才有效。也就是说，只有当流道边际效应可以忽略时（当满足 $B>10H$ 或以上时），式(3.47) 才成立。

平均停留时间 $\bar{t}$ 的大小为：

$$\bar{t}=\frac{L}{\bar{v}_z}=\frac{12\eta L^2}{\Delta pH^2} \tag{3.48}$$

根据式(3.39)、式(3.41) 及式(3.47)，得到剪切速率 $\dot{\gamma}(x)$为：

$$\dot{\gamma}(x)=\frac{\Delta p}{L\eta}x=\frac{12\dot{V}x}{\Delta pH^3} \tag{3.49}$$

因此，壁面处的剪切速率则为

$$\dot{\gamma}_{W}=\dot{\gamma}\left(x=\frac{H}{2}\right)=\frac{\Delta pH}{2L\eta}=\frac{6\dot{V}}{H^{2}B} \tag{3.50}$$

作用于平板表面的剪切力 F_z 则可以从式(3.40) 中得到，如下所示：

$$F_{z}=BL\tau\left(x=\frac{H}{2}\right)=\Delta pB\,\frac{H}{2} \tag{3.51}$$

同样的，式(3.51) 的有效性也与材料本身的属性无关。

情形 B：符合幂律定律的假塑性流动

根据幂律定律的定义 [式 (2.5)]，剪切应力的表达式应为：

$$\tau(x)=\frac{\dot{\gamma}(x)}{\Phi}=\left(\frac{1}{\Phi}\right)^{\frac{1}{m}}\left[-\frac{\mathrm{d}v_{z}(x)}{\mathrm{d}x}\right]^{\frac{1}{m}} \tag{3.52}$$

结合式(3.39)，我们可得：

$$\left(\frac{1}{\Phi}\right)^{\frac{1}{m}}\left[-\frac{\mathrm{d}v_{z}(x)}{\mathrm{d}x}\right]^{\frac{1}{m}}=\frac{\Delta p}{L}x \tag{3.53}$$

对上述方程进行整理、变形，我们得到剪切速率为：

$$\dot{\gamma}(x)=-\frac{\mathrm{d}v_{z}(x)}{\mathrm{d}x}=\Phi\left(\frac{\Delta p}{L}x\right)^{m} \tag{3.54}$$

积分，代入边界条件 $v_z(x=H/2)=0$，我们得到其速度分布：

$$v_{z}(x)=\Phi\left(\frac{\Delta p}{L}\right)^{m}\frac{\left(\frac{H}{2}\right)^{m+1}-x^{m+1}}{m+1}=\frac{\Phi L}{m+1}\Delta p^{m}\left[\left(\frac{H}{2L}\right)^{m+1}-\left(\frac{x}{L}\right)^{m+1}\right] \tag{3.55}$$

对比式(3.44) 及式(3.45)，我们可得：

$$v_{z\text{-max}}=v_{z}(x=0)=\frac{\Phi H}{2(m+1)}\left(\frac{\Delta pH}{2L}\right)^{m} \tag{3.56}$$

$$\bar{v}_{z}=\frac{\Phi H}{2(m+2)}\left(\frac{\Delta pH}{2L}\right)^{m} \tag{3.57}$$

将式 (3.57) 除以式(3.56)，得到平均速度与最大速度的比值：

$$\frac{\bar{v}_{z}}{v_{z\text{-max}}}=\frac{m+1}{m+2} \tag{3.58}$$

与之前得到的结论一样，当流动表现为牛顿行为时 ($m=1$)，上述的比值为 2/3。随着 m 数值的增大，也就是假塑性增强，速度场迅速地变为柱塞式流动（最大流动速度下降，速度比值趋近于 1)，如图 3.3 所示。

同样在整个流动横截面上对式(3.55) 进行积分，得到其体积流率为：

$$\dot{V}=\frac{\Phi BH}{2(m+2)}\left(\frac{\Delta pH}{2L}\right)^{m}=BH\bar{v}_{z} \tag{3.59}$$

根据式 (3.57) 可得，平均停留时间为

$$\bar{t}=\frac{L}{\bar{v}_{z}}=\frac{m+2}{\Phi\Delta p^{m}}\left(\frac{2L}{H}\right)^{m+1} \tag{3.60}$$

根据式(3.39)、式(3.52) 及式(3.59)，剪切速率为：

$$\dot{\gamma}(x)=\frac{2(m+2)\dot{V}}{BH^2}\left(\frac{2x}{H}\right)^m \tag{3.61}$$

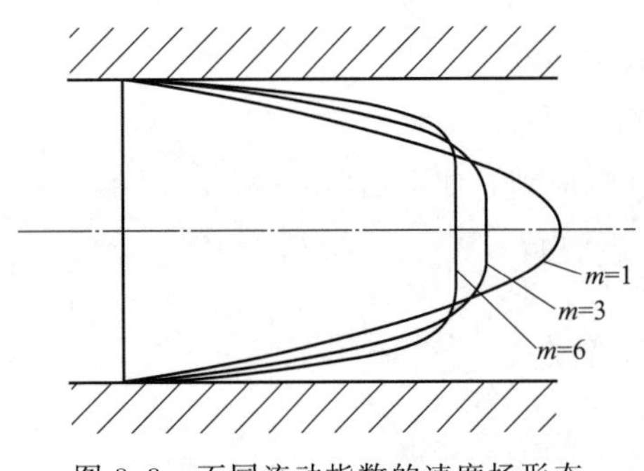

图 3.3　不同流动指数的速度场形态

则壁面处的剪切速率为 $\dot{\gamma}_W$ 为

$$\dot{\gamma}_W=\dot{\gamma}\left(x=\frac{H}{2}\right)=\Phi\left(\frac{\Delta pH}{2L}\right)^m=\frac{2(m+2)\dot{V}}{BH^2} \tag{3.62}$$

正如前面式(3.51) 所述，作用在平板表面的剪切力 F_z 的大小与流动形态无关，其可以采用下面的方程进行描述：

$$F_z=BL\tau_W=pB\frac{H}{2} \tag{3.63}$$

同样的道理，当 $m=1$ 及 $\eta=\frac{1}{\Phi}$时，上述方程描述的则为牛顿流动行为。

3.3　环形缝隙流动

当所考虑的流动发生在环形缝隙流道中时，我们参考前面 3.1 节中所叙述的管内流动行为，提出相同的假设与条件。这里，通过动量平衡方程式(3.1) 得出的式(3.7)，在式(3.64) 中我们再一次给出 [1]：

$$\tau(r)=\frac{\Delta p}{2L}r+\frac{C_1}{r} \tag{3.64}$$

为了满足上述要求，需要假设点 $r=\lambda R$ 处的剪切应力 τ 为 0（参考图 3.4），在该点处其流动速度达到最大值 $v_{z\text{-max}}$。式中，R 是管型缝隙流道的外径，并满足下列方程式：

$$C_1=-\frac{\Delta p}{2L}(\lambda R)^2 \tag{3.65}$$

然而，λ 的大小我们仍然未知。根据式(3.65) 及式(3.7)，我们得到：

$$\tau(r)=\frac{\Delta pR}{2L}\left(\frac{r}{R}-\lambda^2\frac{R}{r}\right) \tag{3.66}$$

上述方程式的成立与材料本身的属性无关。根据式(3.7)，下面我们引入材料属性方程。

情形 A：牛顿流动

假设牛顿流动行为满足下面的函数关系表达式：

$$\tau(r)=\eta\dot{\gamma}(r)=-\eta\frac{\mathrm{d}v_z(r)}{\mathrm{d}r} \tag{3.67}$$

针对牛顿流动行为，剪切速率可以根据式(3.10) 进行计算，如：

$$\dot{\gamma}(r)=-\frac{\mathrm{d}v_z(r)}{\mathrm{d}r}=-\frac{\Delta pR}{2\eta L}\left(\frac{r}{R}-\lambda^2\frac{R}{r}\right) \tag{3.68}$$

结合式(3.67) 及式(3.68)，可进一步得到剪切速率为：

$$\dot{\gamma}(r)=-\frac{pR}{2\eta L}\left(\frac{r}{R}-\lambda^2\frac{R}{r}\right) \tag{3.69}$$

对 r 进行积分，得

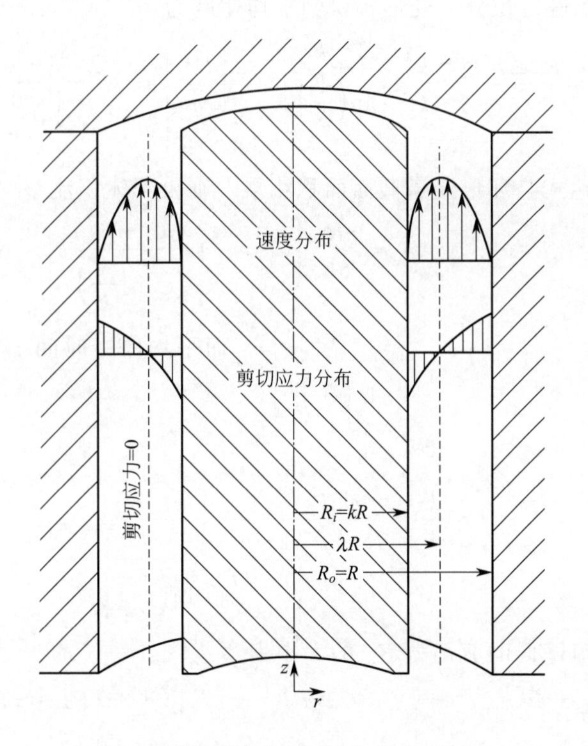

图 3.4　圆柱环形流道中的流动行为

$$v_z(r)=-\frac{\Delta pR^2}{4\eta L}\left[\left(\frac{r}{R}\right)^2-2\lambda^2\ln\left(\frac{r}{R}\right)+C_2\right] \tag{3.70}$$

上式方程中，含有两个未知参数：λ 和 C_2。其大小可以通过下列边界条件得到：

① 当 $r=kR$ 时，$v_z(r=kR)=0$；

② 当 $r=R$ 时，$v_z(r=R)=0$；

式中，参数 k 为环形流道的内径与外径之比，即：

$$k=\frac{R_i}{R} \tag{3.71}$$

将上式代入式(3.70)，则得到：

$$2\lambda^2=\frac{1-k^2}{\ln\left(\frac{1}{k}\right)}$$

$$C_2=-1 \tag{3.72}$$

最终，我们得到其速度分布为：

$$v_z(r)=\frac{R^2\Delta p}{4\eta L}\left[1-\left(\frac{r}{R}\right)^2+\frac{1-k^2}{\ln\left(\frac{1}{k}\right)}\ln\left(\frac{r}{R}\right)\right] \tag{3.73}$$

当 $r=\lambda R$ 时，我们得到关于 $v_{z\text{-max}}$ 的表达式如下所示：

$$v_{z\text{-max}}=v_z(r=\lambda R)=\frac{R^2\Delta p}{4\eta L}\left\{1-\frac{1-k^2}{2\ln\left(\frac{1}{k}\right)}\left\{1-\ln\left[\frac{1-k^2}{2\ln\left(\frac{1}{k}\right)}\right]\right\}\right\} \tag{3.74}$$

通过对式（3.73）进行积分、变形，得到平均速度为

$$\bar{v}_z=\frac{R^2\Delta p}{8\eta L}\left[\frac{1-k^4}{1-k^2}-\frac{1-k^2}{\ln\left(\frac{1}{k}\right)}\right]=\frac{\Delta pR^2}{8L\eta}\left[1+k^2-\frac{1-k^2}{\ln\left(\frac{1}{k}\right)}\right] \tag{3.75}$$

将平均速度的表达式与环形流道截面面积相乘，则得到体积流率 $\dot{V}$，其表达式为：

$$\dot{V}=\pi R^2(1-k^2)\bar{v}_z=\frac{\pi R^4}{8L}\left[(1-k^4)-\frac{(1-k^2)^2}{\ln\left(\frac{1}{k}\right)}\right]\frac{1}{\eta}\Delta p \tag{3.76}$$

$k''=\text{模导系数}=\frac{\pi R^4}{8L}\left[(1-k^4)-\frac{(1-k^2)^2}{\ln\left(\frac{1}{k}\right)}\right]$，而平均停留时间 $\bar{t}$ 的大小则与平均速度 $\bar{v}_z$ 成反比，即：

$$\bar{t}=\frac{L}{\bar{v}_z}=\frac{8\eta L^2}{R^2\Delta p}\frac{1}{\left[\frac{1-k^4}{1-k^2}-\frac{1-k^2}{\ln\left(\frac{1}{k}\right)}\right]} \tag{3.77}$$

因此，作用在流道壁面的剪切力 F_z 的大小为：

$$F_{\text{z-total}}=F_{\text{z-outer}}+F_{\text{z-inner}}=\tau|_{r=R}\times 2\pi RL-\tau|_{r=kR}\times 2\pi kRL=\pi R^2(1-k^2)\Delta p \tag{3.78}$$

$$F_{\text{z-inner}}=-\tau|_{r=kR}\times 2\pi kRL=-\Delta p\pi R^2\left[\frac{1-k^2}{2\ln\left(\frac{1}{k}\right)}-k^2\right] \tag{3.79}$$

$$F_{\text{z-outer}}=\tau|_{r=R}\times 2\pi RL=\Delta p\pi R^2\left[1-\frac{1-k^2}{2\ln\left(\frac{1}{k}\right)}\right] \tag{3.80}$$

情形 B：符合幂律定律的假塑性流动

基于幂律模型的基本定义[式(2.5)]，当流动发生在环形缝隙流道中时，其剪切应力 $\tau(r)$ 为：

$$\tau(r)=\left[\frac{\dot{\gamma}(r)}{\Phi}\right]^{\frac{1}{m}}=\left(\frac{1}{\Phi}\right)^{\frac{1}{m}}\left[\frac{-\mathrm{d}v_z(r)}{\mathrm{d}r}\right]^{\frac{1}{m}} \tag{3.81}$$

根据式(3.66) 及式(3.81)，其剪切速率 $\dot{\gamma}(r)$ 为：

$$\dot{\gamma}(r)=-\frac{\mathrm{d}v_z(r)}{\mathrm{d}r}=\Phi\frac{\Delta pR}{2L}\left[\frac{\left(\frac{r}{R}\right)^2-\lambda^2}{\frac{r}{R}}\right]^m \tag{3.82}$$

在确定其流动速度分布时，需要解决下列积分方程：

$$v_z(r)=-\int\Phi\frac{\Delta pR}{2L}\left[\frac{\left(\frac{r}{R}\right)^2-\lambda^2}{\frac{r}{R}}\right]\mathrm{d}r \tag{3.83}$$

然而，要计算出上述积分方程，流动指数 m 必须为已知数值。当采用幂律模型时，对于发生在环形缝隙流道中的流动，我们无法推导出任何通用方程。

3.4 模具中各简单流动方程的总结

针对不同的简单流动问题（即流动空间结构简单），本章节中我们将对剪切应力、剪切速率、轴向速度分布及压力损耗的相关方程进行总结概括。由于流道的结构尺寸相对简单，本节中的流道结构包括了圆形流道、缝隙型或环形缝隙型流道。除此之外，针对具有不规则截面形状的流道，以及圆锥形孔流道结构，也对其近似方程进行了分析。图 3.5 给出了上述这些流道的结构及相关尺寸。

需要提醒的是，这里同样需要满足下列假设与简化过程：

① 等温流动（意味着熔体流线上各质点具有相同的温度；模具壁面与熔体也具有相同的温度，即熔体与模具壁面之间没有热量交换。这种条件常常被赋予稳态挤出过程）；

② 稳态流动，即流动场随时间不发生改变（同样适用于稳态挤出过程）；

③ 流动形态为层流流动，雷诺数 $Re=2rv_z\rho/\eta$，小于 2100（常常应用于塑料熔体的实际加工过程）；

④ 流体不可压缩（密度为常数）（经常可近似地应用于塑料熔体，参考 2.2.1 节）；

⑤ 忽略入口与出口效应（一般来说这是可行的，为了方便对牛顿流体建立一个抛物线式的流场形态，下面的方程[20] 给出了牛顿流体的入口长度 L_e，也就是所谓的水力入口长度）。

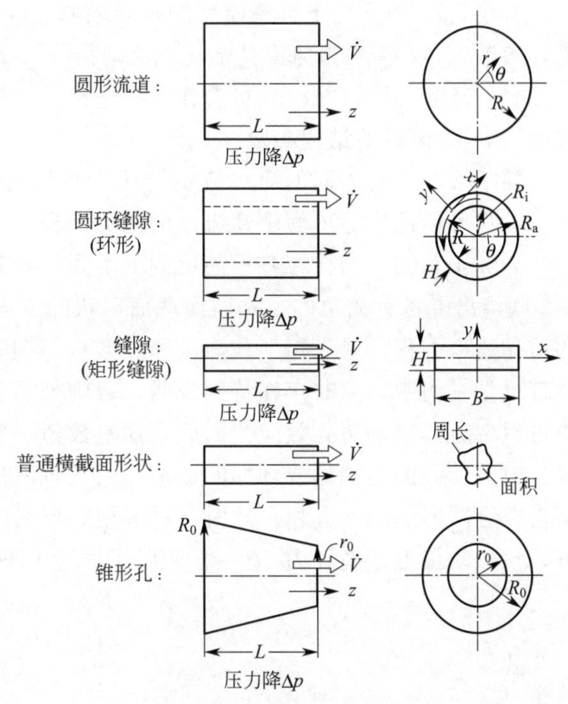

图 3.5　流道基本形状单元的结构尺寸定义

$$L_e=0.035DRe$$

参考文献［21］，对于塑料熔体而言，其入口长度一般比 R 要小。在某种程度上，该结论也可通过流动的数值模拟计算得到证明（例如文献［22］）。

对于黏弹性流体，一般要求额外的流变入口长度，在该入口长度内，熔体保留了之前所有的形变，该入口长度相对水力入口长度来说要大一些[23]，其大小则取决于熔体的流变特性，我们无法简单地靠平均计算来得到其相对精确的值。

⑥ 壁面无滑移条件（该条件适用于大多数的聚合物熔体，但也存在一些不适用的情况，如文献［24、25］中所描述的高剪切速率下的聚乙烯，几种硬性 PVC 以及一般的橡胶混合物[26]。这些情况下熔体在模具壁面处存在一个有限的壁面滑移速度）。

通过对 3.1 至 3.3 节中所推导出来的体积流率 $\dot{V}$ 方程进行分析，我们发现其还可以改写成下面的通用表达式。

对牛顿流体：

$$\dot{V}=\frac{K}{\eta}\Delta p=\frac{1}{W\eta}\Delta p \tag{3.84}$$

式中，K 为模导系数；其倒数 W 为常常所说的模阻系数。这两参数的大小都只与模具的结构尺寸相关。

对假塑性流体：

根据 Ostwald 与 de Waele 幂律模型[式(2.5)]，引入幂律定律，则体积流率方程可以改写为下面的形式：

$$\dot{V}=K'\Phi\Delta p^{m}=G^{m}\Phi\Delta p^{m} \tag{3.85}$$

式中，K'为适用于幂率模型的模导系数；G 为与模具相关的常数，一般较少使用。这里，参数 K'及 G 均为与模具结构及流动指数 m 相关的函数。

式(3.84) 及式(3.85) 可看作是描述模具内熔体流动的基本、简单函数关系式，式中参数 K、K'为模具的结构参数。

接下来，针对不同的简单流道结构，我们概括了关于牛顿流体流动时最重要的一些方程，并尽可能地推导出假塑性流动的相关方程。

表 3.1 总结了熔体在各种简单的、不同横截面形状的流道中流动时的剪切应力方程。表 3.2 则给出了各种简单的、不同横截面形状的流道的模导系数。表 3.3 概括了上述各种流道的剪切速率方程。对于矩形截面（缝隙型），其基本尺寸为宽度 B、高度 H 及长度 L，则在方程推导过程中，除非存在特别说明，否则都需要假设其流动宽度无限大，以便在计算过程中可以忽略其流动边界效应。因此，这些数值一般也只有在流道宽度远远大于其高度时才有效。对流动截面为圆形或环形的流道，当其宽度远远小于其平均直径时，其实际流动特征将不再符合圆形的流动方程。此时，可采用矩形缝隙流道的流动方程进行近似替代。这种情形下，该流动接近于高度为 H、宽度为 B 的缝隙型流动，其方程为：

$$H\approx R_0-R_i \qquad B\approx\pi(R_0+R_i)$$

式中，

$$\frac{R_0-R_i}{R_0+R_i}\gg 1 \tag{3.86}$$

表 3.4 总结概括了各种流动截面形状的流动速度方程。一般来说，通过引入一个校正因子，可以对环形或矩形截面流道中的流动方程作近似处理，从而用于描述流道截面为非规则形状 时的流动形态。

表 3.5、表 3.6 分别给出了各种流动截面形状的压力降和代表性的剪切速率。

表 3.1　熔体在各种流道中流动时的剪切应力方程

结构形状	剪切应力
圆形(管)	$\tau=\frac{\Delta p}{2L}r$ $\tau_W=\frac{\Delta p}{2L}R \quad \tau=\tau_W\left(\frac{r}{R}\right)$
圆形缝隙 (环形缝隙)	$\tau=\frac{\Delta p}{L}x$ $\tau_W=\frac{\Delta p}{2L}H \quad \tau=\tau_W\left(\frac{2x}{H}\right)$ $\tau=\frac{R}{2}\frac{\Delta p}{L}\left[\left(\frac{r}{R}\right)-\frac{1-k^2}{2\ln(1/k)}\left(\frac{R}{r}\right)\right]$ $k=\frac{R_i}{R_a}$

续表

结构形状	剪切应力
矩形缝隙	$\tau=\dfrac{\Delta p}{L}x$ $\tau=\dfrac{\Delta p}{2L}H\quad \tau=\tau_W\left(\dfrac{2x}{H}\right)$
一般通用	$\tau_W=\dfrac{\Delta pA}{UL}$

表 3.2　模导系数 K，K'

结构形状	牛顿流体($\tau=\eta\dot{\gamma}$)	假塑性流体($\tau^m=\dfrac{1}{\Phi}\dot{\gamma}$)
圆形(管)	$K=\dfrac{\pi R^4}{8L}(L/R\gg 1)$	$K'=\dfrac{\pi R^{m+3}}{2^m(m+3)}\left(\dfrac{1}{L}\right)^m$
圆形缝隙(环形缝隙)	$K=\dfrac{2\pi R+H}{12L}H^3$ ($H/R>0.1$) (校正入口效应) $K=\dfrac{\pi RH^3}{6L}(H/R\ll 0.1)$ (被看作是缝隙) $K=\dfrac{\pi DH^3}{12L}(H/R\ll 0.1)$ (被看作是缝隙) $K=\dfrac{\pi R^4}{8L}\left[(1-k^4)-\dfrac{(1-k^2)^2}{\ln(1/k)}\right]$ $(k=\dfrac{R_i}{R_a})$	$K'=\dfrac{\pi(R_a+R_i)(R_a-R_i)^{m+2}}{2^{m+1}(m+2)}\left(\dfrac{1}{L}\right)^m$ $=\dfrac{\pi DH^{m+2}}{2^{m+1}(m+2)}\left(\dfrac{1}{L}\right)^m$
矩形缝隙	$K=\dfrac{BH^3}{12L}(B\gg H)$ 当B/H≤20时,引入 流动系数 f_p[11~16](参考图3.6)	$K'=\dfrac{BH^{m+2}}{2^{m+1}(m+2)}\left(\dfrac{1}{L}\right)^m$ ($B/H>20$)
锥形	$K=\dfrac{\pi r^4}{8L}\dfrac{3\left(\dfrac{R_0}{r_0}-1\right)}{1-\left(\dfrac{r_0}{R_0}\right)^3}$	$K'=\dfrac{\pi}{2^m(m+3)}\left\{\dfrac{3\left(\dfrac{R_0}{r_0}-1\right)}{mL\left[1-\left(\dfrac{r_0}{R_0}\right)^{\frac{3}{m}}\right]}\right\}^m r^{m+3}$
不规则形状 (通用型)	① $K=\dfrac{BH^3}{12L}f_p$ f_p 参考图3.6 ② $K=\dfrac{A^3}{2LU^2}$ (近似方程)	$K'=\dfrac{2A^{m+2}}{(m+3)LU^{m+1}}$ (近似方程)

表 3.3　剪切速率 $\dot{\gamma}$ 及壁面剪切速率 $\dot{\gamma}_W$

结构形状	牛顿流体($\tau=\eta\dot{\gamma}$)	假塑性流体($\tau^m=\dfrac{1}{\Phi}\dot{\gamma}$)
圆形(管)	$\dot{\gamma}=\dfrac{4\bar{v}_z r}{R^2}=\dfrac{4\dot{V}r}{R^4\pi}$ $\dot{\gamma}_W=\dfrac{4\dot{V}}{R^3\pi}$	$\dot{\gamma}=(m+3)\dfrac{\bar{v}_z}{R}\left(\dfrac{r}{R}\right)^m$ $\dot{\gamma}_W=\dfrac{(m+3)\dot{V}}{\pi R^3}$

续表

结构形状	牛顿流体($\tau=\eta\dot{\gamma}$)	假塑性流体($\tau^m=\frac{1}{\Phi}\dot{\gamma}$)
圆形缝隙 (环形缝隙)	$\dot{\gamma}_W=\frac{6\dot{V}}{\pi DH^2}$ $\dot{\gamma}_W=\frac{6\dot{V}}{\pi(R_a+R_i)(R_a-R_i)^2}$	$\dot{\gamma}_W=\frac{2(m+2)\dot{V}}{\pi DH^2}$ $\dot{\gamma}_W=\frac{2(m+2)\dot{V}}{\pi(R_a+R_i)(R_a-R_i)^2}$
矩形缝隙	$\dot{\gamma}_W=\frac{6\dot{V}}{BH^2}$	$\dot{\gamma}=(m+2)\frac{2\bar{v}_z}{H}\left(\frac{2x}{H}\right)^m$ $\dot{\gamma}_W=(m+2)\frac{2\dot{V}}{BH^2}$
锥形	$\dot{\gamma}=\frac{4\dot{V}}{\pi r^3}\left[\frac{1-\left(\frac{r_0}{R_0}\right)^3}{3\left(\frac{R_0}{r_0}-1\right)}\right]^{\frac{3}{4}}$	
不规则形状 (通用型)	① $\dot{\gamma}=\frac{2\dot{V}U}{A^2}$ ② $R_{eq}=\sqrt{\frac{A}{\pi}}$ $\dot{\gamma}_W=\frac{4\dot{V}}{\pi R_{eq}^3}$ (近似方程)	

表 3.4　速度 v_z，平均速度 $\bar{v}_z$ 及最大速度 $v_{z\text{-max}}$

结构形状	牛顿流体($\tau=\eta\dot{\gamma}$)	假塑性流体($\tau^m=\frac{1}{\Phi}\dot{\gamma}$)
圆形(管)	$v_z=\frac{R^2}{4\eta}\frac{\Delta p}{L}\left[1-\left(\frac{r}{R}\right)^2\right]$ $v_z=v_{z\text{-max}}\left[1-\left(\frac{r}{R}\right)^2\right]$ $v_{z\text{-max}}=\frac{\Delta pR^2}{4\eta L}$ $\bar{v}_z=\frac{\Delta pR^2}{8\eta L}$ ($v_{z\text{-max}}=2\bar{v}_z$)	$v_z=\Phi\left(\frac{\Delta p}{2L}\right)^m\frac{R^{m+1}-r^{m+1}}{m+1}$ $v_z=v_{z\text{-max}}\left[1-\left(\frac{r}{R}\right)^{m+1}\right]$ $v_{z\text{-max}}=\Phi\left(\frac{\Delta p}{2L}\right)^m\frac{R^{m+1}}{m+1}$ $\bar{v}_z=\frac{\Phi}{m+3}\left(\frac{\Delta p}{2L}\right)^m R^{m+1}$
圆形缝隙(环形缝隙)	$v_z=\frac{R^2}{4\eta}\frac{\Delta p}{L}\left\{1-\left(\frac{r}{R}\right)^2+\left[\frac{1-k^2}{\ln(1/k)}\right]\ln\left(\frac{r}{R}\right)\right\}$ $k=\frac{R_i}{R_a}$ $v_{z\text{-max}}=\frac{R^2}{4\eta}\frac{\Delta p}{L}\left\{1-\left[\frac{1-k^2}{2\ln(1/k)}\right]\left\{1-\ln\left[\frac{1-k^2}{2\ln(1/k)}\right]\right\}\right\}$ $\bar{v}_z=\frac{\Delta pR^2}{8\eta L}\left[\frac{1-k^4}{1-k^2}-\frac{1-k^2}{\ln(1/k)}\right]$	
矩形缝隙	$v_z=\frac{H^2\Delta p}{8\eta L}\left[1-\left(\frac{2x}{H}\right)^2\right]$ $v_{z\text{-max}}=\frac{H^2\Delta p}{8\eta L}$ $\bar{v}_z=\frac{H^2\Delta p}{12\eta L}$ $\left(v_{z\text{-max}}=\frac{3}{2}\bar{v}_z\right)$	$v_z=\Phi\left(\frac{\Delta p}{L}\right)^m\frac{\left(\frac{H}{2}\right)^{m+1}-x^{m+1}}{m+1}$ $v_z=v_{z\text{-max}}\left[1-\left(\frac{2x}{H}\right)^{m+1}\right]$ $v_{z-\max}=\Phi\left(\frac{\Delta p}{L}\right)^m\frac{\left(\frac{H}{2}\right)^{m+1}}{m+1}$ $\bar{v}_z=\frac{\Phi}{m+2}\left(\frac{\Delta p}{L}\right)^m\left(\frac{H}{2}\right)^{m+1}$

表 3.5　压力降 $\Delta p/L$

结构形状	牛顿流体($\tau=\eta\dot{\gamma}$)	假塑性流体($\tau^m=\frac{1}{\Phi}\dot{\gamma}$)	假塑性流体特性数据
圆形(管)	$\frac{\Delta p}{L}=\frac{8\eta\dot{V}}{\pi R^4}$	$\frac{\Delta p}{L}=\left[\frac{2^m(m+3)\dot{V}}{\Phi\pi R^{m+3}}\right]^{\frac{1}{m}}$	$\frac{\Delta p}{L}=\frac{8\bar{\eta}\dot{V}}{\pi R^4}=\frac{8\bar{\eta}\bar{\dot{\gamma}}}{\pi R}=\frac{8\bar{\eta}\bar{v}_z}{\pi R^2}$
圆形缝隙(环形缝隙)	$\frac{\Delta p}{L}=\frac{12\eta\dot{V}}{\pi DH^3}$； $H\ll D$	$\frac{\Delta p}{L}=\left[\frac{2^{m+1}(m+2)\dot{V}}{\Phi\pi DH^{m+2}}\right]^{\frac{1}{m}}$	$\frac{\Delta p}{L}=\frac{12\bar{\eta}\dot{V}}{\pi DH^3}$ $\frac{\Delta p}{L}=\frac{8\bar{\eta}\dot{V}}{\pi(R_a^2-R_i^2)\bar{R}^2}$ $\bar{R}=R_a\left(1+k^2+\frac{1-k^2}{\ln k}\right)^{\frac{1}{2}}$； $k=\frac{R_i}{R_a}$
矩形缝隙	$\frac{\Delta p}{L}=\frac{12\eta\dot{V}}{BH^3}$； $(B\gg H)$ $\frac{\Delta p}{L}=\frac{12\eta\dot{V}}{BH^3f_p}$ $(B/H\leqslant 20)$ f_p 参考图 3.6	$\frac{\Delta p}{L}=\left[\frac{2^{m+1}(m+2)\dot{V}}{\Phi BH^{m+2}}\right]^{\frac{1}{m}}$	$\frac{\Delta p}{L}=\frac{12\bar{\eta}\dot{V}}{BH^3}=\frac{12\bar{\eta}\bar{v}}{H^2}$
不规则形状(通用型)	① $\frac{\Delta p}{L}=\frac{12\eta\dot{V}}{BH^3f_p}$ f_p 参考图 3.6 ② $\frac{\Delta p}{L}=\frac{2\eta U^2\dot{V}}{A^3}$ (近似方程)	$\frac{\Delta p}{L}=\left[\frac{(m+3)U^{m+1}\dot{V}}{2\Phi A^{m+2}}\right]^{\frac{1}{m}}$ (近似方程)	$\bar{\eta}$ 不存在可通用的有效表达式

表 3.6　代表性的剪切速率 $\bar{\dot{\gamma}}$

结构形状	假塑性流体:特征数据
圆形(管)	$\bar{\dot{\gamma}}=\frac{4\dot{V}}{\pi R^3}\bar{e}_{\bigcirc}$，$\bar{e}_{\bigcirc}\approx 0.815$
圆形缝隙(环形缝隙)	$\bar{\dot{\gamma}}=\frac{\dot{V}}{(R_a^2-R_i^2)\bar{R}}=\pi\frac{\bar{v}_z}{R}$ $\bar{R}=R_a\left[1+k^2+\frac{1-k^2}{\ln k}\right]^{\frac{1}{2}}$，$k=\frac{R_i}{R_a}$
矩形缝隙	$\bar{\dot{\gamma}}=\frac{6\dot{V}}{BH^2}\bar{e}_{\square}$，$\bar{e}_{\square}\approx 0.772$
	这里，$\bar{e}_{\bigcirc}$、$\bar{e}_{\square}$平均值仅仅只有在流动指数 $2\leqslant m\leqslant 4$ 时才有效(相比图 2.16)

图 3.6 中引入流动系数 f_p(图 3.6)[7, 8]，可应用于表征牛顿流体在矩形与其他截面形状流道中的流动行为。这些参数也考虑了当流道表面积与横截面积之间具有较大比值时的情况，其中流道表面积是指与聚合物熔体相接触的流道内表面面积（也可参阅文献［17，18］）。

如果某挤出模具的流道是由一系列的、按先后顺序排布的基本流道结构组成，一般

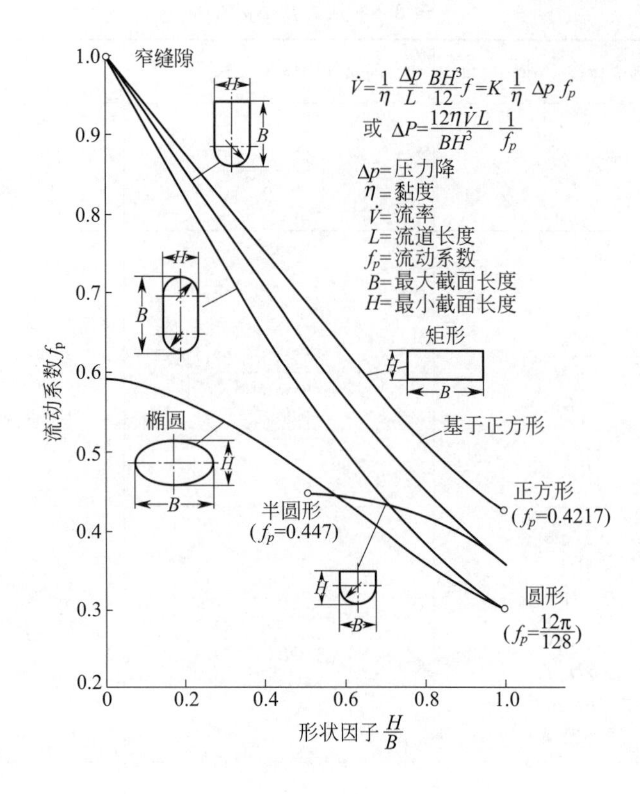

图 3.6　流动系数与不同流道截面形状的形状因子之间的函数关系

在这种情况下，可将各基本流道结构内的压力降相加，简单计算得到整个模具的压力降总和。该方法也常常应用于锥形流道或收缩流道的流动模拟计算，此时，流道会被划分成一系列尺寸恒定的结构段单元（图 3.7）。因此，上述各结构段单元流道中，其压力降可以单独计算，然后将各段压力降简单相加，即可得到总的压力降情况。文献[19] 中提出了一种通过简单的方程与表格对压力降进行估算的方法，其所得结果的误差为 10%～30%。

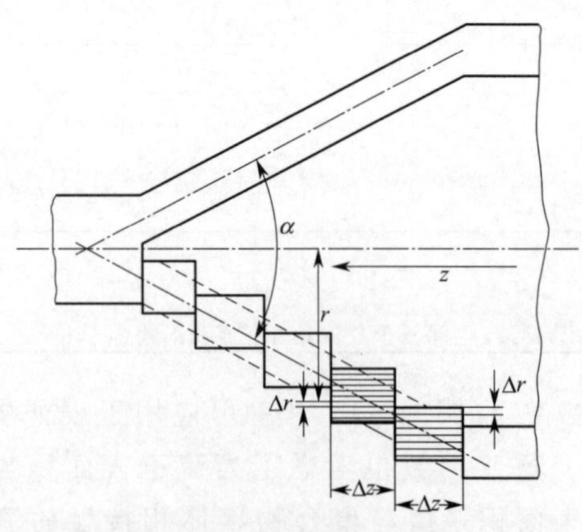

图 3.7　结构渐变的流道被近似划分为一系列尺寸恒定的结构段单元

关于牛顿流体在离心式环形流道以及菱形流道内流动时的压力降计算问题，文献 [5] 中给出了相关的计算方法；而当牛顿流体在椭圆形流道及椭圆形收缩流道中发生流动时，其流动状态的表征可分别参考文献 [5] 以及文献 [28]。锥形流道的模阻可参考文献 [5，27，28，29～32]，三角形截面的流道的流动表征可参考文献 [18，33]，然而，需要注意的是，这些方法仅仅只针对牛顿流体。

通常情况下，为了尽可能地模拟出复杂截面形状流道中的压力降，可将流道的横截面分割成一系列单个的子流道系统，而这些子流道系统中的流动就可以简单地计算出来；或者采用半径为 R_{eq}(模拟水压直径)、并具有等效摩擦的圆形管道进行替代，表 3.3 中给出了这些不规则截面形状的流道的等效直径[10]，但其所得到的结果也仅仅只是近似值而已。

基于特征黏度概念的计算

当采用幂律定律进行计算时，表 3.1～表 3.5 中所展示的关于假塑性流体流动的关系式比较烦琐，当采用 Prandtl-Eyring 本构模型或 Carreau 本构方程模型时则变得更加烦琐。然而，这些关系式在描述牛顿流体材料的流动时却相对简单得多。因此，如 2.1.2 节中描述的意义，采用特征黏度的方法就相对具有很多的优势与便利。这种方法通过引入特征参数，允许那些适用于牛顿流体的关系表达式扩展到假塑性流体材料的表征。

若已知流道中的某一特征位置点（图 2.15），则通过采用这种方法，该点位置处的特征剪切速率 $\dot{\gamma}$（表 3.6）可以通过其流率 $\dot{V}$ 计算得到，而通过其已知的黏度曲线亦可得到其特征黏度 $\bar{\eta}_{rep}$。再将这些得到的相关数据代入到牛顿流体的方程中，即可确定其压力降的大小(表 3.5)。

因此，类似于式(3.84) 及式(3.85)，通过采用特征参数，即可得到下列关于简单模具的方程：

$$\dot{V}=\frac{K}{\bar{\eta}_{rep}}\Delta p \tag{3.87}$$

式中，模导系数 K 可以参考表 3.2。上述方法由于其相对简单便利，在计算过程中应尽可能地采用。

3.5 壁面滑移现象

在推导某一点处较为合适的流动表征方程时，假设熔体流经模具时黏附于模具的表面，因此在模具壁面该点处的熔体流动速度为 0，即 $v_z=0$ [图 3.8 (a)][34]。当流动过程中剪切应力达到临界剪切应力时，该假设对某些硬 PVC、高分子量聚乙烯及橡胶共混物将不再适用，从而出现偏差与错误，如文献 [25、26、35]。在远离该点位置处，熔体可能沿壁面发生滑移（有时具有一定的摩擦），并呈现出有限的滑移速度 v_g [图 3.8 (c)]。文献 [25] 给出了聚乙烯材料的临界剪切应力范围，其大小介于 0.1～0.14N/mm^2 之间，高于该临界剪切应力，则发生壁面滑移行为。介于该两极限值之间时，也是就壁面吸附与壁面滑移，形成了一个黏度较低的滑移薄膜层，如图 3.8(b)所示。这种情况在挤出添加有润滑剂的共混物时常常出现，并导致正常挤出产量下的压力降相对减小。

3.5.1 壁面滑移的数理模型

在考虑壁面滑移时，Uhland [34] 提出来一种数学分析表达式，这里我们将对其进行简要概述。从研究固体壁面摩擦的库仑定律出发，当流动发生在管道内时，选取一体积流动单元（如图 3.9），并对该流动单位的黏度与摩擦力进行平衡计算：

$$\tau_{w}=\frac{R}{2}\frac{dp}{dz}=-p\mu_{G}=\frac{F_{R}}{A} \tag{3.88}$$

式中，μ_G 为滑动摩擦系数；p 为所选取的研究单元的压力。

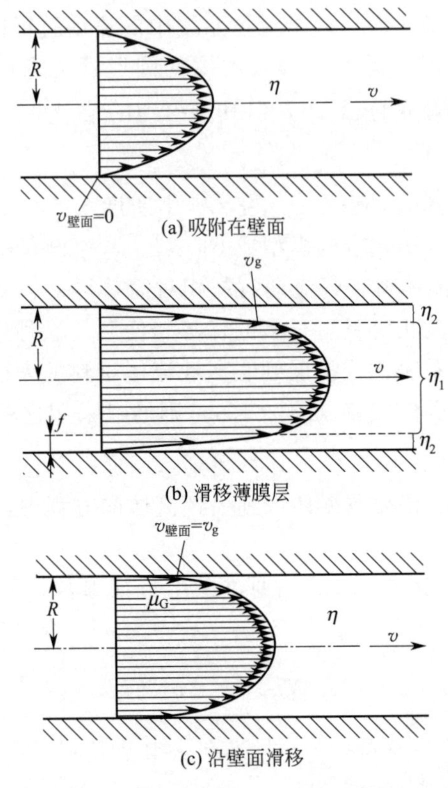

图 3.8　不同边界条件下的速度场形态

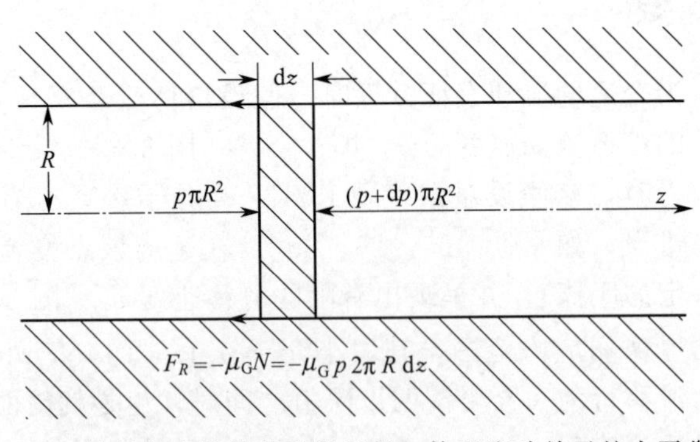

图 3.9　壁面处具有摩擦的某黏性材料一体积流动单元的力平衡示意图

对上式积分，得到压力沿整个管道的变化情况，式中，$p(z=L)=p_L$，p_L 为模具出口处的压力值：

$$p(z)=p_{L}\exp\left[\frac{(2\mu_{G})}{R}(L-z)\right] \tag{3.89}$$

则式(3.89) 转换为

$$\tau_{w}=p\mu_{G}\exp\left[\frac{2\mu_{G}}{R}(L-z)\right] \tag{3.90}$$

上述方程表明，与壁面吸附的情况相反，由于壁面滑移，沿流道的壁面剪切应力并非为常数（参考表3.1及图3.10）。

从式(3.88) 及式(3.90) 可以看出，摩擦力 F_R 随着远离模具末端的距离的增大而增大。我们可以认为，当摩擦力 F_R 变得足够大时，以至于任何的滑移将不复存在（$z<z_1$）。在这种情况下，剪切流动过程中的壁面剪切应力 τ_W 将小于克服摩擦力所需要的剪切应力。起初，流体黏附在流道的壁面（$0<z<z_1$）；紧接着，当 $z_1<z<L$ 时，流体的剪切流动过程中将伴随着壁面滑移发生（如图3.10所示）。从式(3.88) 及表3.5可以看出，当采用幂律型方程时［式(2.5)］，上述结论可以很清晰地得出：

$$z_1=L-\frac{R}{2\mu_G}\ln\left\{\frac{1}{p_L\mu_G}\left[\frac{(m+3)\dot{V}}{\Phi\pi R^3}\right]^{\frac{1}{m}}\right\} \tag{3.91}$$

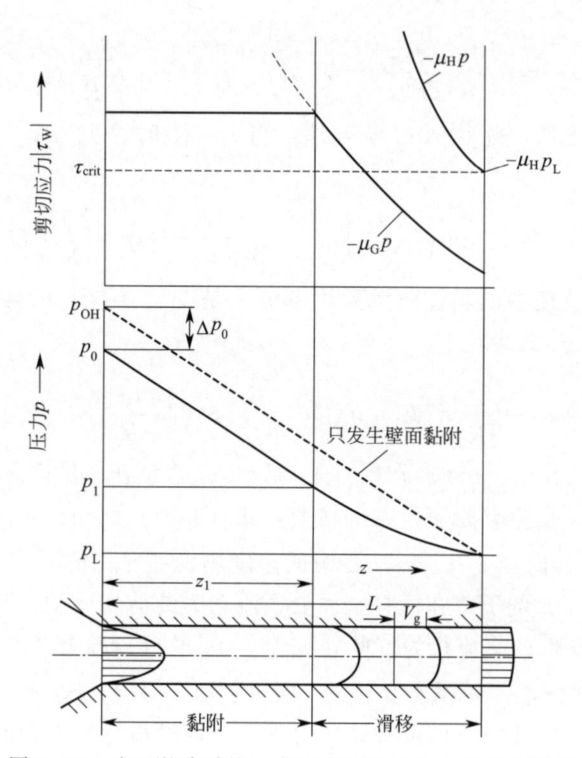

图3.10 壁面滑移时的压力及壁面剪切应力的变化情况

关于参数 $\dot{V}$、m、R 对滑移范围（$L-z_1$）的影响在文献［34］中进行了详细的讨论。

在整个流道上，完全的壁面滑移行为只发生在 $z_1=0$ 的位置处。而要发生完全的壁面滑移行为，其所需要的体积流率可通过下面的公式进行计算：

$$\dot{V}\geqslant\frac{\Phi\pi R^3}{m+3}\left[p_L\mu_G\exp\left(\frac{2\mu_G L}{R}\right)\right]^m \tag{3.92}$$

在分离点 z_1 位置处的压力可以通过式(3.89) 及式(3.91) 进行计算：

$$p_1=\frac{1}{\mu_G}\left[\frac{(m+3)\dot{V}}{\Phi\pi R^3}\right]^{\frac{1}{m}} \tag{3.93}$$

而毛细管口模入口处的压力 p_0 为：

$$\frac{p_0-p_1}{z_1}=-\frac{dp}{dz} \tag{3.94}$$

参考表 3.5 可知，$\frac{dp}{dz}=\frac{-\Delta p}{L}$，结合式(3.92)，则有：

$$p_0=\left[\frac{(m+3)\dot{V}}{\Phi\pi R^3}\right]^{\frac{1}{m}}\left\{\frac{2L}{R}+\frac{1}{\mu_G}\left\{1-\ln\left\{\frac{1}{p_L\mu_G}\left[\frac{(m+3)\dot{V}}{\Phi\pi R^3}\right]^{\frac{1}{m}}\right\}\right\}\right\} \tag{3.95}$$

当流体完全黏附在毛细管流道壁面时，其压力 p_{0H} 为（相比表 3.5）：

$$p_{0H}=\frac{2L}{R}\left[\frac{(m+3)\dot{V}}{\Phi\pi R^3}\right]^{\frac{1}{m}} \tag{3.96}$$

当局部存在壁面滑移时，上述方程计算的压力值要相对要大一些（参见图 3.10）基于式(3.90)，材料的属性方程［式(2.5)］以及 $\tau=\tau_W\frac{r}{R}$，可得：

$$\dot{\gamma}(r,z)=-\frac{dv_z(r,z)}{dr}=\Phi\left(p_L\mu_G\frac{r}{R}\right)^m\exp\left[\frac{2\mu_G}{R}(L-z)\right] \tag{3.97}$$

对上式进行积分计算，并代入边界条件：当 $r=R$ 时，$v_z=v_g$，则得到速度场方程式为：

$$v_z(z)=v_g(z)+\Phi\left(\frac{p_L\mu_G}{R}\right)^m\frac{R^{m+1}-r^{m+1}}{m+1}\exp\left[\frac{2\mu_G m}{R}(L-z)\right] \tag{3.98}$$

式中，v_g 为流动速度中的黏性流动速度部分，是变量参数 z 的函数。经过进一步积分变换，得到 $v_g(z)$的表达式为：

$$v_g(z)=\frac{\dot{V}}{\pi R^2}-\Phi(p_L\mu_G)^m\frac{R}{m+3}\exp\left[\frac{2\mu_G m}{R}(L-z)\right] \tag{3.99}$$

从上述方程式可以看出，$v_g(z)$在模具末端处具有最大值，并且证明了在流动分离点 z_1 处，v_g $(z=z_1)$ $=0$［发生黏附至滑移的转变，式 (3.91)］。

图 3.11 表示了模具内当 $z_1\leqslant z\leqslant L$ 时的速度场发展变化情况[34]。对于本文此处所考虑的 $(L-z)\geqslant 2.36$ cm 例子，在模具壁面处，流动为纯剪切流动，且 $v_z=v_g=0$；然而在模具出口位置处，则发生柱塞流行为（此处 $v_g\approx v_z$）。由于速度场发生重新分布，在沿半径 r 方向，存在一个速度分量，而该速度分量一般可忽略不计 $(v_r\ll v_z)$[34]。很显然，整个流动中的壁面滑移行为在模具的出口位置处最为明显，且滑移行为沿着流动方向逐渐增强。这就意味着，壁面滑移的发生也始于模具的出口处。这种现象在关于塑料熔体的壁面滑移行为的流变研究过程中也能观察到。

3.5.2 流动函数的不稳定性——熔体破裂

尽管本章节中所讨论的方法可以正确地描述聚合物的壁面滑移趋势，但是应用该方法的最大障碍在于，我们无法获得熔融状态下聚合物的摩擦系数 u_G，或者也无法正确地确认模具壁面处的滑移速度 v_g。测试过程中的技术壁垒阻碍了对这些数据的计算[36]，这主要取决于聚合物熔体以及制造模具壁面所使用的材料[25]。因此，基于这一点，相对于实际应用而言，本章节中所推导的这些流动描述方程更具有理论意义。

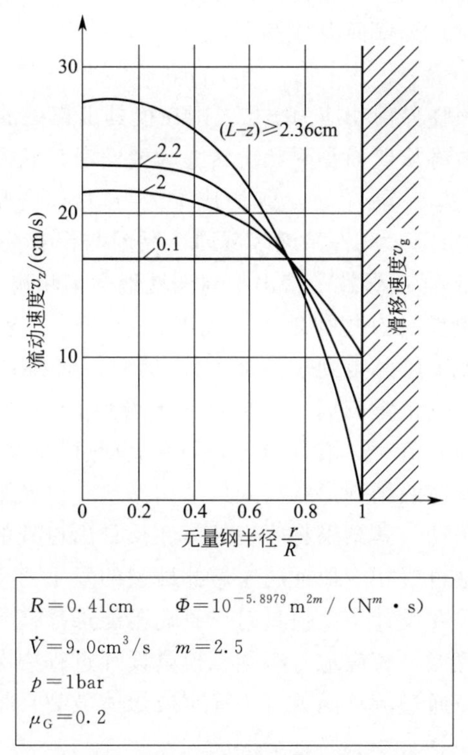

图 3.11　滑移区域的速度场变化情况

因此，考虑到聚合物熔体的壁面滑移行为，在设计其挤出模具时，唯一可选择的方法是，要么基于经验通过类似的模具模型来确定其压力降的大小；或者利用非特定选择的、基于完全壁面吸附所考虑的数学表达式，来最终计算模具内的压力降大小，而这种方法计算得到的压力降值会偏大。

在确定熔体流动行为的流变实验过程中，尤其是针对高密度聚乙烯熔体 HDPE，当流动的体积流率 $\dot{V}$ 超过临界值时，常常可以观察到其流动过程中的剪切应力不连续，或者当剪切应力（实验时压力保持恒定）大于临界值时，其体积挤出产量也会出现不连续的变化（如文献［37］），而这两种情况都会导致其流动方程的不稳定性（图 3.12）。

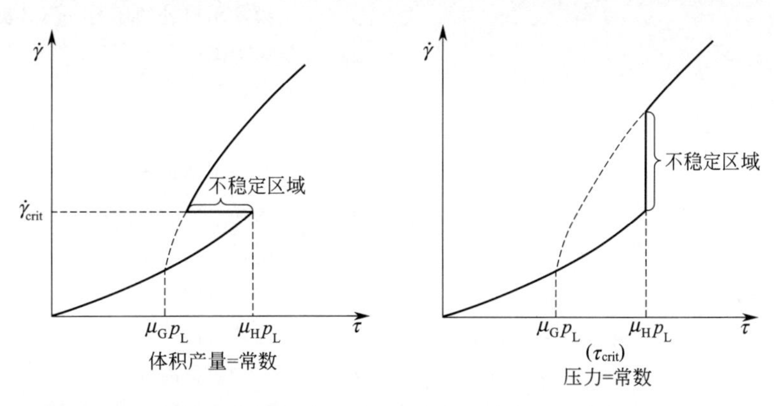

图 3.12　毛细管流变仪实验测试中不稳定区域中流动曲线的变化情况

基于 Uhland 的方法[34]，在 3.5.1 节中我们对上述的这种不稳定性进行了解释。借助摩擦系数，我们可以描述熔体的壁面吸附行为，也就是通过引入静态摩擦系数 μ_H；并且如前面所述，由于壁面滑移始于模具末端，其临界壁面剪切应力 τ_{crit} 可定义为下面的方程式，当剪切应力低于该临界值时，无壁面滑移发生。

$$\tau_{crit}=\mu_H p_L \tag{3.100}$$

若壁面剪切应力大于该临界剪切应力 τ_{crit}，则在模具出口处的邻近位置将变为不稳定区域，而该位置处流动的熔体将从壁面黏附状态转变为壁面滑移状态，同时摩擦系数也将发生不连续变化，从 μ_H 变为 μ_G。同样地，剪切应力与压力都会出现不连续变化（参见图 3.10）。至此形成了一个不稳定区域，在该区域内，黏附与滑移将同时存在。这就导致了所谓的黏-滑效应，这种效应的存在导致了挤出物周期性地产生粗糙表面现象。

当挤出物的表面变得粗糙且有规律地发生周期性形变时，这种现象就是所谓的熔体破裂，其形成机理在一定程度上已经得到了解释[37]。然而，研究者们在这一观点上却产生了很大的分歧。熔体破裂现象也常常归因于熔体本身的弹性行为[5,37～39]。基于这种理论，当剪切速率或剪切应力大于临界值时，聚合物大分子在流动过程中将不再沿流动方向牵拉。该临界值的大小主要取决于流道的结构形状（入口结构形状）以及聚合物的分子参数。这种熔体破裂现象会导致流线的扰动，其结果将改变熔体在模具出口处的迟滞行为，导致熔体挤出物发生前面所述的形变，这也就相应地证明了熔体破裂的发生。

然而，需要申明的是，在设计挤出模具时，我们不能选择模具内会发生前述的流动方程出现不稳定现象的区域位置点；相应地，必须在模具设计过程中考虑临界剪切速率及剪切应力的大小，而该临界值可以通过流动函数（不稳定或熔体破裂）得到确认。

符号与缩写

A	横截面积
B	宽度
C_1	积分常数
C_2	积分常数
d	直径
$e_{\bigcirc}$	圆形流道中特征半径与外径的比值
$e_{\square}$	矩形流道中特征高度与高度的 比值
$\vec{F}$	力
F_R	摩擦力
F_z	剪切力
f_p	校正因子
G	模具常数
H	深度
$\vec{I}$	动量通量
K	模导系数
K'	符合幂律定律的流体的模导系数
k	内径与外径的比值
L	模具长度
L_e	入口长度
m	流动指数（幂律模型中的材料参数）
N	法向力
p	压力
p_0	模具入口处的压力
p_{0H}	完全壁面黏附时的压力
p_1	流动分离点处的压力
p_L	模具出口处的压力（模具长度为 L）
Δp	压力降
R	半径
R_0	外径
R_{eq}	半径（考虑摩擦）
R_i	内径
r	半径
Re	雷诺数
t	停留时间
$\bar{t}$	平均停留时间
U	周长

$\dot{V}$	体积流率
v	流动速度
$\bar{v}$	平均速度
v_g	滑移速度
v_{max}	最大速度
v_r	径向流动速度
v_z	z 向流动速度
$v_{z\max}$	z 向最大流动速度
$\bar{v}_z$	z 向平均流动速度
W	模阻系数
x, y, z	坐标轴
z_1	z 轴向上流动分离点位置
$\dot{\gamma}$	剪切速率
$\dot{\gamma}_W$	管道壁面剪切速率
$\dot{\gamma}_{rep}$	特征剪切速率
η_{rep}	剪切黏度
$\bar{\eta}$	特征剪切黏度
λ	环形缝隙流动中最大速度处的半径与外径的比值
μ_G	滑动中的摩擦系数
μ_H	黏附中的摩擦系数（静态摩擦系数）
ρ	密度
τ	剪切应力
τ_{crit}	临界壁面剪切应力
τ_W	壁面剪切应力
Φ	流度（幂率定律模型中的材料参数）

参考文献

[1] Bird, R. B., Stewart, W. E., and Lightfoot, E. N.: Transport Phenomena. Wiley, London (1960).

[2] Schade, H. and Kunz, E.: Strömungslehre, de Gruyter, Berlin (1980).

[3] Böhme, G.: Strömungsmechanik nicht-newtonscher Fluide. Teubner, Stuttgart (1981).

[4] Winter, H. H.: Ingenieurmäßige Berechnung von Geschwindigkeits- und Temperatur-feldern inströmenden Kunststoffschmelzen. In: Berechnen von Extrudierwerkzeugen. VDI-Verlag, Düsseldorf (1978).

[5] Pahl, M. H.: Rheologie der Rohrströmung. In: Praktische Rheologie der Kunststoffe. VDI-Verl, Düsseldorf (1978).

[6] Pahl, M. H.: Praktische Rheologie der Kunststoffschmelzen und Lösungen. VDI-Verl, Düsseldorf (1982).

[7] Squires, P. H.: Screw-Extruder Pumping Efficiency. SPE-J. 14 (1958) 5, pp. 24-30.

[8] Lahti, G. P.: Calculation of Pressure Drops and Outputs. SPE-J. 19 (1963) 7, pp. 619-620.

[9] Den Otter, J. L.: Mechanisms of melt fracture. Plast. Polym. 38 (1970) pp. 155-168.

[10] Rao, N.: Strömungswiderstand von Extrudierwerkzeugen verschiedener geometrischer Querschnitte. In: Berechnen von Extrudierwerkzeugen. VDI-Verl., Düsseldorf (1978).

[11] Carley, J. F.: Rheology and Die Design. SPE-J. 19 (1963) 9, pp. 977-983.

[12] Carley, J. F.: Problems of Flow in Extrusion Dies. SPE-J. 39 (1983) 12, pp. 1263-1266.

[13] Weeks, D. J.: Berechnungsgrundlagen für den Entwurf von Breitschlitz- und Ringdüsen. Br. Plast. 31 (1958) 4, pp. 156-160; Brit. Plast. 31 (1958) 5, pp. 201-205 and Kunststoffe 49 (1959) 9, pp. 463-467.

[14] Worth, R. A. and Parnaby, J: The Design of Dies for Polymer Processing Machinery. Trans. Inst. Chem. Eng. London 52 (1974) 4, pp. 368-378.

[15] Jacobi, H. R.: Berechnung und Entwurf von Schlitzdüsen. Kunststoffe 17 (1957) 11, pp. 647-650.

[16] Sors, L.: Planung und Dimensionierung von Extruderwerkzeugen. Kunststoffe 64 (1974) 6, pp. 287-291.

[17] Schenkel, G.: Zur Extrusion von Kunststoffen aus Rechteck-Kan. len. Kunststoffe 74 (1981) 8, pp. 479-484.

[18] Schenkel, G. and Kühnle, H.: Zur Bemessung der Bügellängenverhältnisse bei Mehrkanal-Extrudierwerkzeugen für Kunststoffe. Kunststoffe 73 (1983) 1, pp. 17-22.

[19] Lenk, R. S.: Auslegung von Extrusionswerkzeugen für Kunststoffschmelzen. Kunststoffe 75 (1985) 4, pp. 239-243.

[20] Perry, J. H.: Chemical Engineers Handbook. McGraw Hill, New York (1950) pp. 388-389.

[21] Winter, H. H.: Temperaturänderung beim Durchströmen von Rohren. In: Praktische Rheologie der Kunststoffe. VDI-Verl., Düsseldorf (1978).

[22] Grajewski, F. et al.: Von der Mischung bis zum Profil, Hilfsmittel für die Extrusion von Elastomerprofilen. Kautsch. Gummi Kunstst. 39 (1986) 12, pp. 1198-1214.

[23] Retting, W. : Orientierung, Orientierbarkeit und mechanische Eigenschaften von thermoplastischen Kunststoffen. Colloid Polym. Sci. 253 (1975), pp. 852-874.

[24] Uhland, E. : Das anormale Fließ verhalten von Polyäthylen hoher Dichte. Rheol. Acta 18 (1979) 1, pp. 1-24.

[25] Ramamurthy, A. V. : Wall Slip in Viscous Fluids and Influence of Materials of Construction. J. Rheol. 30 (1986) 2, pp. 337-357.

[26] Limper, A. : Methoden zur Abschätzung der Betriebsparameter bei der Kautschukextrusion. Thesis at the RWTH Aachen (1985) .

[27] Plajer, O. : Praktische Rheologie für Extrudierwerkzeuge. Plastverarbeiter 20 (1969) 10, pp. 693-703; Plastverarbeiter 20 (1969) 11, pp. 803-807.

[28] Plajer, O. : Schlauchkopfgestaltung beim Extrusionsblasformen. (Teil Ⅰ-Ⅲ) . Kunststofftechnik 11 (1972) 11, pp. 297-301; Kunststofftechnik 11 (1972) 12, pp. 336-340; Kunststofftechnik 12 (1973) 1/2, pp. 18-23.

[29] Plajer, O. : Praktische Rheologie für Kunststoffschmelzen. Plastverarbeiter 23 (1972) 6, pp. 407-412.

[30] Plajer, O. : Vergleichende Viskositätsmessungen und Druckberechnungen. Plastverarbeiter 20 (1969) 1, pp. 1-6; Plastverarbeiter 20 (1969) 2, pp. 89-94.

[31] Plajer, O. : Praktische Rheologie für Extrudierwerkzeuge. Plastverarbeiter 21 (1970) 8, pp. 731-734.

[32] Plajer, O. : Angewandte Rheologie. Plastverarbeiter 29 (1978) 5, pp. 249-252.

[33] Ramsteiner, F. : Fließverhalten von Kunststoffschmelzen durch Düsen mit kreisförmigem, quadratischem, rechteckigem oder dreieckigem Querschnitt. Kunststoffe 61 (1971) 12, pp. 943-947.

[34] Uhland, E. : Modell zur Beschreibung des Flie. ens wandgleitender Substanzen durch Düsen. Rheol. Acta 15 (1976) pp. 30-39.

[35] Offermann, H. : Die Rheometrie von wandgleitenden Kunststoffschmelzen untersucht am Beispiel von Hart-PVC. Thesis at the RWTH Aachen (1972) .

[36] Westover, R. F. : The Significance of Slip in Polymer Melt Flow. Polym. Eng. Sci. 6 (1966) 1, pp. 83-89.

[37] Pearson, J. R. A. : Mechanics of Polymer Processing. Elsevier, London (1985) .

[38] Fiedler, P. and Braun, D. : Fließverhalten und Schmelzbruch von Äthylen-Vinylazetat- Kopolymeren im Vergleich zu Hochdruckäthylen bei der Extrusion durch Kapillaren. Plaste Kautsch. 17 (1970) 4, pp. 246-250.

[39] Han, C. D. : Rheology in Polymer Processing. Academic Pr. , New York (1976) .

第4章 挤出模具中速度与温度分布场的模拟计算

4.1 守恒方程

一般在采用数学方法处理流动问题时，其计算基础为流体流动过程中的质量、动量及能量守恒方程。只有当已知流动中任意时间任意位置点的速度矢量、如压力、密度以及温度等热动力学参数时，我们才能全面地描述该流动行为。

为了确定这些数据，需要将上述这些守恒方程与（材料）本构方程相结合，一方面可描述各运动参数与动力学之间的关系，另一方面也可用于描述各热动力学参数之间的内在联系（例如参考文献［1～5］）。

为充分全面地描述某等温流动，需满足以下各项方程：

- 质量守恒定律（连续性方程）。
- 动量守恒定律（动量方程）。
- 材料流变属性方程。

如果流动过程中存在热量的传递，则流动将不再是等温过程，除了需要知道上述的关系方程式外，我们还需要进一步得到下面的方程式：

- 能量守恒定律（能量方程）。
- 热力学状态及材料属性方程[5]（例如，热传导的傅里叶定律）。

在接下来的章节中，严格地基于笛卡尔坐标系统，我们将简要介绍上述这些守恒方程。关于这些方程在不同的坐标体系中的详细推导及表述，可参考相关文献（比如参考文献［1～5］）。

4.1.1 连续性方程

考虑 $\Delta x \cdot \Delta y \cdot \Delta z$ 空间内某微小受控体积单元的质量平衡，我们得到[1]：

$$\begin{Bmatrix}\text{单位时间内}\\\text{储存的质量}\end{Bmatrix}=\begin{Bmatrix}\text{单位时间内}\\\text{流入的质量}\end{Bmatrix}-\begin{Bmatrix}\text{单位时间内}\\\text{流出的质量}\end{Bmatrix} \tag{4.1}$$

对笛卡尔坐标系而言，则得到：

$$\frac{\partial \rho}{\partial t}=-\left(\frac{\partial}{\partial x}\rho v_x+\frac{\partial}{\partial y}\rho v_y+\frac{\partial}{\partial z}\rho v_z\right) \tag{4.2}$$

上述方程描述了在某一固定参考点处，流体密度随时间的变化情况，其为质量流动矢量的函数 $\rho\vec{v}$（式中，v_x、v_y、v_z 为速度矢量 $\vec{v}$ 的速度分量）。用矢量符号表示，上式(4.2)

可写为：

$$\frac{\partial \rho}{\partial t}=-\rho(\nabla \vec{v}) \tag{4.3}$$

根据微分方程的乘法规则，式(4.2) 可变换为：

$$\frac{\partial \rho}{\partial t}+v_x \frac{\partial \rho}{\partial x}+v_y \frac{\partial \rho}{\partial y}+v_z \frac{\partial \rho}{\partial z}=-\rho\left(\frac{\partial v_x}{\partial x}+\frac{\partial v_y}{\partial y}+\frac{\partial v_z}{\partial z}\right) \tag{4.4}$$

或者采用矢量符号表示

$$\frac{\mathrm{D}\rho}{\mathrm{D}t}=-\rho(\nabla \vec{v}) \tag{4.5}$$

上式中的$\frac{\mathrm{D}\rho}{\mathrm{D}t}$被称为密度的物质导数。这意味着，式(4.4) 与式(4.5) 所描述的密度随时间的变化可以看作是跟随流动（即：物质）进行监测。然而，式(4.3) 与式(4.5) 表达了相同的物理含义。在大多数情况下，假设聚合物熔体不可压缩是有效的（即：密度为常数)。因此，式(4.4) 的左边部分就变为 0，则连续性方程进一步简化为：

$$\nabla \vec{v}=\frac{\partial v_x}{\partial x}+\frac{\partial v_y}{\partial y}+\frac{\partial v_z}{\partial z}=0 \tag{4.6}$$

4.1.2 动量方程

针对固定的笛卡尔坐标空间内某体积流动单元 $\Delta x \cdot \Delta y \cdot \Delta z$，若对其进行动量通量平衡分析，则：

$$\left\{\begin{matrix}\text{单位时间内}\\\text{的动量变化}\\\text{(动量通量)}\end{matrix}\right\}=\left\{\begin{matrix}\text{单位时间内}\\\text{的输入动量}\\\text{(动量通量)}\end{matrix}\right\}-\left\{\begin{matrix}\text{单位时间内}\\\text{的输出动量}\\\text{(动量通量)}\end{matrix}\right\}+\left\{\begin{matrix}\text{作用于系}\\\text{统上的力}\end{matrix}\right\} \tag{4.7}$$

在这个平衡空间内，表面作用力与动量随着流动进行输运，并且还必须考虑压力与重力的影响。例如，沿 z 方向上的流动分量，可以用下面的方程式进行描述[1]：

$$\begin{aligned}\frac{\partial}{\partial t}\rho v_z=&-\left(\frac{\partial}{\partial x}\rho v_x v_z+\frac{\partial}{\partial y}\rho v_y v_z+\frac{\partial}{\partial z}\rho v_z v_z\right)-\\&\frac{\partial p}{\partial z}-\left(\frac{\partial}{\partial x}\tau_{xz}+\frac{\partial}{\partial y}\tau_{yz}+\frac{\partial}{\partial z}\tau_{zz}\right)+\rho g_z\end{aligned} \tag{4.8}$$

针对各分量总是对称的情况，也就是所谓的附加应力张量，其定义可参考图 4.1。其中，分量下标的第一字母表示的是坐标系统的坐标轴，该应力作用于该坐标轴所穿过的平面；分量下标的第二个字母则表示了应力作用的方向。

采用通用有效的矢量与张量形式（即：与坐标系统无关)，则动量方程变为：

$$\underbrace{\frac{\partial}{\partial t}\rho \vec{v}}_{\substack{\text{单位时间内}\\\text{单位体积的}\\\text{动量变化量}}}=\underbrace{-(\nabla \rho \cdot \vec{v} \cdot \vec{v})}_{\substack{\text{单位时间内}\\\text{单位体积的}\\\text{运动变化(动量通量)}}}\underbrace{-\nabla p}_{\substack{\text{作用于所考虑的}\\\text{单位体积单元}\\\text{的压力大小}}}\underbrace{-\nabla \tau}_{\substack{\text{单位时间内单位体积}\\\text{的表面力的变化}}}\underbrace{+\rho \vec{g}}_{\substack{\text{所考虑体积}\\\text{单元的重力}}} \tag{4.9}$$

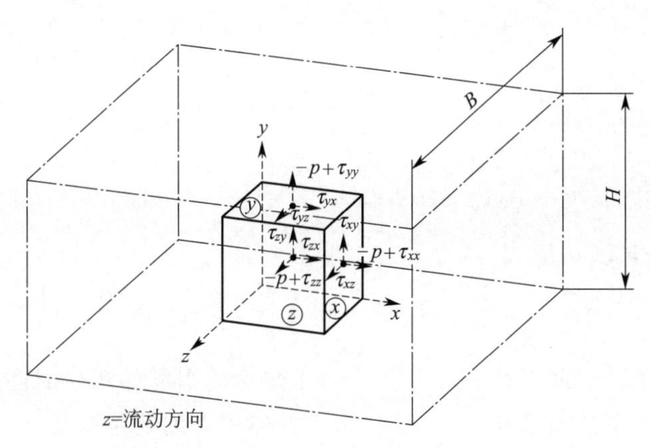

图 4.1　作用于矩形流道中某流动质点各应力分量的定义

式中，$\vec{g}$ 为重力加速度矢量。

如此可以将式(4.8) 进行变形，以便用实实在在的物理符号将方程表述出来：

$$\rho\frac{\mathrm{D}v_z}{\mathrm{D}t}=-\frac{\partial p}{\partial z}-\left(\frac{\partial\tau_{xz}}{\partial x}+\frac{\partial\tau_{yz}}{\partial y}+\frac{\partial\tau_{zz}}{\partial z}\right)+\rho g_z \tag{4.10}$$

同样的道理，关于 x 与 y 方向上的表达式也可以推导出来。因此，动量方程的通用表达式可变为：

$$\rho\frac{\mathrm{D}\vec{v}}{\mathrm{D}t}=-\nabla p-\nabla\tau+\rho\vec{g} \tag{4.11}$$

上述方程表明，由于存在外力的作用，促使质量单元随着流动向前运动，这也就意味着其遵守著名的牛顿第二定律：作用于物体上外力的总和等于质量与加速度的乘积。类似于式(4.3) 与式(4.5) 是等效的一样，式(4.9) 与式(4.11) 也是等效的；然而，两者中随流动设置的监测点位置存在差异。

4.1.3　能量方程

正如上一章节所述动量方程的推导过程一样，将能量守恒定律运用于同样的某体积单元的流动过程[1]，则：

$$\begin{Bmatrix}\text{单位时间内动能}\\\text{与内能的变化}\end{Bmatrix}=\begin{Bmatrix}\text{单位时间内热对流引起}\\\text{的内能与动能的增加}\end{Bmatrix}-\begin{Bmatrix}\text{单位时间内对流引起的}\\\text{内能与动能的增加}\end{Bmatrix}+\begin{Bmatrix}\text{单位时间内热传导}\\\text{引起的内能变化}\end{Bmatrix}-\begin{Bmatrix}\text{单位时间内系统对}\\\text{外环境所做的功}\end{Bmatrix}+\begin{Bmatrix}\text{单位时间内由于内}\\\text{热源导致的内能变化}\end{Bmatrix} \tag{4.12}$$

我们可以认为，动能是与流体运动直接相关的能量，而内能（U）是与分子运动及分子间作用力直接相关的能量。其中，内能的大小取决于流动介质所处的温度与密度。

例如，文献［1］中推导的笛卡尔坐标体系下的能量方程，如下：

$$\frac{\partial}{\partial t}\left(\rho U+\frac{1}{2}\rho v^2\right)=-\left[\frac{\partial}{\partial x}v_x\left(\rho U+\frac{1}{2}\rho v^2\right)+\frac{\partial}{\partial y}v_y\left(\rho U+\frac{1}{2}\rho v^2\right)+\frac{\partial}{\partial z}v_z\left(\rho U+\frac{1}{2}\rho v^2\right)\right]$$

$$-\left(\frac{\partial \dot{q}_x}{\partial x}+\frac{\partial \dot{q}_y}{\partial y}+\frac{\partial \dot{q}_z}{\partial z}\right)+\rho(v_x g_x+v_y g_y+v_z g_z)-\left(\frac{\partial}{\partial x}pv_x+\frac{\partial}{\partial y}pv_y+\frac{\partial}{\partial z}pv_z\right)$$
$$-\left[\frac{\partial}{\partial x}(\tau_{xx}v_x+\tau_{xy}v_y+\tau_{xz}v_z)+\frac{\partial}{\partial y}(\tau_{yx}v_x+\tau_{yy}v_y+\tau_{yz}v_z)\right.$$
$$\left.+\frac{\partial}{\partial z}(\tau_{zx}v_x+\tau_{zy}v_y+\tau_{zz}v_z)\right]+\Phi \tag{4.13}$$

或者采用通用矢量表达形式：

$$\frac{\partial}{\partial t}\rho\left(U+\frac{1}{2}v^2\right) \quad = \quad -\left[\nabla\cdot\rho\vec{v}\left(U+\frac{1}{2}v^2\right)\right]$$

单位时间及体积下能量变化　　由于热对流引起的单位时间及体积下的能量变化

$$-\nabla\cdot\vec{q} \qquad +\rho(\vec{v}\cdot\vec{g}) \qquad -\nabla\cdot p\vec{v}$$

由于热传导引起的单位时间及体积下的能量变化　　单位时间及体积下重力所做的功　　单位时间及体积下压力所做的功

$$-\nabla\cdot[\tau\cdot\vec{v}] \qquad +\Phi \tag{4.14}$$

单位时间及体积下黏性力所做的功　　单位时间及体积下由于内热源所导致的内能变化

式中，$\vec{q}$ 为热通量矢量（各分量为 $\dot{q}_x$，$\dot{q}_y$，$\dot{q}_z$），并且 $v^2=v_x^2+v_y^2+v_z^2$。将式（4.14）经过压缩以后，其表达式可变换为[1]：

$$\rho\frac{\mathrm{D}}{\mathrm{D}t}\left(U+\frac{1}{2}v^2\right)=-\nabla\cdot\vec{q}+\rho(\vec{v}\cdot\vec{g})-\nabla p\cdot\vec{v}-\nabla\cdot(\tau\cdot\vec{v})+\Phi \tag{4.15}$$

正如文献［1］中所示，通过减去 $\rho\frac{\mathrm{D}}{\mathrm{D}t}\left(\frac{1}{2}v^2\right)$，可得：

$$\rho\frac{\mathrm{D}u}{\mathrm{D}t} \qquad =-\nabla\cdot\vec{q} \qquad -p(\nabla\cdot\vec{v})$$

单位时间、体积的内能变化　　由于热传导引起的单位时间及体积下的能量变化　　单位时间、体积下由于压缩所做的可恢复的功

$$-(\tau:\nabla\vec{v}) \qquad +\Phi \tag{4.16}$$

单位时间、体积下的由于黏性耗散所做的不可恢复的功（摩擦做功）　　单位时间及体积下由于内热源所导致的内能变化

式中，黏性耗散部分可以由下面的方程给出：

$$\tau:\nabla\vec{v}=\tau_{xx}\frac{\partial v_x}{\partial x}+\tau_{yy}\frac{\partial v_y}{\partial y}+\tau_{zz}\frac{\partial v_z}{\partial z}+\tau_{xy}\left(\frac{\partial v_x}{\partial y}+\frac{\partial v_y}{\partial x}\right)$$
$$+\tau_{yz}\left(\frac{\partial v_y}{\partial z}+\frac{\partial v_z}{\partial y}\right)+\tau_{zx}\left(\frac{\partial v_z}{\partial x}+\frac{\partial v_x}{\partial z}\right) \tag{4.17}$$

大多数情况下，在应用能量方程时，若采用温度 T 与比热容 c_p 来描述能量方程(4.16)，则要比采用内能来表达会更有意义。当压力 p 恒定不变时[1]，有：

$$dU=c_p dT-p dv_p \tag{4.18}$$

式中，v_p 为比容。因此可得：

$$\rho \frac{DU}{Dt}=\rho c_p \frac{DT}{Dt}-\rho p \frac{Dv_p}{Dt} \tag{4.19}$$

式中有：

$$\frac{DT}{Dt}=\frac{\partial T}{\partial t}+(\vec{v}\cdot\nabla)T \tag{4.20}$$

上式方程可由下列的物质导数的定义得到：

$$\rho \frac{Dv_p}{Dt}=\rho \underbrace{\frac{\partial v_p}{\partial t}}_{=0}+\rho(\vec{v}\cdot\nabla)v_p \tag{4.21}$$

以及

$$\rho=\frac{1}{v_p} \tag{4.22}$$

因此，式(4.16) 可变为：

$$\rho c_p\left[\frac{\partial T}{\partial t}+(\vec{v}\cdot\nabla)T\right]=-\nabla\vec{q}-(\tau:\nabla\vec{v})+\Phi \tag{4.23}$$

根据热传导的傅里叶定律，则有：

$$\vec{q}=-\lambda\,\nabla T \tag{4.24}$$

式中，λ 为热导率。因此，能量方程可进一步变为：

$$\rho c_p\left[\frac{\partial T}{\partial t}+(\vec{v}\cdot\nabla)T\right]=-\lambda\,\nabla^2 T-(\tau:\nabla\vec{v})+\Phi \tag{4.25}$$

上述方程适合用于计算挤出模具中的温度场分布状态，式中，除了包含了黏性耗散项外，还包含了外热源项 Φ。例如，存在化学反应放热的情况，我们必须考虑外热源的存在。在研究热塑性材料的加工过程时，则可以忽略外热源的影响；但是当存在交联反应的共混体系时，外热源的存在就必须考虑。

4.2　约束性假设与边界条件

在以通用形式表述这些守恒方程体系时，我们很难求出这些方程的解。因此，在模拟计算流动的速度场与温度场时，我们需要设定一些合适的假设来进一步简化方程，而如何简化则主要取决于所选择的模拟方法。模拟计算所得到的结果精度则高度依赖于所作出的约束性假设与其实际情况的接近程度。因此，针对每一个具体的实例，都需要对假设条件进行严格的有效性评估。

下面总结了一些在设计挤出模具时最重要的条件假设。

① 稳态层流流动 $\left[\frac{\partial}{\partial t}(\cdots)=0\right]$：对于连续挤出过程，假设流动形态为稳态层流流动是可行的；但是，该假设对流动的启动过程及不连续过程是无效的，如在配有储料缸式机头时，其吹膜过程就不再适合采用稳态层流流动假设。

② 内力与重力相对于摩擦力及压力可以忽略不计。对于聚合物熔体而言，该假设往往与实际情况比较符合。

③ 壁面黏附：该假设条件在某些特定的环境下局部是不成立的（参考章节 3.5）。由于我们无法获得一个通用且有效的用于描述壁面滑移行为的数学模型及相关材料参数，因此壁面黏附假设几乎一直被采用。

④ 缩减坐标系统中的变量方向（固定坐标系统中的中性方向）：例如，对圆形管道而言，则$\frac{\partial}{\partial \theta}(\cdots)=0$，这意味着各变量状态同轴分布（圆周对称）。对平板缝隙流动而言，当其 B/H（宽度/高度）比大于 10 时，其流道侧壁的边界效应也可以忽略不计，这其实意味着流动在宽度方向上不发生变化（平板流动）。

⑤ 流动方向上的速度梯度相比横断面上的速度梯度要小得多。如果沿流动方向流道横截面的形状大小保持不变，则得到平面黏性流动的临界状态[3,4]，譬如发生在异型材挤出模具中的平面区域。

⑥ 流道横截面上的压力梯度保持不变，意味着无需考虑法向应力的影响。

⑦ 流动在流道的各横截面上按流体动力学充分发展，其中剪切的一个方向垂直于流道的中心轴线。由于温度与剪切速率沿流动方向上的变化梯度太小，以至于描述剪切应力时所采用的黏度可以选取局部的温度与剪切速率进行计算（相比上述假设⑤）。

⑧ 沿流动方向，对流传热效应比热传导效应要强烈得多。

⑨ 垂直流动方向上的传热严格地遵守热传导原理。

⑩ 密度恒定不变（不可压缩），熔体的热传递与热扩散均保持恒定。

在提出这些材料参数的稳定性假设时，只有满足以下各项条件才有效：在所给定加工区域内熔体的热动力学状态几乎不变，熔体内部质点不发生迁移，且在该区域内，上述各材料参数的平均值与实际情况比较接近（相比第 2 章）。

同时，我们也常常设定下列的各项热边界条件。

⑪ 当熔体黏附于模具壁面时，壁面处熔体层的热通量可以由下式给出：

$$\dot{q}_{\text{壁面}}=-\lambda \frac{\partial T}{\partial y}=-k(T_{\mathrm{R}}-T_{\mathrm{W}}) \tag{4.26}$$

式中，λ 为热导率；T_{W} 为壁面处的熔体温度；T_{R} 为模具设定的温度；k 为传热系数，其描述了熔体/模具之间的接触面层与温度为 T_{R}、离流道壁面距离为 s 的点之间的热传递。因此，基于式(4.26) 可得：

$$\left.\frac{\partial T}{\partial y}\right|_{\text{壁面}}=Bi\,\frac{T_{\mathrm{R}}-T_{\mathrm{W}}}{s};\quad Bi=\frac{ks}{\lambda} \tag{4.27}$$

式中，毕渥数 Bi 为无量纲参数，表征的是横穿固体壁面的热传递效应，对挤出模具而言其大小介于 1～100 之间[6,7]。它只与垂直于熔体与模具接触壁面的热通量相关联。

⑫ 熔体壁面处的熔体温度与模具壁面温度一致：$T_{\mathrm{R}}=T_{\mathrm{W}}$。这就意味着模具壁面各处温度相同（$Bi\rightarrow\infty$）。然而，当 $Bi=100$ 时，也可以认为模具壁面各处已经处于等温状态[8]。

⑬ 如果$\left(\frac{\partial T}{\partial y}\right)_{\text{壁面}}$等于 0，则毕渥数 Bi 也等于 0，此时模具壁面可以认为是绝热的：其温度与熔体温度几乎一致。对那些长支架结构、刹车盘结构以及熔体过滤网而言，该假设合

理可靠。在模拟计算旋转轴上具有轴对称性的流动与温度场时，绝热性假设在原则上是有效的。

当 Bi 小于 1 时，则绝热性假设可很好地模拟其真实情况[8]。

关于初始条件，我们可选择性地考虑以下两项内容。

⑭ 挤出模具或定型器入口处的温度场。

⑮ 挤出模具入口处的速度场。

4.3 守恒方程的解析式方程解

上述这些守恒方程组成了一个非线性偏微分方程组系统，只有在简单、特定的情况下，我们才能求出这些守恒方程的解析方程式解，在本书第 3 章中我们展示了其中的一些具体例子。

在接下来的章节里，我们将阐述简单流动情况下速度场与温度场的解析式解的推导过程。

假设存在某缝隙型流道（图 4.1），其高度为 H，宽度为 B，并且 B 远远大于 H，因此可以忽略流动边界效应，并假设流动为均匀稳态流动。

存在某假塑性熔体流经上述流道$\left(\tau^m=\dfrac{1}{\Phi}\dot{\gamma}\right)$，流动为稳态层流流动（忽略入口效应）。熔体仅仅沿流道 z 方向流动且表现壁面黏附（在 $y=\pm\dfrac{H}{2}$处，$v_z=0$）特征。

求解熔体的速度流场 $v_z(y)\neq f(z)$ 以及温度场 $T(y)\neq f(z)$ 分布情况（求一维解，因为所有参数只沿 z 轴方向发生变化）。这意味着我们可以忽略熔体沿 z 轴方向上的热对流通量变化（然而，由于聚合物熔体的热扩散系数较低，其实际的热对流通量值很高）。模具壁面处的温度等同为 T_W，并且所有的热动力材料参数均为常数。

在下面的章节中，为了描述具有恒定材料参数的流动，并考虑到流道中速度与温度的耦合，我们给出了其特有的方程解。

(1) 设定坐标轴系统

一般情况下，笛卡尔坐标系统或柱坐标系统均可应用于模具的设计（可参考图 4.1 中所选择的坐标体系）。

(2) 选择合适的守恒方程及简化过程

有时我们并不需要考虑连续性方程、动量方程及能量方程在所有三个坐标轴方向上的分量，而一般只认为其沿一个或两个方向发生变化。基于这种考虑，我们只分析速度沿 z 轴方向上的分量，而速度与温度的梯度只在 y 轴方向上不为零。因此，守恒方程的所有组成部分只含有 v_x 及 v_y，且其沿 x 与 z 轴方向上的导数均可忽略不计。

具体相关的守恒方程以及其合理的简化过程如下所示。

动量方程

参考式(4.10) 及式(4.11)，例如文献 [1]。

$$\rho\left(\underset{1}{\frac{\partial v_z}{\partial t}}+\underset{2}{v_x\frac{\partial v_z}{\partial x}}+\underset{3}{v_y\frac{\partial v_z}{\partial y}}+v_z\frac{\partial v_z}{\partial z}\right)=-\frac{\partial p}{\partial z}-\left(\underset{4}{\frac{\partial \tau_{xz}}{\partial x}}+\frac{\partial \tau_{yz}}{\partial y}+\underset{5}{\frac{\partial \tau_{zz}}{\partial z}}\right)+\underset{6}{\rho g_z} \tag{4.28}$$

式中，1=0，因为稳态流动；2=0，因为 $v_x=0$；3=0，因为 $v_y=0$；4=0，因为 $B \gg H$，在流道边界位置处表面上的剪切应力效应（τ_{xz}）可以忽略不计；5=0，形变所引发的法向应力可忽略不计；6=0，聚合物熔体的流动过程中，我们一般不考虑其重力的影响。

经过上述的简化，式(4.28) 可变为

$$\rho\left(v_z \frac{\partial v_z}{\partial z}\right)=-\frac{\partial p}{\partial z}-\frac{\partial \tau_{yz}}{\partial y} \tag{4.29}$$

连续性方程

可参考式(4.2) 及式(4.3)，如文献 [1]：

$$\underset{1}{\frac{\partial \rho}{\partial t}}+\underset{2}{\frac{\partial}{\partial x}(\rho v_x)}+\underset{3}{\frac{\partial}{\partial y}(\rho v_y)}+\frac{\partial}{\partial z}(\rho v_z)=0 \tag{4.30}$$

式中，1=0，假定熔体密度恒定，因此其大小不随时间变化；2=0，因为 $v_x=0$；3=0，因为 $v_y=0$；

因此式(4.30) 可变为

$$\frac{\partial}{\partial z}(\rho v_z)=0 \hat{=} \rho \frac{\partial v_z}{\partial z}+\underbrace{v_z \frac{\partial \rho}{\partial z}}_{=0，因为\rho=常数}=0 \tag{4.31}$$

因此，其最终简化为 $\rho \frac{\partial v_z}{\partial z}=0$，即 $\frac{\partial v_z}{\partial z}=0$ (4.32)

结合式(4.32)（连续性方程）与式(4.29)（动量方程），简化变形得：

$$0=-\frac{\partial p}{\partial z}-\frac{\partial \tau_{yz}}{\partial y} \tag{4.33}$$

能量方程

可参考式(4.16) 及式(4.23)，如文献 [1]：

$$\rho c_p\left(\underset{1}{\frac{\partial T}{\partial t}}+\underset{2}{v_x \frac{\partial T}{\partial x}}+\underset{3}{v_y \frac{\partial T}{\partial y}}+\underset{4}{v_z \frac{\partial T}{\partial z}}\right)=-\left[\underset{5}{\frac{\partial q_x}{\partial x}}+\frac{\partial q_y}{\partial y}+\underset{6}{\frac{\partial q_z}{\partial z}}\right]-\underbrace{\left(\frac{\partial v_x}{\partial x}+\frac{\partial v_y}{\partial y}+\frac{\partial v_z}{\partial z}\right)}_{7}p- \tag{4.34}$$

$$\left[\underset{7}{\tau_{xx} \frac{\partial v_x}{\partial x}}+\underset{7}{\tau_{yy} \frac{\partial v_y}{\partial y}}+\underset{7}{\tau_{zz} \frac{\partial v_z}{\partial z}}\right]-\left[\tau_{xy}\left(\frac{\partial v_x}{\partial y}+\underset{7}{\frac{\partial v_y}{\partial x}}\right)+\tau_{xz}\left(\underset{7}{\frac{\partial v_x}{\partial z}}+\underset{7}{\frac{\partial v_z}{\partial x}}\right)+\tau_{yz}\left(\underset{7}{\frac{\partial v_y}{\partial z}}+\underset{7}{\frac{\partial v_z}{\partial y}}\right)\right]$$

式中，1=0，因为稳态流动；2=0，因为 $v_x=0$；3=0，因为 $v_y=0$；4=0，因为 $T(y)$ 以及 $v_z \neq f(z)$；5=0，假设沿 z 轴方向温度梯度为 0；6=0，因为 $T \neq f(z) \rightarrow q_z=0$；7=0，理由同上。

经过简化，式(4.34) 可转化为：

$$0=-\frac{\partial q_y}{\partial y}-\tau_{yz} \frac{\partial v_z}{\partial y} \tag{4.35}$$

由于 $\tau_{yz}=\tau_{zy}$ 且 $q_y=-\lambda \frac{\partial T}{\partial y}$，代入上式并经过傅里叶变换，得：

$$\lambda \frac{\partial}{\partial y}\left(\frac{\partial T}{\partial y}\right)=\tau_{yz}\frac{\partial v_z}{\partial y} \tag{4.36}$$

为了求解上述的方程，我们需要采用材料属性方程［可参考式(2.3)］：

$$\tau_{yz}^m=\frac{1}{\Phi}\frac{\partial v_z}{\partial y} \tag{4.37}$$

上式可进一步转化为

$$\tau_{yz}=\left(\frac{1}{\Phi}\right)^{\frac{1}{m}}\left(\frac{\partial v_z}{\partial y}\right)^{\frac{1}{m}} \tag{4.38}$$

(3) 速度场的模拟计算

假设参数 Φ 与 m 可近似地看作与温度无关，则动量方程与能量方程可解除耦合。在这种情况下，仅式(4.32) 及式(4.29) 可用于速度场 v (y) 的模拟计算。

式(4.33) 可转化为

$$\tau_{yz}=-\left(\frac{\partial \rho}{\partial z}\right)y+C_1 \tag{4.39}$$

由于 $\tau_{yx}=0$，则 $y=0$ 时，$C_1=0$：

$$\tau_{yz}=-\frac{\partial \rho}{\partial z}y \tag{4.40}$$

上式方程是从式(4.39) 计算得到，由于速度 v_z 沿 y 轴方向发生递减，因此剪切速率 $\dot{\gamma}$ 前有一负号：

$$\frac{\partial v_z}{\partial y}=\Phi\left(\frac{\partial p}{\partial z}\right)^m y^m \tag{4.41}$$

对上式进行积分计算，得：

$$v_z=\Phi\left(\frac{\partial p}{\partial z}\right)^m \frac{y^{m+1}}{m+1}+C_2 \tag{4.42}$$

当 $y=\frac{H}{2}$时，$v_z=0$，则

$$C_2=-\Phi\left(\frac{\partial p}{\partial z}\right)^m \frac{\left(\frac{H}{2}\right)^{m+1}}{m+1} \tag{4.43}$$

$$v_x(y)=-\Phi\left(\frac{\partial p}{\partial z}\right)^m \frac{\left(\frac{H}{2}\right)^{m+1}-y^{m+1}}{m+1} \tag{4.44}$$

上式中的负号表明，流动发生在负压力梯度位置处，也就是向着低压力方向发生流动。式(4.44) 与表 3.4 中的$\left(-\frac{\partial p}{\partial z}=\frac{\Delta p}{L}\right)$关系式相互一致。

正如 3.1 章节中所述，最大流动速度 $v_{\max}$、平均流动速度 $\bar{v}$ 以及体积流率 $\dot{V}$ 可以通过式(4.44) 计算得到。

(4) 温度场的模拟计算

假设参数 Φ、m 以及 λ 与局部的熔体温度及压力无关（即 Φ、m、λ 为常数），则温度场 $T(y)$ 满足式(4.36)、式(4.38) 及式(4.42)，且：

$$\frac{\partial}{\partial y}\left(\frac{\partial T}{\partial y}\right)=-\frac{\Phi}{\lambda}\left(\frac{\partial p}{\partial z}\right)^{m+1} y^{m+1} \tag{4.45}$$

经过积分变换后

$$\frac{\partial T}{\partial y}=-\frac{\Phi}{\lambda}\left(\frac{\partial p}{\partial z}\right)^{m+1} \frac{y^{m+2}}{m+2}+C_1 \tag{4.46}$$

由于流道中熔体温度的分布呈对称特征，则在 $y=0$ 处，$\frac{\partial T}{\partial y}=0$，从而得到 $C_1=0$：

$$T=-\frac{\Phi}{\lambda}\left(\frac{\partial p}{\partial z}\right)^{m+1} \frac{y^{m+3}}{(m+2)(m+3)}+C_2 \tag{4.47}$$

当 $y=H/2$ 时，有 $T=T_W$，则：

$$C_2=T_w+\frac{\Phi}{\lambda}\left(\frac{\partial p}{\partial z}\right)^{m+1} \frac{\left(\frac{H}{2}\right)^{m+3}}{(m+2)(m+3)} \tag{4.48}$$

最终得到的温度场分布函数 $T(y)$ 为：

$$T(y)=T_w+\frac{\Phi}{\lambda}\left(\frac{\partial p}{\partial z}\right)^{m+1} \frac{\left(\frac{H}{2}\right)^{m+3}-y^{m+3}}{(m+2)(m+3)} \tag{4.49}$$

上述关于温度场的求解过程只有在一定的假设基础上才成立。假设流动过程中的耗散总能量被垂直于流动方向上的热传导效应所消除，也就是通过流道壁面。在任何一点位置处，由于黏性耗散所产生的能量与热传导所带走的能量刚好相等［参考式(4.35)］。

这种情况通常在具有一定流率的挤出模具中不会发生，因此需要考虑该过程中流动所带走的热量，即对流传热效应。这也就意味着式(4.34) 中的 $\rho c_p v_z \frac{\partial T}{\partial z}$ 并不为零，因此相比式(4.35)，我们进一步得到：

$$\rho c_p v_z \frac{\partial T}{\partial z}=-\frac{\partial q_y}{\partial y}-\tau_{yz} \frac{\partial v_z}{\partial y} \tag{4.50}$$

根据傅里叶热传导定律

$$\frac{\partial q}{\partial y}=-\lambda \frac{\partial T}{\partial y} \tag{4.51}$$

以及

$$\tau_{yz}=-\eta(y)\frac{\partial v_z}{\partial y} \tag{4.52}$$

式中

$$\eta(y)=\left(\frac{1}{\Phi}\right)^{\frac{1}{m}}\left(\frac{\partial v_z}{\partial y}\right)^{\frac{1}{m}-1} \tag{4.53}$$

则式(4.40) 变换为

$$\underbrace{\rho c_p v_z \frac{\partial T}{\partial z}}_{1}=\lambda \underbrace{\frac{\partial^2 T}{\partial y^2}}_{2}+\underbrace{\eta(y)\left(\frac{\partial v_z}{\partial y}\right)^2}_{3} \tag{4.54}$$

式中，1 表示的是沿 z 轴方向上的热对流；2 表示的是沿 y 轴方向上的热传导；3 表示的是由于 y 轴方向上的速度梯度所引发的黏性耗散热。

从式(4.54) 可以很明显地发现，流动过程中的温度场与速度场是相互耦合的，而这种耦合可以从黏度 η 中找到。整个流动过程实际是一个温度 T、静压力 p 以及剪切速率 $\dot{\gamma}$ $\left(\dot{\gamma}=-\frac{\partial v_z}{\partial y}\right)$的函数（参考第 2 章)。速度场分布也影响着温度场的分布，因为熔体内部相互摩擦产生热量，这自然而然地取决于速度梯度。此外，式(4.44) 所描述的对流传热则直接依赖于其速度场的分布。

这里，由动量方程与能量方程所组成的耦合系统考虑了对流传热的因素，我们并不能对其进行解析求解，甚至对简单的流动模型也无能为力。因此，常常采用数值模拟近似方法来完成对方程的计算，其优势在于除了那些具有非常简单的结构与有限边界条件的流动外，该方法一般都是可行的。此外，使用该方法进行计算在现如今看来变得非常简单，即便是在价格低廉的个人电脑上采用相对简单的计算程序也可以实现（例如文献［9～13］)。

4.4　守恒方程的数值解

在对微分方程进行数值求解时，闭式解（或称：解析解)，即求出该微分方程在整个区域上（例如：流道）满足条件的一个函数，已经不再是我们的计算目标。相反地，需要在一些离散的位置点处计算出方程的数值或者将方程进行分段（划分网格）近似处理。在分段时，划分越细，其计算结果也就越精确。

现如今在工程科学所采用的模拟计算方法中，有两种方法是最重要的：有限差分方法(FDM) 及有限元法（FEM)。在下一章节中，我们将对这两种方法的理论进行简单分析并举例说明。关于这两种方法的具体介绍可查阅相关文献，如文献［14,15］。

4.4.1　有限差分法

当采用 FDM 方法时，需对所考虑的研究对象，例如流道，进行网格划分（图 4.2)。网格上的点要么处于所研究的区域之内，要么刚好分布在边界位置处[14]。在最简单的情况下，这种网格一般包含矩形单元，其间距为常数。

为了求解某个描述一假定问题的微分方程，我们一般通过将微分导数替换为差商，从而将微分方程转变为差分方程。例如，如图 4.3 所示，针对函数 u 在 z 轴方向上的 z_n 位置点处的导数，我们得到

$$\left.\frac{\partial u}{\partial z}\right|_{z_n} \approx \frac{u(z_n+\Delta z)-u(z_n)}{2\Delta z} \tag{4.55}$$

这意味着［z_n，$u(z_n)$］点位置处的正切线可以用穿过点［z_{n-1}，$u(z_{n-1})$］及点

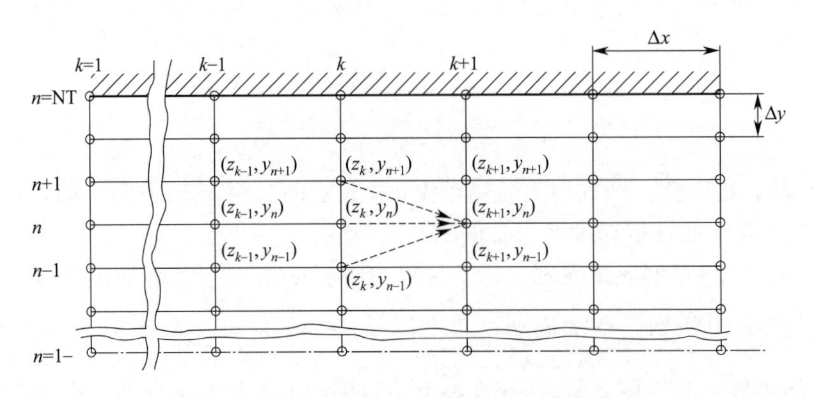

图 4.2　二维平面或轴对称流道内的差分网格

$[z_{n+1},\ u(z_{n+1})]$ 的弦来进行替换（图 4.3），而该正切线的斜率，即相对应的微分导数，也可以近似地采用相应弦的斜率进行替代，即差分商。这种对导数的近似计算相对于向前差商或向后差商而言具有更高的精确性（图 4.3），但中间差商只有在边界两侧均有网格划分点时才能够构建起来。如果网格划分点 z_n 位于边界上，且因为过于靠近区域的边界而无法在另外一侧找到对应的另外一个点，则上述的微分导数则可以采用向前差商进行近似替代：

$$\left.\frac{\partial u}{\partial z}\right|_{z_n} \approx \frac{u(z_n+\Delta z)-u(z_n)}{\Delta z} \tag{4.56}$$

或采用向后差商进行替代：

$$\left.\frac{\partial u}{\partial z}\right|_{z_n} \approx \frac{u(z_n)-u(z_n-\Delta z)}{\Delta z} \tag{4.57}$$

正如图 4.3 所示，这种近似计算方法相对于中间差商计算方法，其精度相对较低。

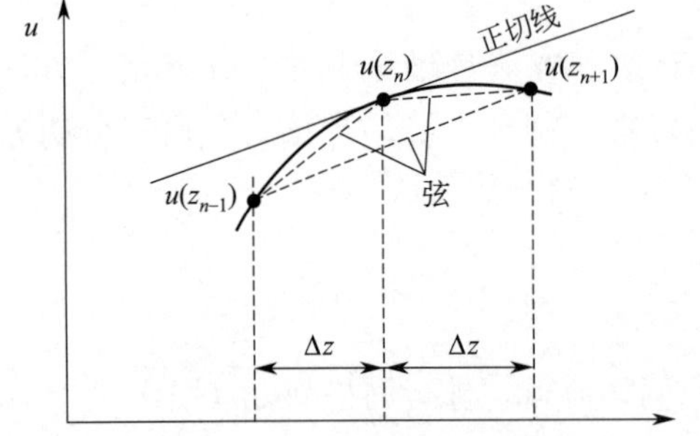

图 4.3　构建差商的不同方法

向前差商　$\left(\frac{\delta u}{\delta z}\right)^{v}_{z_n}=\frac{u_{(z_{n+1})}-u_{(z_n)}}{\Delta z}$；

向后差商　$\left(\frac{\delta u}{\delta z}\right)^{H}_{z_n}=\frac{u_{(z_n)}-u_{(z_{n-1})}}{\Delta z}$；

中间差商　$\left(\frac{\delta u}{\delta z}\right)^{z}_{z_n}=\frac{u_{(z_{n+1})}-u_{(z_{n-1})}}{2\Delta z}$

显式与隐式差分方法

有限元差分方法（FDM）存在两种不同变体形式：显式差分方法与隐式差分方法。当针对所有的网格划分点同时进行差商变换时，我们将得到一组包含所有网格点的系统性方程组，因此，未知方程的数量与系统未知参数的数量一致。该系统性方程组必须采用特殊的方程求解法则才能计算出来，在有必要时，还必须将其先变换为线性方程体系（文献［14］中对此进行了相关的报道），而所得到的各网格划分点处的值就是方程组系统的解，因此，该方程组包含了隐式的解，我们无法得到一个明确的方程式可直接给出该方程组的解，因此，其被称作隐式差分方法。在显式差分方法中，网格划分点 $k+1$ 处的方程数值解可

通过 k 点处的数值直接显式模拟计算出来，甚至有时需要回到更远的网格位置点进行计算，如 $k-1$ 或 $k-2$ 点处。因此，我们可得到网格点 $k+1$ 处函数值 u_{k+1} 的方程表达式如下：

$$u_{k+1}=f(u_k, u_{k-1}\cdots) \tag{4.58}$$

例如，在计算流道内流动情况时，这意味着我们将依次通过入口到出口对流道内的流动进行计算，而无法同时求解其方程组系统，这种情况的计算过程就是隐式差分方法。

瞬态过程：$t+1$ 时刻的状态可从过去的 t，$t-1$，…时刻计算求得，并依此类推。

显式差分方法的优势之处在于它只需要求解单个的方程，而无须求解一系列的方程组系统。这从程序设计的角度看要简单得多，因此在模拟计算时，其计算速度也比隐式差分方法快得多。然而，相比隐式差分方法，显式差分方法的计算精度较低，稳定性较差，收敛速率也相对较慢。同时还需要注意到，在采用显式差分方法计算时，如针对某一收缩渐变流道，我们亦无法求解其来自流道下游流动处的追溯效应。采用显式差分方法时，假设满足一定的稳定性及收敛准则，我们仍然可以得到相应的具有可接受精度的计算结果[11, 45, 46]。在流道下游的追溯效应相对较弱时，这种情况下采用显式差分去计算函数解尤其可行。鉴于其较快的计算速度及较低的储存性要求，显式差分方法尤其适合在个人计算机上使用，文献[9～12] 中阐述了一些相关的求算案例。因此，在接下来的章节中，我们将单独对显式差分方法进行详细的讲解。

基于显式差分方法将能量方程变换为离散形式

本节中，我们将以能量方程作为例子，讨论如何基于显式差分方法将其变换为显式差分方程。

首先，为了实现这个目的，应将式(4.54) 中的导数替代为差商，即：

$$\frac{\partial T}{\partial z}=\frac{T_{k+1,n}-T_{k,n}}{\Delta z} \tag{4.59}$$

以及

$$\frac{\partial^2 T}{\partial y^2}=\frac{T_{k,n+1}-2T_{k,n}+T_{k,n-1}}{(\Delta y)^2} \tag{4.60}$$

将上述两式代入式(4.54)，求解 $T_{k+1,n}$[16]，则得

$$T_{k+1,n}=T_{k,n}+\frac{\lambda\Delta z}{\rho c_p\bar{v}(n)\Delta y^2}(T_{k,n+1}-2T_{k,n}+T_{k,n-1})+\frac{\Delta z\eta(n)}{\rho c_p\bar{v}(n)}\left(\frac{v_{k,n}-v_{k,n+1}}{\Delta y}\right)^2 \tag{4.61}$$

对于 v_z 的值，这里我们设定了其在某给定时间步的平均速度的大小，如下所示：

$$v_z\sim\bar{v}(n)=\frac{1}{2}(v_{k,n}+v_{k+1,n}) \tag{4.62}$$

式(4.61) 清楚地表明，在网格点 ($k+1$) 处其沿流动方向上的温度分布可以通过追溯网格点 k 处的温度分布模拟计算得到（图 4.2）。

当对流动区域进行层划分时，正如图 4.2 所示，我们必须时刻记住式(4.61) 只有在 $2\leqslant n\leqslant NT-1$ 时才成立。若给定模具的壁面温度 T_w，则 NT 层的温度可以采用式(4.61) 进行模拟计算，并且采用新的步长宽度 $\Delta y/2$ 来近似等同于模具壁面（相比于图 4.2)：

$$T_{k,NT-1/2}=\frac{T_{k,NT}-T_{k,NT-1}}{2} \tag{4.63}$$

设定步长宽度 $\Delta y/2$ 并代入式(4.61)，则有：$T_{k,n+1}=T_W$，$T_{k,n}=T_{k,NT}$ 以及

$T_{k,n-1}=T_{k,NT-1/2}$。

当流动发生在缝隙型流道中时，由于结构对称，在 $n=0$ 层处与在 $n=1$ 处的温度必须一致，因此，式(4.61) 可以设定为：$n=1$，$T_{k,n}=T_{k,n-1}$[16, 17]。

针对轴对称型流道，其计算过程类似，例如，文献 [17] 中进行了相关的叙述。

4.4.2 有限元法

有限元法 (FEM) 是一种求解微分方程的近似计算法。起初，FEM 方法被用来解决固体的结构性分析，如计算作用力、应力及形变问题。在过去的几年中，FEM 方法在其他领域的推广应用也在有条不紊地推进。如今，在处理众多领域工程性问题的近似数值解时，有限元方法已经被认定为一种通用的计算方法。

在下面的章节中，我们仅介绍有关 FEM 的基础知识，目的是帮助大家了解 FEM 程序软件的使用。更详细的相关内容介绍，可以参阅如文献 [14,18～22] 等书籍。

有限元方程的通用表达式

有限元方法是基于对某一具有无穷维数自由度的连续体的近似计算原则下建立起来的，该连续体由一系列具有有限数量的未知参数的相邻子域组成，这些子域就被称为有限元。我们采用满足微分方程的形状函数方程 (简称形函数) 来对其近似化，这种近似计算是通过迭代函数及其导数来实现，而迭代计算的点则为有限元的节点。首先，我们需针对每一个有限元建立方程 (局部方程)，然后将它们组合起来，得到一个方程组系统 (总体方程)，该总体方程可用于描述整个区域的问题。

在求解上述方程组时，我们需要考虑相关的初始条件与边界条件，而根据每一个节点所建立起来的函数的值就是该方程的解。在下面的章节中，通过加权剩余，我们将介绍如何在给定微分方程的条件下，建立每一有限单元的局部有限元方程。

假设某一与位置 $u(z)$ 相关的微分函数方程 (DE) 为：

$$DE(u)=0 \tag{4.64}$$

注意：我们并不限定微分方程 DE 的类型，因为通用的计算过程与此并不相关。

首先，我们需建立其有限元形函数 u 的近似表达式，如：

$$u(\vec{z})=\sum_{N}\Phi_N(\vec{z})\cdot u_N \tag{4.65}$$

式中，N 为单元节点的数量；Φ_N 为插值函数；u_N 为 (节点处的) 常数；插值函数 Φ_N 被称为形状函数，其在有限元 FEM 计算中具有重要的意义，我们将在后面的内容中进行介绍。

在插值点处，近似方程 [即式(4.65)] 中的 u_N 数值为一常数，而只有形函数与坐标相关。因此，在这种情况下，例如，函数 u 沿 z 坐标轴方向上的一阶导数可写为：

$$\frac{\partial u(\vec{z})}{\partial z}=\sum_{N}\frac{\partial \Phi_N(\vec{z})}{\partial z}\cdot u_N \tag{4.66}$$

因此，一阶局部导数的计算可以通过将节点常数与形函数的导数相乘，然后将所有 N 个节点的结果相加得到。当将式(4.65) 及式(4.66) 代入到 DE 方程中时 [即式(4.64)]，会在方程等号的右边得到一个非零数值 (被作为误差值)，我们将该数值称之为残差 ε：

$$DE\left(\Phi_N(\vec{z}),\frac{\partial \Phi_N(\vec{z})}{\partial z},u_N\right)=\varepsilon \tag{4.67}$$

为了将该残余值最小化，我们采用残差与加权函数 W_i（式中，$i=1,2,3,\cdots N$）的标量积进行计算，然后对该标量积在整个有限单元的区域内进行积分，并将其积分结果设定为0，则得到：

$$\int_{\Omega} \varepsilon W_i \mathrm{d}\Omega = 0 \tag{4.68}$$

这样，针对微分方程的近似解的残差就被强制在整个有限元上进行零平均化（即所谓的弱公式化）。在上述这种通用的公式表达中，这种方法被称为加权剩余法。取决于不同的加权函数 W_i，我们会得到不同的方程表达式；其中，伽勒金（Galerkin）法由于提供了最精确的近似解，目前为止是最重要的有限元计算方法[19]。

在采用伽勒金方法计算时，我们设定其 N 个加权函数 W_i 与其形状函数 Φ_i 相同，则式(4.68) 变换为

$$\int_{\Omega} \varepsilon \Phi_i \mathrm{d}\Omega = 0 \tag{4.69}$$

这样我们就得到了针对各有限单元的 N 个方程组系统。

当方程 DE [式(4.64)] 中出现比一阶导数更高阶的导数时，我们就必须借助格林-高斯定理将式(4.69) 变换为含有比最高阶导数降一阶的一阶体积积分与一阶面积积分。这种变换非常重要，因为形函数中并未对比一阶导数更高阶的导数进行定义，关于这部分内容将在下面的章节中进一步介绍[18, 19]。

形函数与精度

关于有限元方法所求得的解的稳定性与精度问题，这主要取决于我们所选择的形函数，而形函数则由有限元的形状及近似阶数所决定。当所描述的区域为二维结构时，我们一般可以选择矩形及三角形有限单元。

对三维有限元而言，其可选择的形状结构则大大增多，例如四面体、六面体（立方体）或菱形结构，此时，线性的（一次项）、二次项的以及（通常少于）三次多项式几乎都可以作为形函数方程。形函数不仅可以用来对所求解的数据实现近似化，也可以用来对所分析的区域面积（例如相关的截面形状以及流道）进行近似化处理，因此其被称作为形状函数（形函数)。当针对含有弯曲边界线的区域进行有限元模拟计算时，很明显线性形函数不再适合用作近似化处理。

然而，更重要的是选择合适的形函数对相关所需的数据进行近似化处理，这与形函数对区域面积近似化同等重要，但是这并非是必要的。随着描述有限元实际情况的插值方程式(4.65) 的计算精度的提高，式(4.67) 所定义的残差值变得更小，这在图 4.4 中可以清晰地看出来[23]。图 4.4 表示的是假塑性流体在管道中的速度场分布形态。根据有限元 FEM 方法，若在半径方向上只设定 1 个计算单元，并选择线性形函数方程进行近似处理，则得到了图 4.4(a) 中标①的函数曲线。尽管在该直线下方的区间（体积流率）与实际的体积流率非常的接近 [意味着式(4.69) 中的残差逐步逼近 0]，但在各离散点处二者数值之间的偏差还是非常大，而这种偏差可以通过选择二次项式的形函数来实现显著地改善（曲线②)。图 4.4(b) 还给出了另外一种方法，通过增加有限单元的数量来增加离散点的密度，从而实现减小局部误差的目标。相比于二次项式的插值情况，为了实现相同的精度，在采用线性插值时，我们常常需要设定数量上多得多的线性单元。

然而，并非就能说随着多项式级数的提高，有限元模拟的运算量会随之下降。原因是整

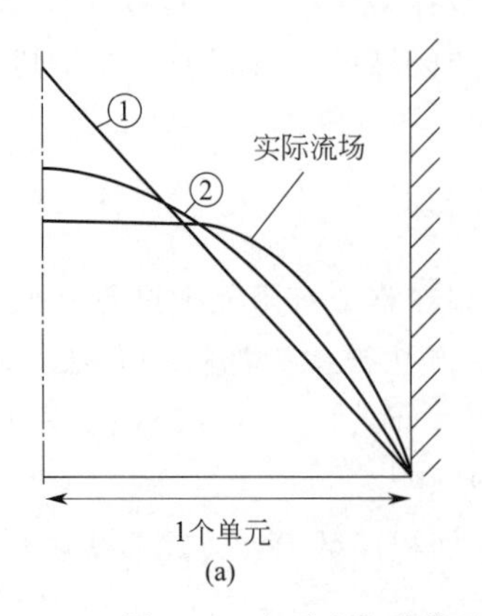

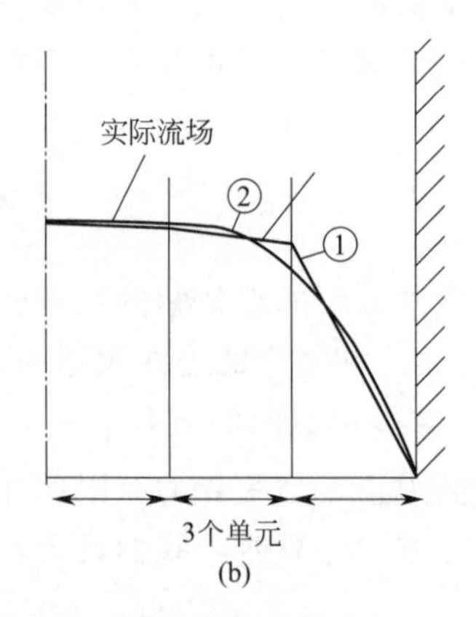

图 4.4 多项式的阶数及单元的数量对近似精度的影响

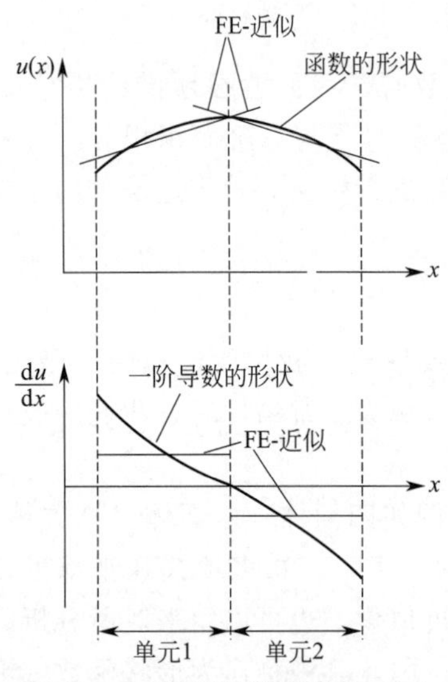

图 4.5 采用形函数插值的 $u(x)$ 的一阶导数的不连续性

个方程组系统的计算量随着单元节点数的增多而不断扩大；除此之外，对于普通窄带宽的所有方程组系统，随着其带宽的增大，其所需要的计算量急剧地增大（这里的带宽指的是沿着系数矩阵的主对角线宽度，在这个范围内无非零系数）。而另一个采用含更高阶多项式方程进行插值计算的缺点是其会导致计算结果的波动，同样降低了计算结果的平滑性。在针对流动及温度问题的模拟计算时，我们采用最多的是抛物线式的形函数方程。

最后，我们来讨论一下关于式(4.66) 及式(4.67) 所描述的一阶导数的相关问题（从此处开始，后面的章节中所提到的导数均为局部导数）。这是很重要的，因为微分方程中所存在的导数最起码都是一阶导数；此外，由速度场求导得到的参数（例如，剪切速率）对于流动的模拟分析也是必需的。形函数确保了插值数值的连续性，使得插值不仅发生在单元内，而且发生在相邻有限单元之间的边界处[18~22]。这对于一阶导数而言，往往是很难实现的，如图 4.5[23] 列举了采用线性形函数进行插值的两相邻单元。由于需对方程中的某一曲线进行近似求解，该近似方程在单元边界线处表现出形状上的弯曲，从而使其一阶导数出现不连续特征，这里我们并未对其二阶导数进行定义。因此，在采用一般的形函数时，这种现象在计算 *DE* 方程时是不允许发生的。基于这个因素，正如之前所述，我们常常利用格林-高斯定理来降低 *DE* 方程的阶次数。从图 4.5 中我们也可以看出，在单元边界线位置附近区域处，一阶导数对函数定义的准确性是很低的。例如，当从速度场出发模拟其应力或剪切及拉伸速率时，我们必须考虑上述相关问题。

然而，通过采用后续计算，我们可以设计相应的计算方法，从而提升从局部导数模拟得到的参数的准确性，并实现在整个区域内形状的平滑性（即所谓的修匀过程[20, 23~25]）。

4.4.3 FDM 与 FEM 比较

对用户而言，人们对于给定的计算案例往往会疑惑采用哪一种模拟方法最为合适。正如我们前面提到的那样，解析方法与各种各样的数值解法在模拟计算量方面是很不一样的，这还取决于我们对计算结果精度的要求及其相关应用需求[26]。为了对数值解法进行大概的分类，在接下来的第 5 章及第 7 章中我们将对那些基于分析解法的简单模拟计算方法进行介绍，并对这些简单模拟计算法进行相关的比较。

简单的模拟算法主要是基于对微分方程的一维分析解法展开（可参考第 3 章和第 4 章 4.3 节），据此，实际情况的计算过程可以看作为一定量的一维计算过程的叠加。关于分析解法，其优越性主要有[26]：

■ 简单且使用方便、快捷。由于所求解的参数往往与某些简单方程给出的边界条件相关，因此，即使采用便携式计算器也能进行计算，而采用个人计算机能更快、更有效地得到计算结果；

■ 简单模拟算法的主要优点是其计算过程可逆，这样我们可以对其进行反复地求导、积分，可针对任何参数进行求解计算。因此，例如在面对某歧管型熔体流动时，若满足出口处速度场分布均一的要求，我们可以一步计算得到合适的形状结构（参考第 5 章）。

另一方面，简单模拟算法也有一些不可忽视的不足之处：

■ 其应用范围只局限于某些具有或可近似为基本几何结构的口模，这样就可以采用一些简单的方程对其进行定义；

■ 不能全局地描述其交互作用及过渡效应；

■ 只需在整个横截面上进行积分便可得到相关的结果（例如，压力损耗，体积流率，冷却时间）。

当需要模拟更复杂的几何结构时，或需要获得更加精确的计算结果时，我们就不得对描述问题的微分方程进行数值求解计算，例如可采用 FDM 或 FEM 方法。

在差分方法中，正如前文所讨论的那样，我们需采用差商来替换其微分方程。通过在所需计算的几何结构上先划分矩形网格，再由该网格上的点来构建差商。

这种差分的发展及其后续对所得到方程组的计算，甚至经常也包括网格的划分都是通过计算机程序来完成。相比较于简单的模拟计算方法，FDM 显然具有以下优势[26]：

■ 可模拟计算那些解析方法通常无法处理的几何结构；

■ 除对整个横截面进行积分外，据此，我们还可得到所有网格点处的数值结果；

■ 可以考虑对微分方程进行耦合（例如，动量与能量方程，温度与剪切速率对黏度的影响）；

■ 由于几乎可同时计算整个区域内的系统方程组，因此其所有的内部交互效应均可以从计算结果反映出来（这对于显示有限差分法是例外）。

除了上述列出的优势之外，差分方法还有一些内在的不足，主要有：

■ 由于所需的方程不能逆运算，因此只可能通过迭代来确定其几何结构或者操作工艺点；

■ 计算过程至少需要一台 PC 机，简单的计算器满足不了其复杂的计算过程；

■ 相比于那些更加简单的计算方法，FDM 程序所需的计算时长要明显长得多。

相比较于那些简单计算法，类似于 FDM，FEM 也有其优势与不足之处。

当将 FDM 与 FEM 进行比较时，我们很难说谁优谁劣，因为其计算结果主要取决于计算的结构模型及所采用的方法。针对矩形的区域及二次有限差分网格或有限元，在一定情况下发现，当采用隐式 FDM 及 FEM（采用线性形函数）计算时，其计算方程一致，计算结果也相当[19,27]。

当需要对曲线型不规则区域进行计算时，我们也许可以采用 FEM 方法，这样可以构建成带边线的有限元，该边线并不要求与有限元之间相互垂直，因此可以构建曲线型结构。当采用抛物线式的形函数时，有限单元的边线可以覆盖抛物线式的形状。正如前面所述，这些形函数是有限元 FEM 的核心：它们不仅用来对结构形状进行插值，还被用来获取相关的参数（各节点处的速度、压力、温度）。因而，形函数直接影响了计算结果的精确性。同时，形函数的引入也是 FEM 与 FDM 之间的主要差异：对于后者，我们仅知其节点处的数值；对于前者，其区域内各点处所计算的参数数值均可以通过形函数的插值明确确定。由于在推导有限元方程时我们考虑了上述这个情况，因此从定义角度上讲 FEM 比 FDM 要更加精确。除了比 FDM 能更好地近似化处理几何结构以及获得更精确的计算结果，FEM 还有以下相关优点：

■ 由于所计算的几何形状与计算机程序没有关联，因此所需考虑的几何结构可以为任何形状。这意味着有限元程序与结构模型无关；

■ 可确定区域内任何一点处的计算结果数值，并且可将其展示出来；

■ 因为有限元方程往往是同时进行求解，考虑了系统内所有存在的相互作用，从而提高了计算精度及灵活性。

但是同时，FEM 也有不足之处：

■ 需要较长的计算时间、对处理器的要求高以及需要大容量存储器是 FDM 计算方法的几个主要要求。用于作此目的的最低级别的计算机一般要求为高性能 32 位或 64 位的 PC 机；

■ 由于 FEM 中结构形状、边界以及初始条件均由用户自己设定，相对于 FDM 中这些参数多多少少会被设定，这导致 FEM 所需的计算时间比 FDM 要长；

■ 就几何形状结构、网格密度、有限单元类型的选择及边界条件的确定而言，FEM 具有很强的灵活性，如果用户想获取到可靠的计算结果，这要求他/她对 FEM 方法本身具有更清晰的认识和更深入的理解。

总的来说，基于上述的这些特点，我们可以得到以下结论：只有在简单算法受限时采用这些要求更为苛刻的计算方法才更为有利。当所需计算的区域为规则形状且适合进行差分网格的近似化处理时，FDM 方法的优势才能表现出来[27,28]。然而，当存在各式各样的几何结构且相互之间差别较大时，由于 FEM 对几何形状结构没有要求，此时应采用 FEM 方法进行计算。FEM 方法在描述几何形状、网格划分及边界条件的定义、结果展示与评估中均具有一定的优势。目前，由于挤出模具的实际结构往往非常复杂，因此，学者们的研究重心迅速地集中在了 FEM 的使用方面。

关于解析方法、FDM 及 FEM 方法的比较见图 4.6。

4.4.4 挤出模具中模拟计算案例

在本章节中，我们将通过讨论几个数值模拟算法的案例来阐述其可能的应用情况。在下面的章节中，我们只讨论显式 FDM 是如何实现对流动的模拟计算，因为这对聚合物加工而言是最重要的。

	解析解的叠加	数值解法	
		FDM	FEM
几何结构	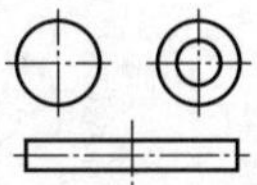	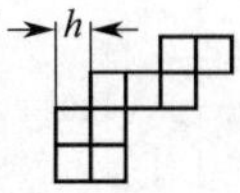 h	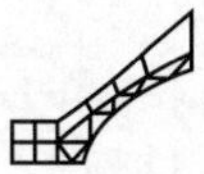
结果	$\Delta p, \dot{\gamma}, \dot{V}$ t_k	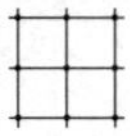	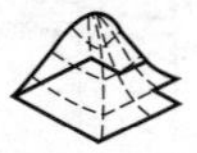
精度	低	一般	高
追溯叠加	无	有	有
结构确定	直接 $x, y=f(\Delta p, \eta)$	迭代	迭代
硬件	便携式计算器 PC(个人计算机)	PC	PC 服务器 超级计算机
计算时间	短	一般	长

图 4.6　关于解析方法、FDM 及 FEM 方法的比较

收敛狭缝中的流动[16]

当需要研究某一缝隙高度变化的狭缝型流道中的流动速度场及温度场时，我们发现其速度场的分布极大地受到流道结构尺寸的影响，同时温度对速度场也有微弱的影响，如图 4.7 所示。

从温度的分布场可以看出，其最大温度值出现在流道壁面位置处，这是因为壁面处的高剪切速率导致了更为严重的黏性耗散。随着流道的逐渐收缩，其黏性耗散效应逐渐增强，温度的最大值分布变得更加清晰。由于熔体的导热性能较差，黏性耗散产生的热量只能缓慢地传递到等温的流道壁面（$T_w=200℃$），或者传递至流道中心温度较低的熔体。

在壁面相互平行的流道区域，流道中心处的熔体温度提升得较快，此时摩擦生热（耗散）与热扩散之间达到了一个平衡状态，而温度峰值的分布位置有向流道中心移动的趋势。

图 4.8 描述了在某具有较短的收敛性入口的矩形流道中，其模具壁面温度对熔体温度场分布的影响。假设在入口位置处（$x=0$），其熔体温度恒定为 $T_M=170℃$。

从图 4.8 中我们可以看出，若要通过改变模具壁面温度来实现流道中熔体温度均匀一致的增减是不可能的。因此，我们只能尽量保证挤出物料在从挤出机到模具的输送过程中具有最好的温度均匀性（熔体在横截面上具有最小的温度差异）。

吹塑用十字头流道[17]

文献［17］中对吹塑成型过程中十字头模具内的熔体速度与温度分布进行了分析：图

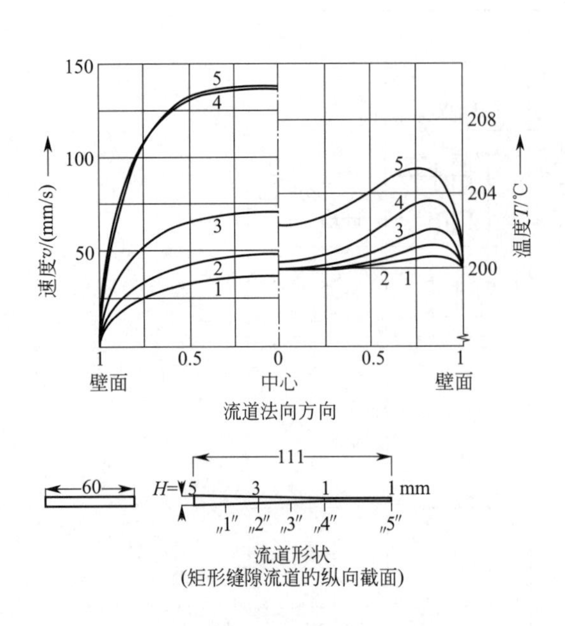

图 4.7　模具壁面温度为 200℃时某收敛性狭缝流道中的速度与温度分布

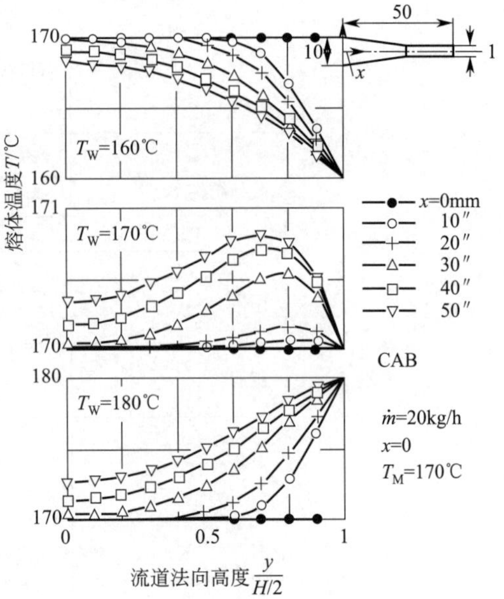

图 4.8　不同模具壁面温度下流道横截面中不同高度位置处的温度分布

4.9 给出了十字头流道某截面的示意图，并模拟计算了其速度、剪切速率以及温度场的分布情况。假设入口处（$x=0$）的熔体温度恒定为 200℃，芯棒壁面绝热。

借助于模拟计算方法，我们可以分析在模具均衡器内熔体料流是否存在一定的温度差异，并探索其温度差异的具体情况，同时还可以分析是否存在某些会影响新挤出物温度分布的因素。图 4.10 模拟计算了两种工况条件下出口位置处熔体的温度分布情况（其中两种条件下的耗散差异巨大），在入口处设定两种不同温度分布，并假设二者具有相同的平均温度值。在该例子中，我们发现，即使在模具入口处设定相差较大的温度值，其对出口处熔体温度的影响依然显得有点微不足道。这种变化可以通过实验测试得到证实[17]。甚至在模拟入口处具有均一稳定的熔体温度的流动时，我们也只能在出口处发现较小的温度差异。此外，我们还要考虑到上述的这些结论往往还依赖于加工工艺条件。

具有恒定横截面积的平面共挤流动[11]

关于熔体的流动模拟计算，我们不仅可以用于单组分熔体的挤出流动，也可以用于多层共挤流动。这里，除了未知的压力、速度与温度之外，两种不同的熔体层之间的界面位置也需要通过迭代计算来确定。

考虑简单矩形流道中某不对称 LDPE/HDPE/LDPE 的三层共挤流动，其流道横截面尺寸为 $H\times B=12\text{mm}\times200\text{mm}$。在模具入口处（$x=0\text{mm}$），每一层熔体的温度均设定为 235℃，整个流道范围内流道壁面处的温度设定为 260℃。剪切速率对熔体黏度的影响可采用 Carreau 模型进行描述（参考 2.1.1.2 节），而温度的变化则采用 WLF 方程进行描述（参考 2.1.1.3 节），相关的材料性能参数如表 4.1 所示。在模拟过程中，假定熔体具有恒定的热导率与比热容。

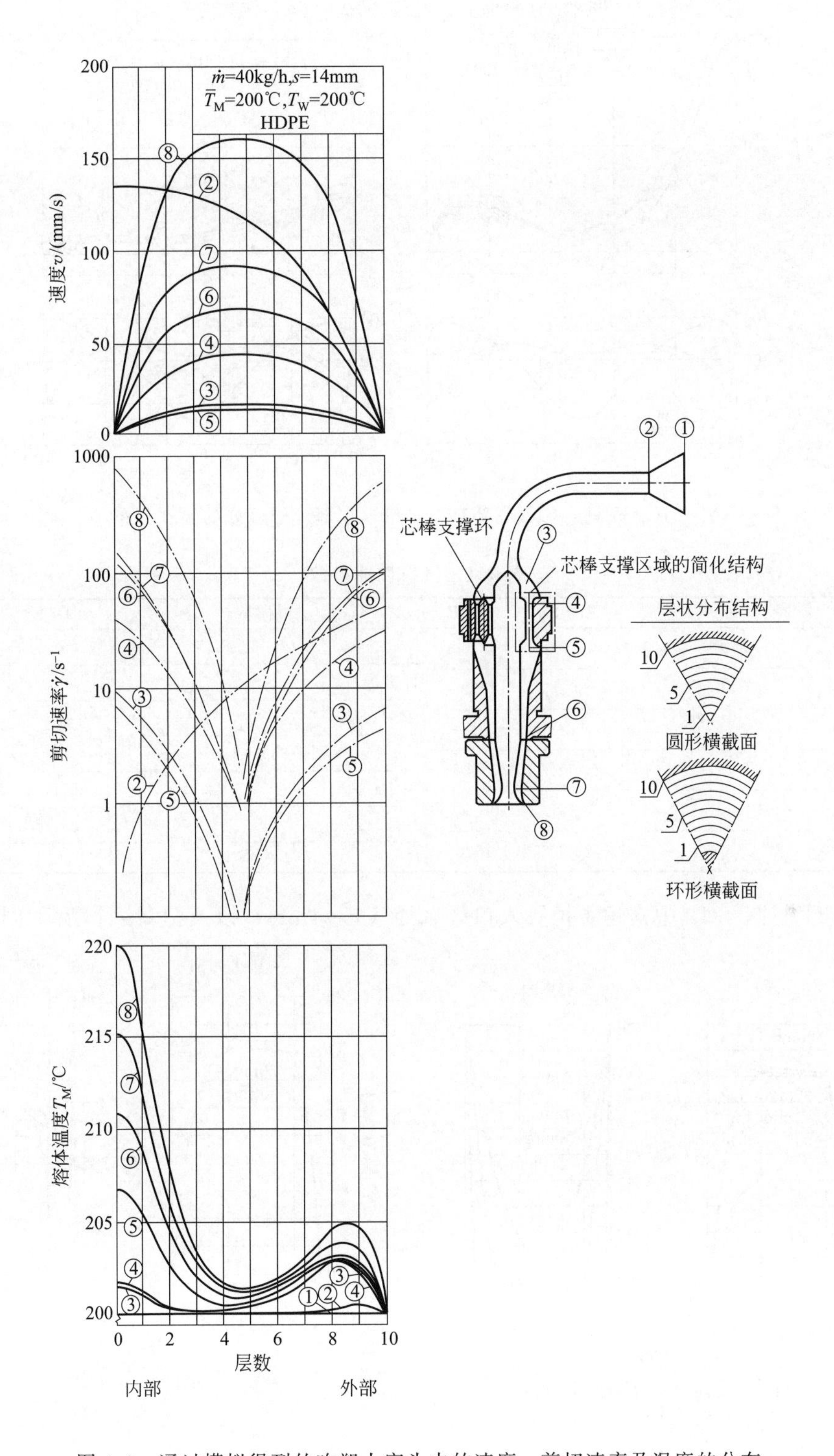

图 4.9 通过模拟得到的吹塑十字头内的速度、剪切速率及温度的分布

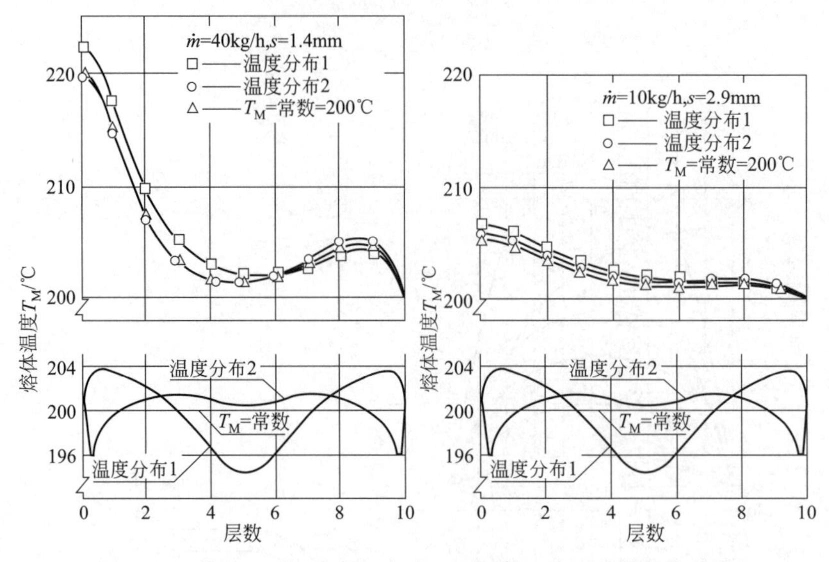

图 4.10　模具入口（底部）与出口（顶部）位置处的温度分布

表 4.1　材料性能参数

材料	LDPE	HDPE	材料	LDPE	HDPE
动力学材料参数			WLF 方程中参数		
密度/(kg/m^3)	801	850	标准温度/℃	10	−70
参考温度/℃	115	115	参考温度/℃	235	235
热膨胀线性系数/(1/℃)	0.001	0.001	Carreau 模型中的系数		
热导率/[W/(m·K)]	0.257	0.257	A/Pa·s	5733	39033
比热容/[J/(kg·K)]	2620	2620	B/(1/s)	0.418	1.052
			C	0.938	1.101

图 4.11 与图 4.12 中描述了模具入口区域处（x＝1mm）以及模具入口后不同位置处

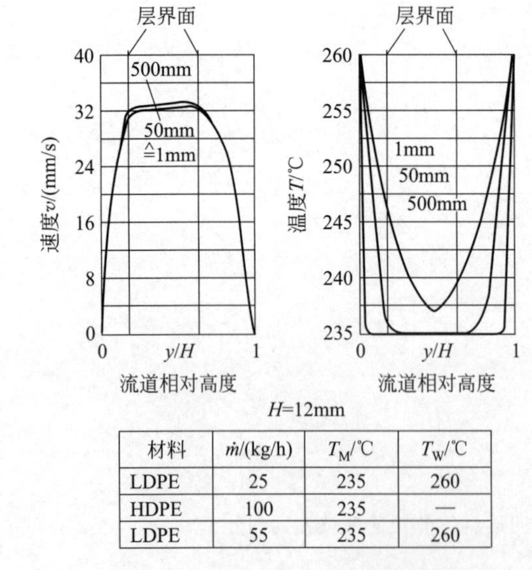

材料	$\dot{m}$/(kg/h)	T_M/℃	T_W/℃
LDPE	25	235	260
HDPE	100	235	—
LDPE	55	235	260

图 4.11　均匀入口熔体温度与恒定壁面温度下的速度场与温度场

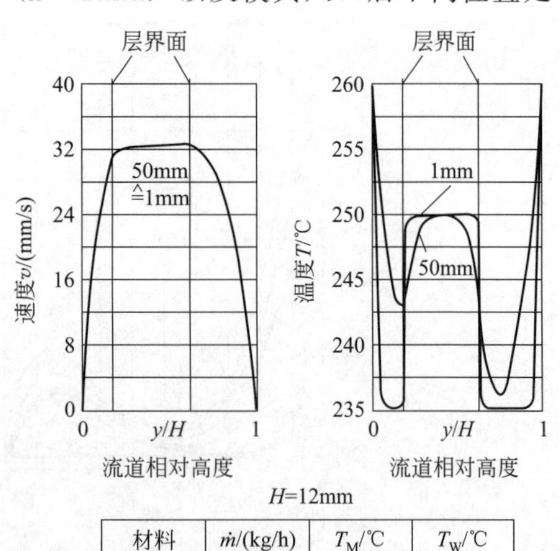

材料	$\dot{m}$/(kg/h)	T_M/℃	T_W/℃
LDPE	25	235	260
HDPE	100	250	—
LDPE	55	235	260

图 4.12　不同表面层与中心层的熔体温度对温度场与速度场的影响

（x=50mm 及 x=500mm）熔体的速度场及温度场分布情况。在不同的流动距离处，当更高的壁面温度都无法改变流道中心的熔体温度时，不同熔体层之间温度的不均匀性将会导致共挤制品出现额外的不利的温度分布场，如图 4.12 所示。变换材料对模具内熔体速度场及温度场的影响可参考图 4.13 所示，这里 LDPE/HDPE/LDPE 的熔体料流变化为 HDPE/LDPE/HDPE，与此同时，所有的工艺条件（产量与温度）均与图 4.11 中所给出的数值保持一致。

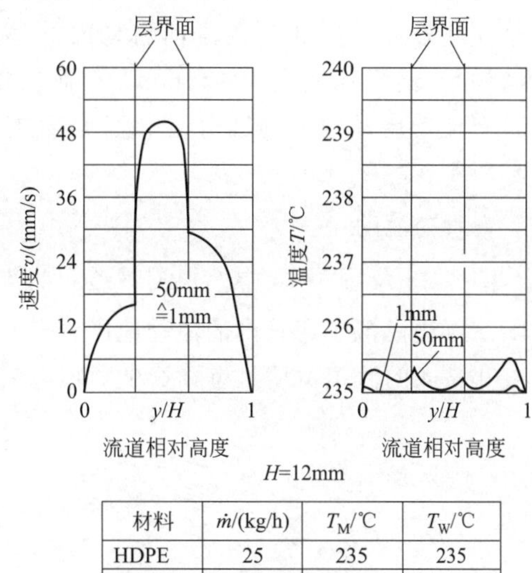

材料	$\dot{m}$/(kg/h)	T_M/℃	T_W/℃
HDPE	25	235	235
LDPE	100	235	—
HDPE	55	235	235

图 4.13　变换材料对温度场与速度场分布的影响

相比图 4.11 中所示的结果，上述图 4.13 中给出的速度场与温度场表现出了明显剧烈的波动，这种波动将会导致流动层厚度发生变化。通过计算机软件程序可以计算出共挤加工过程中温度场、速度场（也可以得到相关的停留时间）、剪切速率分布、压力损耗及各层的厚度的变化情况，而这些参数一般随着加工过程及结构尺寸的变化而发生变化，这样的话就实现了对加工过程的模拟。依照这种方法，我们可以评估各个参数对加工过程的影响。

型材模具中某成型面内的流动[23，30]

要简单、快捷地获得某型材模具中在成型面任意截面上的流动状态，包括速度场及壁面剪切速率分布情况，我们可以对其流动速度分量的分布进行模拟计算，假设流动为等温、层流流动。在计算过程中，该速度分量总是垂直于流道横截面。因此，每一横截面都对应着一个等压面，并且所有的流线均为直线。在无限长的成型面区域内，模拟得到的各分布场都需严格地遵守流动充分发展的条件，因为其结果只有在该前提下才有效。尽管如此，如果假设所有截面区域的流道长度一致，对短流动区而言，其模拟所得的结果与其实际的流动状态也非常接近。

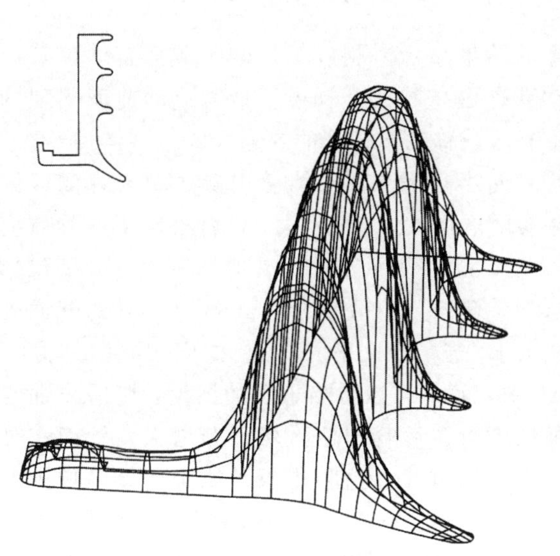

图 4.14　某密封件成型模具的横截面结构及其平行流动区域内的速度分布

图 4.14[23，30]表示了结构复杂的密封件成型模具的流道横截面，通过 FEM 模拟了该成型面上的速度分布，并采用山丘状图形表示其分布形态。在整个有限元的平面网格内，依据速度的大小，各节点被标定一定的高度，然后通过这些节点对整个网格结构按不同的高度进行拉伸。假塑性熔体的行为一般可以通过 Carreau 模型进行近似描述，其参数 A=11216Pa·s，B=0.14s^{-1} 以及 C=0.644。其启动速度为 22m/min（即 367mm/s），压力梯度为 3.9 bar/mm。通过模

拟其速度分布发现，熔体流动在那些鼻状结构处（凸舌）及侧板面处会相对滞后，并黏附直至左侧板面，因此，在流动启动时熔体被大幅度地拉伸。在主体流动界面上（包括鼻状结构），其平均速度为 422mm/s，而在相对窄小的侧板结构处，其速度为 69mm/s，大约只有流动启动速度的四分之一。必须扩大上游的横截面来提高熔体的流动速度（参考 7.4.3 章节）。

弯管内流动

图 4.15 及图 4.16 中，根据管道弯曲半径与管道半径比率的 R_b/R_p 的变化，采用三维有限元方法模拟了弯管内的流动速度分布（在二维结构的模拟计算中，只有当弧形缝隙流道具有非常大的流道宽度且壁面影响可以忽略不计时，我们才能进行模拟计算）。

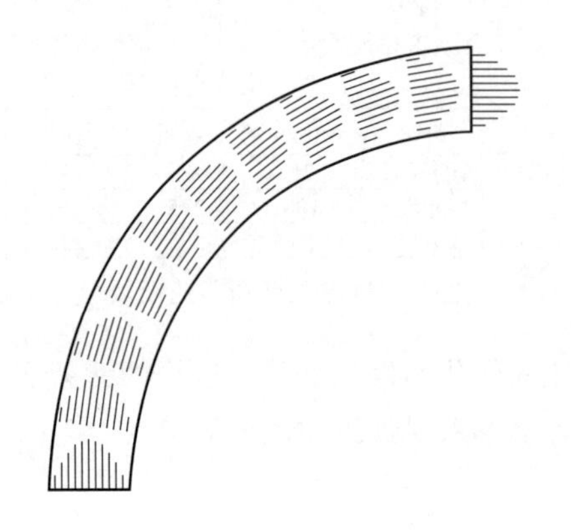

图 4.15 弯曲度为 90°的弯管内的速度分布（$R_b/R_p=10$）

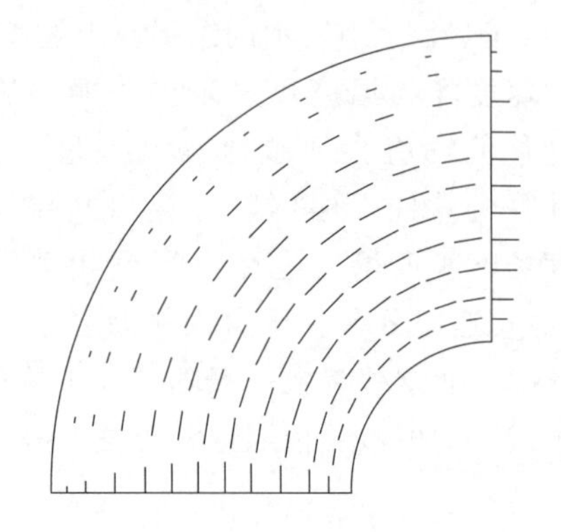

图 4.16 弯曲度为 90°的弯管内的速度分布（$R_b/R_p=2$）

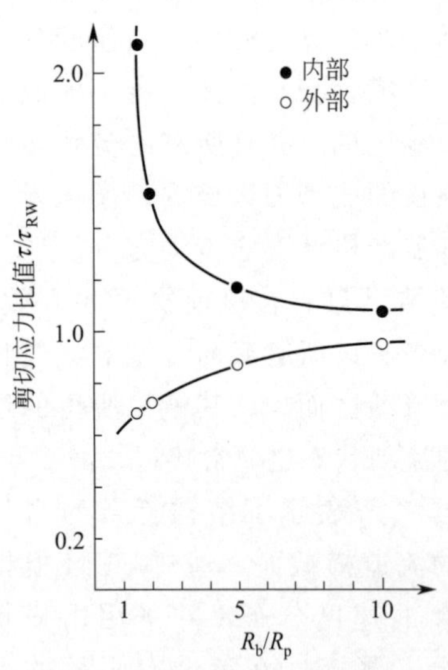

图 4.17 壁面剪切应力与管道半径比率之间的关系

模拟计算的结果显示，相对于外侧区域而言，弯管内侧区域的流动具有更高的速度梯度：最大流动速度出现的位置从管道中心区域移动至弯管的内侧区域。

随着弯管弯曲半径的减小，弯管内侧区域与外侧区域之间的速度差会随之增大，如图 4.17 中就表示了这种效应的变化趋势。图 4.17 中表示了壁面处剪切应力（分别包括弯管内侧与弯管外侧）与直线型管道（$R_b\rightarrow\infty$）的壁面处剪切应力的比值 $\tau_{R'}$ 与半径比率 R_b/R_p 之间的关系曲线。

从图 4.17 中，我们可以得出下面的结论：随着弯曲半径的减小，剪切应力在弯管内侧区域逐渐增大，然而在外侧区域剪切应力逐渐减小。这种现象可能是由该区域内的偶尔积料所致。当半径比率 $R_b/R_p=10$ 或者更大时，这种差异会变得非常小，因此可以忽略不计，此时，速度的最大值位置大概位于管道的中心位置（图 4.15）。当半径比率越过这个极限值时，此时管道的弯曲对流动速度的分布就会产生负面影响，因此在剪切应力方面出现变化和差异。半径比例 R_b/R_p 越小，弯管出口处的流动形态与直管中的流动形态差异就越大。因此，但凡存在弯管流道时，我们往往会在出口的位置处安装一个直线型管道作为补偿，这保证了出口处的流动为轴对称式的充分发展流动，然后再进入下一流动区域（例如芯轴流动区域）。

平面双层流动中的流线[23]

多层复合流动在实际生产中尤为重要，因为这种流动在一定条件下会变得不稳定，这与流道的结构尺寸、材料的属性及加工工艺参数等相关。当流动出现不稳定现象时，所有的熔体或挤出层将变得不再平整，各层厚度也会出现一定的波动。除此之外，当每一层的熔体黏度存在差异时，熔体流动会出现再次分布现象：低黏度熔体会尝试着去包围那些高黏度的熔体，因为这样可以使能量耗散最小化。此外还有就是在所有层的流动汇聚点处，其他方面的不规则性也可能发生，例如某一层中的流动死点或流动破裂点。当多层流动中的某一流动层的厚度非常薄时（例如，黏结层），或者其黏度或速度相差较大时，上述的这种现象尤其明显。

上述的这些现象都不是我们愿意看到的，需要通过改善模具的结构设计或优化加工工艺来消除，而这就可以采用计算机模拟来实现有效的计算和调控。

图 4.18 与图 4.19 描述了某等温平板双层流动中两股料流汇合处的流动形态，并采用 Carreau 本构模型描述其黏度的大小。当流率比为 2.5∶1 时，其结果如图 4.18 所示。由于流道上边部分具有较高的流率，两流动层之间的边界面将向流动下边部分偏移，此时两股物料的速度流线均比较平滑；然而，当流率比急剧地增大到 32∶1 时，其流动形态发生改变(图 4.19)，导致在外流道壁面附近且距离流动层流线汇聚点较近的位置处，出现回流现象，这个位置点处的流动速度变得更小。该现象的出现是因为更快的流动将带来更高的体积流率，而回流区域的存在导致流道底部的有效流动横截面积减小，因此，尽管该区域的流动速度较大，但也保持了恒定的流动体积。在采用流体模型进行实验时，在真实的条件下，我们确实能观察到上述这种现象[11, 23]。所以，为了消除由于熔体较长的停留时间而导致的降解性问题，我们就要对加工工艺条件进行优化调控，或对模具的结构进行修改。

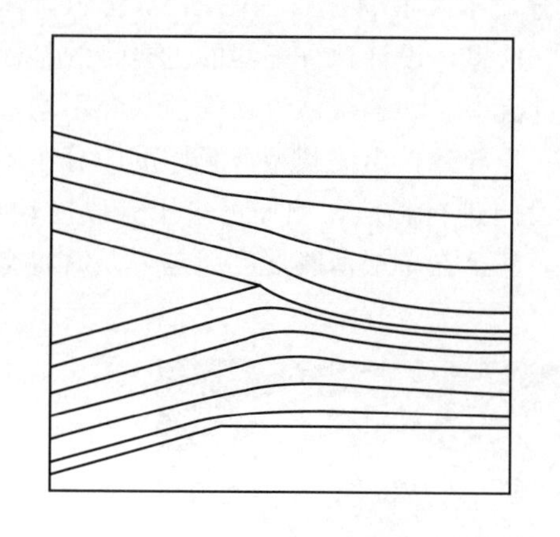

图 4.18　流率比为 2.5∶1 时的平板双层流动

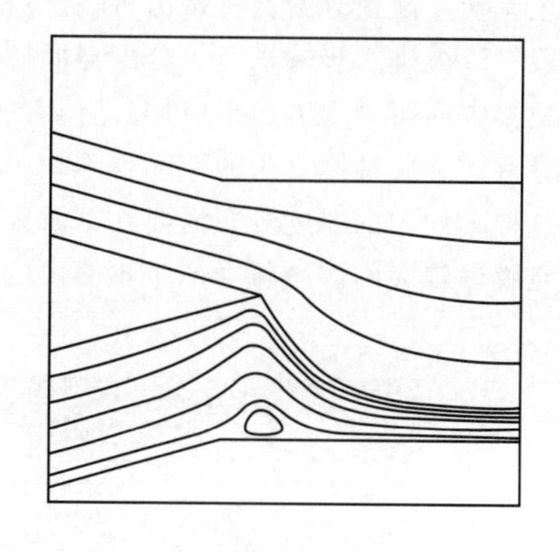

图 4.19　流率比为 32∶1 时的平板双层流动

从旋转螺杆末端到芯轴的过渡演变[23]

即使是针对相对简单的流道结构，采用三维流动模拟方法来计算流动形态也是很有必要的，如图 4.20 举例说明了采用三维流道模拟的必要性。图 4.20 中描述出了介于旋转螺杆末端（右）与静止的芯轴末端之间的流动，其中该静止的芯轴末端部分隶属于造粒机头部分

（左）。如图 4.20 所示，熔体由入口进入流道的可视区域，在其右侧区域内不同的径向位置处显示了其流动单元的流线轨迹。可以清晰看到，那些靠近旋转螺杆末端处的流动单元，发生了强烈的旋转，并形成了螺旋流线。相反地，那些靠近流道壁面外侧的流动单元，则很少受到旋转的影响。在距离螺杆末端较近的位置处，流动又再次变为二维轴对称流动：这是因为物料流动中具有较高的摩擦阻力，该旋转效应只能发生在较短的距离范围之内。

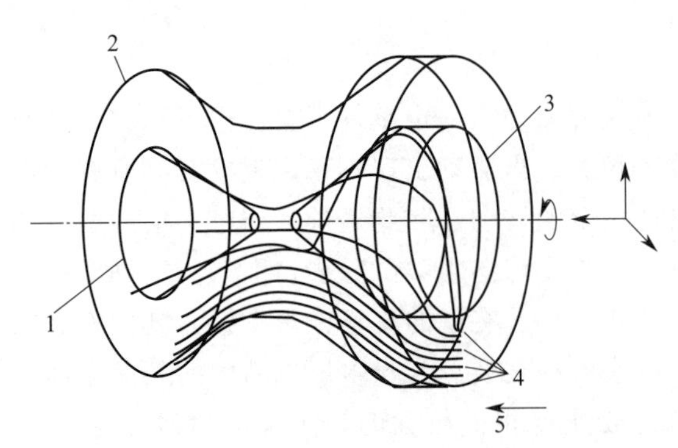

图 4.20　介于某旋转螺杆末端与某造粒机头的芯轴末端之间的流动

1—固定芯轴；2—外壳；3—旋转螺杆末端；4—颗粒流线；5—流动方向

上述结果证实了三维流动模拟计算的必要性，尽管流道表现出轴对称的结构形态：由于螺杆末端的旋转运动，熔体的流动单元在空间三个方向上都具有流动速度的分量及流动速度梯度。

因此，大多数情况下，无需花费较高的成本进行实验分析，模具设计人员与加工人员均可以依赖这种模拟计算工具来对模具或者加工工艺参数进行评估和优化改善。更进一步地，在挤出模具的设计过程中，这种模拟计算还有助于促使并形成一种必不可少的设计直觉基础。尽管在模拟计算中采用了假设与简化过程，这种不是很精确的计算结果在建立这种设计直觉过程中却是真真实实地发挥了作用。

旋转芯轴模具内的预分配行为的模拟计算[57]

参考文献［57］中举例阐述了某三维非等温流动的模拟计算过程，其不仅对流道结构进行了建模，也对模具周边的材料进行了建模。假设熔体在一个平面螺旋芯轴模具的预分配器内发生流动，该预分配器将挤出机输送过来的熔体分成了八股料流，如图 4.21 所示，然后该八股料流被进一步输送至主分配器的螺旋流道中。这里，设计预分配器的主要目的是保证预分配器中的每一个流道出口均具有相同的熔体质量流率。如若熔体流动的预分配不均，其将会导致螺旋芯轴模具中的流动也不均匀，从而进一步导致挤出的管型薄膜厚度的分布不均匀。这种不均匀的厚度分布需要在下游采用昂贵的设施进行补偿，例如可采用分段冷却环，否则在膜厚较大的区域将会产生不必要的材料耗费，甚至在单层薄膜厚度超越公差时将会导

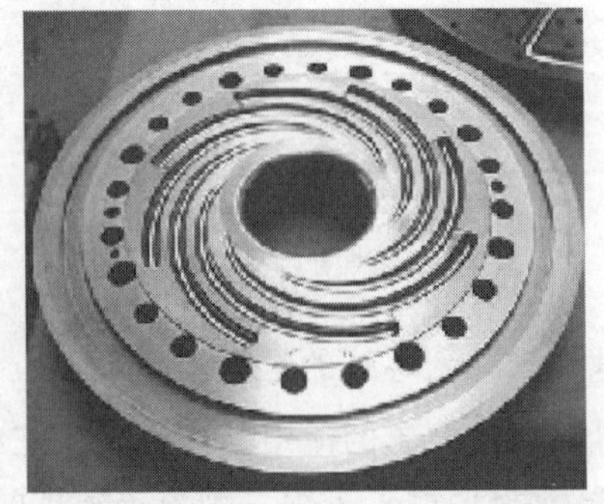

图 4.21　预分配器（左）与主分配器（右）

致废品，产品也不再满足其性能规格要求。导致这种膜厚不均的现象的一个原因可能是预分配器中的熔体流动会受其温度分布的影响。不仅仅是模具的外部温度，还包括流动过程中的剪切耗散，都会导致熔体温度分布的不均匀性。由于熔体黏度对温度具有依赖性，因此，不均一的熔体温度分布将进一步导致预分配器各出口处挤出产量发生变化。

为了在预分配器的设计过程综合考虑这些因素，所以有必要对这些问题进行数值模拟计算。图 4.22 中表示了某预分配器的温度及产量分布情况，其总产量为 300kg/h，模具入口处的熔体温度 T_M=200℃，模具外壁面温度 T_W=220℃。材料为高密度聚乙烯 HDPE，黏度模型可采用 Carreau 模型以及 WLF 模型。从图 4.22 中可以看出，在模具外部加热进行升温会导致模具内部温度分布的不均，从而导致在流向 2 号和 3 号出口的子流道中的熔体温度偏高。这种温度的不均匀性叠加后，其剪切耗散效应将会进一步增强。这种流道壁面处的高剪切耗散与分叉的子流道相结合，也同样导致了 2 与 3 号出口位置处熔体温度的升高。其结果是 3 号出口处表现出最高的熔体温度，1 号与 4 号出口位置处则表现出最低的熔体温度。正如图 4.22(b) 所示，出口处流率的分布也反映了其温度的分布状态。3 号出口处具有最高的熔体温度，因此其流动阻力相对最小，并直接导致了 3 号出口处的流率最大。另一方面，在 1 号与 4 号出口位置处，则表现出最低的熔体温度与最低的流率。其最终的整体结果是在最大与最小的流量之间存在一个大约 8.4%的平均流率偏差。

需要注意的是，这种分布的不均匀性主要取决于其加工参数。为了进行比较，图 4.23 给出了模具外壁面温度 T_W=200℃时的模拟计算结果，其他的所有参数均与图 4.22 中的参数一致。我们可以清晰地看到，通过降低模具的温度 T_W，挤出产量的分布将变得更加均匀。在这种情况下，其总产量的偏差大约为 3.6%。产生这种现象的原因是，在计算过程中通过将模具外壁面温度 T_W 设置为熔体温度 T_M，使得模具外部加热温度对熔体温度的影响最小化，因此，这种情况下，熔体的温度只受到剪切耗散的影响。

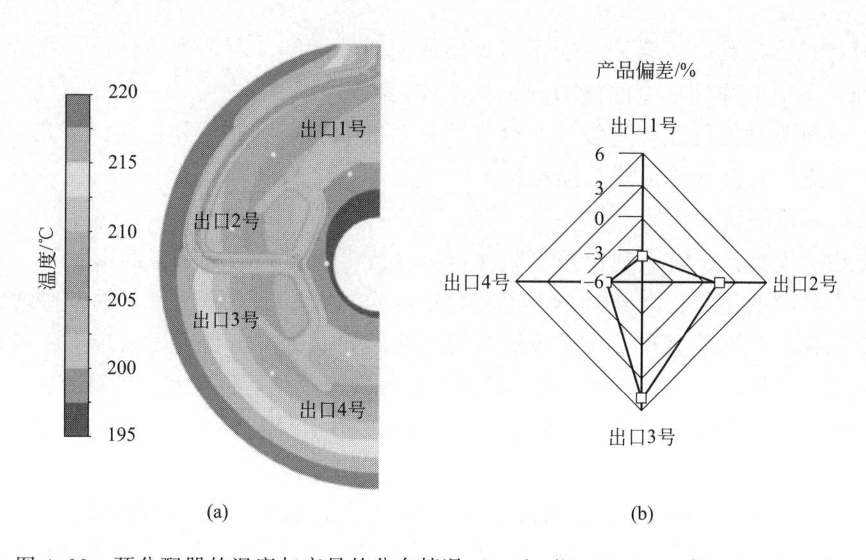

图 4.22 预分配器的温度与产量的分布情况（300kg/h，T_M=200℃，T_W=220℃）

总而言之，这种由于温度变化而导致的预分配器中的流量不均匀性可以通过适当改变加工参数进行局部的优化与减小。然而，加工参数并不是可以随意地毫无顾忌地变化，因为其会影响到其他更多的参数与产品特性。其结果就是，通过简简单单地优化

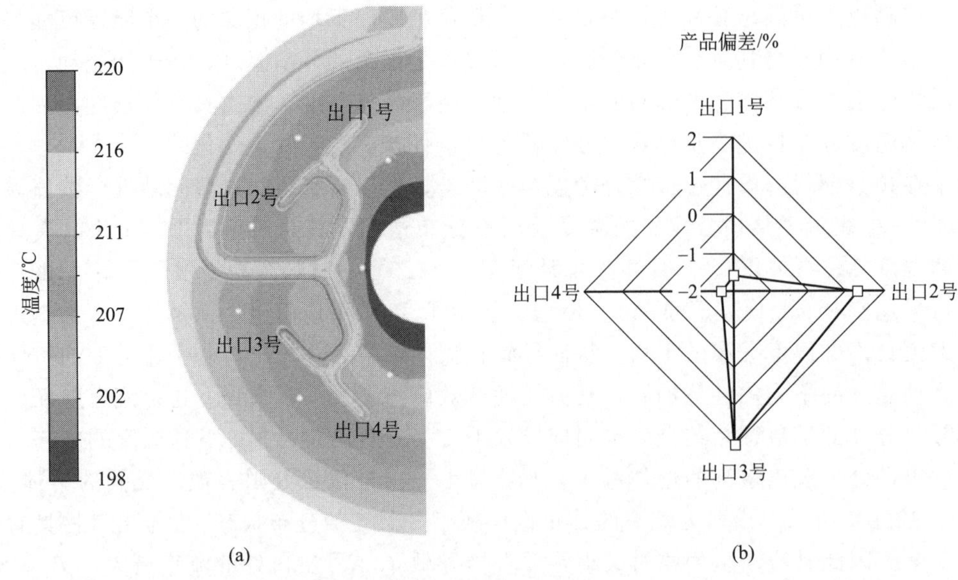

图 4.23　预分配器中的温度与产量的分布（300kg/h，T_M＝200℃，T_W＝200℃）

加工工艺参数，我们并不能完全地消除这种不均匀现象，而应该通过对模具的设计进行必要的修改与完善，例如，可结合相应的热力学设计措施，如将加热热源与模具结合起来设计。在这一点上，数值模拟计算的优势表现得尤其突出，因为采用数值模拟计算可以对一系列的各种不同的模具设计进行评估，而不需要对每一个变量进行设备的加工与实验。

4.5　考虑材料黏弹性行为

当在设计挤出模具时，我们一般不考虑熔体的弹性性能。所谓弹性性能，指的是熔体能够储存施加其上面的弹性形变的能力（记忆流体，参考 2.1.3 节）。

但是，这种弹性性能在模具设计时会带来重要的影响，例如，其包括以下几方面：

- 在收缩流道入口处导致压力损耗；
- 入口处形成涡流；
- 挤出物从模具挤出时表现出挤出胀大行为（挤出物形状与流道截面形状不一致）；
- 导致直径的变化与长度的减小，也会导致从吹气机头挤出来的管材的壁厚增大；
- 由于黏弹性湍流的存在，会导致层与层之间的界面或挤出物表面表现出不稳定[3]。

在数值模拟计算时，我们如果对熔体的弹性特征视而不见，将会对其所计算的压力损耗带来较大的误差。参考文献［12］中对此进行了举例阐述，具体计算了一种高分子量、高弹性的 HDPE 在吹塑成型中的流动形态。

图 4.24 展示了在不同产量下通过显式差分计算方法与实际实验测试方法所得到的压力损耗情况。结果表明，通过数值模拟计算得到的压力损耗数值始终低于实际测得的压力损耗值，且二者之间的偏差随着压力损耗值的增大而增大（注意：压力损耗增大，其产量也逐渐增大）。这种误差的产生可以理解为是在数值模拟计算过程中忽略了材料的黏弹性所导致。

这种熔体黏弹性对计算结果的影响在模拟挤出胀大行为时表现得更为显著。正如众多文献中描述的那样（如文献［15，32，33］），将圆形挤出机头模具中的挤出胀大因子 S_W 定义为：

$$S_W = D/D_0 \qquad (4.70)$$

式中，D_0 为挤出模具口模的直径；D 为挤出物的直径。挤出物直径的大小很大程度上取决于其黏弹性的强弱。对牛顿流体而言，其挤出胀大因子 S_W 的大小一般大约为 1.13[34～36]，而其他的黏弹性流体则表现出明显大得多的数值，这主要依赖于挤出过程中松弛时间与剪切速率的大小。

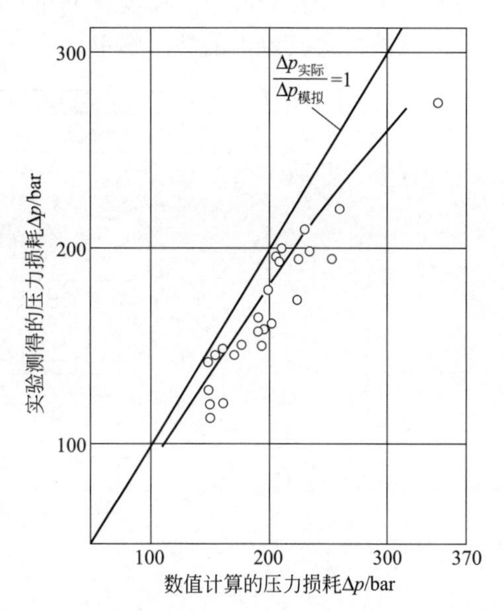

图 4.24　比较吹塑模具中通过模拟计算与实验测试得到的压力损耗大小

要考虑材料的弹性特性，一般有两种方法。

① 在图 4.25 中：首先假设材料为纯黏性流体，我们计算了其速度场分布情况。随后，选择一个合适的材料模型并结合上一步计算的结果，计算了由弹性行为所储存的形变，这样我们就得到了前面所述的挤出胀大因子。在这里，我们基本忽略了材料的黏弹性行为对速度场分布的影响。

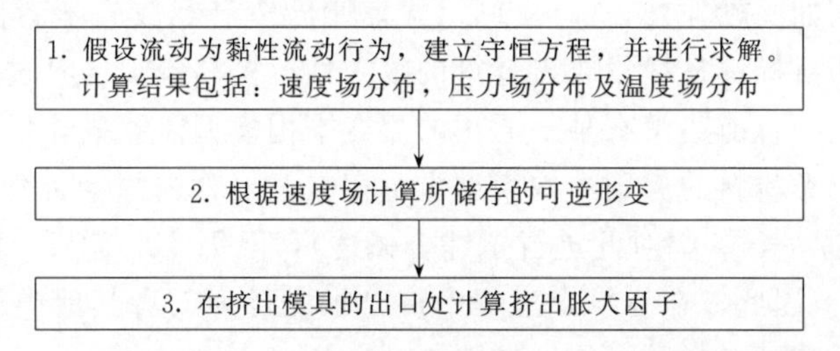

图 4.25　守恒方程中不考虑材料黏弹性特征时的数值模拟计算图

② 在图 4.26 中：首先假设材料为黏弹行为流体，我们计算了其速度场分布情况。随后，基于这些计算结果，选取合适的材料模型，通过模拟计算得到其应力场分布。然后将该应力场数据输入动量方程中，重新计算新的速度场参数，从而得到一个新的应力场分布结果以及其他的相关数据。当计算相邻两次计算之间的结果偏差小于设定的极限值时，或者达到所允许的最大迭代计算次数时，迭代计算随即终止。在这个计算过程中，我们考虑了材料的黏弹性对其速度场分布及压力场分布的影响。

可以很明显地看出，上述计算方案①明显要比方案②简单得多。例如，在方案①中，其计算过程结合了显式差分计算方法[12，16，17] 或者结合了有限元计算方法（FEM）[37，38]。如今，这样的模拟计算在通用的个人计算机中就可以实现[12]。而在方案②中，其对计算过程的要求明显要苛刻得多，这是因为：

■ 必须进行大量的迭代计算；

■ 计算过程经常不产生收敛，尤其是当熔体弹性行为具有较大的影响时[15，39～41]。

然而，在方案②中，其还可以进行以下其他方面的计算，例如：

■ 流动入口处或者流动界面收缩处的涡流；

■ 由弹性效应导致的边界层偏移；

■ 在考虑弹性效应下的速度场分布；
■ 从挤出模具流出的挤出物形状。

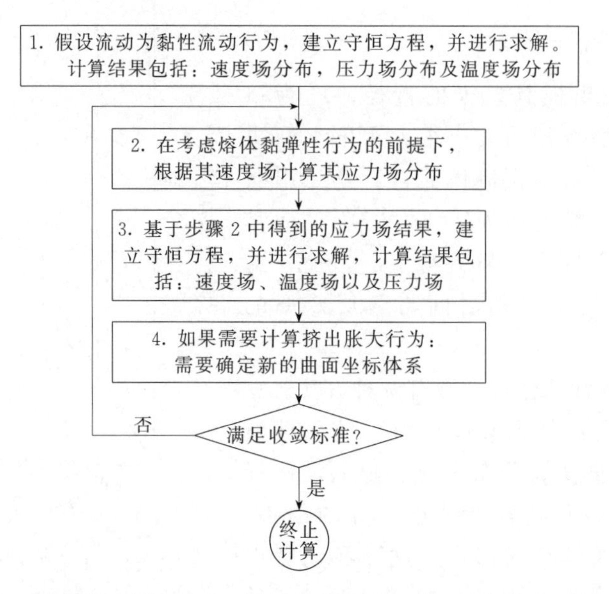

图 4.26　守恒方程中引入材料黏弹性特征时的数值模拟计算图

在许多文献中，如文献［15，39～41］，方案②俨然已经成为学者们进行深入研究的对象，大家一致努力的目标都是尽量改善计算的收敛性，提高模拟计算过程的稳定性。

另外一个问题是，目前还没有某一通用的流变本构模型能够描述任何材料的任何形变行为，即使是针对某一类材料的通用本构模型也不存在。尽管这些年研究发展了许多的黏度模型（例如文献［4，47～49］中对此进行了综合概述），但仍然没有某一模型可以满足这些要求（参考 2.1.3 节）。因此，在对挤出过程中挤出胀大行为或者其他类似的效应进行模拟计算时，其计算精度受到了材料黏弹特性的限制。

4.6　挤出胀大的模拟计算

在前面的章节中，我们通过图 4.25 与图 4.26 已经讲述了两种可供选择的、可用于模拟计算挤出胀大的方法：即要么通过可逆的所储存的形变以及整体的挤出物的胀大（在横截面上的增大）来确定挤出胀大可能性[12，16，17]；要么通过考虑挤出物新形成的曲面坐标体系上的未知坐标数据来计算所研究问题中的未知参数，包括速度、压力以及温度，然后采用对系统的差分方程进行适当的扩展，从而计算得到结果（例如［23，39，42］）。

一个方程若要能有效地用来确定系统求解过程中的自由表面，其需要满足一定的条件：即在穿越该表面上的质量流率为零，且其所有的速度矢量与该表面相切。从数学的角度而言，这就意味着该速度矢量 $\vec{v}$ 与该表面的法线向量 $\vec{n}$ 之间标量积必须为零：

$$\vec{v} \cdot \vec{n} = 0 \tag{4.71}$$

然而，整个计算程序的要求非常严格。因此，要了解具体的细节还需要进一步参考相关的文献资料（例如文献［23，29］）。当需要确定不同流动层之间界面的真实位置时，我们可以采用一种极其类似的方法进行计算[23, 43]，这是因为各层之间的界面在计算过程中被看作是自由表面，其也需要满足式(4.71) 中的关系。图 4.27 中给出了上述的这种分析方法的一个例子[23, 30]，其对平板对称式三层流动形态进行了有限元数值计算，这里，顶层流动与底层流动为相同的材料。因此，在计算过程中，我们只需考虑对口模的一半结构进行计算。在口模出口处的其他以外区域，有限元网格是连续的，因此也可以对那个位置处的流动进行描述。在上述图 4.27 的案例中，假设两种熔体的流动均为牛顿流体流动。

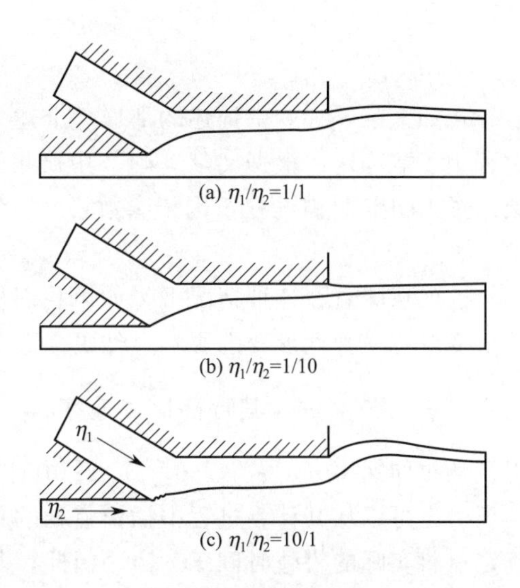

图 4.27　具有自由表面的平板对称式三层流动：表面层熔体与中间层熔体具有不同黏度比的流动行为比较

在模拟计算的起始阶段，我们对界面层及自由表面的具体位置一无所知。因此，需要借助式(4.71) 中的关系式对二者进行迭代计算[23]。

在上述案例中，假设所有的熔体层具有相同的黏度，这最终导致了挤出物表现出微弱的挤出胀大行为。在相同的边界条件下，当假设外层的熔体黏度只有中间层熔体黏度的10%时，我们可以看到微弱的收缩现象，见图 4.27(b)。当设定外层的熔体具有更高的黏性时（例如假设其黏度为中间层熔体黏度的 10 倍），参见图 4.27(c)，此时，挤出物表现出最强的胀大行为。这是因为在这种情况下，口模出口处的熔体流动速度分布发生强烈的重新排布。之所以发生这种速度场的重排，是因为熔体在口模出口位置处的流速形态由抛物线式的速度分布突然转变为柱塞式的流动速度分布。这种转变导致了流动中的外层熔体的流动突然加速，而中间区域的熔体流动却相对减速。

显式差分方法与 Wortberg-Junk 模型的结合

在上述的讨论中，我们提到过采用显式差分方法可以相对容易地计算挤出胀大行为，最起码可以对其进行估算。然而，需要提醒的是，这种方法仅仅只是得到了整体相关的参数，而不是自由表面的确切结果。这种整体性的估算在很多情况下是满足要求的，至少对那些轴对称的流动或者那些具有较高的宽/高比的流动行为，我们都可以运用这种计算方法。

在之前的 2.1.3 节中，我们提到了 Wortberg[16] 及 Junk[17] 的相关计算方法。在接下来的章节中，我们将采用这种方法来计算挤出模具中可逆弹性形变行为的发展过程。这里，这种由体积单元计算得到的可逆弹性形变可以直接从温度场与速度场的模拟计算得到。

从数学理论的角度来说，在确定可用于描述挤出口模出口处的熔体变形状态的平均数值 $\bar{\varepsilon}_R$ 时，可将其与挤出胀大因子关联起来[16, 17]，同时，我们还要考虑其具体的温度、压力以及形变（速度）历史过程等因素。

在对挤出模具出口处熔体的可逆形变 ε_R 进行数学计算时，其计算起点为计算得到的挤出模具内部的温度与速度场分布。该速度场分布能够提供熔体在模具内部某局部区域的剪切与拉伸速率（$\dot{\varepsilon}_S$，$\dot{\varepsilon}_D$）信息（参照图 2.19），此外该速度场还提供了形变的形成过程，如图 2.24 所示。在这个计算过程中，我们还需要考虑所加工材料的特定的松弛行为。

针对熔体的某一流动单元而言，由于剪切变形与拉伸变形同时发生，因此有必要定义某一特征性形变速率参数$\dot{\varepsilon}_{特征}$，该特征形变速率由总体形变所包含的两部分（剪切与拉伸）进行叠加计算而来[16]

$$\dot{\varepsilon}_{特征}=a\dot{\varepsilon}_{S}+b\dot{\varepsilon}_{D} \tag{4.72}$$

式中，$\dot{\varepsilon}_{S}=\dot{\gamma}$。

正如文献［16］中描述的那样，上述方程中的评量参数a与b必须通过材料的实验加工过程中才能确定。根据文献［44］中所报道的测量数据结果，Wortberg 发现了基于高密度聚乙烯 LDPE 材料的权重因子参数：

$$\dot{\varepsilon}_{特征}=0.01\dot{\varepsilon}_{S}+\dot{\varepsilon}_{D} \tag{4.73}$$

这就意味着在这种情况下，如果我们从相同的形变速率出发，相对于剪切变形而言，拉伸形变对可逆弹性形变的影响显然更为显著。为了计算出从局部$z_{k,n}$到$z_{k+1,n}$的可逆形变大小（参见图 4.2），其特征形变速率$\dot{\varepsilon}_{特征}$可以从剪切速率的平均值，即$\frac{1}{2}(\dot{\gamma}_{k,n}+\dot{\gamma}_{k+1,n})$以及从拉伸速率$(v_{k+1,n}-v_{k,n})/\Delta z$中计算得到。此时，其数值计算过程中相对应的温度与压力也可以从其计算过程中插值点处的平均数值计算得到，该温度与压力的数据可以用来确定材料实际的松弛时间$\tau(\varepsilon_{R})$。因此，基于文献［16］中的考虑，图 2.24 中所给出的数值模拟计算关系图可以改写为相应的模拟计算指令程序，该程序可用于确定在流道第n个网格处位置及第$\Delta t_{k,k+1}$步计算过程的可逆形变的变化情况：

$$\Delta\varepsilon_{R}=\frac{2\Delta z}{v_{k,n}+v_{k+1,n}}\left[\dot{\varepsilon}_{特征}-\frac{\varepsilon_{R_{v,n}}}{C_{1}(T)\exp(-C_{1}\varepsilon_{R_{k,n}})}\right] \tag{4.74}$$

上述这种分析方法可以对整个流道高度上所有的 FDM 网格层进行计算。在文献［16］中，在挤出模具的入口截面上，前述这种可逆形变的初始值一般设定为稳定状态下形变速率值。

通过这样的计算过程，在挤出模具整个高度的各个截面上，我们就计算出了该可逆形变ε_{R}及其平均数值$\bar{\varepsilon}_{R}$的分布状态；反过来，该计算结果可以与模具出口处的挤出胀大因子S_{W}关联起来。如果我们将该胀大因子的大小定义为某挤出物在完全恢复其储存的弹性变形之后的特征尺寸值（指标 2）与恢复之前的特征尺寸值（指标 1）的比值［类似于式(4.70)，即该过程为完全的迟缓过程］，则式(4.75) 可用于进一步描述这两种状态之间的关系：

$$\varepsilon_{R}=\ln\frac{L_{2}}{L_{1}} \tag{4.75}$$

若假设在该形变恢复的迟滞过程中，熔体的体积保持不变，则对某一矩形流场而言，其满足：

$$B_{1}H_{1}L_{1}=B_{2}H_{2}L_{2} \tag{4.76}$$

对某一纵向的形变$\bar{\varepsilon}_{R}$而言，其形变的迟缓恢复过程将导致在厚度与宽度方向上的胀大，式中厚度方向上的挤出胀大因子可写成[16]：

$$S_{W_{H}}=\exp(K\bar{\varepsilon}_{R}) \tag{4.77}$$

同时，在宽度方向上的挤出胀大因子为：

$$S_{W_{B}}=\exp(K^{*}\bar{\varepsilon}_{R}) \tag{4.78}$$

式中，$K+K^{*}=1$。

这里，K 与 K^* 表示了挤出胀大行为的各向异性。这两个参数一般情况下是不一样的，取决于挤出制品的截面形状。如果截面形状为正方形，则 $K=K^*$。

正如式(4.77) 及式(4.78) 所示，挤出胀大因子与数值模拟计算得到的熔体形变平均状态 $\bar{\varepsilon}_R$ 相关联。

注意：由上述计算方法所得到的挤出胀大数值，并未考虑熔体在模具出口处被挤出成块状时由于其速度场的重新排布而产生的挤出胀大效应，甚至是对那些纯黏性流体也一样。正因为如此，当弹性恢复尤其小时，我们可以模拟得到一个较低的挤出胀大因子（即微弱的挤出胀大效应）。下面我们将展示类似的几个从模拟计算所得到的案例。

例如，图 4.28 表示了高度 H 可变的某缝隙型流道结构[16]，并给出了其几何结构对流道中熔体可逆形变的产生与衰变过程的影响。在图 4.28(b) 中，在不考虑剪切形变与拉伸形变发生的情况下，图中每一种流道结构情况均表现出了该流道收缩区域受到较强的影响。当然，在考虑可逆形变时，剪切与拉伸的影响应当是更重要的因素。挤出模具中所谓的缝隙成型面效应在此处就显而易见了。从模具 1 与模具 2 可以看出，相比那些在上游较远区域引入的形变，在流道末端直接引入形变具有更强的胀大效应（聚合物熔体的记忆衰变）。

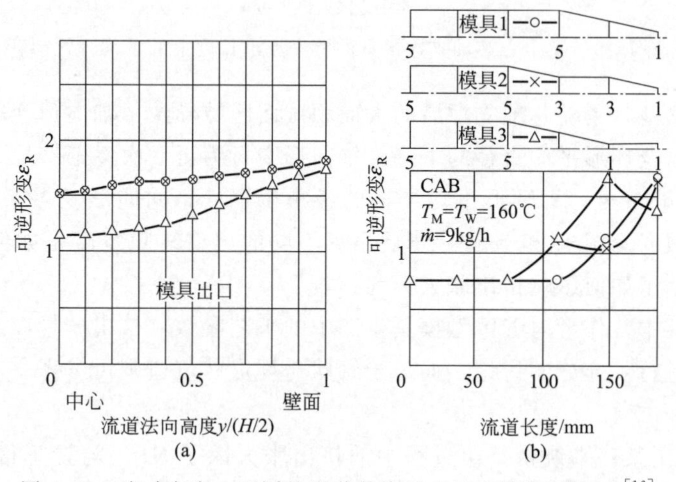

图 4.28 流动方向上不同的流道形状对 CAB 可逆形变影响[16]

图 4.28(a) 还同时表示了在整个流道横截面上成型面区域效应对形变曲线形状的影响。模具 3 中表现出更低的 ε_R 值，且 ε_R 值在模具 3 壁面附近区域表现出急剧增势，这主要归功于模具 3 后端窄小区域处的超高剪切速率。因此，成型面区域对模具壁面处可逆形变的衰退并未产生积极的影响。

当在某轴对称流道中建立可逆的、弹性形变时，针对收缩或扩张式环形狭缝流道，除了考虑轴向上的形变外，我们也必须考虑其周向方向上的形变[12，17]。

在图 4.29 中，针对某挤出吹塑成型生产线，通过数学计算得到了其十字头模具中整个流道长度上轴向与周向形变的平均数值[17]（相比于图 4.9）。其中，由于入口区域处的流动速度迅速提高，其可逆的轴向弹性形变在初始阶段也表现出急剧增大。然而，由于松弛过程的存在，在接下来的整个恒直径流道直至末端，这种形变都在衰退。由于轴向发生负的形变且具有较长的松弛时间，在环形截面区域处，即芯棒初始端位置，熔体流动速度急剧下降；因此，其可逆轴向形变发生强烈的衰退。然而，在流道中的这个区域，环形的平均半径变得更大，其可逆周向形变也急剧增大。对应于芯棒的该位置处其流道速度也增大，这就自然而然地导致了轴向形变的增加、周向形变的松弛。

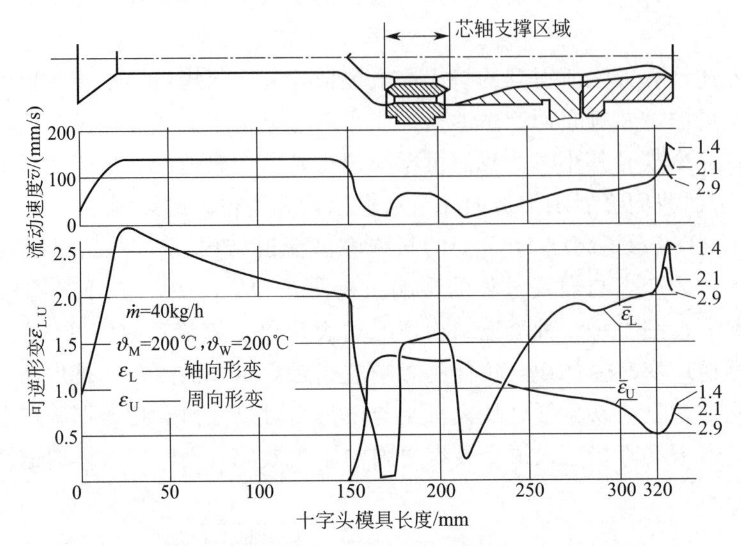

图 4.29　某中心芯轴支撑模具的整个流道长度上的平均弹性形变

通过压缩与松弛，紧随芯轴支撑后的大面积截面区域导致了轴向形变的衰退。因此，随着出口缝隙宽度以及环形平均直径的下降，轴向形变行为再一次逐渐产生，而此时周向形变逐渐衰退。在 320mm 处，即环形平均半径的最小位置处，周向形变再一次开始逐渐增强，而纵向形变逐渐减弱。图 4.29 还进一步展示了不同的出口缝隙宽度是如何影响可逆形变的强弱，因此也表示了如何影响挤出胀大行为。

在文献［16］中，作者对缝隙型模具生产中的工艺参数（挤出产量以及材料的温度）对可逆形变的影响进行了充分的讨论，而对于管状与环形状流道则可参考文献［12，17］中对吹塑模具的论述。

图 4.30 表示了某扁平绕带挤出过程中的挤出胀大因子 S_{W_H} 与计算得到的平均形变 ε_R 之间的关联[16]，正如式(4.77) 所表示的那样。其中，对 PS 而言，其挤出胀大因子与平均关联直线最大偏差小于 10%；而对 HDPE 而言，其最大偏差大约为 2%[16]。

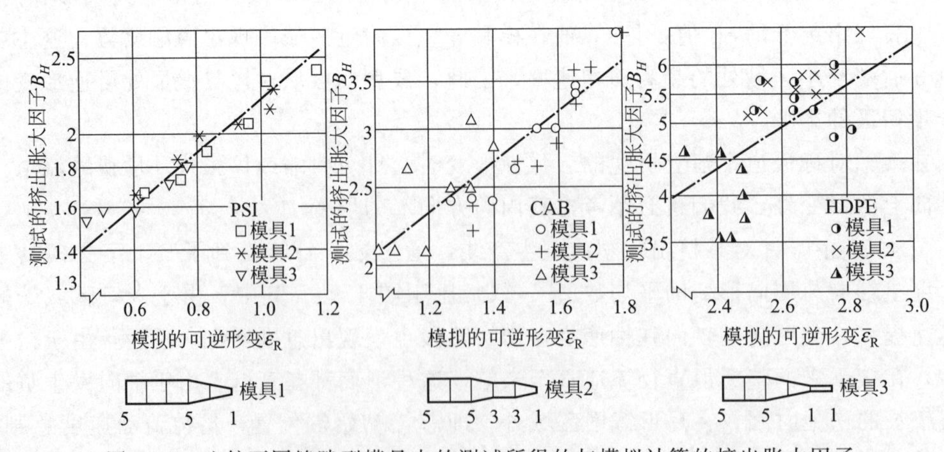

图 4.30　比较不同缝隙型模具中的测试所得的与模拟计算的挤出胀大因子

当遇见如图 4.30 所示的类似关联时，上述介绍的这种方法就提供了一种可以在挤出模具的设计过程中考虑材料弹性的可能性，这使得设计人员可以定性地对挤出胀大行为进行分析，然后定量地预估挤出胀大行为如何随加工工艺参数与流道结构尺寸变化而发生变化。

因此，这种分析方法表明了流道中的收缩区域对挤出胀大行为的影响非常明显，而流道中的平行区域，例如成型面区域，将会导致可逆弹性形变的衰退。但是，这里我们必须时刻记住的是，模具末端处的平行区域会再一次增大模具中的压力损耗。因此，我们必须对模具的结构进行优化，使其压力损耗的模拟计算与可逆形变的模拟计算匹配起来。

4.7 挤出模具的设计与优化方法

本节中我们将讨论挤出模具的设计与优化问题，主要阐述目前工业界所运用的模具设计流程、模具设计的主要目标。此外，对于以优化方法来辅助设计过程的抽象设计方法也将进行讨论。在本节的末尾部分，我们将举例阐述该优化方法的运用过程，并对目前挤出模具的自动优化设计的基本情况进行简要的综述和概括。

4.7.1 工业生产实践中的挤出模具设计

在塑料加工过程中，针对某挤出模具或分配器进行流变设计时，其主要目标是为了使聚合物熔体在流道末端区域流动时具有均匀的速度场分布。这主要源自对生产产品精度的要求，只要模具中存在局部微弱的流动速度场叠加，就会改变产品的尺寸精度。通过对流道结构的合理设计，这些问题都有可能被解决。

通常情况下，标准挤出模具与型材挤出模具之间存在一定的差别。标准挤出模具一般采用简单的流动几何结构（缝隙型模具、螺旋芯棒式模具）来挤出管材、实心棒材、片材或膜材制品等。这些模具流道结构的最大特点是其所生产的管材或缝隙的结构具有几乎不变的截面形状。相反，型材挤出模具则包含了所有的模具结构，其可以挤出生产结构更加复杂的产品，而型材挤出模具的流道结构形状一般非常复杂。

在标准挤出模具以及简单的型材挤出模具中，其流道可分割划分成多段具有简单几何结构的小流道，依托简单的或理想状态结构下流道内（如圆形、缝隙型及环形流道，参考 3.4 章节）的压力-流动基本关系，我们也能对标准挤出模具以及简单型材挤出模具中的流动状态进行估算。为了计算流动时的速度与压力分布，整个流道被划分成几段结构相对简单的小流道。针对这些划分后的流道结构，通过流动阻力 R，采用简单的数学方程就可以将流动速度 $\dot{V}$ 与压力损耗 Δp 联系起来。当需要描述与流动本身并无关联的那些流动阻力时，我们需要引入熔体黏度与剪切速率之间的非线性行为关系，这种非线性关联可以采用流动指数 n 来表示，如式(4.79) 所示。

$$\Delta p = R\dot{V}^n \tag{4.79}$$

对那些简单的流道结构，如收敛管材型、缝隙型及环形流道结构，当熔体在这些模具流道中发生流动时，其流动阻力可以采用经典的哈根-泊肃叶方程（Hagen-Poiseuille）进行计算，而计算过程中可以引入流动指数来考虑黏度的非牛顿特性[73]。因此，针对流道被划分成多段简单结构的模具而言，其内部熔体流动时的压力与速度分布就可以采用上述的方程进行计算。要达到这个目的，需要确定熔体在模具内各个划分的区域段内流动时的阻力，然后将这些计算得到的流动阻力组合起来形成流动阻力网络[51]，如图 4.31 所示，其表示了类似的流动阻力网络。

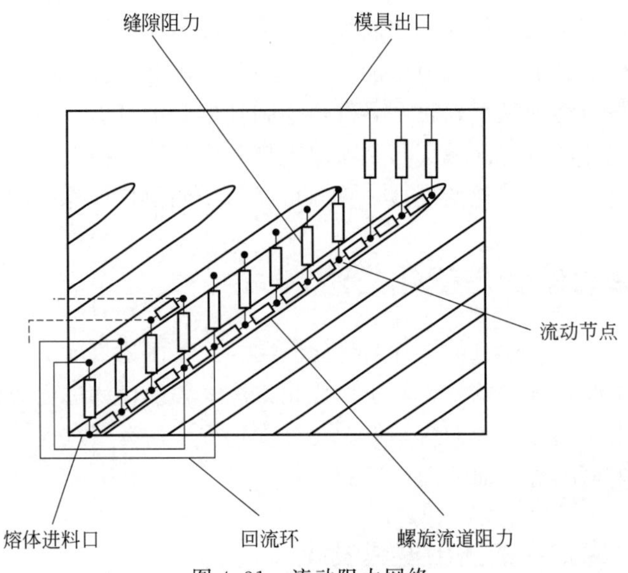

图 4.31 流动阻力网络

对于设定的边界条件（例如进口与出口压力），上述的流动阻力网络一般可以通过类似于基尔霍夫定律（Kirchhoff 定律）的计算法则快速地计算出来。基尔霍夫定律描述了节点处与回流环处的流动状况，针对不同的节点，该定律明确了某一节点处的多部分流动阻力与其他节点处的流动阻力相互连接，其流入的总流量（流动）必须与其流出的总流量相当：

$$\sum \dot{V}_{\mathrm{in},i} = \sum \dot{V}_{\mathrm{out},j} \tag{4.80}$$

除此之外，针对不同的回流环，该定律还定义了某一封闭环内的压力降（电压）始终为 0：

$$\sum \Delta p_k = 0 \tag{4.81}$$

根据这些设定法则，针对任意的阻力网络均可建立方程组，然后计算其模具内部熔体流动时的速度与压力分布。如若假设压力-流动之间的关系与流动本身无关，则式(4.79) 必须为线性化，而所建立的用于描述流动阻力网络的方程组则必须通过迭代计算进行求解。为了得到线性的表达形式，我们需要在每一个迭代点将流动阻力变换为线性的、与流动本身无关的表达形式：

$$R(\dot{V}) = R_{\mathrm{const}} \dot{V}^{n-1}_{\mathrm{iterationstep}} \tag{4.82}$$

$$\Delta p = R(\dot{V})\dot{V}$$

比如，借助上述的这些简单方程式，缝隙型模具的结构尺寸可以通过逆向设计过程直接计算出来（参考 5.2 节）。这就意味着，根据挤出制品的横截面形状，可以直接设计出模具所需的流道结构。然而，这种直接设计过程也仅仅只是对某些特殊的情况才可能有效。如果用于描述流道的阻力网络结构更为复杂，则即使是简单的挤出模具也只能通过迭代过程进行设计。在该设计过程中，流道结构尺寸是逐步向所需设计的优化结果靠近。

本节中，我们选取螺旋芯棒式模具作为一个简单的案例来进行阐述。和缝隙型模具一样，针对某特定的螺旋芯棒式模具，基于网络理论对大多数材料在其内部流动时的速度场分布进行充分的计算是有可能的。图 4.32 表示了计算所得到的某螺旋芯棒式模具出口处的流动速度分布情况。然而，由于回流效应的存在，通过直接设计的方法不可能计算设计出该流道结构。甚至针对那些结构尺寸简单的流道，在流动出口处要获得最优化的熔体分布状态，也有必要进行迭代计算。

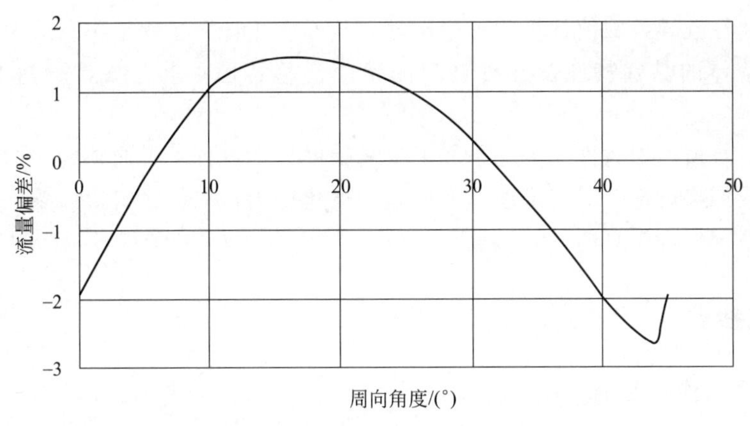

图 4.32　模具出口处的流量分布

对于型材挤出过程中经常碰见的结构更加复杂的流道，我们无法基于网络理论对其进行结构设计。这是因为，在这种情况下，不能再采用阻力模型对划分的每一单个流道段部分进行分析与描述。此外，针对这样结构的模具，也没有可行的方法可以直接计算出所需型材截面的模具流道[55, 61]。

在实际应用过程中，需要通过反复地修正优化，才能设计出更加复杂的挤出模具。首先，需要提出一个初始的理念，紧接着，基于设计者的个人经验或者实际实验过程，需要经过多次反复地验算并对模具结构进行修改，直到在模具的出口位置得到实际需要的速度分布。在这个优化过程中，设计工作者主要依据模具出口位置区域处熔体的速度分布状态来确定流道结构的修改方案，而涉及在模具的“何处”进行修改、修改“多大的程度”时则主要依赖于设计者本身的经验。根据制造商提供的信息，一般完成一项复杂型材模具的优化设计需要经过 10～15 次的反复修正[80]。

近年来，考虑到时间及成本原因，人们逐渐倾向于依靠计算机辅助设计的方法来降低需要实际试验的次数。如今在很多情况下，采用计算机模拟软件进行模拟试验正在变得可行，从而替代了之前需要采用真实模具来进行试验的方法。这里，跟实际的模具设计过程一样，也需要对模具的结构进行多次的反复修正。在这个过程中，流道中的速度分布场可以通过几种不同的方法计算出来。

通常情况下，针对复杂结构的流动状态，可采用有限元法（FEM）对流场进行模拟计算。该方法可以实现对任何三维流道结构的精确流场计算[31,58, 59, 65]。除了模拟计算的较高精确性之外，有限元方法的另外一个优点是经过有限元方法对流场计算完毕后，模具内部任何一点位置处的速度与压力分布均可得到，从而实现了对模具内部流场的“可视化”。然而，这种方法运用起来十分费力，因为需要对整个流道结构进行有限元网格划分，结果导致有限元方法使用起来相对耗时，且成本也相对较高。

不过，模具内部及其出口位置处的流动状态也可以采用基于其他的模拟方法的计算软件进行求解。例如，可采用有限差分法（FDM）、边界元法（BEM）[72] 或者是基于某种网格理论的组合方法。

然而需要引起注意的是，尽管模拟计算方法具有明显的优势，且高性能计算机也越来越普及，但我们目前也无法通过模拟计算的方法来将所有影响挤出制品形状精度的因素考虑周全；与此同时，虽然存在各种用于描述相关物理现象的数学模型，但目前仍然缺失模型中所需的各种材料性能参数的精确测试方法。更糟糕的是，在将非线性数学模型代入计算软件中进行计算时，往往会导致数值计算的不稳定性，从而中止计算过程。本章节中，我们所介绍的聚合物材料熔体的黏弹特性及几种材料的壁面滑移特性目前还无法通过数值模拟计算得到。

尽管如此，数值模拟软件如今还是成了模具辅助设计过程不可或缺的一门工具。在接下来的章节中，我们将讨论针对特定模具如何采用优化准则，如何设定边界条件，并确定如何借助于计算机系统促进模具的设计过程。

4.7.2 优化参数

4.7.2.1 实用的优化目标

当在设计某挤出模具时，需要对流道的结构进行设计及优化，通常存在几个设计目标。依赖于某些特定的边界条件，这些设计目标具有不同的优先考虑顺序。

挤出过程中，挤出制品的质量优劣主要受聚合物熔体在挤出模具出口处的流动分布状态的影响。相应地，在塑料制品的加工过程中，针对其挤出模具或熔体分配器的流变设计，其首要目标是在流道出口位置处使熔体具有稳定均一的速度分布形态。在流动的停滞区域，由于熔体的停留时间过长而容易出现降解，这在设计过程中需要避免。再者，针对容易发生热敏性降解的材料，如PVC，则需要熔体在流道中流动时具有较短的停留时间。此外，在很多模具的设计过程中，设计一个尽可能窄的停留时间谱也是很有益处的，这在需要更换材料及清洗模具时，可以缩短所需的时间及降低成本。

较低的压力损耗是模具设计过程中另一个设计标准。因为由压力引入的能量在加工过程中通过材料的黏性耗散转换成了热量，熔体被加热到了一个比设定值更高的温度。这进一步降低了整个加工过程的效率，通常情况下这只是被型材的冷却速度所限制。若需要提供一个较高的挤出压力，就要求挤出机具有更大的挤出功率，其成本也就相对高得多。

与此同时，还有一些其他的设计标准，比如保持壁面上具有恒定的剪切应力。这是因为，当剪切应力过低时，流道壁面上任何滞留的物料都无法被流动的物料带走；而当壁面处剪切应力过高时，挤出制品又有可能发生降解，因此，壁面处的剪切应力不宜过高，也不宜过低。该设计标准还可以进一步延伸至对剪切速率的要求，这是因为熔体挤出过程中的剪切应力与剪切速率密切相关。

当在设计模具流道时，我们必须明确聚合物熔体在从模具入口至出口的流动过程中为一个连续性加速流动过程。这种对材料流动的特殊性要求就会使得该流动表现出壁面滑移的趋势，这是因为由于熔体的流动加速，如果壁面处沿流动方向上的剪切应力单调递增，则存在一个临界剪切应力，在该临界剪切应力值处，模具壁面处流动会出现仅有的一次粘-滑现象。

此外，由于材料会表现出强烈的黏弹行为，为了保证挤出制品在整个横截面上具有均一的挤出胀大，需要在模具设计过程中相应地考虑挤出胀大行为。比如，通过提高其下游收卷速度，我们有可能实现对胀大行为进行补偿。

对许多模具的设计而言，其熔体分布的有效设计过程则意味着要弱化其对加工操作的依赖性及对材料本身的依赖性，而这也是应该得到保证的。

4.7.2.2　流道设计过程中的实际边界条件及约束

在模具的设计过程中，其设计的自由度受到许多边界条件的约束。例如，流道的可利用空间可能受到整个模具最大尺寸的限制，也可能受其他流道位置的影响（如共挤出模具），甚至受其他横切方向上流道的约束（如涂布模具）。

上述这些额外的针对流道尺寸结构的约束条件，仅仅是源于模具在实际制造过程中可能碰到的问题。

当需要针对整个模具进行设计并确定其尺寸时，由于熔体在模具流道内流动具有非常高的熔体压力，因此模具本身必须具有足够的机械力学强度，以免流道发生变形，从而影响优化设计的结果。

4.7.2.3　模具优化中的独立参数

正如前面章节所述，在流道的设计过程中，模具设计者的设计自由度受到了一系列约束条件的限制。当给定约束条件，在考虑到设计的优化及设计的目标的方式下，设计者可以对所有的流道结构尺寸进行确认。到目前为止，还没有一种有效的设计方法可以在一开始就给出流道的初始设计尺寸，该初始尺寸代表了流道结构优化设计迭代计算过程的起始数值。因而，模具初始结构的设计尺寸仍然依赖于模具设计者的自我经验。

为了优化初始设计尺寸，设计者设定了一些在后续优化的迭代计算过程中可以修正的尺寸结构参数，但是，要选择哪些尺寸参数进行修正以及经过多少次数的迭代修正计算过程才能达到设计目标，这取决于设计者的设计技巧。

4.7.2.4　模具优化中的依赖性参数及其模型

设计者在选择了需要修正的尺寸参数后，在优化设计过程中还需要对所选择的参数进行优劣性评估。例如，采用模具出口位置处的流动速度分布形态进行评估时，常常也只是主观上的评估。然而，当评估标准具有数学表达形式时，就有可能实现客观地评估过程。为了实现这个目标，需要对那些用于评估模具内流动状态优劣性的评估标准进行建模，基于一系列的数据指标，采用模型化表达形式，可以对流道质量的优劣进行评估。例如，模具出口处熔体流动速度的标准方差可以用来当作评判模具出口位置处速度分布形态是否均匀一致的标准。

此外，这些标准指标的引入也有利于对模具流道结构的设计优化实现自动化过程，这是因为借助于这些评估指标，我们可以通过数值计算确定流道的优劣性。

如果我们只是抽象地或理论性地考虑挤出模具的设计过程，那么该过程则是一个涵括了许多独立参数的正态优化问题（图 4.33）。在这种情况下，关于理论优化目标，则代表了那些流道几何结构尺寸的参数。因此，优化问题中的独立性参数代表了部分流道或整个流道的结构尺寸，而这些独立性参数则提供了衡量其中一项或多项优化目标的优化成功程度的量化依据。在描述这样一个问题的数学模型时，这些内在关系必须要通过一系列客观的评判标准表达出来。例如，针对特定的优化目标，当独立性参数达到某一优化数值时，其相应的数学方程也同时表现出极值状态。按照优化方法的术语定义，这些数学表达式一般被称为质量函数或优函数。

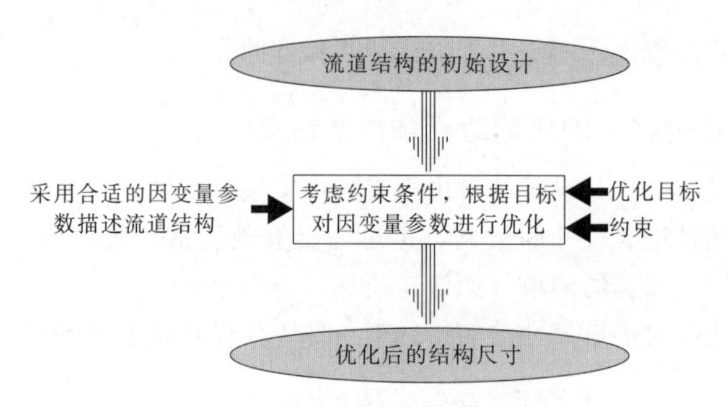

图 4.33 优化问题的抽象结构图

例如，正如前文所述，要在模具出口位置处获得速度分布均匀一致的流场，其优化目标可以表述为计算所得的模具出口位置处速度的标准方差应该越小越好。在这种情况下，针对不同的出口区域，考虑各出口区域位置处在整个高度上的平均速度，这有助于我们进一步得到相关的质量函数。例如，如下面的方程表达式所示，其有可能被当作某质量方程来用：

$$f(v_1,\cdots\cdots v_n)=\sqrt{\sum_n \alpha_i(v_i-\bar{v})^2} \tag{4.83}$$

式中，v_i 为某一出口位置处的平均速度；$\bar{v}$ 为整个出口区域处的平均速度；α_i 为权重因子，其可以用于加强或提升出口位置处某些重要区域的重要性，使其在质量函数中具有更高的权重，以便得到合适的模具设计结构。

再比如，介于模具入口与出口位置间的压力损耗也可以当作另一项质量评估标准。为了达到这个目的，其数值可以采用一个权重因子将其规范化，如下所示：

$$f(\Delta p)=\beta\cdot\Delta p \tag{4.84}$$

借助类似于上述所示例子中的方程式，就可以采用数学方法对质量函数进行描述，从而可进一步对流道结构进行评估。然而，我们也应该注意到，相对于前述的这些评估参数，其他的变量反而更不容易获取到，例如最小操作点依赖性或停留时间谱。然而，任何的评估标准或多项评估标准的组合原则上都可以用来对挤出模具的结构进行客观评估。

一般情况下，我们希望采用多项标准对设计的模具结构设计进行优化。因此，可以定义一个质量函数，其涵括了各项评估标准的权重总和，如下所示：

$$Q=\sum_{i=1}^{n} f_i \tag{4.85}$$

更进一步地，除了通过定义质量函数对模具结构进行评估之外，还可以采用几何结构参数来描述模具流道的结构尺寸，并且这些几何结构参数能够进一步优化，以至于质量函数方程可以收敛得到所需的数值。这就不但使得建立客观的评估标准变得可能，而且在一定的约束下，也使得采用计算机基于不同的优化策略对接下来的迭代优化过程实现自动化运算变得合乎实际。为了实现自动优化运算过程，应用于挤出模具流动状态的数值模拟技术（如FEM）可以与优化方法相结合（如评估方法）。基于这样的自动优化过程，借助不同的优化算法法则，我们可以选择那些用于定义流道结构的几何参数，直到被评估标准客观衡量的流道状态达到最优值。在这种情况下，我们必须确保当在定义质量函数时，不仅要求优化的目标必须包含在数学模型中，而且在运行优化计算过程时，关于质量函数的数学特性还要求其在所选择的优化算法中能够明显地收敛。

在接下来的章节中，我们将讨论如何借助于一定的优化策略来实现优化目标，以及从抽象意义上如何实现一个优化过程的运行计算。

4.7.3　优化方法

在科学研究与工程实践中，存在一系列需要寻求最优值的问题。从数学的角度上看，这些问题主要是针对某特定函数在其定义的区间范围内寻求最大值或最小值的问题。

各种各样的科学研究与工程实践问题表明，有许多的优化问题需要采用特殊的或者特定的优化技术，这就导致开发了好几种优化方法，而这些优化方法可以使用各种计算程序与算法来定位最优值。

然而，所有这些优化方法的共同之处在于，其最优值（最大值或最小值）的寻求过程发生在特定的参数空间内，理论上说，每一个具有 n 个独立性系统参数的优化问题均可以当作是某优函数的极大值化（或极小值化）过程[54]，如下所示：

$$f(\underline{x})=\max!,\underline{x}\in R^n \tag{4.86}$$

式中，优函数 $f(\underline{x})$ 为某 $n+1$ 维空间内的某一个外表面；n 为矢量$\underline{x}$ 的维度，而函数值的大小则表明了所选参数集的质量优劣性。对于一项含有两个独立性参数的优化问题，其函数所代表的表面形状如图 4.34 所示。图示中的 x 轴与 y 轴定义了参数空间，x-y 表面内的任何一点都代表了一项参数集。若将所有的参数变化的标量值在 z 轴上表示出来并连成曲线，结果得到一个描述了整个参数空间的质量优劣性的曲面。针对不同的优化性问题，该曲面将表现出不同的形状。

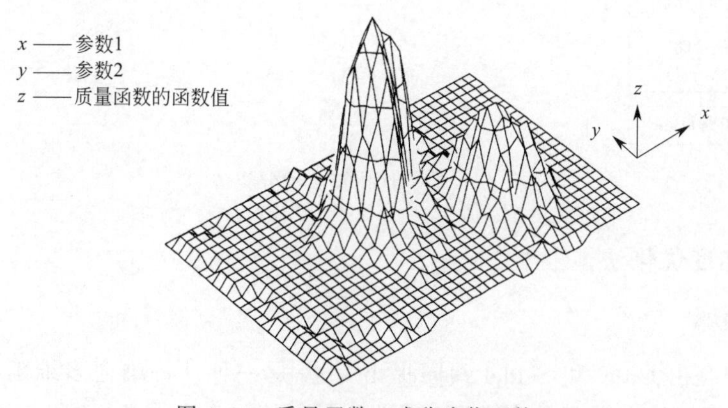

图 4.34　质量函数（或称为优函数）

尽管我们可计算出用于定义整个曲面的单个数据点，但是这些点无法通过推理预知。这样，每一个优化策略的优化目标就成了寻求尽量采用最少的计算量来定位最优值的方法。

存在许许多多的优化策略，其中的每一种优化算法都可以用来选出一组最优的参数集。我们还可以对这些优化策略进一步分类。对那些具有多个独立性参数（流道的结构尺寸）的优化问题，其优化策略可以分为确定性方法与随机性方法。对确定性方法而言，其沿用特定的方法将迭代计算由前一步推进到下一步，并期望得到更理想的数据结果。假定初始条件与边界条件完全相同，在这种优化策略下，其优化过程往往沿着相同的路线进行计算。而对随机性优化策略而言，其优化过程的路线往往是随机性的[78]。

这里，确定性优化方法也被称为“爬山法”，这种方法还可以根据优化过程中是否考虑了其质量函数的梯度进一步划分。如果考虑了相关质量函数的梯度数据，我们就有可能快速地得到优化目标。在这一点上，一方面我们需要注意关于梯度的计算并不一直都是可行的，另一方面，我们也无法保证每次都可以可靠地计算出梯度的数值，或者即使可以计算，其计算过程也会十分费力，从而也就限制了这些优化的运用。

图 4.35 给出了几种常用的优化算法的分类。在下一节中，我们将讲述几种优化目标的寻求策略，并对每一种方法进行简单的阐述。更加详细的资料，读者可进一步参考文献[56，77，78]。

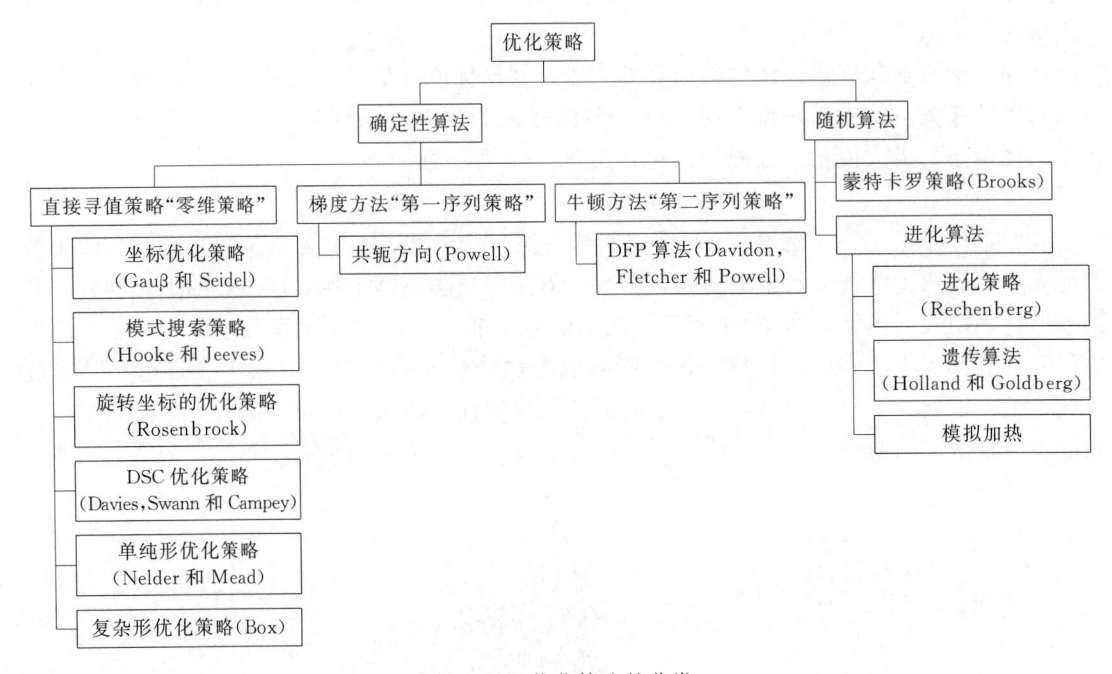

图 4.35 优化算法的分类

4.7.3.1 无梯度优化法

坐标优化策略

该优化策略是由 Gauβ 和 Seidel 共同提出[54]，是一种从一维向多维延伸的优化方法。在运用该优化策略时，从初始状态出发，首先只针对第一个参数进行优化，直到其质量函数达到最大值，而另一个参数在这个过程中保持不变。紧接着，对其他的参数也采用同样类似的优化策略。当参数的变化对质量函数的结果没有任何影响时，停止优化计算过程。在寻求优化过程的最优值时，可以自由地选择一维优化策略。这种优化方法的基本形式是，我们需要在正负两个优化方向均迈出探索性的一步。

旋转坐标的优化策略

这种优化方法来源于坐标优化策略[75]。在旋转坐标的优化策略中，其最优值的寻求方向并非沿单个轴的方向进行。相反地，其引入了一个全新的坐标系统，以用来定位最优值。在该坐标系统中，其中一轴的指向总是与前一迭代步骤中起点指向终点的矢量方向相同，而其他尺寸的坐标轴也始终与该轴及其他坐标轴相互垂直正交。基于这种运算过程，就很有可能找到一种最有利的寻值方向，在该方向上可以获得较快的收敛速度。

模式搜索策略（直接寻值法）

由 Hooke 与 Jeeves[62] 共同提出的模式搜索策略是基于坐标优化策略的一种延伸。基于这种优化运算方法，开始时需要先进行探索的一步运算，正如坐标优化策略方法中所采用的试探性优化步骤那样。假设将起点位置与终点位置连成一条直线，其所指向的方向则代表了特别有希望得到最优值的方向（最有利方向），通过外推方法（模式搜索策略）在该方向上进行一步迭代计算。这种外推优化方法是否成功只能通过评估附加的外推优化步骤来进行判断。如果该外推运算的一步失败，该计算步骤将会撤回；如果该外推运算的一步成功，则进行下一步的外推优化计算。通过不断地修改外推计算过程中的计算幅度与计算方向，运算过程就有可能对单一运算步骤的计算结果作出反应，以至于在最优的优化方向上即使做出渐变的修正，其外推运算的计算步长也可以时不时地增大，加快寻值进程。

DSC 优化策略

DSC 优化策略，以 Davies、Swann 以及 Campey 的名字进行命名，是一种旋转坐标优化策略与线性搜索策略的结合[50]。从某一起始点位置开始，线性优化方法需要在每一坐标轴方向上进行最优寻值。在这种方式下，得到其优化终点，并基于该终点位置出发，一维优化过程则遵循了连接起点至终点的直线方向。紧接着，该坐标系统的坐标轴重新排列，形成了一个新的标准直角坐标系，在新的直角坐标体系中，基于这些新形成的坐标轴，计算过程将运行一个新的线性寻值过程。按照这种方法，沿着起点至终点的直线方向，实现某一维优化计算过程。

单纯形优化策略与复杂形优化策略

与上述所描述的那些方法不同的是，存在着另外一种方法遵循着 Neider 与 Mead 所提出的单纯形优化方法[71]。基于该方法，存在至少 $n+1$ 个起始点，这些起始点代表了一组参数，并在 n 维寻值空间中对其进行明确。在起始点的选择上，起始点应与其他的参数点的距离相等，这往往导致形成了一个正多面体，被称之为单纯形体。基于这种优化策略的优化过程需要先评估所有的顶点，其中，每一个顶点相应地描述了一组参数（通常是基于质量函数或者优函数进行评估）。在接下来的步骤中，通过比较其他的顶点，确认出现最差质量函数数值的顶点，而后这样的参数集将被舍弃。通过剩余参数点的中心能够得到一组可反映出舍弃数点的新参数集，并采用该新参数集对原先舍弃参数集进行替代。如若新产生的顶点在下一步的迭代计算中仍然出现最差的函数值，则可以得到第二差的顶点以及其他。由于这样的一个计算过程，如果该单纯形体逐渐地靠近最优值，则单纯形体在具有最优函数值时可以沿着顶点旋转。通过缩短边长长度，可以使该优化过程能够更加接近最优值。基于一个二维寻值空间，图 4.36 中表示了该优化方法寻求最优值的过程。图 4.36 中的直线代表了质量函数的等值线，在这些直线上质量函数具有相等的函数值。起始点设置在 0^1、0^2 与 0^3。点 1 是由点 0^1 反射出来，其在点 0^2 与 0^3 的连线中心位置上，并以此类推。

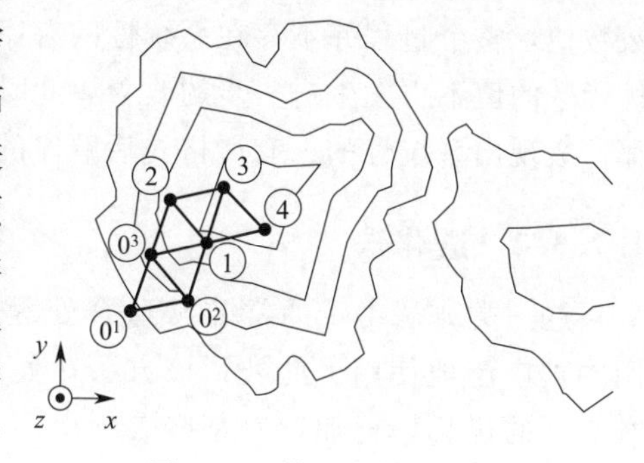

图 4.36　单纯形优化策略

作为对单纯形方法的一种完善与改良，复杂形优化方法则可以对那些以不等式形式出现的额外条件进行整合[52]。其最大的差别在于，单纯形方法拥有大量的顶点，并且经过每次反射过程，其多面体结构的尺寸不断变大，这就称为复杂形。

4.7.3.2 基于梯度的优化法

正如前文所述，当采用类似“爬山算法”策略寻求最小值或最大值时，在对优化目标的定位过程中，只是在某些离散的点处对其优函数或质量函数进行评估。除了优函数的数值之外，那些基于梯度的优化策略采用了它的一阶偏导数来对下一步的迭代计算方向进行定位。一般情况下，基于这种方法，优函数在不同方向上的梯度在某些初始点位置处可以首先确定下来。而新的迭代计算点则被确定为梯度最大的方向位置上，然后不断地重复该计算过程，直到各考察方向上的梯度均发生变化，此时可以假设最优值定位成功。

如今，在运用基于梯度的优化计算方法时，不但要求其计算步骤平行于坐标轴系统，还要求能够将先前迭代计算的成功和失败所获得的经验知识结合起来，以确定最佳的搜索方向。当导数很复杂或在许多情况下根本不能确定时，通过这些优化方法要获得这些导数会存在一些问题。

如果一个函数可以多次微分，除了那些一阶导数提供的信息外，我们还能利用那个高阶导数所反馈出来的信息。例如，为了在某给定的位置上用泰勒级数来表示某函数，Nexton优化策略可以利用二阶导数的数据。在这种情况下，质量函数的下一个最佳位置点只需要一步就能确定，而无须再进行线性搜索过程。

关于采用偏导数实现优化的方法有很多，具体细节请参考文献［54］。

4.7.3.3 随机优化法

与确定性优化方法相反的是，随机优化方法则是随机性地改变搜索过程。这一类方法的基本技术主要是依靠蒙特卡罗优化策略，其代表了一种纯粹的随机搜索或盲目的优值搜索方法。基于这种策略，在特定的参数空间范围内，随机地选择参数的数值，并得到相应的优函数数值，整个过程并不存在系统性的有序方法路线。当对一系列特定的参数评估完后发现，优函数的值不再发生进一步的改善，此时，优化过程中止。除了这种纯随机性优化方法外，那些表现出系统性的、有严格先后顺序的优化过程被称之为进化法。

4.7.3.4 进化法

这一类方法由于通常非常适合处理具有许多独立参数的问题，所以其在工程实际应用中被广泛地使用。此外，该方法在处理那些条件状态较差的质量函数或优函数时也具有一定的优势，比如针对某些表现出不稳定、有噪声甚至是未定义数值的质量函数或优函数问题。

进化法用作优化方法时，其类似于生物进化的模式实现优化过程。按照这种情况，生物进化法则被应用于优化技术过程中（表4.2）。一般地，进化优化方法可以分为两大类。首先，存在一种进化策略，该优化策略是由Rechenberg在优化处理流动问题时首次提出并应用[74]。然后，存在一种遗传算法，该遗传算法由Holland[66]与Goldberg[60]提出。基于这些优化策略，存在许许多多的延伸与变体，但这里我们只介绍其蕴含的基本思想。对于其他的可以与进化算法相提并论的优化算法，例如模拟加热与寻优程序法，我们就不再一一进行叙述。关于这些方法的基本介绍可以参考相关的文献[53,56,78]。

表 4.2　生物进化法则与优化技术过程之间的相互转化

法则	生物进化	工程技术
繁殖	遗传物质的恒等复制	对存在的参数集进行复制
变异	随机性的无方向性的基因变异	对参数进行随机性的无定向的修改
起源	显性特征的形成	重新选择新的参数集
生命	自然环境中生命体的生存	对所选择的参数进行质量评估
选择	选择适应性最强的生物体，淘汰适应性最差的生物体	比较各参数集之间的质量，抛弃那些质量，较差的参数集

进化策略

进化策略的目标是通过所谓的变异和选择来优化参数集。为此，从单个参数集出发，通过小幅随机变化（突变）单个参数，从而生成新的参数集。从新生成的参数集中，选择一个能够对优化目标实现最佳评估的参数集（选择）。基于这种进化策略的优化过程，可以分成以下步骤：

① 选择一组或者多组参数集作为起始点；

② 随机性的变化所有现存的参数集，或变异单组的参数集，从而得到特定数量的“派生”数据；

③ 选择参数集或者“派生”参数集作为下一代计算的“母体”数据，同时抛弃其余的派生数据；

④ 如果仍未实现预定的优化目标，则重复上述第②步。

遗传算法

在进化优化策略中，需要优化的参数往往采用一些具体的实数进行描述。例如，某点在参数空间中的具体位置就需要采用实际的数值进行表示。不同于采用实数形式来描述参数，遗传算法是通过实数的二进制序列来对参数进行描述。就像生物学中的染色体一样，它们包含了系统参数与编码形式。

图 4.37 中表示了上述二进制序列的表现形式。该例子中，三个不同的参数采用了不同长度的二进制数序列进行编码。这些数字序列的长度以及将系统参数转换为二进制代码的方式需要根据具体的问题进行具体改变。一旦发现某个有用的方案能够将实数编码成二进制数序列，则随机改变单个的参数集进行寻优优化。当采用遗传算法时，通过所谓的点突变或交叉可以产生这些随机性的改变。针对二进制序列，这种突变只是改变一个数字，而这种数字的改变也是随机性的。举个例子来讲，图 4.37 就表示了一种由六位二进制编码的参数突变。参数集的变化也可以通过交叉来实现。通过交叉，从一个特定的数字开始，对二进制编码的数值进行交叉变换，可以将两个现存的参数集变化为两组新的参数集，而这一过程是随机性的（图 4.37）。经过对参数集进行这种变化以后，重新对参数集进行了一次选择。借助于遗传算法的优化过程包含了以下的步骤：

① 指定几个参数集，将这些参数集作为初始参数种群；

② 随机地改变所有现存的参数集或对参数集进行突变；

③ 通过交叉产生新的参数集；

④ 从这些新产生的参数集中选择合适的参数集，作为下一步计算中的“母体”参数种群，抛弃其余未被选中的参数集；

⑤ 如果仍未实现预定的优化目标，则重复上述第②步。

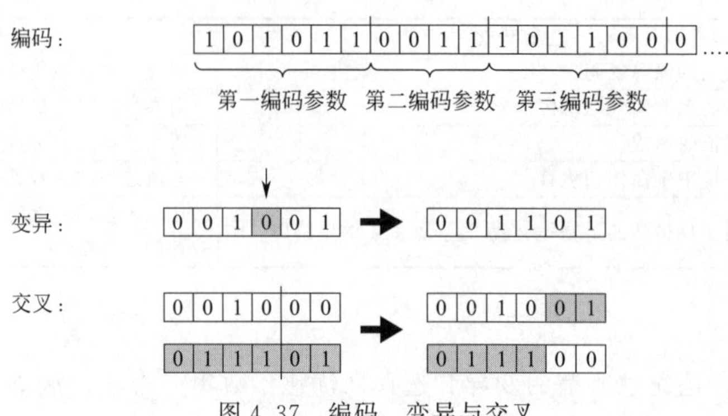

图 4.37　编码、变异与交叉

上述的这两种优化方法中，存在许多不同的方法来对其参数集实现突变以及选择派生参数集。关于具体的细节内容，可进一步参考文献［77，78］。

4.7.3.5　边界条件的处理

实际工程实践中的优化问题往往具有一定的约束，这就意味着并不是每一个参数都可以自由地进行变化，但是可以在一定的范围内进行变化。例如，在对某挤出机的挤出产量进行优化时，模具入口处的压力往往受限于挤出机本身能够提供的最大压力。例如，如果对模具中压力-产量之间的关系进行数学建模，并且为了达到优化的目标，对模具特性采用多项式进行近似表达，则基于提高产量的优化算法会不断地尝试提高压力。这种情况是可能发生的，因为所建立的模具模型中并不包含挤出机本身所能提供的最大压力数据。从这个简单例子中可以看出，针对这个问题以及其他类似的相关问题，我们还必须考虑一定的边界条件。为了保证这一点，一个优化问题的优函数就需要进行一定的延伸与扩展，以便能涵括一些在参数评估时需要用到的约束性条件。

如果用数学形式进行表达，通过修改优函数，单一的、具有约束条件的优化问题就可以转变为一个或多个无约束性优化问题。罚函数法与屏障法是其中的两大技术方法。

罚函数法

为了防止参数在优化过程中的衍变超出允许的范围，并进入一个不允许的参数空间，我们可以引入罚函数法进行约束，惩罚条款的数值可以添加至原优函数的数值中，这样就产生了一个新的、经过修改的优函数结果。这样做的目的是为了通过修改优函数的函数值，人为地降低了由参数计算得到的质量函数值超出允许范围的可能性。为了达到这个目的，罚函数必须根据每一个具体的问题进行具体分析。例如，当需要寻求最大值时，这些罚函数数学定义的基本形式就如下所示：

$$S(\underline{x})=\begin{cases}=0 & \underline{x}\in M^n \\ <0 & \underline{x}\notin M^n\end{cases} \tag{4.87}$$

关于惩罚条款的效果，在图 4.38(a) 中进行了图形展示，在该图中，具体描述了某一单调递增的优函数。由于优化算法只能对优化过程的优函数进行评估（即当需要寻求最大值时），因此，模型中参数 S 的函数值需要设置得尽可能大，以便模型中函数值的质量特性尽可能达到最高。在这个过程中，我们并没有考虑边界条件的影响。然而，通过添加某一惩罚函数，可以将约束条件或者各种各样的边界条件引入到该优化过程中，而该罚函数将以一定的形状来表示优函数的函数值。按照这样的计算程序，优函数的数值在允许的范围之内不会发生改变，但是该函数的最大值不会超出应允的范围。选择特定的合适的惩罚条件，用这种方法可以在允许范围边界附近找到最优值。然而，如果惩罚条件与优函数不能良好匹配，则可以选择约束范围之内的某一参数集作为最优值。要防止这种情况的发生，我们还需使用所谓的屏障函数。

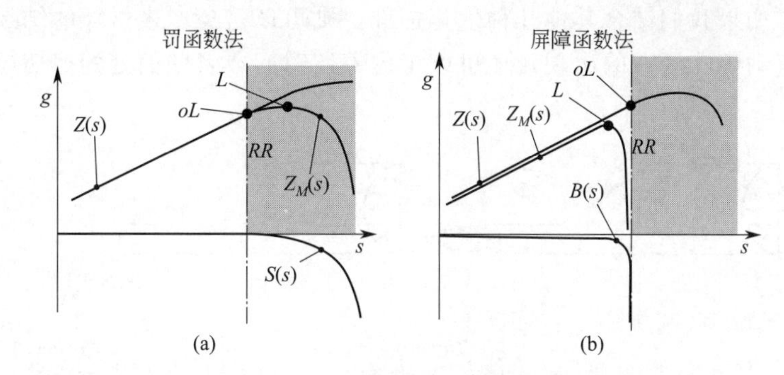

图 4.38　采用屏障法以及罚函数法来考虑约束条件的基本原则

s—系统参数；g—设计质量；RR—约束限制；oL—优化解；L—解；$B(s)$—屏障函数；$S(s)$—罚函数；$Z(s)$—优函数；$Z_M(s)$—修改后的优函数

屏障法

在设计某一屏障函数时，需要使它在约束范围的边界位置上能够无限度地增大，如图 4.38(b) 所示。这可以有效地避免选择那些超出范围的参数集。然而，当使用屏障函数时，我们无法在约束范围的边界上或其附近位置区域找到最优值，这是因为屏障函数法中，其约束范围内的优函数数值也在发生变化，这与罚函数优化方法恰好相反。

4.7.4　挤出模具设计优化的实际应用

4.7.4.1　收缩流道的尺寸优化

要成功地运用前文所述的优化方法，最困难的是找到关于质量函数的有效定义，该质量函数与质量评估标准相关联，主要用来评估所选参数集的优劣特性。在接下来的章节中，我们将讨论在采用优化策略对挤出模具进行优化时，不同定义的质量函数如何影响其优化结果。

在下面的举例讨论中，借助于进化优化策略方法，针对不同的质量评估标准，我们将对某一具有 3∶1 收缩比的收缩流道进行结构优化[64]。在优化过程中，采用有限元法（FEM）对流道中的流动状态进行模拟计算。再进一步地，如图 4.39 所示，在收缩段区域开设一槽，并利用其上的几个点作为独立性结构参数，对流道收缩段的上极限进行建模。这些点将作为参数被引入优化过程中，同时，有限元网格也将重新调整，以便能够根据每一步的迭代计算来调整流道的结构尺寸。

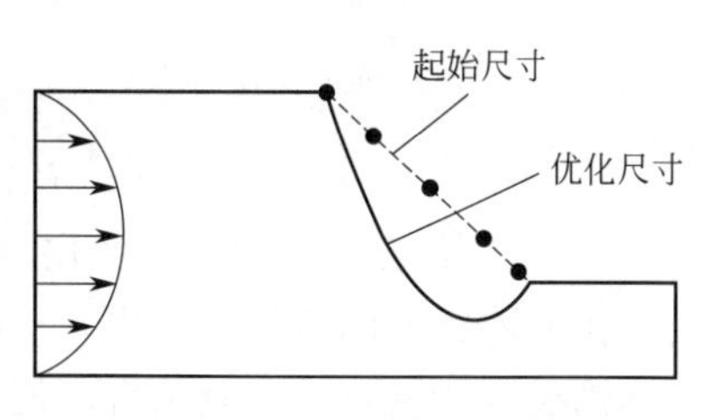

图 4.39　收缩流道的结构优化

若将颗粒比停留时间作为优化评估标准，流道的形状假设如图 4.39 所示。由于流道结构变窄，熔体在此处的流动将急剧加速，其平均停留时间下降。然而，也将导致压力降增大。

如果仅仅是将上述流道中的压力降作为质量评估函数进行优化，则优化得到的流道结构形状将如图 4.40 所示。从图 4.40 中可以看到流道存在一个凸起的结构，这将会使熔体流动过程出现停滞区，从而减小了壁面处的剪切应力以及收缩段的压力降，这就达到了根据所选评估标准所期望的优化目标。然而，如果站在工程的角度来看，这样的优化结果是很难被接受的，这是因为流动停滞区的存在将会导致模具内部该位置处的熔体由于经历过长的停留时间而发生降解。如果我们结合其他几种优化标准，则可以避免产生这样的结果。在这个例子中，为了防止流动停滞区域的出现，还可以考虑停留时间或者壁面处的剪切应力。

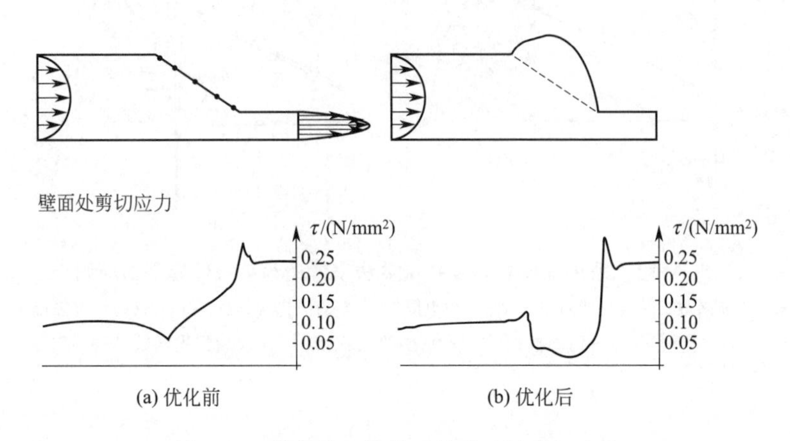

图 4.40 优化前与优化后的壁面处剪切应力

从上面的简单案例可以看出，不同的优化质量评估标准，可能具有不同的影响权重，在优化过程中必须要结合起来进行考虑。

4.7.4.2 异型材挤出模具的优化

在设计某一挤出模具时，其首要的设计目标是要求模具的出口位置处必须具有均一的流场分布。基于这一标准，在本节的末尾部分，我们将概述某一型材挤出模具的自动优化结果。这些内容虽然没有一定的完整性可言，但是这些研究表明，复杂型材的自动优化在不远的将来将成为现实。

初始形状

图 4.41 优化前的速度分布

在第一个案例中，展示了某一简单型材模具的优化过程，该模具拟用于生产具有楔形轮廓的型材。基于这个思想，在开始时，提出了矩形形状的入口结构与楔形的平行区域。图 4.41 表示了模具的初始结构形状，并根据有限元计算进一步给出了其出口处的流动速度分布。

为了实现结构上的优化，在模具入口与收缩转变区域之间选取五个独立性参数（点），用来描述其流道高度的大小。在优化过程中，这些位置点的高度将不断发生变化，如图 4.42 所示。当这些点的高度变化时，与之相关的六边形区域将发生线性变形。

在上述例子的模拟计算中，对模具出口处流动速度分布进行优化计算的方法是基于一项计算机模拟计算技术，其结合了网格理论与有限元计算[63, 69, 82]。该方法可以实现对模具内部的流场形态进行快速地模拟计算，同时也能快速地计算出由于流道结构形状的变化所导致

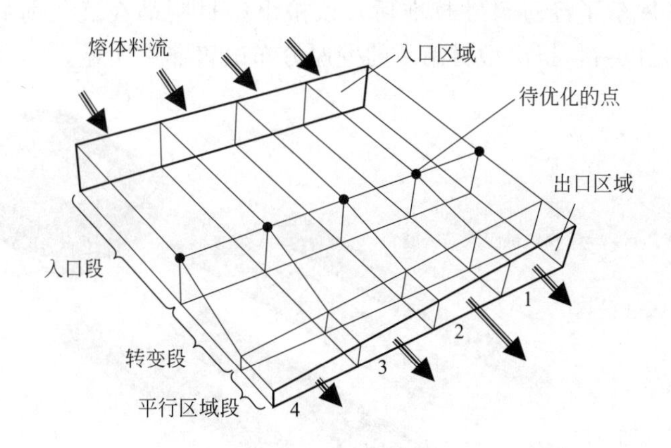

图 4.42　实验模型形状

的熔体流动速度的变化。基于这项技术，当采用配备奔腾Ⅲ CPU 的计算机进行工作时，其可以在一分钟内计算出具有 300 个变量的流道结构。

若要针对上述案例中的初始结构进行人工优化计算，也必须在模具的出口位置处获得更加均一的速度场分布，这就需要增大模具内平行流动段前方更窄位置处的横截面积，反之亦然。这将迫使熔体在原先流动较少的区域发生更强烈的流动。

如果一个优化计算周期始于上游节点，注意这里所说的上游位置点位于入口与转变区之间，而这种转变区在优化过程中可以自由变化，这种情况确实可能发生[68]。如图 4.42 中所示，其右边三段横截面区域是变窄的，同时其左边部分区域通过顶点往上发展而变宽。在这个例子中，选择某一简单的进化优化策略，该优化策略基于每一初始参数集共生成了五组参数集（派生参数集），从派生参数集中选择出最优的参数集，并作为初始参数点参与到下一步的计算过程中。

由上述优化过程所得到的速度分布场如图 4.43 所示，从图 4.43 中可以清晰地看到，改变流道结构形状，可以完善熔体流动的分布状态。值得注意的是，在接下来的计算中，只对出口处其中的四段区域进行了优化。通过对流道进行更精细的区域划分，再加上额外更多的计算过程，还可以得到更加均匀的速度分布。

优化后的形状结构

图 4.43　优化后的速度分布形态

Szarvasy[81]基于自动优化方法对结构更加复杂的型材模具进行了优化计算，该型材模具主要用于 PVC 型材的挤出生产。该案例中采用有限元 FEM 计算方法，主要分析了流动过程中的速度场分布与压力分布情况。此外，通过引入指数方程，对熔体的黏度与壁面滑移行为也进行建模。这样，整个熔体料流在进入模具以后被分成了四股子料流，新划分的四股料流在模具成型区域又重新组合在一起（图 4.44）。整个优化过程分为两步。在第一步中，需要保证各段区域截面上具有均一流场所必需的单一体积流率；紧接着在第二步中，基于第一步所确定的特定流量，对流道各单独区域段的结构形状进行优化，实现流道各区域段上具有相同的压力降。图 4.45 表示了上述优化过程前后的流道结构形状，同时还给出了模拟得到的模具出口位置处的速度分布情况。如果将上述方法得到的型材轮廓与从其他不同结构模具中所得到的型材轮廓进行比较，这种自动优化计算在实际应用中所表现出来的优点就十分明显。图 4.46 展示了经过尺寸校准后，该挤出型材制品在优化前后的截面形状变化。比较发现，经过优化以后，挤出型材制品的壁厚分布改善非常明显。

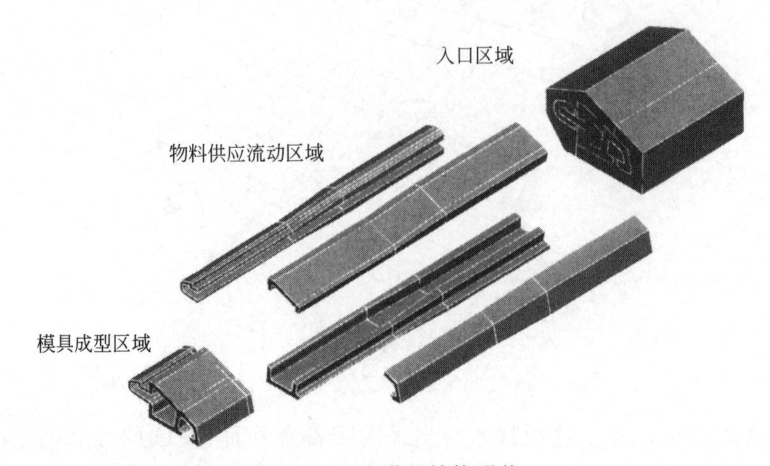

图 4.44　流道的结构形状

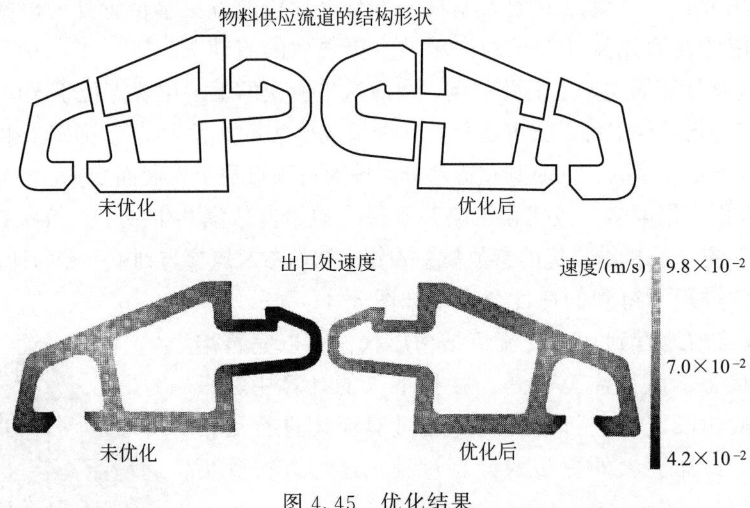

图 4.45　优化结果

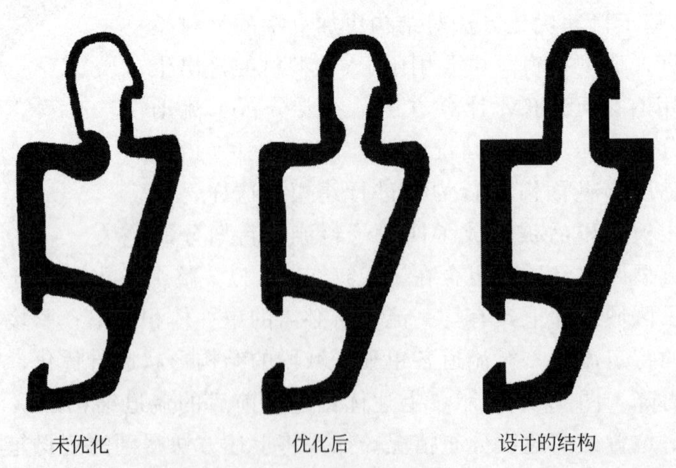

图 4.46　挤出型材的结构形状

在接下来的内容中，将简明扼要地讨论其他基于有限元方法的自动优化过程，其主要模拟计算了速度分布与压力分布情况。

Reddy 等[76] 针对某一简单缝隙型模具进行了结构优化，该模具被划分为两段部分，这两部分结构段具有相同的宽度，但高度不同。这里，模口成型面的局部长度由自动设计过程得到，要求在模具出口处的整个宽度上具有均一的速度分布形态。

Nóbrega 等[70] 对出口区域段具有不同宽度的十字形截面型材模具进行了优化设计。在该优化过程中，针对上述的每一区域段，对模具成型段上游位置处区域进行优化。这些优化区域在开始时都具有一定的截面形状，这与模具的尺寸相关，然后将这些区域的截面进一步扩大，但这些截面保持均匀一致，直到优化区域段的末端位置。优化过程中，需要对较窄区域段的长度与较宽区域段的长度的比值进行优化，以便在所有的四段流动区域上获得相等的熔体平均流动速度。

在 Sienz 与 Marchal[67, 79] 的研究工作中，他们采用基于梯度的优化方法对双腔导管的挤出流道进行了优化设计。整个挤出流道由肋板分成两个通道，通过优化与修改，以便在出口处获得均匀的流速分布。为了实现这个目的，采用了三个设计变量来描述截面几何形状。

在总结本章节内容时需要注意的是，虽然型材挤出模具的优化设计在很大程度上仍然基于“试验和试错”的方法与途径，但是在模具的设计过程中借助于流动模拟计算软件与优化算法，这样的“试验和试错”方法在自动优化方面还是有不可限量的发展空间。将来，若非完全意义上的自动化，如果可以很好地采用数学公式来描述材料的流动行为，这种型材挤出模具的设计将会变得非常便利。

然而，对很多材料来说，在未来一段时间内，借助于数值模拟计算要精确地描述出影响其熔体挤出过程中的各种影响因素，这仍然是非常困难的。这可能仍需要更多的扩展性研究来提前预测，例如，在这些影响因素中，聚合物熔体的黏弹性行为会导致熔体在离开模具出口时发生挤出胀大现象。材料的收缩及壁面滑移现象也还无法借助模拟计算实现很好的控制。导致这些问题的原因要么是数学模型还无法令人满意，要么是无法获得材料模型中所需要的、可靠的测量结果。

符号与缩写

符号	含义	符号	含义
a，b	剪切速率与拉伸速率的评估因子	n	流动指数
A，B，C	Carreau 参数	$\vec{n}$	法线向量
B	缝隙宽度	N	节点数
Bi	毕渥系数	NT	差分网格中的层数
c_p	比热容	Δp	压力损耗
D	直径	$\vec{q}$	热通量矢量
D_0	零口模直径	R	流动阻力
g	万有引力常数	R_b	弯道弯曲半径
H	缝隙高度	s	距离
k	熔体与壁面接触层与模具壁面之间的传热系数	S_W	挤出胀大因子
		S_{W_B}	挤出平板沿宽度方向上的挤出胀大因子
K，K^*	壁厚挤出胀大与宽度挤出胀大比	S_{W_H}	挤出平板沿厚度方向上的挤出胀大因子
L	长度	t	时间

T 温度

T_M 熔温度

T_W 流道壁面处熔体温度

U 内能

$\bar{v}$ 平均速度

v_{max} 最大速度

v_p 比热容

v_x，v_y，v_z x，y，z 坐标轴方向上的速度分量

W_i 加权函数

x，y，z 坐标

$\dot{\gamma}$ 剪切速率

ε 残差

ε_R 可逆形变

$\overline{\dot{\varepsilon}}_R$ 平均可逆形变

$\dot{\varepsilon}$ 拉伸速率

η 剪切黏度

θ 圆柱坐标系

λ 热导率

ρ 密度

τ 附加应力张量

Φ 热源项

ϕ_i，ϕ_N 形函数

Ω 面（或体积）单元

参考文献

[1] Bird, R. B., Stewart, W. E. and Lightfoot, E. N: Transport Phenomena, 2nd Ed., Wiley, London (2006).

[2] Schade, H. and Kunz, E.: Strömungslehre, 4th ed., de Gruyter, Berlin (2013).

[3] B. hme, G.: Strömungsmechanik nicht-newtonscher Fluide, 2nd Ed., Teubner, Stuttgart (2000).

[4] Bird, R. B., Armstrong, R. C. and Hassager, O.: Dynamics of Polymer Liquids. Vol. 1: Fluid Mechanics. Wiley, New York (1987).

[5] Jischa, M.: Konvektiver Impuls-, Wärme- und Stoffaustausch. Vieweg, Braunschweig (1982).

[6] Winter, H. H.: Temperaturänderung beim Durchströmen von Rohren. In: Praktische Rheologie der Kunststoffe. VDI-Verl., Düsseldorf (1978).

[7] Winter, H. H.: Ingenieurmäßige Berechnung von Geschwindigkeits- und Temperaturfeldern in str. menden Kunststoffschmelzen. In: Berechnen von Extrudierwerkzeugen. VDI-Verl., Düsseldorf (1978).

[8] Winter, H. H.: Wärmeübertragung und Dissipation in Scherströmungen von Polymerschmelzen. Adv. Heat Transfer 13 (1977) p. 205.

[9] Sebastian, D. H. and Rakos, R.: Interactive software package for the design and analysis of extrusion profile dies. Adv. Polym. Tech. 5 (1985) 4, pp. 333-339.

[10] Schmidt, J.: Wärmetechnische Auslegung von Profilkühlstrecken mit Hilfe der Methode der Finiten Elemente. Thesis at the RWTH Aachen (1985).

[11] Strauch, Th.: Ein Beitrag zur Theologischen Auslegung von Coextrusionswerkzeugen. Thesis at the RWTH Aachen (1986).

[12] Hüsgen, U.: Thermische und rheologische Berechnungen im Bereich Blasformen. Thesis at the RWTH Aachen (1988).

[13] Menges, G. et al.: FEM in der Werkzeugkonstruktion. CAD-CAM Report 6 (1987) 5, pp. 66-76.

[14] Törnig, W., Gipser, M. and Kaspar, B.: Numerische L. sung von partiellen Differentialgleichungen der Technik, 2nd ed. Teubner, Stuttgart (1985).

[15] Crochet, M. J., Davies, A. R. and Walters, K.: Numerical Simulation of Non-Newtonian Flow. Elsevier, Amsterdam (1984).

[16] Wortberg, J.: Werkzeugauslegung für die Ein- und Mehrschichtextrusion. Thesis at the RWTH Aachen (1978).

[17] Junk, P. B.: Betrachtungen zum Schmelzeverhalten beim kontinuierlichen Blasformen. Thesis at the RWTH Aachen (1978).

[18] Zienkiewicz, O. C.: The Finite Element Method. Maidenhead, Berkshire, New York: McGraw-Hill, 6th ed. (2005).

[19] Chung, T. J.: Finite Element Analysis in Fluid Dynamics. New York: McGraw-Hill (1978).

[20] Altenbach, J. and Sacharov, A. S. (Eds.): Die Methode der finiten Elemente in der Festkörpermechanik. Hanser, München (1982).

[21] Bathe, K.-J.: Finite Element Procedures in Engineering Analysis. Englewood Cliffs: Prentice Hall (1982).

[22] Schwarz, H. R.: Methode der finiten Elemente, 3rd ed. Teubner, Stuttgart (1991).

[23] Schwenzer, C.: Finite Elemente Methoden zur Berechnung von Mono- und Coextrusion- sströmungen. Thesis at the RWTH Aachen (1988).

[24] Hinton, E. and Campbell, J. S.: Local and global smoothing of discontinuous finite element functions using a least squares method. Int. J. Numer. Methods Eng. 8 (1974) pp. 461-480.

[25] Lee, R. L. et al.: Smoothing techniques for certain primitive variable solutions of the Navier-Stokes equations. Int. J. Numer. Methods Eng. 14 (1979) pp. 1785-1804.

[26] Hövelmanns, N. et al.: Rechnergestützte Planung und Auslegung von Extrusionsanlagen. In: Proc. 14th IKV Colloquium, Aachen (1988).

[27] Cushman, J. H.: Difference schemes or element schemes? Int. J. Numer. Methods Eng. 14 (1979) pp. 1643-1651.

[28] Vlachopoulos, J.: Should you use finite difference or finite element methods for polymer flow problems? In: Proc. 35th SPE ANTEC, Montreal, Canada (1977).

[29] Menges, G. et al.: Wärmeausgleichsrechnung in der Kunststoffverarbeitung mit der FEM. Kunststoffe 77 (1987) 8, pp. 797-802.

[30] Schwenzer, C.: Simulation von Kunststoffstr. mungen mit der FEM. In: Proc. CAT ' 88, Stuttgart. Konradin-Verlag, Leinfelden-Echterdingen (1988).

[31] Wolff, T.: Rechnergestützte Auslegung von Extrusionswerkzeugen, In: Tagungsumdruck der Fachtagung, Neuigkeiten in der Extrusion, Süddeutsches Kunststoff-Zentrum, Würzburg (1996).

[32] Leonov, A. I. and Prokunin, A. N.: On the stretching and swelling of an elastic liquid extruded from a capillary die. Rheol. Acta 23 (1984) pp. 62-69.

[33] Orbey, N. and Dealy, J. M.: Isothermal swell of extrudate from annular dies; Effects of die geometry flow rate and resin characteristics. Polym. Eng. Sci. 24 (1984) 7, pp. 511-518.

[34] Nickell, R. E. et al.: The solution of viscous incompressible jet and free-surface flows using finite element methods. J. Fluid Mech. 65 (1974) 1, pp. 189-206.

[35] Allan, W.: Newtonian die swell evaluation for axisymmetric tube exits using a finite element method. Int. J. Numer. Methods Eng. 11 (1977) pp. 1621-1632.

[36] Batchelor, J. et al.: Die swell in elastic and viscous fluids. Polymer 14 (1973) 7, pp. 297-299.

[37] Masberg, U.: Einsatz der Methode der finiten Elemente zur Auslegung von Extrusionswerkzeugen. Thesis at the RWTH Aachen (1981).

[38] Menges, G. et al.: Numerical simulation of three-dimensional non-Newtonian flow in thermoplastic extrusion dies with finite element methods. In: Numerical Analysis of Forming Processes. Pittman, J. F. T. and Zienkiewicz, O. C. et al. (Eds.) et al. (Eds.) Wiley, New York (1984).

[39] Gesenhues, B.: Rechnerunterstützte Auslegung von Fließkanälen für Polymerschmelzen. Thesis at the RWTH Aachen (1984).

[40] Mitsoulis, E. et al.: Numerical simulation of entry and exit flows in slit dies. Polym. Eng. Sci. 24 (1984) 9, pp. 707-715.

[41] Keunings, R. and Crochet, M. J.: Numerical simulation of the flow of a fluid through an abrupt contraction. J. Non.-Newt. Fluid Mech. 14 (1984) pp. 279-299.

[42] Luo, X. L. and Tanner, R. I.: Finite element simulation of long and short circular die extrusion experiments using integral models. Int. J. Numer. Methods Eng. 25 (1988) pp. 9-22.

[43] Dheur, J. and Crochet, M. J.: Newtonian stratified flow through an abrupt expansion. Rheol. Acta 26 (1987) pp. 401-413.

[44] Münstedt, H.: Rheologische Eigenschaften einiger Kunststoffschmelzen. In: Praktische Rheologie der Kunststoffe. VDI-Verl., Düsseldorf (1978).

[45] Richtmyer, R. D. and Morton, K. W. : Difference Methods for Initial-Value Problems, 2nd ed. Interscience Publ. , New York (1994) .

[46] Poloshi, G. N. : Mathematisches Praktikum. Teubner, Leipzig (1963) .

[47] Pearson, J. R. A. : Mechanics of Polymer Processing. Elsevier, London (1985) .

[48] Carreau, P. J. and De Kee, D. : Review of some useful rheological equations. Can. J. Chem. Eng. 57 (1979) pp. 3-15.

[49] Astarita, G. and Marrocci, G. : Principles of Non-Newtonian Fluid Mechanics. McGraw Hill, London (1974) .

[50] Box, M. J. , Davies, D. and Swann, W. H. : Non-linear Optimization, Oliver Boyd, Edinburgh, Scotland (1969) .

[51] Booy, M. L. : A network flow analysis of extrusion dies and other flow systems. Polym. Eng. Sci. 22 (1982) 7, pp. 432-437.

[52] Box, M. J. : A new method of constrained optimization and a comparison with other methods. Computer Journal 8 (1965) pp. 42-52.

[53] Bäck, T. and Schwefel, H. P. : An overview of evolutionary algorithms for parameter optimization, Evolutionary Computation 1 (1993) 1, pp. 1-23.

[54] Bronstein, I. N. and Semendjaev, K. A. : Taschenbuch der Mathematik, 7th Ed. Harry Deutsch Verlag, Frankfurt A. M. (2008) .

[55] Cohen, A. and Isayen, A. I. : The concept of inverse formulation and its application to die flow simulation, In: Modeling of Polymer Processing (Recent Developments) Hanser Verlag, München (1991) .

[56] Yao, X. : An overview of evolutionary computation. Chinese J. Adv. Software Res. 3 (1996) p. 1.

[57] Hopmann, C. and Yesildag, N. : Numerical investigation of the temperature influence on the melt predistribution in a spiral mandrel die with different polyolefins. J. Polym. Eng. 35 (2015) p. 10.

[58] Fang, S. : Auslegung und Optimierung von Profilwerkzeugen, komplexer Gemotrien mittels FEM. In: Extrusionswerkzeuge - Schwerpunkt Profilwerkzeuge, VDI-Verlag GmbH, Düsseldorf (1996) .

[59] Fang, S. : Konzipierung und Dimensionierung komplexer Extrusionswerkzeuge mittels der Finiten Elemente Methode. Thesis at University Stuttgart (1999) .

[60] Goldberg, D. E. : Genetic Algorithms in Search, Optimization and Machine Learning. Addison Wesley, Reading, MA (1989) .

[61] Haberstroh, E. , Hoffmann, K. and Kropp, D. : Rechenmöglichkeiten bei der Extrusion von Elastomeren. Kautsch. Gummi Kunstst. 50 (1997) 4, pp. 304-311.

[62] Hooke, R. and Jeeves, T. A. : Direct search solution of numerical and statistical problems. J. Assoc. Comput. Mach. 8 (1961) 2, pp. 212-229.

[63] Huneault, M. A. , Lafleur, P. G. and Carreau, P. J. : Evaluation of the FAN technique for profile die design. Int. Polym. Process. 11 (1996) p. 1.

[64] Hoffmann, K. : Fließkanalberechnung an Profilwerkzeugen mit Finite-Elemente-Methoden, In: VDI-Kunststofftechnik Tagung „ Extrusionswerkzeuge “ (1993) pp. 30-49.

[65] Hoffmann, K. : Grundlegendes Auslegen und anschließende überprüfung der Ergebnisse von Extrusionswerkzeugen mittels FEM, In: Extrusionswerkzeuge - Schwerpunkt Profilwerkzeuge, VDI-Verlag GmbH, Düsseldorf (1996) .

[66] Holland, J. H. : Adaptation in Natural and Artificial Systems. The University of Michigan Press, Ann Arbor, MI (1975) .

[67] Marchal, J. M. and Goublomme, A. : Parametric optimization of extrusion dies through numerical simulation, In: 3rd ESAFORM Conference on Material Forming (2000) .

[68] Michaeli, W. and Kaul, S. : Computer-aided optimization of extrusion dies, In: ANTEC, SPE Annual Technical Conference, May 6-10 (2002) San Francisco.

[69] Michaeli, W. , Kaul, S. and Wolff, T. : Computer-aided optimization of extrusion dies. J. Polym. Process. (2001) 21 pp. 225-237.

[70] Nóbrega, J. M. , Carneiro, O. S. , Pinho, F. T. and Oliveira, P. J. : Flow balancing of profile extrusion dies, In: ANTEC, SPE Annual Technical Conference, Paper presented May 6-10 (2001) Dallas, TX.

[71] Neider, J. A. and Mead, R.: A simplex method for function minimization. Computer Journal 7 (1965) pp. 308-313.

[72] Oswald, T.: Boundary Elements XVII. Computational Mechanics Publications (1995).

[73] Plajer, O.: Angewandte Rheologie, Plastverarbeiter 29 (1978) pp. 4-10.

[74] Rechenberg, I.: Evolutionsstrategie: Optimierung technischer Systeme nach Prinzipien der biologischen Evolution. Frommann-Holzboog, Stuttgart (1973).

[75] Rosenbrock, H. H.: An automatic method for finding the greatest or least value of a function. Computer Journal 3 (1960) pp. 212-229.

[76] Reddy, M. P., Schaub, E. G., Reischneider, L. G. and Thomas, H. L.: Design and optimization of three-dimensional extrusion dies using adaptive finite element method, In: ANTEC, SPE Annual Technical Conference, Paper presented (1999) New York.

[77] Schwefel, H. P.: Numerische Optimierung von Computer-Modellen mittels der Evolutionsstrategie. Band 26 der Reihe Interdisciplinary systems research, Birkhäuser Verlag, Basel (1977).

[78] Schwefel, H. P.: Evolution and Optimum Seeking. John Wiley & Sons, New York (1995).

[79] Sienz, J., Marchai, J.-M. and Pittman, J.: Profile extrusion die design using optimisation techniques and an expert system, In: 3rd ESAFORM Conference on Material Forming (2000).

[80] Szarvasy, I., Sienz, J., Pittman, J. and Hinton, E.: Computer-aided optimisation of profile extrusion dies: Definition and assessment of the objective function. Int. Polym. Process. 1 (2000) p. 15.

[81] Szarvasy, I.: PVC Extrusion die design: Parallel finite element based optimisation of an upstand bead profile die, In: 3rd ESAFORM Conference on Material Forming (2000).

[82] Wolff, T.: Rechnergestützte Optimierung von Fließkanälen für Profilextrusionswerk- zeuge. Thesis at RWTH Aachen (2000).

第5章 热塑性塑料的单一挤出模具

在前述章节的内容中，我们提出了有关挤出模具流道设计的理论基础，而本章节（第5章）的主要内容将着重讨论模具的设计、应用及其单一熔体挤出时的流动布局。其中将涉及单一挤出模具，所谓的单一挤出模具与共挤模具（详见第6章）刚好相反。在本章节的讨论中，我们将根据模具出口截面的几何形状对挤出模具进行分类。这是因为按照常理来讲，具有类似出口截面形状的挤出模具，其设计过程中的方法路线几乎一样。这与挤出的制品种类无关。

5.1 圆形出口截面的挤出模具

具有圆形出口截面的挤出模具一般用来造粒或者用于纤维、线材以及实心棒材的挤出生产。后两种形状制品的挤出生产一般是采用轴向喂料，而纤维生产中的熔体流动则常常是偏斜（或非轴向）状态。

5.1.1 设计与应用

造粒机模板

造粒机的模板用于塑料丝线的成型与挤出，然后再将这些丝线进一步切成粒料。原则上来讲，一般有两种造粒方法，其主要区别在于二者工艺的先后顺序不同，如下所示[1]。

- 热切粒：物料股线挤出→切粒→冷却；
- 冷切粒：物料股线挤出→冷却→切粒。

在上述两种方法中，造粒机的挤出模具承担了丝线的挤出生产任务；除此之外，在热切粒过程中，它还扮演了切粒板的角色（相对于切刀而言）。对于切刀的排布结构，一般有两种形式：中心布置与偏心布置，如图5.1所示。

将切刀中心布置，其优点是无须对模具中的熔体流动进行偏置。这对于那些热敏性熔体材料尤为重要，因为流道的偏置容易产生熔体滞留区域，从而造成材料的降解。当针对热切粒过程设计挤出模板时，有必要考虑切粒下游工序中对粒料的冷却。表5.1列出了不同的粒料冷却方法以及几种经典的加工工艺条件。

造粒机模板中的流道孔常被设计成经典的锥形入口（图5.2），为了防止熔体在通过孔时发生二次流动，其入口角一般小于30°。此外，这些流道孔的长径比也相对较小，一般在10以下（$L/D<10$）[2]。

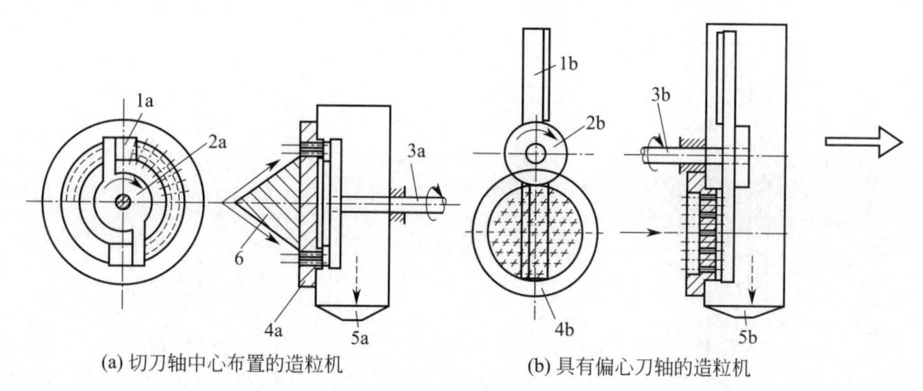

图 5.1　热切粒[1]

1a，1b—切刀；2a，2b—刀架；3a，3b—刀轴；4a，4b—造粒模具；5a，5b—切粒存储器；6—鱼雷头

表 5.1　粒料冷却方法及加工工艺条件[1]

工艺（切粒/冷却的冷却介质↓）	物料类型	产量/(kg/h)	切粒模具			熔体压力/bar	粒径胀大	切刀				冷却水	
			加热	通孔数	单孔产量/(kg/h)			数量	圆周速度/(m/s)	输入功率/kW	工作寿命/h	输入量/(m^3/h)	温度/℃
空气/空气	PVC 软/硬	600～1800	电加热	1100	0.55～1.65	—	0.6	2	5～8	2	50～500	—	—
空气/水	HDPE	1700～2800	蒸汽加热	286	6～10	20～40	0.8	2	22～27	9	400～500	60	50～70
水/水	PP	1900～2800	蒸汽加热	192	10～12	60～100	0.7	6	20	14	250～600	60	30～50

注：模板流道孔直径/粒径。

对于模板上流道孔的布置排列主要有两种形式：线性排列或圆周排列。为了避免在水下切粒过程中模板流道孔中的熔体发生凝固，导致熔体压力升高造成部件损坏，模板上的这些流道孔都需要采用特殊的内插件进行隔热处理（图 5.3）。这种处理方式可以使温度更高的熔体被输送至模具出口位置处的冷却区域[3]。造粒模板的加热方法通常有电加热与高压蒸汽加热。

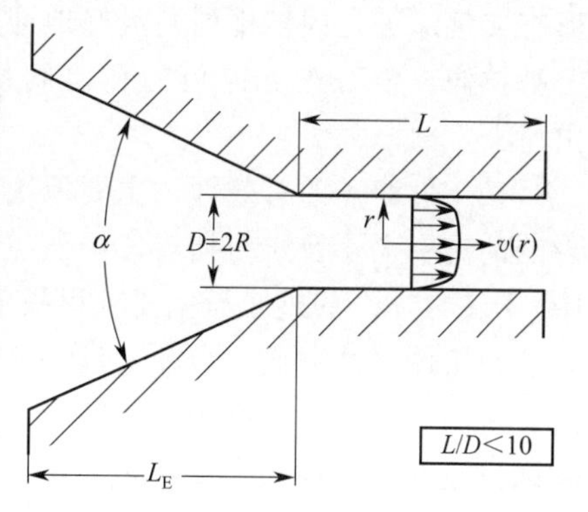

图 5.2　造粒模板的流道孔（形状）

在熔体要通过模板通孔的起初阶段，造粒模板前端的熔体压力会出现一个 500～700bar 的压力峰；而当流动达到稳定状态时，其压力损耗仍然达到 250bar[3]。与此同时，其单孔的熔体质量流量却高达 15kg/h [4]。关于造粒工艺全面详细的介绍可参考文献［2，5］。

滤网

为了消除塑料熔体中的杂物颗粒，或者去除同种材料中不同聚合度（通常更高）的部

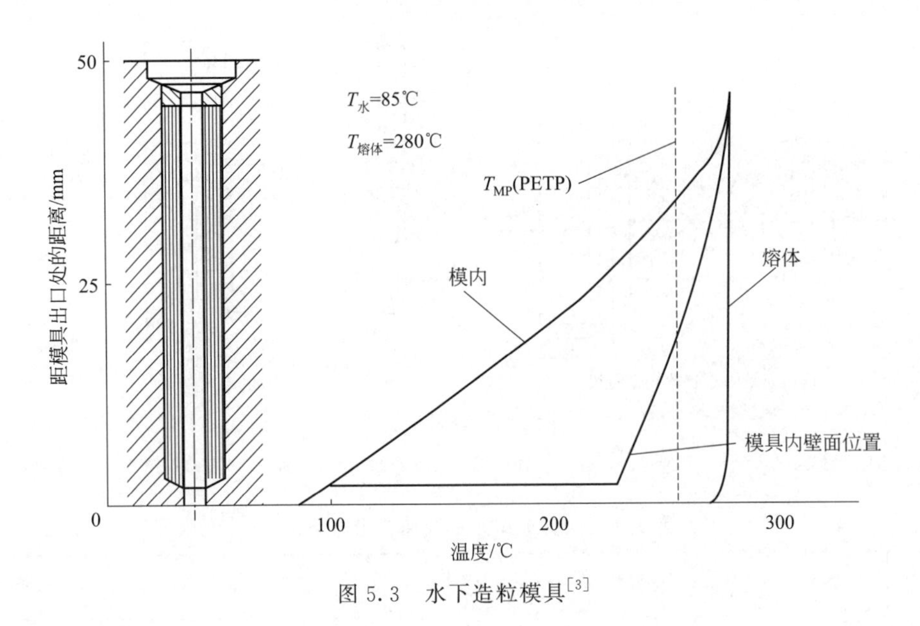

图 5.3 水下造粒模具[3]

分，需要在挤出机与模具之间添加使用各式各样的滤网或者过滤设施[6]。通常下面的几种过滤器可以较好地满足需求[7,8]：

- 粗砂式过滤器；
- 烧结金属式过滤器（由粉末冶金法进行制备）；
- 不同编织方法制备的金属丝网过滤器；
- 非织造金属丝网过滤器。

塑料熔体的过滤过程要求能将压力损失控制在应允的水平，并满足一定的流动均匀性和使用性[6]。滤网间隙一般控制在 5μm 与 2～3mm，间隙不一样，其过滤性能也不一样[8]。为了尽量缩短熔体在滤网中的停留时间，减小熔体在过滤器中的残留，因此，只有那些能在一个小体积空间中提供较大过滤面积的过滤器才比较实用[6]，而将过滤器插件以蜡烛结构形态或盘形进行同轴排列则最好地迎合了要求。这些过滤部件要么在多孔支撑板的整个区间上被拉伸，要么在支撑板的孔之间被拉伸，使得过滤后的熔体能够从熔体腔室流向模具出口[6]。

某一过滤器的有效性，主要取决于其质量流量、过滤面积和滤孔直径的大小，以及受此影响的流率大小及压力损耗，当然也取决于过滤器的物理特性[6,9]。在纤维的实际生产过程中，0.5～7m^2 的过滤面积要求可提供高于 1000kg/h 的质量流量[6]。

在熔体过滤方面，自动过滤系统的发展受到比较多的关注。自动过滤系统具有结构紧凑、流动稳定及易于维护等优势[10,11]。图 5.4 所示为某一过滤系统的简单结构示意图，过滤网设施安装在两块多孔板之间。在流动入口一侧，安装了一个被称为清洁触手的装置，它可以通过旋转切换整个过滤板的横截面。当过滤网孔由于长时间工作发生堵塞而导致压力超越极限值时，就可以启动旋转操作。而一旦触手离开了其停放位置，由于压力的提高，受污染的熔体将通过过滤网与多孔板流向相反的方向。这种反向流动将迫使被过滤的杂物颗粒流入被触手封盖的模孔。这样的话，杂物颗粒就沿着触手的中空传动轴从滤网上流向外部区域。根据不同的聚合物材料以及受污染的程度，图 5.4 中所表示的过滤器可以提供 500kg/h 的挤出流量[10]。

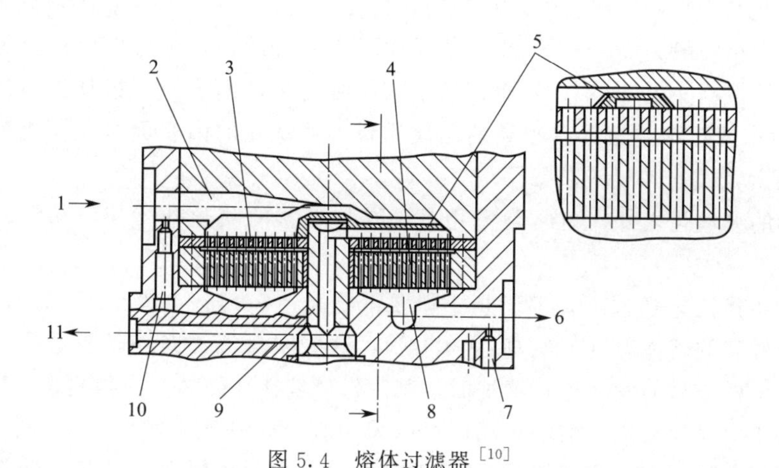

图 5.4　熔体过滤器[10]

1—受污染熔体；2—喂料（入口）室；3—滤网；4—多孔板；5—清洁触手；6—过滤后熔体；7，10—压力传感器安装口；8—出口熔体腔室；9—传动轴；11—高浓度污染物

除了通过逐次旋转过滤网盘来实现连续性过滤外，还有另外一种可行的过滤工艺技术，如图 5.5 所示。熔体被分流，然后流过两组或更多的滤网组件。一旦其中某一组滤网中的压力损耗过高，该组滤网将被移出流道，以便对该滤网进行清洗或者更换。与此同时，螺杆转速提高，保证剩余滤网工作时能维持与之前相同产量，直到新更换的滤网到位以后。在这样的工艺技术下，其产量可达 15000kg/h[12]。

图 5.5　基于分流熔体实现多滤网组件的连续过滤系统（Nordson Kreyenborg）

对于大量生产并且材料种类几乎不变的情况，常常采用连续过滤系统，这是因为在这样的情况下，没有必要通过停机来对过滤器进行清洗。尤其是针对某些连续过滤系统，常常需要注意进行排气，如开设排气沟槽等。在文献［6，13］中，作者针对滤网组件和多孔支撑体的结构设计与模拟计算（改善压力损耗）给出了许多有益的建议。

喷丝板（纺丝器）

对于聚合物熔体的纺丝成型，例如对聚丙烯、聚酰胺或者聚酯进行纺丝或纺纱时，一般需要用到所谓的喷丝板。这种喷丝板一般具有数量非常多的熔体流道孔（纺丝喷嘴）。喷丝板的安装多采用水平位置，这样有利于实现喷丝由上向下的牵拉[14，15]。在加工低黏度聚合物熔体时，在挤出机与喷丝板之间还需要安装一台齿轮泵，用于保证获得均一的熔体料流[16]。

喷丝板可以为圆形，直径一般介于 40～80mm，厚度介于 10～45mm，喷丝孔数量常在 10～1000，喷丝板也可以为矩形。对于矩形的喷丝板，其典型的结构形状参数可为(60mm×60mm)～(150mm×450mm)，其厚度一般介于 20～30mm，这种结构的喷丝板的喷丝孔数可达 10000 个以上[15]。单个的喷丝孔在喷丝板上可为线形排布或者为圆形排布，孔与孔之间的间隔距离一般为 6～10mm[15]。一般来说，喷丝孔的出口直径通常为 0.2～

0.6mm，长径比 L/D 为 1～4；喷丝孔的内孔直径一般为 2～3mm，从入口到出口具有一定的过渡角，其大小一般为 60°～90°[15]。若采用更小的过渡角，则可以生产具有更高表面质量的纤维制品。根据文献 [17]，对聚丙烯纳米纤维的生产而言，其最佳的过渡角一般小于 20°。为了使生产的纤维制品具有较高的品质质量，喷丝孔的内表面必须相当地光滑，边缘锋利且无毛刺[14，15]。

除了圆形的喷丝孔之外，也常常采用其他结构形状的喷丝孔，如三角形、Y 形以及 T 形[14，15]。

在实际的生产工艺条件下，喷丝板不但要承受高达 300bar 的熔体压力与较高的机械应力，也要承受较高的熔体温度（常高达 300℃），这些因素常常使喷丝板遭受较强的腐蚀性破坏。当在盐浴槽中对喷丝板进行清洗时，其工作环境往往使情况变得更糟。所以，一般不太采用盐浴槽来对喷丝板进行清洗，相反可以采用真空热解或水解的方法进行清洗。因此，当在选用喷丝板的材料时，必须要考虑上述因素的影响。具体内容及相关数据可参考文献 [14，15，18]。

实心棒材

在采用模具挤出生产半径 500mm 以上的塑料实心棒材以及截面结构形状尺寸 250mm×100mm 以上的平板形棒材时[19]，与其他制品的生产形式还存在一些不同，尤其是在尺寸定型器的安装排列方面，一般采用法兰将定型器与成型模具直接对接起来（图 5.6[20]）。由于定型段必须具有极强的冷却效果，因此定型器与模具之间必须具有较好的隔热效果[19～21]。

模具内部的流道形状一般是按以下的方式成型的，即：熔体从相对较小直径的流道（流道直径大概为 8～10mm[20]）流出以后，然后以相对较陡的角度进入后面的尺寸定型阶段。在熔体与冷却的流道壁面接触以后，表面接触层凝固形成实心表皮层，同时在棒材内部形成一个楔形或锥形的熔体区域，该熔体区域通常取决于抛物线形的冷却曲线（图 5.6、图 5.7）。因此，当熔体压力作用于倾斜的固化表面时，会导致挤出制品与定型器流道表面间的摩擦力增大，从而影响了挤出制品的轮廓形状。基于这个原因，在搭建定型生产线时需要将定型线设置得尽量长，以至于在定型器的末端，挤出制品的表皮凝固层有足够的厚度来承受制品熔融芯部的熔体压力以及挤出制品脱离模具时的表面张力作用。

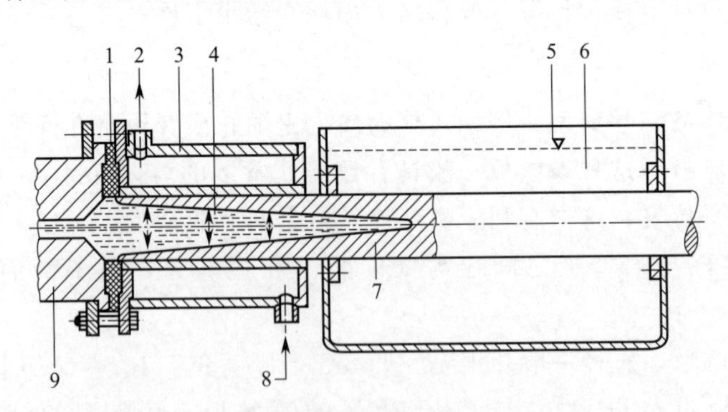

图 5.6　实心棒材的挤出生产

1—隔热垫；2—冷却水出口；3—尺寸定型段；4—熔体；5—冷却水高度；
6—水槽；7—凝固层；8—冷却水入口；9—挤出模具

在挤出棒材时，由于冷却作用导致材料体积收缩，使得制品内部产生气泡。为了避免气泡的产生，挤出机必须运行在一个足够高的压力环境下。对于给定的挤出生产线，这种生产过程中必需的工作压力以及该压力值的大小决定了其生产工艺参数的设计，并且该压力还会对定型器的运行产生一定的干扰。

图 5.7　变换材料试验所得到的实际冷却曲线（Ensinger）

这种压力的极限值大小在一定的环境下是可以改变的，例如，可以在定型器的表面涂覆 PTFE，或者在挤出制品表面与定型器之间加入一定的润滑剂[20，21]。然而，这种情况下要消除气泡所需的压力可能就不再需要了。此时，就必须安装型材制动器，用于降低型材脱离定型器出口的移动速度[20]。对于那些具有较大截面的制品，由于其冷却速率较慢，因此，在挤出直径为 60mm 的圆形聚酰胺棒材时其典型挤出线速度一般为 2.5m/h，而在挤出直径为 200mm 的圆形棒材时，其挤出线速度为 0.5m/h[19]。通常，对于那些壁厚较大的棒材制品，由于挤出工艺的影响容易造成内部残余应力，为了消除这种内应力，就需要对制品进行回火处理。当需要加工黏度较低的材料时，为了提高熔体压力，改善熔体的均一性，常常需要在挤出机与挤出模具之间安装熔体阀[19~21]。

5.1.2　设计

在设计多孔板的结构时，需要满足一系列的必要条件。这些设计要求在不同的应用时会存在一些差异：多孔板可能被用于造粒，或者用于当作滤网的支撑板。

当用作切粒板时，通常需要满足以下的条件：

- 较低的压力损耗；
- 在时间尺度上（熔体稳态流动，无熔体破裂）与整个切粒板截面上（切粒板上所有流道孔中的流动一致），挤出制品具有均一稳定的结构尺寸；
- 生成所需直径尺寸的料流（即：考虑挤出胀大行为）；
- 消除切粒板前端的滞流区域。

当用作阻流板时，需满足以下要求：

- 较低的压力损耗；
- 能够支撑滤网组件；
- 在阻流板的前端与后端均需消除滞流区域。

只有当流变特性与机械设计方面协调一致时，才能实现正确的设计（针对机械设计的内容，请参考 9.1 节）。

阻流板中的压力损耗会限制可能的最大挤出产量，因而也就影响了设备的产能，这一点相当重要，尤其是当生产中只能获得较低的输出压力时，或者在滤网组件之后存在另一个消耗压力部件时，例如薄膜吹塑模具。阻流板中流道孔削弱了其力学性能，受限于其机械强度的影响，而其所能承受的压力损耗亦受到限制，这一点在设计过程中必须要考虑到[22]。对切粒用的多孔板进行非常谨慎的机械设计是非常重要的，这是因为一旦多孔板发生弯曲，其在切刀的方向上与切刀就不能很好地吻合，最终无法实现很好的切粒过程，而这种弯曲的发生往往非常容易（图 5.1）。多孔板内的压力损耗包括以下几个部分：入口压力损耗、毛细压力损耗与出口压力损耗。其中，入口与出口压力损耗是由于流动速度场的重新排布所导致的。在孔道的前端（入口处），其流场由近似柱塞式流动变为流道孔内的抛物线型流动，而在流出孔道后，其流场分布又重新恢复为柱塞式流动（图 5.8）。

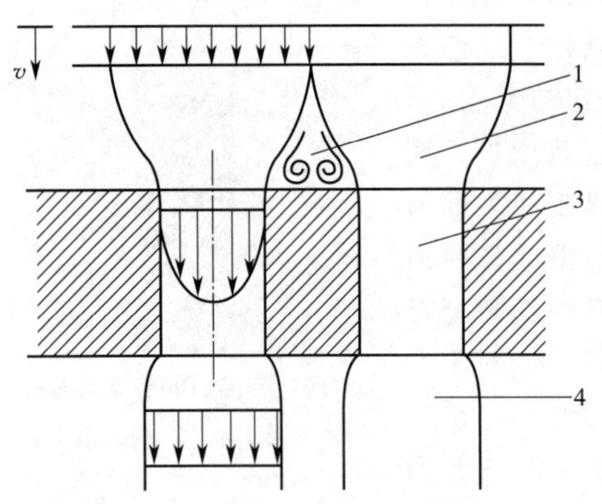

图 5.8 熔体流经阻流板时的速度场分布
1—滞流区；2—入口区；3—流道孔；4—料流

为了在流道孔入口区域消除滞流区域、二阶流动及不稳定的回流，多孔板中流道孔常常设计成锥形入口（图 5.9）[23, 24]，剩余的圆柱形流道部分其长径比一般小于 10 [2]，入口角大小介于 30°～90°。

针对这种长径比较小的流道孔（$L/D<10$），要简单地计算出其压力损耗的大小是不可能的，这是因为入口区域处的压力损耗至少在数量级上是与喷嘴中圆柱流道中的压力损耗相互一致的，有时甚至更高[2, 25～28]。因此，需要采用以下的相关计算方法：

① 计算出圆柱形流道部分中的黏性压力损耗，例如，可采用典型的黏度方法：

$$\Delta p_{\text{pipe}}=\frac{8\eta_{\text{rep,pipe}}\dot{V}}{\pi R^4}L \tag{5.1}$$

$$\dot{\gamma}_{\text{rep,pipe}}=\frac{4\dot{V}}{\pi R^3}e_{\bigcirc} \tag{5.2}$$

式中，$\eta_{\text{rep,pipe}}=f(\dot{\gamma}_{\text{rep,pipe}})$（其由 Carreau 模型或 Ostwald-de Waele 本构模型给出），并且 $e_{\bigcirc}=0.815$。

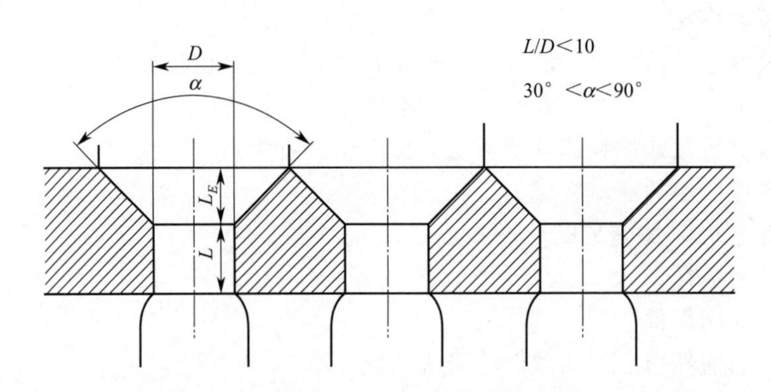

图 5.9 具有锥形入口流道孔的阻流板

② 在确定入口压力损耗时，可以利用入口压力损耗 $p_{\text{入口}}$ 与壁面处剪切应力 τ_w 之间的良好关联性来进行计算。对许多聚合物材料来说，这种内在的关联性与温度并无关系（图 5.10）[29]。对于毛细管流道的流动面积相比其流动长度较大的情况，上述的这种关联实际上与其几何结构尺寸也不相关（来自无限大空间中的流动）。关于入口压力损耗与壁面剪切应力之间的关系，可以采用毛细管流变仪测试得到。此时，需要采用 Bagely 修正方法进行修正，或者采用合适的实验方法进行测试，如当采用缝隙型毛细口模进行测试时，需在毛细管前端上游至少安装一个压力传感器，沿毛细管流道方向安装两个压力传感器。

为了评估剪切应力与压力总损耗计算的相关性，在第②步中，根据动量平衡计算得出的压力损失确定了壁面处的剪切应力，则：

$$\tau_w A_w = \Delta p_{pipe} A_{cross\_section} \tag{5.3}$$

$$\tau_w = \frac{\Delta p_{pipe} R}{2L} \tag{5.4}$$

因此，相对应的入口压力损耗就可以通过上述计算得到的剪切应力求得：

$$\Delta p_{entry} = f(\tau_w) \tag{5.5}$$

③ 将圆柱形喷嘴流道部分中的黏性压力损耗加上其入口压力损耗，就得到了流道孔中的总压力损耗：

$$\Delta p_{total} = \Delta p_{pipe} + \Delta p_{entry} \tag{5.6}$$

上述方法在计算入口角大于 60°的锥形入口区域流道中的压力损耗时，也能得到较好的结果。同样地，对于这些流道喷嘴孔，也必须计算其圆柱形流道部分中壁面剪切应力。

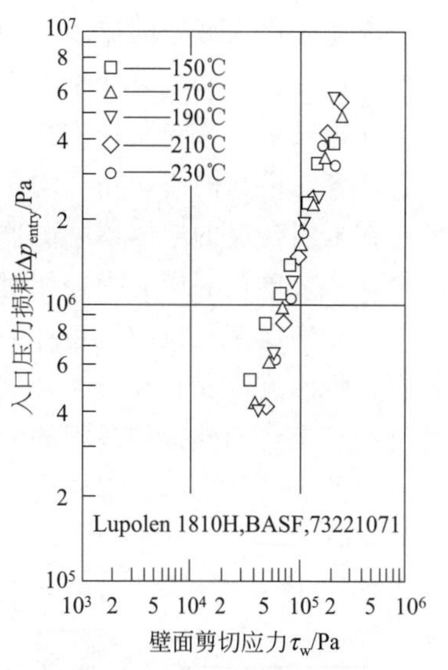

图 5.10　入口压力损耗、壁面剪切应力与温度之间的关系

当需要获得精度更高的数据时，需要适当地考虑并确定所选用材料在毛细管流变仪中的压力损失，并使用具有与预备应用的喷丝流道孔相同入口形状和长度的毛细管口模。这些喷丝孔流道的单孔质量流率可高达 15kg/h[4]。该数据可用于对喷丝孔先进行大概的结构布局。

上述计算方法并未考虑到各流道孔之间的相互作用。对于这个问题的分析，除了进行实验研究之外，也只能使用要求较高的有限元三维流动计算进行仿真分析。

在一定时间范围内，要使挤出制品具有均匀一致的结构尺寸，其条件是流动无扰动。这其中涵括了好几方面：取决于材料与工艺生产条件，入口区域处发生不稳定流动；或者产生熔体破裂现象。前者导致形成弯曲螺旋状挤出物，后者则主要体现在挤出物粗糙不均匀的表面。发生熔体破裂的主要原因是流道中局部的壁面黏附的损耗，如图 5.11 所示，也可参考 3.5.2 章节内容[30～33]。一般来说，流动不稳定的发生与否取决于形变速率的大小，这意味着这些因素会进一步影响设备的产能。这依赖于所加工的材料在入口区域处是否存在流动的不稳定性或者发生熔体破裂，同时也取决于这两种效应所发生的形变速率范围。

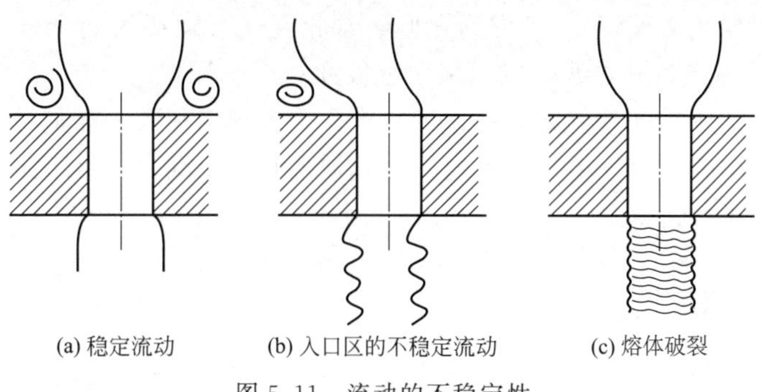

图 5.11　流动的不稳定性

这里，高密度聚乙烯 HDPE 是一个例外：在较高的剪切速率范围内，由于其流动过程

中的壁面黏附发生完全损耗，产生壁面滑移现象，因此也可以得到表面光滑的挤出制品[33]。

上述入口区域处的流动不稳定性以及其所导致的弯曲螺旋状挤出物的现象，还与流道的结构设计有关。通过设计锥形入口以及延长的圆柱形流道，可以降低该问题的发生概率。

通过对熔体流动路径进行布置，将由入口流入（挤出机适配器）的熔体流动路径调节成与其他各流道孔的流动路径均相同，就可以在多孔板上所有流道孔中得到均一的体积流。或者，在采用合适的熔体预分配器时，必须确保所有的流道孔均能获得均匀的熔体供应。一般说来，如果单孔的压力损耗相对较高，则其有助于改善单孔中流动的均一性。

当在确定多孔板中流道孔的直径大小时，需要注意的是，由于挤出胀大效应，熔体料流的直径将比流道孔直径要大。这在水下切粒板的结构设计时尤其重要，因为此时的挤出物直径将不再受到额外拉伸过程的影响。

目前，要预先对挤出胀大行为进行精确的模拟计算，这只有在少数几种情况下才可行，而且必须先对材料与流道的形状结构进行准确的实验测试。通过将挤出胀大行为与壁面剪切应力进行现象相关联，可以得到一个普遍有效的关联式（参考第7章节内容），其类似于进口压力损失与壁面切应力之间的关系。

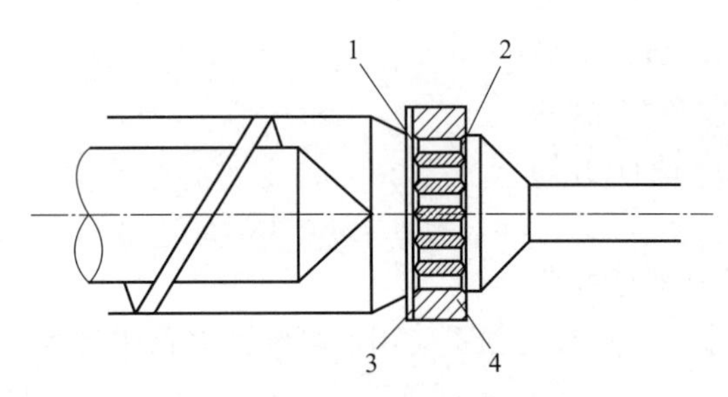

图 5.12　某多孔板的安装示意图

1—入口；2—出口；3—滤网；4—阻流板（多孔板）

设计多孔板的另一个考虑因素是其流道孔的尺寸不能太大，否则容易导致滤网破裂。当考虑到这一点时，还必须要考虑到滤网组件的布置及其尺寸的大小，以及其所造成的总的压力损耗。为了计算出压力损耗的大小，滤网可以被看作是几块多孔板的组合件[34，35]。在使用多孔板时，很重要的一点是多孔板的后端不能存在滞流区域，否则会延长物料的停留时间，导致材料降解。正是基于这样的考虑，多孔板的流道孔出口常常设计成锥形（图 5.12）。

5.2　缝隙型截面的挤出模具

具有平板缝隙型截面的挤出模具一般用来生产那些具有较大宽度/厚度比的制品，例如薄膜与片材，也包括网板型基材的涂覆等。要区分挤出扁平薄膜与片材一般比较难，这是因为在判断二者的种类时都会引入厚度与破坏能力这两个因素[36~40]（这里所说的破坏能力指的是产品无永久性变化或破坏）。考虑到人们经常相互交叉运用这两个概念，因此，可以在厚度 0.5～0.7mm 画一条分界线，以用来区分彼此。

在构造方式上，所有的具有狭缝开口形的模具均表现出很大的相似性。它们之间的实质性差异往往是所使用的歧管（熔体分配通道）几何形状的不同。在接下来的内容中，我们将对不同结构的歧管进行讨论。

5.2.1　设计与应用

在片材或薄膜的挤出过程中，挤出模具需要将圆形的熔体料流转变为扁平状片材型料流。其中，熔体的再分布主要由歧管来完成，紧接着歧管的为流动阻力调节区域，其与成型区域相关。

如图 5.13 与图 5.14 所示，熔体从模具中心区域进入，然后向两侧对称发展，形成均匀的扁平挤出物形状。由于技术上的困难，目前已经停止采用实验方法评估熔体单侧的（即结构不对称）进料情况与流动分布状态。

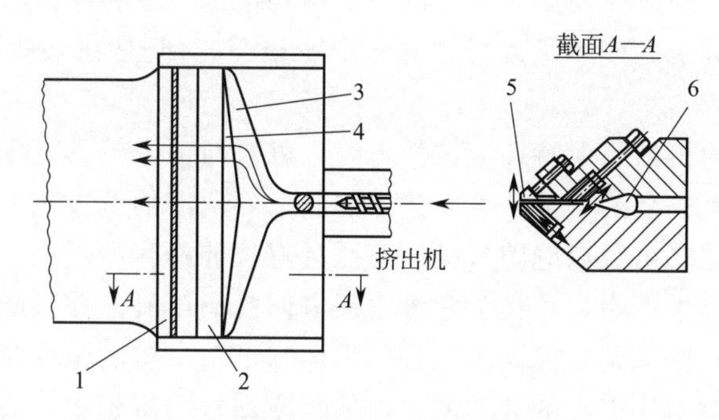

图 5.13　薄膜挤出的平面缝隙模具

1—模唇（可调节）；2—扼流杆（局部可调）；3—歧管；4—成型面；5—屈曲模唇；6—模具主体

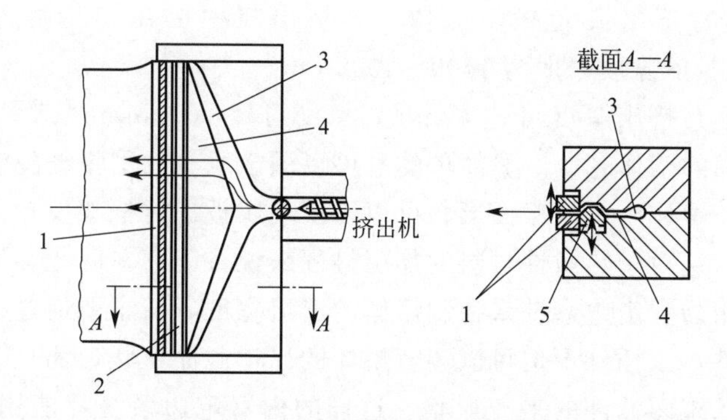

图 5.14　片材挤出的平面缝隙模具

1—屈曲模唇（可调节）；2—扼流杆（局部可调）；3—歧管；4—成型面；5—模具主体

为了尽可能地在模具截面的整个宽度上获得均一的熔体流动，在模具流道的结构设计过程中，必须要考虑材料的特性、生产工艺条件及其流变行为。关于这几方面的具体内容，可参考 5.2.2 章节。

在实际生产过程中，模具宽度上的熔体流动行为往往存在一定的差异，这是很常见的现象，其可以通过多种方法进行调整。在薄膜挤出生产中，局部流动的流率差异常常可以通过调节局部模唇间隙宽度进行消除。例如，可以调节压紧螺钉（屈曲模唇）来使模唇局部点位置产生轻微程度的弯曲，从而调节缝隙宽度（图 5.13）。钢铁材料的变形能力一般有限，其允许的变形挠度不超过 2mm [41]。模唇形变的恢复主要依靠的是钢铁的弹性以及熔体压力的作用。

在特殊情况下，平面薄膜的挤出模具还具有一额外的附加装置，一般称之为扼流杆或节流栓（图 5.13）。扼流杆置于模具内部，其弯曲度局部可调且呈条状结构，由于其结构形状相对较大，一般用于对流动进行粗略调整。

对片材的挤出成型，扼流杆是保证熔体流动均一分布的标准装置；但与此同时，仍然需要采用屈曲模唇来对模具缝隙宽度进行精细调控（图 5.14）。此外，还可能需要配合改变模具上的温度分布来进一步控制熔体分布，从而控制挤出物的厚度；然而，这种方法一般只用于某些特殊情况。

对于平板基材的涂覆挤出模具，其结构设计方法与无扼流杆的扁平片材模具一样，根据不同的需求，也可以通过调节模唇来实现对熔体流动的调控。为了能够采用不同厚度的宽狭缝模挤出薄膜和板材，则需要使用大量可调整的模唇结构，或者停机时可更换的模唇装置。

通常，宽幅缝模具中的模唇长度可达 30～90mm[37]，但是在某些情况下，该模唇长度可以大得多。

根据所加工材料的挤出胀大特性或拉伸行为，可对与整个模具宽度相平行的模唇进行高达几个百分点或者更大幅度的调节，直至挤出制品达到所需的宽度尺寸[42]；然而，这种情况只适用于那些熔体在挤出脱离缝隙口模时不受特意拉伸的生产过程。

在较厚片材的挤出生产中，熔体常常沿水平方向脱离模具，并且继续以该运动形式进入压延机。然而，用于制造流延膜或涂覆织物的熔体却可以一定的角度倾倒或垂直向下地流向冷却辊（流延辊）或在引导辊上的载体网，熔体与冷却辊（流延辊）或引导辊呈相切或相垂直的状态。因此，上述这两种情况的模具一般被称为流延模具。在这些情况下，熔体的流动必须通过挤出机和模具之间的弯头来重新排列布置。

针对平面薄膜的挤出或者挤出涂覆，其挤出口模的出口缝隙宽度一般为 0.25～0.7mm[43]，常用模具的宽度一般为 1500～4000mm[44]。

对于片材而言，其挤出厚度可达 40mm，宽度可达 4000mm[43，45～47]。采用定边系统，可以缩小平板狭缝模的工作宽度。最简单的且可以用于所有的平板缝隙模具的定边系统为外置定边系统。这里，熔体出口的截面形状可以采用金属板进行框架设置。然而，外定边系统会导致流动的死点，这对于热敏性材料的加工过程来说可能存在问题[48，49]。因此，作为替代的方法，常常使用内置定边系统来控制熔体的出口宽度，其主要通过在歧管与模具成型面区域内置可更换插件，该插件不但可以调节熔体的出口截面形状，而且改变了流道的结构尺寸。由于内置定边系统内插件的平直形状，这样的内置定边系统只能用于 T 形歧管的模具中。对于具有其他形状歧管的平板缝隙模具，内置定边系统只用用于其模具成型面区域处。在这种情况下，流动死点就无可避免；相反，与外置定边系统相比，其体积形状也缩小了。内置定边系统常常只能挤出生产线停机时进行安装，而外置定边系统却可以在生产线运行过程中进行安装与调节。

正如本章开头所提到的那样，关于平面狭缝模具流道的流变特性，其所主要关注的是尽可能地在整个模唇宽度上获得均匀的熔体流动。目前，为了将挤出机输送过来的熔体环形流动转变为平板形流动，需要采用特殊的流道系统。这种流道一般有几种结构形式，图 5.15 展示了其中最重要的几种，包括 T 形歧管、鱼尾形歧管以及衣架形歧管。当然还有很多其他仍在发展的歧管结构[50，51]，但是迄今它们中没有一种得到了广泛的推广应用。如今，应用最广泛的是衣架形歧管的挤出模具，这是因为若基于合理的结构设计，衣架形歧管中的熔体流动具有较好的分布状态，且这与生产工艺条件的相关性较弱。

上述的这些系统的缺点是其需要较高的制造成本，这主要是由于包含了复杂的流道几何形状（图 5.16）。

对于具有 T 形歧管的平板缝隙模具（或片材模具），由于其结构非常简单，因此制造成本要便宜得多，在挤出涂覆生产线中最常见。然而，这种类型的模具不太适用于生产那些具有温度敏感性的材料。通过改变歧管和扼流杆的几何结构形状，可以对熔体流动分布状态实现优化或修正。这类模具的设计基础理论可参见文献［52～54］。

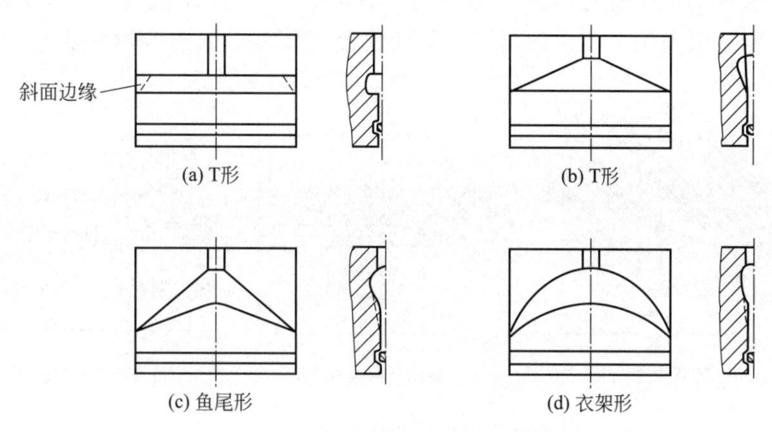

图 5.15　平板缝隙模具：歧管形状

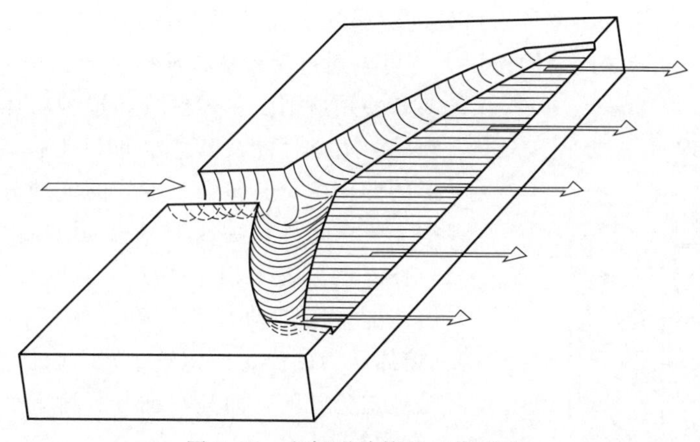

图 5.16　衣架形歧管的工作原理

根据熔体的流动分布情况及生产制造成本，鱼尾形歧管的应用价值介于上述两种歧管系统之间。关于鱼尾形歧管的流变特性可参考文献［55～57］。与 T 形歧管的情况一样，鱼尾形歧管本身并不会形成足够均匀的熔体分布，因此必须依赖其他的校正元件，例如扼流杆装置。

正如前面所述，随着流道结构复杂程度的提高，其所要求的设计加工工艺要求也更高，这就意味着更高的制造成本。由于这个原因，在实际的生产过程中，人们常常在设计的与实际应用的熔体分配系统之间进行折中[48]。平板挤出模具的成本因素还包括另外一个方面，即模具内承受压力的面积。随着该面积区域尺寸的增大，为了防止熔体压力冲开模具，必须加大机械作用来实现充分闭合模具。这种现象就是所谓的蛤壳张开效应。如果这种情况发生，则会对制品在宽度方向上的厚度分布产生负面影响[48]。

图 5.17 中描述了所有的平板缝隙模具[41]，这些结构均具有所谓的中央对称分型面：流道由模具的上下（顶端与底端）两部分组成。中心不对称分型面是指在设计流道结构时，流道主要开设在其中一半的模具上，而另外一半模具保留平面结构。当然，这样的模具结构的制造成本要便宜得多，但是相比分型中心对称的模具，不对称的分型结构具有特定的流动缺陷。

平板缝隙型模具工作时的压力损耗高达 200 bar [36, 43]，而涂覆模具工作时的压力损耗要低得多，主要是因为用于涂覆的材料在加工温度下具有更低的熔体黏度 [48]。

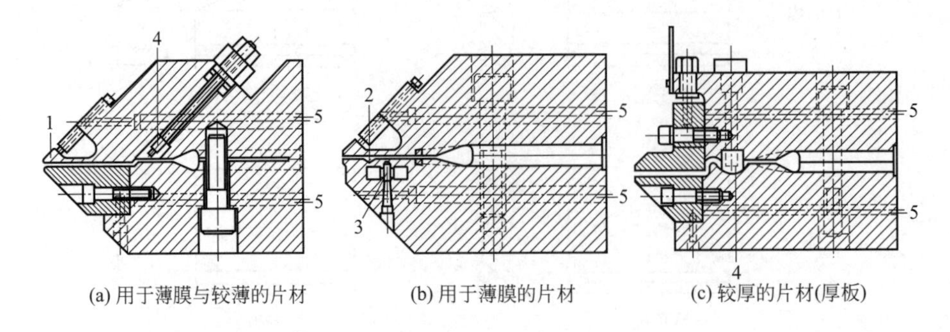

图 5.17　平板缝隙模具（Johnson [41]）

1—柔性模唇（屈曲模唇）；2—横向均衡流道；3—局部可偏转的流道壁；4—扼流杆；5—加热筒

在加工高黏度熔体时，模具入口处的熔体压力常高达 400 bar [43]。在这种情况下，必须采取预防措施来承受如此大的作用力。可以通过带铰链或液压活塞的锁定机构来完成[16]，或者使用所谓的单体模具。这种单体模具含有一块单独的、力学性能及其稳定的 U 形模具主体。在这个 U 形的凹模中，其包含了带状的流动分布通道和模唇结构 [43]。此外，关于具有流道重路结构的模具（图 5.18）也被提了出来，实际上也有所应用 [36, 43,58]。熔体的重路流动有利于降低锁模螺钉所承受的应力(熔体压力的作用面积较小)。此外，模唇实际上并不是被迫分开的，而是在现有载荷下彼此发生了相对轻微位移 [48]。

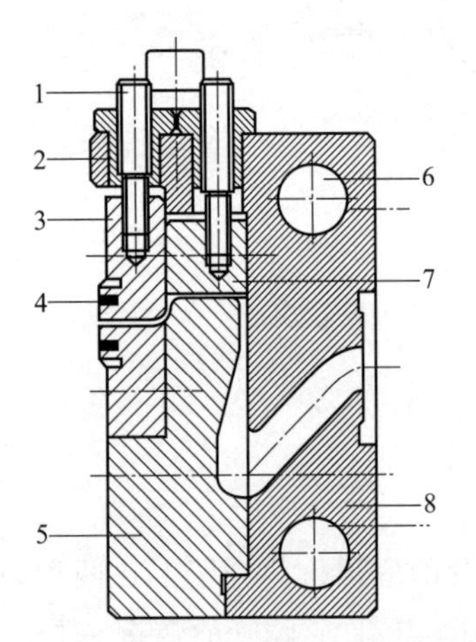

图 5.18　具有一定角度的平面缝隙模具[36]

1—差动螺钉；2—螺纹衬套；3—可调节模唇；4—模唇加热器；5—带歧管的模具壳体；6—加热筒安装孔；7—扼流杆；8—模具

图 5.17 中给出了最常用扼流杆的形状结构。图 5.17(a) 中，扼流杆以小于 45°的角度进行安装，这从熔体流动的角度来看是非常有利的。然而，图 5.17 (a)、(c) 所示扼流杆结构会使熔体流动产生死点。在这些流动死点位置处，材料常常会发生局部的降解，并且添加剂、填充剂、着色剂等在死点位置会沉积下来，导致模具内部常常出现所谓的模垢。正是由于这个原因，在挤出生产 PVC 材料时，如果可能的话，一般不采用扼流杆结构。

在对扼流杆进行局部调整时，也就是使它发生一定程度的弯曲，一般需要借助牵引器以及压紧螺钉结构。牵引器及压紧螺钉在模具的宽度方向上一般以 40～60mm 的间隔交替布置。在某些情况下，还可以使用差动推/拉螺钉和拉/推螺钉，当顺时针和逆时针转动螺钉时，可分别使扼流杆实现向上移动与向下移动。屈曲模唇（局部弯曲）通常用于平面薄膜挤出和涂覆模具，因为它们可以实现对厚度分布进行相对精细的调节，并且不会产生任何明显的流动扰动；并且，对于处于工作状态中的设备来说，这是唯一可能的调节方法。当使用滑动模唇时，在一定程度上来说，这也至关重要；但在那种情况下，由于模唇与模具主体之间的摩擦以及调整螺钉在设置中可能出现问题，因此只能对制品厚度进行粗略调整[48]。

图 5.17(b) 表示了可能影响熔体分布形态的另一有趣因素。在那种情况下，模具下半部分中某个区域的力学性能被削弱了，这样的话，我们就可以在整个模具的宽度上挤出薄膜。通过使压紧螺钉发生非常轻微的变形，就可以对熔体流动进行额外的调整。

紧接着薄膜成型区域部分的是一个沟槽形横向流道，该流道横跨模具的整个宽度并与上述的流动调节元件（压紧螺钉）相连接，其主要作用是均衡熔体压力，因而也就可以调节模具内部的流动状态[59, 60]。

当模具的工作宽度较大时，由于其存在数量较多的调节螺钉，因此，要通过扼流杆调节模唇来实现流动的调控会比较难，这需要操作人员具有很丰富的工作经验与手感。

由于这个原因，大多数的宽幅平面缝隙模具都会配备电控调节单元，该电控单元能够自动控制模唇与扼流杆的弯曲程度。在文献［47，61，62］中，阐述了一种在模具侧面轨道上装有靠液压驱动螺钉的调控系统，该系统紧靠每一调节螺钉并可向上移动，从而实现对压紧螺钉进行调节。在文献［40］中，作者描述了一种宽幅型平面缝隙模具，该模具系统包含了配有高阶减速齿轮系统的小型电机，借助于这些小型电机系统，可实现对扼流杆进行局部的向上或向下调节，并由此发展出了几种自动模唇调节系统。这里，这些电机系统也用于作为模唇调节螺钉的控制单元[44]。图 5.19 中所示的缝隙调节系统[63, 64] 是目前市场上使用最为广泛的调节系统，其市场接受度较高。该系统中的屈曲模唇主要靠电加热的热膨胀螺栓实现调节功能。当螺栓膨胀所需要的电加热关闭时，依靠附加的螺栓空冷系统，可快速对模唇进行重置。目前，该系统已成功地应用于板材挤出过程中的厚度自动控制[65, 66]。

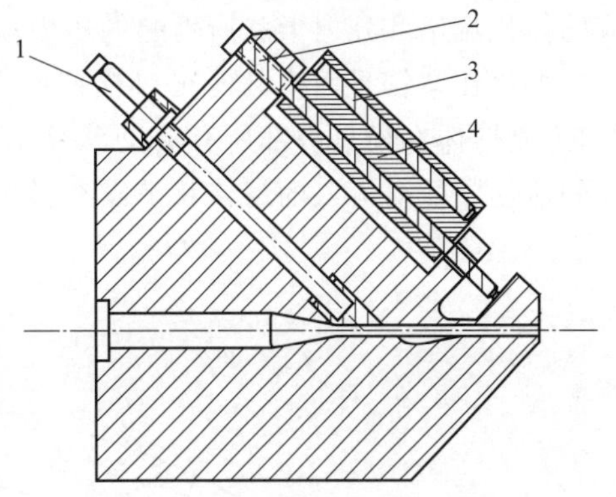

图 5.19 基于电加热螺栓的平面缝隙模具系统（Welex）[64]

1—调节扼流杆的螺栓；2—调节模唇的螺栓；3—螺栓加热器；4—加热块

在文献［67］中，作者展示了另外一种挤出模具的模唇调节方法，其采用一种基于压电原理的转换器作为控制单元。这种压电转换器的长度可以根据所施加的电压而发生改变，长度的大小从零点几毫米到几毫米不等。由于这种转换器的反应时间仅仅只有几个毫秒，因此其能够提供快速的厚度控制反应。

宽幅型平面缝隙模具通常用电热器加热，或者通过位于模具的主体中的筒式加热器或通过放置在模具外部的加热带来加热，而感应加热系统处于试验阶段[16]。为了在其整个宽度上达到尽可能均匀的模具温度分布，有时可使用传热效率非常高的热管进行加热[68]。

如果模唇结构体型较大，且塑料熔体流动相对困难，除了常用的加热系统之外，还可在长度方向上安装杆状模唇加热器。文献［69］中给出的可用于流动调控的加热系统和文献［40 ］中所采用的模具系统还存在许多问题，因此没有得到广泛的实际应用。

5.2.2 设计

宽幅型平面缝隙模具中的歧管作用是将熔体在模具的整个缝隙宽度上进行均匀分布，按照这样的方式，在熔体通过模具模口时，就可以得到我们所需的体积流动分布。首先，挤出制品通常要求具有均匀一致的标准特征。然而，在许多应用情形下，如片材或膜材制品，一般会在下一步工序中对其单向或双向的取向拉伸。在那种情况下，片材在脱离模具时首先必须具有特定的特征轮廓[69，70]。其次，熔体在加工过程中需要具有相对均一的形变过程、温度以及停留时间。最后，我们希望上述涉及的要求能够适合各种各样的材料，并且在一个较宽的加工工艺范围之内均能得到满足。

接下来将讨论有关歧管结构设计的解析方程，该歧管主要为宽幅型平面模具提供均匀熔体分布；然后，将描述设计常规歧管与宽幅平面缝隙模具中歧管时的相关数值方法，这两种歧管具有相同的流动长度。

当采用分析法设计具有歧管的宽幅缝隙模具时，先假定所需的流量分布，然后考虑由相应的体积流量和几何形状所引起的压力损失，而这样做是非常有利的。

如果在宽幅平面模具的出口横截面上熔体流动具有相等的平均流率（即均一的流动分布），则熔体在模具内部所有流动路径中的流动阻力必须相同（图 5.20）。这也就是说，不同的流动路径对流入的熔体几乎没有影响，即流动路径必须中性化。

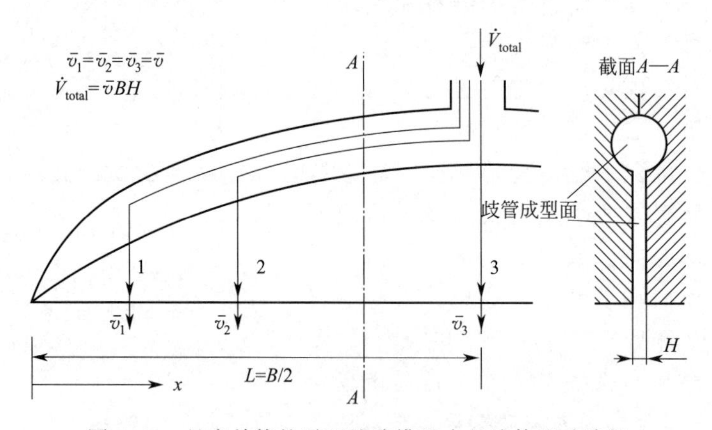

图 5.20　具有歧管的平面缝隙模具中的熔体流动路径

同时，这也意味着歧管管道中的体积流率在从入口前端（流入量）至管道末端处（即模具的整个宽度上）将以线性方式缩减至零。这些关系可以依靠图 5.21 所示的坐标系，通过建立方程进行表述（由于结构对称，因此只需要分析模具的一半结构）。

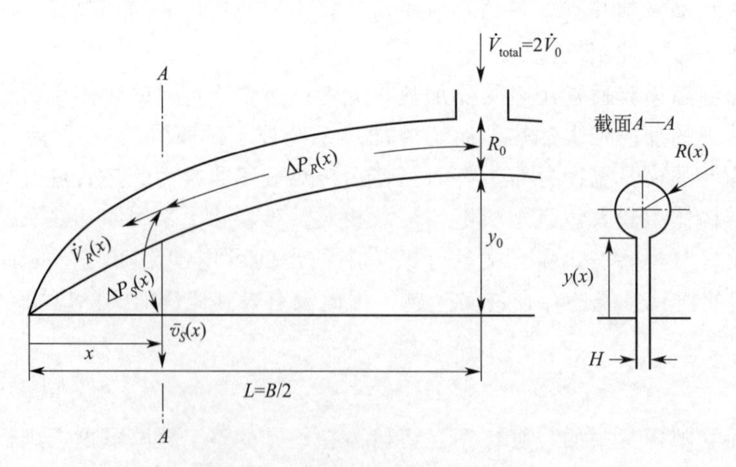

图 5.21　平面缝隙模具的坐标系

$$\bar{v}_{\text{slit}}(x)=\text{常数}=\frac{\dot{V}_{\text{total}}}{BH} \tag{5.7}$$

$$\dot{v}_{\text{pipe}}(x)=\frac{x}{L}\dot{V}_0 \tag{5.8}$$

$$\dot{V}_0=\frac{\dot{V}_{\text{total}}}{2} \tag{5.9}$$

$$\Delta p(x)=\Delta p_{\text{pipe}}(x)+\Delta p_{\text{slit}}(x)=\text{常数} \tag{5.10}$$

按照熔体流过模具整个宽度上所有流动路径时均具有相等流动阻力的要求，通过式(5.10)，可以得到其相应的数学公式：

$$\frac{\partial \Delta p(x)}{\partial x}=0 \tag{5.11}$$

上述这些基础关系式在歧管的相关设计工作中都是有效的。此外，还需遵守一定的约束条件：

- 流动呈等温、稳态、层流状态，且充分发展；
- 熔体不可压缩（即密度为常数）；
- 忽略入口与出口效应；
- 壁面黏附（壁面无滑移）。

同时，针对这些设计方程，还需要做进一步的简化，如下所示：

- 将歧管看作是圆形管道或者平面缝隙；
- 在模具成型面上，缝隙高度保持恒定。

5.2.2.1　T 形歧管

要对 T 形歧管的流道进行流变学优化设计，通常是不可能的。其原因在于，如果模具成型面区域具有恒定的高度，则流道中间路径上的流动阻力总是要低于其他流动路径上的流动阻力。这也就是为什么 T 形歧管中间区域往往具有最大的挤出产量，而在边界侧位置处的挤出产量最低。由于这个原因，T 形流道的设计标准应是尽量使歧管中的流动阻力保持在与成型面区域流动阻力一样低的水平，歧管中的流动阻力与挤出方向相垂直。

如果考虑到歧管的圆形横截面形状（半径为 R），其中体积流率 $\dot{V}$ 在整个宽度 B 方向上均匀分布，则由于黏度的影响而导致的歧管中的压力损耗为：

$$\Delta p_{\text{pipe}}=\int_{x=0}^{x=B/2}\frac{8\eta_{\text{rep,pipe}}\dot{V}(x)}{\pi R^4}e_{\bigcirc}\,\mathrm{d}x=\int_{x=0}^{x=B/2}\frac{8\eta_{\text{rep,pipe}}\dot{V}(x)}{\pi R^4}e_{\bigcirc}\,\frac{\dot{V}_{\text{total}}x}{B}\mathrm{d}x \tag{5.12}$$

对于长度为 L，高度为 H 的模具成型面，其压力损耗则为：

$$\Delta p_{\text{slit}}=\frac{12\eta_{\text{rep,slit}}\dot{V}_{\text{total}}L}{BH^3}e_{\square}=\int_{x=0}^{x=B/2}\frac{8\eta_{\text{rep,pipe}}\dot{V}(x)}{\pi R^4}e_{\bigcirc}\,\frac{\dot{V}_{\text{total}}x}{B}\mathrm{d}x \tag{5.13}$$

$$\frac{\Delta p_{\text{pipe}}}{\Delta p_{\text{slit}}}=\frac{\dfrac{8\dot{V}_{\text{total}}\dot{V}(x)}{\pi R^4 B}e_{\bigcirc}\displaystyle\int_{x=0}^{x=B/2}\eta_{\text{rep,pipe}}(x)x\,\mathrm{d}x}{\dfrac{12\eta_{\text{rep,slit}}\dot{V}_{\text{total}}L}{BH^3}e_{\square}} \tag{5.14}$$

$$=\frac{2}{3}\,\frac{1}{\eta_{\text{rep, slit}}}\,\frac{H^3}{\pi R^4 L}\,\frac{e_{\bigcirc}}{e_{\square}}\int_{x=0}^{x=B/2}\eta_{\text{rep, pipe}}(x)x\,\mathrm{d}x$$

在上述方程中，如果给定上边界条件，针对特定结构的模具成型面，可以通过迭代计算得到歧管的最小半径值。

5.2.2.2 鱼尾形歧管

对鱼尾形歧管而言（见图5.22），其在模具成型面整个宽度上的长度可以假设为线性变化的。

$$y(x)=y_0\frac{x}{L} \tag{5.15}$$

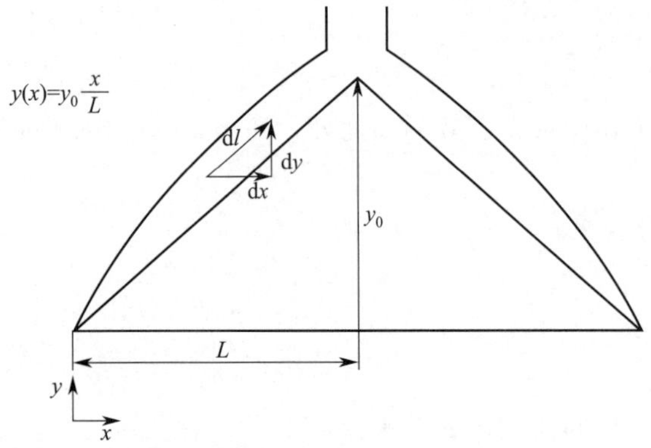

图5.22 鱼尾形歧管结构

则歧管中的压力损耗可通过当量数据的方法计算得到：

$$\Delta p_{\text{pipe}}(x)=\int_x^L\frac{8\eta_{\text{rep,pipe}}(x)\dot{V}x}{\pi R^4(x)L}\mathrm{d}L \tag{5.16}$$

缝隙口模中的压力损耗为

$$\Delta p_{\text{slit}}(x)=\frac{12\eta_{\text{rep,slit}}(x)\dot{V}_0y_0}{L^2H^3}x \tag{5.17}$$

如果将歧管长度与模具宽度之间的函数关系代入式(5.16)，则有

$$\mathrm{d}L=\frac{\mathrm{d}x}{\cos\left[\arctan\left(\frac{y_0}{L}\right)\right]} \tag{5.18}$$

根据式(5.11)，我们可得到歧管在整个模具宽度上的半径变化情况：

$$R(x)=\left\{\frac{1}{3\pi}\frac{\eta_{\text{rep,pipe}}}{\eta_{\text{rep,slit}}}\frac{BH^3x}{y_0\cos\left[\arctan\left(\frac{2y_0}{B}\right)\right]}\right\}^{\frac{1}{4}} \tag{5.19}$$

鱼尾形歧管也具有某些方面的优点，如下所示：

- 由于流道分布呈线性变化，因此其制造过程只需使用相对简单的制造技术；
- 当对歧管中的压力损耗进行数值计算时，需考虑在式(5.18)中引入式(5.16)中所表示的分配流道的真实长度。这对那些成型面非常长的歧管尤为重要。

鱼尾形歧管的主要缺点是在其分配流道的长度上剪切速率会发生较大的变化，这相当于可变流道路径上材料承受了可变载荷。

5.2.2.3 衣架形歧管

不同于鱼尾形歧管，对衣架形歧管而言，我们不去考虑其成型面长度在宽度上的变化过程，而是要尽量地保证作用在熔体上的应力均匀一致，其应力大小要尽可能的低。

要实现上述目标，一个可行的方法是去研究其沿着流线的平均停留时间。平均停留时间可以通过流动截面上的平均速度与流动路径的长度而计算出来：

$$\bar{t}(x)=\int_x^L\frac{1}{\bar{v}_{\text{pipe}}(x)}\mathrm{d}x+\frac{y(x)}{\bar{v}_{\text{slit}}(x)} \tag{5.20}$$

式中，歧管中的平均速度为 $\bar{v}_{\text{pipe}}(x)=\dfrac{\dot{V}_{\text{pipe}}(x)}{\pi R^2(x)}$； (5.21)

模具成型面中的平均速度为 $\bar{v}_{\text{slit}}(x)=\text{常数}=\dfrac{\dot{V}_{\text{total}}}{BH}$。 (5.22)

对于具有歧管的平面宽幅缝隙挤出模具而言，其相关的设计方程应该包括优化后的停留时间分布，这样的话，歧管中分配流道的横截面形状将通过熔体流过整个歧管的停留时间的最小化原理进行确定[71]。这就意味着，方程

$$T(x=0)=\int_0^L \frac{1}{\bar{v}_{\text{pipe}}(x)}\mathrm{d}x \tag{5.23}$$

必须存在一个最小值。

从式(5.23) 中寻求最小值，可以得到求解歧管分配流道截面形状的方法，如下所示：

$$R(x)=R_0\left(\frac{x}{L}\right)^{\frac{1}{3}} \tag{5.24}$$

此外，我们还可以发现，要实现歧管中分配流道上熔体停留时间的最小化，其所需的条件与实现分配流道壁面上恒剪切应力的条件是等效的[71]。

其中，歧管成型面形状可以采用式(5.24) 表达：

$$y(x)=y_0\left(\frac{x}{L}\right)^{\frac{2}{3}} \tag{5.25}$$

式(5.24) 与式(5.25) 所表达的几何形状与材料的物性及加工工艺条件均无关。然而，参数 R_0 与 y_0 却受到熔体流动行为的影响。对于 Prandtl-Eyring 双曲正弦定律，歧管中分配流道的最大半径可由下面的关系表达式得到：

$$\frac{4\dot{V}_0}{\pi R^3 C}=\frac{1}{3}\frac{\Delta p}{A}\frac{R_0}{L}\Phi\left(\frac{1}{3}\frac{\Delta p}{A}\frac{R_0}{L}\right), \tag{5.26}$$

以及成型面区域的最大长度的关系表达式：

$$\frac{6V_0}{H^2 CL}=\frac{1}{2}\frac{H}{y_0}\frac{\Delta p}{A}\psi\left(\frac{1}{2}\frac{H}{y_0}\frac{\Delta p}{A}\right) \tag{5.27}$$

式中，函数 $\Phi(u)$ 与 $\psi(r)$ 分别为流道内流动行为的双曲函数与缝隙口模中的流动行为的双曲函数的概括，对于前者，则表达式如下所示：

$$\Phi(u)=\frac{8}{u^2}\left[\frac{1}{2}\cosh u-\frac{1}{u}\sinh u+\frac{1}{u^2}(\cosh u-1)\right] \tag{5.28}$$

式中，$u=\dfrac{1}{3}\dfrac{\Delta p}{A}\dfrac{R_0}{L}$。 (5.29)

而对于缝隙内的流动行为表达式，则有：

$$\psi(r)=\frac{3}{r^2}\left(\cosh r-\frac{1}{r}\sinh r\right) \tag{5.30}$$

式中，$r=\dfrac{1}{2}\dfrac{H}{y_0}\dfrac{\Delta p}{A}$。 (5.31)

需要注意到，通过式(5.26) 与式(5.27) 并不能直接得到参数 R_0 与 y_0 的具体数值。因此，为了求出这些参数的大小，必须采用迭代计算程序或列线图方法，如图 5.23 所示[72]。

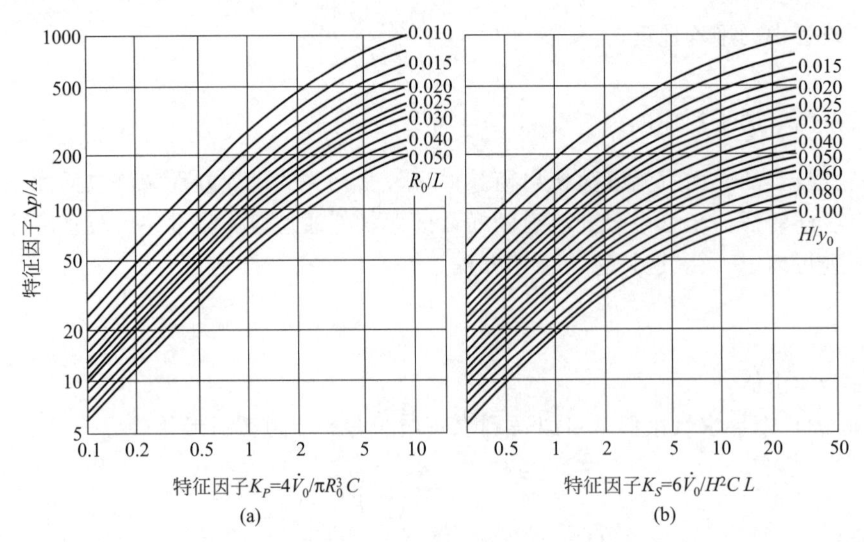

图 5.23 基于双曲正弦定律设计平面狭缝模具的列线图法[71]

在采用列线图法求解时，优先推荐以下计算步骤：

① R_0 数值的选择基于经验性数据，而 Δp 的大小则是通过图 5.23(a) 求得。不断地重复上述操作，直到 Δp 的数值大小位于所要求范围的之内；

② H 的大小根据经验性数据进行假设，而 y_0 的数值大小则是根据图 5.23(b) 及第一步骤中的 Δp 进行求解。重复上述求解过程，直到 y_0 的数值大小位于所要求范围的之内。

在设计宽幅平板狭缝模具时，前面所述的求解过程可以考虑将分布通道中的熔体停留时间以及壁处的剪切应力结合起来进行计算。然而，采用这种方法设计模具时，只能针对一种材料（材料的流动特性符合双曲正弦定律）以及在特定的工艺条件（宏量生产与温度）下进行设计。生产工艺参数的偏差以及流动行为的变化将导致分配流道的形状函数也发生变化。

要制造出成型面长度按照非线性变化的模具［参见式(5.25)］，其加工难度非常大，只有采用数控铣床才有可能加工出来。

对于宽幅平板狭缝模具的设计过程，还可以基于特征数据方法，该方法针对牛顿流体，采用基本的模具方程模拟计算出压力损耗[73]。这种方法的优点是，可以采用任意材料模型来描述其剪切速率与温度之间的关系。

这里，在确定分配流道的轮廓时，其要求满足一个附加条件[73]，即分配流道（歧管）中的特征剪切速率需保持不变，这意味着

$$\dot{\gamma}_{\mathrm{rep,pipe}}=\frac{4\dot{V}_{\mathrm{pipe}}(x)}{\pi R^3(x)}e_{\circ}=\text{常数} \tag{5.32}$$

根据流道中体积流率与流动路径的坐标系统之间的关系［式(5.8)］，以及根据式(5.32)，则可得

$$\dot{\gamma}_{\mathrm{rep,pipe}}(x)=\frac{4\left(\dot{V}_0\dfrac{x}{L}\right)}{\pi R^3(x)}e_{\circ}=\frac{4\dot{V}_0}{\pi R_0^3}e_{\circ}=\dot{\gamma}_{\mathrm{rep,pipe}}(L) \tag{5.33}$$

求解 $R(x)$，则得到：

$$R(x)=R_0\left(\frac{x}{L}\right)^{\frac{1}{3}} \tag{5.34}$$

式中，$R_0=R(L)$。

采用上述方法所确定的轮廓形状，与采用分配流道中最短停留时间及分配流道中壁面恒剪切速率条件所确定的轮廓是一致的，如式(5.24) 所示。

沿流动路径上总的压力损耗则包括了分配流道中的压力损耗以及成型面流动区域上的压力损耗，总压力损耗可以从下面的关系式中求得，类似于式(5.16) 与式(5.17)：

$$\Delta p(x)=\Delta p_{\text{pipe}}(x)+\Delta p_{\text{slit}}(x)=\int_x^L \frac{8\eta_{\text{rep,pipe}}(x)\dot{V}_0 x}{\pi R^4(x)L}\mathrm{d}l+\frac{12\eta_{\text{rep,slit}}(x)\dot{V}_0}{LH^3}y(x) \tag{5.35}$$

由于 $\mathrm{d}l$ 与 $\mathrm{d}x$ 之间的关系并不清楚，因此为了简化计算，设定：

$$\mathrm{d}l=\mathrm{d}x \tag{5.36}$$

根据式(5.31)，假定分配流道中的剪切速率恒定不变；根据式(5.7)，假定具有恒定高度的成型面缝隙出口处的流动速率为常数，则有：

$$\eta_{\text{rep,pipe}}=\text{常数}\neq f(x) \tag{5.37}$$

$$\eta_{\text{rep,slit}}=\text{常数}\neq f(x) \tag{5.38}$$

通过对式(5.35) 求微分，设定结果为 0，并代入式(5.34)，则得到了模具成型面长度变化的微分方程，如下所示：

$$\frac{\mathrm{d}y(x)}{\mathrm{d}x}=\frac{\eta_{\text{rep,pipe}}}{\eta_{\text{rep,slit}}}\frac{2H^3x}{3\pi R_0^4\left(\frac{x}{L}\right)^{\frac{4}{3}}} \tag{5.39}$$

对式(5.39) 进行积分，则得：

$$y(x)=\frac{\eta_{\text{rep,pipe}}}{\eta_{\text{rep,slit}}}\frac{H^3L^{\frac{4}{3}}x^{\frac{2}{3}}}{\pi R_0^4}=\frac{\eta_{\text{rep,pipe}}}{\eta_{\text{rep,slit}}}\frac{H^3L^2}{\pi R_0^4}\left(\frac{x}{L}\right)^{\frac{2}{3}} \tag{5.40}$$

当 $y(L)=y_0$ 时，结果变为：

$$y(x)=y_0\left(\frac{x}{L}\right)^{\frac{2}{3}} \tag{5.41}$$

并且

$$y_0=y(L)=\frac{\eta_{\text{rep,pipe}}}{\eta_{\text{rep,slit}}}\frac{H^3L^2}{\pi R_0^4} \tag{5.42}$$

通过式(5.42) 以及流道与缝隙中的熔体黏度（当然也包括剪切速率），可以将分配流道的最大半径 R_0 与成型面的最大长度 y_0 相互关联起来，即：

$$\eta_{\text{rep,pipe}}=f(\eta_{\text{rep,pipe}})=f\left(\frac{4\dot{V}_0}{\pi R_0^3}e_{\bigcirc}\right) \tag{5.43}$$

$$\eta_{\text{rep,slit}}=f(\eta_{\text{rep,slit}})=f\left(\frac{6\dot{V}_0}{LH^2}e_{\square}\right) \tag{5.44}$$

作为决定几何结构形状的参数，式中，可以假设 B、$\dot{V}_{\text{total}}$、H 以及 Δp 的数值，而 R_0 与 y_0 的数值可以计算出来。为此，可以使用下面的计算过程。

① 计算出模具成型面区域处的特征剪切速率与特征黏度：

$$\dot{\gamma}_{\text{rep,slit}}=\frac{6\dot{V}_{\text{total}}}{BH^3}e_{\square} \tag{5.45}$$

$$\eta_{\text{rep,slit}}=\eta(\dot{\gamma}_{\text{rep,slit}}) \tag{5.46}$$

② 计算模具成型面的长度 y_0：

$$\Delta p_{\text{slit}}=\frac{12\eta_{\text{rep,slit}}\dot{V}_{\text{total}}}{BH^3}y_0 \tag{5.47}$$

$$y=y_0\left(\frac{x}{L}\right)^{\frac{2}{3}} \tag{5.48}$$

③ 对式(5.49) 中的 R_0 进行迭代计算。由于$\overline{\eta}_{\text{rep,pipe}}$ 也与 R_0 相关，因此该方程只能通过迭代计算进行求解。

$$R_0=\left(\frac{\eta_{\text{rep,pipe}}}{\eta_{\text{rep,slit}}}\frac{H^3L}{\pi y_0}\right)^{\frac{1}{4}} \tag{5.49}$$

$$R(x)=R_0\left(\frac{x}{L}\right)^{\frac{1}{3}} \tag{5.50}$$

至此，上述的所有设计方程式，从理论上说，只有在特定的操作工艺设计下，针对特定设计的材料，才能实现熔体绝对均匀地分布。因此，这些设计步骤方法需要考虑其与工艺条件的依赖性。当通过附加上成型面与歧管中具有相同剪切速率的条件时，采用特征参数法可以对上述的设计方法进行扩展，从而得到与生产工艺无关的设计程序。这就意味着

$$\dot{\gamma}_{\text{rep,slit}}=\dot{\gamma}_{\text{rep,pipe}} \tag{5.51}$$

根据上式，则可得到

$$\eta_{\text{rep,slit}}=\eta_{\text{rep,pipe}} \tag{5.52}$$

根据式(5.51)，还可得到

$$\frac{4\dot{V}_0}{\pi R_0^3}e_{\bigcirc}=\frac{6\dot{V}_0}{LH^2}e_{\square} \tag{5.53}$$

求解 R_0，可得

$$R_0=\left(\frac{2}{3\pi}\frac{e_{\bigcirc}}{e_{\square}}LH^2\right)^{\frac{1}{3}} \tag{5.54}$$

将 R_0 代入式(5.42)，得到 y_0 为：

$$y_0=\left(\frac{3}{2}\frac{e_{\square}}{e_{\bigcirc}}\right)^{\frac{4}{3}}(\pi HL^2)^{\frac{1}{3}} \tag{5.55}$$

从式(5.53) 及式(5.55) 可以看出，在引入分配流道与成型面缝隙中具有相等的剪切速率条件后，我们发现，生产工艺条件与材料特性不再影响设计结果。根据需要，要求设计过程与工艺条件无关，因此，总是需要建立理论上可以均匀分布熔体的分配流道。

上述方法的另外一个优点是，其中的每一条流动路径均具有相同的剪切速率与熔体应力。

而这种与生产工艺条件无关的设计方法的缺点在于其所计算得到的成型面最大长度往往偏大。较大的成型面面积，再加上较高的熔体压力降，则可能产生非常高的作用力，导致模具张开，这种情况有时很难通过机械的作用来防止。因此，这种采用与生产条件无关的设计方法在设计宽幅缝隙模具时是可行的，但也仅限于某些特殊的情况，例如针对那些窄体模

具。另外，对于侧喂料螺旋芯棒模具而言，采用这种方法设计流道结构比较实用（参考 5.3.3、9.2 及 9.3 章节内容）。

歧管中的压力损耗可以通过采用式(5.35) 进行数值模拟计算求得。根据所设定的假设条件，由于所有流动路径具有相等的压降，因此只需要考虑模具中部最大成型面宽度上的流动所产生的压降就足够了（$X=L$）。基于此，模具中的总压力降可以通过下式进行求解：

$$\Delta p=\frac{12\eta_{\mathrm{rep,slit}}\dot{V}_0 y_0}{LH^3} \tag{5.56}$$

关于沿流线方向上停留时间的模拟计算，则可以通过式(5.20) 求得。如果方程中涵括了歧管中的熔体流量、半径以及当前时间坐标体系之间的关系，则可得：

$$\bar{t}(x)=\frac{\pi R_0^2 L^{\frac{1}{3}}}{\dot{V}_0}\int_x^L x^{-\frac{1}{3}}\mathrm{d}x+\frac{H y_0 L^{\frac{1}{3}}}{\dot{V}_0}x^{\frac{2}{3}} \tag{5.57}$$

而模具中的停留时间可以从模具出口处的平均速度和模具中心处的最大成型面长度来计算，得：

$$\bar{t}=\frac{LHy_0}{\dot{V}_0} \tag{5.58}$$

① 基于经验数据，确定允许的最大压降和成型面缝隙高度，并确定模具中心成型面的最大长度，如式(5.56) 所示；

② 基于式(5.54) 确定分配流道的最大半径。由于该数值在确定流道中熔体特征黏度时还需要用到，因此有必要进行一定的迭代计算；

③ 根据步骤②中确定的 R_0 参数，可以对模具与加工工艺条件之间关系进行评估，确定不同工艺条件下或者不同材料体系下 y_0 的新值，并将其与步骤①中的数值进行比较。当 y_0 的两个新旧值之间的差异逐渐缩小时，则模具对加工条件的依赖性越弱。

上述所讨论的关于模具设计方法的不足之处在于，当采用衣架形歧管结构时，需要采用狭缝出口处分配流道的长度来进行计算，而该长度并非其实际精确的长度数值。这就导致了挤出物经挤出至模具外部区域时会产生厚度的不足，尤其是当成型面长度的最大值很大时。

基于对分配流道其精确长度的考虑，研究人员提出了一个针对衣架形歧管的设计分析程序[74]。采用幂律黏度模型对流动进行描述，并且针对该歧管的设计还设置了一项附加条件，即要求所有的流动路径上的熔体具有相等的平均停留时间。这一要求与模具内部任何位置处具有相同的局部停留时间的条件是等效的，则有：

$$\mathrm{d}\bar{t}_{\mathrm{slit}}(x)=\frac{\mathrm{d}y}{\bar{v}_{\mathrm{slit}}(x)}=\mathrm{d}\bar{t}_{\mathrm{pipe}}(l)=\frac{\mathrm{d}l}{\bar{v}_{\mathrm{pipe}}(l)}=\text{常数} \tag{5.59}$$

式中，$\mathrm{d}l$ 的定义可参考图 5.24。

根据上述的内容，我们可以得到分配流道的半径与当前时间坐标系之间的关系为：

$$R(x)=R_0\left(\frac{x}{L}\right)^{\frac{1}{3}} \tag{5.60}$$

并且

$$R_0=\left[\frac{(3n+1)}{2(2n+1)}\right]^{\frac{n}{3(n+1)}}\left(\frac{H^2 L}{\pi}\right)^{\frac{1}{3}} \tag{5.61}$$

歧管流道半径与当前时间坐标的函数关联性［式(5.60)］对应于分配流道中最小停留时

间的条件［式(5.24)］与分配流道中恒定剪切速率的条件［式(5.34)］之间的关联性。

对于成型面长度的斜率，其可以采用下面的方程式计算：

$$\frac{\mathrm{d}y}{\mathrm{d}x}=\left\{\frac{\pi^2 R^4(x)/H^2}{x^2-[\pi^2 R^4(x)/H^2]}\right\}^{\frac{1}{2}} \tag{5.62}$$

对上式进行积分，则成型面长度沿流动坐标体系的变化情况为：

$$y(x)=\frac{3}{2}k^{\frac{1}{2}}\left[x^{\frac{1}{3}}\sqrt{x^{\frac{2}{3}}-k}+k\ln\left(\frac{x^{\frac{1}{3}}+\sqrt{x^{\frac{2}{3}}-k}}{\sqrt{k}}\right)\right] \tag{5.63}$$

并且有

$$k=\left(\frac{3n+1}{4n+2}\right)^{\frac{4n}{3n+3}}(\pi H)^{\frac{2}{3}} \tag{5.64}$$

上述的设计方法存在一个有趣的变化，其主要体现在具有缝隙型分配流道的宽幅缝隙模具中歧管的布局[75]。在这种情况下，分配流道不再是管道形状，而是呈平面狭缝状(图 5.24)。从流变设计和制造技术的角度来看，这种形状是非常有利的。因为这种情况下的熔体流动是沿流道方向和沿狭缝方向的合并，这样的分配流道中就不会存在流动的死点(图 5.25)。

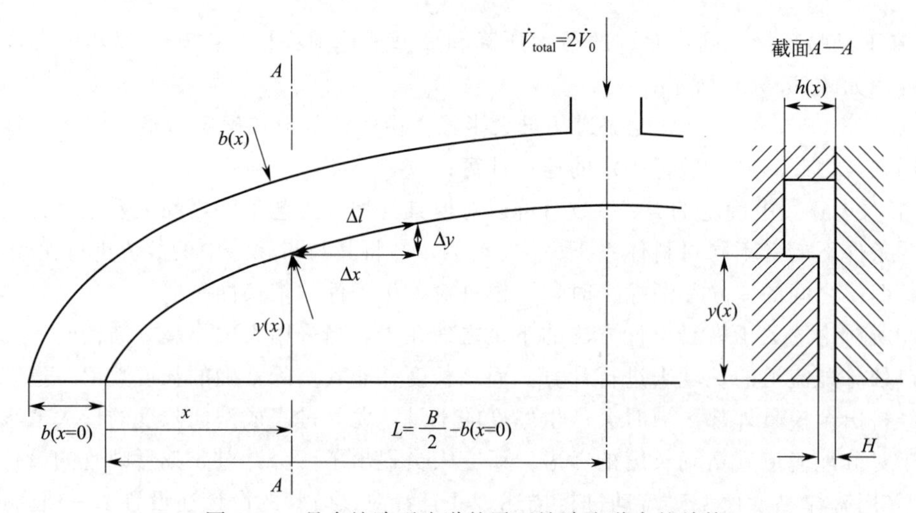

图 5.24　具有缝隙型流道的平面缝隙流道中的歧管

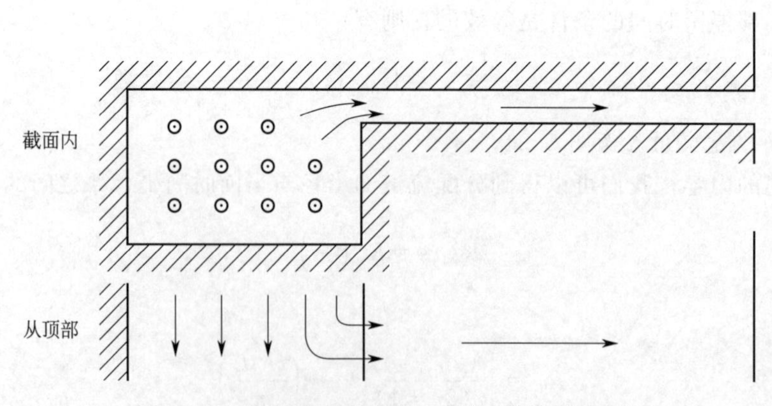

图 5.25　缝隙型分配流道中的流动形态示意图

对于上述的具有恒定分配流道宽度 $b(x)$ 的模具，其显著之处在于，即使在模具的边缘位置处，分配流道的横截面也不为零。相反地，它还不断地向模具的外部区域输送熔体。在文献 [75] 中，作者基于幂律黏度模型，并假设流道中对于每一条具有相同分配流道宽度 $b(x)$ 以及具有相同宽高比 $[h(x)/b(x)]$ 的流动路径上，流动均具有相等的停留时间。当采用特征数据方法进行模具设计时，这种设计方法变得尤其简单便捷。这里，基本原则是流量坐标与分配流道长度之间的关联特性

$$\mathrm{d}l=\sqrt{\mathrm{d}x^2+\mathrm{d}y^2} \tag{5.65}$$

以及缝隙成型面上的压力损耗与分配流道中压力损耗之间的关联特性：

$$\frac{\mathrm{d}p}{\mathrm{d}l}=\frac{\mathrm{d}p}{\mathrm{d}y}\frac{\mathrm{d}y}{\mathrm{d}l} \tag{5.66}$$

对式(5.65) 进行变形，可得

$$\frac{\mathrm{d}y}{\mathrm{d}x}=\frac{1}{\sqrt{\left(\frac{\mathrm{d}l}{\mathrm{d}y}\right)^2-1}} \tag{5.67}$$

当合并式(5.66) 与式(5.67) 时，得到了成型面其长度变化过程的关系表达式，如下：

$$\frac{\mathrm{d}y}{\mathrm{d}x}=\frac{1}{\sqrt{\left(\frac{\mathrm{d}p}{\mathrm{d}y}\Big/\frac{\mathrm{d}p}{\mathrm{d}l}\right)^2-1}} \tag{5.68}$$

这里，5.2.2 节中式(5.8) 不再适合描述上述特殊类型模具中其分配流道内的体积流率。相反地，需要采用下面的方程式来进行计算：

$$\dot{V}_\mathrm{D}(x)=\frac{\dot{V}_0}{B/2}(x+2) \tag{5.69}$$

其缝隙成型面上的熔体压力梯度为

$$\frac{\mathrm{d}p}{\mathrm{d}y}=\frac{12\eta_{\mathrm{rep,slit}}\dot{V}_0}{\frac{B}{2}H^3} \tag{5.70}$$

以及分配流道中的压力梯度为

$$\frac{\mathrm{d}p}{\mathrm{d}l}=\frac{12\eta_{\mathrm{rep,D}}\dot{V}_0(x+b)}{bh^3(x)\frac{B}{2}} \tag{5.71}$$

将上述方程代入式(5.68) 得

$$\frac{\mathrm{d}y}{\mathrm{d}x}=\frac{1}{\sqrt{\left[\frac{\eta_{\mathrm{rep,slit}}}{\eta_{\mathrm{rep,D}}}\left(\frac{h(x)}{H}\right)^3\frac{b}{b+x}\right]-1}} \tag{5.72}$$

作为确定分配流道轮廓所需的一项附加条件，这里引入了恒定剪切速率的要求，即：

$$\dot{\gamma}_{\mathrm{rep,D}}=\text{常数}=\frac{6\dot{V}_\mathrm{D}(x)}{bh^2(x)}e_\square \tag{5.73}$$

并将恒剪切速率条件与流道末端进行关联，得

$$\frac{6\dfrac{\dot{V}_0}{B/2}(x+b)}{bh^2(x)}e_{\square}=\frac{6\dfrac{\dot{V}_0}{B/2}b}{bh_{\mathrm{E}}^2}e_{\square} \tag{5.74}$$

根据

$$h(x)=h_{\mathrm{E}}\sqrt{1+x/b} \tag{5.75}$$

以及分配流道末端位置处的缝隙高度 h_{E}：

$$h(x=0)=h_{\mathrm{E}} \tag{5.76}$$

通过将上述方程代入式(5.72)，并对成型面长度进行积分，得到

$$y(x)=\frac{2b}{k}\sqrt{k\left(1+\frac{x}{b}\right)-1} \tag{5.77}$$

式中，$k=\left[\dfrac{\eta_{\mathrm{rep,slit}}}{\eta_{\mathrm{rep,D}}}\left(\dfrac{h_{\mathrm{E}}}{H}\right)^3\right]^2$ (5.78)

当 $h_{\mathrm{E}}=H$ 时，则有 $\dot{\gamma}_{\mathrm{rep,D}}=\dot{\gamma}_{\mathrm{rep,slit}}$，因此也会得到 $\eta_{\mathrm{rep,D}}=\eta_{\mathrm{rep,slit}}$（模具结构设计与工艺条件无关），$k$ 值大小变为1，并得到如下简单方程式，可用于描述缝隙高度的变化情况：

$$y(x)=2\sqrt{xb} \tag{5.79}$$

5.2.2.4 数值计算方法

作为前一章节中所述的关于流道结构设计的分析方法的备选，在设计过程中，也可能采用数值模拟的方法，其可用于在选定成型面长度轮廓或者分配流道的结构尺寸后来确定其他剩余的结构参数。

为了实现这个目标，需要将模具的结构划分成几个区域，并在每一个区域内实现其所需的体积流率与压力平衡（图5.26）[76]。对于每一段区域 n，其分配流道中体积流率的输入与输出之间的关系满足以下方程式：

$$\dot{V}_n=\dot{V}_{n+1}+\dot{V}_L \tag{5.80}$$

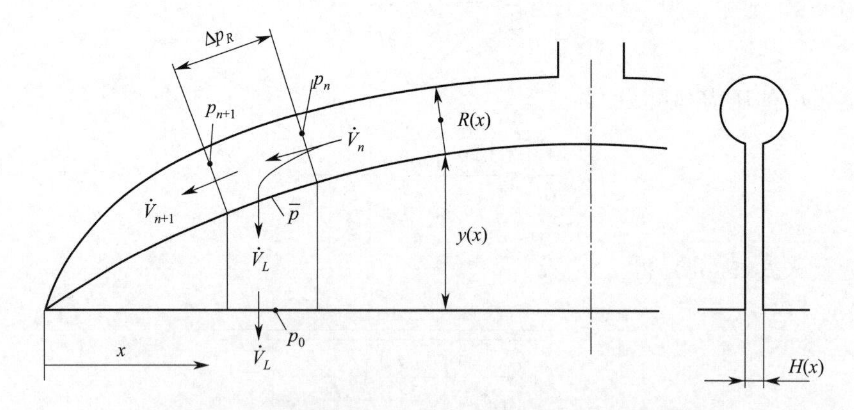

图5.26　用于数值模拟计算的平板狭缝模具的结构分割

歧管中的体积流率 $\dot{V}_L$ 为中心区域压力与缝隙结构参数的函数，即：

$$\dot{V}_L=f[(\bar{p}-p_0),H(x),y(x)] \tag{5.81}$$

式中，所分割区域中心位置处的压力大小可以通过对各分割区域边界位置处的压力求平均得到，则

$$\bar{p}=\frac{p_n+p_{n+1}}{2} \tag{5.82}$$

在分配流道中，从一个分割区域分界处到另外一个分割区域分界处的压力损耗最终可以根据整个流道的体积流率及其几何形状决定：

$$p_n=p_{n+1}+\Delta p_{\text{pipe}} \tag{5.83}$$

$$\Delta p_{\text{pipe}}=f[\dot{V}_n,\dot{V}_{n+1},R(x)] \tag{5.84}$$

根据分割区域边界位置上已知的 $\dot{V}_n$ 及 p_n 参数值，对式(5.80) 及式(5.84) 进行迭代计算，即可求得 $\dot{V}_L$ 的大小。如果给定输出体积流率的大小分布，即给定各分割区域处 $\dot{V}_L$ 的大小以及三个形状结构参数 $R(x)$、$y(x)$ 及 $H(x)$ 中的两个，我们就有可能通过迭代计算得出第三个结构参数的变化过程。该过程始于模具边缘几何形状的迭代计算，这是因为分配流道中的压力（环境压力）和分配流道中的体积流率（通常等于零）一般被当作初始值，而这些初始值是已知的。关于流道的数值设计方法，其主要有以下优点。

■ 可用于设计包含任何特定结构形状的成型面的模具，例如缝隙高度发生变化的宽幅平面缝隙模具。

■ 可指定任何输出体积流率的分布情况。例如，这就使得模具的设计过程中可以人为地设置不均匀的体积流率分布。

■ 此外，可用于分析熔体从分配流道溢流至成型面缝隙过程中的入口压力损耗。在这个溢流过程中，熔体受到了一拉伸作用（图 5.27）。结果，这种熔体的泄流不仅要克服狭缝中的压力损失 Δp_s，而且要克服从分配流道到狭缝面的入口压力损失 Δp_E。这种入口压力损耗的大小主要取决于流动的形状及其速度的大小，即熔体所受的拉伸程度与拉伸黏度的大小。后者（拉伸黏度）指的是熔体抵抗拉伸形变的度量。在考虑入口压力损耗时，可采用式(5.81) 进行计算，从总的驱动压力 $\bar{p}$ 中减去该损耗压力，因而得到：

$$\dot{V}_L=f[(\bar{p}-\Delta p_E-p_0),H(x),y(x)] \tag{5.85}$$

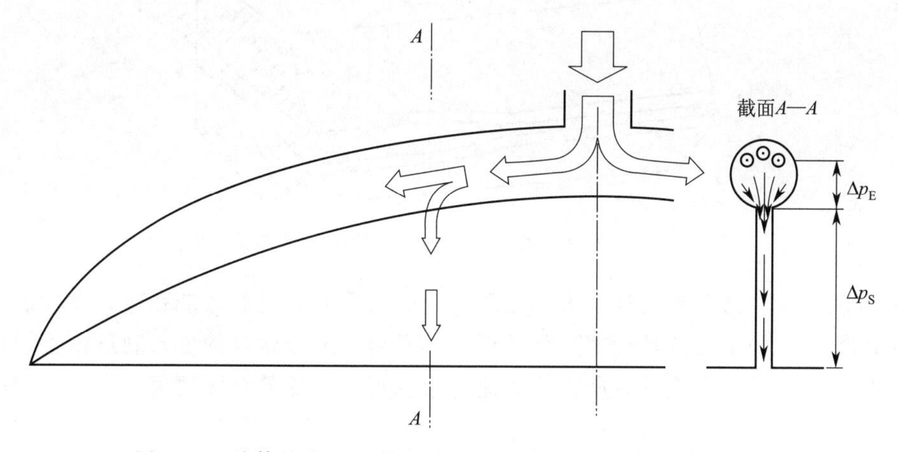

图 5.27 熔体从分配流道溢流至成型面缝隙时的入口压力损耗

有一个事实我们必须考虑到，该入口压力损耗 Δp_{entry} 依赖于流经狭缝的体积流率和几

何结构参数，即：

$$\Delta p_{\text{entry}}=f[\dot{V}_L,H(x),R(x)] \tag{5.86}$$

关于这种流道结构的数值设计方法，也存在一些不足之处，主要有：需要进行大量的编程工作，设计过程需要耗费较长的计算时间，在许多情况下还可能存在数学稳定性问题。

5.2.2.5 蛤壳张开现象

由于存在内部熔体压力而导致的所谓蛤壳张开现象（开模），是宽幅缝隙模具设计过程中的问题之一。图 5.28 示意性地描绘了宽幅狭缝模具中的压力分布状态，而图 5.29 则表示了模板发生变形的情况（也可参考 9.3 章节）。这种蛤壳张开现象可以提高模具中心区域的熔体流动速度。

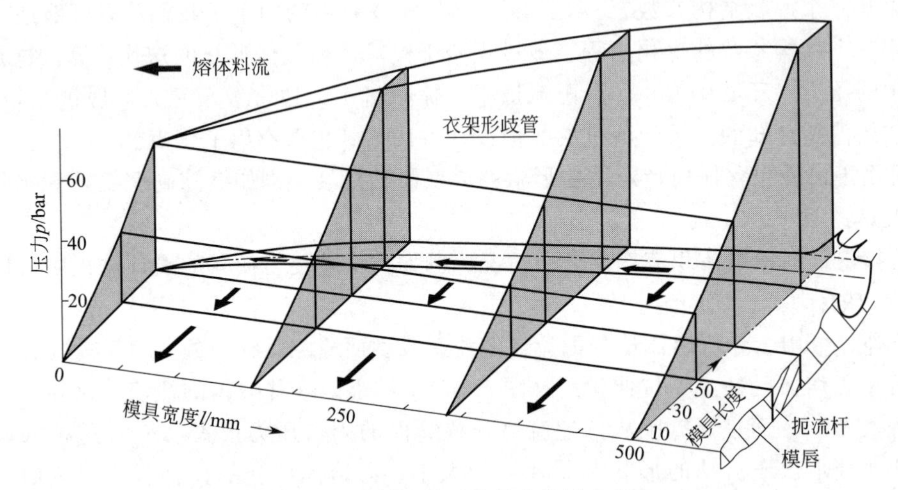

图 5.28 平板缝隙型模具中的压力分布

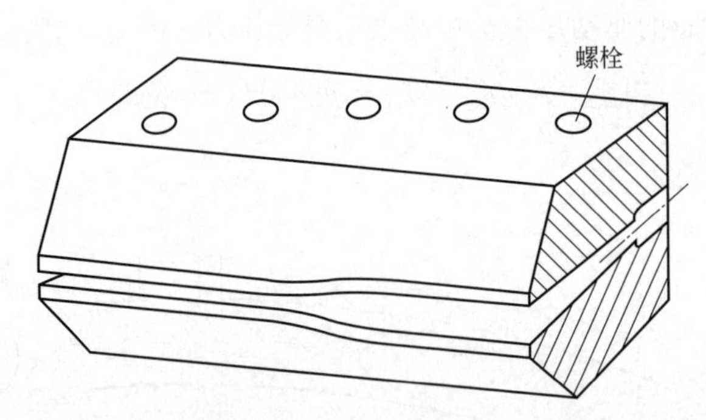

图 5.29 平面缝隙模具中由于内压导致的蛤壳张开现象

当只有确定了压力分布与挠度大小之间的函数关系时，我们才能在模具设计过程中考虑模具加宽的效果。为了对这种加宽进行补偿，模具可以通过这样的方式制造：若设备需要在工作期间变宽，则模具必须具有所计算的流道结构形状。这就意味着模具中心区域的缝隙成型面将会小得多。

还有另一种可能的方法，就是在对成型面长度或分配流道的轮廓进行流变设计时，考虑加宽的要求。这就意味着歧管的结构设计必须根据成型面缝隙而定，而该高度还随着其宽度发生变化[70]。

关于对通过数值计算来预测模具加宽的可能性讨论，可参考 9.3 节中的内容[77]。

5.2.2.6　新型歧管

用于在分配流道与成型面区域上实现对熔体进行分布的歧管系统，应该以一定的方式进行设计，即对于熔体新形成的某一均匀流动，该流动在每一条流动路径上均具有相等的流动阻力。当要求每一流动路径具有同样的流动历史过程时，即具有同样的停留时间与剪切行为，这种情况对这些歧管系统来说是很难实现的（如鱼尾形歧管与衣架形歧管系统）。因此，可以寻求替代的解决方法，该设计方法要求每一流动路径具有相同的长度[78]。当在观察某一宽幅缝隙模具中的流动路径时（如图 5.30 所示，该模具为一个具有恒定狭缝高度的发散的狭缝通道），可以很明显地看出，该模具中心线上的流动路径要短于其边缘位置上的路径。假设熔体进料口为点状的入口，则该流动的最小长度与最大长度之间的关系如下所示：

$$l_{\mathrm{p}}(0)=y_0 \tag{5.87}$$

$$l_{\mathrm{p}}(L)=\sqrt{y_0^2+L^2} \tag{5.88}$$

通过研究熔体由中心位置进入的扇形区流道发现，其可实现每一流动路径上均具有相同的长度，如图 5.31 所示。在这种情况下，所有流径的长度一致；然而，实际生产中熔体的流出情况并非位于这种理想形状的模板上。这可以通过在第三维方向（z 轴方向）上设计弯曲扇形区来进行校正，以便所有的流动路径最终都在 A—B 线上结束。如此结构的歧管已经成功地应用于注塑模具中，其可作为薄片成型过程中浇口位置处的熔体分配器[79]。

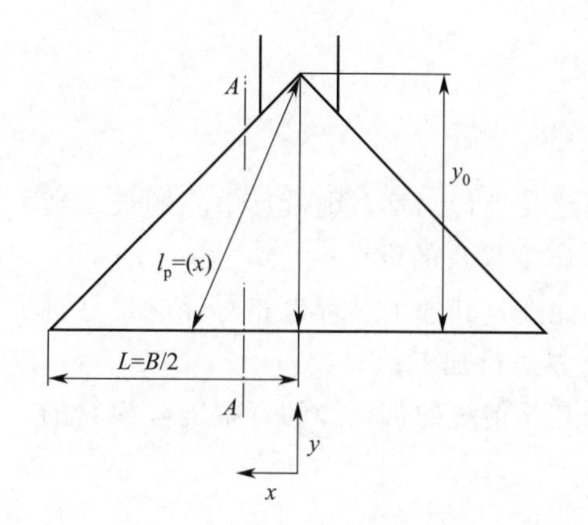

图 5.30　发散流道中的流径示意图

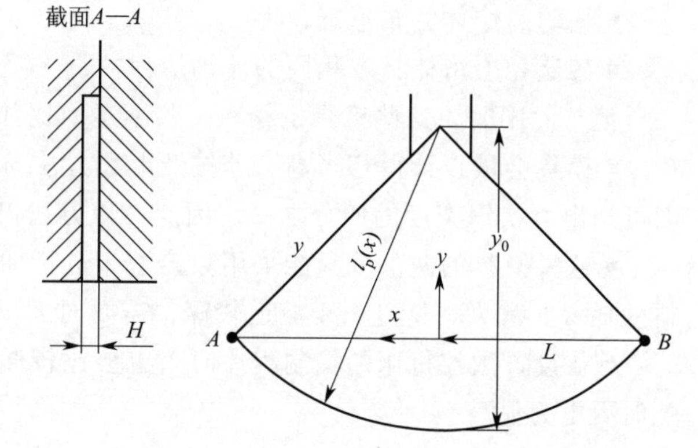

图 5.31　熔体流径位于扇形区中心位置上

在图 5.32 中，针对具有上述结构的歧管设计，建议性地提供了一种解决方法：将中间区域处的每一流动路径的高度提高到一定程度［$h(x)$］，使得流径长度的终点能落在模具的边缘位置上，而其提高的幅度大小取决于出口点 x 的位置。根据流径的投射长度

$$l_{\mathrm{p}}(x)=\sqrt{y_0^2+x^2} \tag{5.89}$$

以及模具边缘位置上流径的长度

$$l_{\mathrm{p}}(L)=\sqrt{y_0^2+L^2}=l(x) \tag{5.90}$$

则得到其流径的长度为

$$l_p(x)=2\sqrt{[l_p(x)/2]^2+h^2(x)} \tag{5.91}$$

式中，各流径的 $h(x)$ 为

$$h(x)=\frac{1}{2}\sqrt{L^2-x^2} \tag{5.92}$$

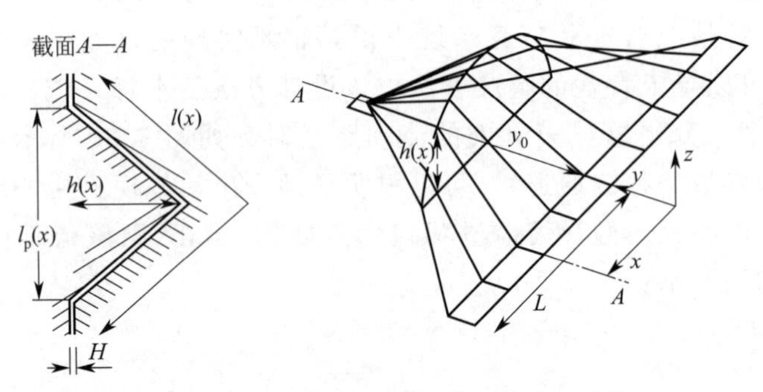

图 5.32 具有等长流线的平板缝隙型歧管

需要时刻注意的是，上述所有参数的数值都与出口点 x 相关。从流体流变学的角度来看，由于流动路径的突然改变，上述的简单建议并非是最优的方法，但它仍然可用来阐述具有等长流径的宽幅狭缝模具的形状设计过程，并具有以下优点：

- 与所使用的材料无关；
- 与生产工艺参数无关；
- 均匀的熔体分布形态；
- 各流径上熔体具有相同的流动历程。

但与此同时，这些模具也存在一些不足，比如：

- 模具会被设计得相当高。若按照上述方法对流动路径进行调整，则模具中心的最大高度可达出口狭缝宽度的四分之一。因此，该方法仅限于窄型模具的设计；
- 这种模具的两部分只能采用数控铣床进行加工。此外，其加工过程也相对耗时，且材料的耗费非常大，这是由于流道较深，需要对大量的材料进行加工；
- 在设置数控机床的控制程序时，也会比较耗时，其比传统的带歧管的宽幅缝隙模具的耗时要更为显著。

5.2.2.7 广口缝隙模具的操作特性

正如前面所阐述的那样，我们可能设计出独立于工艺条件特性的、宽幅缝隙型的开口挤出模具。当模具的宽度大于 500mm 时，经设计程序得到的较长成型面结构会产生较大的压力损耗，从而产生较高的开模作用力。这种情况只能采用非常厚的模板来阻止。所以，由于这种限制，宽幅缝隙型模具在大多数情况下还是根据其工艺条件进行设计。

由于上述的这些模具可在各种各样的工艺条件下对不同的材料进行加工成型，所以其加工特性是一项重要的设计准则。所谓的加工特性，指的是材料与工艺条件的变化对熔体分布形态的影响。要确定模具是否与工艺条件相关，有一种简单的方法是通过工作条件的图谱进行设计，然后对所得到的模具几何形状进行比较（图 5.33）[80]。在不同的工艺条件下，若所得的模具几何形状变化越大，则模具就越依赖于工艺参数。

上述的计算过程为模具设计提供了基准点，但无法对其相应的熔体分布进行评估。只有在计算出工艺参数对衣架形歧管几何形状的影响之后，才可能对熔体分布进行评估。该衣架形歧管的设计与工艺条件[80] 和模具流动模拟均无关联[76,81~84]。

针对上述的模拟计算过程，其分配流道被划分成多段，其中就包括相对应的缝隙流道段（图 5.26）。在每一段区域中，成功地对熔体的流动与压力进行平衡计算。这一计算过程与流道的结构设计过程相类似。其唯一的区别在于，在这种情况下，我们需要彻底明确几何形状结构，并计算出其输出流量。

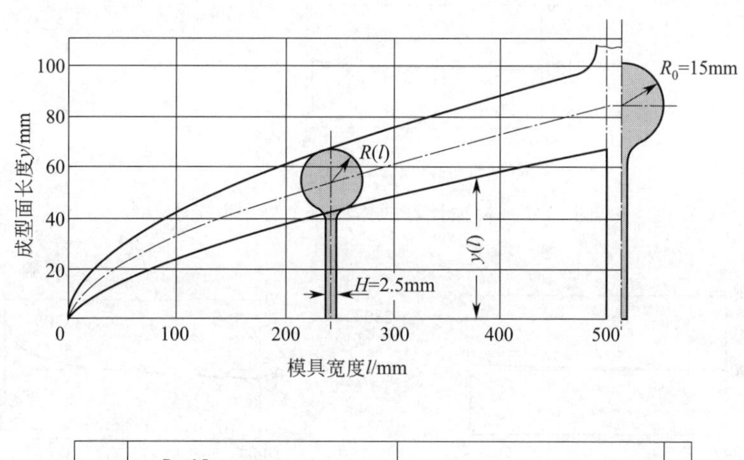

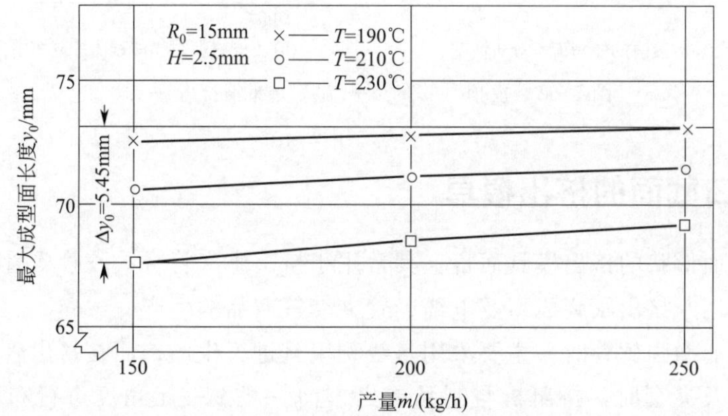

图 5.33　工艺条件对独立于工艺条件设计的衣架形歧管几何形状的影响[80]

对熔体流动分布的检查始于模具中部的流动入口点位置，这是因为在该点处，分配流道中的熔体输入流率（等于总流量的一半）是已知的。此外，还需要明确未知的入口压力的大小，然后通过一系列的迭代运算得到入口压力的精确数值。

图 5.34 与图 5.35 表示了某宽幅缝隙型模具在考虑某一设计点时针对不同质量流率、不同熔体温度以及不同材料体系下所计算的熔体流动分布情况。

可以看出，增大流率对流动分布状态并无实质性影响，而降低流率则会导致模具边缘位置处产生轻微的熔体余量。提高熔体温度也会出现类似的情况。通过针对 PS 所设计的模具，可以发现相当显著的分布恶化效应，而当应用于 HDPE 时，则需要重新进行计算。

借助于如图所示的这种流动模拟计算，就有可能估计出板材模具的操作窗口范围。

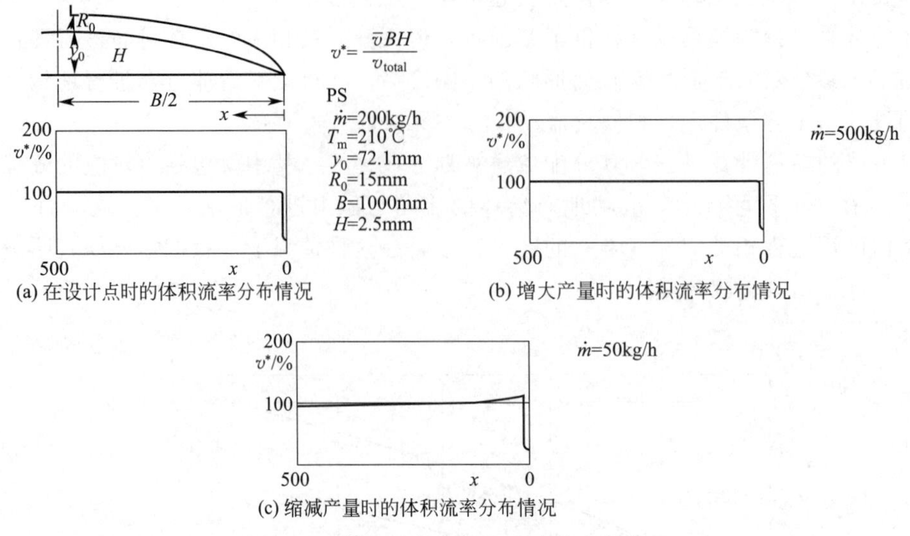

(a) 在设计点时的体积流率分布情况

(b) 增大产量时的体积流率分布情况

(c) 缩减产量时的体积流率分布情况

图 5.34 模拟计算的体积流率分布情况 Ⅰ

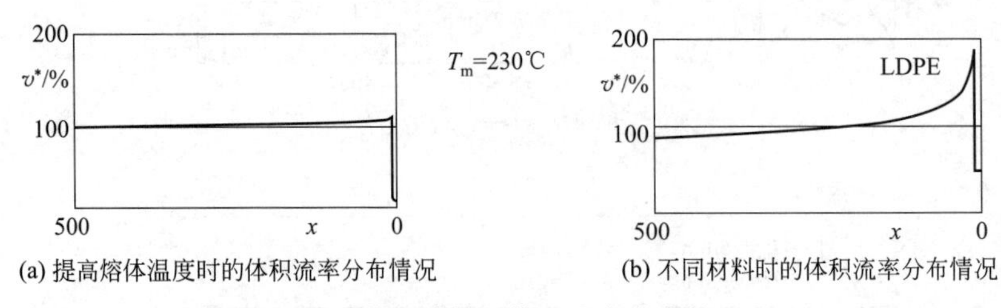

(a) 提高熔体温度时的体积流率分布情况

(b) 不同材料时的体积流率分布情况

图 5.35 模拟计算的体积流率分布情况 Ⅱ

5.3 环形出口截面的挤出模具

对具有环形截面形状的挤出模具而言，其常用于挤出生产管材、胶管、管形薄膜以及其他的管形结构，也用于挤出吹膜成型及电缆、管夹套等产品的生产。

在挤出管材及非增强软管时，主要采用直线型模具进行生产；而在挤出管形薄膜、增强胶管、管形结构以及夹套时，挤出机与制品挤出方向一般按一定角度进行布置，大多数呈90°角。

为了能够生产上述的环形截面制品，图 5.36 中对常用的模具类型进行了展示，分别为：

- 中间喂料式芯棒支撑模具（也常常称之为星形支撑模具或支撑环模具）；
- 滤网式模具；
- 侧喂料芯棒式模具；
- 具有螺旋分配器的模具（也被称为螺旋芯棒式模具）。

上述所有模具有一个共同的特点，即在模具的出口位置处，也称之为外模环，具有平行的成型面区域。这样的成型面区域使得熔体发生松弛，并释放出部分加工过程中所产生的形变能。对与出口缝隙宽度可调的吹膜模具中，一般并没有这种成型面区域。

这种模具的出口区域处具有独立的温控系统，因此其能有效地控制挤出制品的表面质量。

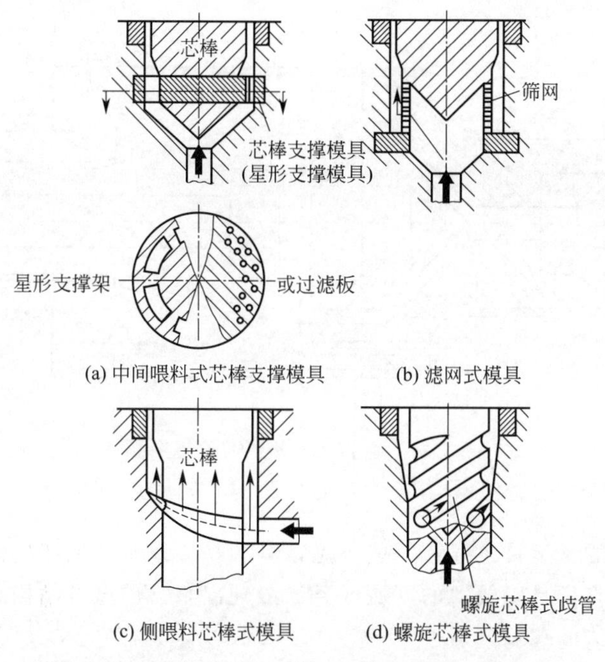

图 5.36　具有环形出口截面的挤出模具（原理图）

此外，可以适当调节外模环的位置，也就是使其与内芯棒轴对中，因而可以对出口处熔体周向流动进行修正。

5.3.1　种类

5.3.1.1　中间喂料式芯棒支撑模具

在这样的模具中，由挤出机输送过来的熔体在环形流道中发生流动，通过芯棒的作用将其转变为环形熔体料流。在芯棒支撑区域，熔体被分成多股独立的料流，并围绕支架发生流动。在芯棒收缩区域处，紧随芯棒连接体的为模具平行流道壁面，此处管材模具常以 10°～15°的角度收缩[85]，从而变得更窄一些，并且熔体被分割的多股料流会重新合并。对于管材而言，平行成型面区域的长度与出口缝隙高度的比值一般从 10∶1 至 30∶1 不等[36,45,85]。芯棒支撑体的直径与管材模具的出口直径之间的比值如下：对 PVC 而言为 1.4～1.6，而对 PE 而言一般为 2 左右；然而，这些参数的大小往往也取决于模具直径的大小[85]。这些模具的重要零部件，如芯棒壳体与外模环，一般是可以更换的。因此，同一中间喂料式芯棒支撑模具可用于生产多种不同结构的挤出制品。在图 5.37 中，我们并没有给出这些相关的零部件结构图。为了使熔体流经环形流道时具有均匀的流动场，通过周向安装的定心螺钉，可以调节外模环的径向位置。在这种设计中，一般会使用带碟形弹簧的预紧环装置[86]。这种碟形弹簧可以提供足够的接触压力，从而实现良好的密封，但是其仍允许外模环发生移动。

在图 5.36 所展示的模具中，中间喂料式芯棒支撑模具是曾经使用最为广泛的模具，这是因为物料从中心区域进入，能够提供较好的熔体分布，而这种较佳的熔体分布与工况条件无关。正是由于这些优点，这种模具结构特别适用于那种对成型技术与停留时间相对敏感的材料，尤其是 PVC 材料[87]。

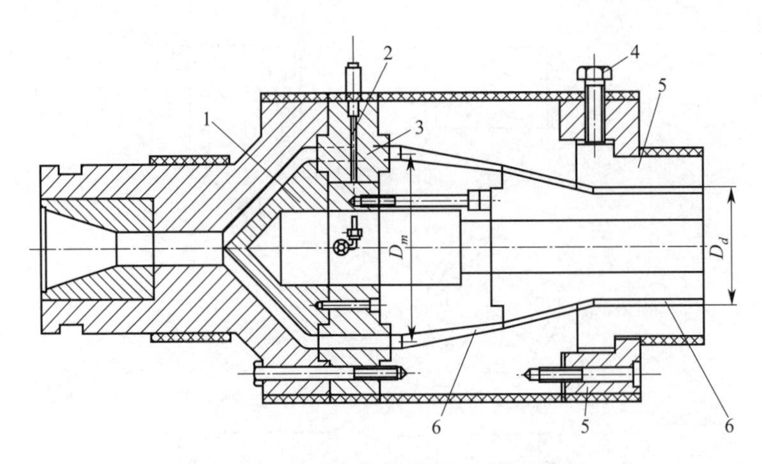

图 5.37　芯棒支撑模具（原理图）

1—芯棒尖端；2—芯棒支撑体；3—支架；4—定心螺钉；5—模环；6—松弛区

然而，这种结构的支架具也存在一些不足，其容易导致制品上产生流痕或熔接痕。这种流痕或熔接痕并非一直都是以较薄的区域或条纹显现出来，但这种结构总是存在的，并会形成力学性能与光学性能的薄弱区域[88]。

除了其他因素之外，支架周边熔体的高度取向是引起流痕的主要原因。这种取向的产生是由于该区域附近壁面黏附的熔体具有较高的速度梯度，尤其是支架末端的熔体流动单元具有较高的拉伸流动效应，如文献［88］中所述。此外，由于熔体温度与支架温度之间的差异所引起的熔体密度偏差，也是导致流痕或熔接痕的原因[89]。

虽然中间喂料式芯棒支撑模具难以避免流痕的产生，但为了尽量减少流痕，可采用以下三种可行的方法[88,90]：

■ 提高熔体温度，或者延长停留时间；

■ 提高熔体的周向均匀分布程度，例如，可以采用旋转涂抹装置；

■ 通过在纵向方向上取向熔体分子链，在整个周向方向上以及支架之间制备出均匀的结构。

为了实现上述的要求，文献［88］中提出了以下的概念：

■ 为了消除流痕缺陷，可使用围绕模具中心轴的旋转单元结构[91]。这种旋转系统的不足之处在于该旋转单元需要额外的驱动系统，从而造成密封问题；

■ 采用非润湿性材料对支架进行涂覆，如采用 PTFE。该方法的不足之处在于实际应用中这种涂覆层磨损太快[92]；

■ 增大流径长度，用于延长熔体的停留时间。这有可能实现，但模具内的压力总损耗必须不能超过最大的允许数值［图 5.38(a)］；

■ 对支架进行加热。由于支架的尺寸非常小，要实现这个目标有时会比较困难，但目前已经得到了逐步改进[89]［图 5.38(b)］；

■ 强制使熔体在流经支架后进入强收敛流动区域。这种方法在实际生产中几乎一直被采用，如图 5.37 所示；

■ 安装节流珠或者滤板。在聚烯烃生产过程中，二者皆有用到[15,85]；

■ 采用涂抹装置［图 5.38(c)］。在芯轴和壳体上开设多个具有相反螺距的螺旋槽，这可以诱导熔体在切向产生流动分量，因而，导致流动变得相对紊乱，这使得流痕在挤出制品的周向上被拓展分布。仅在一侧安装多螺棱涂抹装置也能够发挥作用。

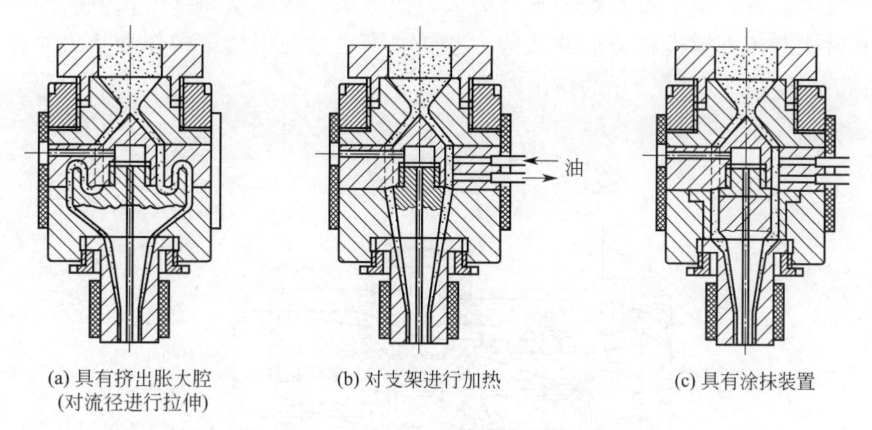

(a) 具有挤出胀大腔
(对流径进行拉伸)　(b) 对支架进行加热　(c) 具有涂抹装置

图 5.38　中间喂料式芯棒支撑模具以及不同的消除熔接痕方法[88]

图 5.39 所示为所设计的几种用于消除熔接痕的芯棒支撑系统结构。需要注意的是，由于多孔板（滤板）差强人意的机械强度，其不应作为芯棒支撑元件使用[85]。此外，对于芯棒支撑系统，基于同样的原因，它同样不能满足在周向较大区域范围内实现缺陷完全分散的要求[93]。特别是当挤出吹塑机的型坯模具中采用带有支撑环和分枝式支架的芯棒支撑件时，其效果要明显好得多。这种结构可以防止流痕（缺陷）扩展至挤出制品的整个壁面，这在生产时是有利的。然而，为了获得相等的平均流通速度，则必须对通道区域内的流动阻力进行精确匹配[94]。

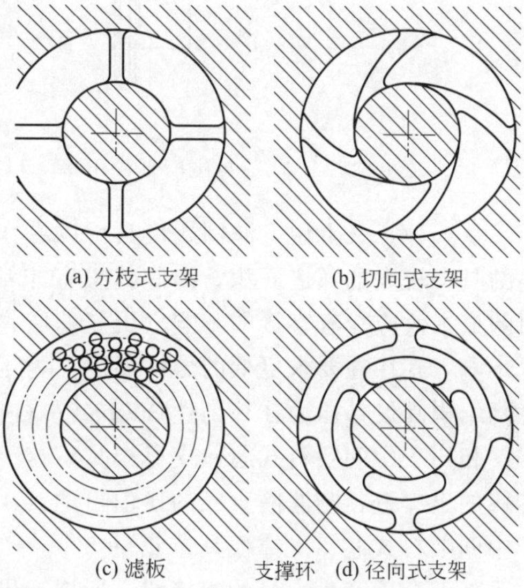

(a) 分枝式支架　(b) 切向式支架

(c) 滤板　支撑环　(d) 径向式支架

图 5.39　芯棒支撑系统

在支架的设计过程中，必须要时刻考虑到流动的问题，支架长度不应超过 30～80mm，宽度不大于 9～12mm[85]，并且具有角度大约为 8°的锐角形状。通道的间隙高度一般为 10～25mm，而支架的数量随着直径的二次方增大而增多[85]。

在设计支架根部的角度时，应该确保其不会出现物料的滞流区，否则这会导致热敏性材料的降解。

中间喂料式芯棒支撑模具中的熔体压力可高达 600bar[85]，因此，支架的结构尺寸必须要能够安全地承受这种较高的熔体压力。

从机械力学强度的角度出发，中间喂料式芯棒支撑模具的外径一般不超过 700mm[48]。

5.3.1.2　滤网式模具

这种类型的模具主要用于挤出聚烯烃类的大直径管材制品[85,95]。在熔体进入该模具后，熔体会碰到一个锥形心轴（鱼雷头），它将主轴方向上的流动转变为径向（向外）方向上的流动（图 5.40）。此时，熔体需要穿越一具有大量通孔（孔直径为 1～2.5mm）的管状体结构，该管状体则被称为滤网。对于这种滤网结构，其往往与相邻的芯棒相连接。当熔体再次变为沿轴向流动之后，熔体需流过一平行的成型面区域，该成型面与可调节的模环相连，具有与中间喂料式芯棒支撑模具类似的结构。紧随滤网之后的模具结构部分其尺寸在一定程度上是可调的，以便适应不同尺寸的挤出制品。

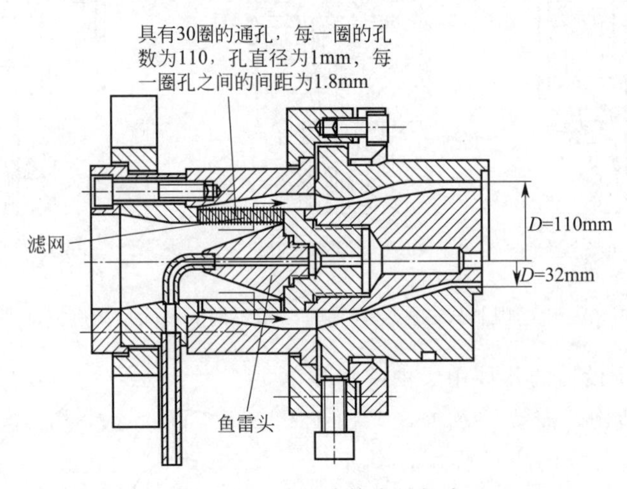

图 5.40　滤网式挤出机机头

（可生产直径在 32～110mm 的管材制品）（Hoechst）

从某种意义上说，滤网式模具可以看作是中间进料芯轴支撑模的一种特殊形式。由于筛网的具有较大的通道面积，因此其只有非常小的压力总损耗（70～120bar）。这对生产过程中的成本效应具有直接的影响（更高的产量，更低的能耗），同时对挤出制品的质量也会产生影响，其往往要求更低的熔体温度。为了安全起见，尤其是在设备启动运行阶段，如今的滤网结构其设计压力往往高达 300bar 左右[85]。

相比于中间喂料式芯棒支撑模具，这一类模具在结构紧凑性方面表现出极大的优越性：芯棒的出口直径与滤网直径的比值可达到 1.4 左右。这样的结果就是其重量明显更轻（相当于中间喂料式芯棒支撑模具重量的 50%～65%），因此操作起来也更加容易[85]。由于熔体在重新汇合后产生大量的熔接线，所以滤网式模具只适用于具有良好融合性能的熔体，但不适合生产光学级制品。由于这些模具在牢固性、易操作性以及通用性方面表现出较大的优势，因此特别适用于聚烯烃管的挤出生产[87]。

5.3.1.3　侧喂料芯棒式模具

在侧喂料芯棒式模具中，熔体以一定角度进入模具，常常以 90°角度进入。这种结构在某些情况下是很有必要的，特别是当芯轴中心内部需要通入某种介质时，例如支撑或冷却空气，又或者是对半成品进行包覆嵌套。

流入模具的熔体通过一歧管或歧管系统而围绕芯棒发生流动，该歧管系统可以安装在芯棒上或该模具的外体上。如此的话，熔体料流从最开始的径向流入逐渐发生偏转而转向轴向出口方向流动。图 5.41 所示为某歧管的经典性结构示意图。

通过想象如图 5.16 所示的宽缝隙的歧管结构，其被包裹在截锥体上，就可以对该模具中熔体流动几何形状的发展实现可视化。这类模具的难点在于在设计歧管时，应使得材料在整个圆周上能够均匀地从环形出口流出。

当采用侧喂料芯棒式模具时，也会碰到前文所述的类似问题，即熔接痕现象，处理这种问题的方法也基本类似。另外一种该芯棒的设计结构形式如图 5.42 所示，即所谓的心形曲线结构。在该系统中，流入的熔体被分成两股相互独立的料流，其中的每一股熔体均沿着半边芯棒上的流动路径发生流动（如果可能的话，流径的长度应尽量一致），直到两股熔体料流重新汇合。这样的话，就会形成两道熔接痕，这比图 5.41 中所示的结构设计多出一道熔接痕。关于心形曲线的由来，主要源自芯棒上的心形鱼雷头结构。这里与前面讨论的芯棒支架（图 5.41）的特征差异在于，此处的熔体是围绕鱼雷头结构发生流动，而不是在它表面上流动，就像它在平板狭缝歧管（在模具成型面上）中或在带有歧管的芯棒中流动一样。这种心形的结构在很多情况下都会用到，尤其是在流径较长时却要求所有熔体流动单元具有相等的流径长度。

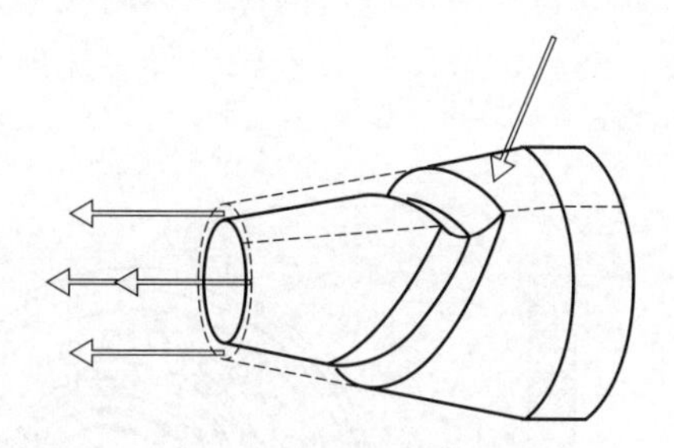

图 5.41　某侧喂料式芯棒器中衣架形歧管结构（原理图）

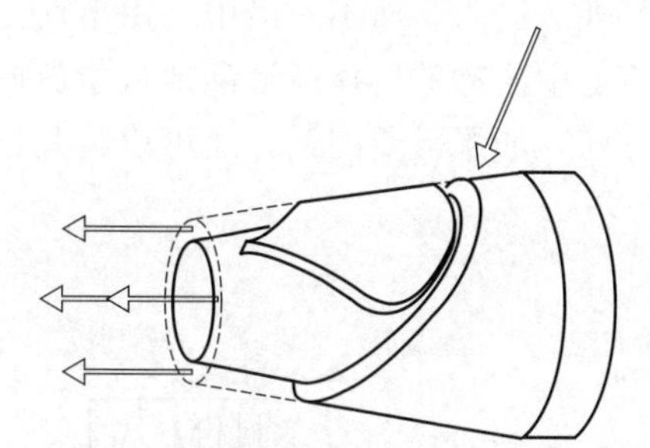

图 5.42　侧喂料式具有心形歧管的芯棒结构（原理图）

与其他所有类型的挤出模具一样，侧喂料式芯棒支撑模具在出口位置处也具有平行的成型面区域，并具有能够对中的模具环结构。

5.3.1.4　螺旋芯棒式模具

在典型的轴向螺旋芯棒式模具中（图 5.43），由挤出机输送过来的熔体料流最初被分成几股独立的流动。为了实现这个目的，可采用星形和环形的熔体分配系统，而当芯棒上需要开设大孔或用于制备多层膜结构时，可优先选择后者[96]。这些初级的分配器引入了螺旋通道，即在芯棒表面加工出具有多头螺纹的螺槽。近年来，这种对每一螺旋通道单独提供熔体的分配方法有时会被衣架形分配器取代，紧随其后是以涂布线形式存在螺槽结构，从而实现

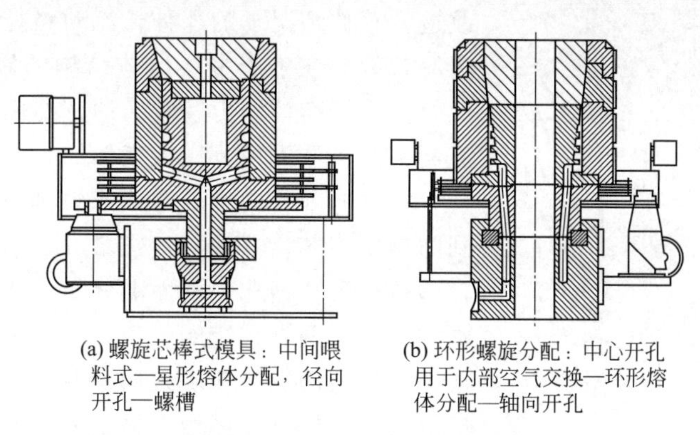

(a) 螺旋芯棒式模具：中间喂料式—星形熔体分配，径向开孔—螺槽

(b) 环形螺旋分配：中心开孔用于内部空气交换—环形熔体分配—轴向开孔

图 5.43　用于吹膜挤出时螺旋芯棒式模具（Reifenhäuser）

在圆周方向上的分布[97,98]。这种设计结构的主要优点在于其分配系统的体积更小，尤其是在需要使用大量螺旋通道和熔体层时。

在螺旋区域，螺槽深度稳步地下降，并且通常情况下，芯棒和模具的外部（模具外壳）之间的间隙沿挤出方向上稳步增大。按照这种方法，熔体流经一个螺旋后分成两股流动。其中，第一股料流沿轴向在两螺旋之间的成型面上流动，而另一股料流则继续沿着螺旋流动。结果，环形流道间隙上每一点位置处均分布有熔体，这些熔体是由螺旋分配系统中所有流道上沿切向流动的熔体叠加而形成。由于这种熔体流动形式并不会产生熔接痕缺陷，因此除了可以活动所需的物理分散特性外，还可得到较好的热均一性（即：均匀的熔体温度）。这种结构形式的熔体分配系统其最大好处就是可完全彻底地消除熔接痕与流痕的存在[99]。

相反地，在径向螺旋分配器中（图 5.44），熔体流道并不是像传统结构那样沿轴向缠绕芯棒，而是具有类似唱片形状的沟槽，在一平面上沿径向排布（图 5.45）。这样熔体就可以从模具外部进入，而不是沿中心由下而上输入。沿模具中心方向，流道的深度逐渐减小，因此在流道中流动的熔体就逐渐地被迫流向成型面区域。最后，熔体将被重新引导并流向模具出口方向，如果需要的话，还可以与其他的熔体层汇合。

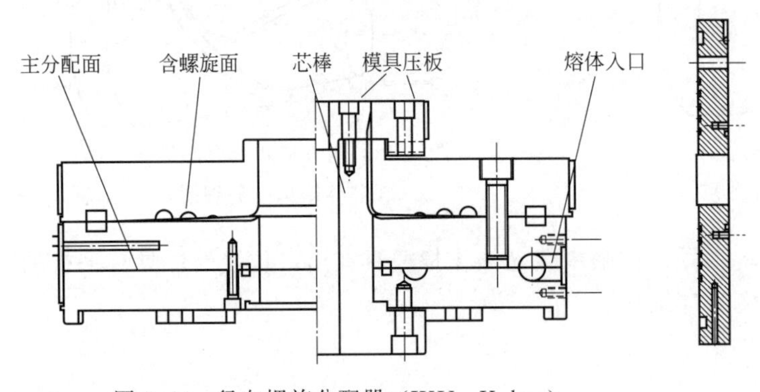

图 5.44　径向螺旋分配器（IKV，Kuhne）

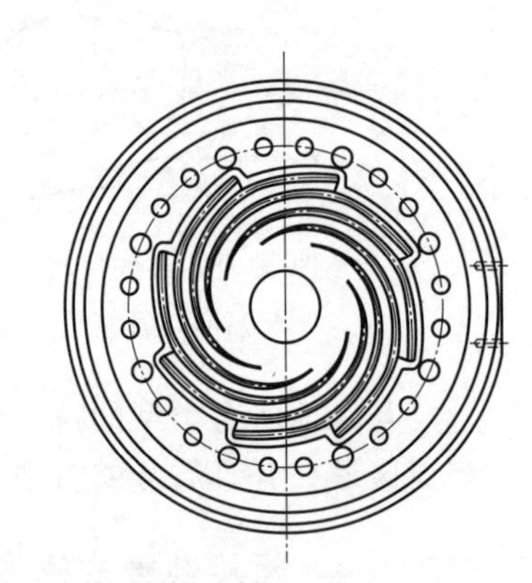

图 5.45　螺旋排列结构

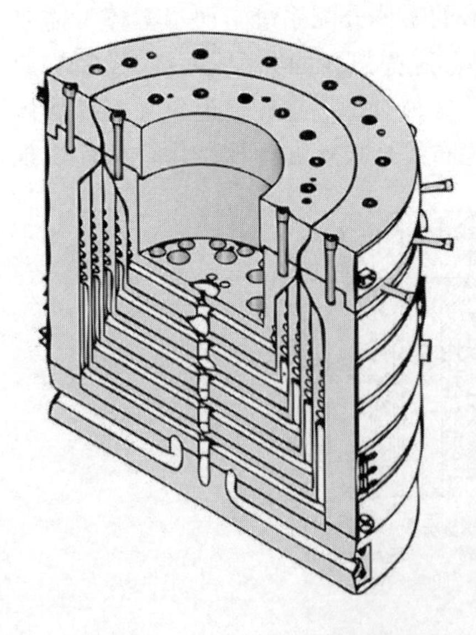

图 5.46　圆锥螺旋芯棒式模具

径向排列相对于轴向排列具有独特的优势，包括模块化设计具有更好的灵活性、单个模块具有良好的热分离性、差异更小的停留时间、当熔体具有多层时流道中具有更少量的熔体体积以及更容易对现有系统进行翻新改造。普通情况下的那种长流动路径可能导致熔体发生降解，因此在生产多层熔体结构的制品时会产生问题。此外，由于熔体压力及较大的密封面积，径向排列的分配器更容易受到模具压板变形的影响[100]。

将轴向与径向螺旋芯棒式模具进行组合，则可以得到圆锥螺旋芯棒式模具（图 5.46）。其螺旋线沿锥形圆台进行排列，而非在平面上分布。这种变化在多层装置中则吸取了两者系统的优点（可参考 6.1.3 节）：通常，在一个平板面上有两层结构，并且锥形螺旋芯棒模具比传统的组合模具在体型上更紧凑。此外，在增加熔体层数时，其模具直径并不会像圆柱形螺旋芯棒模具那样呈分层递增变化[101]。

螺旋分配系统的出口结构部分通常也是可互换的，也可以进行对中，其中也涵括了模具的部分成型面，并且其温度可以实现单独控制。

5.3.2 应用

5.3.2.1 管材模具

管材的生产挤出主要采用纵向（同轴）喂料式模具，而所谓十字头型或偏置型模具只与内部冷却或内部定型系统结合使用。正是由于这个原因，在使用侧喂料式模具时往往具有一定的限制[16,36,45,85]，但是在共挤生产过程中，侧喂料挤出模具常用于多层挤出中增加外层结构。通常情况下，挤出型管材的直径常常介于几毫米至2.5m不等[87]，其壁厚可高达60mm[95]。

在制造用于此类生产过程的模具时，要注意其所需加工的材料类型以及挤出管材的最终尺寸。因此，硬质PVC生产的管材一般用纵向喂料式模具挤出成型，其最大的外径尺寸大约可达630mm[85,95]。而大尺寸聚烯烃管材则主要采用筛网式模具以及螺旋芯棒式模具来生产[87,95,96,99,102,103]。相比于筛网式模具，螺旋芯棒式模具通常具有更高的压力损耗，其一般在70～120bar的熔体压力环境工作。

与其他的模具一样，对管材型挤出模具而言，我们可以更换其芯棒与模环结构，这样就可以生产具有不同外径与壁厚的管材[85]。在文献［104］中，作者给出了一种模具，通过采用呈轻微锥形（大约2°）的外模环以及生产过程中在轴向方向上可以机械式或液压式调节的芯棒结构，该模具可以挤出不同壁厚尺寸的管材制品。

当管材制品的直径尺寸大于630mm时，在生产运行时将无法再对模具进行对中操作，因此需要开机之前根据样板进行对中调节。

小型与中型尺寸的硬质PVC管材一般采用中间喂料式模具进行挤出，这种类型的模具中其芯棒支撑体与芯棒的直径比一般在1.4～1到1.6～1之间。在设计这一类模具时，需要格外注意避免生产过程中熔体流动出现滞流点（死点）。这些模具的工作压力环境常设计成250～600bar[85]。在生产直径更小的聚乙烯管材时，其芯棒支撑体与芯棒之间的直径比为2∶1，当管材直径增大时，该直径比值可变为1.3∶1[36,85]。如果该比值变得过小，当熔体流过星形支架后，分流的熔体将无法再重新汇流一起，这样就导致了流痕的产生。当出现这种情况时，例如，我们可以在星形支架后添加滤板（多孔板）装置，以便使熔体更加均匀化。

对于直径大于140mm的管材制品，除了模环本身具有的常规温控外，其芯棒还具有独立的温控系统[85]。

大尺寸聚烯烃管材制品的内部残余应力会极大地影响管材制品的性能，特别是蠕变断裂强度，该内应力主要是在后续冷却和定型过程中所产生的，并且也可能受到加工过程中材料的交联或降解的影响[96,99,105]。因此，生产过程中熔体的温度应尽可能地低一些，并且也应该考虑施加在熔体上的机械应力。如果通过采用螺旋式芯棒模具可以实现这一点，那么由于模具的出口缝隙较大，压力降将主要发生在其螺旋芯棒区域，而不是在模具的成型面区域。这与吹膜模具刚好相反[96,99]。

为了改善可操作性，用于挤出大型管材制品的模具一般安装在可移动的小车上。这

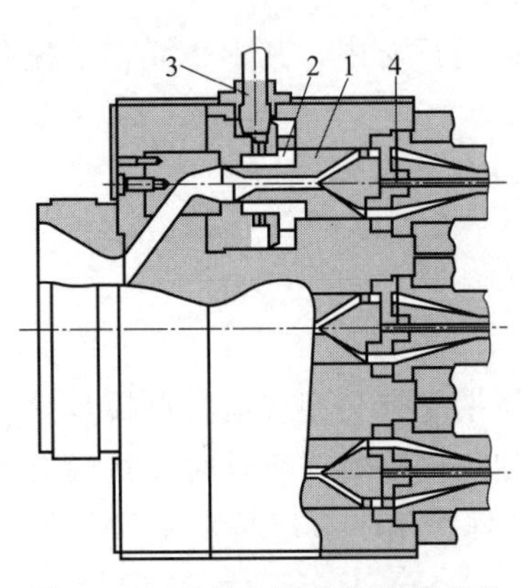

图 5.47 可单独调节流动状态的三通道管材挤出模具[104]
1—滑套；2—锥齿轮螺纹套筒；3—锥齿轮传动轴；4—芯棒

么做并不奇怪，例如，用于挤出管材直径为 630mm 大小的中间喂料式模具的重量大约可达 2.3t [85，95]。

使用多出口模具可以生产直径更小的薄壁管材，通过这种方法，可以更好地发挥高产量挤出机的优势；同时，由于在模具各个部分中熔体的流动速度较低，施加在材料上的应力较小，这会在较低的收缩率下表现出来。此外，当熔体流动速度较低时，制品的表面质量也会更好，要保持所设计的尺寸公差也相对容易一些[104,106]。

图 5.47 表示了一种可单独调节流动状态的多管材模具，其目的是实现输出的熔体具有相同的平均速度。

在文献 [107] 中，作者对一些用于生产管材与软管的挤出模具的相关专利文献进行了总结。

5.3.2.2 吹膜模具

在吹膜挤出生产过程中，目前最常使用的模具为螺旋芯棒式模具。实际的生产过程中，几乎总是需要改变熔体的流动方向，使熔体流动从水平方向转变为垂直方向，这需要在模具前端采用弯头来完成[16,48,96,108,109]。过去曾使用的具有星形支架及流动阻力区或类似结构的中间喂料式模具则并未取得很好的效果[86,110]。

吹膜模具出口处的缝隙宽度一般在 0.6（薄膜）～1.6mm（建筑用薄膜）之间，而该位置处的结构外径可从几厘米到 2.5m 之间变化[48]。如果要提高薄膜的纵向取向程度，需要通过更高的卷绕速度来实现，则模口间隙的宽度可以增加到 2.8 mm，但这也会导致模口区域处熔体出现更加明显的松弛。成型面区域处的平行壁面会影响薄膜的尺寸公差和质量，而流道表面的缺陷则会给该区域带来特别不好的影响[111]。成型面区域的长度越长，则薄膜的光学性能越优异。模具成型面的实际长度（最终制造）通常需要进行一定的折中处理，其一方面要具备熔体松弛所需要的成型面长度，同时该长度所带来的压力降仍然要在可接受范围内。

吹塑薄膜的收缩性是其一个重要的质量属性，其受到成型模具中熔体形变，以及受到熔体从模具挤出后的吹塑与牵引条件的影响。关于模具中流道的结构设计对熔体收缩性的影响，其最早在文献 [110] 中被证明过。在这种情况下，我们还需考虑另外一个因素，即在接下来的薄膜吹塑成型中（所谓的膜泡成型），会在材料中引入可逆形变。这个可逆形变会比模具所施加的可逆形变要大得多，尤其是在吹胀比较高的时候。

图 5.48 表示了具有星形与环形熔体分配器的螺旋芯棒式薄膜吹塑模具中的压力损耗百分比。从图 5.48 中可以清晰地看出，模具成型面处的压力损耗较高，而螺旋芯棒处的压力降则相对较低一些。这两种模具所产生的总压力损耗一般介于 200～300bar。在聚烯烃材料的薄膜吹塑模具中，该数值还可能高达 350bar，而这一类模具的设计压力往往达到 500bar[48]。如今，这一类模具的设计压力已经达到了 600bar，而由于实际生产过程中采用了黏性更高的材料以及更低的冷却温度，其压力损耗数值往往可达 500bar。

当对管材挤出模具与挤出吹塑模具进行比较时，发现薄膜吹塑模具会安装有特殊的旋转装置。其目的是在周向上将较厚的熔体区域进行扩展分布，这样的话就可以防止熔体在某一个地方产生积聚，避免在缠绕辊上产生较重的薄膜带[16,112]。一种基于挤出模具的解决方法

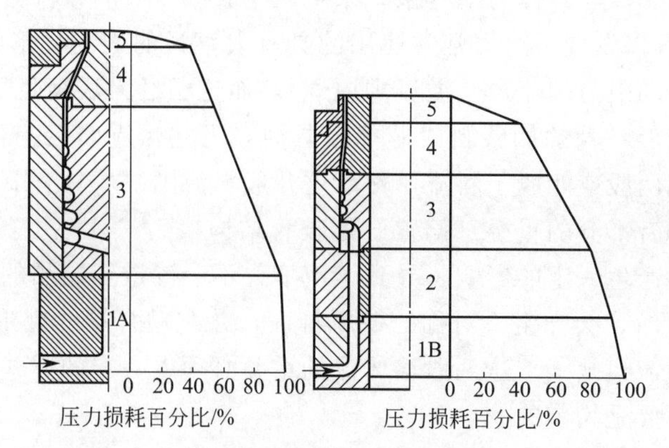

图 5.48　薄膜吹塑模具中的压力损耗百分比[96]

1A—入口（星形熔体分配器）；1B—入口（环形熔体分配器）；
2—旋转部件；3—螺旋芯棒式分配器；4—收缩转变区；5—平行成型面区

是，上述的这个情况可以采用中间喂料式模具以及侧喂料式模具进行处理。要确保具有良好的密封并设计出清洁的方法，且能采用合适的轴承来支撑旋转部件，这需要付出很大的努力[48]。为了实现这个目的，需要采用直流电机，且模具旋转部件的转速较慢，一般大约每 5～20min 旋转一周，如图 5.49 中所示的模具就属于这一类结构[48]。目前，这一方法在市场中仍然存在，且大多数情况下主要用于单层薄膜的吹塑成型。然而，反向收卷装置仍然在市场上占据主导地位，并代表了在圆周方向上消除厚薄不均现象的技术水平，由此开发出了圆柱形缠绕辊[101]。

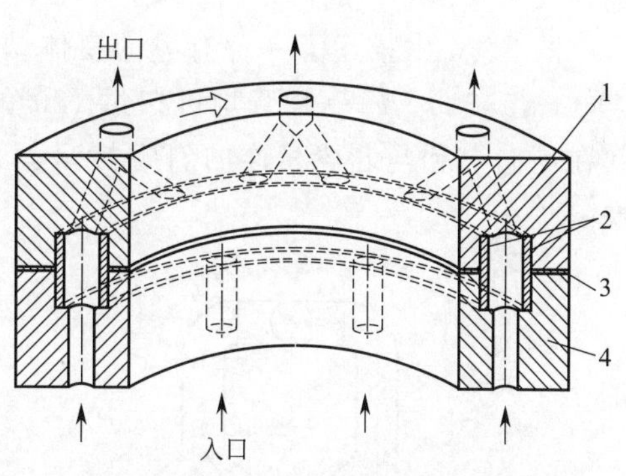

图 5.49　旋转型薄膜吹塑模具的分配流道[110]

1—旋转部件；2—密封套；3—对接环；4—固定部件

5.3.2.3　吹塑用挤出型胚模具

在挤出吹塑中，管状型坯总是从模具中垂直向下弹出。由于实际生产过程中挤出机通常是水平布置的，所以“十字头模具”这一概念通常用于型坯模具中。

型坯模具主要可分为两种形式，一种是模具中熔体连续式成型，还有一种是模具中还有熔体存储器，这种情形下的挤出物，也就是型胚，在达到所需要的塑化体积量时会被迅速地推出，然后在熔体储存室中累积起来。

在中间喂料式型胚模具中，常常在挤出机与模具之间采用弯头（弯曲管道）进行连接，以便将熔体的水平流动转变为竖直方向上的流动。当在设计这类弯管时，选择一个合适的内半径与弯管流道半径的比值对获得良好的流体动力性能十分重要。根据文献［113］可知，为了避免产生二次流动，该比值应该为 6～8。此外，在设计流道结构时，文献［113，114］建议设计成锥角小于 30°的收敛圆形管道，以及锥角小于 25°的收敛环形管道，并且其内外角之差应在 15°以上。在型胚的挤出生产中，常采用同轴芯棒模具以及侧喂料模具作为其熔体分配系统。对于挤出吹塑设备，其熔体分配系统也经常选择螺旋芯棒进行替代[115]。

当考虑侧喂料式芯棒模具作为既有系统来生产单股或多股的料流时，该多股料流随后会发生重叠[75]，我们可以发现，过去常常使用的具有大直径的周向环形沟槽的变体结构，往往会导致具有较高流动阻力的流道（溢流坝原理），而这已经无法满足目前的质量要求[75]。

当采用配备有心形歧管的侧喂料式芯棒模具时，上述情况将会有所不同。在这种情况下，熔体流动被分成两股或四股子料流，然后这几股料流围绕着具有靠经验确定的分配曲线的芯棒发生流动，并有部分的重叠（偏置心形歧管结构）[93,116,117]。这种流动的重叠会对系统中自动形成的流痕产生一定的影响，导致该流痕并不会渗透至制品的整个壁厚上。当两个歧管相离式移动 180°时，会产生不对称的壁厚特征，并在融合接缝处形成最薄弱的位置点，这会进一步减小上述流痕缺陷。这两股熔体流的重叠必须以一定的方式处理，即沿整个圆周方向上所得到的壁厚要是均匀的。

经典的型胚模具一般包括具有衣架形歧管的芯棒以及相关成型面（图 5.41），其能够挤出型坯模，并在圆周方向上具有均匀壁厚和挤出速度。这个过程中所产生的流痕缺陷则可以通过上文中提到的偏置方法来解决，即将两歧管系统进行同轴排列[75]。为了避免产生流痕，现在的型胚模具一般都采用螺旋芯棒。

图 5.50 中描述了一种有趣的变体结构，即某一型胚头部存在两衣架形歧管与芯棒相连（图 5.51）。每一歧管均可扫过 180°的范围。通过这种方法生产的型胚存在两道流痕，其在周向上和与芯棒相连的斜螺棱呈斜向相切状态。这样就可消除轴向上的连续薄弱点缺陷[75]。

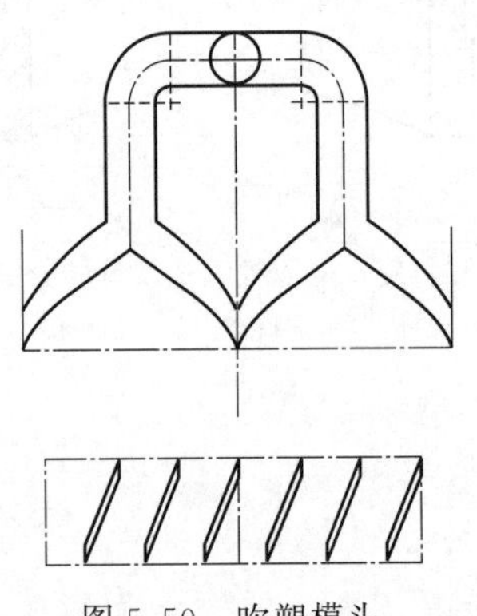

图 5.50　吹塑模头，BKSV 模型（Bekum）

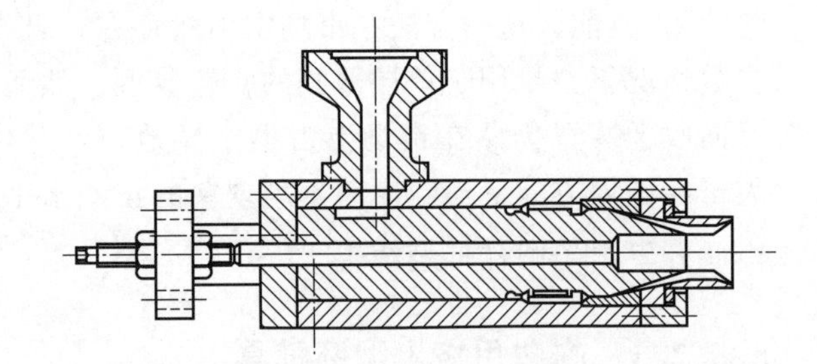

图 5.51　熔体分配系统：具有导向成型面的两衣架形结构（Bekum）

吹塑成型用的芯棒支撑式模具最常用的结构为支撑环和星形支架结构，如图 5.52 所示。这种方法可以在整个壁面上消除缺陷，并且在采用中间喂料方法时，其对熔体分布不会产生任何问题[94,116]。当在设计上述的模具时，为了避免局部熔体流动更快，造成制品壁厚与表面精度上的波动，应该对每一股独立的料流进行精确匹配的控制，这个是很重要的[94]。

在文献［116］中，作者讨论了这一类具有偏置星形支架的芯棒支撑式模具的优劣性；其不足之处在于该模具表现出较高的压力降及相应的高剪切形变。当加工热敏性材料时，如 PVC，建议采用具有双支撑脚结构（鱼雷头）的芯棒支撑式型胚模具，如图 5.53 所示[118]。通过这种设计，可以最大限度地消除不利于流动的相关区域。此外，也可以将双支撑脚结构安置在下游较远处的模具分型面位置。这样的话，在最终制造的制品中就很难发现有流线的痕迹[118]。

在文献 [119] 中，作者对芯棒支撑式模具中的压力损耗进行了讨论。

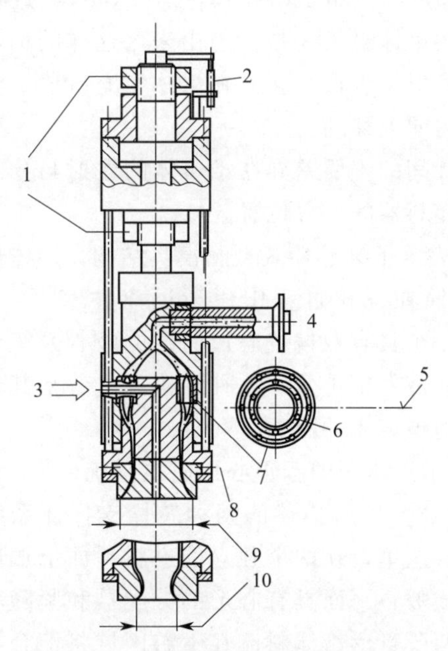

图 5.52　具有偏置星形支架的支撑环结构的型胚模具（Battenfeld-Fisher）

1—行程控制器；2—运动检测器；3—支撑空气；4—挤出机连接器；5—模具分型面；6—星形支架；7—芯棒支撑体（星形）；8—喷嘴定心；9—最大喷嘴直径；10—最小喷嘴直径

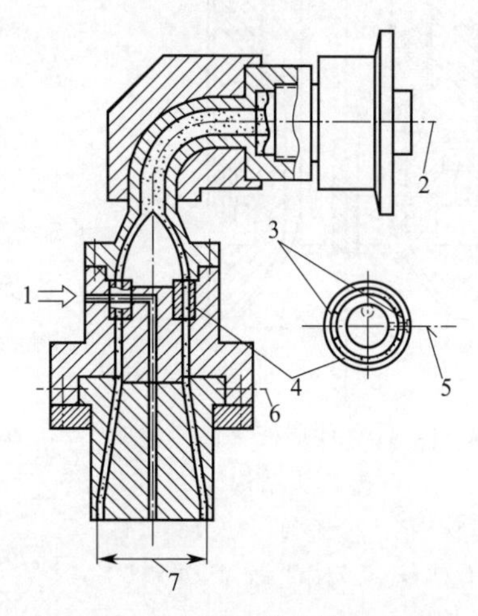

图 5.53　具有双支撑脚结构的芯棒支撑体型胚模具（Battenfeld-Fisher）

1—支撑空气；2—挤出机连接体；3—星形支架；4—芯棒支撑体（支架体）；5—模具分型面；6—喷嘴定心；7—最大喷嘴直径

能连续制备粗胚的型胚模具

前文所述的侧喂料式芯棒模具与同轴芯棒模具以及二者的大尺度变体结构都可以应用于连续制备粗胚制品。当吹塑制品的体积介于 5～10L 时，则需使用多个吹塑模头[120]，其依靠单一的挤出机供料即可同时生产多达八个的型胚制件。这里的主要问题是输入至单个模具中的熔体分布常常来自不同局部位置的材料，并具有不同的模具温度与流动阻力[121]，这将会导致每个型胚挤出时具有不同的挤出速度。此外，由于生产宽幅制件的模具会增大成型周期，因此会导致更长的熔体流动路径。在多头型吹塑模具中，侧喂料式模具常常作为熔体分配器；由于其结构相对紧凑，其相比于同轴芯棒式模具而言具有更小的轴向距离[75]。

非连续性制备粗胚的型胚模具

这种型胚吹塑模头，也被称为储料式吹塑模头，常常应用于需要消耗大量熔体的大尺寸型胚的成型过程；如果应用于连续生产，当材料的熔体强度过低时，会导致型胚向下牵拉时出现颈缩甚至是熔体脱离现象。另外，在连续性成型过程中还可能出现型胚过冷问题。

目前市场上的储料式吹塑模头，其储料体积一般从 1～400L 不等[75]；例如，在聚乙烯加工过程中，储料式模头的储料能力从每次注射 2.5L 熔体逐步提高。目前，许多不同结构设计的储料系统都可以应用于生产实践[113,116,117,122]。其中，柱塞形的储料式模头被公认为最先进的生产系统[75]。该系统中包含了用于注射熔体的柱塞体结构（图 5.54）。

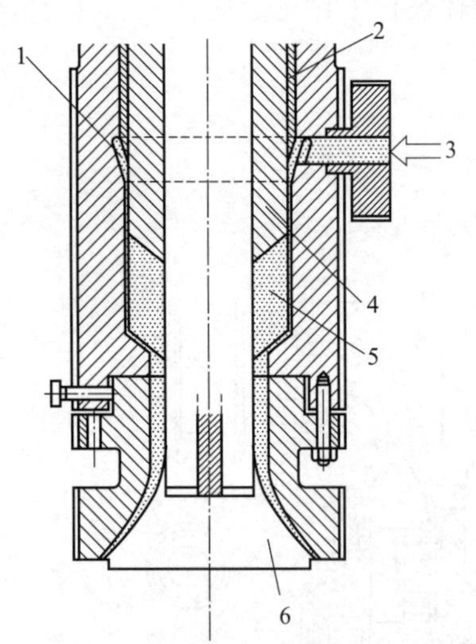

图 5.54 具有环形柱塞储料器的吹塑模头结构

1—环形沟槽；2—套筒；3—熔体进料；4—环形柱塞；5—储料器；6—可调芯棒

此外，目前所有的储料器结构设计都要保证熔体FIFO的原理（即先入先出，first in，first out），这意味着先进入储料器的熔体也最先被注射出来。这样的话，熔体的停留时间也将保持着最小化。在熔体填充阶段，注射活塞依靠熔体压力向上移动。

不同结构设计间的主要差异在于熔体的注射与分配系统，其主要位于储料器的上方位置区域。

图 5.55(a) 表示了某芯棒式型胚模具结构，熔体从两侧进入芯棒，套筒在下拉过程中逐渐远离柱塞[120]。图 5.55(b) 中存在一个具有双偏置心形曲线的歧管系统，该系统会导致熔体料流发生重叠。这种结构的优势是其柱塞的表面也会不断地被熔体冲刷。

图 5.56 中表示了所谓的双重心形曲线系统[123]，该系统代表了文献［116］中所描述的两种芯棒支撑体系统的进一步发展延伸。这里，在两个独立的进料平面上形成了两股管形熔体，该喂料平面具有心形的分配器和紧随其后的环形流道。这两股管形熔体料流在下游区域将汇合在一起，而两心形曲线所引起的流痕则彼此相对。文献［123］中展示了两分配器平面的截面形状，该分配器具有心形的内鱼雷头结构（图 5.57）。

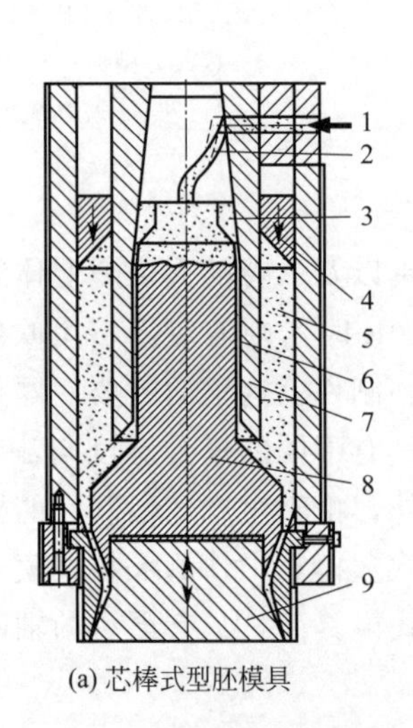

(a) 芯棒式型胚模具

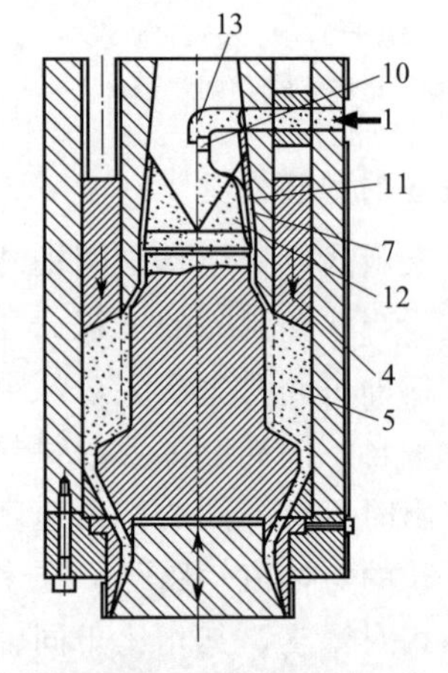

(b) 具有双偏置心形曲线的歧管系统

图 5.55 具有管式储料器与不同熔体分配系统的型胚模具结构[119]

1—熔体进料；2—分配流道；3—环形流道（环形沟槽）；4—环形柱塞；5—储料器；6—缝隙；7—套筒；8—鱼雷头；9—芯棒（可调节）；10—孔；11—外部熔体料流；12—内部熔体料流；13—分叉段终点

在所有类型的型胚模具中，其流道的结构形状可以有各种各样的结构变化：如圆柱形、发散型及收敛型。在收敛型与发散型口模中，出口缝隙的宽度可以在型胚挤出时，通过沿轴向适当地移动芯棒与模具来进行调节。对于十字头型胚模具，其芯棒的最后一段是可以移动的；而对于同轴式型胚模具，其模具的最后一段则是可以移动的。

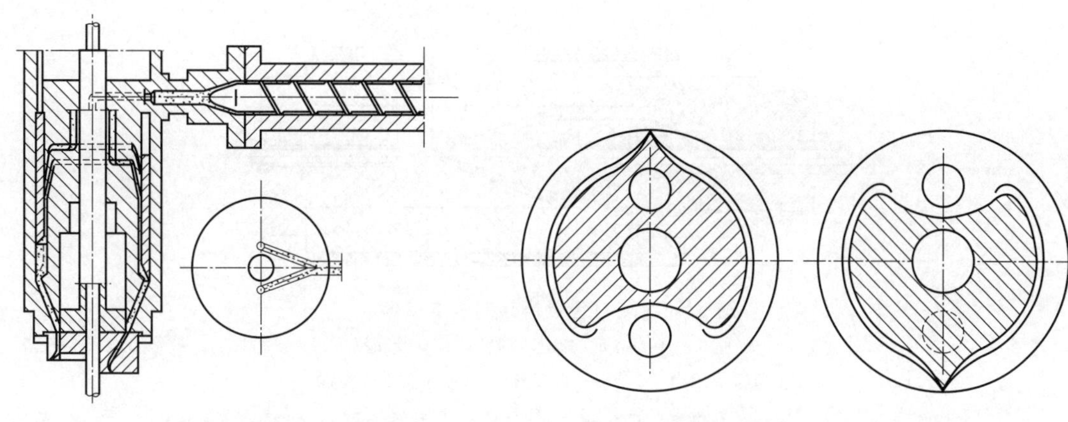

图 5.56　双重心形熔体分配器（Battenfeld-Fisher）

图 5.57　双重心形熔体分配器（截面形状示意图）（Battenfeld-Fisher）

通常，上述的调节过程是通过液压驱动来实现，而可编程设备则被用来预先确定型胚壁厚所需的轮廓形貌[124]。对于生产具有复杂结构形状的中空制品，则普遍会用到所谓的PWTC（局部壁厚控制）系统。该系统可以在一定的限度内控制制品在周向上的壁厚大小[125,126]。如果无法使用这些类型的厚度控制器，则可以在几何结构上对外模环进行调节，例如在半径方向上进行定型[113,127]。

外模环结构通常具有自己的温度控制系统，该温控与剩余的模头部分相互独立，并且可以进行对中操作。通常，芯棒是不进行加热的；而口模的尺寸大小一般需要根据所加工材料的挤出胀大行为来确定[121,128]。在文献［113，129］中，作者详细讨论了模口形状的选择、模拟计算与最终制品的形状、尺寸之间的关系。

5.3.2.4　涂覆模具

涂覆模具也是挤出模具的一种，具有环形的出口截面。它们的特点是用于在半成品制件上再包覆上一层熔体，在生产过程中，该半成品被牵引着穿过专门为此设计的套管结构。该过程的典型应用领域包括导电体材料的包覆挤出（电缆包覆）、光波导体的包覆挤出（光纤）以及管道的包覆挤出生产。对半成品制件进行涂覆的目的一般是为了实现电绝缘、表面改善或进行表面防腐改进等[121]。涂覆生产线中，挤出机的安装角度一般与半成品制件的移动方向成 30°～90°的夹角。大多数情况下以垂直方向为主。

由于线材的包覆生产在自然生活中非常普遍，在接下来的内容中，我们将以线材包覆模具为例来进行讨论。图 5.58 表示了某线材包覆模具的基本结构示意图。原则上说，针对这种包覆生产工艺，存在两种不同的模具结构设计[16,130]：压力型涂覆模具与管型涂覆模具。

压力型涂覆模具

针对压力涂覆工艺，模具内的线材型导体是在一定的压力环境下被熔体包覆［图 5.59(a)］。对于电线电缆的包覆挤出（初次包覆）而言，常常会优选这种生产工艺，尤其是在对绞合型导电体进行包覆生产时，这是因为熔体需要渗透至单股的导线之间，以避免夹杂空气形成缺陷。为了进一步强化这一点，还可以采用真空环境进行生产。

此外，压力型涂覆工艺还有一个优点就是，可以改善熔体与导线之间的黏附强度[16]。

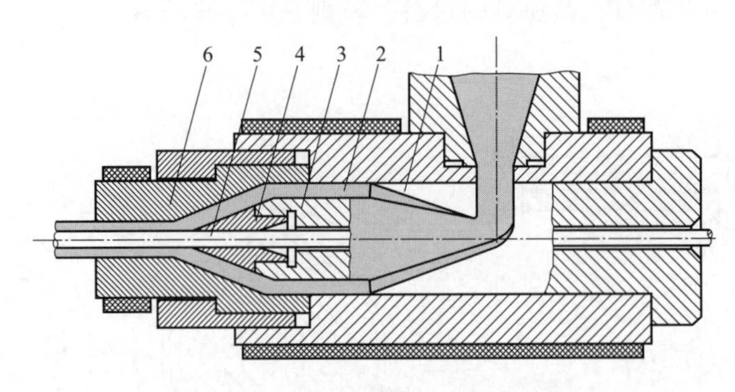

图 5.58　线材包覆模具的基本结构

1—歧管（图中为心形曲线型歧管）；2—环形缝隙；
3—鱼雷头（中空芯棒）；4—芯棒孔（用于鱼雷头对线
材进行导引）；5—线材；6—模环

管型涂覆模具

类似于管材模具所挤出的熔体形状，当采用管型涂覆模具时，也会挤出管状的熔体，并在流道的外部通过牵引拉伸实现对导线的包覆，有时候也借助真空的作用，如图 5.59(b)所示。这种方法常用于对已经含有绝缘层的线缆进行涂覆，即进行附加的涂覆过程（二次涂覆），也用于对含有聚乙烯层的金属管材进行包覆。

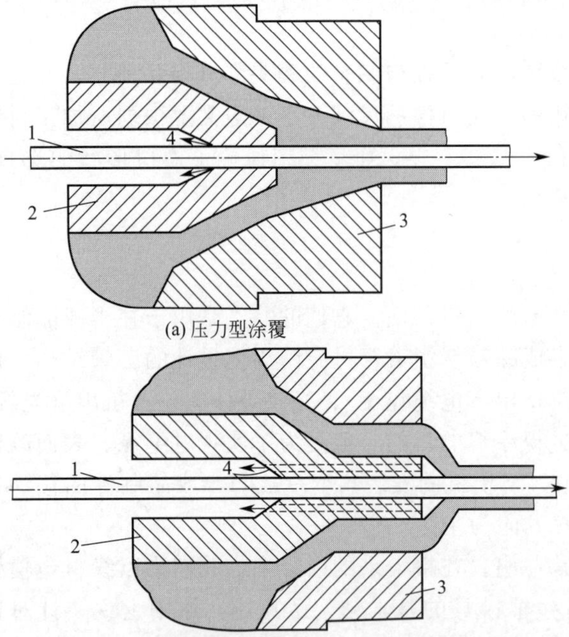

这种方法的优点是各包覆层可以实现真正意义上的同轴化[130]。

根据前面所讨论的应用情况，在包覆挤出时采用适当的熔体分配系统，实现周向上均匀的熔体挤出是很重要的。

为了达到这个目标，主要可采用具有心形曲线的侧喂料式芯棒模具及衣架形歧管来进行生产[131,132]。其中，后者由于具有较好的熔体分配特征以及合适的结构设计，所以往往被采用得会更多一些。据目前了解，螺旋芯棒式模具还尚未在这种情况下使用过，但是在文献[92，114，133]中却报道过螺旋形歧管的应用。

在歧管系统之后，芯棒和模具外壳朝导线移动方向均逐渐变小（图 5.58），这是为了逐渐增加熔体的流速并使之与导线的移动速度相匹配。

(a) 压力型涂覆

(b) 管型涂覆

图 5.59　线材涂覆模具

1—线材；2—鱼雷头；
3—模具主体结构；4—真空（如果需要的话）

导引端子以及可对中并可独立加热的模具均可以根据不同导线线材进行更换，以便能够根据不同的尺寸要求进行涂覆。在使用涂覆模具进行包覆生产的过程中，因为有的时候会产生相当大的熔体压力，因此，为了防止熔体泄漏到芯棒的内核结构中，导线和导引端子之间的间隙必须保持在最小值。对于压力型涂覆过程，该间隙值大约为0.05mm；而对于管型涂覆工艺，该最小值则处于0.2～0.3mm[16]。

由于较小的间隙及较高的线材牵引速度，导引端子会受到严重的磨损。因此，导引端子通常采用金刚石、硅酸铝或硬质合金合金制成[36,130]。模环的中心定位一般依靠螺栓来完成。当模具的结构设计较为合理时，我们只需要对熔体流动进行微调即可，这是因为模具的挤出产量随着口模缝隙宽度呈指数变化，指数的大小高达3左右。

图5.60中展示了某可预先对中的模具，这种模具，正如其名字包含的意思一样，不再需要额外的对中操作[130]。据称，该模具的另一个优点是导线在穿过内部导引端子时已经被一层薄薄的熔体包围。这样就减轻了对导引端子的磨损并有助于改善导线与聚合物材料之间的黏附。

外模环孔的几何形状结构会影响所允许的最大包覆挤出速度以及挤出物的表面质量。当流道的锥度较小且具有较长的模具成型面时，对于挤出物的表面质量往往是有利的[134]。根据文献［114］，当模具成型面长度为（0.2～2）D时，适合对塑化的PVC（PVC-P）进行成型；而当模具成型面长度为（2～5）D时，则适合对聚乙烯进行成型加工。产品的质量还会受到模具尺寸的影响，而模具尺寸的大小则与需涂覆制品的尺寸大小相关。如果模具的结构过于庞大，则熔体的停留时间将会过长；而如果模具尺寸偏小，则不利于对挤出物的尺寸进行有效控制，这是因为太小的模具无法在螺杆与模具出口之间对熔体提供充分的阻尼作用。在某些线材包覆模具中，可以通过移动其芯棒或芯棒尖端实现对停留时间的调控，以便消除由熔体分配系统造成的流痕缺陷。对于管材模具及吹膜模具，只有大型模具的芯棒才具有独立的温控系统。

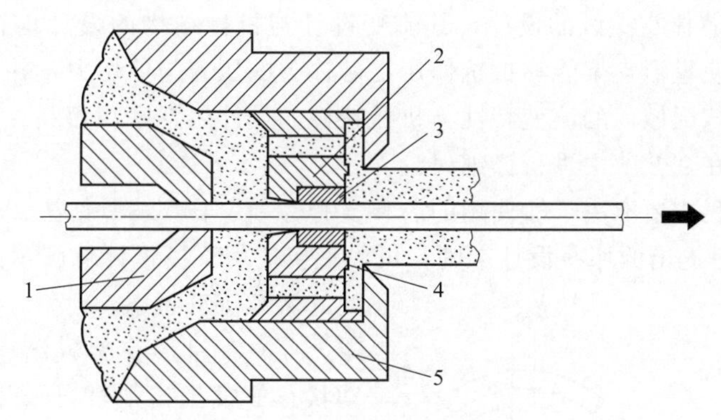

图5.60 可预先对中的压力型涂覆模具[130]

1—线材导引端子；2—内部线材；3—耐磨嵌件；4—限流环；5—模环

5.3.3 设计

当在考虑对具有环形横截面的模具进行流变设计时，必须针对不同类型的模具进行差异化分析。

在芯棒式模具与滤网式模具中，由于其基本几何形状的缘故，沿圆周方向上的熔体分布一般较好。这里较为重要的是：总的压力损耗及力学设计中截面上的作用力；壁面处产生滞流区时最小与最大的剪切应力；在评估施加于熔体上的载荷时所需的熔体破裂、剪切与温度的变化过程；以及最后，与消除滞流区域及流动不稳定性相关的芯棒支撑区域的结构形态。

混合沟槽的设计与螺旋芯棒分配器的设计非常相似，因此我们将在5.3.3.3节中对此部分内容展开讨论。

在针对侧喂料式芯棒模具、心形曲线型歧管模具、螺旋芯棒式模具进行流变设计时，其首要目标是在模具的出口位置处获得良好的熔体分布状态，这与缝隙型模具的设计目标是一致的。

尤其是当采用压力涂覆生产的夹套型模具时，考虑涂覆区域的流变特性是非常有必要的。

5.3.3.1 中间喂料式芯棒模具与筛网式模具

对中间喂料式芯棒模具与筛网式模具而言，二者的设计准则是一样的。其唯一的主要不同之处在于筛网式模具中压力损耗的计算不一样。为此，可以借鉴多孔板中压力降的计算方法。

在芯棒支撑模具中，必须考虑四段不同的区域（图5.37）[135]。

■ 流动变向区：在该区域内，熔体经挤出机挤出后转向90°，并通过芯棒前端在环形截面上实现熔体的分配。

■ 芯棒支撑区：该区域内芯棒要么采用星形支架支撑，要么采用多孔板支撑。

■ 熔体松弛区：在该区域位置处，由星形支架导致的流痕被分散开，使得熔体流动在周向上均匀一致。

■ 成型面区域：该区域内熔体被塑成具有一定尺寸大小的形状结构（直径与壁厚）。

当在设计流动变向区域时，必须时刻铭记芯棒前端的长度与模具的公称直径 D_m 是相当的，并且为了消除滞流区的存在，在沿着流动路径方向，其横截面面积是连续增大的[135,136]。而对于芯棒支撑区的设计，其流变设计与机械结构的设计均很重要。关于这个区域的设计目标是使星形支架能够抵抗作用在芯棒上的压力与剪切力，并使其对流动的影响降到最低。因此，该区域内的流变特性与机械特性的设计因素密切相关。关于芯棒式模具的机械设计问题将会在9.2节中进行详细讨论。

流变设计的过程主要取决于所使用的芯棒支撑系统。图5.39中展示了几种常见类型的结构。5.1.2节中所提出的那些设计准则，可以直接应用于模拟计算图示的多孔板芯棒支撑处的熔体流动状态。

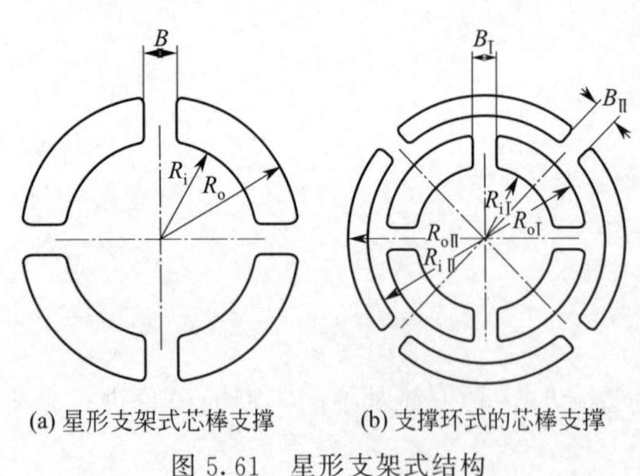

(a) 星形支架式芯棒支撑　(b) 支撑环式的芯棒支撑

图5.61　星形支架式结构

而对于星形支架式结构支撑区的熔体流动状态的模拟，则可以采用环形缝隙或平面缝隙流道中熔体流动的模拟计算方法。然而，计算时需要考虑到星形支架的存在会减小流道实际横截面积的事实，最便捷的处理方法就是通过确定星形支架区域处的熔体流动，熔体流动的体积流率乘上流道截面积的比值，这里，该比值为不考虑支架的横截面积与剩余横截面积之间的商（图5.61）。

芯棒支撑区域的压力降为：

$$\Delta p_{leg}=f[\dot{V}^*,R_i,R_o,\eta(\dot{\gamma})] \tag{5.93}$$

$$K=\frac{\pi(R_o^2-R_i^2)}{\pi(R_o^2-R_i^2)-N_{leg}B(R_o-R_i)} \tag{5.94}$$

$$\dot{V}^*=\dot{V}K \tag{5.95}$$

芯棒支撑区域的熔体流动状态在某种程度上要相对复杂一些，其内部与外部环形缝隙必须看作是两连贯的且相互并联的流动阻力；但我们事先并不知道熔体流动的体积量将如何在内外环间隙之间划分。基于内环与外环上具有相同压力降条件，就有可能计算出熔体的流动分布状态：

$$\Delta p_{\mathrm{I}}=\Delta p_{\mathrm{II}} \tag{5.96}$$

同时，下面的公式也成立：

$$\dot{V}_{\mathrm{I}}=\dot{V}_{\mathrm{II}}=\dot{V}_{total} \tag{5.97}$$

将式(5.94) 与式(5.95)，以及式(5.97) 与式(5.96) 进行合并，则其流率的大小可以通过迭代计算得到。

采用特征参数法计算环形截面上的压力损耗大小，则可得到下面的关系式：

$$\frac{\Delta p}{L}=\frac{8\eta_{rep\,\mathrm{I}}V_{\mathrm{I}}K_{\mathrm{I}}}{\pi(R_{o\mathrm{I}}^2-R_{i\mathrm{I}}^2)\bar{R}_{\mathrm{I}}^2}=\frac{8\eta_{rep\,\mathrm{II}}(\dot{V}_{total}-\dot{V}_{\mathrm{I}})K_{\mathrm{II}}}{\pi(R_{o\mathrm{II}}^2-R_{i\mathrm{II}}^2)\bar{R}_{\mathrm{II}}^2} \tag{5.98}$$

式中，$\bar{R}=R_o\left(1+k^2+\frac{1-k^2}{\ln k}\right)^{\frac{1}{2}}$　并且　$k=\frac{R_i}{R_o}$　(5.99)

$$\left.\frac{\eta_{rep}K}{(R_o^2-R_i^2)\bar{R}^2}\right|_{\mathrm{I},\mathrm{II}}=a_{\mathrm{I},\mathrm{II}} \tag{5.100}$$

上述的关系式存在以下的关联性：

$$\dot{V}_{\mathrm{I}}=\dot{V}_{total}\frac{a_{\mathrm{II}}}{a_{\mathrm{I}}+a_{\mathrm{II}}} \tag{5.101}$$

式(5.101) 只能通过迭代计算进行求解，这是因为体积流率的计算可通过依赖剪切速率的黏度与 a_{I}、a_{II} 相互关联。这样就可以计算出压力损失的大小、壁面处的剪切应力、熔体的体积流率和芯棒支撑区中的特征剪切速率，并可以对实际模具中的工况条件进行评估。当在设计内环与外环缝隙流道中其缝隙高度之间的关系时，需要适当考虑到熔体的均匀分布性要求。当给定了高度时，支撑环的最佳位置可以通过式(5.96) 及式(5.98) 计算出来。在解决了这个问题之后，我们可以得到下面的关系表达式：

$$R_{o\mathrm{I}}=\sqrt{R_{i\mathrm{I}}^2+\frac{\eta_{\mathrm{I}}K_{\mathrm{I}}}{\eta_{\mathrm{II}}K_{\mathrm{II}}}\left(\frac{\bar{R}_{\mathrm{II}}}{\bar{R}_{\mathrm{I}}}\right)^2(R_{o\mathrm{II}}^2-R_{i\mathrm{II}}^2)} \tag{5.102}$$

由于 $R_{o\mathrm{I}}$ 与 $R_{i\mathrm{II}}$ 与支撑环的高度相关，另外，由于 $\eta_{rep\,\mathrm{I}}$、K_{I} 以及 R_{I} 又依赖于 $R_{o\mathrm{I}}$ 与 $R_{i\mathrm{I}}$，所以式(5.102) 也只能通过迭代计算进行求解。

对于星形支架的长度，推荐其为 (0.5～0.7)D_m 左右（这取决于强度分析的结果）[135]。

由于芯棒支撑区所导致的熔体形变可以在接下来的松弛区域发生松弛。在该区域内，由于流道截面缩小，对熔体产生渐变压缩效应，从而由星形支架所导致的流道扰动也可以得到松弛。一般，流道的截面面积（紧挨着芯棒支撑体后的区域）与模具出口横截面的面积之比为 5～7[88]，且松弛区域长度为 2.5D_m 左右[135]。

从设计的角度看，最大外环孔直径 D_d 与其公称直径 D_m 的比值有可能为 1.25[88]；对于滤网式模具而言，该比值的最大值 D_d/D_m 约为 1.4[95]。

在吹塑模具中，当 D_d/D_m 的比值太高时，熔体的弹性特征常常会造成不利的影响。当熔体从挤出机中挤出来后，管形熔体在结构尺寸上会产生明显的收缩现象。

D_d/D_m 的最大值取决于所加工聚合物的类型及其分子量的大小（如对 HDPE 为 1，而对高分子量的 HDPE 则为 0.8）。当设计整个模头中流动通道的几何形状时，保证其具有稳态的熔体流动是非常重要的，例如，不存在由于壁面黏附的失效而导致流动的不稳定性。这对 HDPE 的生产是尤为重要；在这种情况下，其特征剪切速率就不能高于 $30s^{-1}$[88]。

5.3.3.2 侧喂料式芯棒模具

在侧喂料式芯棒模具中，模具中的熔体总是依靠挤出机提供，该挤出机常与模具呈一定的角度，通常为 90°。这就意味着熔体必须在芯棒周围穿过适当的流径，以便在模具的出口处达到均匀的流动速度。

一种简单的解决方法是增加一个具有大截面的环形沟槽结构，该环形沟槽沿着芯棒周围并与环形缝隙区域相贯通。这种结构的下游区域必然会有较高的流动阻力（图 5.62）。这种类型的模具可以看作是围绕一圆柱的 T 形歧管[137,138]。然而，这种模具中的熔体分布状态非常差，且具有较广的停留时间分布，因此在工业生产中几乎没有应用。

另一种简单的解决办法是插入环形鱼雷头结构，使得熔体能围绕其发生流动（图 5.63）。这就确保了熔体在一侧的入口到出口的流动路径等于其相反侧的流动路径。

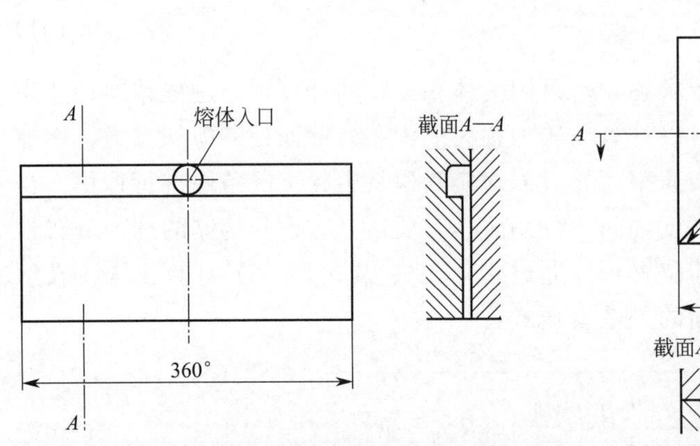

图 5.62 具有环形沟槽和平行模具成型面的熔体分流器

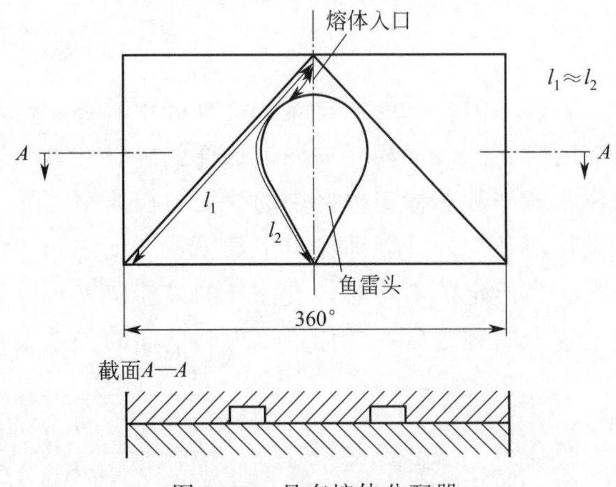

图 5.63 具有熔体分配器（心形歧管）的分流装置

这种心形歧管模具中的熔体分布状态并不是很理想，只有在下游区域的平行模具成型面上具有较高的流动阻力时，才能得到较好的熔体分布[139]。这种类型的模具还有一个不足之处在于，由于熔体流道的分流，会产生两道明显的熔接痕。

如果采用鱼尾形歧管和衣架形歧管的设计原则，则设计具有理论上完全均匀熔体分布的侧喂料式芯棒模具也是有可能的。这种情况是允许的，只要芯棒的直径基本上大于成型面缝隙的高度和分配通道的直径就可以了（图 5.64）。

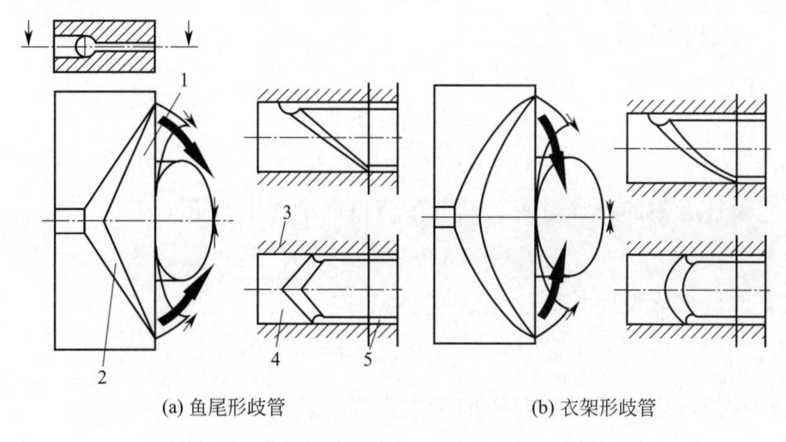

图 5.64　鱼尾形歧管与衣架形歧管的设计

1—模具成型面；2—分配流道；3—外壳；4—芯棒；5—平行模具成型面

与宽幅平面缝隙型歧管相反的是，在十字头型模具中，我们可以更容易地控制其较高的压力降和由此产生的内部压力，这是因为仅需要设计用于承受其内部压力的管状壳体。这就使得歧管设计通常与操作工艺条件无关。

然而，基于上述设计过程所得到的成型面的最大长度较大，因此，对于那些考虑了分配流道确切长度的设计策略，在选择时需要谨慎一些。一般来说，对于侧喂料式芯棒模具，在模具的末端位置处，熔体出口段将合并为一体，而在该位置处熔体料流则被塑形呈所需的直径尺寸。图 5.65 表示了一种具有低压力损耗且特别节省空间的分流器结构，即所谓的锥形分流器，该分流器具有围绕截锥而非围绕圆柱体的熔体分配流道。

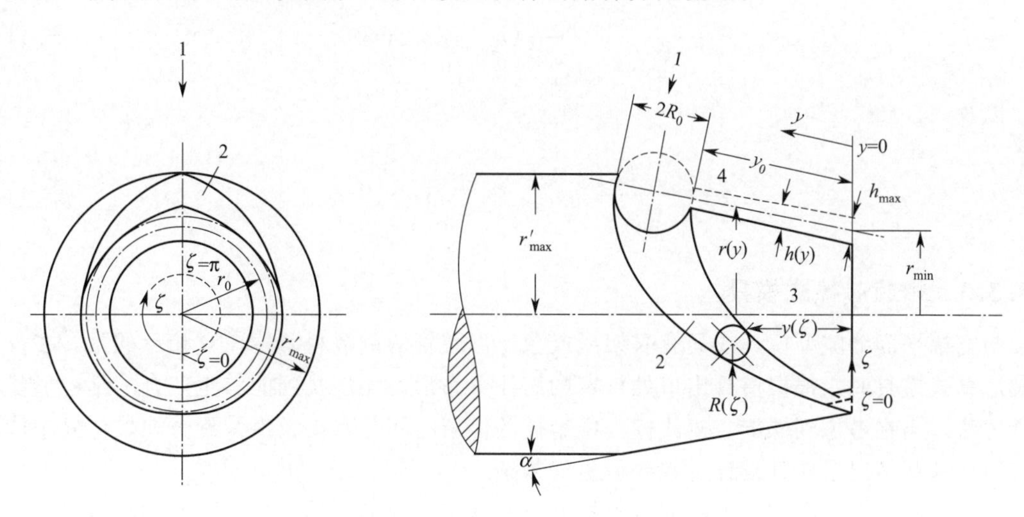

图 5.65　具有衣架形歧管结构的锥形分流器

1—熔体入口；2—分配流道；3—模具成型面区域；4—缝隙

由于芯棒是锥形结构，则成型面区域处的分配流道将不再具有恒定不变的高度[140]。相反，有必要在流动方向上增加成型面缝隙的高度，这样就使得狭缝流道中的剪切速率保持恒定。其特征剪切速率的关系式如下：

$$\dot{\gamma}_{\mathrm{rep,slit}}=\frac{6\dot{V}_0}{\pi r(y)h^2(y)} \qquad (5.103)$$

式中，$r(y)$ 及相关的 r_{min} 为

$$h(y)=\sqrt{\frac{r_{min}}{r(y)}}h_{max} \tag{5.104}$$

$$r(y)=r_{min}+y\sin\alpha \tag{5.105}$$

对于与工艺条件无关的设计过程，其分配流道的最大半径 R_0 为

$$R_0=0.889(r_{min}h_{max}^2)^{1/3} \tag{5.106}$$

芯棒表面上的最大成型面长度 $y_0=y(\zeta=\pi)$ 为

$$y_0=h_{max}^{1/3}r_{min}^{1/3}(6.29h_{max}^{1/3}\sin\alpha+5.016r_{max}^{1/3}) \tag{5.107}$$

根据上式，我们可以计算得到芯棒的最大半径 r'_{max}，因此：

$$r'_{max}=r_{min}+(2R_0+y_0)\sin\alpha+\frac{h_{max}}{2}\cos\alpha \tag{5.108}$$

该值的大小对于估算模头所需的体积空间是很重要的。作为距离函数的分配流道的半径可以从分配流道中恒剪切速率的条件中求得，即有：

$$R(\xi)=R_0\left(\frac{\xi}{\pi}\right)^{1/3} \tag{5.109}$$

对于成型面长度的变化过程，可以采用下面的关系式进行表达：

$$y(\xi)=y_0\left(\frac{\xi}{\pi}\right)^{\frac{2}{3}}\left(\frac{\pi^{\frac{1}{3}}\xi^{\frac{2}{3}}h_{max}^3r_{min}\sin\alpha+4R_0^4}{\pi h_{max}^3r_{min}\sin\alpha+4R_0^4}\right) \tag{5.110}$$

歧管中的压力损耗与平均停留时间 $\bar{t}$ 可以通过下面的方程计算得到：

$$\Delta p_{total}=\frac{8V_0\eta_{rep,slit}}{\sin\alpha\pi h_{max}^2r_{min}^{\frac{2}{3}}}\left[(r_{min}+y_0\sin\alpha)^{\frac{3}{2}}-r_{min}^{\frac{2}{3}}\right] \tag{5.111}$$

以及

$$\bar{t}\approx\frac{2\pi r_{min}^{\frac{1}{3}}h_{max}}{3\sin\alpha\dot{V}_0}\left[(r_{min}+y_0\sin\alpha)^{\frac{3}{2}}-r_{min}^{\frac{3}{2}}\right] \tag{5.112}$$

5.3.3.3 螺旋芯棒式模具

与宽幅平面缝隙型模具或具有衣架形或鱼尾形歧管的侧喂料芯棒模具相反的是，在设计螺旋芯棒式模具时，根据模具出口处特定的熔体分布形态无法找到能够生产合适结构形状的设计方法。当在考虑到螺旋芯棒式模具中熔体的停留时间分布谱及沿螺旋方向熔体发生体积漏流时，这些情况会使其设计过程变得更加复杂。

对于这种情况，我们是无法通过模拟计算来确定几何形状的；因此，必须将该过程颠倒过来：对于给定的几何形状进行流动模拟计算，而该几何形状能够沿螺旋与出口缝隙对熔体流动进行分配[81]。

对于上述的模拟计算，需要进行许多条件假设，如下所示：

- 螺旋中的熔体流动与环形缝隙中的熔体流动相互独立发展，各不干涉；
- 熔体漏流，即熔体脱离螺旋发生流动，对流动本身并无影响；
- 忽略芯棒曲率的影响（对以上问题做同样考虑）。这个假设是合理的，因为芯棒本身的直径要比其流道半径及环形缝隙的尺寸大得多；

■ 将螺旋划分为多段区域进行模拟计算。基于这个假设，模具中的等压线与出口缝隙处的等压线相互平行，则有（图 5.66）：

$$\Delta p_{slit}=\Delta p_{spiral}$$

当已知熔体分别沿环形缝隙（成型面）及沿着螺旋线流动时的压力梯度时，则可得到：

$$\left.\frac{dp}{dz}\right|_{slit}=\left.\frac{dp}{dl}\right|_{spiral}\frac{1}{\sin\phi} \tag{5.113}$$

能否较好地描述出螺旋分配器的几何结构形状，这对获取精确的模拟计算结果是很重要的。一种合理的方法是通过螺旋槽斜率的基点、螺旋流道的结构尺寸以及环形缝隙的高度来描述螺旋分配器的几何形状。

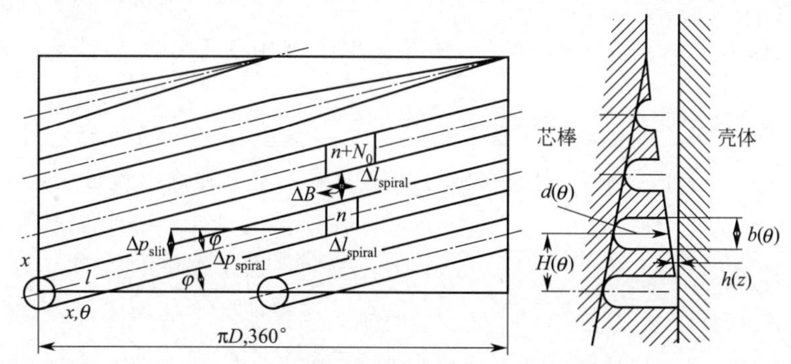

图 5.66　螺旋分配器的几何形状的研发

为了在建立各段区域之间的关系时更加简洁便利，建议以圆周角来表达螺旋线的位置函数 [$H(\theta)$]，宽度函数 [$b(\theta)$] 以及深度函数 [$d(\theta)$]，以芯棒高度 [$h(z)$] 来表示环形缝隙的高度。在模拟计算过程中，引入各区域段中的熔体体积流率平衡（图 5.67）。

$$\dot{V}_{spiral}(n)+\dot{V}_{slit}(n)=\dot{V}_{spiral}(n+1)+\dot{V}_{slit}(n+N_0) \tag{5.114}$$

式中，$N_0=\dfrac{360°}{N_{spiral}}\dfrac{1}{\Delta\theta}$　(5.115)

脱离螺旋流道的熔体其漏流体积流率 $\dot{V}_L$ 则对应于通过缝隙流道的输出与输入的体积流率之差，即：

$$\dot{V}_L=\dot{V}_{slit}(n+N_0)-\dot{V}_{slit}(n) \tag{5.116}$$

接下来，我们就可以计算出螺旋流道中的压力损耗大小：

$$\left.\frac{dp}{dl}\right|_{spiral}=f[\dot{V}_{spiral},b,d,\eta(\dot{\gamma})] \tag{5.117}$$

式中，$\dot{V}_{spiral}=\dfrac{\dot{V}_{spiral}(n)+\dot{V}_{spiral}(n+1)}{2}$　(5.118)

基于此并结合式(5.113)，则可得到缝隙流道区域上的压力损耗。根据该压力损耗的大小，就可以计算出通过缝隙流道的体积流率大小：

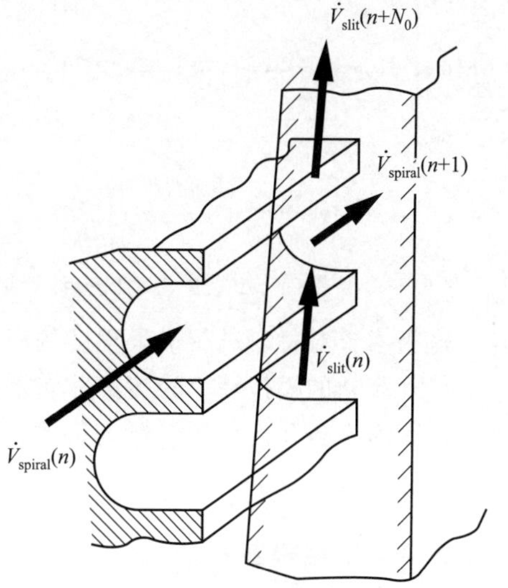

图 5.67　螺旋分配器某一段区域处的体积流率平衡

$$\dot{V}_{slit}(n+N_0)=f\left(\left.\frac{dp}{dz}\right|_{slit},h,\eta(\dot{\gamma})\right) \tag{5.119}$$

由于无法对式(5.117) 及式(5.119) 进行解析法求解，因此在求解上述方程时就必须采用迭代方法计算。

该模拟计算过程从螺旋流道的起点开始，该位置点处通过螺旋流道的体积流率（从挤出机输送过来的体积流量被分成与螺旋流道数相同的几股流动）以及通过缝隙流道的输入流率均已知。在流动到达第一个汇合重叠点处之前，通过缝隙流道的输入流率均为零，也就是说，在下一螺旋流道的起始点位置之前为零：

$$\dot{V}_{slit}(n)=0,1\leqslant n\leqslant N_0 \tag{5.120}$$

根据上述方程，就可以计算出在第一汇合点位置处之前流出缝隙流道的体积流率 $\dot{V}_{slit}(n)$，式中 $N_{0+1}\leqslant n\leqslant N_0+N_0$。

这些模拟计算出来的、从狭缝中流出的漏流率可被用于下一步的计算，即狭缝流道流入量。

重复上述计算过程，直到最后的重叠位置点处；这里，出口的漏流量等于模具流出的量。图 5.68 表示了具有四螺旋结构的螺旋分配器中漏流流量和输出流量的典型结果。

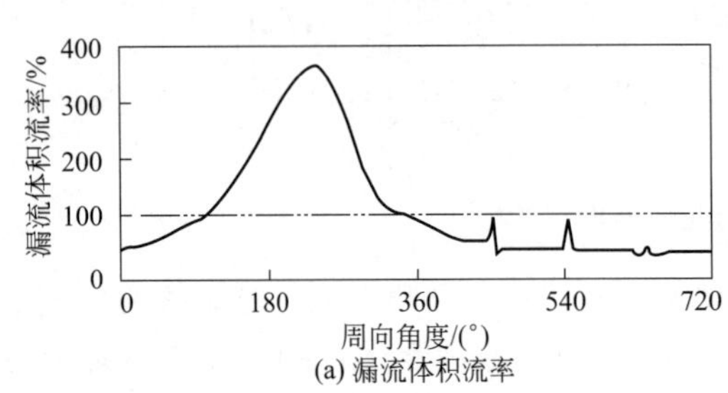

(a) 漏流体积流率

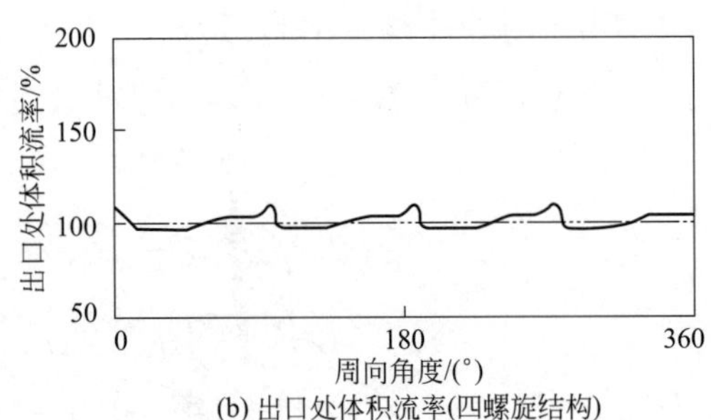

(b) 出口处体积流率(四螺旋结构)

图 5.68　某螺旋分配器中流动模拟计算结果

在模具出口处，熔体体积流量分布非常均匀；然而，由于螺旋的影响，仍然存在四个峰值点。这种情况下均匀出口体积流量的最大偏差为±8.3%和－4.2%。这种存在于芯棒末端区域的大量熔体会导致流动波动，从而使得周向上的壁厚不均匀。

对于设计而言，保证模具出口处具有均匀的流动形态是很重要的。另一重要的因素是，如图 5.68(a) 所示，要求漏流流率能够从稳态漏流体积流率的一半左右（稳态漏流等于进入螺旋流道的流率除以螺旋长度）逐渐增加到最大为三到四倍的稳态漏流体积流率，该最大值大约出现在螺旋流道长度的三分之一位置处；然后，该漏流流率稳步减小，在螺旋流道的大约三分之二位置处，漏流流率降至为零，直至螺旋流道的末端[141]。在漏流流率达到最高值时，这相当于对材料进行最大程度的混合。

尽管流动的模拟计算为螺旋分布器的设计提供了可能性，但是设计者的经验仍是相当重要的，因为许多几何变量（螺旋头数、螺旋斜率、螺旋深度、缝隙高度）等还是需要依靠设计者的经验来确定。

5.3.3.4　涂覆模具

许多具有心形、鱼尾形以及衣架形熔体分配器的侧喂料式芯棒模具都可以用作涂覆模具。不仅良好的熔体分布是很重要的，而且具有合适构造的模具口模也很重要，特别是在压力式涂覆成型中，其与涂层的厚度和导线或管道的包覆速度相匹配。

为了研究压力式涂覆模具内的流动和温度条件，可以假设流动为发生在环形狭缝中的流动。该流动区域包括了从熔体与电线相汇合的区域到模具出口的位置，则必须改变其内径处的边界条件。假设熔体与金属丝黏附良好，则金属导线的移动和熔体黏度的作用会引起拖曳流动。图 5.69 表示了某用于高速涂覆的压力式涂覆模具的纵向剖视图，并采用有限差分方法对该模具进行流场和温度场的模拟计算[142]，以 HDPE 材料为例，其计算得到的不同模具内部位置点的速度与温度场分布形态如图 5.70 所示。

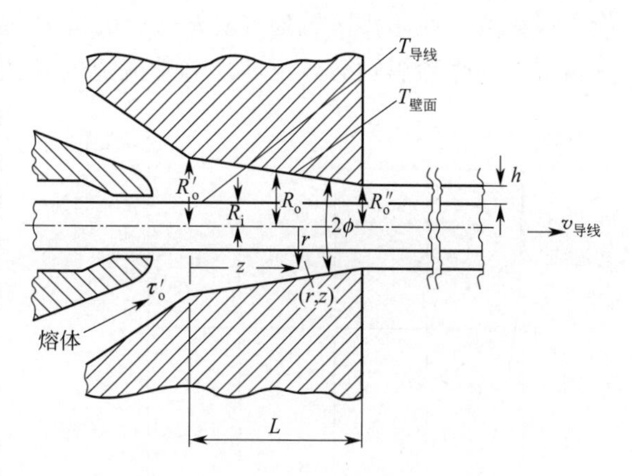

图 5.69 压力式涂覆模具的纵向剖视图[142]

在熔体与金属线相遇的区域处（$z^*=0$），可以明显地看到拖曳流的强烈影响。相比于因为流道截面减小所导致的压力流动，拖曳流动的影响在沿模具出口方向会逐渐减弱。在模具出口位置处（$z^*=1$），熔体的流动速度在其整个流径上达到最大值。

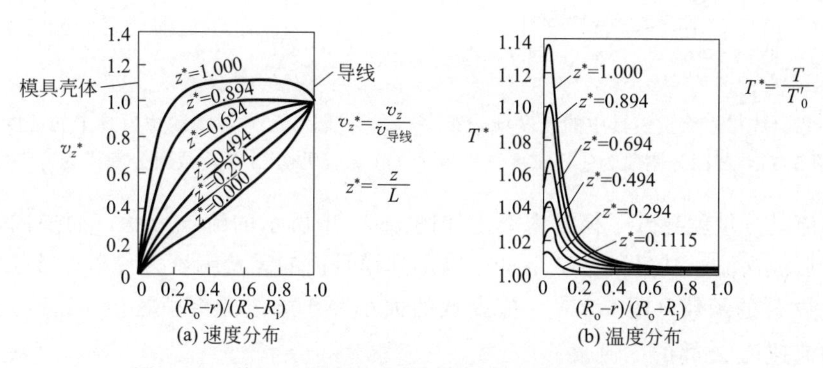

图 5.70 某压力式涂覆模具的流动与温度模拟计算结构

模具壁面处熔体温度的强烈升高是由于壁面处的熔体流动具有较高的剪切速率所导致的。当金属导线的移动速度较高时，基于 FDM 对流动状态进行模拟计算发现，由导线引起的拖曳流可以在熔体与导线相汇合之前对速度分布产生影响[143]，该计算案例中的模具结构如图 5.71 所示。

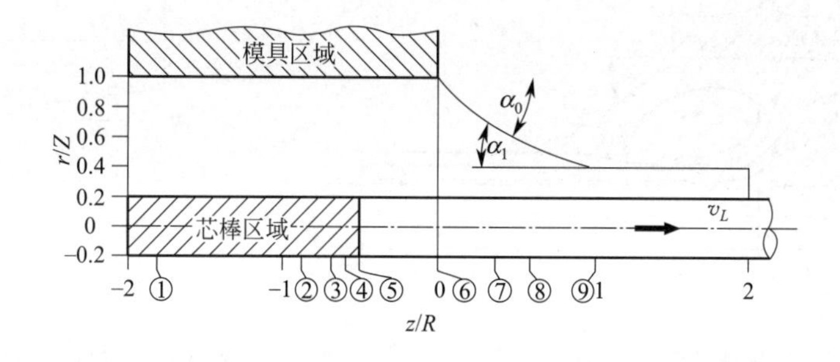

图 5.71 文献［179］中所研究的导线包覆型模具的结构示意图

上述分析中，假设熔体的黏度保持不变，同时假设导线的牵引速度是模具入口处熔体平均流速$\bar{v}_z$ 的 15 倍。

图 5.72、图 5.73 中给出了沿涂覆模具不同区域段上模拟得到的平均速度场分布。

很显然，在芯棒区域处（$z/R < -0.55$），已经发现存在有拖曳流的影响。这种由拖曳流动带来的强烈影响会导致环形缝隙流道的外侧区域产生负流动分量。

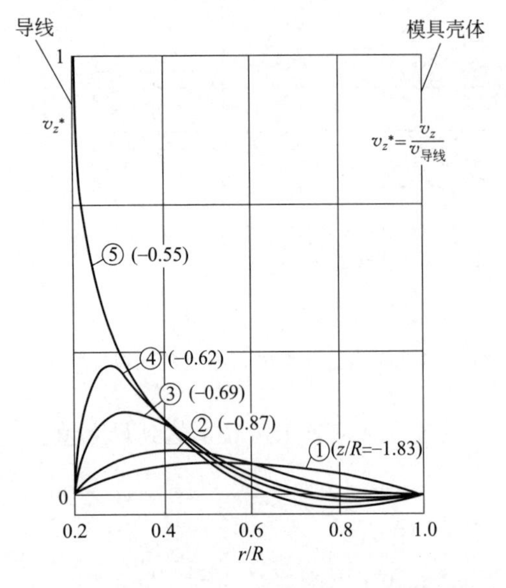

图 5.72　导线（线材）涂覆模具中的速度场分布（见图 5.71，截面分割段为①～⑤）

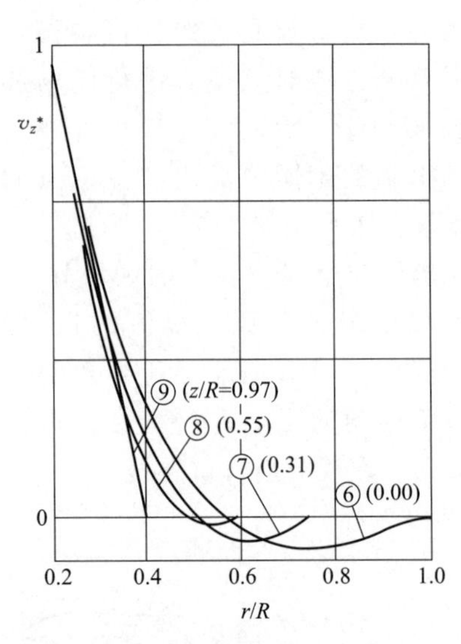

图 5.73　导线涂覆模具中的速度场分布（见图 5.71，截面分割段为⑥～⑨）[179]

这种负流动分量就导致了模具内产生如图 5.74 中所示的流线形状，而逆向的流动将会导致流道内形成涡流。其另一个结果是可以得到模具内的无量纲压力分布，该压力分布可以看作是拖曳数 S 的函数（图 5.75）。拖曳数的大小等于导线的牵引速度 $v_{导线}$ 与模具入口处熔体的平均流速 $\bar{v}_z$ 之间的比值。

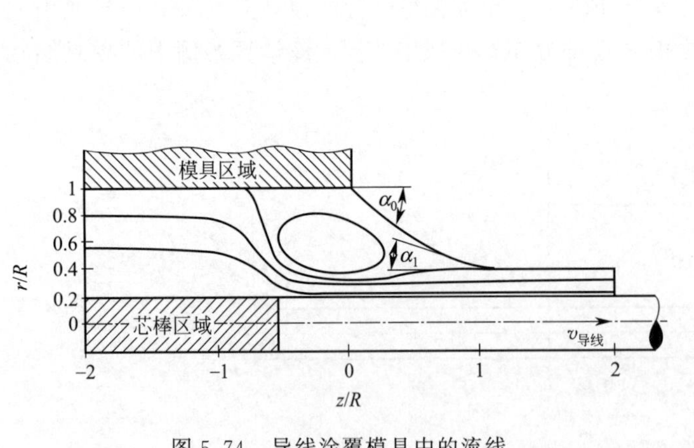

图 5.74　导线涂覆模具中的流线

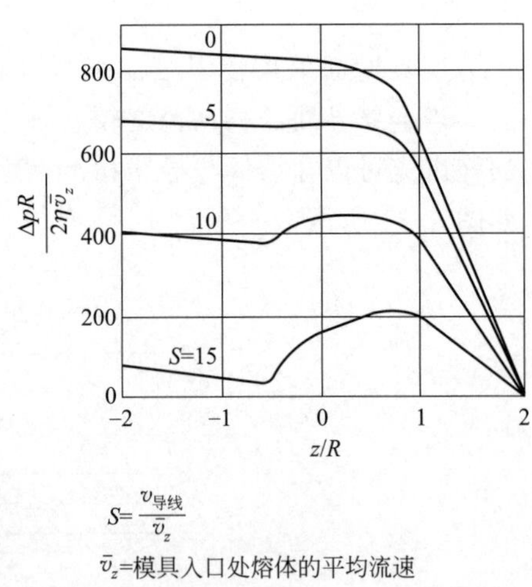

图 5.75　导线涂覆模具中作为拖曳数 S 函数的无量纲压力分布

当具有较高的拖曳数时，在熔体与导线汇合的区域处沿流动反方向上可以观察到压力梯度的存在。流量的模拟计算可以提供一些重要的信息，例如熔体的温度分布和由此产生的载荷、模具内的压降以及由于熔体黏性应力所引起的导线牵引力分量。

5.4 其他流道中的压力损失计算方程（除管材或缝隙式流道外）

本章前几节介绍了模具设计的相关公式，原则上说，这些公式适用于理想的一维流道结构（如管形、无限平面缝隙、环形狭缝）。然而，在许多情况下，上述流道的横截面形状并不适合应用于实际的生产制造。因此，接下来，我们将介绍针对其他形状结构的流道中的流动模拟方程。

还有一个问题就是，通常我们也会采用横截面面积在流动方向上发生变化的流道。在第 3 章的内容中已经就这样的流道结构进行了讨论，为了计算相应的压力损耗，需要将收敛式或发散式的流动通道划分成多个具有恒定横截面积的分段。

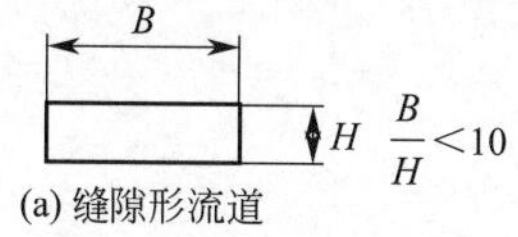

(a) 缝隙形流道

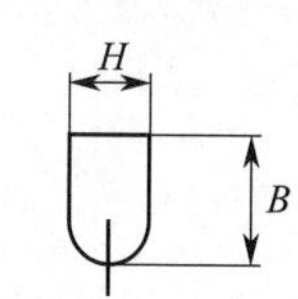

(b) 具有半圆弧的矩形流道

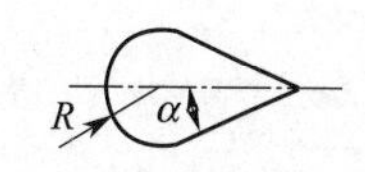

(c) 泪滴形流道

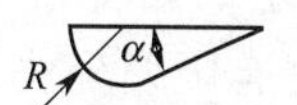

(d) 半泪滴形流道

图 5.76　适于铣削成型的流道形状

分配流道的主要几何形状，一般包括宽/高比较小的缝隙形流道、具有半圆弧的矩形流道、泪滴形流道以及半泪滴形流道（图 5.76）。

针对上面几何形状的流道结构，许多方程可应用于模拟式中的压力损耗大小。

① 可用于具有相同面积的、简单流道结构形状的方程。

② 可用于具有恒定体积/面积或周长/横截面比的、简单流道结构的方程（相同水力直径）：

$$d_{\text{hyd}}=\frac{4A}{U} \tag{5.121}$$

③ 可将非理想截面划分为可计算的理想截面的公式。

这种方法可用于计算具有边际效应的或具有半圆弧结构的矩形的狭缝流道的压力损失。图 5.77 中展示了对非理想截面形状流道进行划分的方法，这一划分方法的基础是关于等速线（同一条线上具有相等的流动速度）的研究。为了考虑边际效应，流道的边界可用直径等于流道高度的半圆形代替。

为了阐述上述计算过程，我们将简单介绍如何使用特征参数法来推导压力损耗的计算。

在两端被替换的横截面处，其所产生的压力损耗是一致的：

$$\frac{\mathrm{d}p}{\mathrm{d}x}=\frac{8\eta_{\text{rep,pipe}}\dot{V}_{\text{pipe}}}{\pi R^4}=\frac{12\eta_{\text{rep,slit}}\dot{V}_{\text{slit}}}{B'H^3} \tag{5.122}$$

此外，还存在以下的关系：

$$\dot{V}_{\text{pipe}}+\dot{V}_{\text{slit}}=\dot{V}_{\text{total}} \tag{5.123}$$

现在，我们必须得到总体积流量 $\dot{V}_{\text{total}}$ 的和压力降之间的关系。将式(5.122）与式(5.123）合并、变形，则得到下列的关系表达式：

$$\frac{\mathrm{d}p}{\mathrm{d}x}=\frac{\dot{V}_{\text{total}}}{\left(\frac{\pi R^4}{8\eta_{\text{rep,pipe}}}\right)+\left(\frac{B'R^3}{12\eta_{\text{rep,slit}}}\right)} \tag{5.124}$$

对于方程中的 $\eta_{\text{rep,pipe}}$ 与 $\eta_{\text{rep,slit}}$，有许多方法可以对其进行确定。对于这两种替换性的几何结构，我们需要分别确定式中的黏度大小。基于连续性条件，在半圆形与缝隙型流道结构的边界位置上，其速度场与黏度场分布必须相同。因此，在开始计算时，就可以允许两种

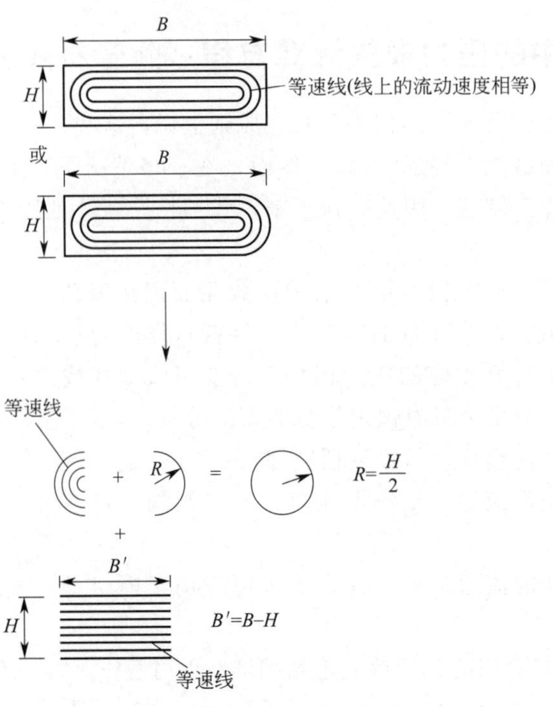

图 5.77 非理想截面形状流道中压力损耗的模拟分析

替代性结构中的黏度一致，这样的话式(5.122)就可以通过迭代计算得到。

④ 通过有限差分法（FDM）或者有限元法（FEM），对非理想结构流道中的压力损耗进行模拟计算。这些计算过程能得到精确的计算结果。

⑤ 采用校正因子对压力损耗的模拟计算进行校正，该校正因子也称之为流动系数。这些系数在校正由方法①或方法②得到的数据结果时非常有用，且其作为流道结构、熔体特性（流动指数）以及加工工艺条件（如有③或④确定的或实验得到的）的函数必须首先确定下来。

在计算过程中引入流动系数，其优点是可以利用横截面之间的相似性来确定压力损耗的大小。在接下来的内容中，我们将会给出如何根据③中的数据结果来确定流动系数的函数。

当从③中得到的数据结果与恒定高度/宽度比的狭缝流道中的一维流动的压力损耗相关时，其流动修正系数 f_p 为：

$$f_p=\frac{\left.\frac{\mathrm{d}p}{\mathrm{d}x}\right|_{\text{slit}}}{\left.\frac{\mathrm{d}p}{\mathrm{d}x}\right|_{\text{替换结构}}} \tag{5.125}$$

当设置

$$\bar{\eta}=\eta_{\text{rep,slit}}=\eta_{\text{rep,pipe}} \tag{5.126}$$

并将式(5.124)与式(5.126)进行合并，得到

$$f_p=1+\frac{H}{B}\left(\frac{3\pi}{32}-1\right),\quad H/B\leqslant 1 \tag{5.127}$$

并且

$$f_p=1+\frac{B}{H}\left(\frac{3\pi}{32}-1\right),\quad H/B>1 \tag{5.128}$$

此时，该流动修正系数的大小只取决于所考虑的横截面的高度/宽度比。对于 H/B 比值非常小或非常大的情况，其流动系数的大小趋近于一致。在这种情况下，边际效应的影响可以忽略不计（图 5.78）。

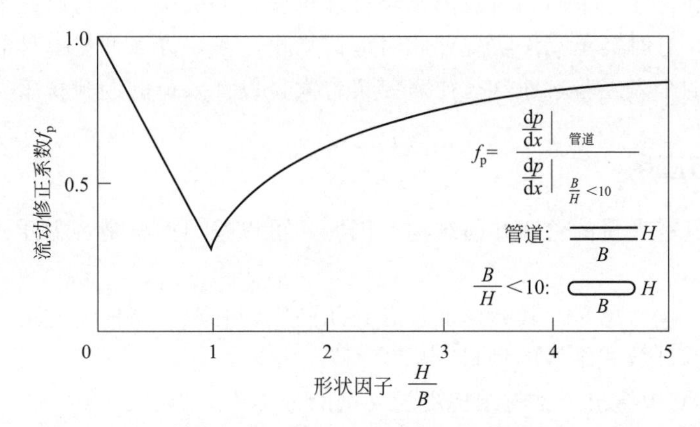

图 5.78　考虑边际效应的狭缝流道中计算压力损耗时的流动修正系数函数（宽高比＜10）

图 5.79 表示了通过有限元方法 FEM 得到的某流动修正系数函数[144]。这里，将具有半圆形端面的矩形流道中的压力损耗与具有相等水力直径的管道中的压力损耗进行关联。

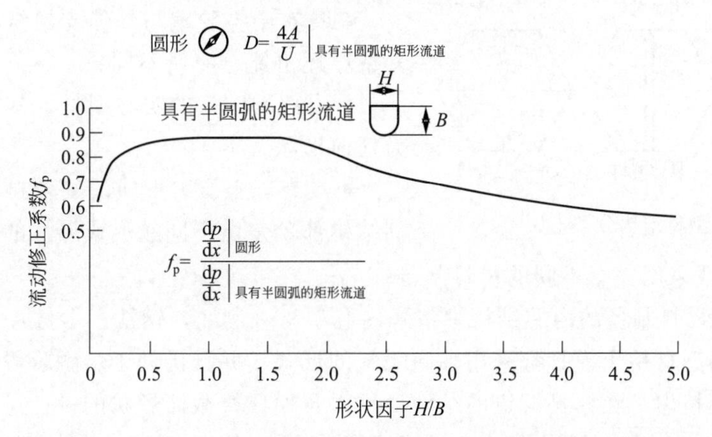

图 5.79　可用于计算具有半圆弧矩形流道中的压力损耗的流动修正系数函数

该项采用有限元方法 FEM 进行模拟计算的研究表明，流动修正系数的大小与材料、加工工艺参数及具有半圆弧形的矩形横截面的绝对值无关。正是考虑到这一点，所以采用有限元方法来计算定流动修正系数是最合理的方法。

要执行上述的模拟计算，首先需要进行大量的工作；然而，实际上在基于所确定的流动修正系数函数进行压力损耗计算时，其过程与结果是非常迅速和准确的。

5.5　具有不规则出口形状的模具（型材模具）

关于“型材”，其已经在橡胶和塑料加工工业中得到了良好的应用，尽管通常这个术语还包括那些简单的挤出型制件，例如管子、板坯和实心棒，但其主要用于表示具有不规则横截面的半成品。然而，除了环形与矩形的挤出制品外，该型材的实际定义涵括了所有从模具中所挤出的制件。

型材的挤出生产过程，一般会具有精确的测试手段与外形结构，并具有较低的生产成本，这往往是挤出工业中难度最大的工作[20,145~147]。这是因为看似不同种类的型材其一般具有不同的形状和尺寸，采用相对简单并经过理论验证的模拟计算与研究来设计模具结构时存在一定的难度，有时甚至无法实现。此时应该指出的是，许多型材模具的结构设计仍然高度依赖于设计者的个人经验，而这往往需要集合大量设计人员的经验积累。

5.5.1 设计与应用

考虑到型材具有大量的轮廓几何结构，因此，可以按照型材是否为开放式与中空式结构材进行简单分类。

中空式型材，顾名思义，其结构上具有封闭的中间孔洞，窗框型材正是这种结构。相反地，U 型型材即为开放式结构的型材[20,145,148]。

此外，图 5.80 中给出了型材结构更为详细的分类[149,150]：

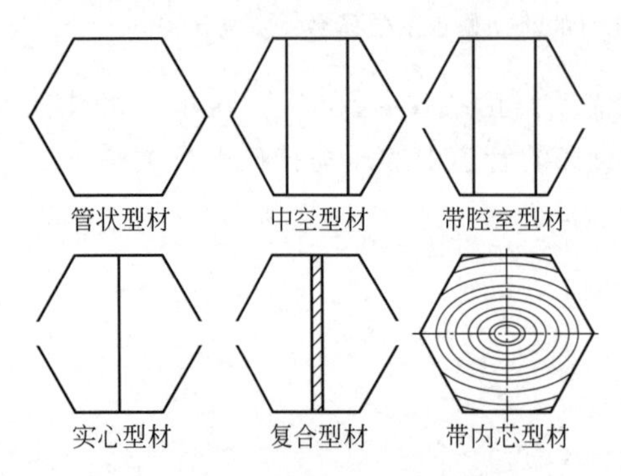

图 5.80 型材结构分类[149,150]

- 壁厚相对均匀且具有圆角的管状型材；
- 依靠外壁封闭形成中空腔室的中空型材，该型材外壁的尺寸会发生变化，且具有锐角与翅片结构；
- 具有中空腔室与外伸支架结构的型材，有时其壁厚还可能会有所不同；
- 内部无腔室的实心型材，其横截面结构可以为任何形状；
- 具有以上所有形式的复合材料型材，其中个别结构部分是由不同颜色或属性的同一种材料制成（例如，硬度）或采用完全不同的材料制备；
- 采用不同材料制备的内芯结构中空式内芯型材（例如，钢铁、木材）。

几乎所有的型材挤出模具都采用轴向喂料的形式，并且仍处于熔融阶段的型材以具有近似半成品的轮廓挤出。在模具流道的结构设计以及模口横截面形状的设计过程中，我们必须考虑到挤出胀大（储存在材料中的可逆形变的恢复）、收缩（在冷却过程中材料的体积收缩）、模口至模具外部块状型材处熔体流动速度场的重新排列以及所谓的牵伸等因素的影响[143,145,151,152]。

一般来说，型材模具的类型划分主要有以下三大类[20,145,148,153]：

- 板材型模具；
- 阶梯型模具；
- 截面形状渐变的型材模具。

板材型模具

如图 5.81 所示，板材型模具主要由一个带模板的模座组成，且该模板可以方便快捷地进行更换。这样的模具主要用于小尺寸型材的挤出生产，并且这类模具的流道形状常常存在突变结构，而流道结构的突变会导致熔体流动过程产生死点，这会导致所加工材料发生降解，尤其是在加工硬质 PVC（PVC-U）材料的时候。

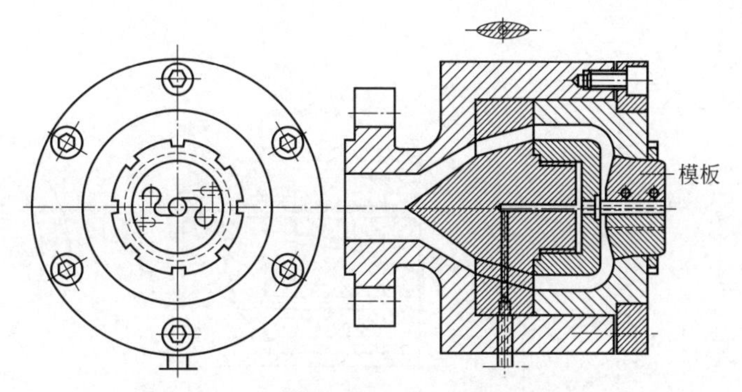

图 5.81　板材型模具（型材模具）[145]

此外，由于流道横截面突然变窄，导致无法获得较高的挤出速度[20,148]或较高的结构尺寸精度。因此，尽管这些模具的制造成本较低，但是在实际的塑料加工工业中较少应用。当熔体的流动行程较短时，这类模具的应用仅限于挤出塑化型 PVC（PVC-P）型材或结构最简单的硬质 PVC（PVC-U）型材[20,148]。然而，这种模具在橡胶工业中却使用得非常广泛。

从熔体流动的角度出发，模具的设计需要严格地遵守相关的设计经验；保证模板具有足够的厚度是非常重要的（其厚度一般为 5～20 mm[154]），这是为了能够通过改变模具成型面的长度（即流动阻力区的长度）来对流动进行局部的调整[20,148]。

为了避免由于熔体压力过高导致模板变形，有时候可以通过架桥焊接对模板进行增强，如图 5.82 所示[154]。

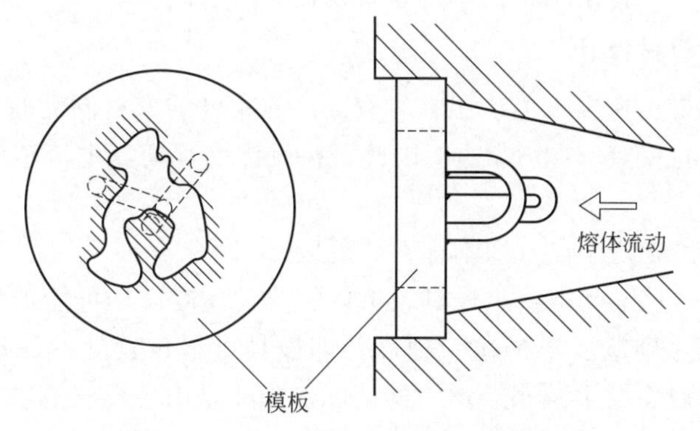

图 5.82　通过架桥焊接来增强模板[154]

由于板材型模具在整体概念上对熔体流动状态关注较少，因此必须格外留意模具中温度的精确控制[154]。正如文献［154］中讨论的、图 5.83 中所描述的内嵌件型模具，正是由板材型模具延伸而来的。这种模具中使用了可更换的内嵌件结构，其充分地考虑了熔体流动的流变学状态，从而变得更为有利。

阶梯型模具

如图 5.84 所示，阶梯型模具的熔体流道在结构上表现出阶梯形变化，其一般是将多块板材型模具中的模板进行串联组合。流道的最终轮廓形状是根据每一块模板的形状组合计算出来，且只有在每一模板的入口位置处才具有斜边结构。

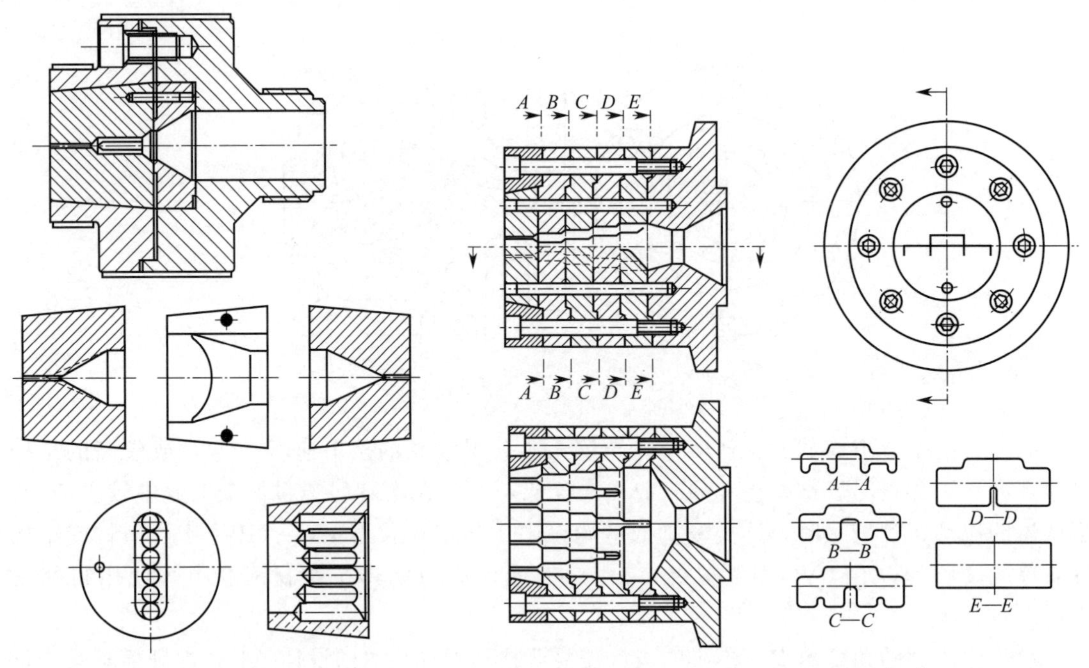

图 5.83 用于型材挤出的具有内嵌件的模块化模具[155]

图 5.84 多级结构的模具[145]

上述的这些结构转变，对硬质 PVC（PVC-U）材料的加工也非常重要；因而，在讨论板材型模具时所阐述的相关问题与内容，也适合用来描述阶梯形模具的加工特性及其应用。因此，这类模具只能用于挤出结构简单的型材制品[20,148]。

截面形状渐变的型材模具

当需要在较高的挤出速度下生产出具有较高尺寸精度的型材制品时，则常常需要用到截面结构形状渐变的型材模具（图 5.85）。因此，在设计该类模具中流道的形状结构时，必须考虑以下问题[145]：

- 流道中不能存在流动死点（即不存在滞流区）；
- 从熔体进入模具直至其被挤出模具，熔体的流动速度应尽可能地稳步加速，直至其在模具的成型面位置处达到所要求的出口速度，即模具出口位置处的流动速度。如果可能的话，应当避免流道横截面发生减小或增大的情况，除非是由芯棒（芯轴）支撑体造成横截面的变化；
- 模具的结构设计应该保持简单化，如果需要的话，应该很容易地将模具拆开或者清洗或对流道结构进行修改（参比图 5.86）。

由此可见，截面渐变的型材模具由三个基本部分组成[20]：

- 喂料段（连接部分）；
- 过渡段（也承担了部分的支撑板作用）；
- 平行成型面区域（模口部分）。

上述的结构分段可以从图 5.86 与图 5.87 中看出；然而，这种结构的划分并不总是那么明显，其中个别的结构有时还会进行合并（图 5.88、图 5.89）。这里，平行的模具成型面的轮廓形状大致对应于型材的结构形状。

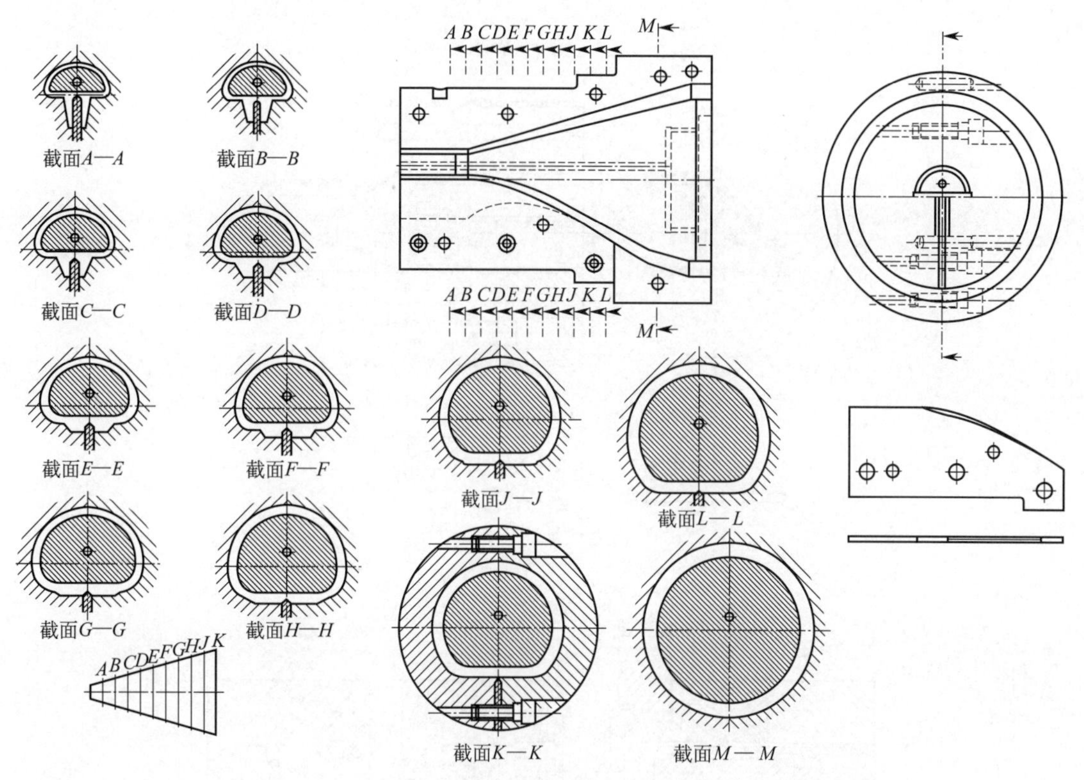

图 5.85　流道截面渐变的型材模具[148]

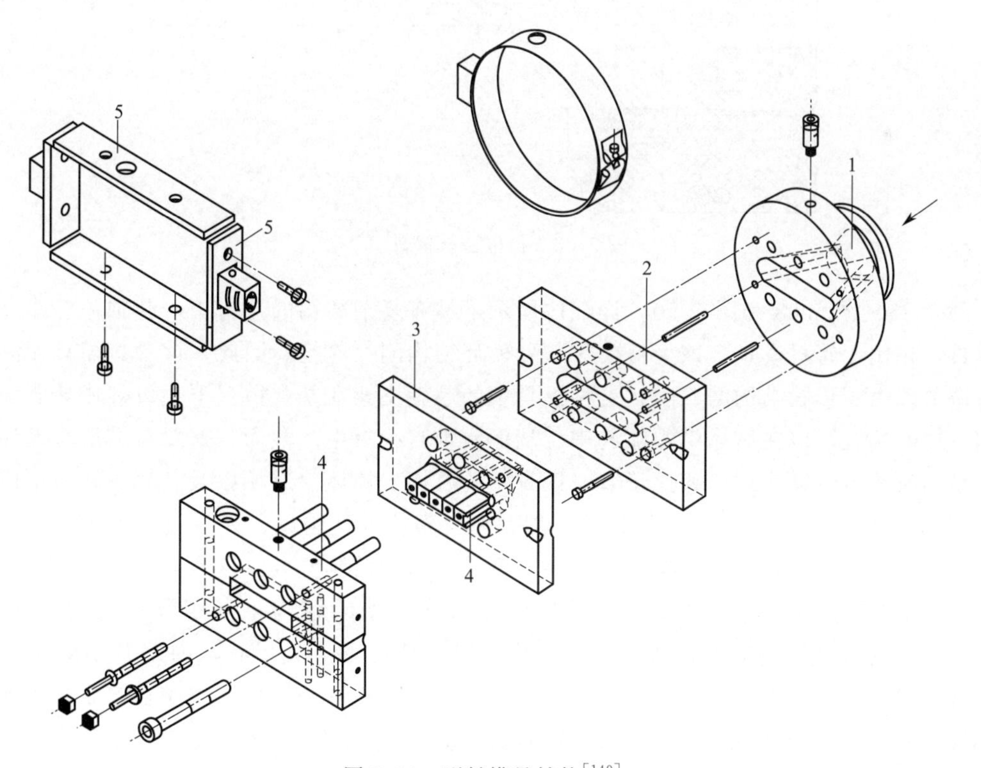

图 5.86　型材模具结构[149]

1—加热板；2—加热带；3—型材模具成型面；4—过渡段（安装板）；5—入口区

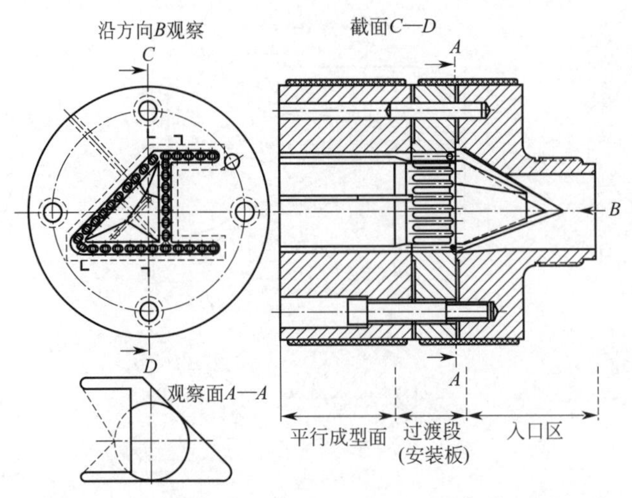

图 5.87　某边柱结构的型材模具[155]

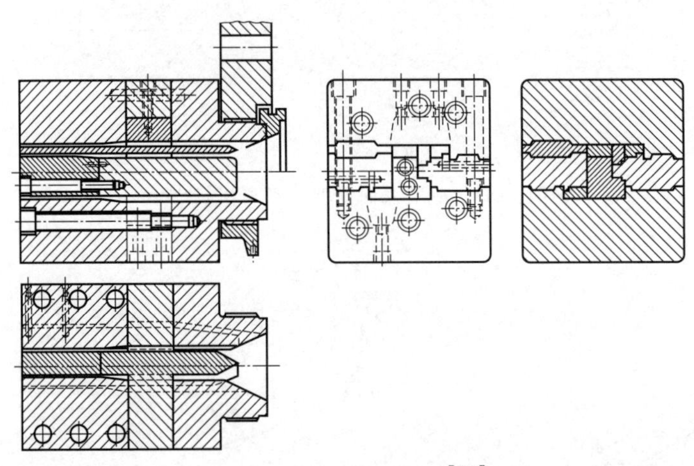

图 5.88　窗框型材模具[145]

图 5.85、图 5.88 和图 5.90，详细地展示了具有复杂结构的鱼雷头（芯轴、芯棒）的型材模具，相比于管材模具，该型材模具与外模环结构刚性连接。因此，该型材模具无法进行对中调节。由于形状结构的原因，这种模具中的芯轴支架在某些情况下会设计成薄弱的机械结构，以便芯轴可以在熔体中漂浮起来，从而实现自我对中。然而，这只有在成功设计出流道的结构时才有可能实现。相比于管材模具中的芯棒支撑体、芯棒以及芯棒尖端所组成的系统（图 5.37），型材挤出中的芯轴部分一般是由一整块零件构成，并与支撑板相互连接在一起。这样的一块零件，虽然结构极其复杂，但是却非常恰到好处，这是因为在模具用过以后若要对模具结构进行必要的修正，则在将各部分芯轴的结构重新组装起来时会非常困难[143,145]。至于这种中间喂料式的模具，其支架的结构呈流线形状，因此其不会对流动形态造成干扰，并且支架与壳体或芯轴之间的边缘结构均设计成圆形，以避免产生流动死点。

图 5.90 所示为在鳍形支撑脚结构后面沿流动方向上的凹陷形结构，这些凹形结构具有船形形状，其主要是为了促进熔体的充分流动，确保挤出成型鳍形支撑脚结构时具有充足的熔体[143]。

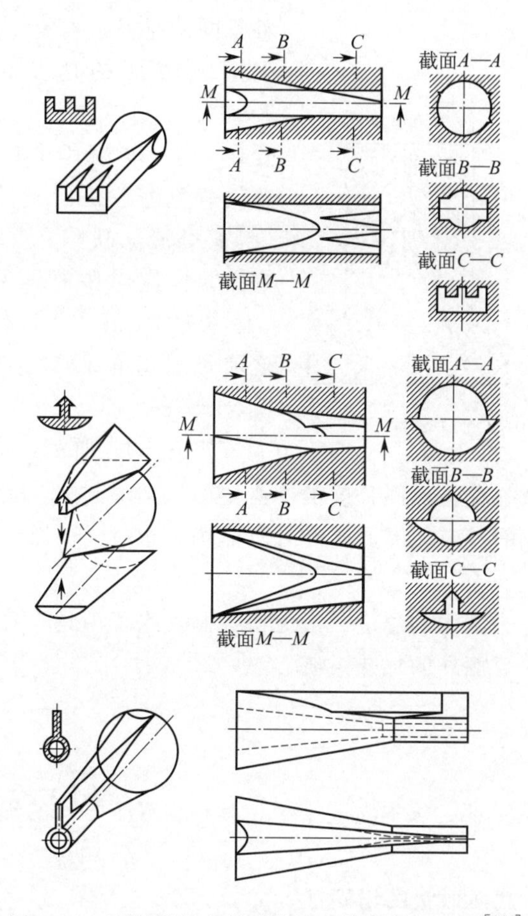

图 5.89　型材模具中的过渡段区域的结构演变[156]

此外，从图 5.90 中还可以看出，为了防止模口位置区域的挤出型材结构发生塌陷，可往型材的中空型腔输入空气进行支撑，这在型材挤出过程中的开机生产阶段尤其重要[143]。对于中空型结构的型材生产而言，一般都需要在中空腔室中输入空气。

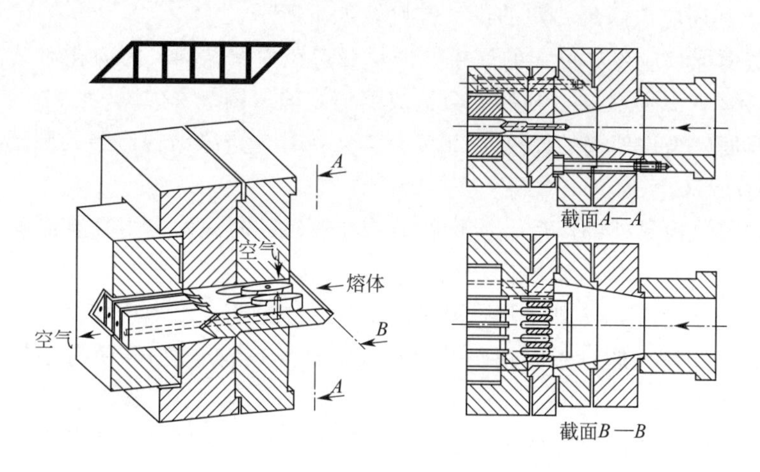

图 5.90　型材模具[143]

正如前文所述，应当避免型材结构中局部位置处的材料积聚。然而，如果模具内部的两

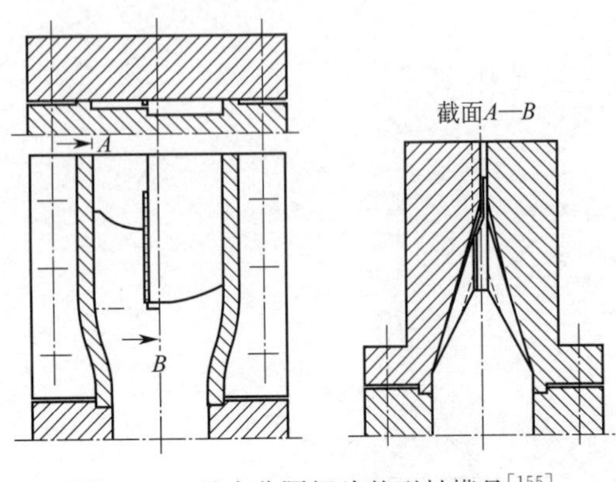

图 5.91 具有分隔翅片的型材模具[155]

种不同的材料必须紧邻彼此发生流动，则可以采用一较薄的翅片将两种熔体隔开（图5.91）。不过，这两股熔体料流最终还是要汇合在一起。该翅片并不会贯穿整个流道，因此这就避免了在挤出制件上造成连续的熔接痕(因此可消除缺陷)[143,155]。用于分隔熔体的翅片结构应当在模具出口上游的较短距离处(大约为 3mm[157])结束，在该位置点出，之前被分开的两股熔体料流又再一次发生汇合。

如图 5.91 所示，从图中可以清晰地看出，在流道的较宽与较窄区域处存在不同长度的、必要的流动限制区。靠近壁面处的流动限制区相对较短，这限制了两侧的流道，因此，在计算流场分布时，可以考虑壁面上额外的流动摩擦效应。

在型材模具中，鱼雷头结构的温度一般无法控制。除了模具本身的加热系统之外，在模具的成型面区域处还有一套额外的加热系统。

5.5.2 设计

对于挤出型材的制品质量，从本质上来说，其存在五个方面的影响因素[149]：

- 结构尺寸的精度；
- 沿长度方向上制件截面形状的精确性；
- 使用功能的准确性；
- 表观质量；
- 特殊结构。

为了满足上述要求，只有当型材具有合适的材料和生产工艺时，才能开始结构设计，而在设计过程中，其还应该满足一定的设计准则，如下所示[20,143,145,148,155,158]：

- 型材的截面形状应该尽可能的简单。应尽量避免内壁结构，因为在后续的冷却过程中无法直接对其冷却，从而在型材制件上会造成缩痕缺陷（图 5.92）；
- 内壁的厚度应当比外壁的厚度小 20%～30%，并且边缘结构应当为圆形（其半径应该为壁厚的 0.25～0.50 倍）[158]；
- 在型材被挤出模具外部以后，型材的结构在较短的时间内应当具有能够保持其形状不变的能力，而且此时型材材料质地仍然较为柔软；
- 结构上应该尽量避免成型材料的积聚以及壁厚的突变，因为这容易造成模具内部的熔体分布不均，冷却出现问题（不同幅度的冷却收缩会导致收缩痕），使得型材制品出现扭曲现象；
- 在设计具有中空结构的型材时，中空腔室不宜太小，否则会造成鱼雷头（芯）结构太小而无法正常稳定地工作；
- 型材表面若具有扁平的条形或带状结构时（有时可能两侧都有），其尺寸应尽可能地短一些，因为该条形或带状结构往往会冷却得更快，从而造成型材发生扭曲；

■ 具有对称的轮廓或具有旋转对称的轮廓形状所造成的型材扭曲变形程度最小，这是因为冷却过程中产生的内应力可以实现自我平衡；

■ 为了减小流动路径之间的差异性，由重心所确定的型材中轴线应该与螺杆的轴线相一致。

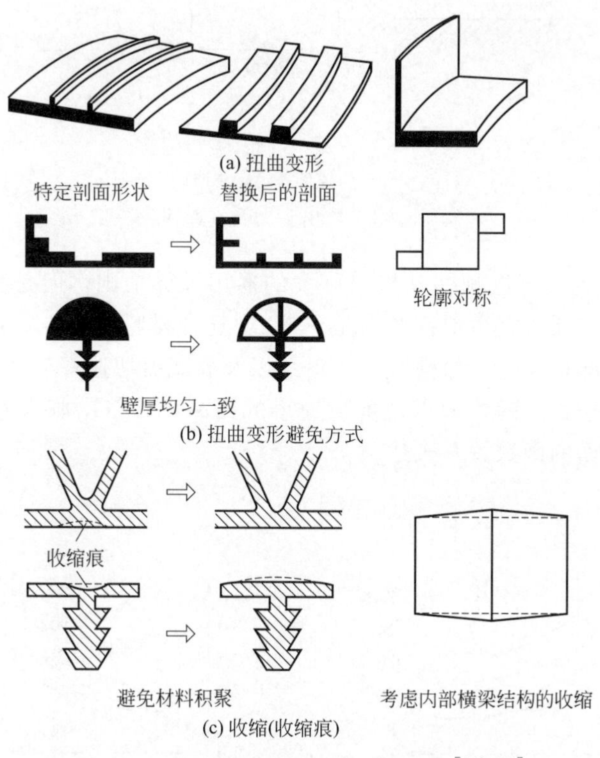

图 5.92　设计型材结构时的一些建议[143,158]

在确定了型材的截面结构之后，接下来就要对流道的布局进行设计，其最终的目的是在模具的出口位置处获得均匀一致的熔体平均流动速度。同时，还必须考虑到挤出制品的胀大与收缩（冷却过程中）效应，以便型材在被挤出后能够具有合适的轮廓形状。除此以外，一般在设计流道结构时，必须特别注意消除流动的滞流区域，保证模具内熔体的停留时间分布谱较窄。当在确定型材模具出口横截面的结构尺寸时，需要考虑以下的这些因素：从所设计的挤出制件的截面形状出发，对制件从模具中挤出时所产生的挤出胀大效应以及制件在冷却或牵引过程中所产生的收缩效应进行补偿（正补偿或负补偿），其中，牵引过程指的是熔体从模具中的平均挤出速度与收卷速度之间的速度差。

挤出胀大

一方面，材料在模具出口位置处产生挤出胀大行为主要是由于模具出口位置区域处熔体流场分布的重新排列；当熔体在流道内发生流动时，由于壁面黏附作用，熔体的流动速度分布为抛物线形，而当熔体被挤出模口时，其流动形态变为了柱塞流。这就使得被挤出的材料中产生局部的拉伸与压缩，因此导致挤出物的横截面发生扭曲变形。另一方面，挤出材料内部所储存的可逆形变发生松弛（黏弹特征，参考 2.1.3 节）（图 5.93）。这些储存的形变是由于流道截面发生变化从而产生拉伸效应所造成的，同时剪切效应也存在一定的影响。

对于矩形截面形状的挤出物，通过研究其几何结构与生产工艺条件对挤出胀大行为的影

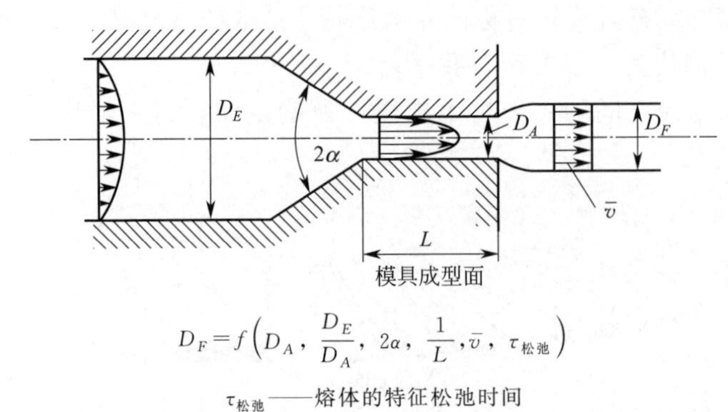

$$D_F = f\left(D_A,\ \frac{D_E}{D_A},\ 2\alpha,\ \frac{1}{L}, \bar{v},\ \tau_{松弛}\right)$$

$\tau_{松弛}$——熔体的特征松弛时间

图 5.93 挤出胀大及其原因

响[159]是无法得到任何关于能预估其挤出胀大的通用计算准则，但是我们从中还是可以发现千丝万缕的联系。该项研究主要针对的是 PVC 型复合材料，基于矩形型材的面积以及高度与宽度上的胀大情况，研究了松弛区、入口角以及表观剪切速率与挤出胀大之间的内在联系。结果表明，随着松弛区的缩短以及剪切速率的提高，其挤出胀大效应增强（图 5.94）。基于此，可以得到下面的函数关系表达式：

$$S = a + be^{(-t_v/c)} \tag{5.129}$$

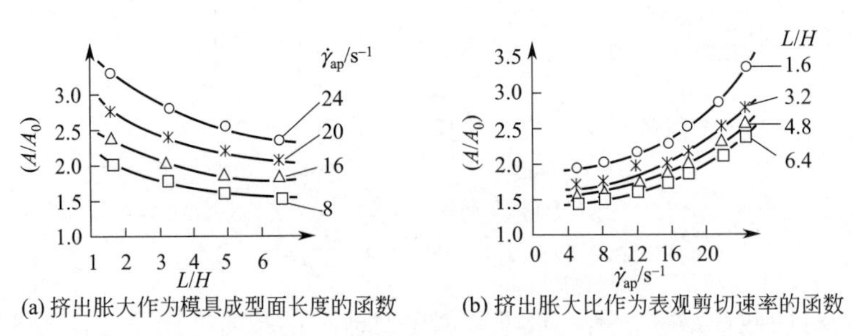

图 5.94 挤出胀大的测试

式(5.129) 表示了基于剪切与速度场重新排列的挤出胀大潜能与入口区域处的形变、松弛区域处的熔体停留时间与特征停留时间之比（t_v/c）之间的关系。在图 5.95 中，先将松弛区长度与表观剪切速率（与停留时间成正比）相比，然后再对挤出胀大比的数值与该比值

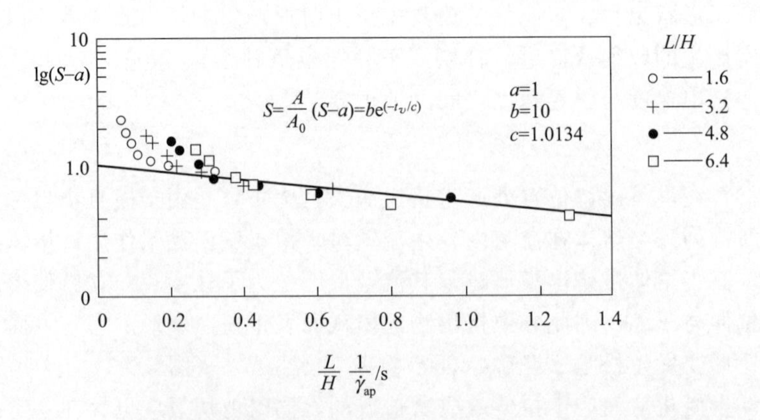

图 5.95 挤出胀大比与模具成型面区域内熔体的停留时间之间的关系

之间的关系作图。结果表明，对于具有较长的停留时间而言，挤出胀大比的数值满足式(5.129)，并且源于剪切效应与速度场重排的胀大潜能的值为 $a=1.5$。对于具有较短的停留时间的情况，其不同松弛区处的曲线相互发生偏离。造成这种结果的原因是在入口区域处所施加的形变在熔体流入松弛区过程中已经发生松弛，这就导致了参数 b（进入松弛区时熔体的形变状态）与工艺条件相关，而这一现象无法像式(5.128) 那样通过简单的方程形式进行描述。

另外很重要的一点是，挤出胀大行为在厚度与宽度上存在一定的差异。众所周知，在速度梯度最大的方向上，其挤出胀大的行为也最为显著，也就是在尺寸最小的方向上（图 5.96）。由于在入口区域处所施加在熔体上的形变方向以及其形变量的大小也很重要，因此我们无法得到挤出胀大的分布与高/宽比之间的直接联系。

通过 FEM 进行模拟计算有可能预测挤出胀大行为，但也存在许多的局限性。要实现这一点，用于描述熔体流动行为的材料本构模型就必须考虑其弹性效应，而这类本构模型中所必需的材料参数目前只有少数几种材料具备，并且这种很有必要的三维流动模拟往往需要很长的计算时间。

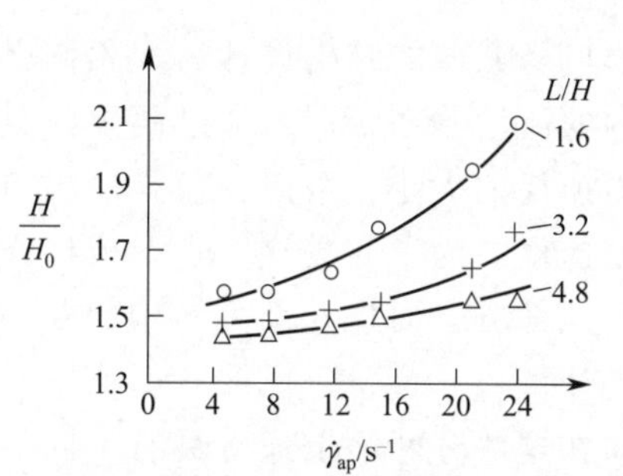

(a) 高度方向上的挤出胀大与表观剪切速率之间的关系

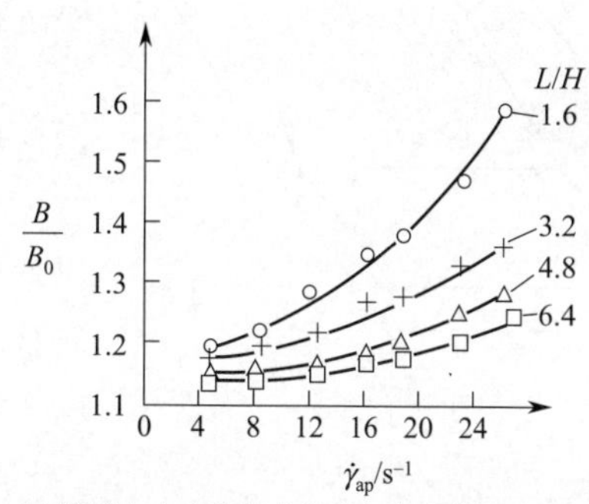

(b) 宽度方向上的挤出胀大与表观剪切速率之间的关系

图 5.96　挤出胀大的测试结果

由于计算胀大行为存在一定的困难，因此这导致了在实际设计过程中会采用经验值来对模口的截面结构进行修正。当然，这些经验值的大小也取决于材料、几何结构以及生产工艺，并且只能用于作为起始点的数据（表 5.2）。

表 5.2　通过减小模具出口截面来调节挤出胀大行为

材料	减小比例	参考文献
硬质 PVC	10%(壁厚 1～2mm)	[145,154]
	3%～6%(壁厚 3～4mm)	[154]
HI-PVC	10%～20%	[145,154]

收缩

当挤出型材的温度从熔体温度冷却到工作环境温度时，材料本身的体积会发生冷缩，有时也称之为收缩。其收缩率的大小可以通过聚合物材料的 p-v-T 图线进行确定。在各向同性的前提假设下，我们可以从体积的收缩来计算出型材的纵向收缩。

牵引

通过轻微的拉伸可以将模具所挤出的型材拉伸并输送至校准单元，以使其与定型器的冷却壁面能够快速地接触。为了补偿这种所谓的牵引行为，应当适当地增大挤出口模的横截面积。表5.3中总结了几种基于经验得到的补偿数值。

表5.3 增大模具出口截面来调节挤出胀大行为的补偿数值

材料	模口截面增大比例	参考文献
硬质PVC	8%～10%(小型型材)	[145,155]
	5%～10%	[16,157]
	3%～5%(大型型材)	[145,155]
塑化型PVC	12%～15%	[16,157]
PE	15%～20%	[16,157]
PS	8%～10%	[16]
PA	20%	[16]

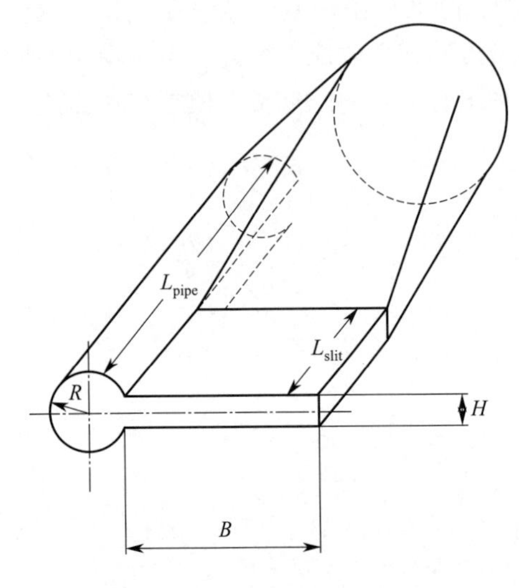

图5.97 流动阻力区长度调整以后的型材模具

模口所需横截面的大小可以基于胀大、收缩以及牵引的相关数据进行估计。如果无法获得这些数据，则可以将模具的出口截面面积设计成比型材的横截面小10%～15%。这样的话，在后期还可能需要进行一定的修正。

在完成模口横截面的结构设计后，我们必须考虑熔体模具内的流动分布情况。通过匹配模具内所有区域内压力损耗的大小，可以在模具的出口处获得均匀的流动速度。为了实现这一点，模口横截面先被划分成了几部分，而这几部分结构的断面则可以实现简单的计算。

由于熔体在这些分断面上通常具有不同的流动阻力，如果熔体的流速是均匀的，则流道的长度(流动阻力区的长度)将会根据每一流径上均具有相等的压力损耗的方式进行调整。这一过程的基本原理可以根据图5.97中的型材来进行简单的描述（相比7.4.1节)，其流动阻力区的长度比为L_{pipe}/L_{slit}。

从图5.97中可以看出，模具出口截面被分成了管形与平面缝隙型两部分。基于二者具有相同的平均流率的条件，则体积流率的计算公式可为：

$$\dot{V}_{pipe}=\bar{v}\pi R^2 \tag{5.130}$$

$$\dot{V}_{slit}=\bar{v}BH \tag{5.131}$$

基于每一流径上具有相等的压力损耗，则可得

$$\Delta p=\frac{8\eta_{rep,pipe}\bar{v}\pi R^2}{\pi R^4}L_{pipe}=\frac{12\eta_{rep,slit}\bar{v}BH}{BH^3}L_{slit} \tag{5.132}$$

此时，两流动阻力区的长度之比为

$$\frac{L_{pipe}}{L_{slit}}=\frac{3}{2}\frac{\eta_{rep,slit}}{\eta_{rep,pipe}}\left(\frac{R}{H}\right)^2 \tag{5.133}$$

在黏度的比值中，需要考虑材料的物性与挤出工艺条件。根据特征剪切速率与本构方程模型，我们可以得到黏度的大小。根据式(5.130)与式(5.131)，则可得特征剪切速率为熔

体平均流动速度的函数，有：

$$\eta_{rep,pipe}=\frac{4\bar{v}}{R}e_{\circ} \tag{5.134}$$

$$\eta_{rep,slit}=\frac{6\bar{v}}{H}e_{\square} \tag{5.135}$$

当然，由于该计算过程忽略了一些因素，因此其结果也具有固有误差，这些被忽略的因素有：

- 各分断面上流动之间的相互影响；
- 横流效应；
- 侧壁的影响。

尽管存在这些问题，但在许多情况下，模拟计算结果还是可以接受的，尤其是当型材具有恒定的壁厚且该壁厚的大小比翅片的宽度还要小的情况下（图5.98）。

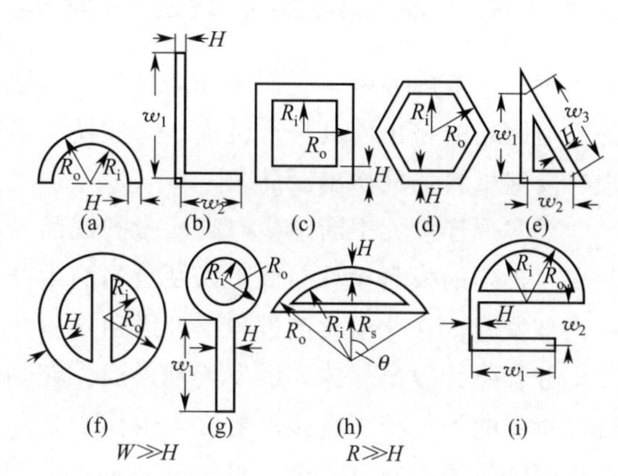

图5.98　断面形状较容易计算的型材

采用有限元法（FEM）对流动进行模拟，可以对复杂形状的型材中的流动阻力区进行辅助设计。当采用这种方法时，可以通过建立FEM结构，采用计算时间密集的、适用复杂三维流动形态的模拟方法来消除前面所述的这种误差，如文献[160]所述。

图5.99表示了某型材截面上中心区域的3D-FEM有限元计算结果，该型材中心区域的形状如右下角所示。由于型材结构上对称，因此，只需要计算一半的截面结构即可。通过FE有限元网格可以再现流道的空间区域，在该流道中，熔体流向中心区域并成型出相应的型材结构，其中每一条流线都将进入该流动中心区域。

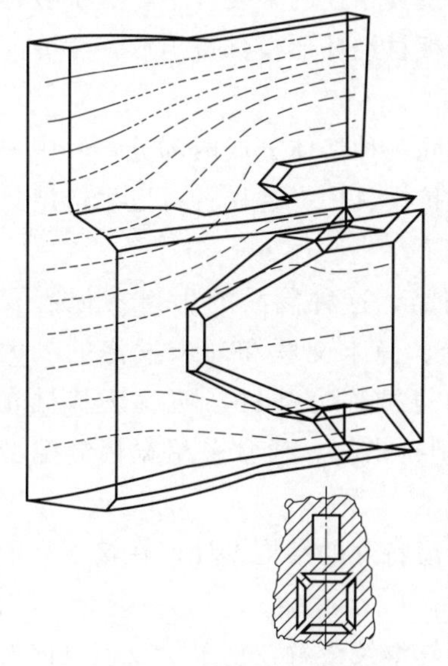

图5.99　流入某型材模具的流线分布（3D-FEM模拟）

当在设计流道结构时，需要遵守以下的通用设计准则[145]：

- 从挤出机的出口处至模具的出口截面处，流道的横截面积在流动方向上应当以大约12°的角度稳步地缩小。在平行的模具成型面区域处，其流动阻力的大小应该为熔体输送流道处的10～12倍。其中，模具成型面的最大长度为90mm。基于这个极限值以及各分断面上的流动阻力区的计算比例，就可以得到各部分的模具成型面的长度。此外，将L/H的比值保持在20～50的范围之内是很重要的[154,155]。
- 芯轴支架的结构边缘应当磨圆或倒圆角（$R=0.2H$），并且其边缘以大约为8°的角度收敛。

在完成模具的设计与制造后，需要使用设计的材料在要求的产量下对模具进行测试。如果熔体在模具出口处的流动不均一，则下一步需要将模具成型面的长度进行缩短。

通常，模具在最后的结构修正之前需要进行硬化处理，以便对模具在硬化处理过程中可能产生的变形做进一步的调整与修改。

对型材模具进行初步的测试与结构修正，其成本可能达到型材模具本身成本的10%～50%[20]。

5.6 用于发泡成型半成品的模具

在5.5节内容中，我们充分地讨论了用于挤出生产固相塑料的模具；那么接下来将对制备发泡制品的挤出模具进行讨论。这些模具可用于生产含有及不含有中空腔室的型材以及固相与发泡材料的共挤出制品。

要实现连续无中断地生产高质量的制品，其前提条件是具有合适的螺杆几何形状和材料配方、正确的模具设计与修正以及恰当的生产工艺条件[161]。发泡工艺可以区分为化学发泡和物理发泡。在化学发泡过程中，需用从料斗中加入化学发泡剂。在较高的温度下，发泡剂发生分解并释放出气体，引发气泡形成。在物理发泡成型中，将发泡剂（例如超临界气体）通过特殊的加料技术直接注射进入熔体中，并在模具后面（熔体流动的上游）引发起泡。取决于密度所需的减重程度，可选择不同的发泡剂：对于密度低于400kg/dm^3的材料，一般选择使用物理发泡剂。

发泡半成品的挤出方法主要有以下两种：

- 含有发泡剂的熔体从模具挤出后会立即发生发泡膨胀；
- 含有发泡剂的熔体在以后的某个时刻发生发泡膨胀。

在第一种方法中，熔体的膨胀过程要么是在模具的外部自由发生，然后紧接着该挤出物被输送至定型器与冷却单元中，要么是发生在通过法兰盘与模具相连的某装置中，这也被称作内部发泡。这样的发泡工艺主要用于生产发泡型板材，该板材经环形模具挤出后在“冷却球泡”中[162]被拉伸，然后发生自由发泡膨胀。

除了以上的这些，还存在一些其他的发泡方法，例如将同一种熔体分成两部分，其中一部分含有发泡剂而另一部分不含发泡剂，并将其同时加入共挤模具中，这样就可以生产出具有发泡芯部结构与实心内外表皮的型材制品[163]。

上述提到的第二种发泡方法主要用于生产聚乙烯类制品，这种制品的生产不但需要加入发泡剂，还需要加入交联剂。将通过传统工艺挤出的、尚未交联和尚未发泡的（大部分未发泡）扁平挤出物放置于加热炉中，有时该挤出物也被称为基材，随后该基材先发生交联反应，然后紧接着发泡成型[164]。为了生产熔融型挤出物，通常采用宽幅缝隙型模具。

那种挤出熔体在流出模口后直接发泡成型的过程需要考虑特殊的结构设计，在接下来的内容中将对此进行讨论。

需要确认的一点是，从发泡剂中分离出来的气体必须能够继续溶解在挤出机及模具内的熔体中：挤出机或模具中的发泡剂不必过早发泡。一旦提前发泡，则在熔体沿着模具壁面发生流动时由于剪切会释放出气泡，从而导致制品的表观质量较差，表面粗糙度较大。

此外，还有一点值得注意，含有气体的熔体具有更低的黏度，因此其在模具内也更容易发生流动。所以，通过合理设计流道的结构以便在挤出机与模具中建立足够的压力是很有必要的，这可以通过使用熔体冷却器来冷却熔体或通过冷却挤出机和模具来实现。这样的话，熔体的黏度增大，熔体压力也保持在较高的水平。同时，建议在模具出口处形成较高的压力梯度分布，以保持发泡剂溶解在熔体中，并改善熔体在挤出模具出口后的气泡成核。例如，对于硬质PVC的挤出发泡成型而言，一般需要达到100～300bar的熔体压力[161]。关于发泡挤出成型过程中流变学问题的研究，可参考文献[165]。

5.6.1　发泡薄膜类模具

为了建立必要的反向压力，环形出口缝隙流道朝向模口方向逐渐变窄。如果挤出的薄膜相对较厚，则需要对模唇进行冷却，以便增大其流动阻力[166]。这种类型的模具可以设计成与模具外部成一角度（大多数情况下为 45°夹角）的缝隙型结构，以避免发泡过程中形成褶皱。

在发泡成型过程中，芯轴的支架结构确实是一个问题，这是因为在发泡板上的流动痕迹比实心板要更加明显[167]。因此，在这样的模具中，支架的数量应当越少越好。一般地，1～2 根的支架结构比较常见，并且它们常以一定的方式进行排列布置：当板材需要在一侧进行分割时，熔合线（流痕）应位于分割面内[166]。

在文献［156］及本章 5.3.1.1 节中，讨论了将流痕效应最小化的相关方法。例如，通过在通向芯轴支撑件的流道后侧的芯轴区域中设置流动阻力珠，可以提高 PE 的发泡挤出板材的制品质量。

5.6.2　发泡异型材类模具

接下来，我们将简要介绍多种用于挤出发泡型材的模具。至于更加详尽的细节内容，可参考文献［161］。

纵向喂料式实心型材模具

这一类的挤出模具表现出较高的流动阻力，并用于生产具有小横截面积的薄壁型材（图 5.100）。对比实心型材模具发现，该模具在出口区域处设计有既短（1～2mm 长）又窄（约流道高度的 10%）的流动限制区。这种流动限制区结构的作用是用来大幅降低模具出口区域处的熔体压力，以便触发发泡成型过程。

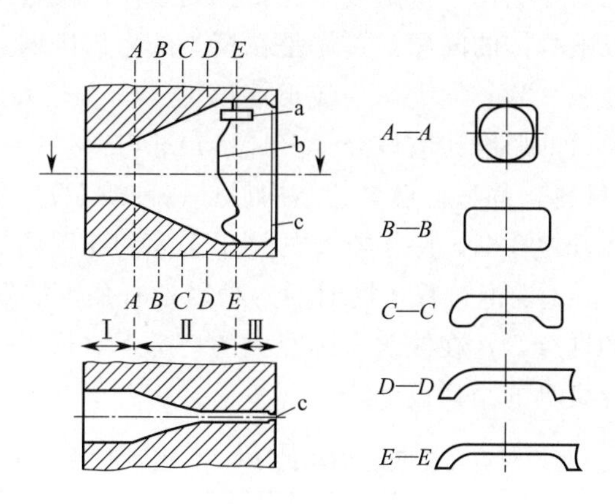

图 5.100　发泡异型材的挤出模具（对流动校正的可选方法[161]）

Ⅰ—喂料区；Ⅱ—过渡区；Ⅲ—模具成型面区；

a—分隔翅片；b—模具成型面的长度；c—流动限制区

具有鱼雷头结构的板材型模具

这些模具类似于型材挤出中通常使用的模具，其鱼雷头结构确保了挤出机中能够充分建立起所需的压力（图 5.81）。采用容易更换的模板结构进行组合，使得可以用同一模具生产多个几何结构相似的型材制品。

具有节流栅与（如果有需要的话）**鱼雷头结构的模具**

当流道的截面需要尽可能地减少结构修正时，就需要采用薄壁型的节流栅结构[168]来建立较高的流动阻力。熔体的流动可以通过调节节流栅的局部长度进行控制（图 5.101）。这样的结构设计适用于挤出生产大截面、大壁厚以及壁厚分布发生变化的发泡型材。熔体通过节流栅时会形成多股料流，这些料流在模具的出口位置区域将再一次汇合于一起。

在这样的节流栅结构中，可以引入鱼雷头结构。鱼雷头结构的存在可以优化熔体的流动分布，大幅度地改变某特定区域中发泡型材的体积重量，甚至还可以用于制备型腔结构[169]。

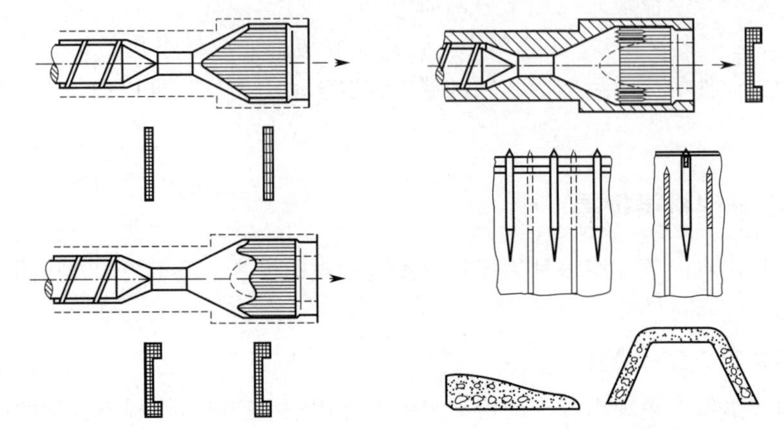

图 5.101 用于型材发泡挤出的节流栅[168]或鱼雷头形的节流栅[169]的模具结构

中空型材的挤出模具

这种模具的结构布局与那些用于挤出成型无发泡剂熔体的模具结构一致。然而，中空型材的挤出模具需要注意以下具体的问题：首先是在模具的出口区域处应设置熔体的限流区与长度较短的平行成型面区域（其长度大约为流道高度的 5～10 倍）；其次，芯轴或芯棒的支撑体区域的流道截面与模口的压缩比应该介于（10∶1）～(15∶1)。

对于硬质 PVC 发泡材料，其型材模具的结构设计比硬质 PVC 实心型材的模具设计更加困难，这是因为材料在离开模孔时，除了本身的挤出胀大和速度场的重排分布之外，还存在着发泡膨胀的行为[161]。由于发泡过程还同时与各种因素有关，如发泡剂的类型、材料的配方、温度以及材料之间的混合等，在缺乏实际经验的情况下，可以谨慎地采用由表 5.4 所给出的模孔尺寸的值来指导模具的结构设计[161]。

表 5.4 生产具有特定尺寸结构的 PVC-U 型材所需的模孔尺寸

项目	型材最终尺寸(经校正)/mm	模孔的结构尺寸/mm	占型材最终尺寸的百分比/%
型材宽度	10～30	6～18	60
	30～60	21～42	70
	60～100	48～80	80
	100～150	90～135	90
	150	150	100
型材厚度	<3	<1.5	50
	3～8	1.35～3.6	45
	8～12	4～6	50

为了尽量降低制品的返工率，上述表中的这些数值应刻意设置得小一些。这些数值的大小也与型材的宽度/厚度比相关，并且根据文献［161］所述，只有当宽厚比在 3～15 时，上述数值才有效。当宽厚比大于 15 时，其宽度将不再继续进行修正；而当比值低于 3 时，其宽度的修正过程将与厚度的修正过程一致[161]。对于发泡型材模具的设计，还应该考虑到其流道沿着模具出口方向必须逐渐地连续变窄收缩。要避免流道截面的扩大，同时还要消除局部滞流的潜在性[161,170]。

5.7　特殊模具

5.7.1　用于异型材或任意截面涂覆的模具

这一类的模具，主要用于对任意结构形状的型材进行涂覆，其可用于改善制品的表观质量或者对制品进行反腐处理[20]。与标准的涂覆成型过程一样，待涂覆的型材也被输送穿过（中空）芯棒；该芯棒在结构配合上具有合适的设计以及配合较紧密的公差轮廓。此外，在这种情况下要将材料涂覆在待涂覆的型材上，需要借助于真空辅助。

例如，图 5.102 表示了某用于铝箔涂覆的模具结构，铝箔的厚度大约为 50～200μm，采用 CAB（乙酰丁酸纤维素）对型材边缘进行涂覆修饰。在涂覆过程中，铝箔被平整地输送至模具内部，并在模内进行涂覆，紧接着再输送至定型器中进行定型与冷却[171]。

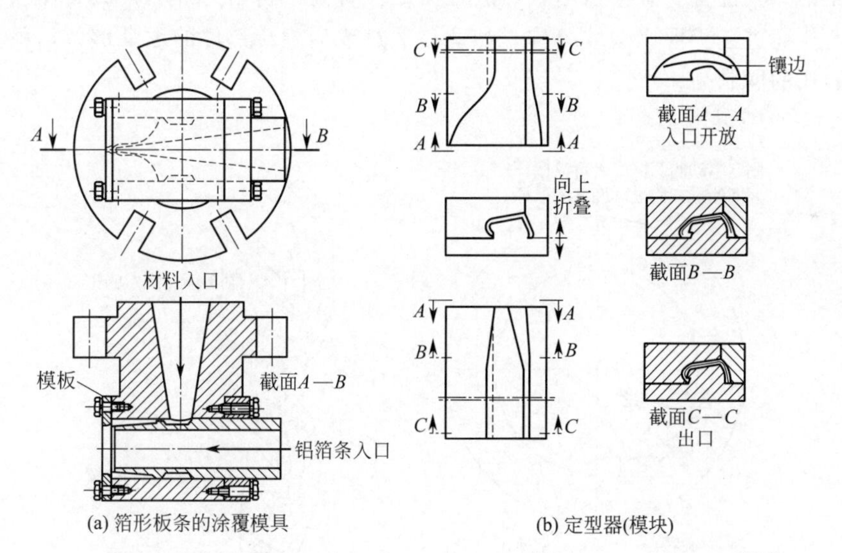

图 5.102　用于型材镶边挤出的模具与定型器结构（CAB 涂覆铝箔）[171]

为了避免在输送过程中划伤铝箔型材，需要对铝箔进入通道进行高度抛光，而熔体几乎是沿切线方向涂覆在铝箔型材上。通过在轴向上调节芯棒，可以实现对模口缝隙进行优化。

在这种情况下，定型器系统的长度不应长于 15～25cm，以免型材在校准与冷却段区域内因为摩擦增大而发生破坏[171]。

5.7.2　用于生产具有内增强嵌件的型材制品的模具

要在挤出成型的塑料或橡胶制品中置入内增强嵌件，存在许多各种各样的制造方法。在文献［172］中，作者详细地论述了这种制品的制造方法。根据文献中所述，要制备出具有增强件的半成型制品，主要有如下三种基本方法：

- 独立于挤出生产过程，将预制好的内增强件置入在夹套模具中；
- 先挤出成型制品的内层结构，紧接着对内层进行增强，然后再进行外层涂覆成型；
- 在型材的挤出生产过程中同时成型内增强件。例如，这种方法可用于对那些在模具内部需要实现螺旋缠绕并同时进行熔体包覆的线材进行增强。

在文献［173］中，对上述中的第二种方法进行了举例讨论。文中描述了某增强软管的挤出生产，在第一步骤中首先需要采用增塑 PVC 来挤出所谓的软管半成品。经过冷却以后，在卷绕机中对该软管半成品进行纱线缠绕。为了使纱线与软管之间具有更好的界面黏附，需要对软管的表面进行加热，因此紧密缠绕的纱线则很容易地融进了塑料中。最后一步是在合适的夹套模具中对上述的半成品进行外层包覆[173]。

5.7.3 用于生产网状产品的模具

通过采用中间喂料式或侧喂料式的模具，并且模具的出口结构如图 5.103 所示，则可以制备出塑料网制品[36,174,175]。正如图 5.103 中所示，外模环结构可以连续地或分步地进行旋转。在侧喂料式模具中，除了外模环结构可以旋转外，其芯棒也可以通过旋转进行调节。该轮齿系统可以处于空穴对空穴的位置上，也可以位于轮齿对空穴的位置状态。将近一半的熔体料流在第一个位置状态被挤出，然后在第二位置处，挤出另外一半的熔体料流并形成网的交织点，从而进一步形成网纱结构。如此，通过改变旋转部件的运动形式，就可以制备出不同结构形式的网制品[174,175]。

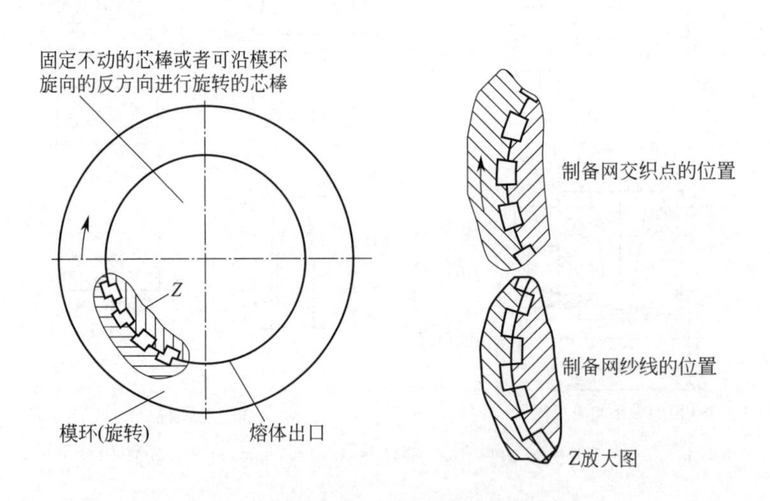

图 5.103　可用于挤出制备网状制品的模具出口结构

5.7.4 用于生产厚板产品的带驱动螺杆的缝隙型模具

这种特殊设计的宽幅狭缝模具在日本用得比较多，其主要用于硬质 PVC 挤出生产宽厚板材。在该模具的内部含有一独立驱动的螺杆，该螺杆可实现对挤出机输送过来的熔体进行分布（图 5.104）。沿着模具的长度方向上，熔体在整个流动阻力区不断地从模具的一侧流出，并流入相连的模唇区域，这样就制备出了平板型片材或厚板材。其中，熔体局部的流动状态可以通过扼流杆或者可调节模唇进行控制（柔性模唇）[176]。

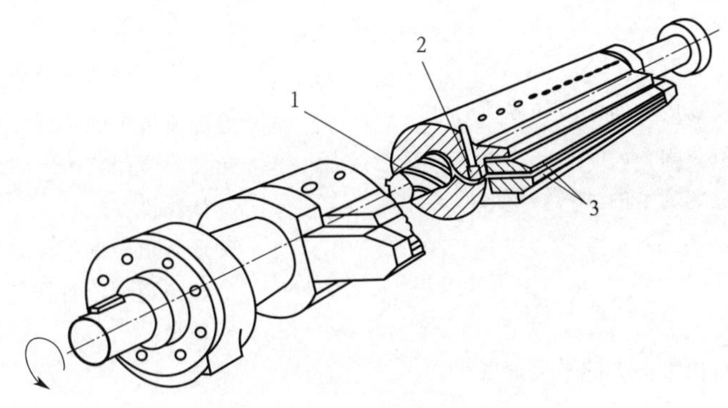

图 5.104　含有螺杆的片材挤出模具[177]

1—螺杆；2—扼流杆；3—可调节模唇

上述这种技术复杂且价格相当昂贵的系统，其一个优点是没有熔体滞流现象的发生，从而降低了如挤出硬质 PVC 时材料发生降解的危险。因此，这种情况下就可以减少稳定剂的使用量，降低制造成本[177]。关于熔体在螺杆中以及在相连的流动阻力区及模唇区域处的流动理论分析，可参考文献［178］。

符号及缩写

符号	含义
A	常数(Prandtl-Eyring 双曲正弦定律)
A_Q	截面上的常数 A
A_W	壁面面积
a	由于剪切及速度场重新排布而导致的挤出胀大潜能
B'	替换截面的流道宽度的比重份额
B	宽度
b	缝隙型歧管的宽度
b	入口处的形变
C	常数(Prandtl-Eyring 双曲正弦定律)
c	熔体的特征停留时间
D	直径
D_d	喷嘴直径
D_m	模具的公称直径
d_{hyd}	水力直径
$e_{\bigcirc}$	圆形流道的特征半径与外半径之比
$e_{\square}$	缝隙型流道的特征高度与总高度之比
f_p	流动修正系数
H	高度
h	高度
h_E	分配流道末端处的缝隙高度
L	长度
L_E	入口长度
l	沿歧管方向的坐标
$\dot{m}$	质量流率
N_{slit}	缝隙的数量
N_0	直至第一个螺旋重叠处的缠绕角增量数
N_{spiral}	螺旋数
n	流动指数(幂律模型)
n	指数
p	压力
$\bar{p}$	计算段中心位置区的平均压力
p_0	环境压力
Δp	压力损耗
Δp_{entry}	入口压力损耗
Δp_{pipe}	圆形管道中的压力损耗
Δp_{slit}	缝隙流道中的压力损耗
Δp_{total}	总压力损耗
R	半径
R_o	外径
R_i	内径
r	半径
S	胀大

T	温度
T_m	块体温度
T_{MP}	熔点温度
T_0	参考温度
t_v	熔体在模具成型面区域的停留时间
$\bar{t}$	平均停留时间
$\bar{t}_{V_{total}}$	整个流道宽度上的平均停留时间
U	周长
v	速度
$\bar{v}$	平均速度
$\bar{v}_z$	熔体沿挤出方向上的平均速度
$\dot{V}$	体积流率
$\dot{V}_L$	歧管中的漏流体积流率
x	沿宽度方向上的坐标
y	沿挤出方向上的坐标
y_0	模具成型面的最大长度
α	角度
$\dot{\gamma}_{rep}$	特征剪切速率
$\dot{\gamma}_{rep,pipe}$	圆形管道中的特征剪切速率
$\dot{\gamma}_{rep,slit}$	缝隙流道中的特征剪切速率
ς	角度(柱形坐标)
η_{rep}	特征黏度
$\eta_{rep,pipe}$	圆形管道中的特征黏度
$\eta_{rep,slit}$	缝隙流道中的特征黏度
θ	圆周角
ρ	密度
τ_W	壁面处剪切应力
$\Phi(u)$	辅助函数,参考方程(5.28)
$\psi(r)$	辅助函数,参考方程(5.30)

缩写

CAB	乙酰丁酸纤维素
FDM	有限差分法
FEM	有限元法
PA	聚酰胺
HDPE	高密度聚乙烯
LDPE	低密度聚乙烯
PTFE	聚四氟乙烯

参考文献

[1] Wichardt, G.: Heiβgranuliervorrichtungen. In: Granulieren von thermoplastischen Kunststoffen. VDI-Verl., Düsseldorf (1974).

[2] Knappe, W: Rheologisches Verhalten von Kunststoffschmelzen in Granulierlochplatten. In: Granulieren von thermoplastischen Kunststoffen. VDI-Verl., Düsseldorf (1974).

[3] Siemetzki, H.: Unterwassergranuliervorrichtungen, Bauart Barmag. In: Granulieren von thermoplastischen Kunststoffen. VDI-Verl., Düsseldorf (1974).

[4] Martin, G.: Unterwassergranuliervorrichtungen, Bauart Berstorff. In: Granulieren von thermoplastischen Kunststoffen. VDI-Verl., Düsseldorf (1974).

[5] N. N.: Granulieren von Thermoplasten: Systeme im Vergleich. Gesellschaft Kunststofftechnik, VDI-Verlag., Düsseldorf (1999).

[6] Hensen, F.: Einsatz von Groβflächenfiltern und dynamischen Mischern zur Qualitätsverbesserung bei der Kunststoffverarbeitung bzw. Spinnextrusion. Plastverarbeiter 33 (1982) 12, pp. 1447-1454.

[7] N. N.: Neue Entwicklungen bei der Filtration von Polymerschmelzen. Chemiefasern Text. Ind. 34 (1984) 6, pp. 409-411.

[8] Schmitz, T. et al.: Schutz für empfindliche Oberfl. chen, Kunststoffe 100 (2010) 4, pp. 54-57.

[9] Morland, C. D. and Williams, B.: Selecting polymer filtration media. Fiber Prod. (1980) pp. 32-44; 65

[10] N. N.: Auch bei starker Rohstoffverschmutzung störungsfreie Produktion. Plastverarbeiter 35 (1984) 4, pp. 162-163.

[11] Bessemer, C.: Continuous extruder filtration enhances product quality and throughput. Plast. Eng. 39 (1983) pp. 29-31.

[12] Wöstmann, S.: Peripherie für Extrusionsanlagen-hinter dem Extruder. VDI-Seminar Extrusion thermoplastischer Kunststoffe, Frankfurt (2013).

[13] Carley, J. F. and Smith, W. C.: Design and operation of screen packs. Polym. Eng. Sci. 18 (1978) 5, pp. 408-415.

[14] Schwab, H.: Düsen für das Spinnen von Chemiefasern: Formen, Materialien und Herstellungsverfahren. Chemiefasern. Text. Ind. 27 (1977) 9, pp. 767-775.

[15] Funk, W. and Schumm, R.: Spinndüsen - Bauteile für die Chemiefaserindustrie. Chemiefasern Text. Ind. 22 (1972) 6, pp. 518-522.

[16] Mink, W: Extruder-Werkzeuge. Plastverarbeiter 15 (1964) 10, pp. 583-590 and 15 (1964) 11, pp. 652-657.

[17] Poller, D. and Reedy, O. L.: Designing dies for monofilaments. Mod. Plast. 41 (1964) 3, pp. 133-138.

[18] Fourné, F.: Synthetic Fibers, Chapter 4.6: Melt Spinning Plants. Hanser Verlag, Munich (1999).

[19] Hinz, E.: Erfahrungen beim Herstellen von Vollprofilen aus thermoplastischen Kunststoffen. In: Extrudieren von Profilen und Rohren. VDI-Verl., Düsseldorf (1974).

[20] Schiedrum, H. O.: Profilwerkzeuge und-anlagen für das Extrudieren von thermoplastischen Kunststoffen. Plastverarbeiter 19 (1968) 6, pp. 417-423 and 19 (1968) 8, pp. 635-640 and 19 (1968), pp. 728-730.

[21] Voigt, J. L.: Kontinuierliches Herstellen von Polyamid-Stäben. Kunststoffe 51 (1961) 8, pp. 450-452.

[22] Franz, P.: Flieβverhalten von PVC in Granulierlochplatten. In: Granulieren von thermoplastischen Kunststoffen. VDI-Verl., Düsseldorf 1974.

[23] Giesekus, H.: Sekundärströmungen und Strömungsinstabilitäten. In: Praktische Rheologie. VDI-Verl., Düsseldorf 1978, pp. 162-171.

[24] Kleinecke, K. D.: Zum Einflu. von Füllstoffen auf das rheologische Verhalten von hochmolekularen Polyethylenschmelzen. II. Untersuchungen in der Einlaufströmung. Rheol. Acta 27 (1988).

[25] White, J. L.: Critique on flow patterns in polymer fluids at the entrance of a die and instabilities leading to extrudate distortion. Appl. Polym. Symp. 9 (1973) 20, pp. 155-174.

[26] Han, C. D.: Influence of the die entry angle on the entrance pressure drop, recoverable elastic energy and onset of flow instability in a polymer melt flow. J. Appl. Polym. Sci. 17 (1973) pp. 1403-1413.

[27] Ryder, L. B.: End correction implication in die design and polymer processing. SPE J. 17 (1961) 12, pp. 1305-1309.

[28] Han, C. D. et al.: Measurement of the axial pressure distribution of molten polymers in flow through a circular tube. Trans. Soc. Rheol. 13 (1969) 4, pp. 455-466.

[29] N. N.: Kenndaten für die Verarbeitung thermoplastischer Kunststoffe. Ed.: VDMA. Rheologie. Hanser, München (1986).

[30] Bartos, O.: Fracture of polymer melts at high shear stress. J. Appl. Phys. 68 (1961) p. 6.

[31] Ertong, S.: Charakteristische Str. mungseffekte bei viskoelastischen Flüssigkeiten: Schmelzebruch, Strahlaufweitung. Rheologieseminar, Institut für Verfahrenstechnik, Aachen 1988, p. 5.

[32] Vinogradov, C. V. and Insarova, N. I.: Critical regimes of shear in linear polymers. Polym. Eng. Sci. 12 (1972) p. 5.

[33] Li, Ch. H. et al.: Two separate ranges for shear flow instabilities with pressure oscillations in capillary extrusion of HDPE and LLDPE. Polym. Bull. 9 (1986) pp. 15.

[34] Masberg, U.: Auslegen und Gestalten von Lochplatten. In: Filtrieren von Kunststoffschmelzen. VDI-Verl., Düsseldorf (1981).

[35] Ehrmann, G. et al.: Berechnen und experimentelles Ermitteln der Druckverluste verschiedener Siebgewebe. In: Filtrieren von Schmelzen. VDI-Verl., Düsseldorf 1981.

[36] Domininghaus, H.: Einführung in die Technologie der Kunststoffe, 2nd, company paper, Hoechst AG, Frankfurt.

[37] Oertel, H.: Herstellen von tafelf. rmigem Halbzeug aus Polyolefinen. Plastverarbeiter 17 (1966) 1, pp. 17-23.

[38] Hensen, F.: Anlagenbau in der Kunststofftechnik, postdoctoral thesis at the RWTH Aachen (1974).

[39] Kaehler, M.: Der Einschneckenextruder und seine Anwendung bei der Platten- und Folienherstellung. Kunstst. Plast. 20 (1973) 3, pp. 13-16.

[40] Michaeli, W.: Zur Analyse des Flachfolien- und Tafelextrusionsprozesses. Thesis at the RWTH Aachen (1976).

[41] N. N.: Company paper, Johnson-Leesona Company.

[42] Fischer, P. and Ortner, A.: ABS-Tafeln problemlos extrudieren. Kunststoff-Berater (1971) 5, pp. 380-385.

[43] Fischer, P. et al.: Maschinen- und verarbeitungstechnische Fortschritte beim Herstellen von Kunststoff-Tafeln und-Folien. Kunststoffe 61 (1971) 5, pp. 342-355.

[44] Schumacher, F.: Extrudieren von Breitschlitzfolien und Platten. Kunststoffe 77 (1987) 1, pp. 96-99.

[45] Heimlich, S.: Extruder-Werkzeuge. Kunststoff-Berater (1973) 12, pp. 883-885.

[46] Donovan, J. S.: Wide sheet lines in the US. Br. Plast. 43 (1970) 5, pp. 121-125.

[47] Fischer, P. and Ortner, K. A.: Neue Dimensionen in der Extrusion von Tafeln. Plastverarbeiter 22 (1971) 10, pp. 741-742.

[48] Pred. hl, W.: Herstellung und Eigenschaften extrudierter Kunststoffolien. Postdoctoral thesis at the RWTH Aachen (1977).

[49] Gregory, R. B.: Advances in extrusion die design. Mod. Plast. 44 (1967) 3, pp. 132-135.

[50] Schenkel, G.: Vom Kreis zum Rechteck-Probleme der Extrusion von Flach- und Schlauchfolien. IKT-Colloquium, Stuttgart (1979).

[51] Röthemeyer, F.: Formgebung eines Plattenspritzkopfes nach Theologischen Gesichtspunkten. Kunststoffe 56 (1966) 8, pp. 561-564.

[52] Weeks, D. J.: Berechnungsgrundlagen für den Entwurf von Breitschlitz- und Ringdüsen. Br. Plast. 31 (1958) 4, pp. 156-160; Br. Plast. 31 (1958) 5, pp. 201-205 and Kunststoffe 49 (1959) 9, pp. 463-467.

[53] McKelvey, J. M. and Ito, K.: Uniformity of flow from sheeting dies. Polym. Eng. Sci. 11, (1971) 3, pp. 258-263.

[54] Pearson, J. R. A.: Non-Newtonian flow and die design. Plast. Inst., Trans. J. 32 (1964) 99, pp. 239-244.

[55] Ito, K.: Designing fish-tail die. Jpn. Plast. (1970) 7, pp. 27-30.

[56] Ito, K.: Designing coat-hanger die. Jpn. Plast. 2 (1968) 1, pp. 35-37 and 3 (1969) 1, pp. 32-34.

[57] Chejfec, M. B.: Profilierung der Extrusionsdüsen mit flachem Austrittswinkel. Plast. Massy (1973) 12, pp. 31-33.

[58] N. N.: DE-PS 11 80 510 Reifenhäuser KG, Troisdorf (German patent).

[59] Barney, J.: Trends in extrusion die design. Plast. Des. Process. 14 (1974) p. 2.

[60] Barney, J.: Design requirements for PVC film and sheet dies. Mod. Plast. 46 (1969) 12, pp. 116-122.

[61] Leggewie, E. and Wurl, G.: Extrudieren von Folien und Platten über die Breitschlitzdüse. Kunststoffe. 63 (1973) 10, pp. 675-676.

[62] N. N.: DE-OS 1779546 Reifenhäuser KG, Troisdorf (German patent).

[63] N. N.: US Patent 3, 940, 221 Welex, Blue Bell, PA.

[64] N. N.: Welex/LFE Autoflex: Automatic Sheet Profile Control System. Company paper. Welex, Blue Bell, PA.

[65] Rudd, N. E.: Automatic Profile Control: Technology and Application. SPE Tech. Pap. (1978) pp. 565-567.

[66] N. N.: Now extrusion control is affortable by everybody. Mod. Plast. Int. 57 (1979) pp. 36-39.

[67] N. N.: Automatische Flachfoliendüse mit Piezotranslatoren. Kunststoffe 78 (1988) 7, p. 595.

[68] Friedrich, E.: Extrudieren von Methacrylaten. Kunststoffe 47 (1957) 4, pp. 218-223.

[69] Pfeiffer, H. et al.: DE-OS 35 03 721 AlBreitschlitzdüse zum Extrudieren eines thermoplastischen. Kunststoffes (1986) (German patent).

[70] Pfeiffer, Herbert: DE-OS 3534 407 Al Hoechst AG (1987) (German patent).

[71] G. rmar, E. H.: Beitrag zur verarbeitungsgerechten Dimensionierung von Breitschlitzwerkzeugen für thermisch instabile Thermoplaste insbesondere PVC-hart. Thesis at the RWTH Aachen (1968).

[72] Sch. newald, H.: Auslegung von Breitschlitzwerkzeugen für die Folien- und Plattenextrusion. Kunststoffe 68 (1978) 4, pp. 238-243.

[73] Kirchner, H.: Dimensionierung von Verteilerkan. len für Breitschlitzwerkzeuge. Unpublished Diploma thesis at the IKV, Aachen (1976).

[74] Matsubara, Y.: Geometry design of a coat-hanger die with uniform flow rate and residence time across the die width. Polym. Eng. Sci. 19 (1979) p. 3.

[75] Fritz, H. G.: Extrusionsblasformen. In: Hensen, F., Knappe, W. and Potente, H. (Eds.): Handbuch der Kunststoffextrusionstechnik. Vol. II: Extrusionsanlagen. Hanser, München (1989).

[76] Standke, R.: Entwicklung eines Programms zur Simulation des Verteilverhaltens von Kleiderbügelverteilern. Unpublished Studienarbeit at the IKV, Aachen (1988).

[77] Helmy, H.: Aspects of the design of coathanger dies for cast film and sheet applications. Adv. Polym. Eng. 7 (1987) p. 1.

[78] R. themeyer, F.: Bemessung von Extrusionswerkzeugen. Maschinenmarkt 76 (1979) 32, pp. 679-685.

[79] Fischbach, G.: Internal lecture (Promotionsvortrag) at the IKV, Aachen (1988).

[80] Wortberg, J.: Werkzeugauslegung für Ein- und Mehrschichtextrusion. Thesis at the RWTH Aachen (1978).

[81] Procter, B.: Flow analyses in extrusion dies. SPE J. 28 (1972) 2, pp. 34-41.

[82] McKelvey, J. M. and Ito, K.: Uniformity of flow from sheeting dies. Polym. Eng. Sci. 11 (1971) p. 3.

[83] Vergnes, B. et al.: Berechnungsmethoden für Breitschlitz-Extrusionswerkzeuge. Kunststoffe 70 (1980) p. 11.

[84] Kral, V. et al.: Modelling of flow in flat film extrusion heads. In: Progress and Trends in Rheology II. Springer, Berlin (1988) pp. 397-400.

[85] Schiedrum, H. O.: Auslegung von Rohrwerkzeugen. Plastverarbeiter (1974) 10, pp. 1-11.

[86] Kress, G.: Auslegung von Schlauchk. pfen, Kühl- und Flachlegevorrichtungen. In: Extrudieren von Schlauchfolien. VDI-Verl., Düsseldorf (1973).

[87] Kreth, N. and Seibel, S.: Rohrextrusion. In: Bührig-Polaczek, A.; Michaeli, W.; Spur, G. (Eds.): Handbuch Umformen. Hanser, München (2013).

[88] Kleindienst, U.: Fließmarkierungen durch Dornhalterstege beim Extrudieren von Kunststoffen. Kunststoffe 63 (1973) 7, pp. 423-427.

[89] Harnischmacher, R.: L. ngsmarkierungen in extrudierten Kunststofferzeugnissen - Experimentelle Untersuchungen mit einer Modellflüssigkeit. Thesis at the University of Stuttgart (1972).

[90] Caton, J. A.: Extrusion die design for blown film production. Br. Plast. (1971) 4, pp. 140-147.

[91] Worth, R. A., Bradley, N. L., Alfrey, T., Jr. and Maack, H.: Modifications to weld lines in extruded thermoplastic pipe using a rotating die system. Polym. Eng. Sci. 20 (1980) p. 8.

[92] Schenkel, G.: Rheologische Formgebung einfacher Spritzwerkzeuge für Extruder. Kunststoffe 49 (1959) 4, pp. 201-208 and 49 (1959) 5, pp. 252-256.

[93] Daubenbüchel, W.: Auswirkungen der Konstruktion von Speicherköpfen von Blasformmaschinen auf die Artikelqualit. t. Kunststoffe 66 (1976) 1, pp. 15-17.

[94] Boes, D.: Praxisgerechte Auslegung von Schlauchköpfen für Blasformmaschinen. Kunststoffe 67 (1977) 3, pp. 122-125.

[95] Schiedrum, H. O.: Der Siebkorb-Rohrkopf in der Polyolefin-Großrohr-Produktion. Plastverarbeiter 26 (1975) 9, pp. 515-518.

[96] Ast, W.: Schlauchfolien- und Rohr-Extrusionswerkzeuge mit Wendelverteiler. Kunststoffe 66 (1976) 4, pp. 186-192.

[97] Fischer, P. and Wortberg, J.: Neue Konstruktionen aktueller denn je, Plastics Special (1999) 10, pp. 50-55.

[98] Wortberg, J.: Neue Wendelverteiler-Werkzeuge, Kunststoffe 88 (1998) 2, pp. 175-180.

[99] Ast, W. and Pleßke, P.: Wendelverteiler für die Rohr- und Schlauchfolienextrusion. In: Berechnen von Extrudierwerkzeugen. VDI-Verl., Düsseldorf (1978).

[100] Rotter, B.: Rheologische und mechanische Auslegung von Radialwendelverteilerwerkzeugen, Dissertation at RWTH Aachen (2002).

[101] Backmann, M. and Sensen, C.: Blasfolienextrusion. In: Bührig-Polaczek, A.; Michaeli, W.; Spur, G.

(Eds.): Handbuch Umformen. Hanser, München (2013).
[102] N. N.: Pipe heads for high throughput. Mod. Plast. Int. 54 (1976) 9, pp. 18-20.
[103] Dobrowsky, J.: Wendelverteilerwerkzeuge in der Rohrproduktion. Kunststoffe 78 (1988) 4, pp. 302-307.
[104] Anger, A.: Verstellbare Rohrspritzwerkzeuge. Kunststoffberater 22 (1977) 10, pp. 502-504.
[105] De Zeeuw, K.: Untersuchungen zur Qualitätssicherung von Kunststoffrohrschwei. n. hten. Thesis at the RWTH Aachen (1978).
[106] N. N.: Neue Zweifach-Werkzeuge für die Extrusion von Hart-PVC-Druckrohren. Kunstst. Plast. 16 (1969) 3, p. 91.
[107] Liters, W.: Strangpreβköpfe für die Herstellung von Rohren und Schläuchen. Gummi Asbest Kunstst. 22 (1969) 11, pp. 1196-1202 and 22 (1969) 12, pp. 1336-1346.
[108] N. N.: K' 86: Trends - Folienextrusion. Plastverarbeiter 37 (1986) 12, pp. 124-125.
[109] Ast, W. and Hershey, G. F.: Entwicklungstendenzen für die Werkzeuggestaltung und Nachfolgevorrichtungen unter besonderer Berücksichtigung der Aufwicklung bei der Extrusion von Schlauchfolien. Plastverarbeiter 29 (1978) 1, pp. 5-10.
[110] Predöhl, W.: Untersuchungen zur Herstellung von Blasfolien aus Polyethylen niedriger Dichte. Thesis at the RWTH Aachen (1971).
[111] Kress, G.: Streifenbildung bei Schlauchfolien - Einfluβ von Flieβkanaloberflächen. Kunststoffe 65 (1975) 8, pp. 456-459.
[112] Hensen, F. and Augustin, G.: Neue Hochleistungs-Anlage zum Herstellen von Schlauchfolien. Kunststoffe 59 (1969) 1, pp. 2-8.
[113] Plajer, O.: Schlauchkopfgestaltung beim Extrusionsblasformen (Teil I-III). Kunststofftechnik 11 (1972) 11, pp. 297-301; Kunststofftechnik 11 (1972) 12, pp. 336-340; Kunststofftechnik 12 (1973) 1/2, pp. 18-23.
[114] Schenkel, G.: Kunststoff-Extrudertechnik. Hanser, München (1963).
[115] Kraemer, H. and Onasch, J.: Coextrusion: Märkte, Verfahren, Werkstoffe. Kunststoffberater 33 (1988) 7/8, pp. 62-67.
[116] Fritz, H. G. and Maier, R.: Zur Konstruktion von Speicherköpfen für Blasformmaschinen. Kunststoffe 66 (1976) 7, pp. 390-396.
[117] Schneiders, A.: Extrusions-Blasformen. Kunststoffe 67 (1977) 10, pp. 598-601.
[118] N. N.: Leaflet of Battenfeld-Fischer Blasformtechnik GmbH, Troisdorf-Spich, Germany.
[119] Rao, N.: Str. mungswiderstand von Extrudierwerkzeugen verschiedener geometrischer Querschnitte. In: Berechnen von Extrudierwerkzeugen. VDI-Verl. Düsseldorf (1978).
[120] N. N.: Kunststoff-Verarbeitung im Gespr. ch. 3: Blasformen. Company paper of BASF, Ludwigshafen.
[121] Tusch, R. L.: Blow moulding die design. SPE J. 29 (1973) 7, pp. 632-636.
[122] Plajer, O.: Werkzeuge für die Extrusions-Blastechnik. Plastverarbeiter 18 (1967) 10, pp. 731-737.
[123] Maier, R.: EP-OS 0 118 692 A2 (1984) Battenfeld-Fischer Blasformtechnik (European patent).
[124] Esser, K.: Automation beim Blasformen - aus der Sicht des Maschinenherstellers. In: Menges, G. and Recker, H. (Eds.): Automatisierung in der Kunststoffverarbeitung, Hanser, München (1986).
[125] Völz, V.: Zusammenspiel von axialer und radialer Wanddickenregulierung bei der Herstellung hochwertiger Hohlkörper. Tech. Conference "Fortschrittliche Blasformtechnik," Süddeutsches Kunststoffzentrum SKZ, Würzburg (1985).
[126] Völz, V. and Feuerherm, H.: Produktionssichere Hohlkörperfertigung durch optimale Vorformlinggestaltung (Teil 1). Kunststoffberater 28 (1983) 1/2, pp. 17-22.
[127] Pickering, J.: The blow moulding of PVC bottles. PRI, PVC Conference (1978).
[128] Junk, P. B.: Betrachtungen zum Schmelzeverhalten beim kontinuierlichen Blasformen. Thesis at the RWTH Aachen (1978).
[129] Coen, G.: Konstruktion von Düsenwerkzeugen mittels CAD. Techn. Mitt. Krupp Werksber. 43 (1985) 3, pp. 119-122.

[130] Wyeth, N. C.: Pre-entered pressure coating die. SPE Tech. Pap. 11 (1965) II/2 pp. 1-2 and SPE J. 21 (1965) 10, pp. 1171-1172.
[131] N. N.: Wire 84-9. Internationale Drahtausstellung. Kautsch. Gummi Kunstst. 37 (1984) 9, pp. 790-791.
[132] N. N.: Kabel und isolierte Leitungen. VDI-Gesellschaft Kunststofftechnik, Düsseldorf (1984).
[133] Okazaki, N.: Absolute non-eccentric cross head of screw extruder. Wire (1966) 4, pp. 574-578; 625-627.
[134] Mair, H. J.: Fernmeldekabel-Isolierung mit Polyethylen auf HochgeschwindigkeitsAnlagen. Kunststoffe, 59 (1969) 9, pp. 535-539.
[135] Boes, D.: Schlauchköpfe für das Blasformen, Gestaltungskriterien für den Dornhalterkopf. Kunststoffe 72 (1982) 1, pp. 7-11.
[136] Masberg, U.: Betrachtungen zur geometrischen Gestaltung von Dornhalterköpfen. Kunststoffe 71 (1981) 1, pp. 15-17.
[137] Jacobi, H. R.: Berechnung und Entwurf von Schlitzdüsen. Kunststoffe 17 (1957) 11, pp. 647-650.
[138] Plajer, O.: Praktische Rheologie für Kunststoffschmelzen. Plastverarbeiter 23 (1972) 6, pp. 407-412.
[139] Fenner, R. T. and Nadiri, F.: Finite element analysis of polymer melt flow in cable-covering crossheads. Polym. Eng. Sci. 19 (1979) p. 3.
[140] Horn, W.: Auslegung eines Pinolenverteilersystems. Unpublished Diploma thesis at the IKV, Aachen (1978).
[141] Müller, T.: Programm zur Betriebspunktsimulation von Wendelverteilerwerkzeugen. Unpublished Studienarbeit at the IKV, Aachen (1988).
[142] Carley, J. F. et al.: Realistic analysis of flow in wire-coating dies. SPE Tech. Pap. 24 (1978) pp. 453-461.
[143] N. N.: Kunststoff-Verarbeitung im Gespräch 2: Extrusion. Brochure of the BASF, Ludwigshafen, 2nd ed. (1982).
[144] Bäcker, F.: Weiterentwicklung eines Programmsystems zur Theologischen Auslegung von Extrusionswerkzeugen. Unpublished Studienarbeit at the IKV, Aachen (1989).
[145] Schiedrum, H. O.: Extrudieren von PVC-Profilen am Beispiel des Fensterprofils. Kunststoffe 65 (1975) 5, pp. 250-257.
[146] Limbach, W.: Extrudieren von Profilen. Kunststoffe 71 (1981) 10, pp. 668-672.
[147] Lyall, R.: The PVC window: Materials and processing technology. Plast. Rubber Int. 8 (1983) 3, pp. 92-95.
[148] Schiedrum, H. O.: Profilwerkzeuge für das Extrudieren von PVC. Ind. Anz. 90 (1968) 102, pp. 2241-2246.
[149] Limbach, W.: Werkzeuge und Folgeaggregate für das Extrudieren von Profilen. In: Extrudieren von Profilen und Rohren. VDI-Verl., Düsseldorf (1974).
[150] Fischer, P.: Herstellen von Profilen. VDI-Lehrgang Extrudieren von thermoplastischen Kunststoffen. Düsseldorf.
[151] Ehrmann, G. et al.: Rheometrie hochpolymerer Schmelzen-kritische Betrachtung und Ergebnisse. Kunststoffe 64 (1974) 9, pp. 463-469.
[152] Vinogradov, G. K and Malkin, A. Ya.: Rheological properties of polymer melts. J. Polym. Sci., Polym. Phys. Ed. 4 (1966) pp. 135-154.
[153] Almenräder, A.: Simulation des Vernetzungsprozesses bei Einsatz eines Kabelummantelungswerkzeuges mit Scherspalt. Unpublished report at the IKV, Aachen (1977).
[154] Matsushita, S.: Recent progresses of profile extrusion dies. Jpn. Plast. 8 (1974) 4, pp. 25-29.
[155] Krämer, A.: Herstellen von Profilen aus PVC-hart. Kunststoffe 59 (1969) 7, pp. 409-416.
[156] Kaplin, L.: Berechnung und Konstruktion der Eingangszone in Extrusionswerkzeugen. Plast. Massy (1964) 1, pp. 39-46.
[157] Extrusion dies. Plastics (1969) 5, p. 520-521; 536.
[158] N. N.: Anwendungstechnisches Handbuch. Brochure of Rehau, Rehau, Germany.
[159] Kumar, R. and O' Brien, K.: Profile extrusion of PVC through rectangular dies. Adv. Polym. Technol. 4 (1985) p. 3.
[160] Schwenzer, C.: Finite Elemente Methoden zur Berechnung von Mono- und Coextrusionsströmungen. Dissertation at the RWTH Aachen (1988).

[161] Barth, H.: Extrusionswerkzeuge für PVC-Hartschaumprofile. Kunststoffe 67 (1977) 3, pp. 130-135.

[162] Steigerwald, F.: Erfahrungen über die Herstellung von Profilen aus PVC-hart-Strukturschaumstoff. Plastverarbeiter 26 (1975) 10, pp. 3-7.

[163] Bush, F. R. and Rollefson, G. C.: The ABC of coextruding foam-core ABS pipe. Mod. Plast. Int. 59 (1981) pp. 38-40.

[164] Breuer, H.: Maschinen und Anlagen zur Herstellung von geschäumten PS-Folien. Plastverarbeiter 27 (1976) 10, pp. 539-545.

[165] Han, C. D. and Villamizer, C. A.: Studies on structural foam processing. I: The rheology of foam extrusion. Polym. Eng. Sci. 18 (1978) 9, pp. 687-698.

[166] Rapp, B.: Schlauchfolien aus Polystyrol. In: Extrudieren von Schlauchfolien. VDI-Verl., Düsseldorf (1973).

[167] Lauterberg, W.: Dickentoleranzen bei Polyethylenschaumfolien. Plaste Kautsch. 25 (1978) 5, pp. 294-295.

[168] N. N.: DE-OS 2 249 435 (German patent).

[169] N. N.: DE-OS 2 359 282 (German patent).

[170] Barth, H.: Extrudieren und Spritzgießen von PVC-Weichschaum. Kunststoffe 67 (1977) 11, pp. 674-680.

[171] N. N.: Cellidor. Company paper of Bayer AG, Leverkusen, Germany.

[172] Lüers, W.: Verfahren und Vorrichtungen zum Herstellen von Rohren und Schl. uchen aus Kautschuken oder Kunststoffen mit Verstärkungseinlagen. Kautsch. Gummi Kunstst. 24 (1971) 1, pp. 75-79 and 24 (1971) 4, pp. 179-184 and 24 (1971) 5, pp. 240-243.

[173] Siebel-Achenbach, J.: Querspritz-Verschweißkopf ummantelt Schläuche. Maschinenmarkt 90 (1984) 67, pp. 1515-1516.

[174] N. N.: The Netlon story. Shell Polymers 6 (1982) 3, pp. 79-83.

[175] N. N.: Leaflet of Netlon, Blackburn, England, GB.

[176] Morohashi, H. and Fujihara, T.: Recent operational experiment with screw-die extruder. Jpn. Plast. 4 (1970) 7, pp. 21-26.

[177] N. N.: Leaflet of Ikegai Iron Works, Tokyo, Japan.

[178] Ishida, M. and Ito, K.: Theoretical analysis on flow of polymer melts in a screw die. Int. J. Polym. Mater. 6 (1977) pp. 85-107.

[179] Wagner, H. M.: Zur numerischen Berechnung von Strömungsfeldern in Maschinen und Werkzeugen der Kunststoffverarbeitung. Kunststoffe 67 (1977) 7, pp. 400-403.

第6章 热塑性塑料的共挤模具

采用单一材料所生产的许多塑料制品有时是无法满足其使用要求的。在这种情况下，可以采用不同的材料来制备多层结构，从而生产出涵括了各组分材料优异特性的产品。例如：

- 多层结构的平板（膜）以及管型薄膜；
- 多层中空制品；
- 多层绝缘电缆；
- 带夹套或软凹唇结构的型材等。

这样一类的产品可以通过多级挤出进行生产制备。如此，可以先对其中的一种材料进行加工成型，以制备出支撑层或者对线材包覆上平滑的敷层结构。随后，对前面得到的半成品进行完全或部分冷却；根据具体情况，还可能需要继续制备第二层或其他多层的结构（也可对比5.3.2.4节及5.7.1节）。然而，在大多数情况下，若从经济与技术效率的角度考虑，共挤技术是最合适的加工工艺[1~10]。在这种工艺下，两种或两种以上的熔体可通过单一的挤出模具同时挤出，熔体的挤出主要有以下三种形式：

- 熔体完全分隔开；
- 熔体先分隔开然后再汇合；
- 熔体汇合于一起。

6.1 设计

6.1.1 外部结合式共挤模具

这种模具的最常见结构一般只有两个狭缝流道出口（双流道模具），因为更多的狭缝出口会导致模具的设计和制造变得极其复杂[11]。

图6.1(a) 所示为平板缝隙模具，两股熔体料流分别从模具中两个完全分离的（挤出机）流道中被挤出，并且只有在模孔外才汇集在一起。

借助于压辊的作用，可以使这两股熔体层组合在一起，如图6.1(a) 所示。当需要添加第三层结构或挤出速度非常高时，这种装置就显得非常必要；在这种情况下，层与层之间可能会夹入空气，造成层间的黏附，产生缺陷[11]。模具内两种熔体的分布状态可以实现独立控制。对具有多层复合结构的管型薄膜而言，其成型的模具结构要相对简单一些，如图6.1(b) 所示。

为了改善层与层之间的黏附作用，在熔体从模具中挤出后，可对熔体层之间的空间吹入可活

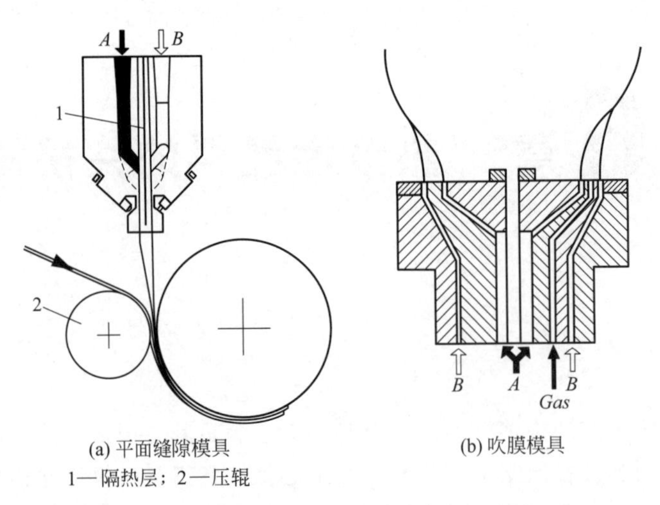

(a) 平面缝隙模具
1—隔热层；2—压辊

(b) 吹膜模具

图 6.1　双流道共挤模具

化熔体层表面的气流[12]。在这种情况下，通过滑动调节模唇结构，只能对外层的熔体流动进行调控。

对于双流道模具，一般比较容易实现流道之间的相互隔热，例如，只需要采用空气间隙结构即可。这样的结构可以用来加工熔体黏度差异特别大且加工温度各异的聚合物材料。

其不足之处在于必须对两个模口进行调节，两层之间的颈部内缩量的差异应当最小化，并且层与层之间的烟雾形成会造成感官上的问题。此外，厚度较薄的层其冷却速率也相对较快，从而造成黏附性问题[13]。

6.1.2　适配器式（喂料块）模具

采用传统的宽幅狭缝模具挤出平膜生产时，当在模具的前端安装上一台熔体适配器时，则可以采用该设备来挤出多层结构的制品。该熔体适配器将每一股熔体料流聚集起来，并进一步输送至模具的入口处。多层熔体汇聚以后从模具中流出，其共挤物中保留了多层结构。

上述工艺的优点在于其可以对任意数量的单层熔体进行组合 ，而其不足之处在于这种工艺要求所有的材料必须具备几乎一致的流动形态与加工温度[14]。尽管存在这些问题，但目前大多数的共挤生产线仍会采用喂料块系统[14~16]（图 6.2）。

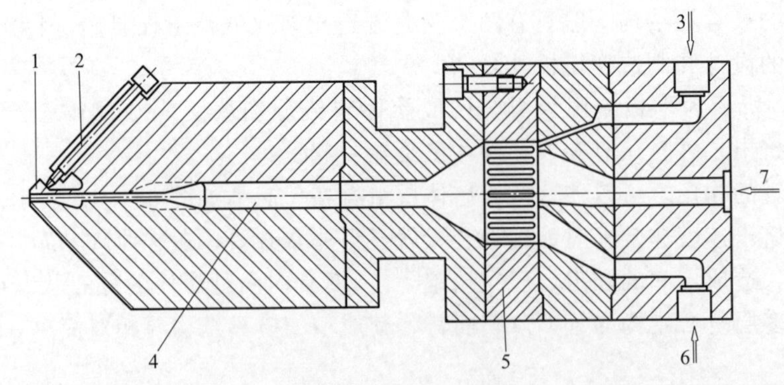

图 6.2　喂料块系统（Dow 系统）在平面缝隙模具之前对熔体料流进行汇集

1—柔性模唇；2—压紧螺栓；3—表层材料；4—具有流动限制器的流道；5—适配器；6—内层材料；7—中间层材料

滑动式适配器（Reifenhäuser 系统）

在所谓的滑动适配器中（图 6.3），采用一滑块来调节熔体的质量流动，可使得不同的熔体料流以相同的流动速度汇合。同样，类似于扼流杆的方式，该滑块也可以调控模具宽度方向上的熔体分布。为了实现这个目的，滑块要么具有一定的轮廓，要么置于熔体的一侧。当对其进行组装或进行更换时，该滑块可以插入或者可以从一侧进行移除，就像取出盒式的磁带一样，而不需要拆卸挤出机与模具之间的连接结构[14]。

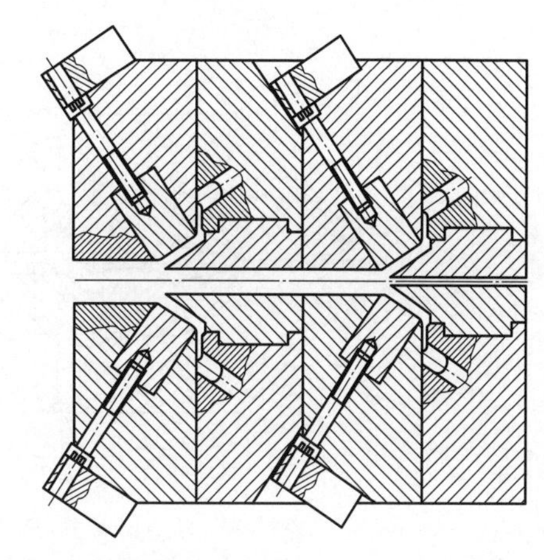

图 6.3 滑动式适配器（Reifenhäuser 系统）

图 6.4 表示了具有九层的滑块适配器的另一种结构模式。该系统包括了九个熔体分布区域，每一区域处具有可更换的滑块插件，以便用来控制每一层熔体的厚度及局部熔体的流动速度。

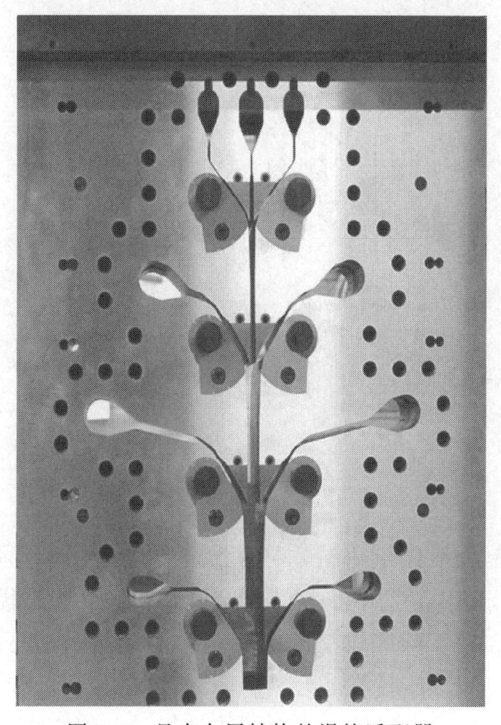

图 6.4 具有九层结构的滑块适配器（Reifenhäuser 系统）

叶片式适配器（Cloeren 系统）

叶片式适配器（图 6.5）与滑动式适配器不同之处在于，叶片式适配器中可转动的叶片形元件可以对熔体料流的汇合过程进行调控。由于这一操作甚至可以在设备运行过程中进行，所以，要么设置某一特定的位置，要么通过熔体料流来确定位置[16]。此外，叶片也应具有一定的轮廓，以便能够在整个流道的宽度上实现对流动分布的调控[16]。正是由于存在这些优势，所以生产中常常采用叶片式适配器系统。

除此之外，适配器也可以划分成内层适配系统与内层适配系统，它们可通过串联组合一起，以便可以达到所需的层数配置[3]。

如图 6.6(b) 所示，在某一内层适配器中，一种熔体被挤入另一种熔体中。当需要在两厚层之间嵌入薄层结构时，或者如果内层与壁面需要达到最小的接触时，采用这种方法是比较合适的[3]。

通常，外层适配器一般用来将某一新的材料层从外部方向上添加至其他层结构上，如图 6.6(a) 所示。

为了能够简易便捷地改变各层之间的顺序，可以采用可更换的熔体适配（喂料）模块，该模块定义了各材料层之间的排列顺序[16]。当通过停止挤出机正常工作来改变各层之间的顺序时，某一层或多层的结构会被消除。因此，最好安装止回阀，以防止熔体回流到空转的挤出机中[3]。

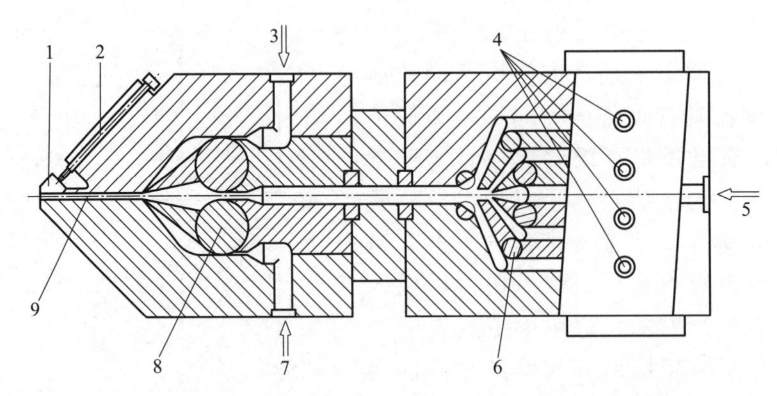

图 6.5 具有叶片式适配器的平面缝隙模具（Cloeren 系统）

1—挠曲模唇；2—压紧螺钉；3—表层材料；4—其他材料的可用入口（黏合剂、隔层材料）；5—中间主要层材料；6—叶片式适配器；7—内层材料；8—用于调控表层与内层材料的叶片适配器；9—流动限制区

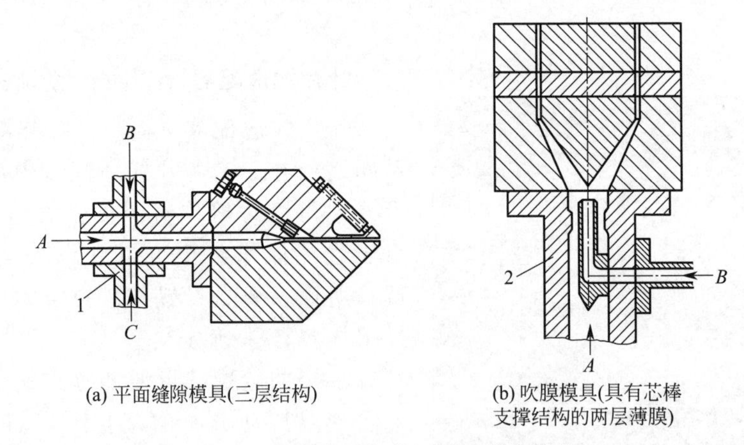

(a) 平面缝隙模具(三层结构)

(b) 吹膜模具(具有芯棒支撑结构的两层薄膜)

图 6.6 具有内层与外层适配器的模具

1—外层适配器；2—内层适配器

6.1.3 多歧管式模具

在这种类型的模具中，先对每一种熔体进行单独地供给喂料并将其分布成所需的形状，然后将这些熔体分料流在模具出口之前进行汇合。其中，每一种熔体都会流经一独立的且优化过的分配单元（如用于平膜挤出的衣架形模具、用于吹膜成型的螺旋芯棒形模具），并且在需要对流动进行调控的情况下，能够独立地对每一熔体料流进行调节。通过对模唇口或模口进行调节，可以控制共挤物的总体挤出量。在模内以一定的压力对熔体进行融合的方法也可以改善各层之间的相互黏结性。

这种具有多歧管结构的模具还有另外一个优点，即其可以对材料流动行为差异巨大且需要在不同温度下进行加工的多组分材料进行挤出成型[14]。考虑到目前模具的结构设计已经复杂，因此要实现其各个通道之间的绝热要求是很难解决的。其结果就是这种模具的结构在挤出超过四层的制品时会变得非常复杂，且价格也非常昂贵，这是因为其会占据较大的空间，另外需要对每一种熔体设计制造其单独的熔体分配系统。

6.1.4 层倍增式模具

基于这种新发展的层结构，几乎可以制备出无限层数的复合结构。其主要存在两种不同的基本形式：一种是界面生成系统（Dow 公司），另一种是纳米层喂料系统（Cloeren 公司）。

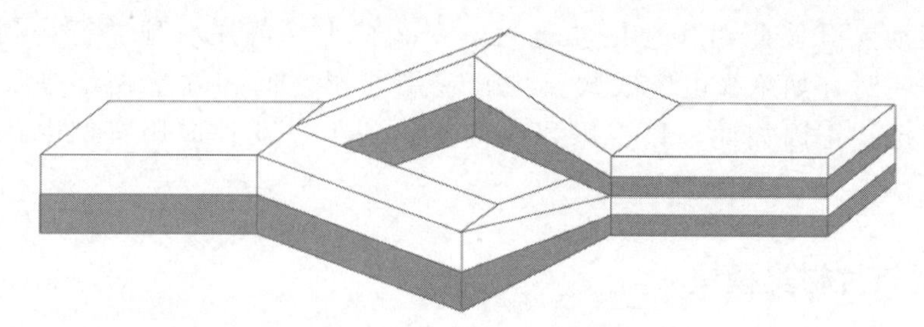

图 6.7 界面生成系统（Dow）

对于界面生成系统（ISG），其最初的单层或多层流动被复制了一次或多次。其流动层的倍增是通过将熔体流动分成两股或更多股数的细流。然后，在模具内部对每一股的熔体流动进行拓宽展开与重组。图 6.7 表示了 ISG 系统中的流道结构的基本原理：首先，双层结构的熔体进入 ISG 模具内部，然后被分成两股相互并行的料流；然后，该熔体料流被分别加宽，并互相重叠于一起。在这样一种对熔体体积流动进行一分为二的分层中，其每次所得到的层数都会增加一倍。可以想象的是，可以多次对熔体进行并行地或者按顺序地分流重组，并且理论上说，这种方式下层数的增加是没有极限的。

然而，在实际应用中，层数的多少是受到严格限制的，特别是受到模具长度以及由于较长的停留时间、较高的压力损耗所导致的材料热降解行为的影响。

对于纳米层喂料系统而言，其采用了按顺序的层组合原理。在喂料块适配器中，熔体依次连续地被分割，然后再将这些熔体料流依次相互叠放在一起。此外，顶层的材料一般由喂料块装置加入。之后，所有的组分被输送至一宽幅缝隙型模具中，并成型出薄膜制品。图 6.8 表示了某具有纳米层技术的喂料块结构的分层原理。

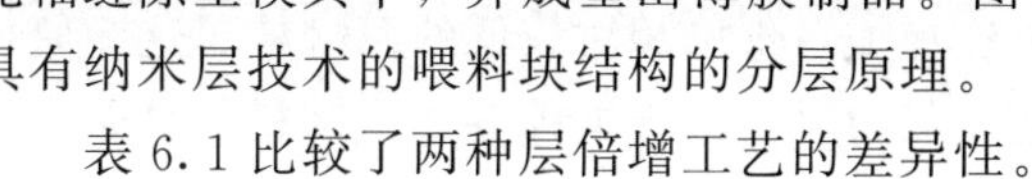

图 6.8 具有纳米层技术的喂料块结构中的分层原理

表 6.1 比较了两种层倍增工艺的差异性。

表 6.1 两种层倍增工艺的对比

界面生成系统	纳米层技术	界面生成系统	纳米层技术
较多的层数(＞100)	较少的层数(10～30)	较长的共同流径	较短的共同流径
模块化及柔性模具设计，可进行扩展	无模块化设计，不可进行扩展	层间不稳定性较大	层间不稳定性较小
根据模具的结构设计，对薄膜进行固定分割	可单独且灵活调控每一层的厚度		

当这些挤出制品的层数达到几百层时，例如，可以获得独特的力学特性与光学性能。比如，通过多层结构的组合，我们可以实现对薄膜材料的光学反射与透射性能进行调控。

6.2 应用

共挤复合结构是当今聚合物加工领域的研究热点。在这些共挤生产过程中，不同的聚合物熔体流动要么彼此相互地里外包封，要么呈上下或左右地并行排列。其中，对材料进行相互包封（如绝缘电缆或吹膜中）或层与层之间相互叠加都是最常见的与最重要的应用情况。正因如此，接下来，我们将讨论上述几种应用案例中代表性挤出模具的结构设计。

6.2.1 膜类与片材类模具

在多数情况下，常采用含适配器的模具来共挤生产平膜类与板材类制品。如果这些材料在流动行为上差异较大，则需要使用采用多歧管式模具。熔体在宽度方向上的分布展开需要借助于熔体分配器（歧管），具体内容可参考 5.2 节。

在上述两种类型的模具中，每一种熔体通常都是彼此层层流动；然而，有些情况下，某一层熔体会被另外一层熔体包围住（熔体包封）。譬如，在对单一可反复研磨并重复挤出利用的材料进行修边时[17]，或者需要避免修边过程中浪费昂贵的阻隔性材料时，又或者是需要对被包封的材料隔离外界环境进行保护时，都可以采用这种方式来成型加工。

对于食品与饮料的包装材料而言，目前比较流行的方法是采用七层或更多层的共挤出制品。对于二次包装来说，如拉伸薄膜，多达五层的含有不同聚烯烃类材料的薄膜已然成了行业标准。

在平膜的挤出生产中，受颈缩效应的影响，薄膜的宽度在从模具中挤出后会有所减小。这意味着薄膜边缘处的厚度相对较大，而薄膜的这种边缘在多数情况下要被修剪去掉，以保证薄膜的厚度公差保持在一定的范围内。共挤生产过程的另外一个问题是，在薄膜的边缘处黏度较低的熔体会将黏度较高的熔体包封（参考 6.4 节）。熔体的这种流动行为会使得单层结构的厚度产生不均匀分布。对于多层薄膜而言，修边剪切操作会造成材料的浪费，这是因为这种多材料制品的修边废料无法再重复利用。这种多层结构的薄膜能够承受较大的机械破坏力。若采用熔体包封工艺，由制品修边所造成的材料平均耗费量可以从 15%～20%降低至一半左右（主要取决于薄膜的宽度）。

基于熔体包封技术，可以在平膜模具的边缘位置加入价格相对较低的原材料。这些原材料在首次裁边后可以回收造粒再利用；而再次进行裁边时，由于这种多体系材料复合而成的薄膜尺寸将缩减至小得多的膜条，这将导致所裁剪的膜条中所包含的昂贵阻隔性材料的比例更低。

之所以要对这种具有气体阻隔功能的平膜采用熔体包封技术，其另外一个原因与阻隔材料的特性有关。通常采用 EVOH 材料作为共挤出成型过程中的阻隔性材料。在分层设置中，每一层熔体都会与模具的流道表面直接发生接触。然而，EVOH 熔体与金属表面具有较大的黏附性；因此，通过熔体包封技术将倾向于黏附金属表面的 EVOH 熔体包封住，可防止阻隔层的相互黏结。此外，熔体包封也有助于避免其他的介质迁移至阻隔层中，因为 EVOH 材料对氧气的阻隔性会随着湿度的增加而显著降低[18]。对于高挤出速度的生产过程，熔体包封技术对薄膜的边缘结构具有稳定作用。

在挤出模具中，用于包封的材料可以从熔体适配器系统中加入，或者从靠近平膜模具出口位置处加入。图 6.9 表示了包封材料的直接喂料模式，通过在模具背面增设包封熔体入口，可实现对薄膜边缘进行包封。在这种情况下，仅仅只有在距离模具出口较短的范围内，包封材料才会与基材材料发生接触。

结果表明，当运用熔体包封技术时，高黏性的包封材料比低黏性材料更有益于均化过渡区薄膜各层的平均厚度。因此，对于低黏度的包封材料而言，应适当降低其加工温度，以便提高材料黏度。

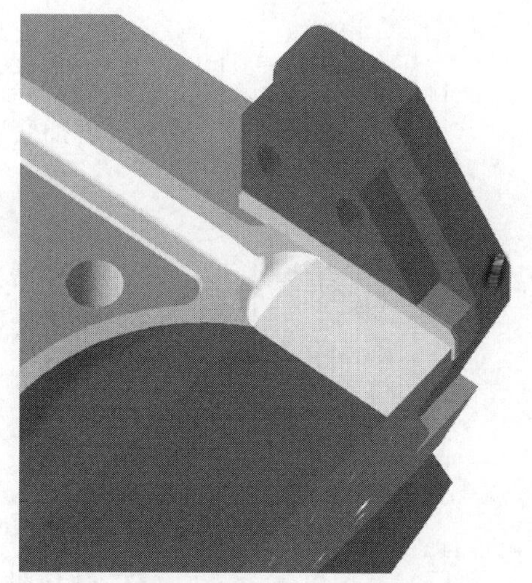

图 6.9　模内具有熔体包封功能的流道结构（Verbruggen N. V.）

熔体包封工艺的不足之处在于其所需的模具需要较高的制造成本，这是因为需要子模具上增设包封材料的流道结构。

6.2.2　吹膜类模具

多年以来，多歧管式模具常用于薄膜的共挤吹塑成型。熔体在这类模具中的周向分配通过螺旋芯棒来完成[19～21]。图 6.10 表示了这种模具的一种典型结构：三层薄膜的挤出成型模具。同样地，该模具也需要配备旋转机构与内部冷却系统，这二者在其他的吹膜设备中也会普遍使用。图 6.10 所示的左半部分结构表示了将熔体汇集起来并制备出多层结构的最普遍的成型方法；而右半结构则表示了中心层为薄薄的黏结层或阻隔层的情况[20]。

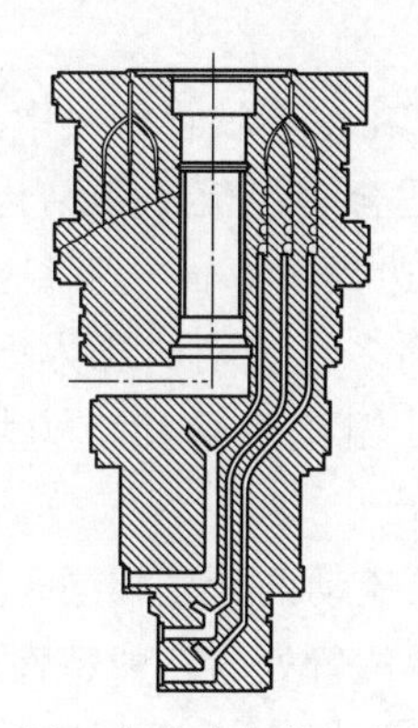

图 6.10　用于薄膜吹塑的三层共挤模具（左半：传统多层组装结构；右半：可增设黏结层或阻隔层的结构）

现如今的制造工艺中，用于食品包装的多层吹塑薄膜的最小层数一般可达 11 层左右[21, 22, 43, 47]；而对于生产 13 层的多层薄膜，目前已具有一定的技术可行性。

6.2.3　吹塑型胚的挤出模具

在许多应用领域中，共挤出工艺也普遍用于对吹塑型胚的连续挤出成型。多达七层的型胚在挤出以后经吹塑加工形成中空结构，从而可应用于食品的包装密封[23, 24]。对于其成型过程中熔体的周向分布，则需要采用具有心形曲线结构与衣架形歧管的中空芯棒，并对该芯棒进行同轴安装。图 6.11 表示了可挤出成型六层结构的型胚模具，该模头具有七条心形曲线结构（层 1 采用了两条心形曲线结构来实现其熔体

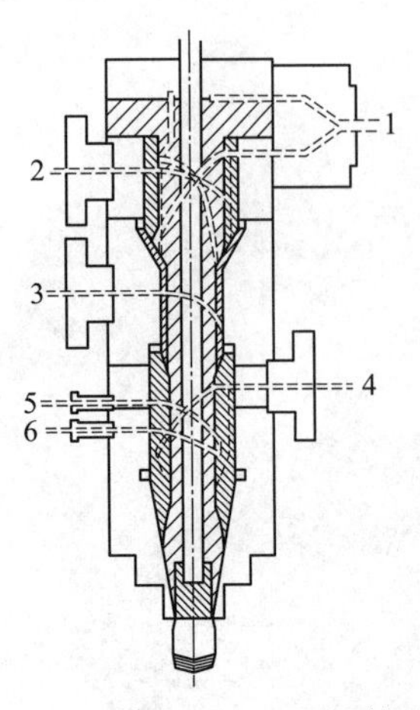

图 6.11　可挤出一至六层制品的共挤模具的结构（KruppKautex）

分布）[24,25]。如今，具有轴向螺旋分配器的型胚模具也可以从市场上购买到[26,44]。相比于侧喂料式模具，这种结构的模具不会产生熔接痕缺陷。此外，螺旋芯棒式模具有更加紧凑的结构使得其在多层型胚制品的挤出中具有一定的优势，这是因为我们可以并行地挤出多个型胚制件，或者可以缩短型胚之间的距离，从而能够更容易地对流动进行平衡调控。最近，一种径向螺旋芯棒式模具试验性地应用于吹塑成型过程[45]。

可用于共挤出过程的蓄能器元件目前仅仅作为模型器件存在，或者只在专利[24,27～29]中进行了描述。例如，每一个蓄能器的熔体腔室是由同轴布置的圆形流道组成，这些流道中的熔体可通过各自的环形柱塞注射排出[27,28]；或者如文献［29］中所述，在单个的蓄能器储料腔室中，其内部的每一种材料均以层状的形式排布，并通过外活塞以及内活塞的作用可将其排出。由于设计与工艺技术上的问题，这一类型的元件目前难以开发更广泛的应用。

6.3　流动的模拟计算与设计

在设计共挤模具的结构时，必须将熔体适配器与多歧管模具区别开来。

在多歧管模具中，每一种熔体的分配流道与单层挤出过程中的熔体分配器是一致的。几种不同熔体通过一个共同的流道会形成一股并行的熔体料流，这种现象只出现在模具的出口区域处。

而在含有适配器的模具中，各熔体料流首先发生汇集，然后在一单歧管模具中实现熔体分配。这意味着在适配器共挤过程中所使用的歧管必须设计成适合多层流动的结构。此外，在共挤过程中，还经常会出现流动不稳定性、流动层重排以及边界（界面）不稳定性等问题。从这一点可以得出结论，在模具的设计过程中不仅要考虑到多层流动的压力损耗大小，还要考虑单一流动层的边界（或多层的边界）的位置、速度、温度和剪切应力场的分布情况。

当在对多层流动进行模拟计算时，本质上该计算过程与单层流动的计算相同。然而，作为特殊的边界条件，还必须考虑到对于不同材料的熔体，其边界位置处的材料特性也会发生改变。在熔体的流动过程中，我们无法确定流动边界的具体位置。但这可以从流动的体积流率与每一种熔体的黏性特性之间的关系进行确定。另外，除了流动为多层的对称流动之外，熔体最大流动速度的具体位置也无法确定。在接下来内容中，将主要介绍平面多层流动中其流动的计算模拟过程。

实际生产中，大多数共挤出流动均可以当作是平面狭缝中的流动或至少由其近似的流动来进行计算。

在计算之前，需要明确以下的条件假设（坐标系统如图 6.12 所示）：

- 熔体附着于壁面（即壁面无滑移）；
- 熔体层在边界位置处相互黏结；

- 流动为层流，且流动不可压缩；
- 与摩擦力相比，体积力可忽略不计；
- 流动为等温流动；
- 忽略材料的弹性行为。

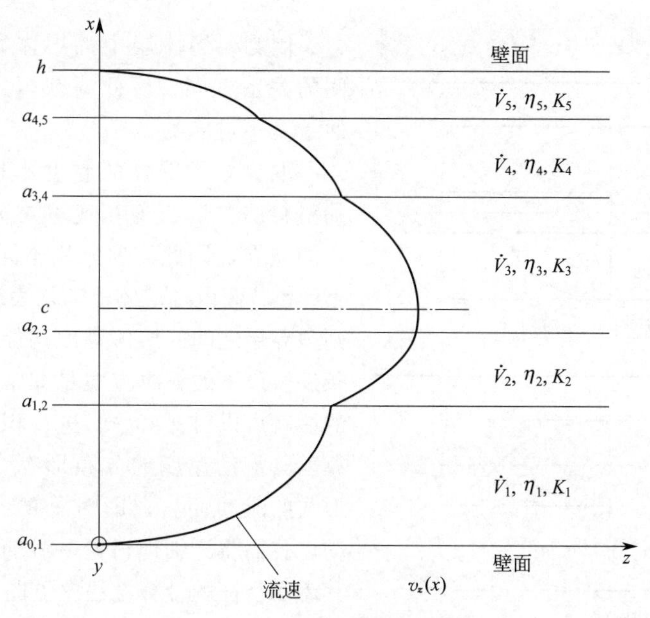

图 6.12　多层流动中的速度场分布

从动量守恒方程的简化开始，如下：

$$\frac{\partial \tau}{\partial x}=\frac{\partial p}{\partial z} \tag{6.1}$$

对上式积分，则可得到剪切应力与压力损失之间的函数关系：

$$\tau(x)=\frac{\partial p}{\partial z}(x-c) \tag{6.2}$$

根据边界条件的设定，在流动速度最大值 $x=c$ 处，其剪切应力 $\tau=2$。在式(6.2) 中，引入剪切应力与剪切速率之间的关系式，则可得：

$$\eta[\dot{\gamma}(x)]\dot{\gamma}(x)=\frac{\partial p}{\partial z}(x-c) \tag{6.3}$$

并且，根据流速与剪切速率之间的关系，则有：

$$\eta\left[\frac{\partial v_z(x)}{\partial x}\right]\frac{\partial v_z(x)}{\partial x}=\frac{\partial p}{\partial z}(x-c) \tag{6.4}$$

要求解式(6.4)，还应根据相关的边界条件，如下：

- 壁面无滑移条件

$$v_z(x=0)=0 \tag{6.5}$$

以及

$$v_z(x=h)=0 \tag{6.6}$$

- 边界层黏附无滑移

$$v_{z,m}(a_{m,n})=v_{z,n}(a_{m,n}) \tag{6.7}$$

式中，m，n 为不同熔体层的标注；$v_{z,m}$，$v_{z,n}$ 为熔体 m 层与 n 层上的流动速度；$a_{m,n}$ 为其 m 层与 n 层之间的边界层。

并且，熔体流动速度与体积流率之间的函数关系为：

$$\dot{V}_m = \int_{a_{1,m}}^{a_{m,n}} v_{z,m}(x)\mathrm{d}x \tag{6.8}$$

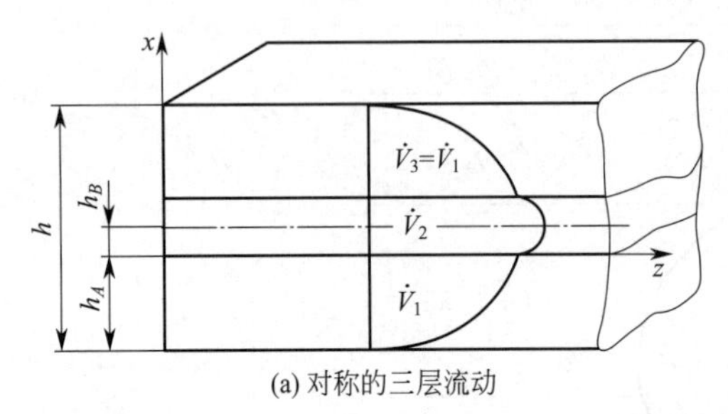

(a) 对称的三层流动

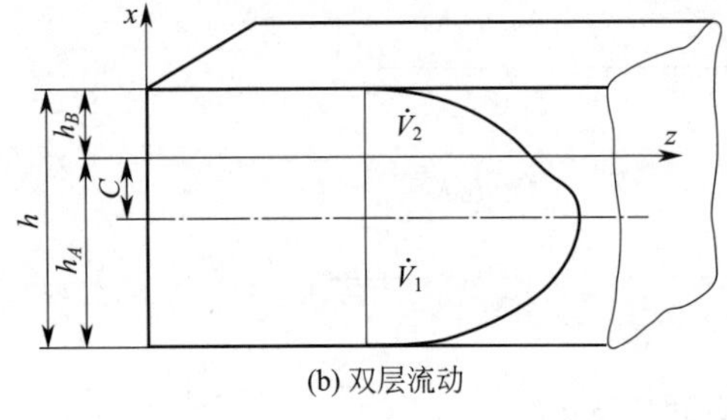

(b) 双层流动

图 6.13　简单的多层流动

因为各熔体层中的熔体黏度和剪切速率之间的关系不同，因此要获得式(6.4) 的闭合解通常是不可能的。

取决于所选择的黏度本构模型，其所描述的材料的黏度与剪切速率之间的关系也会有一定的差异，因此需要采用不同的数值模拟方法。

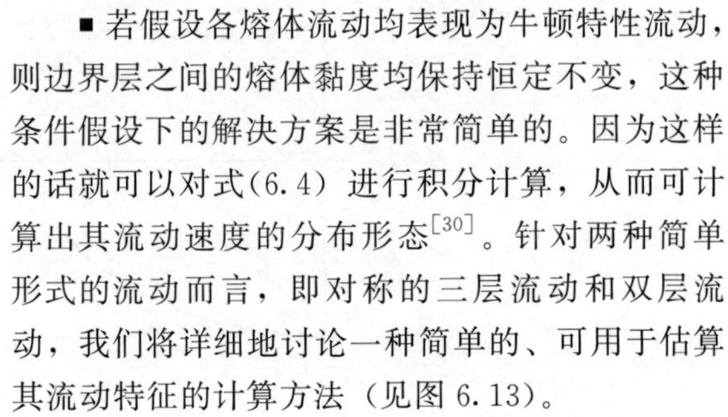

■ 若假设各熔体流动均表现为牛顿特性流动，则边界层之间的熔体黏度均保持恒定不变，这种条件假设下的解决方案是非常简单的。因为这样的话就可以对式(6.4) 进行积分计算，从而可计算出其流动速度的分布形态[30]。针对两种简单形式的流动而言，即对称的三层流动和双层流动，我们将详细地讨论一种简单的、可用于估算其流动特征的计算方法（见图 6.13）。

■ 当采用 Ostwald-de Waele 的幂律模型时，有可能对式(6.4) 进行解析式积分求解。原则上，任何一种熔体的多层流动均可以采用这种方法进行计算[31~33]。

■ 当采用有限差分法（FDM）或有限元法（FEM）对式(6.4) 进行计算时，可以对任何一层的熔体采用任何形式的黏度模型[30, 34, 35]。在接下来的内容中，将针对基于有限差分法的计算过程进行详细的介绍。

6.3.1　黏度恒定的简单多层流动的模拟计算

当忽略黏度对剪切速率的依赖性后，对式(6.4) 进行积分计算得到：

$$v_z(x) = \frac{\partial p}{\partial z}\frac{1}{\eta}\left(\frac{x^2}{2} - cx + k\right) \tag{6.9}$$

式中，k 为积分常数。

对称的三层流动

下一步的计算过程则需要根据具体的流动形式来考虑。在对称的三层流动形式中，中心的熔体层被两层相同的表面熔体层包裹住，且这两层表面熔体层具有相同的体积流率，如图 6.13(a) 所示。

由于结构对称，其熔体流动的速度峰值出现在流道的中心线上。为了便于方程的推导演算，将坐标系的原点设置在层边界处是有利的。同样由于结构的对称性，在计算时只需要计算流道的一半结构就够了。

根据流道壁面的无滑移条件，则边界层处的熔体流动速度场可以表示为：

$$v_1(-h_{A_1})=0$$

$$v_1(x)=\frac{\partial p}{\partial z}\frac{1}{\eta_1}\left[\frac{x^2}{2}-\frac{h_B}{2}x-\left(\frac{h_{A_1}^2}{2}+h_{A_1}\frac{h_B}{2}\right)\right] \tag{6.10}$$

中心轴线上的熔体流动速度分布遵循着边界位置处的壁面无滑移条件：

$$v_1(0)=v_2(0)$$

$$v_2(x)=\frac{\partial p}{\partial z}\frac{1}{\eta_2}\left[\frac{x^2}{2}-\frac{h_B}{2}x-\frac{\eta_2}{\eta_1}\left(\frac{h_{A_1}^2}{2}+h_{A_1}\frac{h_B}{2}\right)\right] \tag{6.11}$$

要确定上式中未知的层厚参数 h_{A_1}、h_B 以及压力梯度$\frac{\partial p}{\partial z}$的大小，则需要引入流动速度与体积流率之间的函数关系：

$$\dot{V}_1=B\int_{-h_{A_1}}^{0}v_1(x)\mathrm{d}x \tag{6.12}$$

式中，B 为缝隙流道的宽度。

$$\dot{V}_2=B\times 2\int_{0}^{\frac{h_B}{2}}v_2(x)\mathrm{d}x \tag{6.13}$$

积分得：

$$\dot{V}_1=B\,\frac{\partial p}{\partial z}\frac{h_{A_1}^3}{\eta_1}\left(-\frac{2}{3}-\frac{h_B}{4h_{A_1}}\right) \tag{6.14}$$

$$\dot{V}_2=B\,\frac{\partial p}{\partial z}\frac{h_B^3}{8\eta_2}\frac{1}{3}\left\{-2-\frac{\eta_2}{\eta_1}\left[3\left(\frac{2h_{A_1}}{h_B}\right)^2+6\,\frac{2h_{A_1}}{h_B}\right]\right\} \tag{6.15}$$

流动层厚度的比值可以通过其体积流率的比值来确定：

$$\frac{\dot{V}_2}{\dot{V}_1}=\frac{\left(\frac{h_B}{h_{A_1}}\right)^3+6\,\frac{\eta_2}{\eta_1}\frac{h_B}{h_{A_1}}\left(\frac{h_B}{h_{A_1}}+1\right)}{\frac{\eta_2}{\eta_1}\left(8+3\,\frac{h_B}{h_{A_1}}\right)} \tag{6.16}$$

根据给定的流速和黏度比，则流动层厚度比可以通过式(6.16) 的迭代计算进行确定。边界的位置则与流动层的厚度比值以及下列所述的关系式相关：

$$2h_{A_1}+h_B=h \tag{6.17}$$

从而可得到压力损耗的大小，例如，可对式(6.14) 进行变形，则有：

$$\frac{\partial p}{\partial z}=\frac{\dot{V}_1\eta_1}{Bh_{A_1}^3\left(-\frac{2}{3}-\frac{h_B}{4h_{A_1}}\right)} \tag{6.18}$$

双层流动

如图 6.13(b) 所示，当研究双层流动时，在计算其速度峰值所出现位置的过程中会产生另外一个未知情况。因此，为了便于计算，在这里也将坐标系统的远点设定在层界面上。根据流动的壁面无滑移假设，则有：

$$v_1(-d_1)=0$$

$$v_1(y)=\frac{\partial p}{\partial z}\frac{1}{\eta_1}\left[\frac{y^2}{2}-cy-\left(\frac{d_1^2}{2}+cd_1\right)\right] \tag{6.19}$$

$$v_2(-d_2)=0$$

$$v_2(y)=\frac{\partial p}{\partial z}\frac{1}{\eta_2}\left[\frac{y^2}{2}-cy-\left(\frac{d_2^2}{2}+cd_2\right)\right] \tag{6.20}$$

根据流动层界面处的黏附条件（即界面无滑移条件），则可得到层厚比、黏度比和最大速度的位置之间的关系。

$$v_1(0)=v_2(0)$$

$$c=\frac{d_1}{2}\frac{-\frac{\eta_2}{\eta_1}+\frac{d_2^2}{d_1^2}}{\frac{\eta_2}{\eta_1}+\frac{d_2}{d_1^2}} \tag{6.21}$$

这里，其所未知的流动层厚度比和压降比也可以根据流速和体积流量的关系进行确定，即：

$$\dot{V}_1=B\int_{-h_a}^{0}v_1(y)\mathrm{d}y \tag{6.22}$$

$$\dot{V}_2=B\int_{0}^{h_b}v_2(y)\mathrm{d}y \tag{6.23}$$

$$\dot{V}_1=B\frac{\partial p}{\partial z}\frac{1}{\eta_1}d_1^2\left(-\frac{d_1}{3}+\frac{c}{2}\right) \tag{6.24}$$

$$\dot{V}_2=B\frac{\partial p}{\partial z}\frac{1}{\eta_2}d_2^2\left(-\frac{d_2}{3}+\frac{c}{2}\right) \tag{6.25}$$

将式(6.21)、式(6.24) 及式(6.25) 进行合并，则得到：

$$\dot{V}_1=B\frac{\partial p}{\partial z}\frac{d_1^3}{\eta_1}\left(\frac{-1}{12}\right)\frac{\left(3\frac{d_2^2}{d_1^2}+4\frac{d_2}{d_1}+\frac{\eta_2}{\eta_1}\right)}{\frac{\eta_2}{\eta_1}+\frac{d_2}{d_1}} \tag{6.26}$$

$$\dot{V}_2=B\frac{\partial p}{\partial z}\frac{d_2^3}{\eta_2}\left(\frac{-1}{12}\right)\frac{\left(3\frac{d_2^2}{d_1^2}+4\frac{\eta_2}{\eta_1}\frac{d_2}{d_1}+3\frac{\eta_2}{\eta_1}\right)}{\frac{d_2}{d_1}\left(\frac{\eta_2}{\eta_1}+\frac{d_2}{d_1}\right)} \tag{6.27}$$

因此，流动中的体积流率比、黏度比以及层厚比三者之间的关系可以表示为：

$$\frac{\dot{V}_2}{\dot{V}_1}=\frac{\left(\frac{d_2}{d_1}\right)^4+4\frac{\eta_2}{\eta_1}\left(\frac{d_2}{d_1}\right)^3+3\frac{\eta_2}{\eta_1}\left(\frac{d_2}{d_1}\right)^2}{3\left(\frac{d_2}{d_1}\right)+4\frac{\eta_2}{\eta_1}+\frac{d_2}{d_1}+\left(\frac{\eta_2}{\eta_1}\right)^2} \tag{6.28}$$

通过对式(6.28) 进行迭代计算，可以得到层厚比的大小；而流动层边界位置则需要根据层厚比进行确定，其满足以下几何关系式：

$$d_1+d_2=h \tag{6.29}$$

这样就可以得到压力降的表达式，例如，可对式(6.26) 进行变形，得：

$$\frac{\partial p}{\partial z}=\frac{12\dot{V}_1\eta_1\left(-\frac{\eta_2}{\eta_1}-\frac{d_2}{d_1}\right)}{\left[3\left(\frac{d_2}{d_1}\right)^2+4\frac{d_2}{d_1}+\frac{\eta_2}{\eta_1}\right]d_1^3B} \tag{6.30}$$

针对黏度恒定不变的聚合物熔体，可基于上述的计算方法对其在平面缝隙流道中所发生的对称性三层流动或双层流动中的速度场、界面位置及压力损耗进行数值模拟。

对于黏度的模拟计算，可采用特征黏度法[34]（也可参考第 3 章的内容）。

通过总的体积流率的大小，可以计算出其特征剪切速率的值；为了计算出每一种熔体的特征剪切黏度，则需要将该剪切速率引入其黏度模型中，如下所示：

$$\dot{\gamma}_{\text{rep}}=\frac{6\dot{V}_{\text{total}}}{Bh^2}e_{\square} \tag{6.31}$$

$$\eta_{\text{rep}}=\eta(\dot{\gamma}_{\text{rep}}) \tag{6.32}$$

只有当所加工多种熔体的黏度相差并不大时，上述的这种计算方法还是比较合适的。否则，最好还是对每一层熔体所承受的剪切速率分别进行确定。建议可采用下面的计算方法：

- 根据特征参数确定黏度的初始数值；
- 计算速度场以及剪切速率场：

$$\dot{\gamma}(x)=\frac{\mathrm{d}v_z(x)}{\mathrm{d}x} \tag{6.33}$$

- 确定壁面位置处的剪切速率 $\dot{\gamma}_{\text{W}}$ [双层流动或三层流动中的外层（表面层）]，确定界面层上的剪切速率（三层流动中的中心层）；
- 将剪切速率与修正因子 $e_{\square}$ 相乘，得：

$$\dot{\gamma}_{\text{rep}}=\dot{\gamma}_{\text{W}}e_{\square} \tag{6.34}$$

- 基于上一步中得到的特征剪切速率，确定修正后的特征黏度；
- 对流动进行重复计算。重复迭代计算过程，直至寻到稳定的黏度值。这种简单的模拟计算过程有时也可以采用可编程的小型计算器进行计算。

然而，当对具有两种不同熔体的多层流动或者具有不同体积流率的流动进行计算时，如图 6.13(a) 中 $\dot{V}_1\neq\dot{V}_3$ 时的情况，又或者需要计算其温度场时，那么只能通过更加完善精细的计算程序来求解。

6.3.2　共挤流动的显性有限差分法模拟计算

在描述共挤出流动时，通过边界条件的设置首先对流动的连续性方程、动量方程以及能量方程进行简化，然后再求解，这一过程与单层流动的求解相似[34]。

由于温度场对速度场的影响远小于速度场对温度场的影响，因此，可以对两个场进行解耦计算。

首先，从前面计算步骤中外推温度的分布，然后根据该温度场分布来计算流动速度的分布。其次，根据前一步骤得到的速度场分布，可计算出新的温度场分布形态[36]。

正因如此，在接下来的计算过程中，可以将速度场与温度场的计算过程独立开来。

对于平面模具中的一维流动形态，其流动差分方程的表达式在 6.3.1 节中已经给出，如下：

$$\eta(\dot{\gamma})\dot{\gamma}=\frac{\partial p}{\partial z}(x-c) \tag{6.35}$$

在求解上述方程时，必须通过迭代计算求出其最大流动速度的出现位置、层界面处的位置、压力降的大小以及其剪切速率场的分布情况。然后，通过对剪切速率场进行积分运算，即可求得其速度场分布。这种迭代计算的过程如图 6.14 所示。

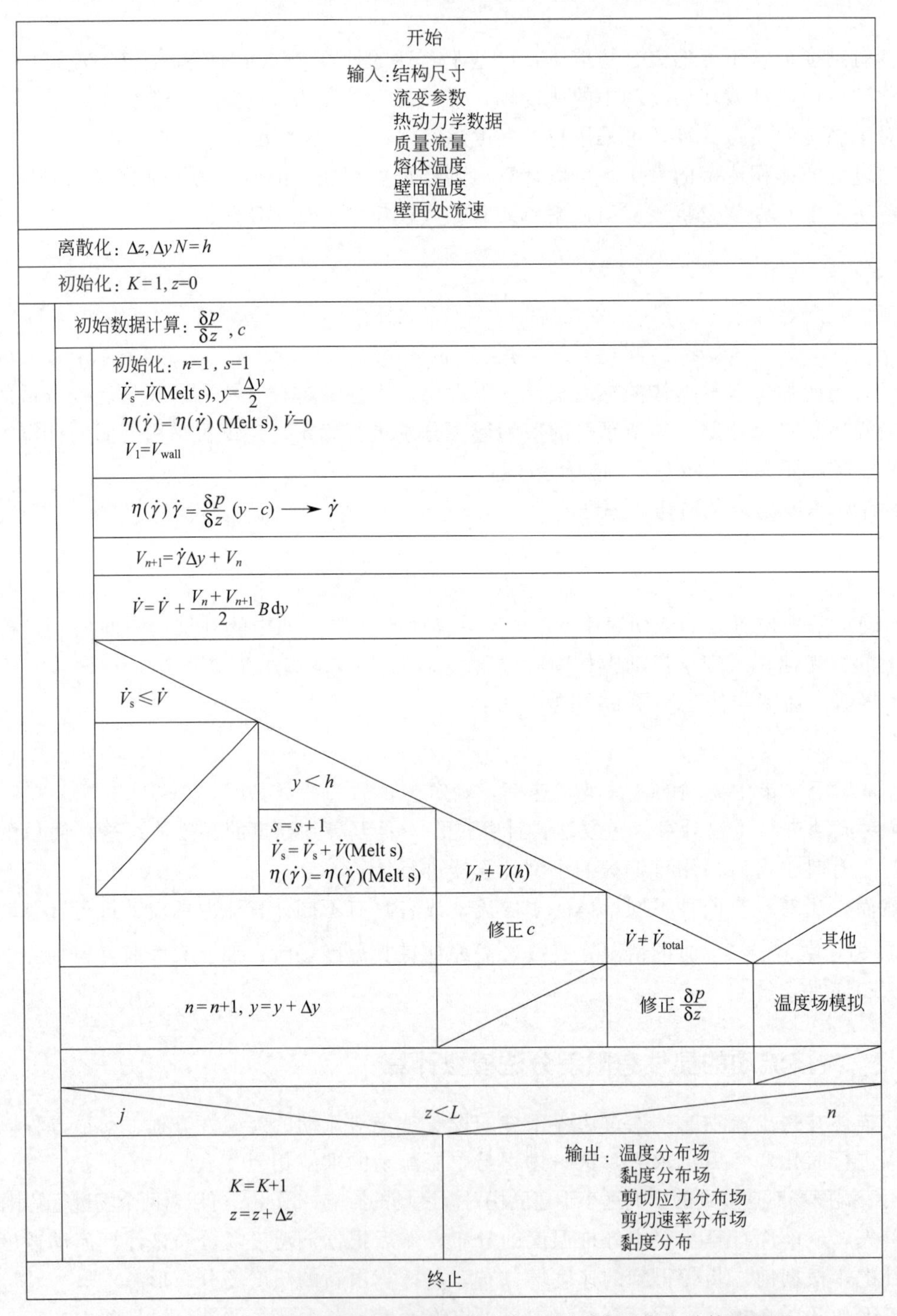

图 6.14　多层流动中速度场与温度场分布的有限差分法模拟计算流程图

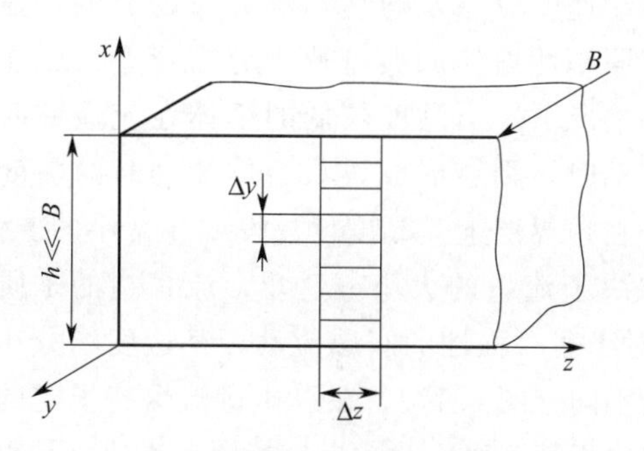

图 6.15 基于有限差分法离散流道进行流动计算

当采用有限差分法时，流道被划分成一个一个的离散层（图 6.15）。在每一个离散层中，局部的剪切速率和熔体黏度均被看作是恒定的。这样的话，式(6.35) 就与式(6.3) 一致，并在给定了压力降及最大流动速度的位置后，可以通过迭代计算对式(6.35) 进行求解。根据流动过程中的剪切速率场分布，我们可以确定其速度场以及其流率的大小。该过程一般从某一壁面位置处开始计算，且在该壁面位置处熔体流动具有指定的速度（一般为零）。然后逐层确定其流动的离散流率，最后将流率相加求和。然后将该流率总和与每一层熔体的指定流率进行比较。

一旦计算的流率达到第一层熔体的指定流率，计算过程就到达了第一个层界面位置。从这里开始，将采用第二层熔体的材料参数继续对式(6.35) 进行运算。这样，流道中划分的所有离散层就逐步地代入计算过程。这种计算方法免去了对边界层位置进行确定的必要过程[30]。

作为确定最大速度位置的边界条件，对流道壁面上最后计算的流动速度和其设定的速度进行比较；而压力损耗的大小则可以通过模拟得到的流率与设定的总流率之间的比较得到。在对称式共挤流动中，其最大流动速度出现在流道的中心轴线上；因此，在对其内部流动进行计算时，由于结构的对称性，只需要对一半的流道进行模拟计算就足够了。

压力降与最大流动速度位置的初始值，则可以通过黏度恒定条件下的模拟计算得到（参考 6.3.1 节）。关于温度的模拟计算，其与上述计算过程一致，可以通过对能量方程的简化进行求解得到：

$$\underbrace{\rho C_p v_z(x)\frac{\mathrm{d}T}{\mathrm{d}z}}_{1}=\lambda\underbrace{\frac{\mathrm{d}^2 T}{\mathrm{d}x^2}}_{2}+\underbrace{\eta\dot{\gamma}^2}_{3} \tag{6.36}$$

上述函数方程式中，第Ⅰ项描述了流动方向上能量的对流输运，第Ⅱ项表示了剪切方向上的热传导效应，第Ⅲ项则表示了黏性耗散生热。

对于法向上的流动模拟计算，其使用了半步长的计算方法；而在流动方向上则采用全步长的计算方法。步长的大小是判断差分计算稳定性的依据[35]。

图 6.15 为有限差分法计算时的计算流程示意图。

6.3.3 速度场与温度场的有限差分法模拟计算

采用 6.3.2 节中所述的模拟方法，我们阐述了流动速度场与温度场[34] 的计算过程。在接下来的内容中，将继续对得到的一些相关的计算结果进行讨论（也可参考 4.4.4 节中案例）。

图 6.16 表示了两种不同的熔体在某缝隙流道中发生对称性三层流动时，其熔体黏度的

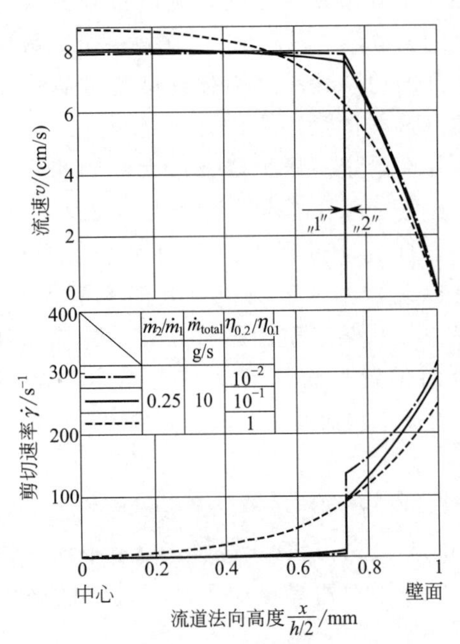

图 6.16　缝隙流道中多层对称流动下熔体黏度比对速度场分布的影响[34]

比值对流动速度分布及剪切速率分布的影响。虚线表示了某假塑性熔体的典型速度分布形态；而在多层流动的情况下，当黏度较低的熔体在流道壁面附近区域流动时，则会形成块状熔体流动时的黏度分布行为。在边界层上其黏度仅仅发生非常小的变化。这主要取决于流量的大小（这里，流量指的是质量流量）。对于非对称性的双层流动，其速度场分布则表现完全不同（图 6.17）。在总质量流保持恒定的情况下，取决于其流率比的大小，其最大流速总是出现在更黏稠的熔体中（即 m_2/m_1 分别为 0.25 与 0.11 时）。如果 $m_2/m_1=1$，则速度的最大值出现在黏度较稀的熔体中。若熔体黏度的差异越大且低黏度的熔体占比越大，则流动层中的平均流动速度的差异也越大；而最大流速的出现位置则取决于熔体的黏度比。

除速度场外，热力学的材料数据和模具壁上的热边界条件影响流道中的温度分布。图 6.18 表示了图 6.17 中的两种速度分布形态下的沿流道方向上的（壁面温度 $T_W=200℃$）温度场变化情况。对于熔体 1，则采用了 HDPE 的材料热力学参数；而对熔体 2，则选用了 PS 材料的热力学参数。如果最大流速出现在黏度较大的熔体层中，则在流道壁面附近会出现明显的温度峰值。在速度峰值出现在低黏度熔体层的情况下，剪切生热（高剪切速率）效应会由于相邻熔体层之间较低的热传递特性而进一步放大，从而导致流动界面上出现显著的温度峰值。

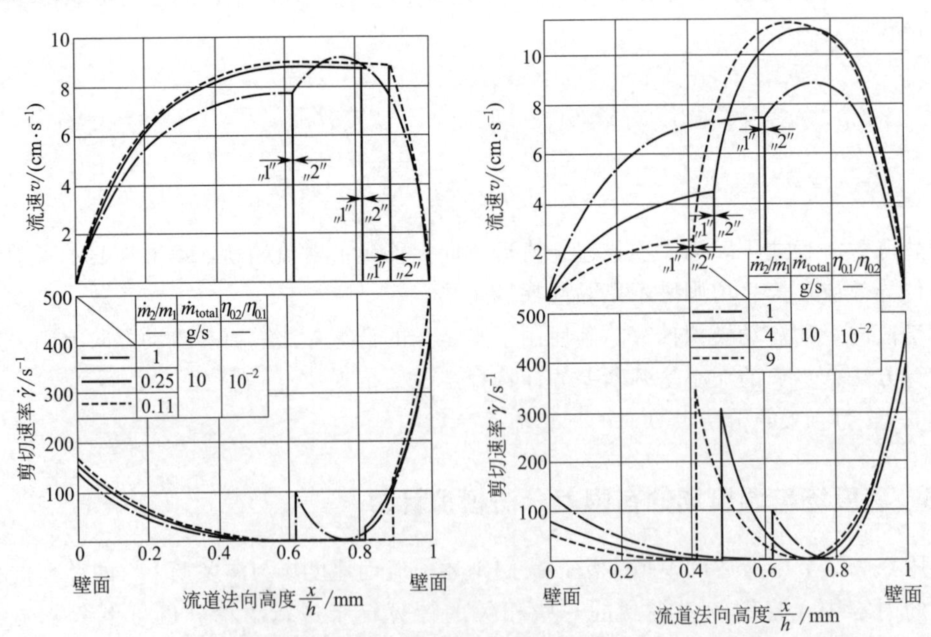

图 6.17　缝隙流道中多层对称流动下质量流率的比值对速度场分布的影响[34]

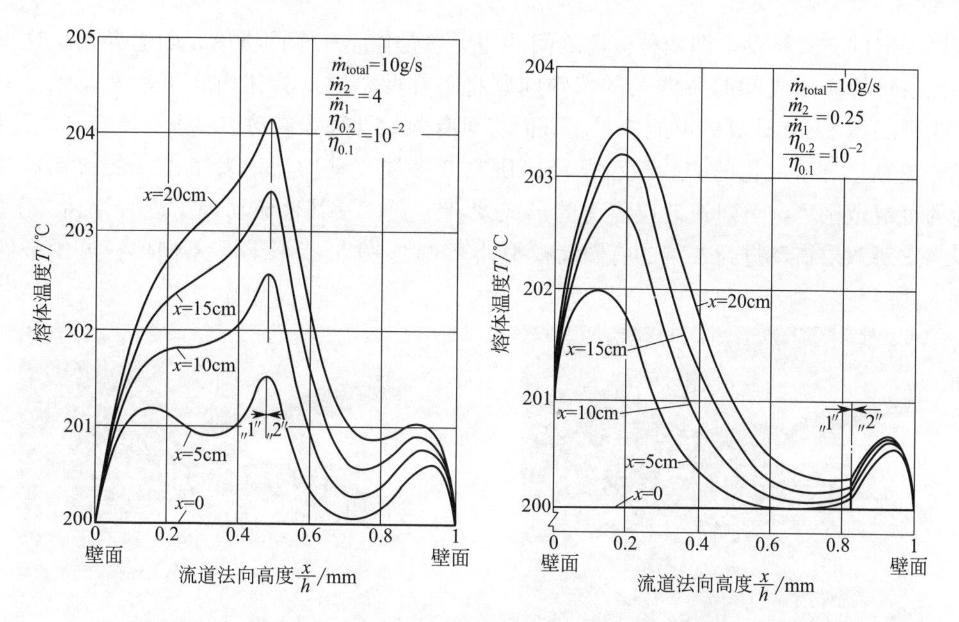

图 6.18　缝隙流道中多层对称流动下沿流动方向上的温度场分布[34]

图 6.19 表示了两相似情况下的某收缩型缝隙流道中的速度场与温度场的变化。这里，两种情况下的流场分布形态具有一定的相似性，但其温度场分布的最大值则出现在壁面附近的界面层上。

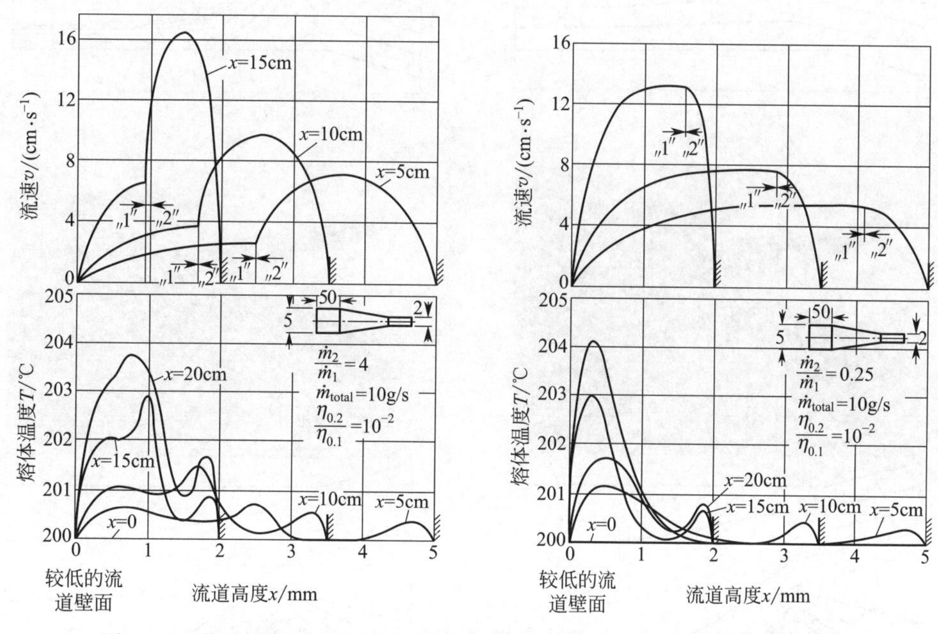

图 6.19　某收缩型缝隙流道中多层对称流动下的速度场与温度场分布[34]

6.3.4　共挤流动过程中速度场的有限元模拟计算

流动的有限元计算为多层流动的二维或三维模拟提供了可能性（也可参考 4.4.2 节）。这种模拟计算与单层的流动计算不同，单层的流动计算过程需要引入补充运算。这使得有限元网络可以以一定的方式移动，即两种熔体之间的边界总是位于一个网格单元的边界上。这里，采用有限元法计算多层流动时所涉及的特殊问题将不在此赘述（具体内容可参考文献［37］）。相反，为了展示 FEM 计算的可能应用，下面将对有限元计算和流动实验进行比较来展开讨论。

基于流动形态可视化的实验模型，可以研究其多层流动中流体发生汇合的流动区域[38]。在实验的可视范围内，可对流动层界面的形成及其位置以及其他流动现象进行评估。下一步，则可以尝试对双层流动进行二维的有限元模拟计算[37]。图 6.20 比较了不同体积流量条件下的

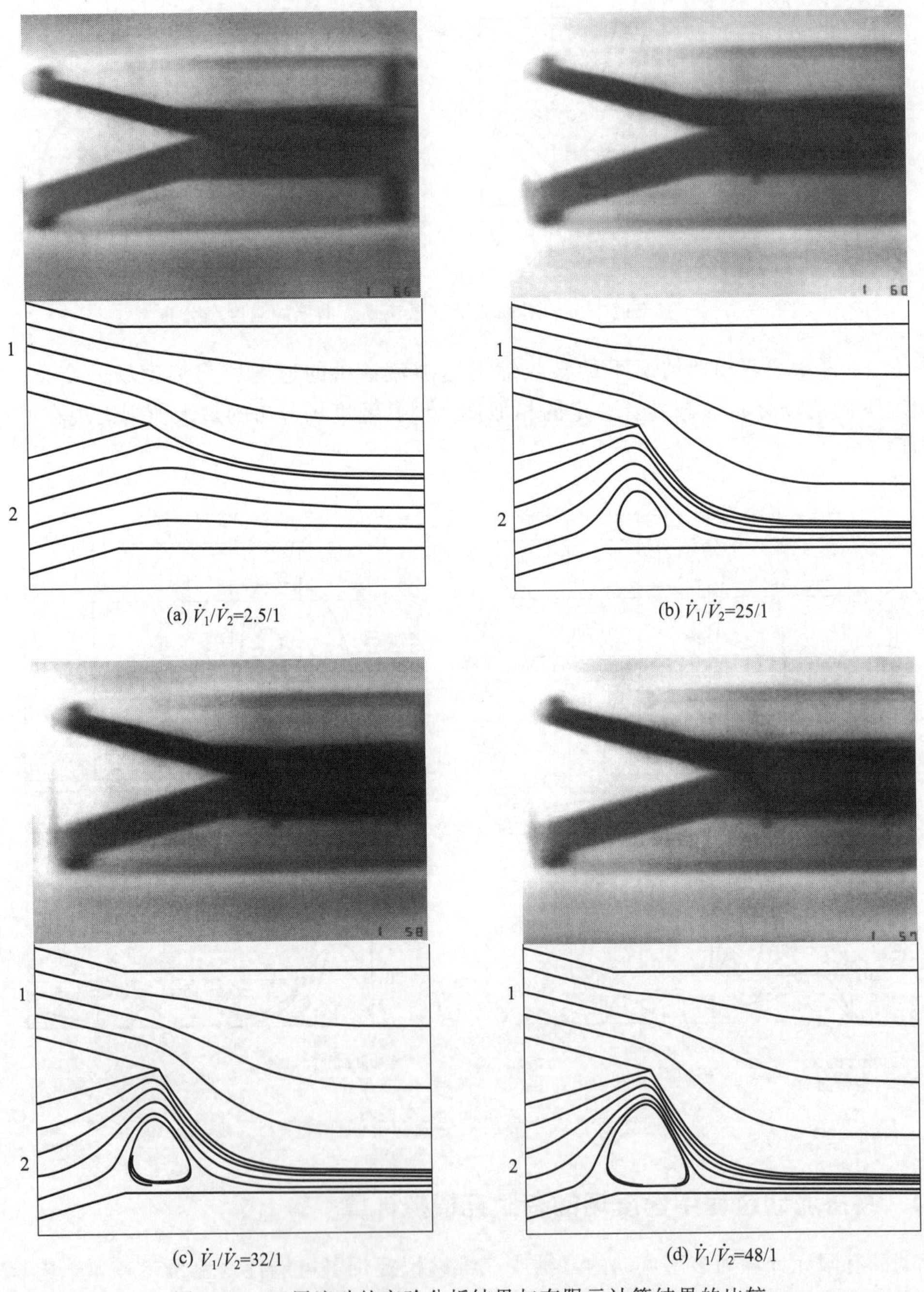

(a) $\dot{V}_1/\dot{V}_2$=2.5/1　(b) $\dot{V}_1/\dot{V}_2$=25/1

(c) $\dot{V}_1/\dot{V}_2$=32/1　(d) $\dot{V}_1/\dot{V}_2$=48/1

图 6.20　双层流动的实验分析结果与有限元计算结果的比较

实际流动形态和模拟计算的流动路径。值得注意的是，有限元计算不仅可以对界面的形状和位置进行很好的描述，并且也能计算出流动汇合区域处流动死点的大小与位置，该计算结果也依赖于流量比（该模拟过程基于纯黏性行为材料计算，其黏度模型采用 Carreau 模型）。

产生流动死点的原因是下层熔体的流动速度出现大幅度的提高。在沿流动的方向上，流动较快的上层熔体层拖曳着流动较慢的熔体层，这会提高流动方向上处于下方的流道壁面上的压力值。在流动汇合点后方的较短距离位置处，流动下方的流道壁面上会产生压力的最大峰值。这种压力场的分布形态最终导致了熔体回流或流动死点区域的产生。（这种效应可以与线材涂覆成型过程中所产生的问题相当，具体内容参考 5.3.3.4 节）。

若要对上述共挤模具中形成流动死点的流动汇合区域进行检查是完全没有问题的。这样就可以避免停留时间达到最大值，并消除该区域中熔体的相关应力。这个例子表明，即使是复杂的流动过程，也可以通过有限元方法进行准确的计算。

6.4　多层流动中的不稳定性

除了典型单层流动中常见的流动不稳定性特征（比如非稳定入口角、粘-滑效应、熔体破裂以及壁面滑移现象），在多层流动中，还会发生另外的两种流动现象：熔体包封及界面不稳定。

对于熔体包封和流动界面不稳定性这两种现象，必须分别从形成原因、机制与后果方面进行考虑。图 6.21 与图 6.22 清晰地描述出了二者之间的差异。其中，两股具有相等流率大小的熔体以并行流动的方式通过某圆形毛细管流道。其流动层的界面位置可以通过固化的双层熔体中的较薄部分来确定[39]。在两种不同牌号级别的聚苯乙烯（图 6.21）的共挤出实验中发现，具有较低黏度的熔体总是倾向于包封黏度较高的熔体。

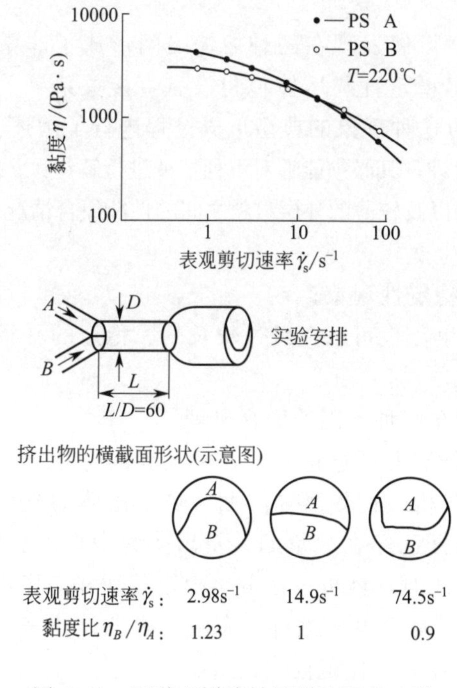

图 6.21　两种不同牌号级别的聚苯乙烯共挤出过程中的界面重排[39]

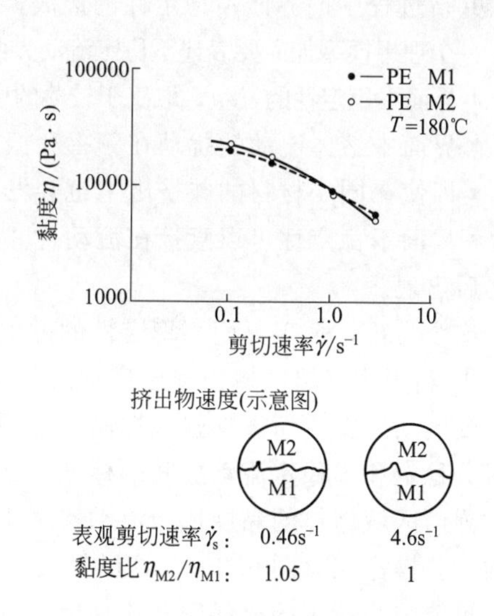

图 6.22　两种不同牌号级别的聚乙烯共挤出过程中的界面重排[39]

从实验测试的结果来看，当两种熔体的黏度取向相互交叉时，这种熔体包封的趋势可以逆转，这主要取决于其挤出过程的工艺条件。

由此可以推断，熔体包封是一种由材料流动行为所引起的现象。

至于为什么会发生这种现象（熔体包封），可以根据能量最小化原理进行解释。两种熔体在流动过程中的流动形态均倾向于按照压力损耗最小化的趋势进行重新排布。这种情况只有在低黏度熔体沿壁面（与壁面直接接触）发生流动时才有可能发生，从而在流道的中心区域形成了高黏度熔体的滑移层。

这种机理解释了熔体包封现象的产生原因，但是我们无法通过模拟计算来预测多层流动中流动界面的形成过程，因为这主要取决于材料开始发生熔融的位置点、流动距离、熔体特性以及体积流率的大小。一种解决方法是对共挤出过程进行三维的有限元流动模拟[37]。图6.23所示为这种模拟计算下的流道结构，对于具有不同黏度的熔体，模拟得到了通过一定流动距离后的界面位置，且该流动距离的长度为高度的三倍。模拟结果可以很好地界定出边界层的位置；但是，对这些模拟结果的定量验证实验仍然在研究之中。

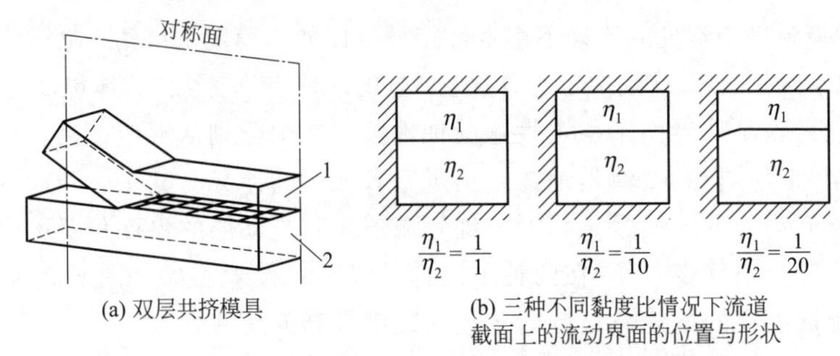

(a) 双层共挤模具

(b) 三种不同黏度比情况下流道截面上的流动界面的位置与形状

图6.23　基于有限元计算预测流动界面重排的结果

当挤出两种不同牌号的PE材料时（图6.22），可以发现在两种熔体之间形成了非常粗糙且毫无规律的界面结构[39]。这种流动时界面的不稳定性与熔体包封没有直接关系。关于薄膜共挤过程中的界面不稳定性的形成，图6.24对这种现象的典型形成过程进行了阐述。

一个理想模型如需要表述不稳定流动界面的发生机理，其必须能够对下列特征进行解释：

- 界面不稳定性的发生，取决于较薄的中间层材料以及较薄的外层材料之间的性能组合情况；
- 界面中熔体流动的扰动在频率和振幅上会发生变化；
- 即使在同一材料的共挤出中也会发生界面不稳定性现象；
- 界面不稳定性可以直接在流动合并区域处发生，也可以在经过较长的、稳定的平行流动之后出现。

迄今为止，关于界面不稳定性的发生原因，存在两种不同的解释机理。

① 利用边界层区域内多层流动的数学稳定性分析方法进行研究，确定界面位置的扰动是否受流动的影响而被加强或抑制[32]。通过这种分析我们发现，界面区域中熔体的黏度比是区分稳定和不稳定流动之间的标准。这一判断依据已经在大量的共挤出实验中得到验证。当对界面区域熔体的黏度比与流动层厚比之间作曲线时，就可以区分出稳定流动和不稳定流动的工艺操作点（图6.25)。这已经被实验证实，而且还事先进行了有限元模拟计算来预测是否可能因为特定的材料以及流动层的设置而导致界面不稳定性[46]。

关于以黏度比作为边界层内发生界面不稳定性的判据，其最大的争议在于，该模型无法解释当采用同一材料共挤出时所发生的界面不稳定性现象。

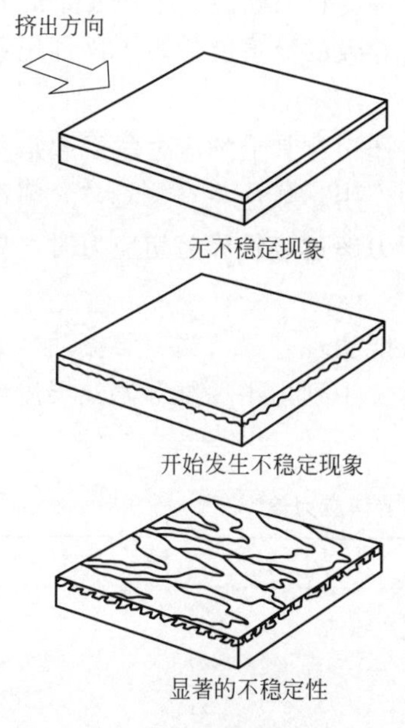

图 6.24　薄膜共挤出过程中的不稳定界面的发生过程

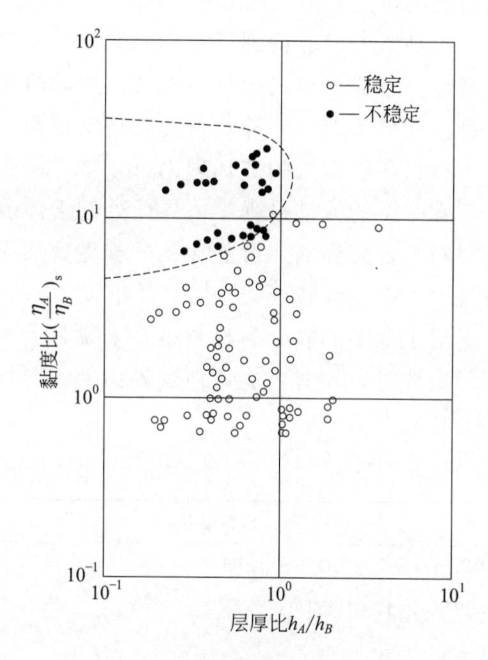

图 6.25　界面处熔体的黏度比作为关键参数

② 分析界面稳定性的另一种方法是，采用熔体流动过程中施加在界面上的作用力的原理模型来解释界面不稳定性的发生。

界面是两个相邻熔体结合的薄弱点。图 6.26 中解释了其原因，并通过示意图阐述了两种聚合物熔体汇合过程中的分子行为[40]。在单一熔体的流动区域处，一方面，由于流道壁面的微粗糙度（Stokean 黏附条件），聚合物大分子黏附于流道的壁面；另一方面，流道中心区域的大分子发生缠结。因此，在流道壁面处，大分子沿流动方向发生取向；沿流道壁面方向上，大分子不发生缠结。当两种熔体发生汇合时（Ⅱ），发生取向并且未黏附的熔体相遇结合并形成界面。大分子的取向状态在整个取向松弛的过程中保留了下来；根据大分子链段运动的统计分析表明，大分子缠结状态的形成需要耗费更长的时间[41]。

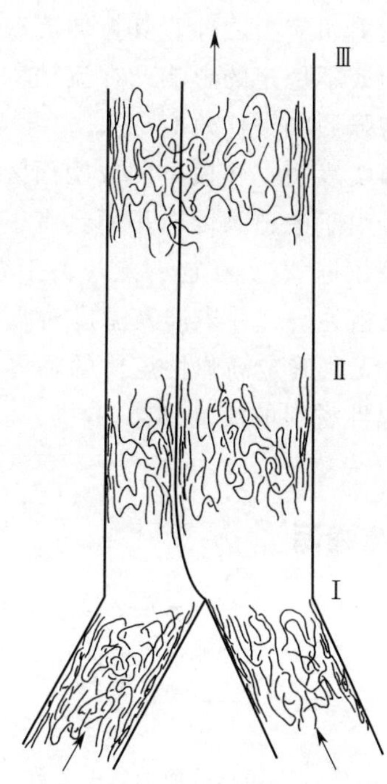

图 6.26　描述界面黏附的模型
Ⅰ—壁面处熔体层大分子的取向；Ⅱ—无缠结，界面处取向；Ⅲ—整个界面上的缠结以及界面处无取向发生

在最后一段的流动区域处（Ⅲ），大分子的取向状态完全消失，并且在整个边界层区域内形成了分子缠结。但是，在加工过程中，熔体在模具内的停留时间往往无法达到这个阶段。

由于界面处的弱点，两种熔体在界面处相互之间发生滑移的可能性要比单独一种熔体在其内部发生滑移的可能性要大得多。

这种假设已经得到了实验的验证，并且它解释了同种材料共挤过程中所发生的界面不稳定现象。芯棒支撑式模具中支架周边的熔体流动及其所导致的流痕就代表了这种现象，因为这种流动就类似于同种材料的共挤出行为[30]。

材料在界面处的破坏理论可以将界面的不稳定性与作用在其上的应力联系起来。

在一维的流动过程中，界面处的熔体受到了剪切的作用。从这一点来看，必须得到每一种材料组合其界面上可能存在的临界剪切应力，当作用力超过该临界剪切应力时，界面处将表现出不稳定性特征[30, 32, 33, 42]。

对于众多的模具与材料组合来说，上述的方法有可能实现。只有当一维流动区域中出现不稳定性时，才有可能评估其界面处的剪切应力。表 6.2 中列出了一维等温双层流动中的临界剪切应力值。

表 6.2　双层挤出过程中的临界剪切应力值

材料组合	τ_{crit}/Pa
LDPE 1810 H 与 LDPE 1810 H	30000
LDPE 1810 H 与 PP 1060 F	20000
PP 6021 D 与 PP 060 F	24000

由于临界剪切应力取决于沿界面方向上作用在熔体上的表面力，因此必须通过实验确定每一种材料组合情况下的临界值。要想简单地通过一维流动实验中的临界应力转变为二维流动中（如在发散或收缩流道中的流动）的临界剪切应力是不可能的。这是因为除了剪切流动会产生剪切应力之外，其拉伸流动还会导致界面上产生法向应力。这种作用力也会对流动产生稳定或不稳定的影响。在流动实验中，研究发现发散性流道中的流动随着其流道高度的增大具有强烈的失稳效应[42]。

事实表明，在模具的成型面区域处的熔体流动并不会产生界面不稳定性现象，尽管这个区域处由于流道高度较小而具有很高的剪切速率，而这为收缩流道对流动具有稳定效应提供了理论依据[31]。在这一点，关于界面上的材料失效模型在应用时仍然存在两个问题：

- 相关研究并未涉及温度对临界剪切应力的影响；
- 无法确定高弹性熔体的临界剪切应力值，因为对于目前的流动模拟程序，其只适合计算纯黏性材料的流动形态。

符号与缩写

$a_{m,n}$	m 层与 n 层之间的边界层	m	质量
B	缝隙流道宽度	n	黏度指数
c	最大流速位置	p	压力
c_p	比热容	T	温度
$e_{\square}$	矩形截面的修正系数	T_W	壁面温度
h	流道高度	$\dot{V}$	体积流率
h_i	每一流动 i 层的流道高度	$\dot{V}_{total}$	总体积流率
K	稠度系数	$\dot{V}_m$	m 层的体积流率
k	积分常数		

v	速度	η_{rep}	特征剪切黏度
v_m	m 层流动速度	λ	导热系数
v_n	n 层流动速度	ρ	密度
$\dot{\gamma}$	剪切速率	τ	剪切应力
$\dot{\gamma}_{rep}$	特征剪切速率	τ_{crit}	临界剪切应力
η	黏度		

参考文献

[1] Fischer, P.: Herstellung, Eigenschaften und Anwendung von coextrudierten Tafeln. Plastverarbeiter 23 (1972) 10, pp. 684 - 688.

[2] Fischer, P.: Maschinentechnische Lösungen für die Coextrusion. Ind.-Anz. 95 (1973) 35, pp. 725 - 729.

[3] Nissel, F.: Coextrusion: An advanced feed-block method. Plast. Rubber Int. 3 (1974) 3, pp. 117 - 119.

[4] Schrenk, W. J. and Veazey, E. W.: Films, multilayer. Eng. Polym. Sci. Eng. 7 (1987) pp. 106 - 127.

[5] von Ness, R. T. and Eidmann, R. A. L.: Practical coextrusion coating. TAPPI Conference, Miami Beach (1972).

[6] Meyer, L. J.: Co-extrusion for economy performance properties and products. SPE Tech. Pap. (1972) 2, pp. 722 - 725.

[7] Thomka, L. M. and Schrenk, W. J.: Flat-die extrusion. Mod. Plast. Int. (1972) 4, pp. 56 - 57.

[8] Rahlfs, H. K. and Ast, W.: Coextrusion von Folien, Tafeln und Beschichtungen mit Mehrkanal-Breitschlitzwerkzeugen. Kunststoffe 66 (1976) 10, pp. 538 - 541.

[9] Johnson, J. E.: Grundzüge der Coextrusion von Platten und Folien. Kunststoffberater (1976) 10, pp. 538 - 541.

[10] Dragoni, L.: Vergleichende Betrachtungen bei der Herstellung von coextrudierten und kaschierten Verbundfolien. Plaste Kautsch. 25 (1978) 12, pp. 701 - 703.

[11] Mainstone, K. A.: Internal and external combining systems for slot die coextrusion. Paper, Film & Foil Converter (1978) pp. 65 - 68.

[12] Predöhl, W.: Herstellung und Eigenschaften extrudierter Kunststoffolien. Postdoctoral thesis at the RWTH Aachen (1977).

[13] Auffermann, L. and Hub, H. H.: Aufbau und Eigenschaften von Coextrusionsfolien. In: Fortschritte bei der Folienproduktion und -Verarbeitung. IK-conference proceedings, Darmstadt (1988).

[14] Reitemeyer, P.: Coextrusionswerkzeuge zum Herstellen von Flachfolien für den Verpackungsbereich. Kunststoffe 78 (1988) 5, pp. 395 - 397.

[15] N. N.: Multilayer film from a single die. Plast. Eng. (1974) pp. 65 - 68.

[16] Predöhl, W.: Rationellere Folienproduktion. In: Fortschritte bei der Folienproduktion und -Verarbeitung. IK-conference proceedings, Darmstadt (1988).

[17] N. N.: Coextrusion takes a giant step into the future. Mod. Plast. Int. 61 (1983) pp. 14 - 18.

[18] Roppel, H.-O.: Verbesserung der Barriereeigenschaften beim Blasformen. In: Fortschritte beim Blasformen von Thermoplasten. IK-conference proceedings, Darmstadt (1987).

[19] Hensen, F. et al.: Entwicklungsstand bei der Coextrusion von Mehrschichtfolien und Mehrschichtbreitschlitzfolien. Kunststoffe 71 (1981) 9, pp. 530 - 538.

[20] Fischer, P. and Wortberg, J.: Konzept und Auslegung von Coextrusionsblasfolienanlagen. Kunststoffe 74 (1984) 1, pp. 28 - 32.

[21] Wright, D. W.: Straight talk on five-layer blown film dies. Plast. Technol. 30 (1984) pp. 79 - 82.

[22] Caspar, G. and Halter, H.: Mehrschicht-Blasfolienextrusion. Kunststoffe 73 (1983) 10, pp. 597 - 598.

[23] N. N.: Bei der Coextrusion besonders wirtschaftlich. Plastverarbeiter 38 (1987) 4, pp. 110 - 112.

[24] Hegele, R.: Coextrusion blow molding of large hollow articles. Coex Europe' 86 (1986) pp. 355 - 388.

[25] Eiselen, O.: Konzepte für Coextrusionsblasformanlagen. Kunststoffe 78 (1988) 5, pp. 385 - 389.

[26] Onasch, J. and Kraemer, H. : Coextrusion: Märkte, Verfahren, Werkstoffe. Kunststoffberater 33 (1988) 7/8, pp. 62 - 67.

[27] Iwawaki, A. , et al. : Coextrusion blow molding for gas tanks and industrial parts. Mod. Plast. Int. 55 (1977) pp. 15 - 17.

[28] IP-PS 906 128 (1975) IHI, Japan (Japanese patent) .

[29] DE-OS 3620144 Al (1987) Bekum Maschinenfabriken GmbH, BRD (German patent) .

[30] Cremer, M. : Untersuchungen zum Auftreten von Flie. instabilit. ten in Mehrschichtstr. mungen. Unpublished thesis at the IKV, Aachen (1988) .

[31] Schrenk, W. J. : Interfacial flow instability in multilayer coextrusion. Polym. Eng. Sci. 18 (1978) p. 8.

[32] Han, C. D. : Multiphase Flow in Polymer Processing. Academic Press, New York (1981) .

[33] Kurrer, H. : Durchführung und Auswertung von Versuchen mit einem Coextrusions- Modellwerkzeug. Unpublished thesis at the IKV, Aachen (1988) .

[34] Wortberg, J. : Werkzeugauslegung für Ein- und Mehrschichtextrusion. Thesis at the RWTH Aachen (1978) .

[35] Hilger, H. : Berechnung von Mehrschichtenströmungen unter Berücksichtigung viskoelastischer Fließeigenschaften. Unpublished thesis at the IKV, Aachen (1986) .

[36] Peuler, M. : Berechnung von Fließ- und Deformationsvorgängen in Extrusionswerkzeugen. Unpublished thesis at the IKV, Aachen (1976) .

[37] Schwenzer, C. : Finite Elemente Methoden zur Berechnung von Mono- und Coextrusionsströmungen. Thesis at the RWTH Aachen (1988) .

[38] Strauch, Th. : Ein Beitrag zur Theologischen Auslegung von Coextrusionswerkzeugen. Thesis at the RWTH Aachen (1986) .

[39] Southern, J. H. and Ballmann, R. L. : Additional observations on stratified bicomponent flow of polymer melts in a tube. J. Polym. Sci. , Polym. Chem. Ed. 13 (1975) .

[40] Meier, M. : Ursachen und Unterdrückung von Fließinstabilitäten bei Mehrschichtströmungen. Proceedings of 14. IKV-Kolloquium, Aachen (1988), pp. 47 - 54.

[41] Janeschitz-Kriegl, H. : Polymer Melt Rheology and Flow Birefringence. Springer, Berlin (1983)

[42] Skretzka, D. : Untersuchung der Strömung von Modellfluiden in einem Modellversuchsstand. Unpublished thesis at the IKV, Aachen (1988) .

[43] Backmann, M. and Sensen, K. : Blasfolienextrusion. In: Handbuch Urformen. Bührig-Polaczek, A. ; Michaeli, W. ; Spur, G. (Eds.), Hanser, Munich (2014) .

[44] Thielen, M. : Extrusionsblasformen. In Handbuch Umformen. Bührig-Polaczek, A. , Michaeli, W. , Spur, G. (Eds.), (2014) Hanser, Munich, pp. 667 ff.

[45] Hopmann, Ch. , Funk, A. : Radialwendelverteiler für den Einsatz im Blasformen, Blasformen & Extrusionswerkzeuge (2013) Vol. 9, 5, pp. 12 - 18.

[46] Michaeli, W. and Windeck, C. : Limits to instabilities? Kunststoffe Int. 4 (2010) 11, pp. 41 - 44.

[47] Ederleh, L. : Barrierefolien - Produkte und ihre Prozesse. Proceedings of IKV-conference Folienextrusion - Trends bei Rohstoffen, Verarbeitung, Anwendung, Aachen, 11/12 November (2014) .

第7章 弹性体材料的挤出模具

7.1 弹性体挤出模具的设计

基于弹性体材料制成的产品的多样性，许多在热塑性塑料加工过程中常见的模具也应用于弹性体材料（橡胶）的挤出成型。在之前的章节中，我们从基本原理出发讨论了热塑性塑料的挤出模具。对于弹性体材料的加工成型，其最大的不同之处在于，通过挤出机输送过来的熔体流动必须在一定的稳定范围内，以便对材料进行安全加工，也就是说，弹性体材料在挤出机或模压装置内不会提前发生硫化反应（俗称焦化）[1]。

对于大多数橡胶共混物的型材挤出成型，人们直到近些年仍然在使用那些结构非常简单的模具。这种模具一般由一块具有型材结构形状的钢板组成。如今，这种模具结构的设计变得更加复杂，因为其设计准则一般源自热塑性材料挤出模具的设计。该设计过程可以通过更加频繁地使用数值模拟技术对模具内熔体的流动行为进行分析来实现。对于中空腔室型的结构，其必要的芯轴一般需要通过桥带结构支撑。而对于具有复杂结构的多重共挤成型，一般采用双重或三重挤出模具（图7.1）[2~6]。模具内的每一种熔体的流动将通过具有型材轮廓的模板进行结合，熔体经该模板挤出后形成所需的型材结构，并进一步发生硫化（交联）。这种类型的模具在轮胎胎面的挤出生产中已经成功地得到应用。

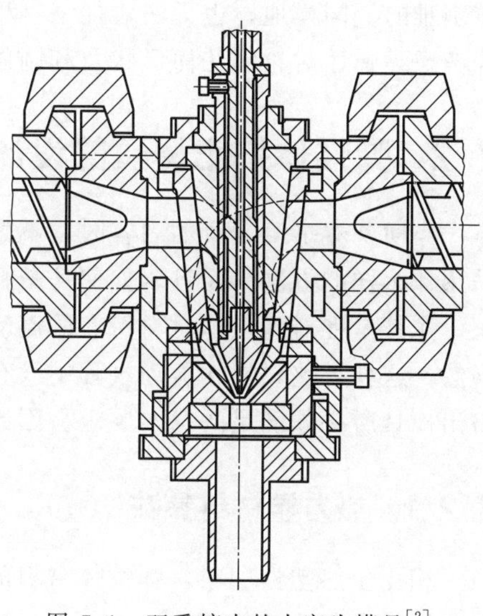

图7.1 双重挤出的十字头模具[2]

当增大熔体的挤出速度时，具有不连续过渡结构的简单模具就会失去其工艺的可靠性。为了提高这些模具的实验性能，就必须将模具内的流道设计成连续性的过渡结构（图7.2）。其中一个典型的例子就是辊筒机头型模具。这种模具的流道形状与宽幅缝隙型模具非常类似，其在流道上设置的扼流杆结构可以对流动进行一定的调控，比如，当需要挤出流动特性可调节的弹性体共混物时。再比如，在辊筒式模具中，当挤出产量需要发生显著的变化时，就必须要更换辊筒机头型模具中的模唇结构。

具有液压开闭合自动驱动系统的模具也被广泛地应用于弹性体（橡胶）混合物的挤出成型，例如，该系统可用于驱动宽幅模具部件模块，并可用来制备轮胎胎面结构的半成品制件[2]。当完

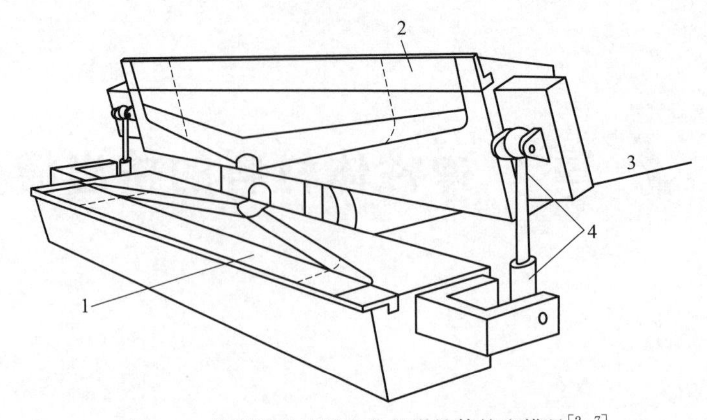

图 7.2 流道结构连续变化的弹性体挤出模具[2,7]

1—通过模具适配器调控挤出制品宽度；2—可更换模唇；3—挤出机对流系统；4—开合模具的液压系统

成对模具的清理以及模唇或内插件的置换之后，模具还可以通过该液压系统实现闭合与夹紧固定[2,7]。当型材制品具有光滑的侧面且制件的宽度远大于高度时，这种型材的挤出成型一般采用单辊筒模具系统，也就是所谓的辊筒-模唇系统[8]。此外，侧喂料式芯棒模具也常用于软管与电缆包覆的挤出成型。

对于这些模具来说，其流道的结构设计一般会普遍采用常见的经验式设计方法。基于这种方法，要实现对模具内部的压力损耗进行预测或者对熔体流动时的分布形态进行评估是比较困难的。同样地，也无法对加工过程中材料的焦化风险（开始固化）进行量化。至于要充分考虑黏弹性对轮廓几何形状及其制件表面的影响，这只能基于经验来进行估计。

7.2 弹性体挤出模具的设计基础

当回到本书第 1 章的内容时，不禁会产生疑问：在设计弹性体材料的模具时，我们可以采用什么样的方法？而且，如何从塑料工业中类比吸取经验，并应用于弹性体材料的加工成型，尤其是针对弹性体材料特有的流动行为？而塑料的挤出成型目前已经发展得相当成熟。当然，这种类比只能在流动过程中没有烧焦的情况下进行。然而，这是正确设计弹性体材料挤出模具所必须满足的基本要求。因此，这一假设将贯穿于接下来的内容中。

7.2.1 热力学材料参数

相比于热塑性塑料，弹性体材料的平均密度往往更高，因为在实际应用中会往弹性体材料中添加较高比例的填料。然而，弹性体材料的平均密度仍然处于典型热塑性塑料的密度范围之内。两种材料的比热容、热导率以及热扩散系数也具有相似的数量级（参考表 7.1）[9]。

表 7.1 热塑性塑料和弹性体的热力学材料数据的取值范围[9]

（相关数据会随着温度与压力发生一定的变化）

材料类型	密度 ρ/(g/cm^3)	热导率 λ/[W/(m·K)]	比热容 c_p/[kJ/(kg·K)]
热塑性塑料	0.7～1.4 LDPE/PP:0.7～0.9 PVC:1.3～1.4 PS:0.95～1.05	0.15～0.45 LDPE/PP:0.25～0.45 PVC:0.19 PS:0.16	1～3(在结晶的温度范围内,先表现出显著增加,随后降低到所示的水平)
弹性体	1.1～1.7(取决于填料的种类与填充比例)	未填充:0.1～0.2 高填充:0.2～0.4	1～2(在典型的固化温度范围之内该数据会发生变化)

由于弹性体材料的加工温度远远高于其玻璃化转变温度（T_g），因此可以预见材料在通过挤出模具时的各种温度变化情况对材料特性所产生的影响[10]。一般情况下，数值模拟计算时可以忽略这种温度与热力学性能的耦合，尤其是当性能参数是在平均加工温度下测试得到时。同时还需要注意的是，由于不同的厂家一般会使用其独有的材料配方，因此市场上只能找到少数几种弹性体共混材料的热力学材料参数。此外，数据的采集常常需要复杂且昂贵的测试及技术与设备，因此，这也为该领域的研究留下了较大的空间。

7.2.2 流变参数

对比热塑性塑料（聚丙烯）与弹性体材料（SBR）的黏度函数发现，二者的黏度均清晰地表现出剪切依赖性特征（图7.3）。

温度对这两种材料流动行为的影响通常可以用阿伦尼乌斯方程或WLF方程来表示[11]（也可参考2.1.3节内容）。同样地，至于这两种材料的黏度函数的复杂程度，二者具有一定的可比性，且在一定的加工剪切速率范围内，可采用幂律方程进行表征。二者之间唯一的区别是弹性体材料的黏度往往具有更高的黏度值[9]。然而，我们也必须考虑以下内容中所涉及的具体特性。

① 耗散模型　由于弹性体材料的加工主要会与填料一起进行，可将其看作是多相复合材料，因此加工过程中必须考虑填料对流道中剪切速率分布的影响。所谓的耗散模型[12]在热塑性塑料中广泛使用，并通过多项研究证明了其有效性[13,14]。在文献[15]中，耗散模型也用来表征弹性体材料。在这个模型中，其在流动相与固相之间进行了区分。这意味着流道中存在着固-液两相的流动（图7.4），而总的剪切效应及其引发的耗散则发生在填充颗粒之间的弹性体部分。当采用流变仪进行流变测试时，可得到其黏度的积分值 $\eta_{nf,int}$ 与相应的剪切速率的积分值 $\dot{\gamma}_{nf,int}$，其中nf意味着不含填料的情况，如图7.4(a)所示。由于这些数值表示了整个系统中的流动行为，因此这些参数适合用于压力损耗的模拟计算。然而，当这

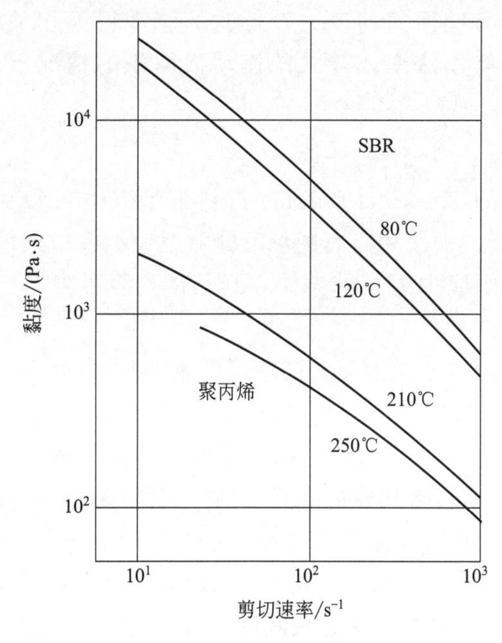

图7.3　热塑性材料（聚丙烯）与弹性体材料（SBR）的黏度函数

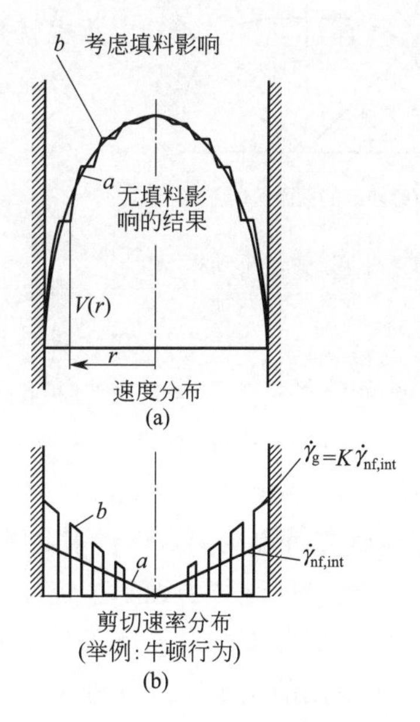

图7.4　耗散模型[10]

些参数应用于能量方程时，则有必要进行修正。正如图 7.4 中表述的那样，弹性体区域的剪切速率要大于积分常数 K。文献［10］中提到，基于上述考虑所得到的聚合物相的总耗散能量为：

$$P_{\mathrm{diss,total}}=(1-\Phi)V_{\mathrm{total}}\eta_{\mathrm{nf,int}}K\dot{\gamma}^{2}_{\mathrm{nf,int}} \tag{7.1}$$

相比于积分常数（$\eta_{\mathrm{nf,int}}$，$\dot{\gamma}_{\mathrm{nf,int}}$），耗散能量值会随着参数 F_{diss} 增大而增大，且

$$F_{\mathrm{diss}}=(1-\Phi)K \tag{7.2}$$

基于上述这个方程可以看出，在高黏度的橡胶共混物中，由于剪切效应所导致的温升不但与材料本身的高黏度相关，还与填料的存在相关。当采用毛细管流变仪进行测试时，可以发现，当实验在一个更高的挤出量运行时，实验不再是一个等温测试过程。这样，就必须对实验结果进行校正。此时，通过考虑剪切速率的增大，可以建立一个黏度模型，且该模型与结构尺寸无关[15]。关于温度峰值的迭代计算过程，可参考文献［15］。基于填料体积含量 φ 的大小，文献［10，16］中给出了其参数 K 的模拟计算方程（该方程与过高的剪切速率增大相关)，从二维的关系出发，假定填充的颗粒均为表面积为 $\pi d^2/4$ 的球形结构：

$$K=\left[1-\frac{6\varphi}{\pi}+\frac{1}{2}\left(\frac{4\varphi}{\pi}\right)^{\frac{3}{2}}\right]^{-1} \tag{7.3}$$

② 屈服应力　除了会提高局部剪切速率之外，填充颗粒之间的相互作用会导致所谓的屈服应力[17]：当剪切应力小于一定的临界值 τ_0 时（屈服应力)，材料不会发生流动且表现出固体行为。这种现象有时可以从天然橡胶中观察到[10]。而这种材料的流动形态可以划分为一部分的剪切流动与一部分的柱塞流动。如图 7.5 所示，随着壁面剪切应力与屈服应力之间比值的增大，这种柱塞流动行为所占的比例会越来越小。因此，这种柱塞/剪切流动模型就与壁面剪切应力较低时的流动行为相关，也就是在较小的体积流率或较大的流动截面积的情况下。该流动对应的流动模型为：

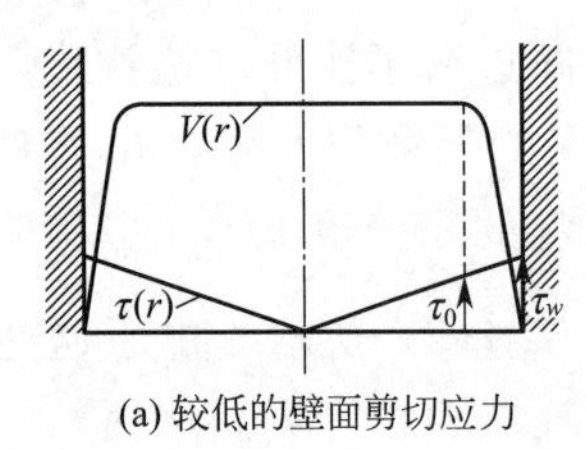

(a) 较低的壁面剪切应力

(b) 较高的壁面剪切应力

图 7.5　柱塞/剪切流动模型[10]

$$\tau=\tau_0+\Phi\dot{\gamma}^{n} \tag{7.4}$$

这就是所谓的 Herschel-Bulkley 材料模型（也可参见 2.1.1.2 节)[18,19]。而采用具有圆形及缝隙型毛细管口模的流变仪来确定屈服应力大小的方法，其具体内容可参考文献［10］中所述。

③ 壁面滑移　关于弹性体材料的壁面黏附问题（壁面上流动层的速度为零)，研究人员只是选择性地进行了研究[20]，这是因为这个问题的本身就很难进行证明，因此要对其所产生的效应进行检测也非常困难。在对 NR、SBR、CR 共混物[10] 以及弹性体的注射成型过程[9] 进行研究时表明，对于许多共混物体系，可以忽略其成型模具中的壁面滑移效应。然而，只有在当黏度函数中无不稳定性因素时，或在毛细管流变仪的测试过程中，当改变毛细管的结构尺寸而并不会对流动函数造成影响时，这种假设方可成立。毫无疑问的是，在目前德国国内所使用的至少 10000 种橡胶共混物中，有一些材料会在模具内部表现出壁面滑移现象。但是，在通用模具的设计过程中若考虑这些特殊的情况又会增加模具的复杂程度及制造成本。如今，许多归因于壁面滑移的现象也可以通过模具壁面上高剪切速率区域中的耗散效

应或屈服应力来解释[10]。

7.2.3　黏性压力损耗的模拟计算

在模具的设计过程中，其在一定体积流率下的压力损耗是一项非常重要的设计标准。而所设计模具的总压力损耗应当尽可能地小，这代表了该模具的使用特性。例如，在厚板的挤出生产中，其所采用的模具需要将由挤出机输送而来的熔体流动进行展开，并在恒定出口流速的假设下，该模具需使各流动路径上均产生相等的压力损耗。另外，关于壁面处剪切应力的大小确定（该剪切应力包含在总的压力损耗中的），应该为模具的设计提供相关信息，即模具内部是否存在部分区域，该区域的熔体所受的剪切应力并未达到其屈服应力，也就是说在该区域处熔体不发生流动。在文献［10］中，作者还对圆形、狭缝和环形缝隙等基本流道形状中弹性体材料的流动进行了分析，其研究了塑料加工领域所发展起来的模拟技术是否也可以转移到弹性体材料的流动分析中。在这项研究中，作者对等温与非等温过程的流动过程均进行了数值模拟与实验研究。

7.2.3.1　等温方程

在所有的等温模拟过程中，均需要假设整个流道上具有恒定的熔体温度。与非等温模拟计算相比，这种假设可以将计算量最小化。正如在前面章节中提到的，弹性体材料只有在少数几种情况下才会表现出壁面滑移现象。因此，对于压力损耗的等温模拟过程来说，则可采用具有壁面黏附效应并表现出幂律模型 $\eta=k\dot{\gamma}^{n-1}$ 行为的材料方程。如果发生屈服应力现象，则可以采用 Herschel-Bulkley 模型来描述其黏性材料行为特征。其他关于黏性压力损耗计算的相关结论，可参考文献［21～23］。对于橡胶共混物来说，这些内容在文献［10］中已经被实验验证。

对于管道或缝隙型流道中流动形态，其讨论起来会相对简单[24, 25]；而对等温模拟计算来说，也存在许多可采用的解析方程模型（参考表 3.1～表 3.6 以及表 7.2）

表 7.2　管道或缝隙型流道中流动描述方程（Herschel-Bulkley 材料模型）[10]

项目	管型流道	缝隙型流道
压力损耗	$\Delta p=\left(\frac{\dot{V}}{\pi R^3 K^*}\right)^n k\,\frac{2L}{R}$ $K^*=\frac{n}{n+1}\left(1-\frac{\tau_0}{\tau_W}\right)^{\frac{1}{n}+1}\left(\frac{\tau_0}{\tau_W}\right)^2+$ $\left(\frac{2n}{2n+1}\right)\left(1-\frac{\tau_0}{\tau_W}\right)^{\frac{1}{n}+2}\left(\frac{\tau_0}{\tau_W}\right)+$ $\left(\frac{3n}{3n+1}\right)\left(1-\frac{\tau_0}{\tau_W}\right)^{\frac{1}{n}+3}$	$\Delta p=\left[\frac{\dot{V}\left(\frac{I}{n}+2\right)}{K^{**}B\left(\frac{H}{2}\right)}\right]^n k\,\frac{2L}{H}$ $K^{**}=\left(1-\frac{\tau_0}{\tau_W}\right)^{\frac{1}{n}+2}$
壁面剪切速率	$\dot{\gamma}_W=\frac{\dot{V}}{\pi R^3 K^*}$	$\dot{\gamma}_W=\frac{\dot{V}\left(\frac{1}{n}+2\right)}{K^{**}B\left(\frac{H}{2}\right)^2}$

此外，也可以通过特征黏度的方法来表征这种流动行为[22～24]（也可参考 2.1.2 节）。其在下列情况下具有一定的优势：在流道中，总是至少存在那么一条流线，在该流线中，无

论是牛顿流体还是假塑性流体，都会产生相同的剪切速率，即 $\eta \neq f(\dot{\gamma})$。

通过比较牛顿流体和假塑性流体的方程 $\dot{\gamma}=f(r)$，可对不同本构方程模型下的流道半径进行归一化处理（即 $e_{\bigcirc}=\dfrac{r}{R}$），得到其归一化位置的数值 r[23]。对于缝隙型流道中的流动形态，其处理方法类似。对于符合幂律模型及 Herschel-Bulkley 模型的材料流动行为，图 7.6 与图 7.7 中表示了其在管型流道与缝隙型流道中流动时特征剪切速率的位置。

这种方法的优点是，其流动问题可以通过牛顿流体的简单方程进行描述。在其对应的方程中，可引入特征剪切速率 $\dot{\gamma}_{\text{rep}}=e_{\bigcirc}\,\dot{\gamma}_{\text{Newton}}$ 与特征黏度 $\eta_{\text{rep}}=\eta(\dot{\gamma}_{\text{rep}})$ 方程。这些数值的大小取自于材料真实的流动曲线，该流动曲线一般采用通用的黏度方程进行表达（Carreau 模型、幂律模型、Vingogradov 模型等）。正如图 7.6 及图 7.7 中所示，在较宽范围的流动指数上，$e_{\bigcirc}$与 $e_{\square}$只在一个较窄的区域内取值。例如，若取平均数值 $e_{\bigcirc}=0.85$ 用于数值模拟计算，则其最大误差不会超过 5%（对于 $0.2<n<0.6$ 而言）。在实际的应用情况中，流动指数的这种独立性在一个较宽的范围内也存在，并且其也适用于 Herschel-Bulkley 流动行为的材料。从图 7.6 及图 7.7 中，我们可以得到以下参数的平均数值：

幂律模型：

$$\begin{aligned} e_{\bigcirc}&=0.815(0.2<n<0.6)\\ e_{\square}&=0.772(0.2<n<0.6) \end{aligned} \tag{7.5}$$

Herschel-Bulkley 模型：

$$\left.\begin{aligned} e_{\bigcirc}&=0.815(0.2<n<0.6)\\ e_{\square}&=0.772(0.2<n<0.6) \end{aligned}\right\} \frac{\tau_0}{\tau_W}<0.33 \tag{7.6}$$

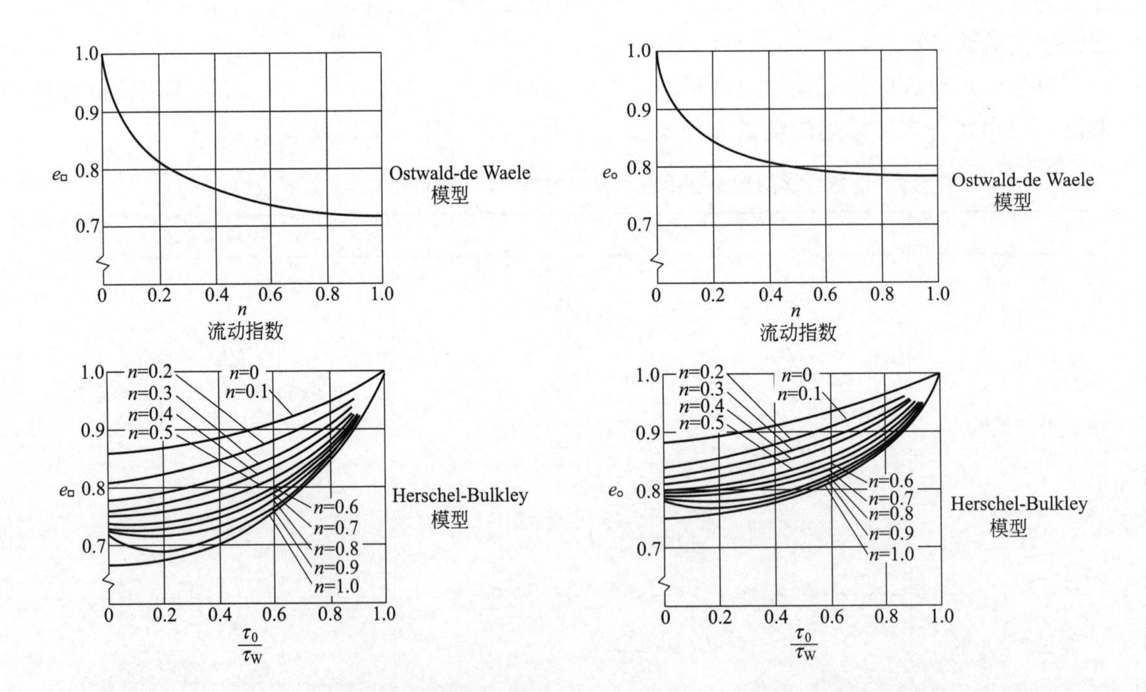

图 7.6 缝隙型流道中流动的特征位置[23]

图 7.7 圆形流道中流动的特征位置[23]

相比于上文提到的流动类型，环形流道中的剪切应力并不表现为线性分布形态（详见第

3 章)。一般来说，描述环形流道中流动形态的方程要复杂得多。因此，建议在 R_0-$R_i \ll R_i$ 的情况下去考虑环形缝隙中的流动，此时可将其当作是平面缝隙流道中的流动来进行计算，相应的计算方程可参考第 3 章内容。

7.2.3.2　非等温模拟计算的处理方法

至于非等温流动，若其流动形式为前文所讨论过的流动形式之一，则其流动计算可以采用相对简单的方法（差分程序）。在这种情况下，可将其流动速度场与温度场进行耦合。由于这一问题并不仅仅针对弹性体材料，因此，关于这一问题的处理可以参考本书第 4 章中所讨论的方法。

正如文献 [10] 中所讨论的，我们需要考虑非等温流动过程中由于剪切速率的提高而导致黏性耗散增大的问题，这主要会使得熔体流动中实际表现出温度峰值现象。至于在流道壁和熔体温度相差不大的情况下，该峰值温度对弹性体材料在挤出模具中的压力消耗影响最小。因此，在这种情况下，可以通过假设流动为等温流动，从而实现对其压力损耗的模拟计算。由于这种情况在实际生产中比较常见，因此，等温形态下的方程就为挤出模具在实际工况下的模拟提供了很好的计算资源。这里，由于屈服应力模型只在少数几种实际生产情况中比较重要，因此，对大多数的挤出过程而言，根据 Ostwald-de Waele 定理，我们可以采用幂律模型来进行计算。如果基于流变仪测试的研究结果表明确实发生了屈服应力的现象，则需要分析挤出模具在实际生产工作中的临界参数点。在这一分析过程中，需要明确模具内流道壁面上的剪切应力是否高于其屈服应力[10]。若研究结果表明该过程中的屈服应力确实不能被忽略，则如果可能的话，可以采用特征黏度法来对压力损耗进行模拟计算。

7.2.4　峰值温度的评估

模具内熔体流动若存在较高的压力降以及相关的剪切作用载荷，则会导致熔体黏性耗散温度的提高。为了判断许多实际生产加工过程中材料焦化的可能性，我们不仅要关注模具内的熔体压力降大小，还需要考虑其峰值温度的变化。

图 7.8 表示了某环形流道中的非等温流动模拟得到的温度场与速度场分布形态。从图 7.8 中可以看到一个明显的局部峰值温度，这在实际情况下往往会导致材料发生焦化。

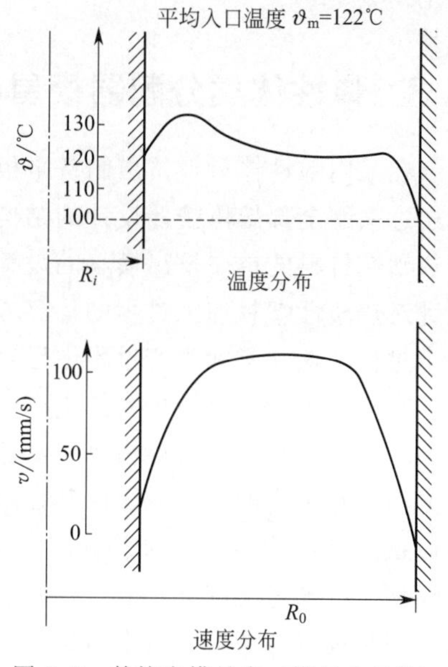

图 7.8　某挤出模具中（模具入口处）的温度与速度分布形态[10]

在符合实际生产的情况下（壁面温度＝熔体温度），由于等温方程满足其压力损耗的模拟计算需求，因此，即使没有采用精细的计算方法，仍然能够从模拟计算中得到挤出模具的最重要信息（压力损耗、峰值温度）。总之，应该指出的是，这种非等温流动的模拟计算方法也适用于交联和硫化反应的研究。这在文献 [26] 中有所涉及，该文献中研究了过氧化物交联聚乙烯电缆护套的连续挤出交联过程。在文献 [27] 中，作者讨论了一种黏度具有时间依赖特性的橡胶共混物的注射成型过程，并研究了黏度对速度场与温度场分布的影响，这种黏度随时间的变化可从硫化曲线中获得。

7.2.5 材料弹性行为的考虑

对弹性体共混物材料，可以很清楚地观察到其表现出 2.1.3 节中所描述的熔体黏弹特征。其中，由于弹性效应所引起的材料胀大行为是选择模具横截面尺寸结构的重要参考因素，这种胀大行为是由聚合物材料中可逆形变的反弹所致，是材料形变与松弛过程的函数方程。除此之外，当材料被挤出模具时，该区域内其速度场的重新排列会使得挤出制品在模具外部变为柱塞形状，从而导致挤出物产生局部的拉伸与压缩，进而改变其截面形状。这种挤出胀大的研究不仅局限于塑料的均相熔体及溶液体系，也受限于橡胶共混物材料[28, 29]。

关于挤出胀大现象的多样性，需要通过不同的方法对其发生的物理原因及其相关的数学描述方程进行解释[1, 30~35]。具体更加详细的内容可进一步参考 2.1.3 节及 4.6 节。

到目前为止，要对挤出胀大现象进行全面的模拟运算是非常困难的，这只能通过采用合适的材料模型进行三维模拟计算来实现[36, 37]。但是，这种方法的应用条件非常苛刻和费时，并且经常由于材料数据难以测量或由于材料模型过于复杂而受到限制。此外还有一种方法，其主要依赖于一些较易获得的材料参数，并通过采用 $2\frac{1}{2}$ 维度的 FEA（有限元分析方法）进行计算这部分的内容将在 7.4.2 节中进行介绍。

在模具的入口处或横截面突变的以及收缩型的流道中，熔体流动时不仅会发生剪切形变，也会发生拉伸形变，这会导致能量转化，从而产生额外的压力降。已公开的信息文献很少会涉及这方面内容。因此，模具设计人员在处理这个问题时往往需要基于其个人的设计经验。如果给定一种主要表现为黏性与弹性共存的弹性共混物材料，则需要考虑多方面的设计参考因素。例如，包括填料的种类与含量、弹性体材料的含量与类型（化学特性）以及熔体的温度。通过用无机填料代替部分的黏弹性聚合物材料，共混物的弹性特征会发生显著的变化。

7.3 弹性体类分配器模具的设计

在采用弹性体材料挤出制备平板及圆形粗胚产品时，要求使用熔体分配器系统对挤出机输送过来的全部熔体按照设计的结构形式进行塑形。在前面的第 5 章中，我们全面讨论了针对热塑性材料的单一挤出模具的设计方法及相关概念。当面向弹性体材料的挤出成型时，一些针对热塑性塑料加工过程的计算方程在经过严格的评估之后，也可以应用于弹性体材料的挤出过程。这在实际生产过程中已经成功地运用。

在挤出软管和电缆护套的生产过程中时，上述的这种方法就特别适合用于与生产工艺条件不相关的侧喂料式芯棒模具中的流动计算。由于橡胶加工厂在间歇性加工性能不一致的材料方面具有丰富的经验，因此其在设计与操作条件及材料无关的加工模具时是有优势的。这可以抵消材料性能变化的影响。关于适用于不同共混物材料的侧喂料式芯棒模具的设计与性能评估，可参考文献［10］。该模具的设计过程是依据文献［25，38］中的设计思想来完成的，同时也可参考第 5 章中所提到的方法。结果发现，这种设计对所有情况下的熔体分布都是有效的。在文献［24］中，作者给出了 200 mm 宽幅的缝隙型模具的设计方法。在该模具的设计过程中，对于橡胶共混物的挤出成型，模具内的熔体分布状态与生产工艺条件及材料性能无关。因此，类似这样的设计准则可以延伸至橡胶材料挤出模具的设计[10,39]。如果模具的设计无法与生产工艺条件独立开来，如具有鱼尾形歧管结构的模具，则至少应该降低模具结构与工艺条件之间的关联性。当流道及模具成型面区域中的熔体在一个较宽黏度范围之内仍能保持恒定的流动指数时[40]，模具结构则相对独立于生产工艺条件。这意味着流道的结构设计必须以特定的方式进行设计，即：特征剪切速率相比于黏度曲线转变区处的剪切速率要明显更小，或起码不至于明显大太多。在这种情况下，黏度的对数曲线的斜率则几乎为常数，由此，则所有流道中熔体黏度也几乎是恒定的。

基于前文所述的流动案例情况模拟计算，是一种针对熔体分配系统进行模拟设计的标准程序。在该分配系统的设计过程中，假设歧管中的流动为管型流动，而流动阻力区的流动为平面缝隙型流动，起码从理论上说，这种假设与材料的类型无关，而这已经被实践证明。严格地讲，在流道中的某些区域段处，流动为多维度的流动，而这种流动形态只能通过数值模拟的方法进行全面的表征与计算，例如有限元模拟计算方法[41]。

弹性体材料在流动时也会时不时地表现出强烈的假塑性特征，这可以从它们的流动指数看出。因此，有必要测试模具相对所加工材料的恒定不变性，这可以通过管型流动及缝隙型流动过程中在其加工工艺范围的上限与下限处，比较其剪切速率的流动指数来实现。

正如本书第5章内容提到，宽幅缝隙型模具的设计，除了需要制定成型面区域处的高度及模具的宽度外，还包括了两个自由参数 R_0 及 y_0，这两个参数之间通过压力相互关联。而模具成型面区域处的以及分配器流道中的剪切速率则可以通过以下的方程式进行计算：

$$\dot{\gamma}_{\text{rep,pipe}}=e_{\bigcirc}\frac{4\dot{V}}{\pi R_0^3} \tag{7.7}$$

$$\dot{\gamma}_{\text{rep,slit}}=e_{\square}\frac{6\dot{V}}{BH^2} \tag{7.8}$$

流率大小的改变，会影响上述两种剪切速率的线性变化特征。只要剪切速率的变化会引起熔体黏度的相类似变化，就可以保证模具的恒定不变性。而黏度曲线中线性区域内的剪切速率范围越大，则生产工艺条件的改变所带来的影响就越小。在理想情况下，二者所产生的剪切速率是相同的。在这样的设定下，模具的结构将完全独立于其生产工艺条件。这样，这种结构的不足之处就在于较大的模具成型面，可能导致设备的空间体积问题，并伴随着较大的压力损耗以及较高的合模力[42]。

正确合理地考虑模具中流道的长度及其形状（例如，简单的矩形截面或者一侧带有半圆弧形的矩形截面）[43]，可以显著改善橡胶共混物的挤出模具的模拟计算[44]。

7.4 用于弹性体挤出模具的开槽盘设计

7.4.1 压力损耗的模拟计算

只能通过极其精细复杂的方法，才有可能对开槽盘中的复杂流动形态进行较为详细的研究[37,45]。因此，这就需要一种更加简化且有效的方法来对流动过程进行整体分析。

在这一分析中，入口压力损耗是至关重要的。在橡胶类的型材模具中，其总的压力损耗主要包括了弹性部分与黏性部分，前者由模口入口区域处的流动造成，后者则是由模孔中的流动造成：

$$p_{\text{total}} = p_{\text{entry}} + p_{\text{orifice}} \tag{7.9}$$

当上述压力损耗的大小确定后，就可以基于该结果对模具进行结构设计，并根据模具出口区域处熔体具有恒定的流动速度来确定其局部流动距离的大小。在相关的文献中[46, 47]，已经对采用不同方法所计算的入口压力损耗进行了讨论与评估。文献［10］中依据文献［46］所罗列的方法进行了实验测试研究，其结果表明，该方法是所有计算入口压力损耗方法中最合适的一种。对于圆形截面的流道来说（如毛细管流变仪中的毛细管流道），其最小入口压力损耗的大小可通过下面的函数得到：

$$\Delta p_{\text{entry}} = \frac{4\sqrt{2}}{3(n+1)} \dot{\gamma}_0 (\eta\mu)^{0.5} \tag{7.10}$$

式中，参数 μ 为基于 Cogswell 的拉伸黏度数值。根据对几种橡胶共混物材料的研究表明，拉伸黏度类似于剪切黏度，其为拉伸速率 $\dot{\varepsilon}$ 的指数函数，即：

$$\mu = \mu_0 \dot{\varepsilon}^b \tag{7.11}$$

而拉伸应力与入口压力损耗之间的函数关系为：

$$\sigma_{\text{E}} = \frac{3}{8}(n+1)\Delta p_{\text{entry}} \tag{7.12}$$

拉伸应力与拉伸速率之间的函数关系为：

$$\sigma_{\text{E}} = \mu\dot{\varepsilon} \tag{7.13}$$

对上述方程进行整合、变形，则可得到计算入口压力损耗的方程为：

$$\Delta p_{\text{entry}} = \left\{ \dot{\gamma}_0^{\frac{n+1}{2}} \left\{ \frac{4\sqrt{2}}{3(n+1)} \sqrt{k\mu_0^{\left(1-\frac{b}{b+1}\right)} \left[\frac{3}{8}(n+1)\right]^{\frac{b}{b+1}}} \right\} \right\}^x \tag{7.14}$$

式中

$$x = \left[1 - \frac{b}{2(b+1)}\right]^{-1} \tag{7.15}$$

关于拉伸黏度的常数（μ_0，b），可以通过毛细管流变测试得到。因此，入口压力损耗的大小可根据 Bagley 修正进行确定（可参考第 3 章内容）。为此，可将压力损耗（在不同的毛细管长度下，在恒定的模口直径和恒定的流率下）对模具的长度进行画线作图。在给定流量下，压力损耗的值可以通过外延曲线并与坐标横轴相交进行确定，其截距大小即可作为压力损耗的大小。将该数值代入上述式(7.12)，因此，基于已知的剪切速率方程 $\eta = f(\dot{\gamma})$，就可以通过式(7.8)、式(7.10）以及式(7.13）直接计算出 μ 与 $\dot{\varepsilon}$ 的大小。

将得到的 μ 值对拉伸速率 $\dot{\varepsilon}$ 进行画线作图，则可得到 $\mu = f(\dot{\varepsilon})$ 的函数关系式，并从中可以确定参数 μ_0 及 b 的大小。

基于上述的计算方法，文献［10］中对不同的开槽盘进行了研究（矩形与圆形开口）。结果表明，式(7.10）与式(7.15）非常适合计算由弹性所导致的压力损耗，表 7.3 比较了不同组合下实验测试与模拟计算得到的结果。

表 7.3　具有开槽盘结构的实验与模拟计算的数值[10]

质量流率/(g/min)	测试的入口压力/bar	计算的入口压力/bar	误差/%	模口形状大小
410	46.9	42.9	9.3	矩形，高 4mm，宽 5mm
550	50	46.9	6.6	
655	53.2	49.4	7.6	
380	43.3	43	0.8	圆形，直径 5mm
550	46.3	48	3.7	
670	49.5	51	3.1	
520	51.7	52	0.5	圆形，直径 5mm
655	58.3	55.7	4.6	

在另外一组结构更加复杂的实验中，对文献［47］中所提出的计算方程进行了测试。这种方法的前提是，相等面积的流道横截面会产生相等的入口压力损耗，这可以通过圆形通道中的入口压力损耗计算得到。如图 7.9 所示，由于相同截面上不会产生明显的差异，因此其可以用于估算入口压力损耗的大小。为了计算模口流道中的压力损耗，文献［45，48］中提出了一种可以通过 FEM 对每一子流道区域处的压力梯度进行估算的方法。这部分的内容将通过某橡胶焊接型型材的加工过程进行讨论（图 7.10）。

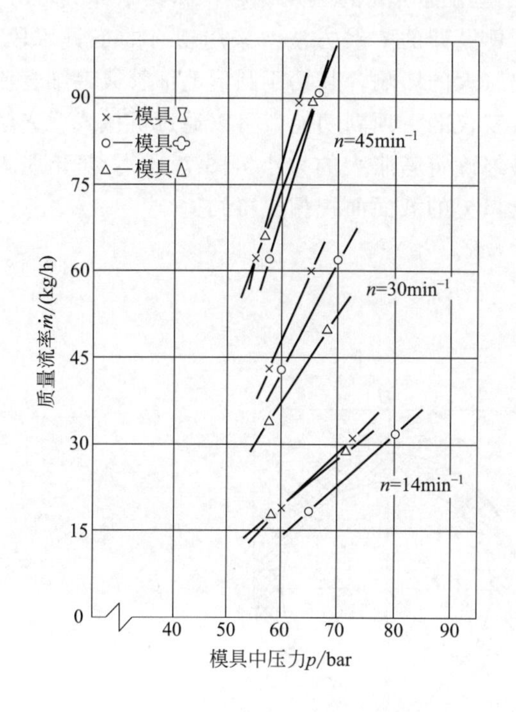

图 7.9　具有相等截面面积的开槽盘中的入口压力损耗[10]

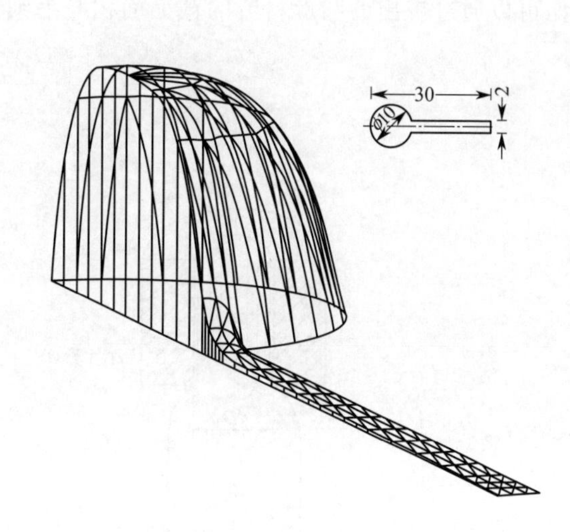

图 7.10　珠-带状模具中平行成型面上的速度分布形态[45]

该模具的成型面主要包括两部分，一部分是圆形流道（直径为 10mm），另一部分为又窄又长的带状形流道（长度为 20mm，高度为 2mm）。流动的平均速度为 10 m/min（即为 167 mm/s）。

针对压力梯度在合理范围内发生变化的情况，分析整个流道剖面上的流动情况。将所得到的结果（压力梯度、平均流速）以特征线的形式对每一种形状的流道进行作图，如图 7.11 所示。

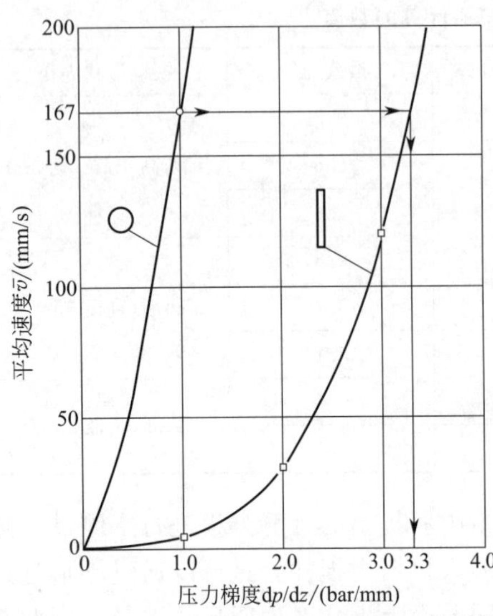

图 7.11 模具中两子流道中的特征线[45,48]

有一点必须确认的是，从每一子流道中所得到的数据结果是在其所需的平均速度范围内计算得到的。然后，每一子流道中的压力梯度可以根据所设计的速度曲线进行图形化计算得到，该速度曲线还与压力轴相互平行。这样，压力梯度就对应着所需设计的流动速度（图 7.11）。

7.4.2 出口膨胀（挤出胀大）

对假塑性聚合物熔体而言，流动中其形变所赋予的能量不会通过耗散而全部转化为热量，而是通过弹性将该能量的一部分存储了起来[1,30～32]。当熔体通过挤出离开模口时，这种形状的约束立刻停止，并且所挤出的熔体发生膨胀。这种情况被定义为出口膨胀或挤出胀大，并且其表示了黏弹性流动行为的影响。由于松弛过程的存在，该部分弹性储存起来的能量会随着时间释放而消散。

对黏弹性行为的机理研究及其数学建模仍然是当前研究的热点课题，如文献［36，37，45］。在接下来的内容中，将介绍一种适用于模具设计的实践方法。采用现有的工具手段，这种方法在设计模具松弛区域过程时考虑了挤出胀大的影响，其始于圆形毛细管或毛细管流变仪中挤出胀大行为的实验测定。作为毛细管流变仪的一项副功能，可以通过机械式或光学测量的方法对新挤出的熔体料流进行测试，并最终确定其胀大的大小（图 7.12）。挤出胀大比可以通过挤出的圆形料流的截面面积与毛细管口模的截面面积相比得到：

$$S_{\text{swell}}=\left(\frac{D}{D_0}\right)^2=\left(\frac{R_0+a}{R_0}\right)^2 \tag{7.16}$$

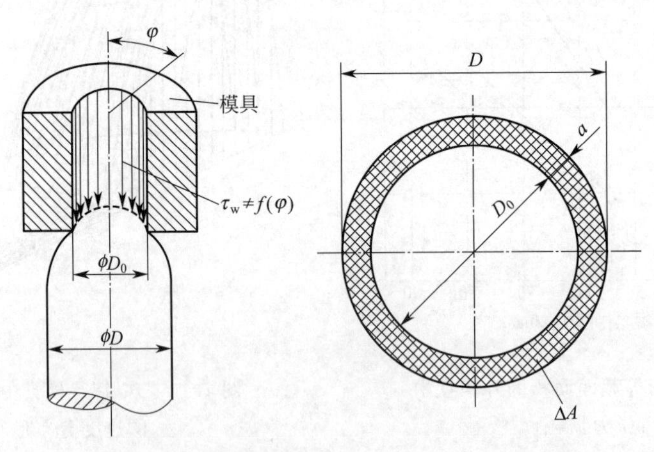

图 7.12 挤出胀大

图 7.13 表示了从毛细管流变仪实验测试中得到数据结果，从图 7.13 中可以看出壁面剪切应力对挤出胀大比 $S_{\text{swell,II}}$ 的影响。对许多材料而言，这二者之间的关系几乎是线性的[29,49]。其中，口模流道的长度 L 与其直径 D_0 的比值被用来作为变量因素。

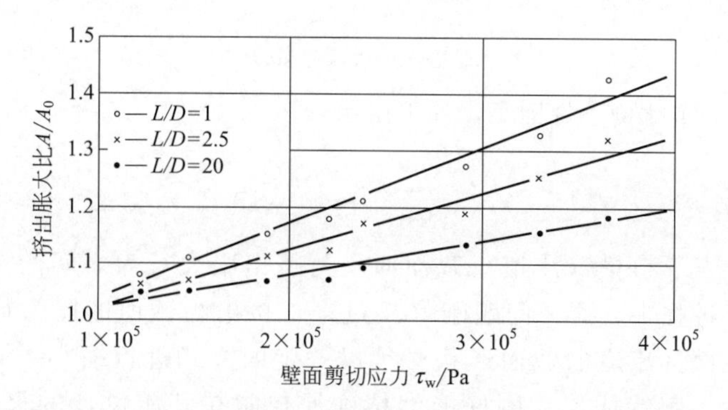

图 7.13 挤出胀大比与壁面剪切应力为线性关系的情况[50]

这些直线的斜率一般会随着口模长度的变化而发生变化。其表征了熔体在口模中的停留时间，反映了流动过程中熔体中所储存的形变量（例如由入口区域流动所产生的形变），或者反过来说，其也反映了总耗散量的大小。

在这一过程中，只有那些在模具内所定义的变量才会具有一定的影响。挤出物的挤出胀大比 S_{swell} 可通过两个方程进行表述：一个是考虑聚合物熔体的流动历程，另一个是考虑熔体从口模出口处的流动

$$S_{swell,\mathrm{I}}=f(\text{停留时间}) \tag{7.17}$$

$$S_{swell,\mathrm{II}}=f(\text{壁面处剪切应力}) \tag{7.18}$$

在文献［29，51］中，作者给出了一个关于时间对挤出胀大比 $S_{swell,\mathrm{I}}$ 大小影响的指数方程表达式（图 7.14）。基于实验型挤出机（螺杆直径为 60mm），采用非圆形截面的毛细管流道进行实验测试，相关的实验结果如图 7.14 所示[51]，从图中实线曲线可以看出材料的挤出胀大比随停留时间会产生变化。

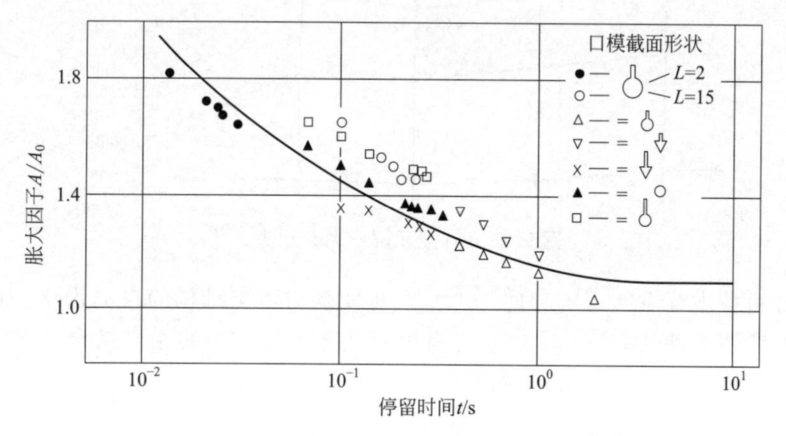

图 7.14 挤出胀大与停留时间之间的关系[51]

在文献［50］中，作者将挤出胀大行为与流道壁面处的剪切应力关联起来，并将其与模具出口处所谓的胀大标准相联系，这种联系在本书中即表现为线性相关性。

$$\Delta A=K_{prop}\tau_w \tag{7.19}$$

在流道形状为圆形截面的情况下，熔体在流道壁面上的剪切应力沿周向均等。而挤出物因膨胀所导致的截面面积增大部分 ΔA 可以通过所挤出的圆形料流到挤出口模直径之间的距离

a 来表示（可参考图 7.12）：

$$\Delta A=f(\pi,D_0,a) \tag{7.20}$$

据此，可定义一个比例条件因子，如下所示：

$$\frac{a}{\tau_w}=K_{prop}^* \tag{7.21}$$

该条件因子代表了口模（流道）截面面积与挤出胀大行为之间的关系。而在模具设计的实际模拟计算过程中，这一问题刚好反过来，挤出物截面的胀大面积被当作了设计目标值。基于此，模具流道的截面形状必须以一定的方式进行缩小，即当挤出物经过一定程度的胀大以后，其特征尺寸刚好能够精确地控制在其所设计的尺寸大小范围之内。若对式(7.21) 所定义的变量因子进行扩展，则可对任意截面形状的流道形状结构进行模拟计算：

$$K_{prop,w}=\frac{\overline{a}}{\tau}=f(\Delta A_w,L,\tau) \tag{7.22}$$

至于在模拟计算任意形状截面模具内的压力时，其口模的截面被划分成了数量有限的单元结构[50]。图 7.15 表示了某有限元网格的局部示意图。其中，单元格的边界线代表了模具出口的轮廓形状，在邻近边界线位置，还可以观察到其实际的目标轮廓形状。目标形状的节点则对应着模具形状结构的节点。通过这种方法，从毛细管流变仪中所测试得到的挤出胀大的积分值就转变成为对任意段所设计的模具结构形状的差分计算。

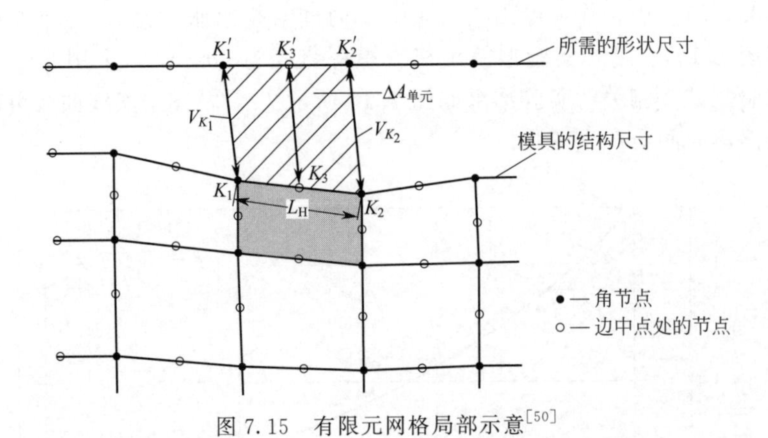

图 7.15　有限元网格局部示意[50]

基于计算机技术开发的求解程序[45,52,53] 可实现对流道结构的自动优化。这主要是基于优化运算（即所谓的评估方法[54~58]）与有限元计算程序[50] 的相互结合。在下一节中，我们将对这种设计方法的计算能力进行讨论。

7.4.3　开槽盘结构设计的简化评估

对于具有任何截面形状的流道模口中的平行流道区域，要简单快捷地得到其流动范围内的速度场与剪切速率分布形态，可基于黏性流动的假设，计算出单一横截面上的速度分量。该速度分量总是与所考虑的流道截面相互垂直。因此，每一流道横截面都对应着一个等压面，并且所有的流线均为直线。严格地讲，所有模拟计算得到的场分布形态只有在充分发展的流动中才能成立，这种充分发展的流动一般发生在“无限”长的成型面流动区域。然而，即使是针对距离较短的成型流动区域，若模具成型面上任意一点均具有相等的流动长度，则其所模拟计算出来的数据结果会与实际的流动形态非常接近[45]。

图7.16表示了某EPDM型材挤出过程中其模具出口位置处熔体流动速度的3D曲线面分布形态。这种3D速度分布是通过对FE网格平面上的每一个节点指定一个高度（高度的大小代表了流动速度的大小），然后再基于这些点创建该速度的分布曲面。从模拟得到的分布形态可以清晰地看到，型材断面上的鼻槽结构中以及左后侧伸出的细脚型结构中的流动速度具有一定的滞后性，从而造成流动过程中产生明显的拉伸效应。所以，应该尽量增大上游截面的面积，以提高熔体的流动速度（也可参考4.4.4节）。

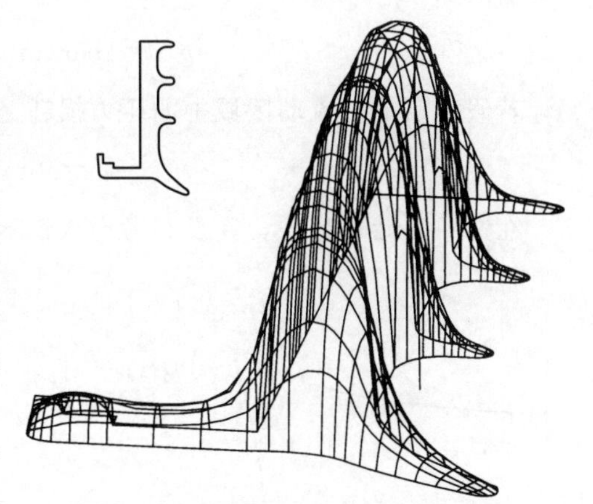

图7.16 EPDM型材模具中其平行成型面上的速度分布形态[45]

根据经验可知，流动速度的分布一般取决于材料熔体的流动特性，因此所设计的模具流道一般只会用来在一定的工艺条件下对一种特定的材料进行加工成型。对于截面结构相对简单的模具流道，这种速度分布与材料流动特性之间的关系可以通过数学分析的方法进行确定[59]。对于任意形状的流道截面来说，其材料熔体的流动特性和挤出压力对流动速度分布形态的影响可以通过FEM等数值模拟工具来量化。

对于模具流道结构的设计，其核心思想是如何修正流道结构，以便在型材断面上的所有位置点处能获得尽可能均匀一致的流动形态。

一种方法是通过改变型材的结构形状，在成型面流动长度相等的情况下获得恒定的平均流动速度。为此，所设计的型材结构在任何位置必须具有相同的厚度。

另外一种方法是通过设定一个恒定的平均出口流动速度，从而实现对每一独立的流动成型面形状结构进行匹配。在文献［59］中，作者对这种方法进行了讨论，所举例的型材可划分为多块具有简单形状的结构组成。

在文献［45，48］中，作者针对任意形状的型材，基于FEM提出了一种可以采用对型材断面上计算其每一个平行成型区域长度的方法。这可以参考图7.10中的橡胶卷边带结构。

正如预期的那样，在没有对流动长度进行校正情况下，条带中的熔体流动速度要落后于圆形流道中的流动速度。其平均速度应为10m/min(167mm/s)。材料的流动特性采用Carreau本构模型进行表征，模型参数为：$A=78846\mathrm{Pa\cdot s}$，$B=2.11\mathrm{s}$，$C=0.687$。

对于那些具有均等流速的各分段子流道区域，其压力梯度的大小可以从图7.11中得到[50]。

假设熔体压力p在进入平行流动区的入口处均保持恒定，则可得到下面的函数表达式：

$$p=p_i{}'L_i \tag{7.23}$$

式中，$p_i{}'=\dfrac{\mathrm{d}p_i}{\mathrm{d}l}$为所划分的子流道区域$i$上的压力梯度；$L_i$为所求解的分段流道的长度；$i$为分段流道的编号1，2，……

注意：在式(7.23)中，我们并没有对i进行求和计算。

若用“1”和“2”分别表示圆形分段流道与带状分段流道，则上述的这种情况满足以下的方程式：

$$L_1=p/p_1' \quad L_2=p/p_2' \tag{7.24}$$

从图 7.11 中可得：

$$p_1'=1\text{bar/mm} \quad p_2'=3.3\text{bar/mm}$$

若假定该平行流动区域中的压力损耗 p 为 50bar，则可得：

$$L_1=50\text{mm} \quad L_2=15\text{mm}$$

在这一设计过程中，并没有考虑入口区域处的交错流动以及入口压力损耗的影响。当存在入口压力损耗时，则前面计算所采用的总压力损耗必须减去入口压力降的大小（参考 7.4.1 节），而成型面的流道长度也会相应地进行修正。为了计算交错流动，则有必要对一个结构形状相当复杂的三维流动形态进行模拟计算。从实验验证的结果来看，当针对某开槽盘形模具挤出橡胶类型材制品时，通过上述这种方法所计算得到的流动长度与实际的结果非常接近。当各子流道在模具出口之前仍然保持相互独立的情况下，其计算结果更是如此。而这种情况是否成立，则主要取决于熔体在剩下的流动长度上（距离模具出口位置）是否具有充分融合的能力。

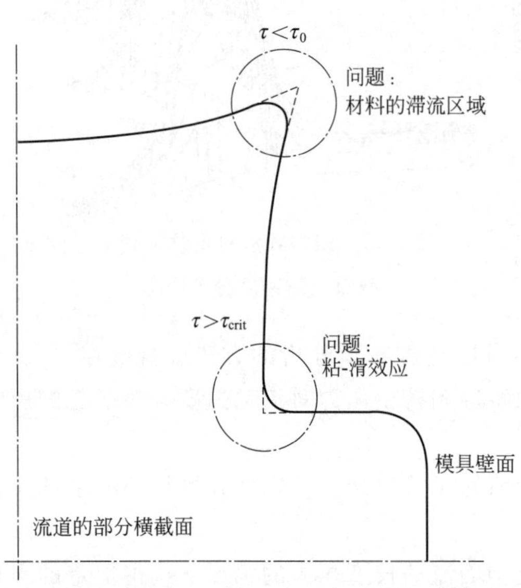

图 7.17　模具设计过程中的问题分布[50]

在下一步中，需要确定模具出口的断面形状，这取决于三个主要问题（图 7.17）[50]：

- 材料的滞流区域；
- 表面质量；
- 挤出胀大。

问题之一：材料滞流

图 7.18 表示了某挤出模具的断面形状。由于该模具断面呈对称形式，因此图中只给出了其中的四分之一部分。

从图 7.18 中可以看出，边角位置处的壁面剪切应力降为零，因此，该剪切应力要小于临界剪切应力（即屈服应力，τ_0），临界剪切应力的曲线如图所示。对于许多材料来说，其屈服应力的大小对温度具有很强的依赖性。在边角位置之外的地方，由于熔体温度的控制精确性较差，因此很容易导致其剪切应力达到屈服点极限。在模具设计过程中，其优化目标即为提高其流道边角位置处的壁面剪切应力大小。通过将流道中的锐角边缘设计成均匀过渡的圆角结构，可将剪切应力的大小精确地提升至其屈服应力的水平。按照这种方法，就可实现优化计算的目标（图 7.19）。

当边角处的圆角半径越大，其流道壁面上的剪切应力水平也越高，且整体的应力分布也越均匀。这种修正的好处是其只对模具结构进行了必不可少的最小改动，但不足之处是其最终制备的制品断面形状与所需要的剖面形状会有一定的差异。

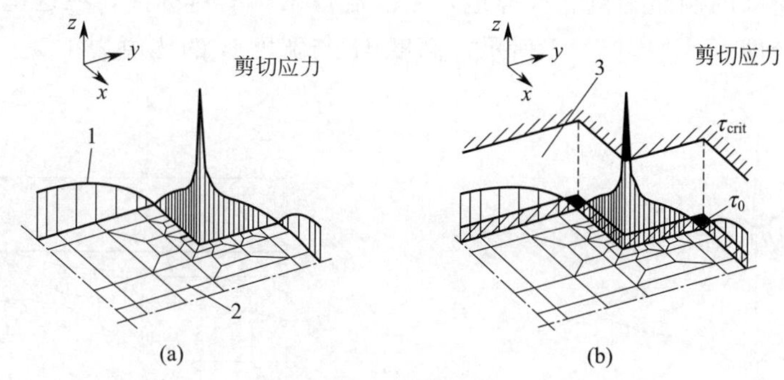

图 7.18　模具成型面上的壁面剪切应力[50]

1—壁面剪切应力；2—模具的部分断面结构；3—所允许的加工范围

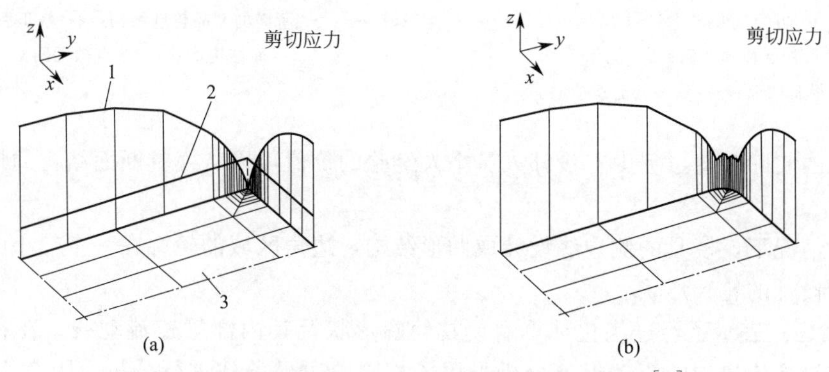

图 7.19　对模具进行修正以便靠近临界屈服应力[50]

1—壁面剪切应力；2—屈服应力 τ_0；3—模具的部分断面结构

问题之二：表面质量

模具流道中具有锐边的内边角结构一般会产生剪切应力的局部峰值。如图 7.18 所示的模具结构中，就存在一个易受到粘-滑流动影响的内边角（边角处剪切应力急剧增大）。在这一位置处，需要将有限元网格进行细化，以便提高计算的精度。此外，图 7.18 中还表示出了临界剪切应力 τ_{crit} 的大小。当剪切应力的大小高于该临界剪切应力值时，则流动的稳定性发生破坏，形成局部的壁面滑移。因此，优化计算的目标就是要尽量减小剪切应力曲线在临界剪切应力 τ_{crit} 曲线上方的那部分封闭区域的面积。除此之外，还要求优化前后的出口总面积保持不变。例如，当模具孔口的一些特性必须保留时，上述的这一要求是十分有必要的。

图 7.20 所示为模具轮廓的部分区域形状，图中还同时标示了优化后的模具结构。尽管优化前后的模具形状在表面轮廓上并没有太大改变，但是之前存在的锐角结构被修正成了圆角。这样的话，在修改锐角时被替代的那些内边角区域就必须相应地向外进行补偿，以便流道的截面面积保持不变。

由此所产生的剪切应力与内角呈对称分布，就像初始的几何形状一样。最重要的一点的是，通过倒圆角修正方法，其几乎可以完全地避免剪切应力高于临界应力值的风险。

问题之三：挤出胀大

这里，模具出口必须具备一定的形状结构，以便控制熔体在经过挤出胀大后仍具有特定的尺寸。以矩形轮廓的制品为例。同样地，由于流道结构的对称性，在这里也只需要考虑其中的四分之一部分即可。如图 7.21 所示，高度 H 与宽度 B 的比值为 1/2。

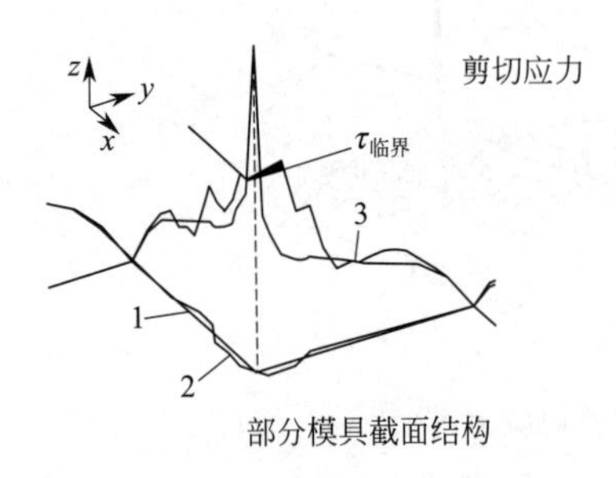

图 7.20 剪切应力大于临界剪切应力的失败案例[50]

1—初始模具壁面；2—优化后的模具壁面；3—壁面处剪切应力

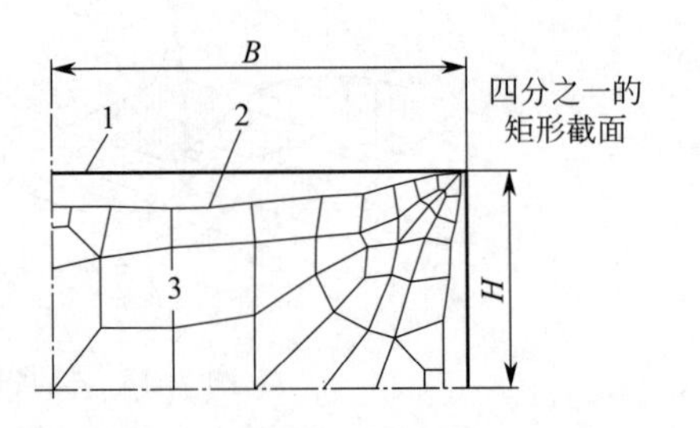

图 7.21 对模具挤出胀大的补偿[50]

1—所需的制品轮廓结构；2—修正后的截面结构形状；3—有限元网格

在模具的实际制造过程中，设计人员个人经验的价值可以从模具断面结构的模拟结果中得到证实。

在这种情况下，模具的侧边缘设计成凹形结构，边角区域的轮廓在一个较小的范围内适当地偏离所设计的轮廓形状。

图 7.22(a) 表示了经过优化计算后模具轮廓形状及其内部等速流动线。在相同的截面面积下，该矩形流道中的流动形态分析采用了相同的边界条件进行分析，图 7.22(b) 表示其内部是流动等值线分布形态（等压力梯度与等截面面积）。

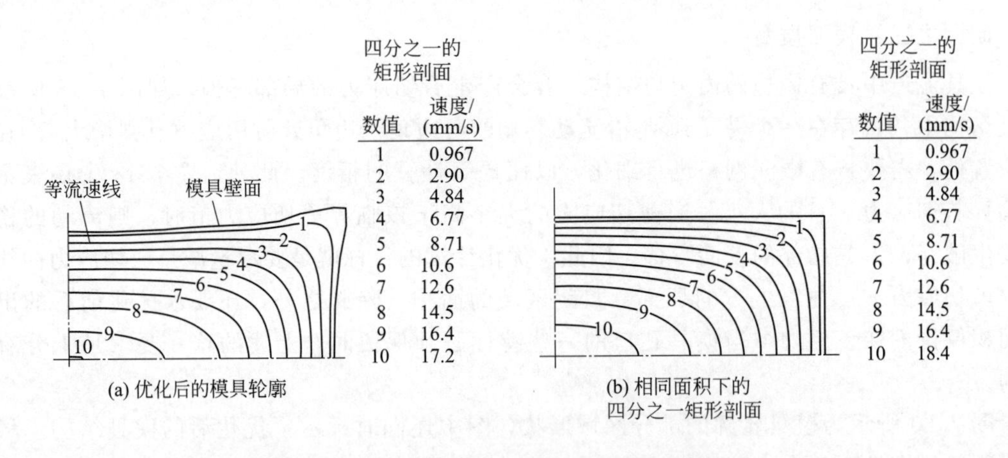

图 7.22 四分之一部分矩形截面上的速度分布场[50]

一般来说，等值线的分布形状会多多少少偏离模具的轮廓形状。由此，我们不难推断出，沿着这些平行于侧壁面的等值线，其单位面积上的体积流量会发生一定变化。因此，这就使得材料流动时无法抵达这些边角区域处；然而，当对模具轮廓的外边缘结构进行倒圆角优化时，就可以解决这个问题。因此，通过等值线分布形态所设定的结构形状会逐渐地靠近矩形。

符号与缩写

符号	含义
A	面积
A_0	模具的出口断面
ΔA_0	面积的变化
ΔA_W	模具面积的变化
a	圆形料流丝与模具出口半径之间的差
b	拉伸黏度常数
B	宽度
c_p	比热容
D	直径
D_0	模具出口直径
d	直径
$e_{\circ}$	圆形流道中的特征相对距离
$e_{\square}$	缝隙型流道中的特征相对距离
F_{diss}	放大倍数
H	高度
K	与剪切速率过度增大相关的系数
K^*	比例因子
K^{**}	比例因子
K_{prop}	断面面积膨胀系数
K^*_{prop}	断面面积膨胀系数
$K^*_{prop,w}$	模具区域处的断面面积膨胀系数
K	幂律模型中的稠度系数
L	长度
$\dot{m}$	质量流率
n	幂律模型中的流动指数
$P_{diss,total}$	总的耗散能量
p	压力
p'_i	子流道区域中的压力梯度
Δp	压力损耗
R	半径
R_0	外径
R_i	内径
R_0	管形分配器入口处的半径
r	半径
S_{swell}	挤出胀大比
T	温度
T_m	熔体温度
t	停留时间
V	体积
$\dot{V}$	体积流动
v	速度
$\overline{v}$	平均速度
y_0	分配器流道中心区域处模具成型面的长度
$\dot{\gamma}_{filled}$	两填充颗粒之间的剪切速度
$\dot{\gamma}_{rep}$	特征剪切速度
$\dot{\gamma}_{rep,pipe}$	圆形管道内的特征剪切速率
$\dot{\gamma}_{rep,slit}$	缝隙型管道内的特征剪切速率
$\dot{\gamma}_{nf,int}$	无颗粒填充体系的整体剪切速度
$\dot{\gamma}_W$	壁面剪切速率
$\dot{\gamma}_{W,Newton}$	牛顿流体的壁面处剪切速度
$\dot{\gamma}_0$	参考剪切速度
$\dot{\varepsilon}$	拉伸速率
η	黏度
$\eta_{nf,int}$	无填充体系的整体黏度
η_{rep}	特征黏度
λ	热导率
μ	拉伸黏度
μ_0	拉伸黏度常数
ρ	密度
σ_E	入口区域处的拉伸应力
τ	剪切应力
τ_{crit}	壁面处临界剪切应力，高于该值将发生滑移现象
τ_W	壁面剪切应力
τ_0	屈服应力
φ	填料体积含量
Φ	流度

参考文献

[1] Dinges, K.: Kautschuk und Gummi. Reihe: Polymere Werkstoffe-Technologie 2. Vol. 3. Thieme, Stuttgart (1984).

[2] Anders, D.: Roller-Head-Anlagen-Neue Entwicklungen und Einsatzgebiete. Paper of the DKG-conference, Nürnberg (1980).

[3] Anders, D.: Die Co-Extrusion von Kabeln und Profilen. Kunststoffberater 28 (1983) 10, pp. 44-47.

[4] Anders, D.: Duplex-und Triplex-Anlagen zur Herstellung von Lauf-und Seitenstreifen. Gummi Asbest. Kunstst. 36 (1983) p. 11.

[5] Johnson, P. S.: Developments in extrusion science and technology. Rubber Chem. Technol. 56 (1983) p. 574.

[6] Gohlisch, H. J. et al.: Extrusion von Elastomeren. In: Hensen, F., Knappe, W. and Potente, H. (Eds.): Handbuch der Kunststoffextrusionstechnik. Vol. 2: Extrusionsanlagen. Hanser, München (1986), pp. 525-535.

[7] Gohlisch, H.-J.: Rationalisierungsmaßnahmen in der Extruder-und Kalandertechnik. Kautsch. Gummi Kunstst. 33 (1980) 12, pp. 1016-1021.

[8] May, W.: Das Einwalzenkopfsystem-Eine neue Technologie in der Kautschukverarbeitung. Paper of the DKG-conference, Wiesbaden (1983).

[9] Masberg, U. et al.: Analogien bei der Verarbeitung von Thermoplasten und Elastomeren. Kunststoffe 74 (1984) 1, pp. 21-24.

[10] Limper, A.: Methoden zur Abschätzung der Betriebsparameter bei der Kautschukextrusion. Thesis at the RWTH Aachen (1985).

[11] Williams, M. L. et al.: The temperature dependence of relaxation mechanism in amorphous polymers and other glass-forming liquids. J. Am. Chem. Soc. 77 (1955) 7, pp. 3701-3706.

[12] Geisbüsch, P.: Ansätze zur Schwindungsberechnung ungefüllter und mineralisch gefüllter Thermoplaste. Thesis at the RWTH Aachen (1980).

[13] Wildemuth, C. R. and Williams, M. C.: Viscosity of suspensions modeled with a shear-dependent maximum packing fraction. Rheol. Acta 23 (1984) p. 627.

[14] Lyngaae-Jörggensen, J.: A phenomenological master curve for viscosity-structure: Data for two phase polymer systems in simple shear flow. Polym. Eng. Sci. 23 (1983) p. 11.

[15] Menges, G. et al.: Fließverhalten von Kautschukmischungen und Modelle zur Werkzeugberechnung. Kautsch. Gummi Kunstst. 33 (1980) 4, pp. 256-260.

[16] Menges, G. et al.: Rheologische Funktionen für das Auslegen von Kautschuk-Extrusionswerkzeugen. Kautsch. Gummi Kunstst. 36 (1983) 8, pp. 684-688.

[17] Lobe, V. M. and White, J. L.: An experimental study of the influence of carbon black on the rheological properties of a polystyrene melt. Polym. Eng. Sci. 19 (1979) 9, pp. 617-624.

[18] Herschel, WH. and Bulkley, R.: Kolloid-Z. 39 (1926) p. 291.

[19] Pähl, M. H.: Praktische Rheologie der Kunststoffschmelzen und Lösungen. VDI-Verl., Düsseldorf (1982).

[20] Schöppner, V. and Haberstroh, E.: Steigerung der Wirtschaftlichkeit in der Kautschukverarbeitung durch die Entwicklung schnelllaufender Kautschuk-Extrusionsanlagen. Final Report of IGF project 17545 N, (2015).

[21] Röthemeyer, F.: Rheologische und Thermodynamische Probleme bei der Verarbeitung von Kautschukmischungen. Kautsch. Gummi Kunstst. 28 (1975) 8, pp. 453-457.

[22] Schümmer, P.: Rheologie 1. Printed lecture RWTH Aachen (1981).

[23] Giesekus, J. and Langer, G.: Die Bestimmung der wahren Flie. kurven nicht-newtonscher Flüssigkeiten und plastischer Stoffe mit der Methode der repräsentativen Viskosität. Rheol. Acta 16 (1977) pp. 1-22.

[24] Wortberg, J.: Werkzeugauslegung für Ein-und Mehrschichtextrusion. Thesis at the RWTH Aachen (1978).

[25] Bird, R. B., Stewart, W. E. and Lightfoot, E. N.: Transport Phenomena, 7th ed. Wiley, London, New York (1966).

[26] Franzkoch, B.: Analyse eines neuen Verfahrens zur Herstellung vernetzter Polyethylenkabel. Thesis at the RWTH Aachen (1979).

[27] Menges，G. et al.：Berechnung des Formfüllvorganges beim Spritzgießen von vernetzenden Formmassen. Plastverarbeite 34 (1983) 4，pp. 323-327.

[28] Kramer，H.：Untersuchungen zur Spritzquellung von Kautschukmischungen. Kunstst. Gumm. 6 (1967) 12，p. 433.

[29] Glowania，F.-J.：Untersuchung der viskoelastischen Eigenschaften von Kautschukmischungen. Unpublished thesis at the IKV，Aachen (1987).

[30] Röthemeyer，F.：Elastische Effekte bei der Extrusion von Kunststoffschmelzen. Thesis at the University of Stuttgart (1970).

[31] Böhme，G.：Strömungsmechanik nicht-newtonscher Fluide. Teubner，Stuttgart (1981).

[32] Zidan，M.：Zur Rheologie des Spinnprozesses. Rheol. Acta 8 (1969) 1，p. 89.

[33] Kannabivan，R.：Application of flow behavior to design of rubber extrusion dies. Rubber Chem. Technol. 59 (1986) pp. 142-154.

[34] White，J. L. and Huang，D.：Extrudate swell and extrusion pressure loss of polymer melts flowing through rectangular and trapezoidal dies. Polym. Eng. Sci. 21 (1981) 16，pp. 1101-1107.

[35] Röthemeyer，F.：Gestaltung von Extrusionswerkzeugen unter Berücksichtigung viskoelastischer Effekte. Kunststoffe 59 (1969) 6，pp. 333-338.

[36] Menges，G. et al.：Bei der Auslegung von Profilwerkzeugen wird die Strangaufweitung berechenbar. Kunststoffe 75 (1985) 1，pp. 14-18.

[37] Gesenhues，B.：Rechnergestützte Auslegung von Fließkanälen. Thesis at the RWTH Aachen (1985).

[38] Junk，P. B.：Betrachtungen zum Schmelzeverhalten beim kontinuierlichen Blasformen. Thesis at the RWTH Aachen (1978).

[39] Limper，A. and Michaeli，W.：Auslegung von Kautschuk-Extrudierwerkzeugen. In：Extrudieren von Elastomeren. VDI-Verl.，Düsseldorf (1986).

[40] Kaiser，0.：Auslegung und Erprobung eines Breitschlitzwerkzeuges für Kautschukmischungen. Unpublished thesis at the IKV，Aachen (1987).

[41] Masberg，U.：Betrachtungen zur geometrischen Gestaltung von Dornhalterköpfen. Kunststoffe 71 (1981) pp. 15-17.

[42] Hartmann，G.：Auslegung von Extrusionswerkzeugen mit Rechteckkanal. Unpublished thesis at the IKV，Aachen (1986).

[43] Fritz，H. G. and Winter，H. H.：Design of dies for the extrusion of sheets and annular parisons. ANTEC'84 (1984) pp. 49-51.

[44] Heins，V.：Auslegung eines Pinolen-und Breitschlitzwerkzeuges unter Berücksichtigung der wahren Verteilerkanallänge und-form. Unpublished thesis at the IKV，Aachen (1987).

[45] Schwenzer，C. H. F.：Finite-Elemente-Methoden zur Berechnung von Mono-und Coextrusionsströmungen. Thesis at the RWTH Aachen (1988).

[46] Cogswell，F. N.：Polymer Melt Rheology. George Goodwin Ltd.，London (1981).

[47] Ramsteiner，F.：Fließverhalten von Kunststoffschmelzen durch Düsen. Kunststoffe 61 (1971) 12，pp. 943-947.

[48] Imping，W.：Rechnerische und experimentelle Untersuchung der Geschwindigkeitsverteilungen in Profilwerkzeugen. Unpublished thesis at the IKV，Aachen (1987).

[49] Ramsteiner，F.：Einfluß der Düsengeometrie auf Strömungswiderstand，Strangaufweitung und Schmelzbruch von Kunststolfschmelzen. Kunststoffe 62 (1972) 11，pp. 766-772.

[50] Lamers，A.：Profilwerkzeugauslegung mit der Evolutionstheorie. Unpublished thesis at the IKV，Aachen (1988).

[51] Menges，G. and Dombrowski，U.：Gestaltung von Kautschuk-Extrusionswerkzeugen. Research report AIF Nr. 6707，Aachen (1988).

[52] Poller，S.：Entwicklung eines Algorithmus zur iterativen Optimierung von Fließkanälen auf der Basis der Evolutionstheorie. Unpublished thesis at the IKV，Aachen (1987).

[53] Poller，S.：Entwicklung einer mehrgliedrigen Evolutionsstrategie zur rechnerischen Optimierung von Fließkanälen mit der FEM. Unpublished thesis at the IKV，Aachen (1988).

[54] Rechenberg，I.：The evolution strategy. A mathematical model of Darwinian evolution synergetics from microscopic

to macroscopic. Series：Synergetics 22. Springer，Berlin（1984），pp. 122-132.

[55] Schwefel，H. P.：Numerische Optimierung von Computermodellen mittels der Evolutionsstrategie. Birkh. user，Basel（1977）.

[56] Muth，C.：Einführung in die Evolutionsstrategie Regelungstechnik. 30（1982）9，pp. 297-303.

[57] Rechenberg，I.：Evolutionsstrategie，Optimierung technischer Systeme nach den Prinzipien der biologischen Evolution. Frommann-Holzborg，Stuttgart（1973）.

[58] Rechenberg，I.：Bionik，Evolution，Optimierung. Naturwiss. Rundsch. 26（1973）11，pp. 465-472.

[59] Schenkel，G. and Kühnle，H.：Zur Bemessung der Bügellängen Verhältnisse bei Mehrkanal-Extrudierwerkzeugen für Kunststoffe. Kunststoffe 73（1983）pp. 17-22.

第 8 章　挤出模具的加热

在挤出过程中，模具中的温度分布会严重影响流动中熔体的黏性和弹性特性，从而影响熔体的流动形态、模具内部的压力损耗和决定挤出物在模具出口处的挤出胀大行为的弹性特性。

在关于模具内流道的流变设计中，理想的结果是在流道中获得均匀一致的温度场分布。然而，由于熔体在流动中的黏性耗散而引起温度升高，从而在流道中形成了温度分布；当流道截面面积沿流动出口方向逐渐变小时，这种温度的场分布会变得更加明显。考虑到聚合物材料本身相对较低的热导率，当熔体在高效生产的模具中的停留时间太短时，会无法均衡熔体的温度差。

这种情况会导致即使在流道壁面温度均匀的情况下，挤出物在模具出口处厚度方向上的温度也表现出不均匀性。因此，挤出模具的温控目标是：为实现模具出口处挤出物在厚度方向上的温度分布尽可能均匀，从而最终确保流变设计的既定目标，即熔体在模口处具有均匀的流动速度。

由于熔体特性表现出显著的非线性特征，上述过程的耦合性表征只能通过数值模拟的方法进行计算[1~9]。即使使用目前最先进的计算机，这种解决方案也极其耗时，因此它们暂时还不适用于应用实际生产过程。

为此，接下来，我们将挤出模具中的热力学过程看作是非耦合性问题来进行讨论。

8.1 类型与应用

模具的加热模式分为间接的流体加热和直接的电加热两种。

由于熔体黏度及其黏性发热均受温度的影响，因此，要完成整个模拟设计过程，则必须对熔体的流变特性及其热力过程进行强耦合计算，这就要求我们同时求解流道中的熔体及模具本身的基本流变方程与热力学方程。

8.1.1 挤出模具的流体加热

在弹性体材料的加工成型过程中，模具的加热方法一般优选间接加热模式。

区别流体加热模式与电阻加热模式的重要一点是二者对模具散热性能的影响不一样，且这与模具所处的外部环境无关。事实证明，在弹性体材料加工过程中，其要求的温度相对较低，而这是非常有利的。由于模具和其周围空气之间的温度差较小，相比于在高温下加工热塑性塑料的模具而言，周围空气温度的变化对弹性体材料模具表面对流冷却强度的影响要强烈得多。然而，当采用流体进行加热时，模具本身温度的均匀性要比电加热更好一些。

尤其是在橡胶的加工过程中，那些成本较高的辅机设备的加热并不是那么明显，如循环泵和热交换器，这是因为这些设备往往也是挤出机本身流体加热系统的一部分。

有时，加工热塑性塑料的模具也会采用流体加热的模式，尤其是当挤出机与模具之间有较长的熔体流道连接线时。在这种情况下，一方面，必须对因热对流与热辐射（面积较大）所造成的较高热损失进行补偿；另一方面，还要消除熔体在这一长流道中流动时因黏性耗散所产生的热量。在这种流动形态下（较大的表面积，较小的横截面积），相对于直接电加热模式需要许多的加热器和控制单元，液体加热方法则只需要较少的仪器和后续维护。

此外，流体加热模式有时在热塑性塑料的小型加工模具中也会采用。当需要特意地针对某一区域进行加热或者冷却时，例如对于吹膜成型中的芯棒式模具，为了使吹塑成型的薄膜具有光滑的表面形态，一般会对模具的出口区域进行油加热[10]。

当需要对模具进行更换或保养时，采用流体加热的模具装配往往会比采用直接电加热的模具的装配要复杂得多，这是因为需要对模具以及加热管道中的加热流体介质进行清空与重新装填。

流体加热模式还有一个更严重的缺陷是其工艺的复杂性及制造成本，比如当模具中不同区域需要保持不同的温度时（例如在热塑性塑料的大型模具中用于校正熔体的流动[11~14]），这种不足尤其突出，尤其是在薄膜或片材的挤出成型过程中。根据现有的工艺技术，每一个独立的温度区域都需要一个独立的加热单元（如水箱、泵，加热、冷却）。在这样的背景下，随着不受温度影响且具有线性控制特性的控制阀的发展，关于流量调节的观点就变得深入人心[15,16]。

在这一观点中，模具内具有不同温度水平的多个待加热区域将由唯一的加热单元来提供加热介质。一般，在这一过程中会对通过不同区域处的加热介质的流量进行调控，从而实现对温度的差异控制。

8.1.2 挤出模具的电加热

对于热塑性塑料的挤出加工成型，其模具一般会采用电阻加热器来进行加热。少数情况下会使用电感应加热器。根据模具的构造与形状的不同，其加热器的结构也可分为绝缘式云母或陶瓷加热带、筒式加热器（加热筒）。

在大多数的挤出模具中，加热带往往是夹持在模具的外部或者以平板加热器的模式覆盖在模具的表面。

要实现加热时模具温度的均匀一致性，除了要求加热带本身热源温度的均匀分布外，还取决于加热器与模具表面是否具有良好的物理性接触[17]。为了满足这个要求，加热器可采用铝制外壳进行封装，然后将封装后的加热器加工成所需的结构形状，使得其能与模具的外轮廓能够精确地匹配，然后采用螺栓将其固定[18]。在具有足够均匀的热传递时，对于云母加热器来说，其可达到的加热功率密度（单位接触面积上的加热功率）为 $2\sim3.5W/cm^2$；而对于陶瓷加热器及铝制加热器而言，其可实现的加热功率密度为 $5\sim8W/cm^2$[18~20]。

通过对模具表面进行加热来实现模具温度的控制，其主要的优点在于：

- 流道壁面具有相对均匀的加热（加热模具表面温度的局部差异通常由于模厚壁厚过大的原因而造成的）；

■ 加热元件容易拆卸（当需要对模具进行拆分时，例如模具清理时）。

然而，对于这种加热模式，其热源与熔体流道之间相对较长的距离则可能是其不足之处：

■ 当局部温度要求有所提高时（这会影响相邻的模具区域）；

■ 当需要控制大型模具不同的加热区域时（控制电路的耦合会导致不稳定周期振荡）。

此外，对模具的外表面进行加热还存在一个缺点，就是其相对较低的能量效率[19]。产生这个问题的原因是周围环境所造成的热损失较大，这主要是因为与模具本身相比，其表面的温度高得多。而通过对模具表面进行隔热处理也许会减少这种能量损失，但它会对温度控制产生不利影响，因为这样会大大降低“过热”模具的冷却速率。此外还有一个结果是，尽管安装了较高的加热功率，但在挤出机启动过程中模具的加热过程却相对缓慢。因此，尤其是对于一些宽幅型的缝隙型模具，加热元件经常插入到模具内部的孔道中，并靠近流道。这种模具内置式加热器件的加热效率要比表面加热的效率要高[11]，其对温度的调控也更优越一些，特别是从调节电路的解耦合和不同模具区域局部加热的角度来看。

对于这种模具的内加热模式，在安装内加热器时要求尤其小心，因为不管是加热元件太靠近流道还是离得太远，熔体流道表面上的温度分布都会呈现出波动的形状。具体情况可参考本章 8.2 节结尾部分。

要在狭长的钻孔中安装加热元件是非常麻烦与复杂的。此外，为了使加热元件与安装孔壁面之间具有良好的物理接触，还要求安装孔的内表面高度光滑。而加热电源的输入是通过一个耐热的插头和模具上的连接插座进行连接，这就使得可对模具或其部件实现快速更换。

8.1.3　挤出模具的温度控制

对于加热温度的控制，一般会采用 on/off（开/关）控制与连续性控制两种模式。对于采用流体加热的模具，其温度控制一般有三种（加热、关闭与冷却），而直接电加热控制则只有两种模式（加热与关闭，后者代表了模具表面通过周围的空气对流来实现自然的冷却）。

这些加热控制器有时表现出 PID 特性（比例积分与微分），它可以消除温度的偏移误差，在受到干扰时会表现出振荡特征。

过去所使用的那些具有 PD（比例微分）特性的调节器是不会显示这种过冲行为的，但是当改变操作条件时，它们却会产生持久性偏差。

对 PD/PID 控制系统，其综合了上述两种控制模式的优点。通过对温度偏移做出相应控制特性的模式切换，则这些系统在很大程度上无需控制其温度的过冲和偏移行为[21]。

在文献［22］与［23］中，作者讨论了在简单模具的加热控制实验中设定有利特征值的方法。用于过程控制的温度测试与用于温度控制反馈的实际数值的确定一般是通过 Fe-Co 式热电偶或通过安装在模具内的铂电阻温度计（Pt100）来实现。当采用流体进行加热时，温度传感器被放置在加热介质的循环系统中（靠近模具），这样的话，最终需要调控的将是用于加热的流体介质的温度，而不是针对模具本身的温度。

相对于 Fe-Co 式热电偶来说，电阻式稳定剂在一定的温度范围内［(50～400)℃±(0.5～2.3)℃］会具有相对更高的测试精度[22]，并且其没有老化缺陷。另一方面，热电偶在温度测量中具有更理想的动态特性（更小的质量，因此表现出更快的数据响应），此外其机械强度更高，而且成本也更低[24]。这些传感器一般通过在模具上钻孔进行安装，并通过可快速拆卸的旋扣进行固定，并与信号线缆相连。

为了保证测温过程中具有充分的物理接触，一般会使用弹簧进行压紧。这种连接系统在更换模具时需要拔出传感器，但是其优点是传感器与控制单元之间会通过线缆稳固地连接在一起。这种方式避免了接线端子受脏污或水汽的影响而造成测试误差的风险。

这种可快速拆卸的温度传感器的接触点一般比较容易被弄脏或被腐蚀，从而给温度结果带来严重的测试误差[22]。因此，在模具工作时需要对传感器的这些部位进行定期清理。对于加工热塑性塑料的大型模具而言，其一般会有好几段独立的加热区域。对于具有环形出口缝隙的模具，其模口位置则具有单独的加热段，而模具本身则具有一段或多段额外的加热区。

对于宽幅缝隙型模具来说，其一般会在宽度方向上分成好几段加热区，每一段加热区的宽度可达 200～330mm[11,17]。在加热区域的数量选择上，一般会优选奇数，以便除了其中一段用于控制模具中心的温度外，其余的加热区域可以呈中心对称布置。

各加热区的宽度一般取决于加热元件与流道之间的距离。因此，表面加热模式的加热区域比内加热模式下的加热区域宽。由于存在较强的热耦合效应，宽度过窄区域的温度变化在调控过程中往往会表现出明显更强烈的波动。

由于待测量的温度是熔体流动行为的决定性因素，因此，温度传感器的安装位置要尽可能地靠近流道。在这样做时，有一点特别重要，就是要将传感器尽可能地安装在与之相关联的加热元件的有效加热区的中心位置处。至于传感器安装孔（钻井）尖端与熔体流道之间的最小距离则由流道剩余部分的机械强度决定，并且该距离大小应该与安装孔的直径在一个数量级上（同时专业取决于流道内熔体的局部压力）[25]。

8.2 传热设计

在设计模具加热系统时，对模具热力学设计的自由度要有一个很明确的意识，这一点很重要。一些理论性方法往往会受到外部现实的约束，例如受到设计和制造的限制。

8.2.1 传热设计标准及其自由度

模具设计者们在设计挤出模具时，其可以根据以下的设计自由度来确认最佳设计结构：

■ 模具的几何形状对加热过程中的传热行为具有决定性的作用。一旦通过流变设计确定了流道的基本形状，则剩下的设计自由度就只有模具的外部形状（外部轮廓，圆形、角形或开槽形，壁厚，对称性，机械强度的设计）；

■ 模具制造材料的选择对其关键的传热特性（如热导率、热扩散率）具有重要的影响，也会影响实际的传热设计（如高导热的绝缘材料及特种合金材料）[26]；

■ 热源的空间布局结构（加热元件的位置、数量和额定功率）可以分为均匀分开和局部集中两种形式；

■ 温度传感器的位置和控制特性的选择会影响控制系统的静态（持久偏差）和动态（对扰动和温度波动产生响应）的行为。

通过不同的标准，可以对传热设计的质量水平进行评估。这些标准可以是针对具有特定应用场合的模具，也可以针对具有特定使用特性的挤出制品。因此，下面将简单陈列一些模具传热设计的通用标准。

■ 在挤出过程中，流道表面的热均匀性是大多数情况下的关键设计标准。在正确的流变设计下，表面热均匀性会使得挤出物从模具出口挤出时表现出均匀的流动速度。

▪ 温度的稳定性，即温度随时间的恒定性，是衡量模具控制系统性能的指标。对于生产过程中的外部扰动（周围条件、空气通风的改变）、熔体流入模具的温度变化或者生产工艺参数（如产量）的变化，我们要控制这些因素的变化速度，否则控制系统的自然温度振荡会影响挤出制品的性能质量及其波动性。

▪ 模具的机械强度会影响挤出产品的尺寸稳定性，特别是宽幅缝隙型模具。这种情况下通常会要求增大模具的厚壁，以利用其热滞后特性。

▪ 模具的制造成本也很重要。由于通过模拟计算产生的流变设计并不总是能代表模具的最终形状，因此需要进一步的机械加工。而且，模具的拆卸必须要相对简单方便，因为要时不时地对模具进行清理；在某些情况下，还要经常性地对流道进行表面处理，例如镀铬或抛光。这里，要求模具容易拆卸且通常必须与模具的传热设计要求相协调（加热元件的布置）。对于模具上具有良好表面质量以及较窄尺寸公差（用加热棒、管道[26] 等）的薄壁长孔（用作加热通道），其制造起来相当困难且制造成本非常昂贵，特别是当这种结构的孔设计在流道附近的情况下。

▪ 对于整个挤出生产线来说，模具加热系统的能耗相对要低，但是在模具的热设计优化时（外部或内部加热、绝缘），这仍然值得考虑。

▪ 当需要频繁地更换模具时，模具在开机时的启动特性对实现整个生产线的降本增效运行是很重要的（例如，对于定制的型材制品）。厚壁模具虽然从温度调控的角度来看是有利的，但是在使用低额定功率的加热元件时，开机阶段会需要很长时间来将模具温度升高到所需的水平。因此，通常会对开机启动时或者连续工作的控制元件添加特殊的辅助加热器[27]。

▪ 通常，在片材和薄膜的挤出生产中，还有一个特殊的评价标准，其需要控制挤出物在模具出口处的表面温度，这会影响表面质量（光泽）。在这种情况下，一般会在模具的出口处设置额外的辅助加热区，而这与模具剩余部分在热力学上是相互解耦合的[11]。

▪ 关于这种特殊的评价标准，其中的一个典型例子是沿模具的周长或宽度方向（分别对应着薄膜吹塑模具和宽幅缝隙型模具）设置独立的加热区，以控制度量参数的分布形态（通过相应的设计措施，多流道或基于计算机控制的热解耦机制）。

上面所列出的这些标准，有时是相互矛盾的，常常不可避免地导致模具的热力学优化结果差强人意。然而，这些方法却可以用来解决具有冲突性边界条件的模具设计问题。

8.2.2　挤出模具的热平衡

在对模具进行加热时，其所需的总能量可以基于模具的热平衡过程进行评估。在安装加热系统时，上述得到的总能量的大小可作为确定加热系统所需提供的最小热量的基本依据。为了实现这一点，就要平衡整个模具表面上热量的输入与输出过程。

通过法兰与挤出机最后一段加热区域相连的区域表面具有特有的结构特征，即流过它的热流量大小和热量传递方向取决于挤出机和模具之间的温度梯度。例如，如果由于存在偏大的温度差（因为控制参数的设置）或由于模具/挤出机之间过大的接触面积（与模具中的其他热交换相比），导致了挤出机与模具之间的热流量变得太大，则要实现稳定的模具温控实际上是很难的，此时模具或挤出机的（强的热耦合）温度控制倾向于振荡特征。

基于此，在实际的生产过程中，模具的温度常常设置成等于挤出机最后一段加热区域的温度，或仅仅是稍微地高一点点（由于挤出机的冷却效率更高，例如可采用吹风机，因此要控制从模具到挤出机的热量传递过程比要实现相反方向的热量传递要容易得一些）。

接下来的内容都是基于模具温度与挤出机机筒温度相等的前提下进行展开；这样，二者接触表面上的热流传递就可以忽略不计。在这种条件假设下，为了计算热量平衡，则需要考虑下面所罗列的热流量大小（图 8.1）：

$\dot{Q}_{M,In}$＝由熔体流向模具的热通量

$\dot{Q}_{M,Out}$＝熔体离开模具时所带走的热通量

$\dot{Q}_{CONV}$＝模具外壁由于空气对流所带走的热通量

$\dot{Q}_{RAD}$＝通过模具产生热辐射所损失的热通量

$\dot{Q}_{DISS}$＝单位时间内模具内部由于耗散所产生的热通量

$\dot{Q}_{H}$＝模具加热系统（加热元件）所提供的热通量

则可得热平衡过程的通用方程表达式，如下：

进入系统的热通量－离开系统的热通量＋单位时间内系统产生的热量
＝单位时间内系统吸收的热通量 (8.1)

参照如图 8.1 所示的整个模具结构，则有：

$$(\dot{Q}_{M,In}+\dot{Q}_{H})-(\dot{Q}_{M,Out}+\dot{Q}_{CONV}+\dot{Q}_{RAD}+\dot{Q}_{DISS})=\frac{\partial}{\partial t}(m_{d}c_{pd}\vartheta_{d}) \tag{8.2}$$

在模具稳态运行的过程中，式(8.2) 的右半边部分等于 0，这意味着模具的温度 ϑ_d 保持不变。

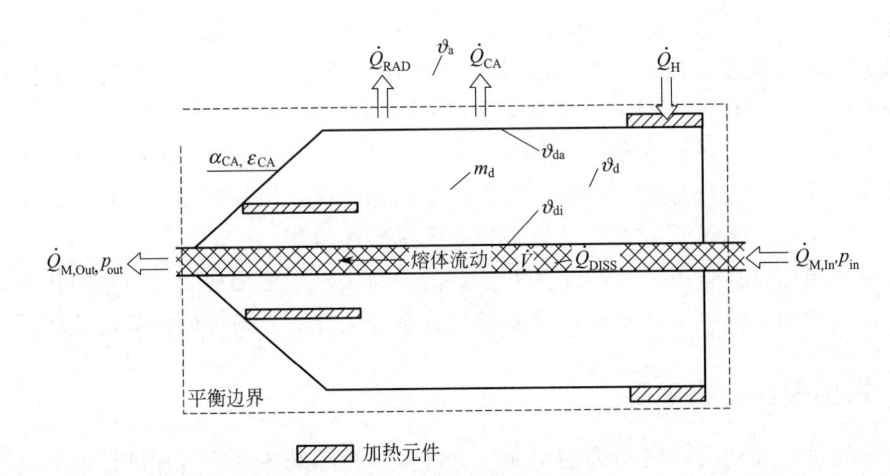

图 8.1　挤出模具中的热平衡

正如本节开头部分讲的那样，通过改变模具温度，一般不大可能大幅度地改变模具入口与出口之间熔体的温度，而这正好满足了挤出制品在模具出口处具有相当程度的温度均匀性要求。

熔体流道内部释放的黏性耗散热会导致流道中产生温度波动（分布场），其大小为

$$\dot{Q}_{DISS}\cong(p_{in}-p_{out})\dot{V} \tag{8.3}$$

图 8.2 中定性地表示了这种由于黏性耗散所导致的温度场分布，图 8.2(b) 表示了流道壁面具有加热的情况（加热到熔体温度）。黏性耗散热量被传递到流道的内壁面，这样再通

过其他的途径将耗散热量从熔体中消除。温度的峰值出现在靠近流道壁面的位置处。由于熔体黏度对温度表现出显著的依赖性，因此最大剪切速率逐渐从流道壁面区域转移到最高熔体温度区域，从等温流动开始，如图 8.2(a) 所示。与等温流动状态相比，假设挤出流量不变，则由于靠近壁面区域的熔体黏度较高，其在壁面处的剪切速率则会出现下降。这种剪切速率的重新分布也会对其相应的速度分布产生影响，即壁面附近低的流速区域会变得更大一些。

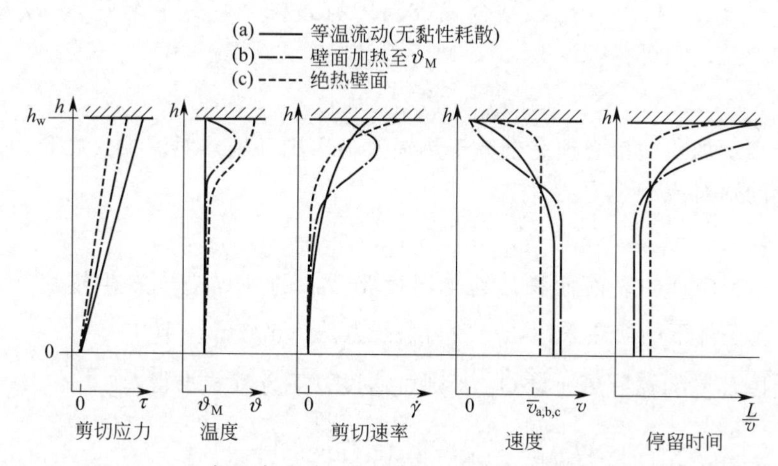

图 8.2　相同流量（$\dot{V}_a=\dot{V}_b=\dot{V}_c$）不同热边界条件下某缝隙型流道中的流动

图 8.2(c) 描述了流道壁面为绝热条件下的流动形态。这里，最高熔体温度直接出现在流道壁面处，同时其最高剪切速率也位于壁面处，且该最大剪切速率值要高于等温流动［图 8.2(a)］下的最大剪切速率值。

因此，绝热壁面［图 8.2(c)］情况下其壁面附近低流速区域要比等温流动［图 8.2(a)］情况下的低流速区域小[28]。从图 8.2 中还可明显地看出，三种不同的热边界条件也会影响熔体流动的停留时间谱。

停留时间的大小可以通过所研究的流道（段）长度 L 与熔体流动速度 v 之间的比值计算出来（可参考第 3 章）。尤其是在加工敏感性材料时，由于这些材料在长时间受到较高的压力、温度或者剪切强度时会发生降解或者交联，因此，图 8.2(b) 流动情况下熔体流动所具有的宽时间分布谱并不是一个好事。

因此，模具的设计不应基于等流道壁面温度的假设条件，因为这会导致部分耗散能量的散失［图 8.2(b)］，而应该在绝热壁面的假设条件下［图 8.2(c)］进行模具设计，这样所产生的耗散热量会导致熔体温度的提高，从而消除在流道壁面附近区域中的流动停滞效应。

从而，可得：

$$\dot{Q}_{DISS}=\dot{Q}_{M,Out}-\dot{Q}_{M,In} \tag{8.4}$$

则所计算的熔体温升为：

$$\Delta\vartheta_M=\frac{\dot{Q}_{M,Out}-\dot{Q}_{M,In}}{\dot{m}c_p} \tag{8.5}$$

式中，$\dot{m}$ 为质量流率；c_p 为熔体的比热容。

根据式(8.3) 可得：

$$\Delta\vartheta_M=(p_{in}-p_{out})\frac{\dot{V}}{\dot{m}c_p}=\frac{p_{in}-p_{out}}{\rho c_p} \tag{8.6}$$

式中，ρ 为熔体密度。

因此，熔体温度的升高仅仅取决于模具两端的压降（当然还与熔体的材料性质相关）。对于典型的材料参数特性，如 $\rho c_p=2\times10^6 J/(m^3 \cdot K)$，若熔体压力升高 1bar，则温度升高 0.05K。为了消除图 8.2 中所描述的滞流效应（过低的壁面温度所导致），模具的温度应该比流入的熔体温度 ϑ_E 高出 $\Delta\vartheta_M$。结合式(8.4) 与式(8.2) 并求解 $\dot{Q}_H$，以及热稳态条件(恒定的模具温度)，则可得：

$$\dot{Q}_H=\dot{Q}_{CONV}+\dot{Q}_{RAD} \tag{8.7}$$

这等同于表示加热功率必须完全等于热辐射与周围环境热对流损失之和。其中，模具向外界周围环境的热对流大小为：

$$\dot{Q}_{CA}=A_{da}\alpha_{CA}(\vartheta_{da}-\vartheta_a) \tag{8.8}$$

式中，A_{da} 为模具的表面面积，其与温度为 ϑ_{da} 的外界空气发生热交换；ϑ_a 为室温；α_{CA} 为自然对流条件下的换热系数，一般可假设其为 $8W/(m^2 \cdot K)$[29]。

模具对周围环境的辐射热通量 $\dot{Q}_{RAD}$ 则可通过以下方程式求得：

$$\dot{Q}_{RAD}=A_{da}\varepsilon C_R\left[\left(\frac{T_{da}}{100}\right)^4-\left(\frac{T_a}{100}\right)^4\right] \tag{8.9}$$

式中，ε 为发射系数：对于光滑的钢铁表面，$\varepsilon=0.25$[30]，对于氧化的钢铁表面，$\varepsilon=0.75$[31]；C_R 为黑体辐射数，其大小为 $C_R=5.77\times10^{-8} W/(m^2 \cdot K^4)$。

式(8.9) 还可以写成类似于式(8.8) 的形式，如下所示：

$$\dot{Q}_{RAD}=A_{da}\alpha_{RAD}(\vartheta_{da}-\vartheta_a) \tag{8.10}$$

这里，α_{RAD} 定义为热辐射的传热系数。

对于具有高效散热特性的模具（具有较高的压力损失以及熔体具有较低的 ρc_p），其通常需要从流道中吸收热量。此时，模具的设计目标不再是绝热条件，而是变成了等温的模具壁面，则熔体与模具壁面之间的热通量可以采用下面的方程式进行计算：

$$\dot{Q}_{CM}=A_{di}\alpha_{CM}(\vartheta_{di}-\vartheta_M) \tag{8.11}$$

式中，文献［32］中的传热系数 α_{CM} 可以根据一个复杂的计算方法由 Nusselt 定律计算得到。这里，A_{di} 为温度为 ϑ_{di} 的模具的内表面面积；ϑ_M 为熔体温度。

此时，式(8.7) 就可变为：

$$\dot{Q}_H=\dot{Q}_{CA}+\dot{Q}_{RAD}-\dot{Q}_{CM} \tag{8.12}$$

因此，模具加热系统的功率将会变小，其变小的幅度为从熔体中吸收的那部分热量的大小，或者也可以增大相应的幅度，这取决于（$\vartheta_M-\vartheta_{di}$）是大于 0 还是小于 0。由上述确定的模具加热功率则是加热系统所需的最小功率值。为了确保控制单元在最有利的范围内工作，所采用的加热系统的功率还需要一定的保留，其实际额定负载应该达到所计算得到的最小加热功率的两倍左右。这就意味着控制单元将会在其可控范围的 50%水平处运行，并具有 1∶2 接通时间比例。目前新一代的控制装置具有可调节的操作点，以至于其加热功率可以采用较大的量程范围内甚至大得多的量程范围[22]。例如，当加热量程达到四倍时，其结果是操作点只占用了该系统额定功率的 25%，这样加热控制就可以实现对称操作。这种加热系统采用超大额定加热功率的优点是可以缩短开机启动过程中加热时间。

因此，开机启动过程中所需加热时间可以从上述的方程式中计算得到[19]：

$$t_{H}=\frac{m_{d}c_{pd}\Delta\vartheta_{d}}{n\dot{Q}_{Hmax}} \tag{8.13}$$

式中，m_{d} 为模具的质量大小；c_{pd} 为模具材料的比热容；$\Delta\vartheta_{d}$ 为开机加热过程中的目标温度；$\dot{Q}_{Hmax}$ 为实际安装的额定加热负载。

从上面可以清晰地看出，提高加热系统的额定加热能力，可缩短开机启动过程的加热时间。在文献［19］中，作者计算出了四舍五入的加热效率值，大概为 0.5。其还考虑了模具表面的热损失因素，而模具表面温度在开机加热过程中会越来越高。该效率值的大小取决于加热系统的类型（对于外部加热来说，效率值较小；对于内部加热来说，效率值较大）和加热功率的裕度，即其超出需求的幅度大小（通常效率值随着裕度的增大而增大）。

8.2.3　建模中的约束性假设

正如之前所述，模具热力学设计的主要目标是将加热元件布置在模具几何结构上，使得在给定的设计边界条件下，模具内沿流道表面上可实现均匀的温度分布。

这里的加热单元包括了模具的所有表面（也包括与加热元件接触的模具内表面），通过这些表面热量可以传递，此外还包括那些可以向周围环境中对流和辐射热量的表面。

在上一节中，采用了热平衡方法来考虑整体的热传递过程，但这不足以在着手实际设计之前判断温度的分布是否均匀。相反，必须有一种方法可以对过程进行模拟，并考虑其中最重要的尺寸和热边界条件。

接下来将介绍两种模拟方法以及相关的数学模型，并对相关的经过简化的假设条件进行讨论。

8.2.4　传热设计的模拟计算方法

电路模拟

基于模具稳定运行的考虑，假设模具温度分布随时间保持恒定（稳态）（控制系统的动态波动忽略不计）。

由于宽幅流道的对称性或圆形流道的旋转对称性（如宽幅缝隙性模具以及用于生产管材、实心棒和吹塑薄膜的模头），模具沿宽度或圆周方向上的热流常常可以忽略不计。此时，热量的传递过程可以近似看作成一个二维传递过程（除了流道的对称性外，模具外部形状的对称以及加热元件的布局对称也是附加条件）。

在上述条件下，这种二维的稳态热量传递过程可以通过下面的微分方程进行表达：

$$\frac{\partial^{2}\vartheta}{\partial x^{2}}+\frac{\partial^{2}\vartheta}{\partial y^{2}}=0 \tag{8.14}$$

在具有电阻的平面导体中，其二维输电过程也可以采用类似的方程进行表达：

$$\frac{\partial^{2}U}{\partial x^{2}}+\frac{\partial^{2}U}{\partial y^{2}}=0 \tag{8.15}$$

基于上述的两个方程，很明显可以看出温度 ϑ 与电压 U 之间的相似性。热通量 $\dot{Q}$ 对应

着电流 I 的大小，而热通量的大小与温度梯度成正比[33]。

由于类似平面导体，因此可以对模具断面中的稳态温度场进行模拟。这意味着，通过从电阻纸（涂覆石墨的纸）中切割出模具断面的轮廓，再用导电涂料（如导电银浆）按一定比例缩放绘制出流道与加热元件的轮廓，这样就可以基于平面导体（或电阻器）制作出二维相似模型[12,29,34]。

对于具有加热元件和相关热边界条件的宽幅缝隙型模具（见图 8.3），图 8.4 中表示了其部分截面结构的电路模型。

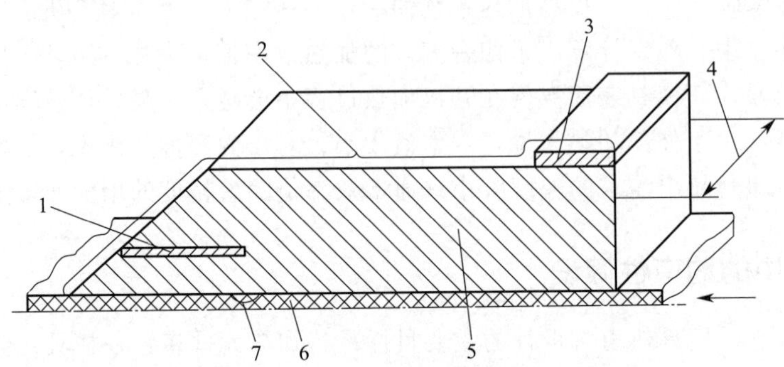

图 8.3　具有一定热边界条件的平面缝隙型模具断面

1—加热筒（加热功率为 P_p）；2—对流热传递 $\alpha=16\text{W/m}^2\text{K}$，$\vartheta_a=20℃$；3—加热带（加热功率为 P_A）；4—模具宽度（$T=1\text{m}$）；5—模具；6—熔体（$\vartheta_M=220℃$）；7—热传递系数（$\alpha=75\text{W/m}^2\text{K}$）

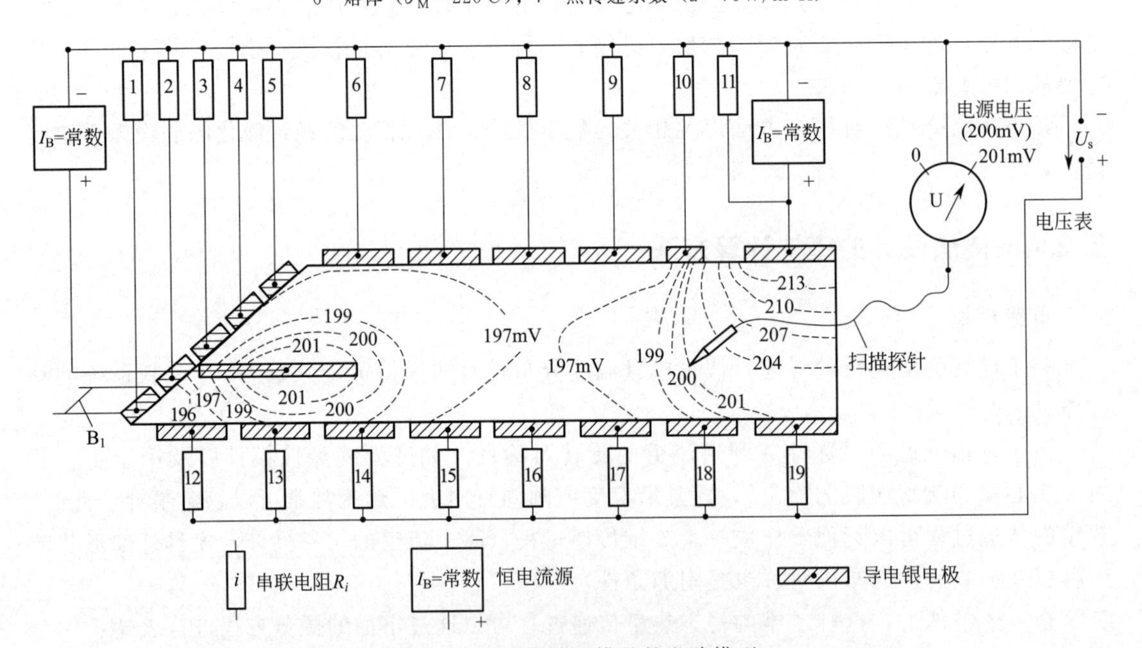

图 8.4　平面缝隙型模具的电路模型

具有热对流效应的模具表面被分割成几段，这样就可以近似地估算模具表面可能具有的非均匀热损失。每一段的表面通过串联电阻 R_i 与电压源连接起来（这里，外侧段在更低的温度下与电源的负极≙相连；流道表面的内测段在更高的温度下与电源的正极≙相连）。

在这个模拟过程中，采用直流电源模拟加热元件中的能量来源，这种参数之间的类比关系可参考图 8.5。例如，假设熔体与周围环境之间的温差为 200K，且 $n=1\text{mV/K}$，则模型中的模拟电压大小为 $U_s=200\text{mV}$。在额定加热负载下由恒电流源产生的电流强度可以由下面的公式计算出来，这里，导电纸的方形电阻为 $R=2\text{k}\Omega$[36]，且制造模具的钢铁材料的热导率为 $\lambda=40\text{W/mK}(\lambda R=k=80\text{Wk}\Omega/\text{mK})$，模具的宽度 T_{die} 为 1m，加热功率为 P_{nom}（相关方程可参见图 8.5）。

模型	类比关系	模具
电压(差)	$\Delta U=n\cdot\Delta\vartheta$	温度(差值)
电流	$I=\frac{n}{k}\cdot\dot{q}'$	热流(基于模具宽度 T)
压降电阻(宽度为 B_i 的分段表面)	$R_iB_i=k\cdot m\,\frac{1}{\alpha}$	传热系数
	模型参数	
电压/温度比	$n=\frac{\Delta U}{\Delta\vartheta}\left(\frac{\text{V}}{\text{K}}\right)$	
导电率	$k=\lambda R^{\square}\left(\frac{\text{W}\Omega}{\text{mK}}\right)$	
模型比例标度	$m=\frac{l_{\text{Model}}}{l_{\text{Die}}}(\%)$	

$R^{\square}$：所采用的电阻导体(导电纸)的电阻

图 8.5　电路模型的有关定义

$$I_{\text{nom}}=\frac{P_{\text{nom}}}{T_{\text{die}}}\frac{1\,\frac{\text{mV}}{\text{K}}}{80\,\frac{\text{Wk}\Omega}{\text{m}\cdot\text{K}}}\triangleq P_{\text{nom}}\times 12.5\,\frac{\mu\text{A}}{\text{kW}} \tag{8.16}$$

某外侧段处（例如，图 8.4 中的 $i=1$）的串联电阻大小可以通过下面的方程计算出来，式中模型比例标度为 1∶1($m=1$)，分段宽度为 $B_1=2\text{cm}$，且局部的热传递系数为 $16\text{W}/(\text{m}^2\cdot\text{K})$：

$$R_1=\frac{80}{16\times 0.02}\text{k}\Omega=250\text{k}\Omega \tag{8.17}$$

模型中每一个测试点上的电压值可以通过使用连有金属探针的电压表来测量。此时，测试所得的电压值（毫伏级别）就对应着测试点与周围环境之间的温度差（因此，在 20℃的环境温度下，208mV 的电压对应着 228℃的温度大小）。这样，图 8.4 中所给出的表示电压相等的曲线（等势线）就对应着温度相等的等温曲线，其很好地描述了温度的分布状态（图 8.6）。

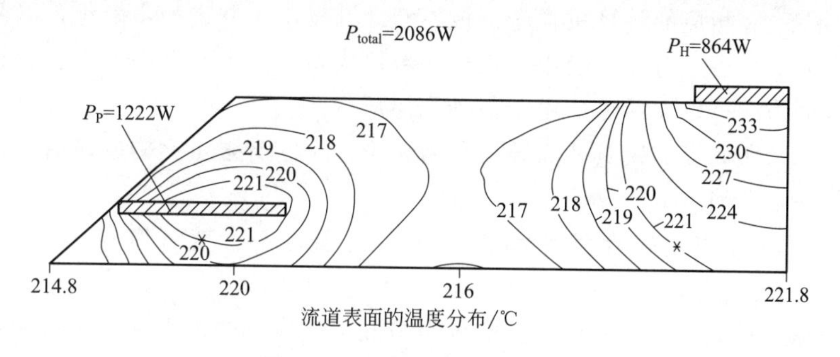

图 8.6　电路模型的有关结果

模具上半部分的温度分布则如图 8.7 所示[30]。其中，模具内部沿流动方向上的热通量以及在模具侧面边缘与环境（绝缘）之间的热通量可以忽略不计。基于热传递系数，可计算模具与周围环境以及与熔体之间的热传递过程，如图 8.7 所示。在这个例子中，实时的加热功率则可采用由加热筒元件上的恒压源模拟，其对应着 240°C 的特定温度。

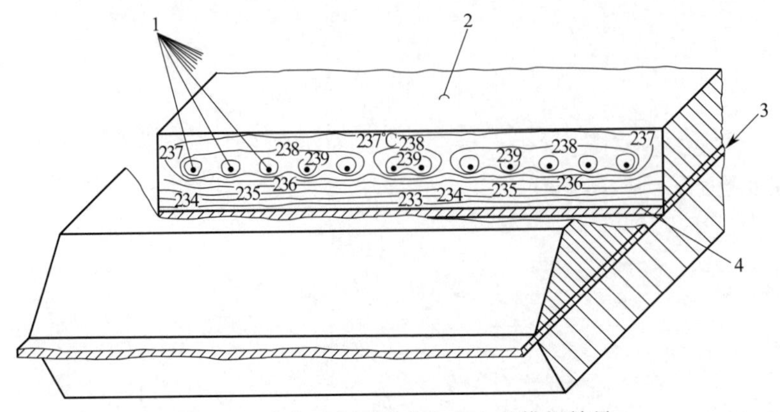

图 8.7　垂直于主要流动方向上的模拟结果

1—加热筒（240℃）；2—与空气之间热对流，$\alpha=8\text{W}/(\text{m}^2\cdot\text{K})$；

3—流道（熔体温度 220℃）；4—与熔体之间的热对流，$\alpha=75\text{W}/(\text{m}^2\cdot\text{K})$

值得注意的是，在靠近流道一侧的等温线比靠近周围空气一侧的等温线要更密实一些。这可以理解为流道壁面与熔体之间具有更强的热传递效应。

在加热筒和流道壁面之间距离的一半位置处，等温区线几乎是与模具表面相平行的直线。这表示了加热筒与流道表面之间的距离可以进一步减小而不会引起温度分布的波动，这对设置加热筒和流道之间的最小距离具有重要的指导意义。

这种模拟过程需要在仪器方面进行一定的投入（恒定电流源和恒定电压源）并要求用户掌握一定的技能。然而，一旦模具的轮廓确定了下来并在一定边界条件下安装好，则加热筒的不同位置可以快速地通过来回移动具有适当形状的电极来进行模拟[35~37]。但是，在这种情况下，要确定其等压线的分布形态则要耗费大量的时间，因为要人为地逐个确定所有等压点的位置。

数值模拟

随着在过去几十年中微电子技术的迅速发展，现代社会中高性能计算机的成本变得相对低廉。这使得在不同的几何结构和物理边界条件下，可以建立对应的流变和热力学的值模型（也可参考第 4 章）。相应的计算机程序也被不断地开发出来并进一步简化，以便即使不是计算机专家技术人员也可以有效地使用。在这些数值模拟方法中，有限元方法占据了相对重要的地位，这是因为它可以灵活地应用于各种几何形状。

在该方法中，所研究的模具几何结构是由一个一个的有限单元构成，由此，可以非常精确地考虑到每一个几何细节。

在综合考虑所有的热边界条件和相互作用的前提下，就可以在整个区域内求解式(8.14)[38]。

图 8.8 中描述了某模具内的稳态温度分布情况，该模具的边界条件与图 8.4 中的所描述的电路图相同。这里，加热功率的数值大小可以通过自动迭代的过程计算出来，这种迭代过

程中某特定点的温度（在图中用星号标记）可自行发生调整并接近于控制电路所设置的温度值（熔体温度=220℃）。

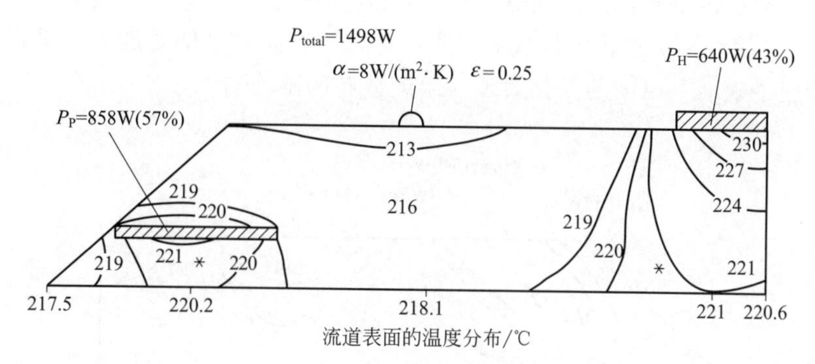

图 8.8　有限元模拟的相关结果

这里，由加热器传递过来的热量控制在模拟电路中是以简单的 P-型控制器来替代的。图 8.8 中星号（*）标记的点表示了温度传感器的安装位置。

由上述方法所确定的加热负载则如图中的标注所示；图 8.8 中所示模具的宽度为 1m（可参考图 8.3）。

图 8.8 中和图 8.6 中所示的两种等温线的形状具有本质的差异，这是因为在电路模型中会对边界条件进行分割。若是对边界区域实行更加精细的分割，则可以得到更接近真实情况的模拟结果，但这也会造成电路模型的成本显著提高。沿流道表面的温度分布在性质上是相同的，但基于电路模型计算温度差异时往往会显著高估。

在模拟计算过程中，首先考虑光滑模具表面的辐射传热情况。图 8.9 所示为在相同的边界条件下，腐蚀模具表面所建立的稳态温度分布形态。流道表面的温度分布明显表现出不均匀性，并且整个模具的加热功率提高了约 66%。

在加热功率需要进一步提高时，并非把其所增加的功率值平摊到所有的加热器件上。当加热带的供给功率仅提高 25%时，则要求加热套的加热功率提高 197%左右，对于具有光滑表面的新模具而言，这等于所实际要求的加热功率的两倍。加热功率分布之所以会发生变化，是因为从模具表面上损失的那部分热量必须由加热带来补偿。

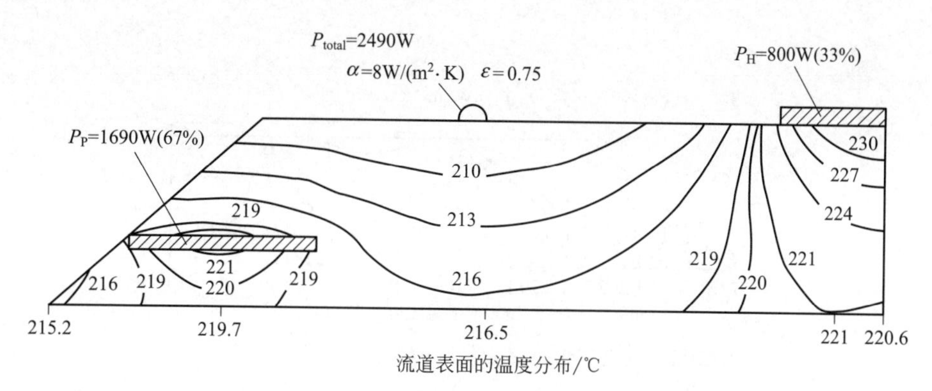

图 8.9　表面腐蚀的模具内温度分布形态（FEM）

热边界条件在实际生产过程中会发生改变，这可能导致控制器的工作点发生相当大的变化，这就必须要从热力学设计的角度进行考虑（运行过程中控制器可进行调节）。

通过设计加热元件的布置形式，可能实现温度的稳态分布，如图 8.10 所示（表面为光滑表面）。对比图 8.8 中的温度分布形态可以清晰地看到，虽然加热负载的总和几乎是相等的，但加热筒必须提供更高比例的加热功率（从 57%提高至 67%）。由此，加热筒的温度大约提高了 6℃。流道表面的最高温度提高了 2℃左右，然而其最低温度却几乎保持不变。当然，这种流动通道表面上温度的变化表现为温度分布的不均匀性。

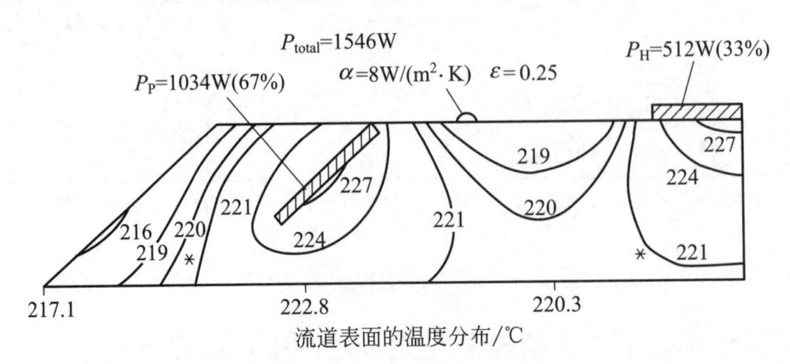

图 8.10 加热筒（FEM）位置改变后的温度分布形态

上述这些例子清晰地表明，从模具入口（右）处的 220℃熔体温度开始，沿流道表面的温度分布先稍微增加，至模具的中间区域达到最小，最后（在加热筒下面）达到最大值。然后，从流道出口方向，温度再一次出现下降，然后在模口位置达到绝对的最低值，该温度的大小低于熔体温度。

这种情况与在本章开始时所讨论的“理想”流道壁温度相比是非常不利的（参考 8.2.2 节）。在这里，流道的壁面温度呈稳步增长趋势会比较有利的。在模口位置处，挤出制品的表面质量常常会受到模具温度的影响。这就是为什么要在模环或模唇部位设置各自独立的温控系统的原因。图 8.11 中表示了在模具出口区域增加热带是如何影响流道表面的温度分布形态，而这种改变往往是我们所期望的。由于平均表面温度相对较高，故其总的加热功率比图 8.8 所示的要高出约 24%。

在模具的入口和中心区域处，流道的表面温度分布要表现得更加均匀一些，且在出口区域其温度明显提高。这种显著的温升是由左侧温度传感器的不利位置所起的，从图中可以看到，该温度传感器显然离出口区加热带的距离太远。

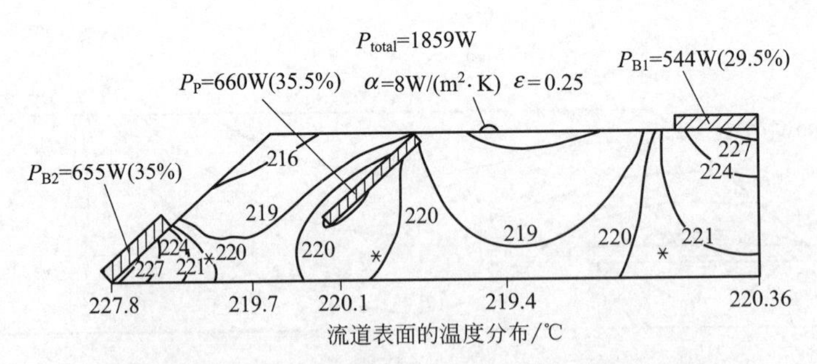

图 8.11 具有三组加热元件（FEM）的温度分布形态

基于前面讨论的数值模拟方法，也可以计算三维的温度分布形态。然而，建立三维的模型（如生成有限元网格、人员时间）和执行计算需要耗费相当长的时间，这使得三维模拟计算的成本过于昂贵。许多情况下，那些基于简化的二维模拟研究所得到的数据信息已经足以实现对模具进行良好的热力学“调控”。

符号与缩写

符号	含义
A_{da}	与外界空气进行热交换的模具外表面面积
A_{di}	与内部熔体进行热交换的模具内表面区域
B	模具宽度
c_p	熔体比热容
c_{pd}	模具比热容
C_R	黑体辐射系数
h	模具高度
I	电流
k	导率（热导率/电导率）
L_i	需求解的i分段区域的长度
l	长度
m	比例标度
m_d	模具质量
$\dot{m}$	熔体质量流率
n	比例因子
p	压力
p_{in}	入口压力
p_{out}	出口压力
P	加热功率
P_{total}	总的加热功率
P_H	加热带的加热功率
P_{nom}	模具的额定加热功率
P_p	加热筒的加热功率
$\dot{Q}$	热通量
$\dot{Q}_{CA}$，$\dot{Q}_{CM}$	模具通过热对流而损失的热通量（符号 A=空气，M熔体）
$\dot{Q}_{DISS}$	单位时间内的耗散能量
$\dot{Q}_H$	加热系统（加热元件）提供给模具的热通量
$\dot{Q}_{Hmax}$	模具所安装的额定加热功率
$\dot{Q}_{M,In}$	通过熔体传递给模具的热通量
$\dot{Q}_{M,Out}$	通过熔体从模具上所带走热通量
$\dot{Q}_{RAD}$	模具通过热辐射所损失的热通量
R	电阻
R_i	串联电阻
t	时间
t_H	模具的开机启动时间
U	电压
U_S	模型中的电源电压
$\dot{V}$	熔体的体积流率
v	速度
α	传热系数
α_{CA}	模具与周围空气之间热对流所具有的传热系数
α_{CM}	模具与熔体之间热对流所具有的传热系数
α_{RAD}	辐射所具有的传热系数
$\dot{\gamma}$	剪切速率
ε	发射系数
η	应力/温度比
η	效率，效率程度
ϑ	温度
ϑ_a	室温
ϑ_d	模具温度
$\Delta\vartheta_d$	开机启动街二段模具的温升
ϑ_{da}	与环境空气相接触的模具外表面的温度
ϑ_{di}	与熔体相接触的模具内表面的温度
ϑ_H	加热系统的温度
ϑ_M	熔体壁面温度
ρ	熔体密度
τ	剪切应力

参考文献

[1] Winter, H. H.: Temperaturänderungen beim Durchströmen von Rohren. In: Praktische Rheologie der Kunststoffe. VDI-Verl., Düsseldorf 1978.

[2] Winter, H. H. : Ingenieurmäβige Berechnung von Geschwindigkeits-und Temperaturfeldern in strömenden Kunststoffschmelzen. In: Berechnen von Extrudierwerkzeugen. VDI-Verl. , Düsseldorf 1978.

[3] Masberg, U. : Einsatz der Methode der finiten Elemente zur Auslegung von Extrusionswerkzeugen. Thesis at the RWTH Aachen 1981.

[4] Pittman, J. F. T. and Nakazawa, S. : Analysis of Melt Flow and Heat Transfer Using Finite Elements. Series: Polymer Engineering Reviews. Vol. 4, No. 3. Freund, London 1984.

[5] Mitsoulis, E. and Vlachopoulos, J. : The finite element method for flow and heat transfer analysis. Adv. Polym. Technol. 4 (1984) p. 2.

[6] Ben-Sabar, E. and Caswell, B. : A stable finite element simulation of convective transport. Int. J. Numerical Methods Eng. 14 (1979) pp. 545-565.

[7] Kelly, D. W. et al. : A note on upwinding and anisotropic balancing dissipation in finite element approximations to convective diffusion problems. Int. J. Numerical Methods Eng. (1980) pp. 1705-1711.

[8] Vergnes, B. et al. : Berechnungsmethoden für Breitschlitz-Extrusionswerkzeuge. Kunststoffe 70 (1980) 11, pp. 750-752.

[9] McKelvey, J. M. : Polymer Processing. Wiley, New York 1962.

[10] Mandrel cooler for higher film output. Europlastic Monthly (1972) June, pp. 101-102.

[11] Predöhl, W. : Herstellung und Eigenschaften extrudierter Kunststoffolien. Postdoctoral thesis at the RWTH Aachen 1977.

[12] Menges, G. et al. : Temperaturbeeinflussung des Durchfluβverhaltens in Breitschlitzwerkzeugen. Plastverarbeiter 26 (1975) 7, pp. 361-367.

[13] Schumacher, F. : Flieβregulierung in Breitschlitzdüsen durch Temperatursteuerung. Kunststoffe 75 (1985) 11, pp. 798-801.

[14] Feistkorn, W and Sensen, K. : Automatik-Schlauchfolienwerkzeuge für coextrudierte Folien. Kunststoffe 78 (1988) 2, pp. 1147-1150.

[15] Menges, G. et al. : Flüssigkeitstemperiersysteme für Kautschukextruder- Optimieren und Auslegen. Maschinenmarkt 90 (1984) p. 67.

[16] Menges, G. et al. : Proze. regelungskonzepte in der Extrusion. Kunststoffe 78 (1988) 10, pp. 936-941.

[17] Barney, J. : Design requirements for PVC film and sheet dies. Mod. Plast. 46 (1969) 12, pp. 116-122.

[18] Catón, J. A. : Extrusion die design for cast film production. Brit. Plast. 44 (1971) 3, pp. 95-99.

[19] Dalhoff, W. : Systematische Extruderkonstruktion. Krausskopf, Mainz 1974.

[20] Hensen, F. : Anlagenbau in der Kunststofftechnik. Postdoctoral thesis at the RWTH Aachen 1974.

[21] Fischer, P. : Stand der Regelungs-und Steuerungstechnik bei Extrudern und Extrusionsanlagen. In: Rechnergesteuerte Extrusion. VDI-Verl. , Düsseldorf 1976.

[22] Ällerdisse, W. : Überprüfung und Angleichen von Thermofühlerleitungen und Reglern an gegebene Regelstrecken. In: Messen an Extrusionsanlagen. VDI-Verl. , Düsseldorf 1978.

[23] Schwab, E. et al. : Nach Faustregeln berechnet-Anhaltspunkte zur Ermittlung günstiger Reglereinstellwerte. Elektrotechnik 59 (1977) Mai, pp. 12-13.

[24] Handbuch der Temperaturmessung. Firmenschrift der Linseis GmbH.

[25] Schiedrum, H. O. : Erfahrungen mit Temperaturreglern und Regelstrecken. Kunststofftechnik 12 (1973) 3, pp. 57-60.

[26] Noren, D. : New approach aids uniform heating and cooling of extrusion cooling. Plast. Technol. 28 (1982) 2, pp. 75-79.

[27] Menges, G. et al. : Temperaturverhältnisse beim Anfahren von Breitschlitzwerkzeugen. Kunststoffe 65 (1975) 7, pp. 432-436.

[28] Woodworth, C. L. : Computer simulation of steady-state nonisothermal melt flow in tubes. Adv. Polym. Technol. 6 (1986) 3, pp. 251-258.

[29] Wiibken, G. : Thermisches Verhalten und thermische Auslegung von Spritzgie. werkzeugen. Research report, AIF

Nr. 2973，IKV，Aachen 1976.

[30] Gemmer，H. et al.：Auslegung der Werkzeugtemperierung und Einfluβ auf die Eigenschaften von Spritzguβteilen. Ind. Anz. 93 (1971) 53，pp. 1300-1306；62，pp. 1601-1603.

[31] Hottel，H. C. and Sarafim，A. F.：Radiative Transfer. McGraw-Hill，New York 1967.

[32] Vlachopoulos，J. et al.：Numerical studies of non-Newtonian flow and heat transfer. Conference：Heat Transfer in Plastics Processing，University of Bradford 1974.

[33] Hackeschmidt，M.：Elektrisch leitendes Papier für Potentialfeld-Ausmessungen. Elektrotechnik 46 (1968) 5，pp. 92-98.

[34] Menges，G. and Wübken，G.：Einfaches elektrisches Analogmodell zur Optimierung der Kühlkanalanordnung in Spritzgieβwerkzeugen. Plastverarbeiter 23 (1972) 6，pp. 394-395.

[35] Jung，P. B.：Zweckm.. ige Werkzeugkühlung für die Hohlk. rperherstellung. Research report，AIF Nr. 3022，1976.

[36] Dierkes，A. et al.：Auslegung von Extrusionswerkzeugen. 9. Kunststofftechnisches Kolloquium of IKV，Aachen 1978，pp. 61-88.

[37] Michaeli，W.：Zur Analyse des Flachfolien-und Tafelextrusionsprozesses. Thesis at the RWTH Aachen 1976.

[38] User Handbook for the program package MICROPUS，Vers. 2. 1，IKV，Aachen 1989.

第 9 章 挤出模具的力学设计

关于挤出模具的力学设计，其一般涉及对模具工作过程中产生的力与形变的计算，这个过程十分重要，主要有两方面的原因：首先，为了确保在工作期间模具不会损坏；其次，也为了保证分配流道能够在工作过程中保持其基于流变设计所得到的结构形状，这在分配模具中（歧管）尤其要注意。

关于力学设计的重要应用，主要包括：

- 针对熔体的内部压力，设计螺纹连接和密封面的结构；
- 根据熔体压力的大小并基于其可允许的形变范围，设计模具的壁厚；
- 针对模具出口区域处的结构形状，设计其调节系统（自动化模具及吹塑模具都具有可调节的外膜环结构，以便对挤出物的壁厚实现程序化控制）。

模具的力学设计一般总是与其流变设计紧密相关。首先，在流变设计过程中，需要先确定熔体流道的结构形状；然后在一定的工艺参数范围内，当熔体在其最低温度的最大黏度以及最高挤出产量时，通过对流动行为进行数值模拟，就可大概地估算出模具内的压力分布情况。基于此，就可计算出模具内部的各向同性压力以及流道壁面上的剪切应力。这样，根据这些应力值以及流道壁面的面积，就可以进一步计算出作用在模具上的作用力大小。在设计中型或大型模具时，还需要考虑到模具重量的影响。

对于挤出模具机械力学的设计，其并没有一种通用而有效的方法准则。在接下来的内容中，我们将根据三个不同例子，依托三种不同的方法讨论挤出模具的力学设计过程。

9.1 多孔板的结构设计

如图 9.1(b) 所示，对滤网结构进行力学设计时，不仅必须要考虑压力损耗的大小以及由此所导致的机械形变，还需对支撑其的多孔板结构 [图 9.1(a)] 也进行类似的计算。整个滤网上的压力损耗会导致滤网发生一定的偏移 f_S，并且在未支撑区域，该偏移量不能超过其设定的最小值。为了计算多孔板的偏移，就必须考虑整个滤网以及整个滤板上的压力损耗。

多孔板的强度计算

根据具体的结构尺寸，可将多孔板视为受到弯曲形变的扁平圆形板。

基于基尔霍夫（Kirchhoff）的平薄板理论，确定了该开孔的固定刚性圆板在压力条件下的（参见图 9.1）最大挠度为：

$$f_{\max}=\frac{\Delta pR^4}{64N} \tag{9.1}$$

对于载荷与固定条件均与图 9.1 中所示案例不同的情况[2]，还需给定其附加的方程。多孔板的刚度可由下面的方程进行表达：

$$N=\frac{Eh^3\alpha}{12(1-\mu^2)} \tag{9.2}$$

式中，Δp 为熔体流过多孔板与滤网所产生的压力差；E 为弹性模量；μ 为泊松比；α 为衰减系数。式中，衰减系数表示了多孔板在钻孔前与钻孔后的 N/N_0 比，并可采用下面的方程式进行描述：

$$\alpha=1-\frac{2R_L}{t} \tag{9.3}$$

孔半径 $R_L=D_L/2$

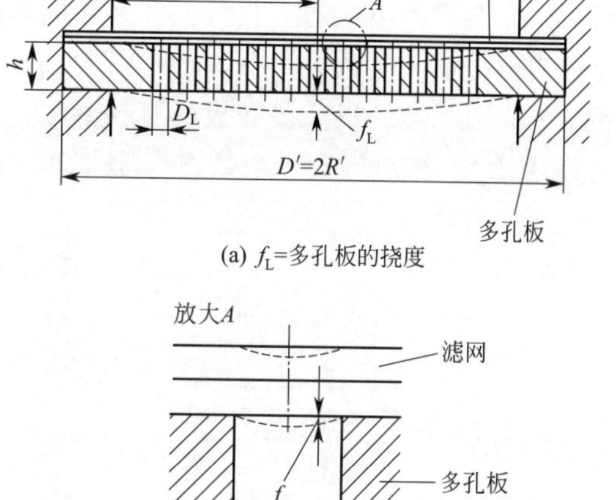

图 9.1　具有开孔的应力呈对称形态的圆板[1]

孔间距 t 与平板中孔-孔之间的距离相等。如果需要单独地计算孔与孔之间每个横梁上的应力，则其具体的相关内容可参考文献［2］。在实际情况下，最低的衰减系数 α 为 0.12，而更小的 α 数值则毫无实际意义。

图 9.2 比较了从文献［2］中引用的实验数据与以 N/N_0 比为变量的衰减系数 α 函数之间的关系。再根据文献［13］中基于结构力学所提出的详细研究表明，上述的函数方程［式(9.3)］对非常薄的平板和非常厚的平板并不能提供可重复的计算结果。对于非常薄的平板结构，其计算得到的弯曲往往偏大；而对于非常厚的平板，该数值往往又变得太小。基于这一发现，式(9.3) 的有效性一般限制在一定的使用范围内，即：

$$0.7\leqslant\frac{h}{t}\leqslant 3 \tag{9.4}$$

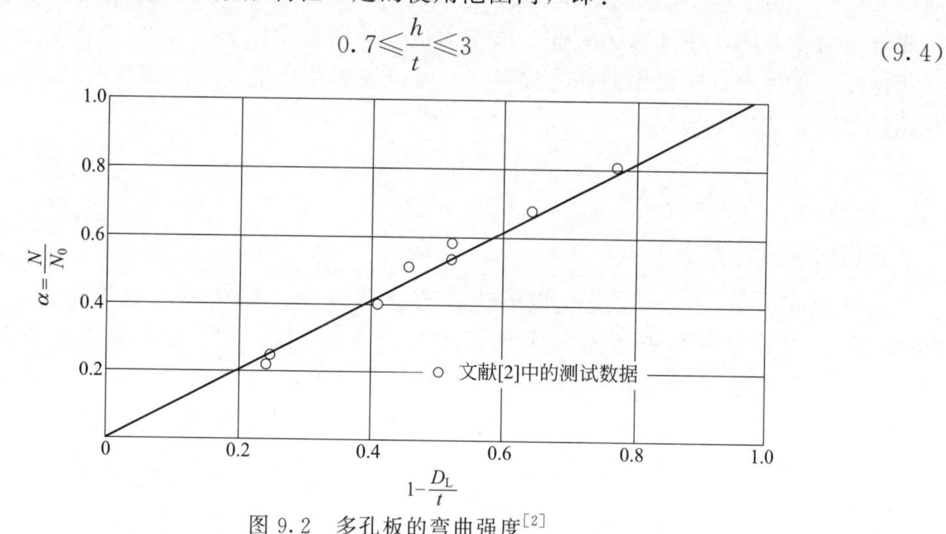

图 9.2　多孔板的弯曲强度[2]

在计算开孔板的厚度时，必须要考虑其相应的夹紧固定条件。这是因为平板中心处的最大弹性弯曲应力以及平板的厚度是由下面的方程式计算得到：

$$h=B_pD\left(\frac{pS}{\alpha\sigma_p}\right)^{0.5} \tag{9.5}$$

在上述的方程表达式中，计算系数 B_p 表示了多孔板在其凸出边缘处的不同夹紧固定条件，其数值的大小从间隙配合的 0.454（自由安装）到过盈配合的 0.321（刚性固定）不等。而对由多个零件组成的多孔板，在采用同样的方法计算其厚度的大小时，系数 B_p 的大小则应适当地提高 10%左右。图 9.3 中罗列了几种该计算系数的大小选择。在式(9.5) 中，也涵括了衰减系数 α 以及多孔板的直径参数，在计算时，该直径的大小应设置为密封件的平均直径（$2R$）。同时，安全系数 S 一般取 1.5～1.8，σ_p 为最大允许的弯曲应力。

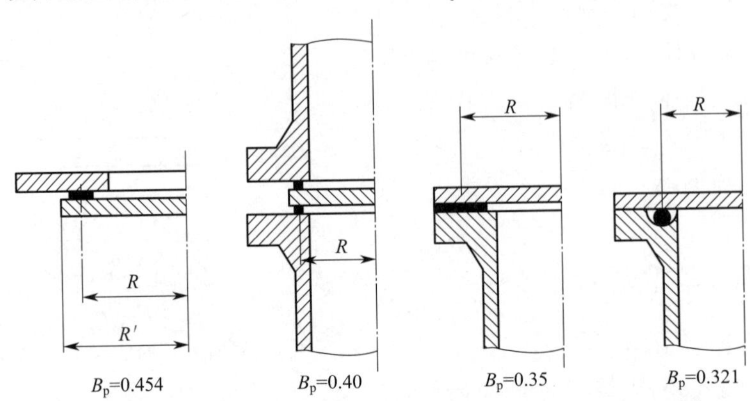

图 9.3　圆形多孔板在不同夹紧条件下其计算系数 B_p 的大小[1]

在多孔板的设计过程中，必须要考虑到多孔板前端突然出现压力峰值的情况：

① 在开机启动运行时产生的压力峰值 Δp_p，其大小可达稳态运行时所产生压差的两倍甚至是三倍以上（$S_p=2\sim3$）；

② 由于滤网前端可能发生堵塞或阻断，导致多孔板前的压力也会增大。正如文献 [3] 中所述，在评估滤网组件正常情况下所产生的压力损耗 Δp_s 时，需要考虑引入额外的压力损耗 $\Delta p_{sa}=50$bar，这是因为在这样的一个压力增大情况下，滤网的结构一般会发生变化。从安全的角度考虑，在计算的时候，该压力值一般需要乘以一个 1.2～2 的安全系数。

这样，式(9.1) 所采用的压力损耗 Δp 就应该为总的最大压力损耗值，其涵括了滤网及多孔板中所有的压力损耗：

$$p=S_p\Delta p_p+(\Delta p_{sa}+\Delta p_s)S \tag{9.6}$$

式中，$S_p=2\sim3$；$S=1.2\sim2$。

滤网的弯曲计算

滤网或滤网组件是通过多孔板的机械式支撑来抵抗熔体流动过程中的压力差的。实际情况下，这种支撑作用是依靠多孔板中孔与孔之间的板间隔来完成。在钻孔区域处，滤网或滤网组件会受到弯曲应力的作用。因此，需要谨慎选择多孔板上钻孔直径的大小，避免滤网或滤网组件在孔处的挠度超出其允许的最大值。这里，滤网的最大挠度取决于其所使用丝线的最大允许张应力。关于进一步深入研究所需要的结构特征参数，可参考如图 9.4 所示。

对于滤网的挠度计算，同样可采用计算多孔板挠度的方法。这里，其计算理论基础同样为基尔霍夫（Kirchhoff）的薄平板理论。相比于多孔板结构，钻孔区域处的滤网边缘被认为是可以移动的，而并未夹紧固定。因此，滤网在压差 Δp_s 下的最大挠度为：

$$f_{max}=\frac{p_s R_L^4}{64N_S}\frac{5+v}{1+v} \tag{9.7}$$

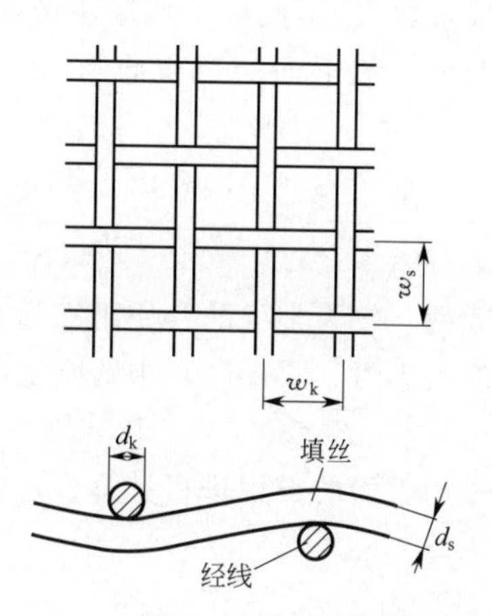

图 9.4　滤网和编织线的结构及其名称[1]

在上述方程中，钻孔半径 R_L 为函数变量之一。如果在孔的入口区域处存在埋头孔或者类似轮廓形状，则在计算时需采用最大钻孔半径 R_{Lmax} 及滤网刚度 N_S，式中，刚度的大小可由下面的公式计算得到：

$$N_S=\frac{Eh_S\alpha_S}{12(1-v^2)} \tag{9.8}$$

式中，α_s 为滤网的衰减系数，h_S 为滤网的厚度。至于后者，还要考虑到滤网的卷曲效应，则有：

$$h_S=d_S\left(1+\frac{d_S}{w}\right) \tag{9.9}$$

上述方程中，衰减系数表示了厚度为 h_S 的平板与所采用的钢网之间的 N/N_{0s} 比值。在图 9.5 中，表示了滤网中丝线面积的标准化比例对衰减系数 α_S 的影响：

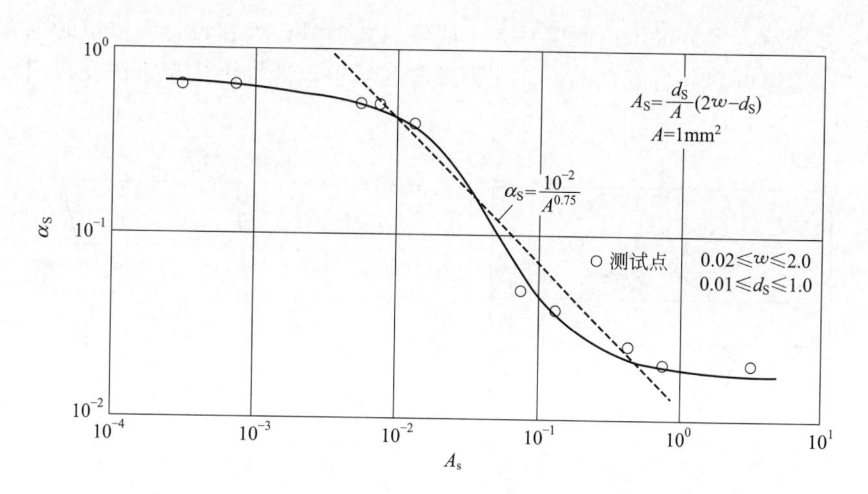

图 9.5　网格计算的衰减系数 α_S[1]

$$A_S=\frac{d_S}{A}(2w-d_S),A=1\text{mm}^2 \tag{9.10}$$

式中，A_S 的计算方程由丝线的直径 d_S 以及网格的宽度 w 组成，对应图 9.4 所示。当滤网及滤网构造的结构更加复杂化时，衰减系数 α_S 不能再采用简单的线性形式表达。为了使 α_S 的函数表达式能够满足多数情况，则可采用下面的方程式形式（如图 9.5 中的虚线所示）：

$$\alpha_S = \frac{10^{-2}}{A_S^{0.75}} \tag{9.11}$$

在实际情况中，一般不会使用单层的滤网；较为常见的会使用三到五层具有不同网孔的滤网组合起来。在计算这种滤网组件的挠度大小时，式(9.7) 中的刚度需要采用各单层滤网刚度的总和以及总的压力损耗值 $\Delta p_{s,tot}$。

对于滤网刚度的总和，如上所述，可采用下面的方程进行计算：

$$N_{S1} = \sum_{i=1}^{n} N_{Si} = \frac{E}{12(1-v^2)} \sum_{i=1}^{n} h_{Si}^3 \alpha_{Si} \tag{9.12}$$

为了避免钻孔区域处滤网发生破裂，则必须对滤网所允许的应力进行核查。基于文献 [4] 可知，滤网中的丝线的拉伸应力可以通过下面的方程计算得到：

$$\frac{\sigma_t}{S_S E} = \frac{1}{2}\left(\frac{f_{max}}{R_L}\right)^2 \tag{9.13}$$

上述的拉伸应力还需满足条件：$\sigma_{t,p} > \sigma_t$。式中，参数 $\sigma_{t,p}$ 的大小是由单个的网格得到。作为防止丝线断裂的额外保障措施，可以将安全系数的大小适当提高，因此有 $1.2 < S_S < 1.5$。

关于多孔板的设计既涉及力学方面的问题，也涉及流变学的问题，这是因为钻孔的数量及其直径的大小与板的厚度均会影响压力损耗的变化，从而进一步影响作用在多孔板上的作用力以及其力学强度。

9.2 流道结构呈轴对称形的模具的力学设计

如图 9.6 所示，本节将讨论的模具为中间喂料式模具，而在设计其流道时也有意保持其结构简单。该流道可划分为五个部分。在第Ⅲ段区域中，芯轴由支架系统支撑固定（支架数

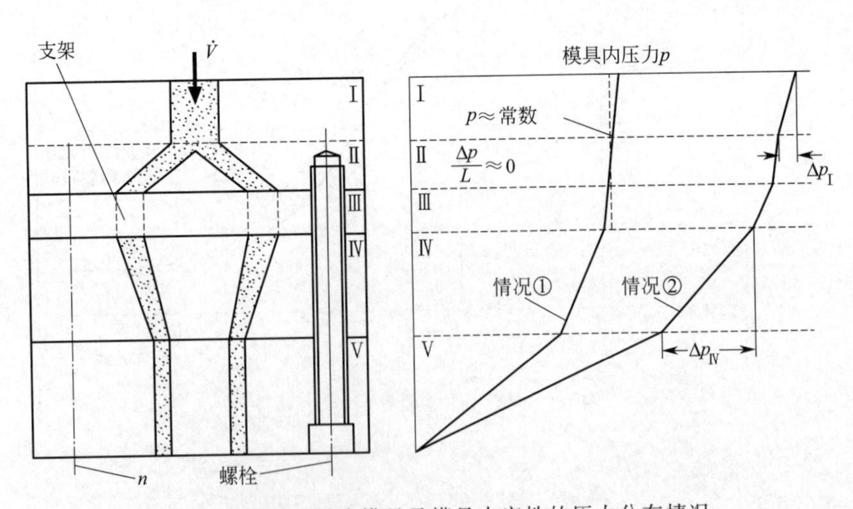

图 9.6 中间喂料式模具及模具内定性的压力分布情况

量为 n)。整个芯轴支撑板是由一块单独的整体（板）结构，并可以从外部通过螺栓将其刚性固定（螺栓的数量为 m)。

此外，图 9.6 中还表示了流道中的压力降分布情况，该数据在一定的工艺参数下，基于材料的流变参数及流道的结构，可以采用第 3 章或第 4 章的内容计算出来。一般存在两种情况：第一种情况是分段Ⅰ区域至分段Ⅱ区域中的压力降非常小，作为首要的方法并且相比于第二种情况，该压力降的大小可设置为 0。

当熔体流经模具时，芯棒与流道的壁面会受到黏性力 F_Z 以及压力 F_p（在空间三个方向上）的作用，而熔体的内压力 p_i 会导致模具沿径向方向上张开（图 9.7)。(这里，暂时忽略施加在芯棒支架上作用力的影响，而芯棒的结构尺寸将在接下来的内容中进行确定。)

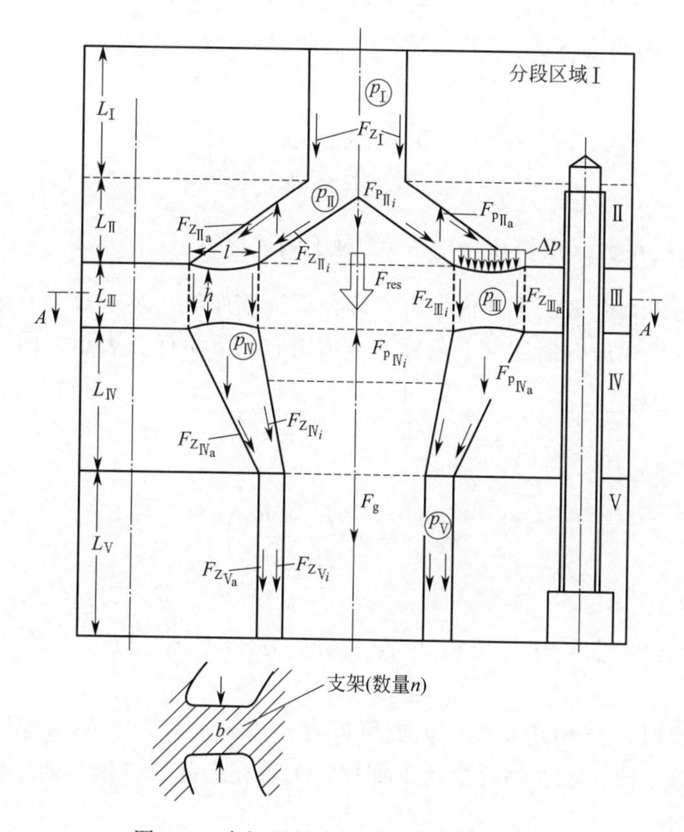

图 9.7　中间喂料式模具流道内的作用力

首先，当在确定大型模具的结构尺寸时，还需要确认是否需要考虑模具本身的重力 F_g（自身重量）所带来的影响。(当模具中除了螺栓之外而没有导杆或中心定位结构时，在这种情况下选取螺栓的尺寸型号就必须要考虑模具本身重量的影响，即使是针对中型尺寸的模具。）而在章节中，我们将一律忽略模具的重力作用。

出于教学上的原因，下面在讨论模具中各分段区域上的作用力时并不按照其分段顺序来。

分段Ⅰ区域

(1) 流道壁面上由于黏性而产生的作用力

熔体流动过程中作用在流道壁面上的剪切应力 τ_w，对于圆形管道中的流动而言，根据表 3.1 所示，其计算公式为

$$\tau_W=\frac{\Delta p}{2L}R \rightarrow \tau_{W_I}=\frac{\Delta p_I}{2L_I}R_{i_I} \tag{9.14}$$

式中，

$$F_Z=\tau_W A(A=2\pi R_I L_I) \tag{9.15}$$

则存在以下的函数关系

$$F_{Z_I}=\Delta p_I \pi R_{i_I}^2 \tag{9.16}$$

对于第一种情况：$\Delta p_I \approx 0 \rightarrow F_{Z_I} \approx 0$

(2) 熔体压力 p_i 下的模具张开

分段Ⅰ区域代表了某圆形的、具有较大壁厚的中空圆柱形流道结构，其在熔体内部压力下张开大小为 f_i 的形变（挠度），并可通过下面的方程式进行表达[7]：

$$f_i=\frac{p_i R_i}{E}\left(\frac{R_a^2+R_i^2}{R_a^2-R_i^2}+\mu\right) \tag{9.17}$$

式中，μ 为泊松系数（泊松比 $m=\frac{1}{\mu}$）。对于钢铁材料：$\mu \approx 0.33$[6,8]。

熔体流动时的最大应力发生在内壁上，即在流道壁面处。对于双轴方向的应力状态，其可以采用下面的方程式进行描述（下角标 c 表示周向，下角标 r 表示径向）：

$$\varepsilon_c=\frac{1}{E}(\sigma_c-\mu\sigma_r)=\frac{f_i}{R_i} \tag{9.18}$$

根据文献[7]可得：

$$\sigma_{C_{max}}=p_i\left(\frac{R_a^2+R_i^2}{R_a^2-R_i^2}\right) \tag{9.19}$$

$$\sigma_{r_{max}}=-p_i \tag{9.20}$$

当在选取模具的尺寸时，必须想尽一切办法尽量让挠度 f_i 的大小保持在 0.05 以下。

在第一种情况时，p_i 恒定不变，因此可以直接用来计算模具的结构尺寸。如果该分段区域中的压力出现下降，如在情况二中的那样，为了安全起见，模具的结构尺寸选择应能适用其最大熔体压力。

（在计算挤出模具的结构尺寸时，正如计算过程中的前提假设，我们可以忽略法向应力所导致的形变。）

分段Ⅴ区域（图 9.8）

(1) 流道壁面上的黏性作用力

当相对于 R_{iV} 流道的高度 H_V 显得较小时，则根据表 3.1 可知，下列的方程可用于计算其剪切应力：

$$\tau_W=\frac{\Delta p}{2L}H \rightarrow \tau_{W_V}=\frac{\Delta p_V}{2L_V}H_V \tag{9.21}$$

由于，$A_V=\pi(R_{aV}+R_{iV})L_V$，并且 F_{ZVa} 以及 F_{ZVi} 可由下面的方程给出：

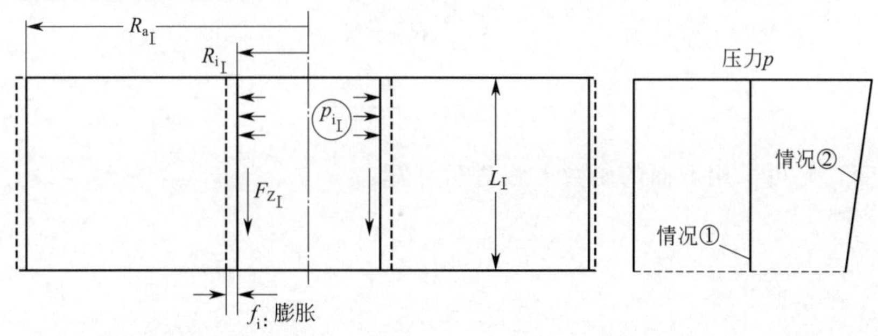

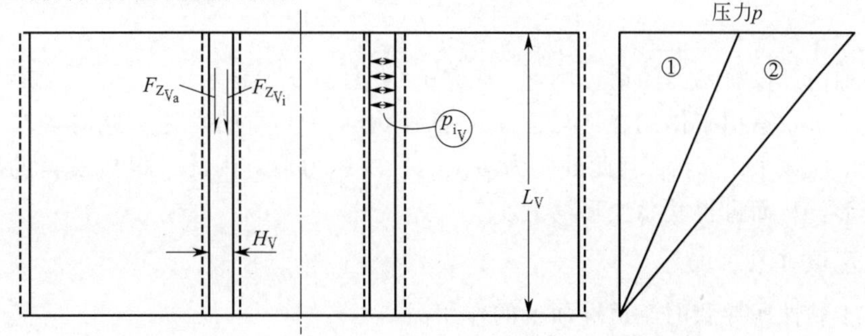

图 9.8　熔体在圆形流道与圆环缝隙流道中发生流动时的作用力分布情况

$$F_{Z_{V_a}} \approx F_{Z_{V_i}} = \tau_{W_V} A_V = \frac{\pi \Delta p_V}{2} H_V (R_{a_V} + R_{i_V}) \tag{9.22}$$

然而，如果相比环形缝隙流道的半径而言，其流道高度 H_V 却相对较大，则根据表 3.1 可知，应选择下面的应力计算方程式：

$$\tau = \frac{R_a}{2} \frac{\Delta p}{L} \left[\left(\frac{r}{R_a} \right) - \frac{1-k^2}{2\ln \frac{1}{k}} \left(\frac{R_a}{r} \right) \right] \tag{9.23}$$

式中，$k = R_i / R_a$。

对于 τ_{WVi} 以及 τ_{WVa}，其 r 的大小分别设置成与 R_i 及 R_a 相等，从而可得 F_{ZVa} 以及 F_{ZVi} 的大小。

(2) 与分段Ⅰ区域中的计算方法类似，计算内部压力作用下模具的张开变形

然而，应该注意的是，在熔体压力的作用下，模具内部的芯轴也会受到径向的压缩作用。为了计算其形变的大小，则必须考虑到该应力的多维度因素，即需要考虑芯轴在周向、径向及轴向上的应力分布情况。

对于圆形的、壁厚较大的圆筒形流道而言，其在一定的外部压力 p_a 下，根据文献 [5, 9] 可知，其三个方向上的应力大小为：

$$\sigma_c = -p_a \frac{R_a^2 + \frac{R_a^2 R_i^2}{r^2}}{R_a^2 - R_i^2} \tag{9.24}$$

$$\sigma_{r}=-p_{a}\frac{R_{a}^{2}-\dfrac{R_{a}^{2}R_{i}^{2}}{r^{2}}}{R_{a}^{2}-R_{i}^{2}} \tag{9.25}$$

$$\sigma_{a}=-p_{a}\frac{R_{a}^{2}}{R_{a}^{2}-R_{i}^{2}} \tag{9.26}$$

对于形变，则可采用下面的函数方程进行计算：

$$\varepsilon_{c}=\frac{1}{E}[\sigma_{c}-\mu(\sigma_{r}+\sigma_{a})] \tag{9.27}$$

$$\varepsilon_{r}=\frac{1}{E}[\sigma_{r}-\mu(\sigma_{c}+\sigma_{a})] \tag{9.28}$$

$$\varepsilon_{a}=\frac{1}{E}[\sigma_{a}-\mu(\sigma_{c}+\sigma_{r})] \tag{9.29}$$

如果芯轴内部没有钻孔的话，则 R_{i} 等于 0，并且有 $\sigma_{c}=\sigma_{r}=\sigma_{a}=-p_{a}$。在计算过程中，需要注意的是 p_{iV} 承担了作用在芯轴上的外部压力（$\rightarrow p_{a}$）的角色。此时，在计算芯轴形变量的时候，应该采用 $p_{i\,max}$（此处应为 $p_{V\,max}$）的压力值。因此，根据模具的外部变形和其内部的变形，从而可得其总变形的大小。

分段Ⅱ区域（图 9.9）

(1) 由于黏性所导致的流道壁面上的作用力

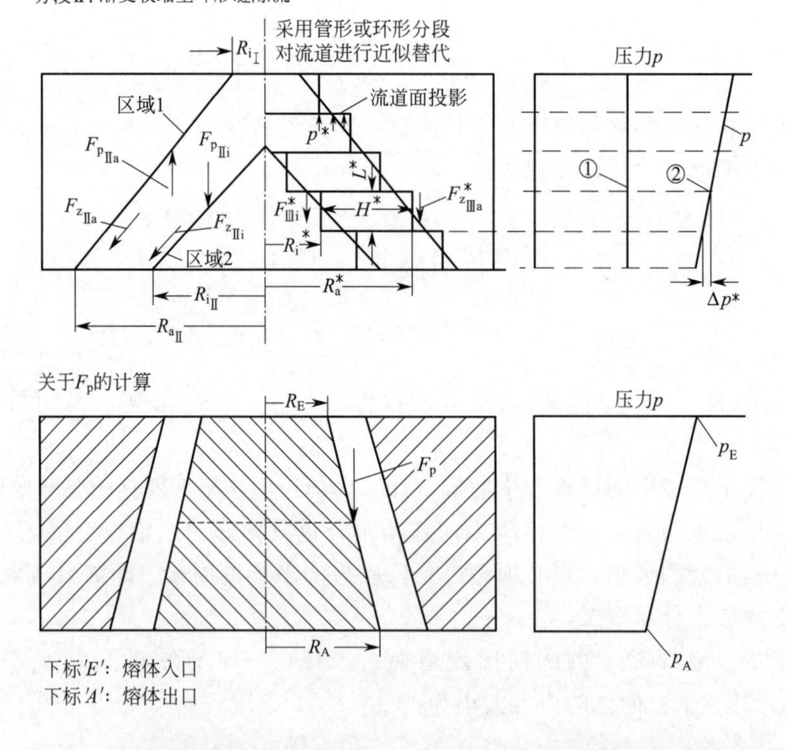

图 9.9　熔体在平均直径变化的环形缝隙流道中流动时的作用力分布情况

在计算模具中某锥形区域内的压力损耗时，建议将锥形流道区域替换成壁面相互平行的管形或环形流道，并在这样的平行流道中计算其壁面上的剪切应力。根据图中分段Ⅴ区域处的结构关系，可对长度为 L^* 的每一段流道的内表面及外表面上的作用力进行计算。将这些求得的力进行相加，就得到了流道内表面与外表面上由于熔体黏性而各自产生的作用力（$F_{Z_m}=\sum F^*_{Z_m}$）。

由于第一种情况中的压力 p 接近为常数，因此只有在第二种情况中才能得到有限的作用力。

（2）轴向上的压力

由于熔体压力的作用，图 9.9 中区域 2 处的压力是沿轴向作用于芯轴支撑体顶端上，而在区域 1 处的压力则与挤出方向相反。

在第一种情况下，有 $p_{\mathrm{II}}=$常数，而这些作用力的大小可以很容易地通过投影应力面进而确定下来。

对于区域 1：

$$F_{\mathrm{P II a}}=p_{\mathrm{II}}\pi(R^2_{\mathrm{a_{II}}}-R^2_{\mathrm{i_I}}) \tag{9.30}$$

对于区域 2：

$$F_{\mathrm{P_{II i}}}=p_{\mathrm{II}}\pi R^2_{\mathrm{i_I}} \tag{9.31}$$

在考虑第二种情况时，有必要将所研究流动区域中的非线性压降与非线性压降区分开来。

如果压力的变化并不按线性方式下降，则计算时必须再一次按照分步法进行。作为近似处理，在每一分段处的压力均可看作是恒定不变，并作用在该分段流道的投影面上。将这些分段流道上的作用力相加求和，就得到了流道上总的作用力大小。

然而，如果压力按照线性规律发生变化，则可以直接计算其总的作用力

式中，p_{E} 为分段入口处的压力值；p_{A} 为分段出口处的压力值（图 9.10）：

$$F_{\mathrm{p}}=\pi p_{\mathrm{E}}(R^2_{\mathrm{A}}-R^2_{\mathrm{E}})+\pi(p_{\mathrm{E}}-p_{\mathrm{A}})\left[R_{\mathrm{E}}(R_{\mathrm{A}}+R_{\mathrm{E}})-\frac{2}{3}\frac{R^3_{\mathrm{A}}-R^3_{\mathrm{E}}}{R_{\mathrm{A}}-R_{\mathrm{E}}}\right] \tag{9.32}$$

式中，R_{E} 与 R_{A} 分别为分段入口处与出口处的流道半径大小。

（3）熔体压力下的模具张开

在计算这部分的尺寸大小时，与分段Ⅰ处的计算类似，可采用相同的计算方法，并需要核算熔体在模具内流动时其最大压力作用在流道最薄壁厚的位置点。由于流道存在一定的锥度，则作用力 F_{pIIa} 与 F_{pIIi} 对分段流道表现为压缩作用。这种压缩作用使分段流道在半径方向上发生变形。这里，除了直接引用文献［5，6］中的计算方程外，我们并不考虑这种形变的影响。正如分段Ⅴ区域一样，压力 p_{II} 同样地也会沿半径方向压缩芯轴的顶端部位。

分段Ⅳ区域

作用在该分段区域上的压缩力、黏滞力以及模具张开变形的计算，其与分段Ⅱ区域处的计算方式相似，这里就不再赘述。然而，必须要考虑流道高度发生变化的情况。

分段Ⅲ区域（如图 9.7 所示，需确定支架的结构尺寸）

在模具的这个区域内，其有效黏性力的大小以及在熔体压力下模具沿径向张开变形的计算均可参照分段Ⅴ区域的计算方法。如果支架的数量相对较少，则可以将其忽略不计。

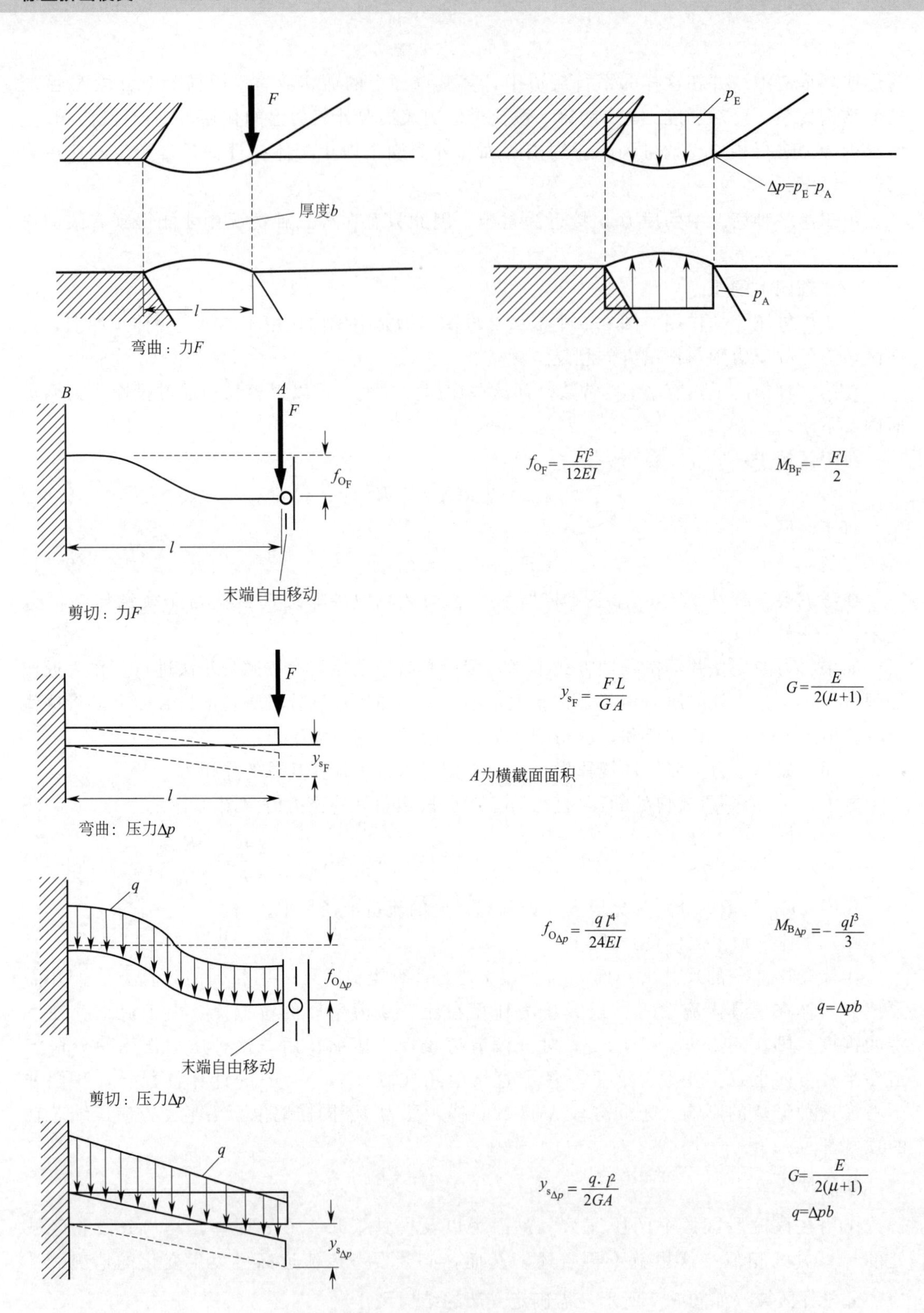

图 9.10　支架的变形（图中方程引自文献［5，6，8］）

能否正确地选择支架的尺寸结构，对模具的分段Ⅲ区域来说至关重要。图 9.7 表示了作用在芯轴上的作用力的分布情况。这些分力可以统一合并至合力 F_{res} 中，且当支架的数量为 n 时，则每一支架必须承受的力 F 为：

$$F=\frac{F_{res}}{n} \tag{9.33}$$

对于图 9.10 中所示的情况，其可以作为支架在受到该作用力时所产生的弯曲变形的近似值。因此，这些支架不能简简单单地视作是细长的横梁结构，同时还必须考虑剪切作用所引起的变形。

如果芯轴支撑区域以及支架投影区域处（特别是当带有支撑环的偏置支架结构时）的熔体压力降比较大，则在计算支架的弯曲形变与剪切形变时，必须考虑作用在其上的附加应力（图 9.10）。然而，一般来说，芯轴支撑区域处的压力降一般比较小，因此常常忽略不计。

这样，支架的总形变大小 f_{total} 以及所造成的芯轴沿轴向的偏移就可以通过各支架形变的求和得到（如图 9.10 所示）。

对于某些可用于近似替代支架横截面的截面形状，计算过程中其所要求用到的惯性矩的大小则如图 9.11 所示[5, 6]。

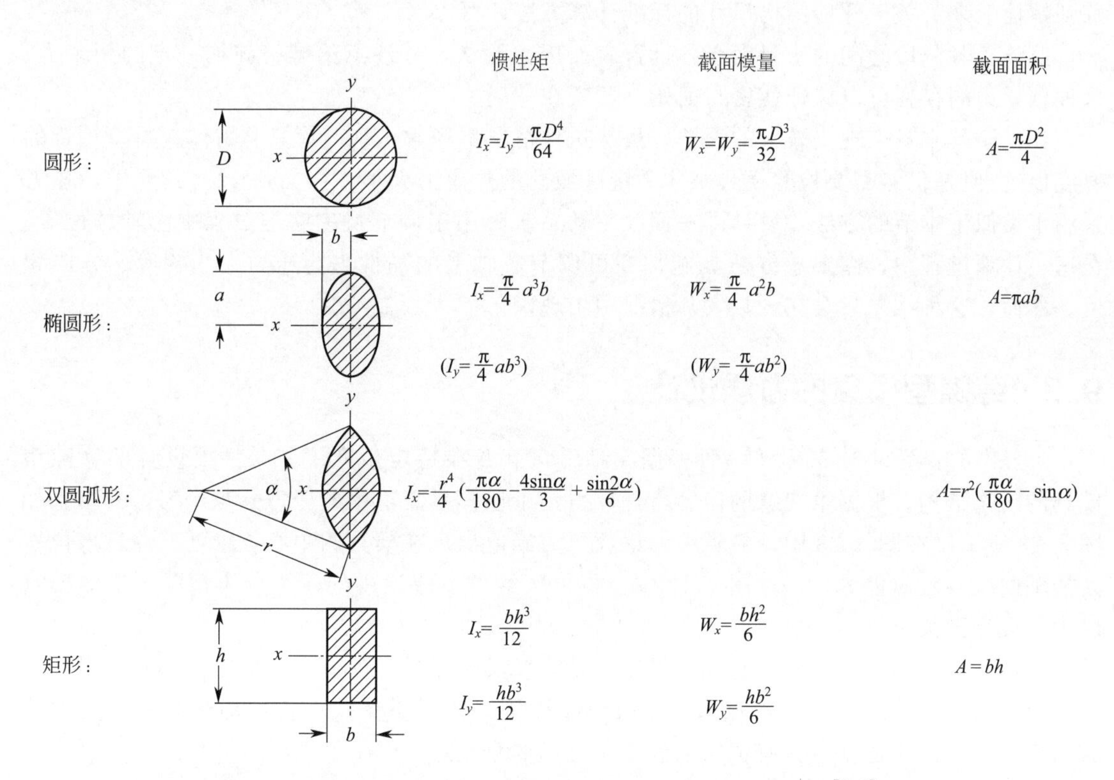

图 9.11　支架的结构尺寸（惯性矩、截面模量以及截面面积[5, 6]）

对于承受载荷的支架结构，应检验其受力截面的强度。基于形状能量变化的前提假设，其提供了一个等效应力 σ_{eq}，该应力值必须要小于材料所允许的强度 σ_p。对于支架处的剪切与弯曲应力，则可采用下面的方程式进行计算[6]：

$$\sigma_{eq}=\sqrt{\sigma_b^2+3\tau^2}<\sigma_p \tag{9.34}$$

对于弯曲应力 σ_b，则存在下面的函数关系式：

$$\sigma_b=\sigma_{bmax}=\frac{\sum M_{bi}}{W_x}=\frac{M_{bF}+M_{b\Delta p}}{W_x} \tag{9.35}$$

而对于剪切应力，则有：

$$\tau=\tau_{max}=\frac{\sum F_i}{A}=\frac{F+\Delta pbl}{A} \tag{9.36}$$

对于其他的 M_{b_F}、$M_{b_{\Delta p}}$、A 以及 W_x，则可参考图 9.10 及图 9.11 所示。

在设定的生产工艺条件下，如果上述的等效应力超过了材料所允许的强度值($\sigma_{eq}>\sigma_p$)，则必须改变模具零件的结构尺寸或重新设计流道的结构；必须寻求一个具有较低压力消耗的解决方案。

关于确定模具结构尺寸的进一步讨论

借助于图 9.7 中所示的那些作用力并考虑力的方向，螺栓（数目为 m）所必须承受的力也可以计算出来。需要注意的是，在模具的设计过程中，作用在芯轴上的总负荷最终都会转嫁到螺栓上来。关于螺栓结构尺寸的标准计算方法，可参考文献 [5, 6]。

此外，各分段之间的密封面必须进行表面压力测试，并注意给螺钉施加一定的预紧力。这种预紧力的存在可以保证使密封面始终压紧在一起。

如果模具本身表现出较大的温差，虽然这种情况不经常出现（模具与熔体应具有相近的温度值），但是仍然需要检验模具某些关键区域处的热应力大小。在文献 [9, 10] 中，作者采用了类似于本节的方法，设计了一伺服驱动系统，用于调节挤出吹塑过程中芯轴的位置。在这一计算过程中，需要想办法让施加在可调节芯轴上的黏性力与压力大小相等、方向相反。然而，这种结果只会在少数实际情况中出现。

9.3 缝隙型模具的力学设计

5.2.2.6 节图 5.32 表示了一种根据文献 [11] 并在特定生产工艺条件下设计的缝隙型模具的歧管结构。根据第 3 章的内容，计算得到了该模具流道中的压力分布形态，其结果如图 5.28 所示。在图 5.28 中，流道中的最大压力峰值出现在模具的中心位置处，并且该位置处的轴向拉伸效应也最强。在图 9.12 中，再一次给出了流道中的压力分布情况，这对模具的力学设计至关重要。

从机械力学的角度来看，有几种可用于计算模具壁厚尺寸的方法，但它们都必须考虑弯曲与剪切变形。从热力学的观点来看，模具壁厚则必须足够大，在使用加热筒对模具加热时，其可以确保流道壁上具有恒定的温度（见第 8 章）。

(1) 计算模具变形的方法（基于 p_{max}）

如图 9.13 所示，在计算形变大小时，仅考虑截面 A—A 上的受力情况，则流道中的最大压力 p_{max}（图 9.12）作用在区域 $A=Bl$ 上。

这意味着流道的衣架式形状可以忽略不计。按照这种方法，模具在截面 A—A 处可以看作是受到恒定面载荷 p_{max} 的悬臂梁结构，其一端固定不动。这种情况下的挠度大

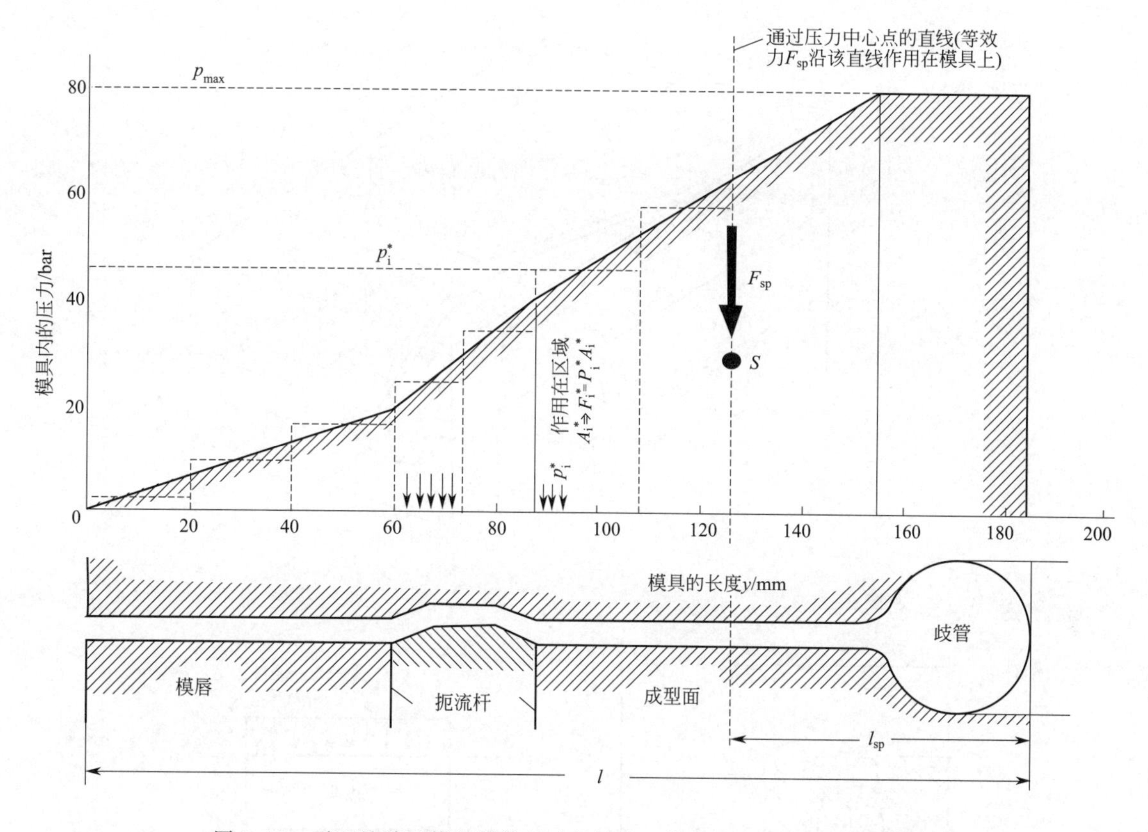

图 9.12 平面缝隙型模具结构尺寸的计算（模具中心位置处的压力降）

小如图 9.14 所示。由于计算时采用的是最大载荷（p_{max}），因此这种情况下得到的结果就已经考虑了其安全系数。类似的，其剪切形变的计算也可以采用类似的方法（图 9.14）。

（2）计算模具变形的方法（基于 F_{sp}）

在图 9.12 中，该压力曲线下方区域的重心位置可以采用图形来确定（具体的方法可参考文献［5，6］）。而所谓的压力中心线就可以基于该重心点绘制出来，而在该压力中心线上，作用在道上的合力可以采用一个虚拟的力 F_{sp} 来表示。该虚拟力的大小可采用下面的公式进行计算（图 9.12）：

$$F_{sp} = \sum F_i^* = \sum p_i^* A_i^* \tag{9.37}$$

式中，分力 F_i^* 可以通过某一阶跃函数逼近压力曲线计算得到。

（3）计算模具变形的方法（将截面 $A—A$ 与 $B—B$ 上的变形进行叠加）

如图 9.13 所示，如果在缝隙型模具的平面 $B—B$ 中取一个截面，并假定模具没有被螺栓夹紧在一起，则由此产生的新悬臂梁的变形可以从图 9.10 中所给出的方程计算得到，该新悬臂梁结构一端被刚性固定并在另一端可自由移动。正如文献［12］所给出的某注塑模具一样，假设载荷的大小一致，则在这两种载荷情况下的（截面 $A—A$ 和 $B—B$）总变形大小可以通过叠加求得。其所采用的计算方程如下所示：

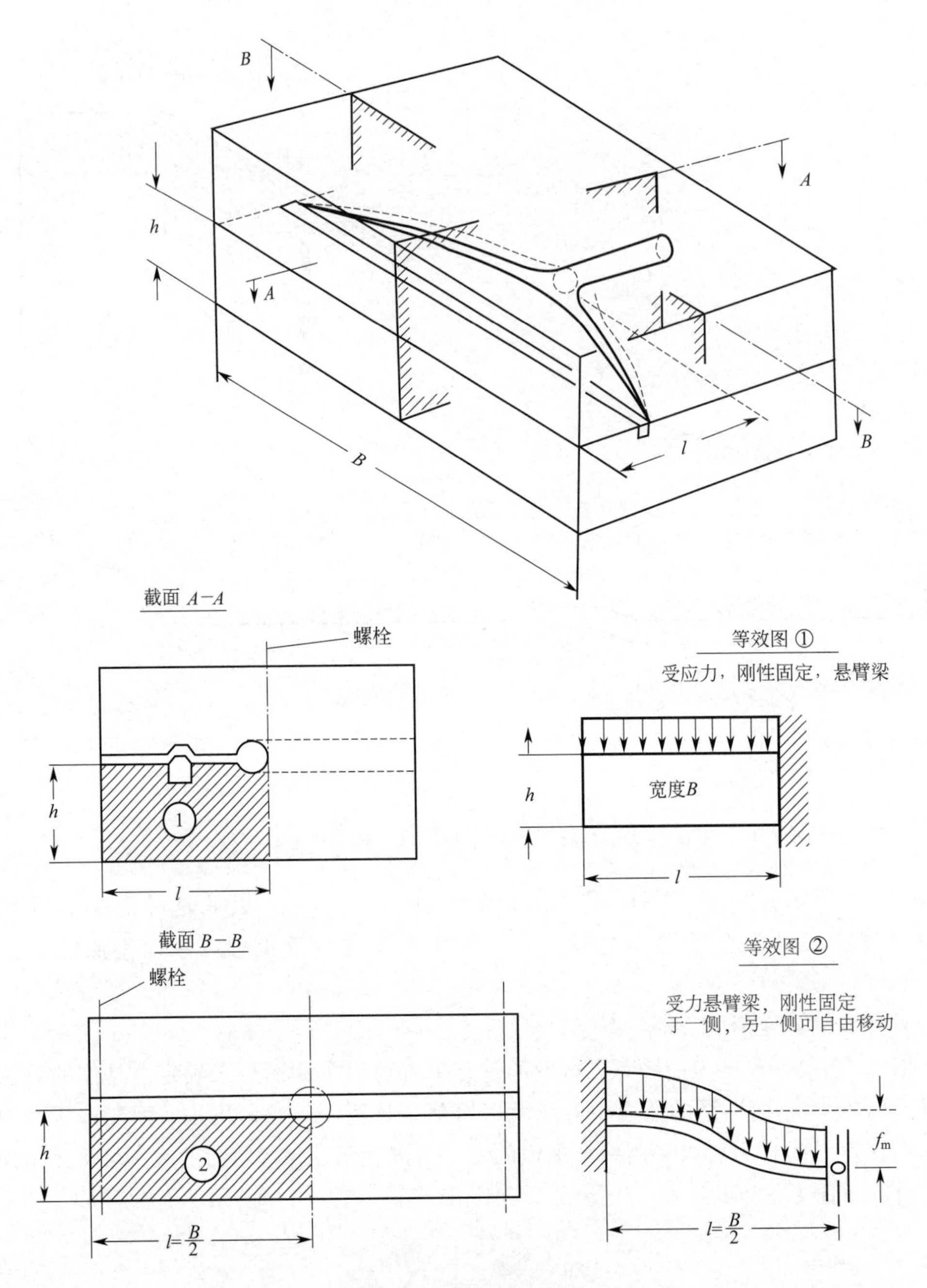

图 9.13　平面缝隙型模具结构尺寸的计算

$$\frac{1}{f}=\frac{1}{f_{\text{total}_{A\text{-}A}}}+\frac{1}{f_{\text{total}_{B\text{-}B}}} \tag{9.38}$$

如果使用式(9.38) 所示的叠加原理进行计算，则总变形 f 总是会小于其最小的变形分量。这就意味着，即使是对产生最小形变的特殊情况进行分析，也足以用于安全地选择模具的结构尺寸。

即使是缝隙型模具，在设计其结构尺寸时，也要求其模口位置处的最大形变不高

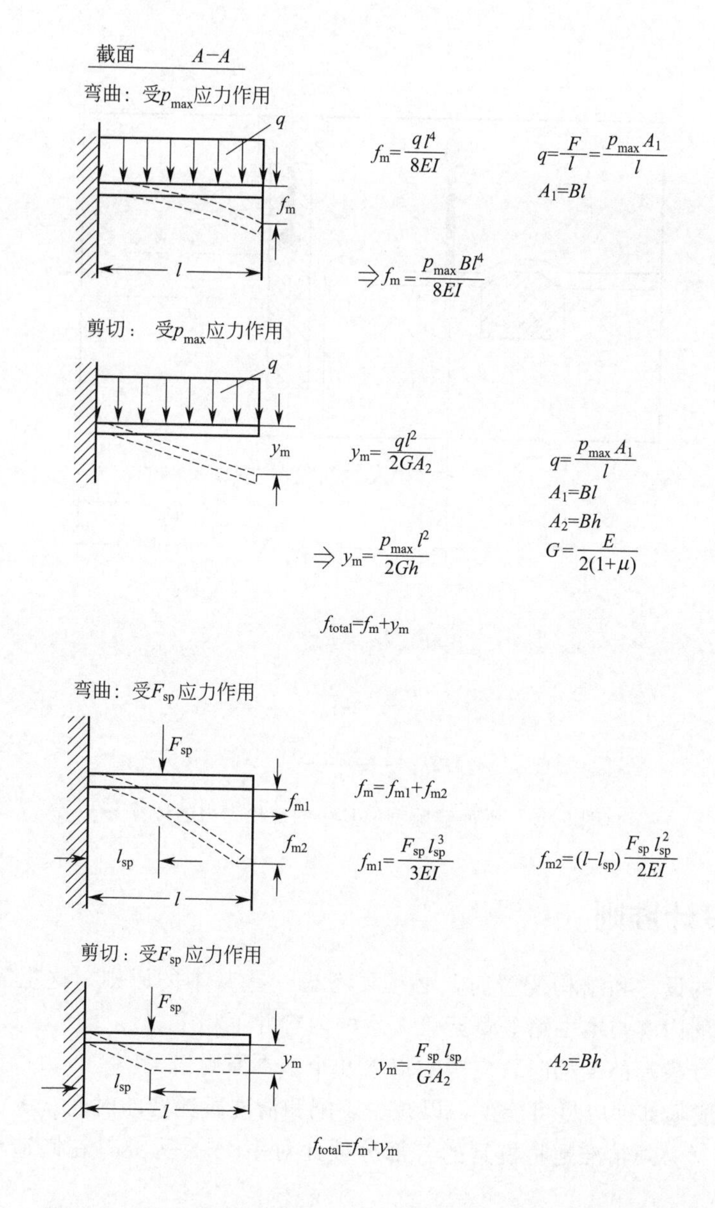

图 9.14　平面缝隙型模具结构尺寸的计算（作为悬臂梁考虑）

于 0.05mm。

（4）针对缝隙型模具的螺栓尺寸选择

在实际生产中，缝隙型模具的两半部分一般通过螺栓夹紧固定，其中，作用在螺栓上用于夹紧的力可以通过平衡模具后缘的力矩而计算得到（图 9.15）。这种平衡计算则可以在与 $A—A$ 相似的不同截面中进行。此时，必须计算出作用在重心分量 l_{sp} 上的力 F_{sp}。这种仅针对模具中心区域的力学分析为模具设计时螺钉的选择提供了一种安全可靠的方法，而对于这样的作用力，我们假定其在模具的整个宽度上都存在。图 9.15 中所列出的方程则说明了螺栓应尽可能地靠近流道位置。此外，在确定流道与模具后缘之间的距离时，应选择相对较大的间距值。

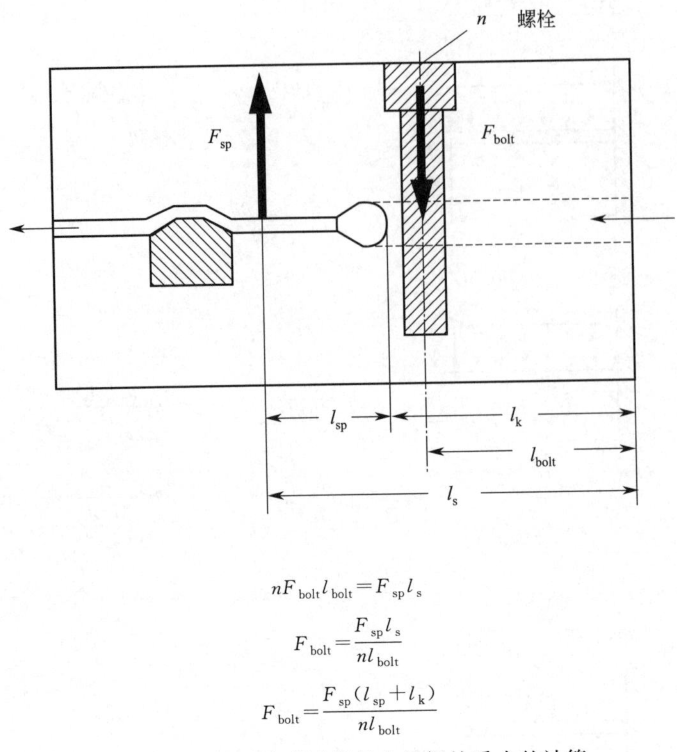

$$nF_{bolt}l_{bolt}=F_{sp}l_s$$

$$F_{bolt}=\frac{F_{sp}l_s}{nl_{bolt}}$$

$$F_{bolt}=\frac{F_{sp}(l_{sp}+l_k)}{nl_{bolt}}$$

图 9.15　平面缝隙型模具中的螺栓受力的计算

9.4 通用设计准则

在挤出模具的设计和结构配置时，必须要考虑一些基本的原则。这里需要再次强调的是，下面所阐述的内容与本书第 3 章至第 8 章的内容并不相干。

总之，在设计模具的结构时，应考虑以下几个基本原则。

■ 模具的组成零部件应尽可能少，以减少装配和清洗所耗费的时间。关于这一点，在模具的装配过程中，必须精准地将模具的各部分彼此对中[14]。为此，在制造模具时，必须紧密配合各部件[15]。

■ 即使是零部件的数量较少，也会导致模具内流道区域处产生少数的接口。由于这些零件接口位置处的密封不完全充分，不仅熔体有可能在这些接口处发生泄漏，而且接口处的滞留材料还存在发生降解的风险。因此，在设计模具时，一直都希望零部件间的接口结构越少越好[16]。为了便于对模具进行清理，一般都倾向于将零件接口设计在有利的横截面上[15]。

■ 既然密封面不可避免，因此应尽可能地让密封面的表面尽可能光滑且其面积尽可能小，以确保密封应力在整个密封面上能够均匀分布[15, 16]。基于这一点，应该核算密封面上的压力大小。

■ 模具中的固定部件与运动部件之间的间隙（例如，在缝隙型模具中的扼流杆和模具主体之间的间隙）可以通过在模具固定部件的沟槽中（矩形或半圆形）插入垫圈或者尺寸偏大的填密片来实现表面密封。软金属（如铝）和耐温塑料（如聚四氟乙烯）均可作为密封元件的材料[17]。

■ 模具的装配安装固定应采用耐热螺栓（而不是许多小螺栓），而一般大直径螺栓的使用寿命会更长一些。螺栓的设计位置应易于靠近与装卸（例如，从缝隙型模具的上面进行固定[18]），而不必拆除带状加热器[15]。

■ 模具的安装连接应采用铰接法兰或快速连接密封结构，而大模具的安装则应安装在可调或可移动支架上[15]。

为了使模具上所受的应力分布更加均匀一些，一般会在模口处设置几个调节螺钉，例如在吹膜模具中对芯轴进行对中调节。

■ 模具主体的结构尺寸必须足够保证其压力变形保持在较合理的限度内（参考 9.1 节与 9.2 节）。由于螺钉的安装孔会削弱模具壳体本身的强度，因此，在设计模具结构时，必须考虑加热筒、压力传感器与温度传感器安装孔对模具本身强度的影响[18]。

■ 当模具的各零部件之间具有不同的温度时，则必须考虑热膨胀性的影响。

当在设计模具流道的结构时，应注意以下事项。

■ 如果可能的话，熔体应从模具的中心位置进入模具[15]。

■ 模具内流道中不能存在任何的流动死点或死角（熔体流动停滞的部位）。这意味着流道截面中必须要避免尖锐的、突变结构或者转向的死角。此外，流道中所有的半径必须都大于 3 mm[17]。

■ 对于那些截面积较大的流道区域，由于熔体在式中的流动速度较慢，因此该区域的熔体具有较长的停留时间，而这通常往往容易导致热敏感化合物降解，例如硬质 PVC。对于这样的一类材料，应采用最小流道原理对其模具进行设计[16]。对缝隙型模具而言，往往会对其内部承受压力的分配流道（歧管以及模具成型面）进行最小化处理，这是很有必要的，因为这会缩短模具在轴向上的长度，或者使模具或多或少地直接实现了这一原则。

■ 流线的存在总是会降低挤出制品的质量，因此应避免或减少流痕的形成，并通过适当流道结构设计来降低流痕的数量（参见 5.3.1.1 节）。

■ 根据具体的挤出半成品及所采用的材料，应尽量采用平行的模具成型面，以便熔体内部的可逆形变可以在流道末端发生松弛，有时还可能对该区域的温度实现独立控制。

■ 流道表面需要抛光或甚至珩磨[19]，如果必要的话，还需要镀铬处理[19]。流道的表面粗糙度应小于 0.2μm[18]。镀铬的表面减弱了熔体黏附流道壁面的程度，因此有利于缩短熔体在模具内的停留时间，并有助于快速便捷地对模具进行清理[16]。然而，镀铬层在一段时间以后会磨损掉，因此需要进行定期更新。而诸如聚酯与聚酰胺之类的材料，其在冷却时会对模具壁面施加较高的张力作用，有时甚至可以剥离该镀层[18]。因此，越来越多的挤出模具采用耐腐蚀性钢材，这种模具的流道一般只需要进行硬化和抛光（珩磨和研磨）处理[16,18,19]。

9.5 挤出模具材料

用于制造挤出模具的材料需要满足以下的条件：

■ 易于机械加工成型（切割或刻蚀）；

■ 具有耐压、耐温及耐摩擦性等特点；

■ 具有足够的强度与韧性；
■ 经过抛光处理后能够得到满足要求的表面质量（无孔隙度）；
■ 通过简单的热处理工序可以达到其所需性能要求；
■ 经过热处理后表出现最小的变形或尺寸变化趋势；
■ 与化学物质不发生反应（耐腐蚀性）；
■ 可进行表面处理（如镀铬、氮化）；
■ 良好的导热性；
■ 不产生应力。

上述的这些要求不仅仅针对聚合物的挤出过程，其常常也在有关聚合物加工成型的文献中被提及[15，18，20～24]，而这些加工工艺或多或少地会存在一些差异。然而，这些要求不能只针对某一种材料。因此，根据文献［20］可知，当在选择模具在制造材料时，必须注意以下相关问题：

■ 待加工的是何种聚合物材料？（加工温度范围、腐蚀性、填料所导致的磨损增强等）？

■ 模具应承受的机械应力的特征及其大小是多少（可参考 9.1～9.3 节）？模具受的弯曲应力对于材料的选择具有至关重要的意义。由于材料的脆性，完全硬化钢则不能用于制造较大的模具[23]。

■ 将采用何种加工工艺来制造模具？对于机械强度高达约 1500 N/mm^2 的材料，其有可能采用机械加工方法来制造模具[22]。然而，对于机械加工来说，最有利的材料强度为 600～800N/mm^2。

■ 将进行何种热处理工艺，这种热处理过程会否造成模具变形或者造成结构尺寸发生变化？

除了偶尔采用有色金属材料外，还常采用以下的钢材来制造模具[20～22，24]：

■ 表面硬化钢；
■ 渗氮钢；
■ 全淬硬钢；
■ 淬火和回火钢；
■ 耐蚀钢。

表面硬化钢

由于表面硬化钢最有可能满足模具制造材料的所有要求，因此其已证明在模具制造中的价值。这种材料易于机械加工，经过表面硬化或热处理后，又具有非常耐磨的硬化表面，同时还具有高抗压强度的、韧性的芯部[20，22]。这种钢材具有很低的碳含量（低于 0.2%）。钢材中的碳含量可通过渗碳（碳含量约为 0.8%，渗碳深度为 0.6～2mm）而产生富集效应，从而形成非常耐磨的碳化物。在生产过程中，那些没有做硬化处理的模具区域会被遮盖住，因此无需对其进行硬化。对于相关的热处理工艺，则可以查阅相关的文献资料[25～27]。

在文献［22］中，列出了一些可用于塑料加工成型的表面硬化钢材料。主要采用以下相关型号[24]：材料型号 1.2162（21MnCr5），1.274（X19NiCrMo4）以及 1.2341（X6CrMo4）。

渗氮钢

渗氮钢是一种合金。在氮气环境下［例如，气体（氨）或氰化溶液浴］并经过 10～

100h 的硬化时间，钢材中的合金添加剂如铬、铝、钼与钒在 480～580℃之间会下形成坚硬的氮化物[20～22]。这种氮化物会形成具有高硬度表面，同时还能保持其韧性的芯部。在这一过程中，表面硬化（渗氮）处理后并没有淬火过程，因此不会出现变形的情况。有时，氮化钢材料也会以无应力退火的形式进行供应。

渗氮过程中，当渗氮层的厚度在 0.03～0.08mm 时材料的硬度达到最大值[20]。这表示了如果渗氮过度，则必须在后续的工序中解决这个问题[22]。

在所谓的离子氮化过程中，已制造好的模具产品通过在 350 ～ 580℃的含氮环境中由高压放电将其表面硬化，从而使氮扩散到模具表面。除了需要对流道表面与需密封的表面进行抛光处理外，无需进行其他的任何操作。如果需要在不增加表面硬度的情况下而获得非常耐磨的表面，上述氮化过程可以在盐浴中进行（温度为 500～550℃，硬化时间为 10min 至 2h 不等）。这一过程被称为软氮化处理或 Tenifer 工艺[20,21]，目前已成功地应用于氮化旋转部件中的轴承表面，例如缝隙型模具中扼流杆的螺纹面。

氮化钢材料并不具备完全的耐腐蚀性。为了改善其耐腐蚀特性，则必须加入大量的金属铬。

在实际的模具制造中，一般可采用下面的这些氮化钢材料[22,24]：材料型号 1.2852 (33AlCrMo4)，1.2307 (29CrMoV9) 以及 1.2851 (34CrAl16)。对于这些牌号的钢材，其硬度的提高主要源于加热后骤冷过程中所形成的马氏体；而由此获得的机械力学性能则在很大程度上取决于其可实现的冷却速率[22]。

全淬硬钢

全淬硬钢的硬度非常大，且表现出良好的耐磨性。然而，与淬硬钢和调质钢相比，它们的韧性很小。因为这种材料对裂纹的形成和变形非常敏感，所以一般很少使用，仅在有高压缩应力时才用于制造小模具结构[20,22,24]。常用于聚合物加工成型[24] 的全淬硬钢主要有：1.2344(X40CrMoV51)、1.2367(X32CrMoV53)、1.2080(X210Cr12)、1.2379(X155CrVMo12.1)、1.2767(X45NiCrMo4) 以及 1.2842(90MnCrV8)。其他的特殊情况可参考文献 [22]。

调质钢

当热处理有可能会导致模具变形以及尺寸发生变化时，例如在大型模具的情况下，一般需要采用调质钢来制造模具。

在模具的制造过程中，这些钢材在硬化后需要进行退火处理。这在一定程度上会降低材料的硬度和强度，同时也提高了其韧性和弹性。材料淬火和回火（硬化和退火）后的强度相对较低，导致材料表面的耐磨性下降，同时也会减弱其抛光能力。然而，这种不足可以通过表面渗氮或镀铬进行改善[20]。

属于这一类调质钢的材料包括：1.2312(40CrMnMoS86)、1.2347(XCrMoVS51) 以及 1.2711(54NiMoV6)[24]。其余特殊情况可参阅文献 [22]。

耐蚀钢

这种耐蚀钢一般含有超过 12% 的铬，并常应用于会释放出化学腐蚀性材料（如盐酸）的塑料加工过程中；当出于技术原因而不可行时，则需为流道表面进行镀铬或镀镍处理。

由于铬对碳具有亲和力（必须少量存在，以使钢能够硬化），因此当温度高于 400℃时就存在形成碳化铬的风险，使得局部位置的铬远离碳的区域，导致材料的性能及其防锈性出现下降[20]。一般来说，在聚合物的挤出生产过程中，其温度并不会这么高。

耐腐蚀性钢主要包括有[22, 24]：1.2083（X40Cr13）及1.2316（X36CrMo17）。

除了对模具进行渗氮处理之外，还可以采用以下的方法来提高模具的耐腐蚀稳定性以及耐磨特性：

- 镀铬保护层（镀硬铬）；
- 镍或高镍合金型防护涂层；
- 碳化钛涂层；
- 设计合适的模具镶块。

镀硬铬

可以赋予模具一定的耐腐蚀性，非常好的耐磨性以及高度抛光的表面，这使得熔体在流道表面的黏附性较弱，因此便于清理[18,19]。这里，镀铬层一般通过电解方式实现涂覆（厚度0.015～0.03mm）其中，阳极必须与流道的轮廓形状精准匹配，以便获得厚度均匀的铬层。厚度不均匀和具有尖锐边缘的涂层会导致涂层中的应力集中，从而使得镀层很容易破碎或剥离。因此，在多数情况下，这种镀层需要定期更新[19, 20, 22]。

镀镍或镍合金

有时会应用于PVC的挤出模具；它对盐酸的高抗腐蚀性被认为是这种材料的主要优点[19, 28]。然而，尽管镍涂层是通过硬表面工艺施加到零件表面[19] 然后再进行表面整修，但一些铅类稳定剂容易与镀镍层发生化学反应，严重时可以完全剥离镍涂层，这看来是一个很严重的问题。为了解决这个问题，可以将镀镍层适当增厚（大约为1 mm），或者将多层镀层相互叠加起来。在修复模具时，也可以采用硬表面工艺技术。

此外，PVC成型加工时也会采用镍含量为95%的合金材料来制造其模具。然而，其仍然有化学腐蚀的问题存在[19]。

碳化钛涂层

具有非常突出的耐磨特性以及增强的抗腐蚀性，其制造过程一般是将模具置于反应器中，通过气态化学反应，然后在模具表面进行碳化钛沉积（厚度为6～9μm）。在这种情况下，由于涂层本身非常硬，所以模具材料也应该具有足够的硬度。此外，由于上述化学反应的温度高达900℃以上，所以应该注意模具本身是否会发生变形[24]。目前，这种方法已经成功地应用于线材涂层模具中[29]。

对于挤出模具的磨损性问题，还可以通过嵌套合适的耐磨性材料来解决，例如，在电缆包覆模具中（可参考5.3.2.4节），可在其相关区域插入硬金属或金刚石材料的嵌套结构。

如今，也会采用那些所谓的“双金属”缝隙型模具。在这些模具中，那些承受摩擦的流道区域直至模具的出口区域中，一般都会含有高度耐磨的材料[32]。

如果对流道表面的质量要求极高（无孔隙率），则建议使用在真空炉中熔合好的钢材原料，这是因为在这一过程中由于纯度较高而排除了缺陷。虽然这些类型的钢材原料非常昂贵，但目前成型PVC片材或薄膜的模具大多数还是采用了这种材料。

由于具有良好的导热性，由铝[29, 30] 和铍-铜合金[31] 制成的模具偶尔也会用于型材的挤出成型。通过氧化（阳极氧化）处理，铝的耐磨性可以提高到甚至高于硬镀铬钢的耐磨性。氧化同时也改善了铝的耐腐蚀性，因此其也可以用于 PVC 的挤出生产。与此同时，熔体黏附于流道壁面的趋势减弱，因此熔体在壁上的停留时间可缩短至低于硬镀铬的情况。然而，强度非常低和冲击敏感性较高仍然是这种材料的主要缺点[28]。

符号与缩写

A 横截面积
A_s 丝线面积的标准化比例
B_p 计算系数
b 宽度
D 直径
d_K 筛网的经纱直径
d_S 筛网纬纱直径
E 弹性模量
F 力
F_p 压力
F_{bolt} 螺栓力
F_{sp} 替代力（作用在压力面中心处的力）
F_Z 黏性力
f 挠度
f_{max} 最大挠度
f_L 多孔板的挠度
f_S 滤网的挠度
G 剪切模量
H 流道高度
h 高度
h_S 滤网组件的厚度
I 转动惯量
k 环形缝隙流道的内外半径之比
L 长度
l 平面缝隙型模具出口的半宽
l_K 歧管到模具后缘的距离
l_{bolt} 螺栓到模具后缘的距离
l_{sp} 压力区域中心位置到歧管的距离
M_b 弯矩
m 数量（块数或件数）
N 多孔板刚度
N_S 滤网刚度
N_0 无孔板材的刚度
n 数量（块数或件数）
p 压力
p_A 出口压力
p_a 环境压力
p_E 入口压力
Δp 压力损耗
Δp_p 多孔板处的压力损耗
Δp_s 滤网组件的压力损耗
Δp_{sa} 滤网处的附加压力损耗
R 半径
R_A 出口半径
R_a 外半径
R_E 入口半径
R_h 孔半径
R_i 内半径
r 半径
S 安全系数
S_p 多孔板的安全系数
S_S 滤网的安全系数
T_{max} 螺旋的初始宽度（=螺旋的最大深度）
t 孔间距
W 阻力矩
w 网格宽度
α 衰减系数
α_S 滤网的衰减系数
ε 拉伸
μ 横向收缩系数（泊松比 $m=1/\mu$）
υ 横向收缩率
σ_b 弯曲应力
σ_c 等效应力
σ_t 拉伸应力
σ_p 最大允许弯曲应力
τ_W 壁面剪切应力
DLC 类金刚石碳
PA 聚酰胺
PET 聚对苯二甲酸乙二醇酯
PTFE 聚四氟乙烯
PVC 聚氯乙烯
TiN 氮化钛

参考文献

[1] Masberg, U.: Auslegen und Gestalten von Lochplatten. In: Filtrieren von Kunststoffschmelzen. VDI-Verl., Düsseldorf (1981).

[2] Schwaigerer, S.: Festigkeitsberechnung im Dampfkessel-, Behälter- und Rohrleitungsbau. 4th ed. Springer, Berlin (1997).

[3] Kreyenborg, U.: Ind. Anz. 106 (1973) 95, pp. 2513-2515.

[4] Wolmir, A. S.: Biegsame Platten und Schalen. VEB-Verlag für Bauwesen, Berlin (1962).

[5] Formelsammlung. (Eds.): VGB Technische Vereinigung der Groβkraftwerksbetreiber e. V. Lehrstuhl für Materialprüfung, Werkstoffkunde und Festigkeitslehre, University of Stuttgart (1981).

[6] Czichos, H. (Ed.): Hütte - Die Grundlagen der Ingenieurwissenschaften., 3rd ed. Springer, Berlin, Heidelberg (2000).

[7] Fehling, J.: Festigkeitslehre. VDI-Verl., Düsseldorf (1986).

[8] Beitz, W. and Kütter, K.-H.: Dubbel Taschenbuch für den Maschinenbau. Springer, Berlin (1990).

[9] Pritchatt, R. J. et al.: Design considerations in the development of extrudate wall thickness control in blow moulding. Conference: Engineering Design of Plastics Processing Machinery. Bradford, England (1974).

[10] Parnaby, J. and Worth, R. A.: The variator mandrel forces encountered in blown moulding parison control systems: Computer-aided design. Mech. Eng. 188 (1974) 25, p. 357.

[11] Wortberg, J.: Werkzeugauslegung für Ein- und Mehrschichtextrusion. Thesis at the RWTH Aachen (1978).

[12] Bangert, H. et al.: Spritzgerechtes Formteil und optimales Werkzeug. 9. IKV Colloquium, Aachen (1978).

[13] Kempis, R. D.: Strukturmechanische Analyse von Rohrbündeltragplatten mittels FE- Methode. Thesis at the RWTH Aachen (1981).

[14] Schiedrum, H. O.: Auslegung von Rohrwerkzeugen. Plastverarbeiter 25 (1974) 10, pp. 1-11.

[15] Hensen, F.: Anlagenbau in der Kunststofftechnik. Postdoctoral thesis at the RWTH Aachen (1974).

[16] Kreft, L. and Doboczy, Z.: Die Verarbeitung thermoplastischer Kunststoffe auf Einschneckenpressen. Part XI: Spritzköpfe. Kunstst. Gummi 6 (1967) 2, pp. 50-56.

[17] Kauschke, M. and Michaeli, W.: Zur Konstruktion eines rechneransteuerbaren Breitschlitzwerkzeuges. Unpublished thesis at the IKV, Aachen (1975).

[18] Predöhl, W.: Herstellung und Eigenschaften extrudierter Kunststoffolien. Postdoctoral thesis at the RWTH Aachen (1977).

[19] Barney, J.: Design requirements for PVC film and sheet dies. Mod. Plast. 46 (1969) 12, pp. 116-122.

[20] Treml, F.: Stähle für die Kunststoffverarbeitung. Lecture at the IKV, Aachen, Nov. 15 (1967).

[21] Seiwert, H.: Werkstoffe für Extruder und Extrusions-Werkzeuge. Kunststoffe 52.

[22] Menges, G. and Mohren, P.: How to Make Injection Molds, 3rd ed., Hanser, München (2001).

[23] Dember, G.: Stähle zum Herstellen von Werkzeugen für die Kunststoffverarbeitung. In: Kunststoff- Formenbau, Werkstoffe und Verarbeitungsverfahren. VDI-Verl., Düsseldorf (1976).

[24] Höller, R.: Vergüten von Stahlwerkstoffen. In: Kunststoff-Formenbau, Werkstoffe und Verarbeitungsverfahren. VDI-Verl., Düsseldorf (1976).

[25] Malmberg, W.: Glühen, Härten und Vergüten des Stahls, 7th ed. Springer, Berlin (2013).

[26] Illgner, K. H.: Gesichtspunkte zur Auswahl von Vergütungs- und Einsatzst. hlen. Metalloberfläche 22 (1968) 11, pp. 321-330.

[27] DIN 17210: Einsatzstähle.

[28] Avery, D. H. and Csongor, D.: Wear in plastic extrusion machinery. SPE Tech. Pap. (1978) pp. 446-449.

[29] Verbesserte Wirtschaftlichkeit durch Oberflächentechnik. Technica 14 (1977) pp. 1034-1035.

[30] Zerkowski, G.: Werkzeugwerkstoff Aluminium. In: Kunststoff-Formen bau, Werkstoffe und Verarbeitungsverfahren. VDI-Verl., Düsseldorf (1976).

[31] Beck, G.: Kupfer-Beryllium. In: Kunststoff-Formenbau, Werkstoffe und Verarbeitungsverfahren. VDI-Verl., Düsseldorf (1976).

[32] Information from Johnson-Leesona Company.

第10章 挤出模具的操作、清理与维护

一般来说，挤出模具是挤出生产线上比较昂贵、精密的零部件。因此，除了操作时需要谨慎小心外，还需要时不时地进行维护。为了避免模具出现故障而导致周期性无法预计的且代价昂贵的停工整修[1,2]，因此有必要正确地操控模具，并采取相应的预防措施，以便模具可以尽可能地运行更长的时间。

人为因素造成的错误，特别是在模具维护和清洗过程中或者是生产过程调整时工作人员的粗心大意或错误操作，是造成模具损坏的主要原因。因此，在实际生产中，有必要对所有将与模具接触的工作人员进行高强度的培训[1,2]。

生产人员必须完全掌握模具的功能，了解产品质量是如何受温度变化的影响，并学会如何通过调整节流孔或扼流杆来调整产品质量。此外，还必须注意误差的来源和相关的边界条件。

生产人员还必须意识到热电偶或加热带与模具之间是否具有良好接触的重要性，并确定挤出生产线上是否有故障问题。例如，当挤出机挤出产量发生波动时，不能连续地调整缝隙型模具的扼流杆，因为这会增加磨损。(通常，设计这样的挤出系统也不是出于这样的生产目的。) 此外，生产人员还必须能够从特定临界极限的角度来解释模具进口处所测量得到的压力数据；必须了解不能对模具孔或扼流杆做两个调整点之间的“极端”调节，而是应该在相邻区域做出适当的改变。如果不按上述规则进行操作，则可能导致螺栓断裂、螺钉螺纹被破坏以及扼流杆折断等情况。

应该注意到，在清理模具出口处的熔体时，一般只能用软金属材料（铜、黄铜、软铝）制成的刀铲工具，这是为了避免在模具孔口边缘处造成刮擦或凹陷。因此，模具出口的缝隙宽度应采用软触角量规来测量，比如黄铜。这是因为模孔中非常轻微的缺陷都可能导致挤出产品中出现条纹，从而降低产品的表面质量。

当有必要频繁更换模具时，特别是在挤出薄膜和板材制品时，最好是雇用专门技术人员来操作。这些人员最好应该熟悉模具每个零部件的结构和功能，并配备有必要的描述性文件(如图纸、装配说明、零件清单等)。通过拆解、检查以及组装新模具，让这些技术人员在使用模具前熟悉模具的结构与功能，这是非常明智的[1]。

模具应在特殊的指定位置进行拆卸、清洗、维修和保养等处理，避免随便处理。这样的工作区域应该非常干净，并衬有瓦楞纸板；同时最好还能配备有小型的起重机设备。对于含有手动操作的滑轮设备，模具经常会有被自由摆动的链条端部磕坏的危险。为了消除这一隐患，建议考虑使用大麻绳索一类的结构。

在生产工作区域，应该准备有相应的工具（螺丝刀、扭力扳手），软刮刀（黄铜、铜、

软铝）以及清洁和抛光材料，同时有可能还需要准备模具预热站，这可以大大缩短更换模具所需的时间，并有助于检查加热器元件是否工作。这种模具预热站包括一定数量的加热区电气引线和一个控制系统。一般不需要单独的模具加热器控制系统[1,2]，但这取决于模具的结构尺寸。

如果必须对模具进行彻底清理，则必须松开模具的主要装配螺栓，但并不需要将模具从挤出机上拆卸下来，只需要将那些与打开整个流道相关联的螺栓松开就行。

模具只有在加热的状态下才能拆卸。为了避免模具中的物料过快冷却或烧焦（初期硫化），必须快速地进行清理。一般来说，橡胶类材料可以非常简便地从流道壁上清理掉；而对于流道中的热塑性树脂，则可以将其从模具表面剥离（通过将压缩空气吹到树脂和热模之间的接触点位置处）或用软刮刀将其除去。其他的这种残留树脂材料都可以用黄铜或铜丝刷进行清除，但决不能用钢制器具！有时，溶剂或家用洗涤剂也有一定的帮助；然而，这些试剂应首先在模具上的非关键部位进行试用。

当使用带有铜刷或类似结构的电钻时，会有把镀铬层从流道表面切除的危险，或者边缘有可能不小心地被倒圆角。而对于模具的密封面，则可以用细平的磨石或非常精细的砂布来进行清洗[1,2]。

除了手工的清洗方法外，还可以使用盐浴方法（Kolene 浴），其中热硝酸盐熔体（400～500℃）通过氧化破坏聚合物熔体的残留物并将其清除掉。然而，这种方法不能用于清理镀铬的表面[3,4]。此外，也可以在铝颗粒流化床中对模具进行熔融蒸发清理，这需要加热至 550℃左右。目前，真空热解炉的使用越来越频繁。在这种设备的操作过程中，大量的清理料进入一冷却井中并固化，而剩余残留物则被汽化并排到废水中。在这一过程中，重要的是要把握高温是否会导致模具材料的结构发生变化，从而导致其强度降低[3]。此外，还要考虑烟气和废水的排放是否符合当地的环保法律，这是很重要的。除了上述的这些方法外，通过沸腾溶剂也可以缓慢而温和地除去残留熔体[3]。喷丝头经常也会用超声波清洗[5]。关于模具正确的清理方法，我们一直建议向模具的制造商征求意见。

在装配模具之前，应将流道抛光至高光泽程度。完成抛光之后，应该对流道表面进行广泛的检查，特别是在加工 PVC 时，应该检查镀铬层是否存在缺陷。与此同时，应该修补那些更细微的划痕缺陷。如果模具上的损伤更为广泛，则应检查其对挤出结果会造成何种影响。对于更严重的损坏，例如，可以通过堆焊然后机械加工进行消除[1,2,6]。

在组装模具之前，建议用硅油涂覆流道，形成薄薄的一层硅油层；一方面，这是为了在长时间的储存过程中保护流道，另一方面也是为了在模具开机启动时促进仍然相对低温的树脂熔体通过模具流道[1,6]。

在装配过程中，由于流道表面可能相互磕碰，所以建议在它们之间放置一张纸或塑料薄膜之类的隔离物[1]。

装配时，所有螺栓、螺栓轴承表面以及螺纹处都必须涂覆有高温润滑脂，如钼粉或石墨，以确保在模具的操作过程中，以及后期拆卸模具时能够轻松转动。如果模具在相当长一段时间内都没有被拆卸过，则建议对单独的螺栓进行检查，必要时还需要将其拆卸并增加润滑[2]。

当通过法兰结构将模具安装到挤出机上以后，应拧紧螺栓，并当生产过程中加热到挤出温度时，需再一次拧紧螺栓。在这个过程中应遵循模具制造商提供的关于施加扭矩时的说明书。维修人员还应检查加热器或热电偶与模具之间是否保持良好的接触。此外，还需要对热电偶进行校准。

在文献［1］中，作者建议每 6 个月定期地对模具进行完全的拆卸、清洗与检查，并对所有可能损坏的模具零部件（螺钉、螺栓、筒式加热器、电引线）进行更换。当然，这种定期保养维护的时间周期，主要取决于模具所加工的材料类型。例如，在一些生产 PVC 的工厂中，其每经过五个工作日后就需要在周末对模具进行清洗与维护。在许多情况下，特别是当挤出平膜和片材时，会时刻保留着清洁的并预热好的备用模具，这有利于在更换新产品或修理模具时将生产中断的时间减少到最低限度[1,2]。

参考文献

［1］ Flanagan, J. L.: The maintenance of flat film and sheet dies. Plastics Machinery & Equipment, Aug. (1974).

［2］ Stone, H. N.: Dollars and sense of extrusion die maintenance. SPE J. 24 (1968) 1, pp. 57-58.

［3］ Kress, G.: Auslegung von Schlauchköpfen, Kühl- und Flachlegevorrichtungen. In: Extrudieren von Schlauchfolie. VDI-Verl., Düsseldorf (1973).

［4］ Predöhl, W.: Herstellung und Eigenschaften extrudierter Kunststoffolien. Postdoctoral thesis at RWTH Aachen (1977).

［5］ Gollmick, H. J.: Unhörbarer Schall löst schwierige Reinigungsaufgaben. Chemiefasern (1969) 4, pp. 275-280.

［6］ Doyle, R.: Clean out that die for smoother extrusion. Plast. Technol. 11 (1965) 12, p. 39.

第11章 管材与异型材的尺寸定型

对于型材、管材以及具有类似结构的半成品的挤出成型，其定型与冷却段直接与对熔体塑形的模具相连（图 11.1）。该阶段的加工目标是通过促使从模具中挤出的熔体与定型（定径）模具相接触并对其进行冷却固化，以便使成型的制品能够提供足够的强度来传递脱模拉力，并能保持其结构形状不变。在制品通过冷却段时，型材的平均温度 T 应低于其固化温度（熔点）T_E，从而避免了已经固化的表层再次熔化。对于整个型材而言，当它到达锯刀或飞边切刀时，其整体温度应低于熔点温度[1]。

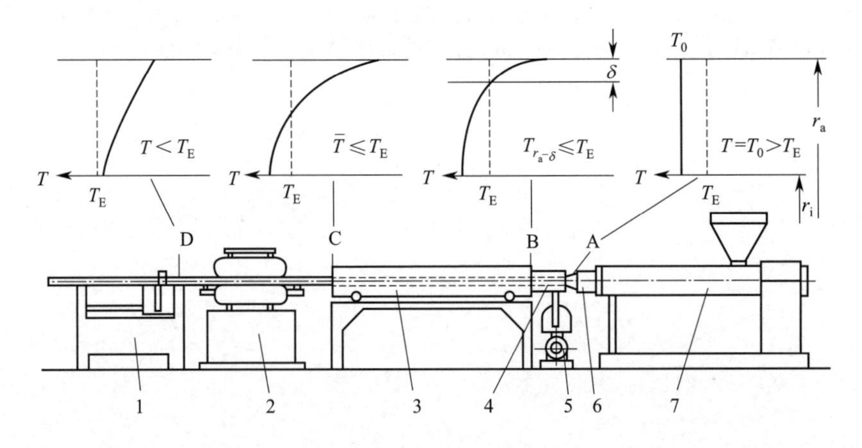

图 11.1 塑料管材挤出成型过程中制品壁面上的温度分布情况[1]

1—切刀（锯刀）；2—收卷单元；3—水槽；4—定型器（定径）；5—真空泵；6—模具；7—挤出机

因此，定型和冷却设备的任务是固定挤出物的尺寸结构，所以，其也代表了模具的主要组成部分。如今，塑料型材制品的挤出过程几乎都会对其进行定型校准。只有那些结构非常简单的型材以及塑化 PVC 的型材挤出过程偶尔不包含定型操作[2,3]，而是直接放置在传输带上进行冷却，例如进行喷冷。实际中的定型过程，一般指的是通过拉伸使挤出制品通过一个或多个的定型器装置，这种装置主要是由金属制成（如黄铜、钢铁、铝等）。与挤出制品接触的定型器，其表面轮廓具有与制品相同的结构形状。这一过程中的散热方法，主要有两种基本形式：干法和湿法定型。

在干法定型过程中，挤出制品与冷却介质并没有直接接触，但熔体中所含的热量将严格地通过与定型器的金属表面接触而扩散到冷却流道中，并进一步从冷却流道的表面传递至冷却介质而被带走。

在湿法定型过程中，根据不同的方法，熔体中的热量至少有一部分是通过对流形式扩散到冷却剂中去，余热部分则通过与定型器的表面接触（或其壁上的冷却剂膜）而被带走。

定型器内间接冷却的强度主要受挤出机表面与定型器表面之间的热力学接触点的影响。

有一点与上述相关的是，两接触表面之间具有足够大的法向应力是非常重要的，特别是在干法定型过程中。在拉动挤出制品通过定型器时，这种法向力会导致制品与定型器之间的摩擦，这种摩擦力作用沿定型器的整个长度方向上分布，并通过反作用力传递至挤出制品上，在后续的收卷过程中由收卷装置克服。在卷取时，最大允许的收卷力由型材的负荷能力决定，而这又取决于挤出物的横截面面积和其中的温度分布。

尤其是在定型段的入口位置处，该位置处的熔体温度仍然相对较高，且挤出制品的负载能力仍然相对较弱（由于只有非常少的一部分发生了固化），因此收卷力（仍然相对较低）在挤出制品的纵向拉伸方向上会逐步增大（图 11.2 中的 A＋）。由于冷却的作用，这一过程中的变形不能完全松弛，并固化保留了下来。这就是常常说的固相拉伸，这种拉伸最终会使挤出物产生很大程度的收缩。

由于纵向上的拉伸作用以及热收缩作用，在垂直于收卷拉伸的方向上，挤出物的结构尺寸会有一定的减小（图 11.2 中的 A－）。这种情况通常会降低定型器中的法向作用力，从而导致摩擦和热接触点的减少。

上述这种产品在横向方向上的尺寸减小（壁厚、轮廓尺寸）通常可以通过在冷却段中相应地增大制品尺寸来克服，从而获得具有合适尺寸的最终产品。

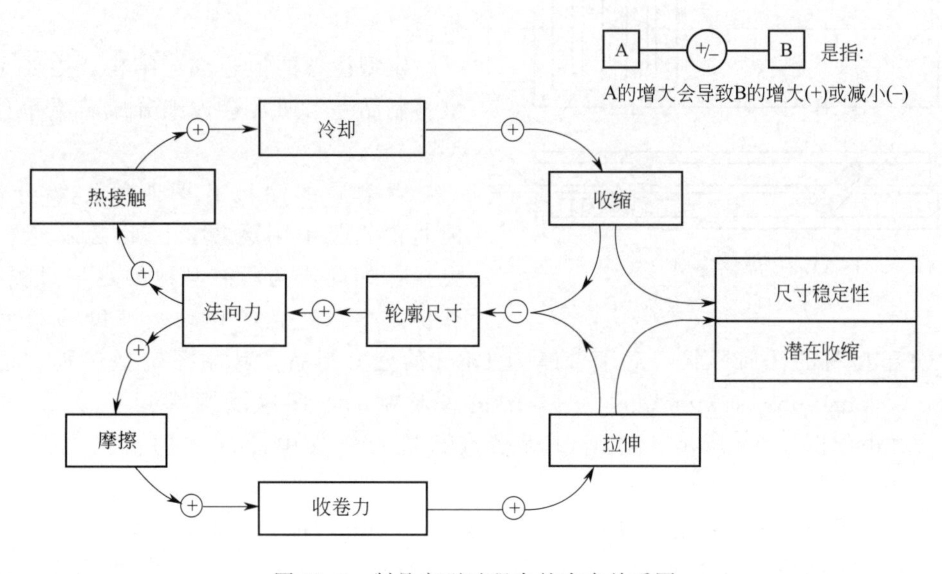

图 11.2 制品定型过程中的内在关系图

定型生产线也可以是锥形的（长定型器），或者可以由多个定型器串联组成。这些定型器的尺寸会发生渐变，以匹配挤出物的尺寸大小，这一过程是随着制品的渐进冷却而发生改变的。由于收卷力通常会随着定型生产线的延长而增大（由于表面摩擦的增加），因此，定型线的最大长度则应根据挤出物的承载能力或挤出物的最大可拉伸力来确定。

即使当冷却强度非常高时，挤出物也必须在定型器中保持一定的时间，直到其内部稳定性达到可以抵抗外部应力（重力、收卷力）和内部应力的程度，这样就不会造成制品尺寸发生太大的变化。最后，基于上述的最短定型时间以及最大的定型段长度，我们就可以得到其所能达到的移动线速度大小。

为了尽可能地提高制品移动的线速度值，则需要对定型段进行冷却，其特征有：

- 最小的摩擦力；
- 冷却强度尽可能高。

定型过程需要进行一定的调整，以满足挤出物的形状及所用材料的相关特殊要求。接下来，将对目前挤出生产中所使用的定型方法进行讨论。

11.1 类型与应用

11.1.1 摩擦定型方法

对于简单的具有开放性结构的型材，通过将该型材牵拉引入一冷却压板（图 11.3）中，可对其轮廓进行定型，而该冷却压板或多或少地能压到型材表面（压板载荷可以通过弹簧或平衡配重减小）。但对于某些型材而言，无法采用这种定型方法。

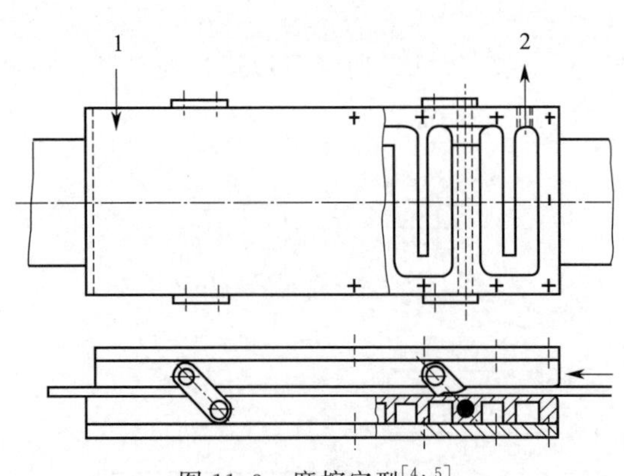

图 11.3　摩擦定型[4, 5]

1—冷却水入口；2—冷却水出口

在这种方法中，型材的外部轮廓会被加工成压板的轮廓形状。对于有缺口的复杂型材，则可能需要在纵向上对滑槽进行多次分割，以便每个部分可以分别进行折叠[2～5]。

定型设备的上边部分结构，主要是压在型材制品上，通常会被细分成若干单独的定型部分。

滑槽局部涂覆有聚四氟乙烯分散体，但是由于其不耐磨损，因此必须经常进行更换。如此，与所有其他的定型过程类似，摩擦定型可达到的移动线速度在很大程度上就取决于型材的几何形状。对于壁厚为 1mm 的型材制品，其摩擦定型过程的近似速度为 3～4.5 m/min；而对于壁厚为 4mm 的型材制品，该速度则降到了 0.5～0.7m/min[2, 3]。正如图 11.3 所示，必须对滑槽进行冷却，其中冷却水的流向与挤出方向相反[4]。

在摩擦定型设备中，只能在设备的一侧来对挤出物进行定型。为了避免型材可能发生变形，需要对定型的另一侧进行空气冷却，而在这种情况下若采用水冷方式，可能其冷却强度偏高[3]。

11.1.2 采用压缩空气的外部定型方法

通常，外部定型指的是挤出型材的外部尺寸由定型设备进行确定，由于其具备了众多的加工优越性，因此目前被广泛采用。这对规模化生产的制品尤其重要，例如塑料管材，就是一种基于外径的标准化制品。

用压缩空气进行外部定型，也称为压缩空气法定径，仅用于管道的生产过程，主要针对的是直径大于 355mm 的 PVC 管材和直径大于 90～110mm 的聚烯烃管材制品。在该生产过程中（图 11.4），定型模具（经常也称之为定径套）与挤出物之间的接触是通过高压空气（压力为 0.2 ～1 bar）来完成的。为实现这个目的，管材内部的压缩空气一般是通过管材的芯棒输入。对于较小的管子及软管，其管末端可以卷起来或封闭上。而对于直径较大的管材，则可采用浮动活塞进行封端，其中，浮动塞由一系列圆形橡胶密封件组成，并在一定程度上通过滚轮引导移动，该滚轮通过弹簧压合在管材内壁上[6, 7]。浮动塞通过绳索或链条与芯棒相连接，并确保绳索或链条不沿管道内壁发生拖动。在确定浮动塞托架的尺寸结构时，必须考虑所允许的最大收卷力。此外，在模具的力学设计时，也应该考虑最大收卷力的影响（参考第 9 章内容）。

基于这种定型过程，定型设备可以很好地进行对中，并尽可能地通过法兰结构直接与管模相连，以免因内部压力膨胀或撕裂管材。然而，必须有效地分离开热的管材模具热与冷的定径系统。这可以通过气隙以及二者之间的小接触面积来实现。

为了补偿由于漏气造成的气压损失，例如由于浮动塞磨损造成了泄气，我们建议安装一个气压控制系统[6, 7]。

对于定径套与管材的冷却，则是通过相连连接段的循环冷却水（参见图 11.4）来实现，一般主要有滴水或喷水两种冷却形式，其中，后者越来越多地用于大型管材的冷却过程。

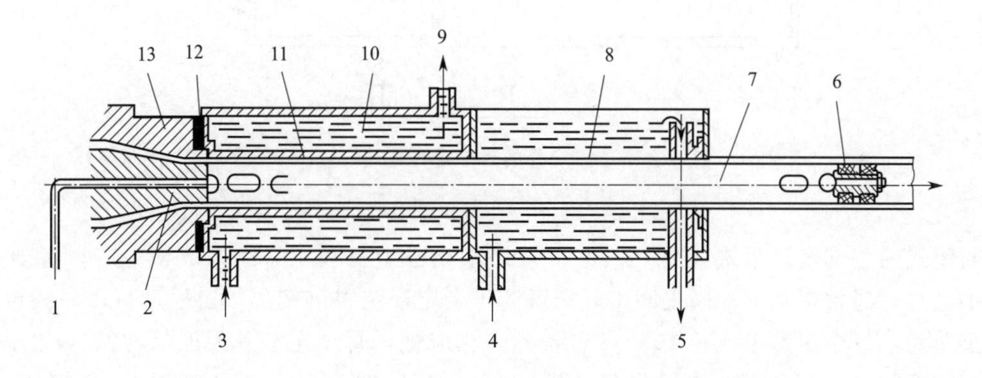

图 11.4　采用压缩空气的外部定型法（高压定型）[6, 7]

1—压缩空气源；2—芯棒；3—冷却水入口；4—冷却水入口；5—冷却水出口；6—浮动塞；7—链条；8—塑料管材；9—冷却水出口；10—冷却水；11—定型器（定型模具）；12—热隔离器；13—挤出模具

11.1.3　基于真空的外部定型方法

在采用真空的外部定型方法中，冷却与定型所需的定型系统与挤出物轮廓之间的相互接触是通过对定型设备抽真空来实现的。在这一过程中，型材制品的轮廓被定型设备完全包围（制品具有封闭的外部尺寸），而真空环境则通过定型设备接触面上的细孔或者缝隙进行抽真空实现（图 11.5）。图 11.6 中表示了另外一种结构不同的定型系统，其中的型材被牵引拉伸通过一压板，并在压板中间进行抽真空（压板定型）。这种定型过程的主要优点是在型材轮廓内部没有浮动活塞，其只需要在型材内保持大气压力就足够了。为了达到这个目的，需要在芯棒或模具中心设置用于均衡空气压力的细孔结构。

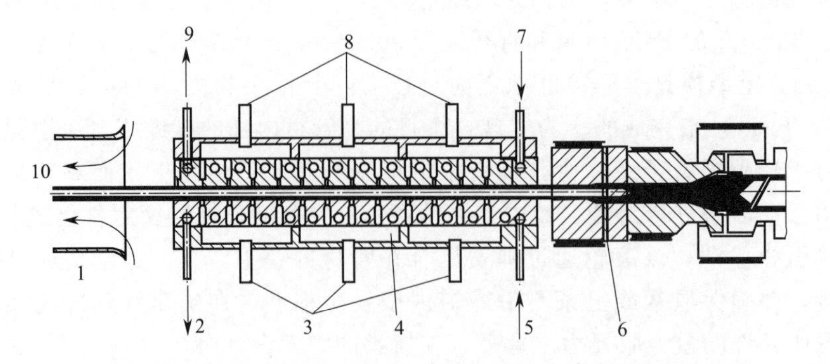

图 11.5 基于真空的外部定型法（具有空冷管道的密闭真空环境）

1—空冷管道；2,9—冷却水出口；3,8—真空口；4—真空定型模具；5,7—冷却水进口；6—型材模具；10—冷却空气

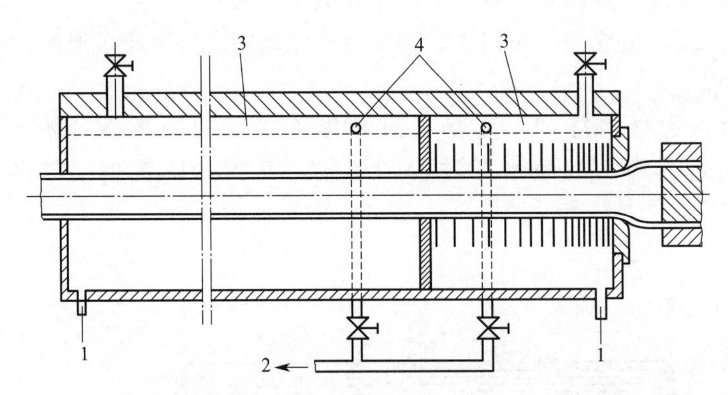

图 11.6 具有真空压板定径的外部定型系统（Gatto 系统）[12]

1—冷却水入口；2—真空泵（接口）；3—真空环境；4—冷却水出口

封闭式的外部定径系统（图 11.5）一般用于空心型材和小管道的成型生产。对于型材的定型过程，通常在其冷却段之间串联布置若干个定径装置（例如，窗框型材，一般包括 3 个定型单元，每个定型单元长 400～450mm），相应地，每个定型单元的尺寸结构应与型材的收缩［冷却过程中型材的体积收缩（图 11.7）］相匹配[8～10]。基于这样的结构布置，可以实现定型系统和型材之间最佳热接触特性，优化冷却效果。在这种情形下，型材发生一定的塑性变形并紧贴冷却壁面（该变形量为 5%～30%）[2, 3]，并最终得到与所述定径设备的截面一致的设计轮廓结构。例如，用于在型材轮廓中成型凹槽的凸耳及轴套结构会在后续的定型设备中省略掉，以尽量减少干扰的风险（图 11.7）[8, 10]。

对于复杂的型材制品，很难做到在其整个的轮廓范围内施加均匀的真空环境，因此其定型过程非常类似于摩擦定型，并或多或少地辅助以明显的真空支撑。为了避免外部异形翅片的干扰，在某些区域会故意将已经冷却及部分定型的沟槽高度提高 10%～30%。由于摩擦力较高，型材有可能会被撕裂；因此，出于安全考虑，定型系统内的真空环境经常可以通过所谓的嗅探阀进行调节[2, 3]。

对于图 11.7 中所示窗框型材，图 11.8 表示了其定型设备中冷却通道的复杂布置结构。而对于一侧开口的大型型材，为了提高冷却效果，可以在定型系统中布置冷却

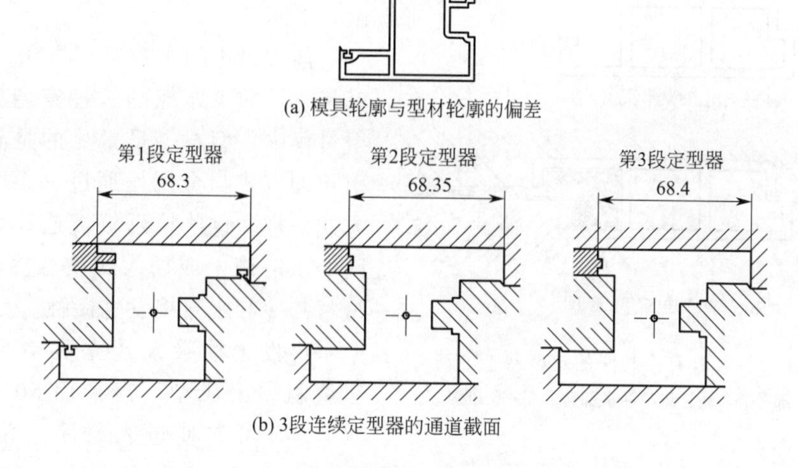

图 11.7　窗框型材及其定型[8]

网（图 11.9）[4]。在那种情况下，建议对图 11.9 中所示挤出模具的出口截面形状进行修改，以便能更容易地启动挤出生产设备并置入冷却网结构[4]。

由于定型管套的材料要求具有较高的导热性，所以一般可采用黄铜和铜铍合金进行制造。通常，为了减少磨损，管套表面还可以镀硬铬处理。

表面非常光滑的定型器可用于 PVC 型材的挤出成型，有时局部也具有轻微的粗糙性，然而粗糙的定型器壁面已经在聚烯烃管材的生产中证明了其应用价值[3]。

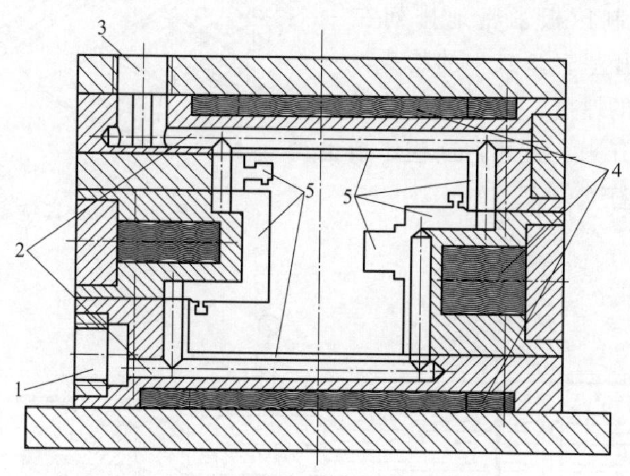

图 11.8　窗框型材的定型装置部分[8]

1—真空连接口（下半部分）；2—真空管道；
3—真空连接口（上半部分）；4—冷却管道；5—真空缝隙口

图 11.10 表示了某采用标准化部件构造的定型模具[11]。这种定型器的上半部分一般可以拆卸下来，这有利于早期的设备启动运行。对于结构简单的型材制品，图 11.11 表示某长度相对较短的真空定型系统，在定型结束后，再通过水浴、喷雾或空冷等方法冷却型材。

挤出定型过程中的制品移动速度总是取决于其要求的轮廓形状：制品的形状和壁厚

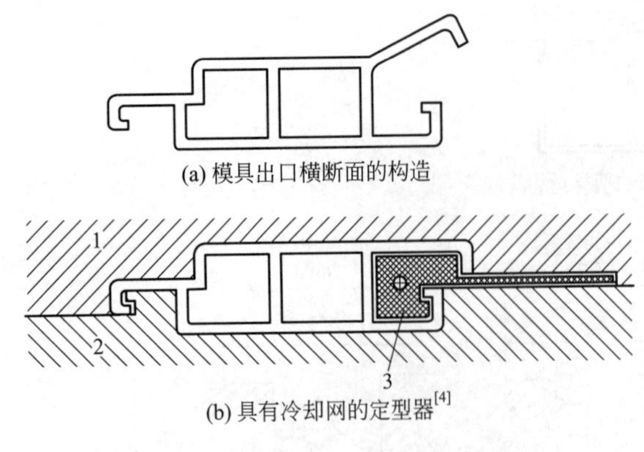

图 11.9 具有冷却网的定型器

1—上半部分；2—定型器下半部分；3—冷却网

以及原材料。对于外部结构封闭的定型过程，其移动速度的大小一般在 4～5m/min 之间[5]。

前文讨论的压板定型方法（图 11.6），其代表了减少摩擦的一种定型方式。在这个过程中，型材（最常见的是管子）的牵引拉伸方式与金属丝通过一系列拉延板的方式一样，这些拉延板被连续地布置在封闭的水浴槽中或插入式喷雾冷却器中[12]，型材与冷却水直接发生接触。

借助于抽吸泵建立真空环境场（对于管材挤出成型，需采用 50～200cm 的水）[3]，可以使进入封闭水浴环境的塑料制品紧密地贴在压板上。因此，这一过程也被称为真空罐定型方法。在该系统中，第一块压板位置处的对外密封可以借助于制品的变形（下弯上压）来实现，通常，对于中空型制品来说，这种变形量可高达 30%[2,3]。由于型材与压板之间存在一层水膜，这进一步降低了摩擦的强度。有时，润湿剂和润滑剂可以起到支撑作用[13]。在定型区域段的入口处，厚度为 5～8mm、入口角为 30°～45°[2,3] 的黄铜或铝制压板紧密地排列在一起，且这些压板的内径呈轻微减小的趋势。一旦挤出物固化到足够的厚度，轴向上可移动的压板则会逐步地脱离开来。另外，这些压板也可以用穿孔的套筒代替[2,3]。

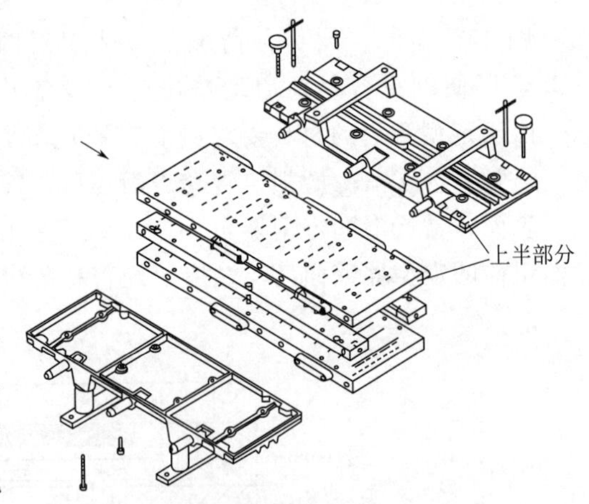

图 11.10 真空定型模具[11]

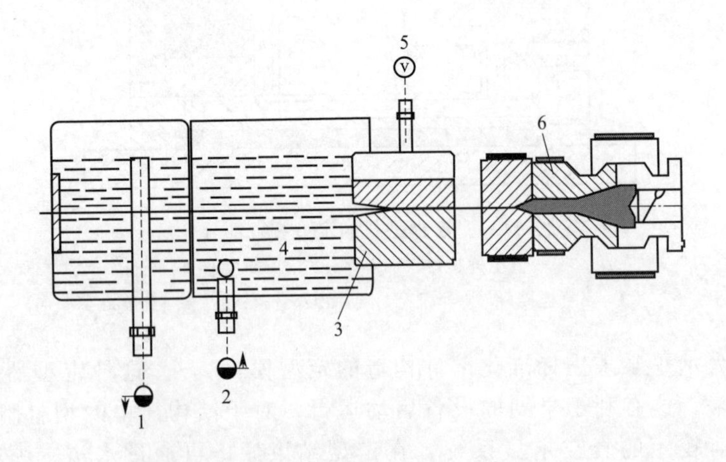

图 11.11 带水浴槽的短型定型模具[11]

1—冷却水出口；2—冷却水入口；3—短型定型器；4—水槽；5—真空；6—型材挤出模具

在真空罐定型器中，压板上的开口（围绕中心定径细孔布置）有助于改善冷却水的循环，从而大大提高了冷却效果[7, 14]。

定型设备必须是轴向可调，以便在上述外部定型器的入口处能够产生极其重要的密封结构。这里，模具与定型设备之间的具一般在 10～100mm[12]。

而真空箱的型材出口处则可采用橡胶垫圈进行密封。在压板定型中，型材的移动速度可达 10m/min 左右[5]。

通过一种改进的、压板间具有真空喷雾冷却系统的压板定型设备[12]，可以生产出外径高达 630mm 的管材制品[15]。

11.1.4　内部定型方法

顾名思义，内部定型方法可以对简单断面结构的中空挤出制品进行内部结构尺寸的校准固定（图 11.12）。由于管材制品的外径通常是分类和标准化的基础依据，因此该工艺在管材挤出成型中的很少应用。但是，对于具有较小公差的气动管式输送系统的管道，反而采用了这种定型方法来生产，当然，这只是一个特例而已[7]。

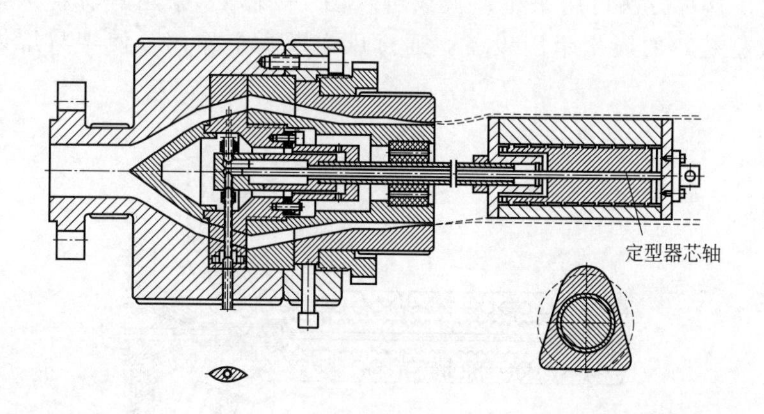

图 11.12　内部定型器[2, 3, 16]

在这个过程中，挤出模具的芯轴与可冷却的定型器芯轴相连；而沿模具芯轴从模具中挤出的熔融管材则同时被拉动和冷却。（此外，还可以从外部采用空气喷雾或水浴进行冷却[13]）在该过程中，经常采用能够熔体偏转 90°的模具（例如，侧喂料式模具）或偏置模具，以便能够安全地保持住定径芯轴和定径冷却系统。

通过对定型器的芯轴轮廓进行简单仿形，就有可能（图 11.12）将简单管材模具所生产的圆形管材转变为具有简单断面形状的型材（如街道标记立柱）。这个过程比使用具有一定出口截面形状的型材模具的工艺方法要廉价得多[2, 3, 16]。在不使用任何冷却系统的情况下，也尝试过采用纯的 PTFE 材料来制造定型器的芯棒结构[6]。

如果熔体在定型芯轴上发生冷却，由于材料会产生收缩，当使用内部定型方法时，则可能需要相当大的收卷力。为了使薄壁型材挤出时由于收卷力作用而不至于变形，有时也会采用滚动芯子；在型材的中空内部，这些芯子由定型芯轴上的导杆支撑，并在收卷力的作用下与型材内壁发生点接触[3, 6]。

11.1.5 精密拉挤成型（Technoform 技术）

在精密拉挤成型过程中（有时也称之为 Technoform 技术），需要在挤出模具与定型设备之间形成材料的轻微积聚。然后，与金属丝的拉挤成型过程类似，从积聚的材料中拉挤出型材制品，并通过一较短的定型器进行快速冷却，然后再进入水槽进一步冷却。在定型设备中，为了达到冷却目的并有效减少摩擦，可以在型材的表面与定径模具壁面之间强制施加一层水膜。熔体积聚程度的大小可以通过传感器进行监测，并通过控制收卷速度保持恒定[17, 18]。

由于这种方法中的定型线较短、定型移动速度较快并且无需根据其流动行为对模具进行优化等，因此，较低的收卷力是该方法的优点之一[19]。

11.1.6 定型器可移动的特殊成型技术

如果定型器可连续地与挤出物一起发生移动，则可以制造出具有变化横截面轮廓（在收卷方向）的制品。

例如，使用这种方法可用来生产波纹管（图 11.13）。采用具有特殊半圆形沟槽的金属模具（成型链）的履带牵引设备，通过压力或真空作用，使塑料熔体在其中能够定型。

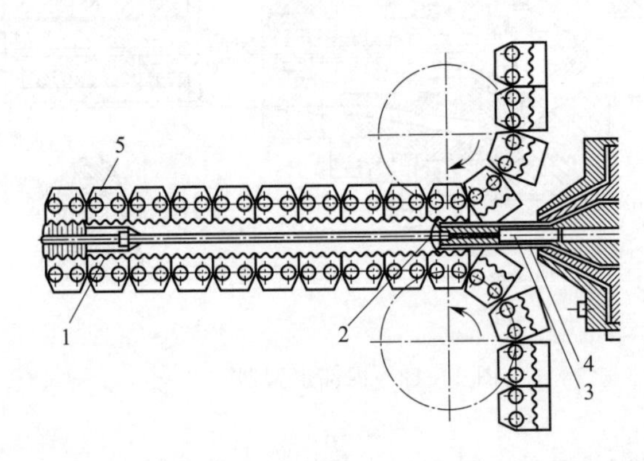

图 11.13 波纹管的制造过程[4]

1—浮动塞；2—压缩空气出口；3—芯轴；4—模具；5—具有波纹形内壁的成型链

为了防止挤出物过早地冷却或膨胀（当使用内压时），挤出的塑料熔体必须通过特殊加热的外模环装置引导至成型链的咬合处。因为要能够接近成型链的咬合位置处，因此挤出喷嘴必须非常的“纤细”，并且不能在其整个长度上进行加热。因此，喷嘴必须采用良好导热性的材料制成（例如，铜铍合金）[3]。

基于这种方法，也可以连续地制造出封闭的空心体制品，正如文献［20］中所述的扁平换热器的例子。

11.2 定型生产线的传热设计

实际制造过程的盈利能力与生产的产品数量密切相关。对于聚合物材料的挤出过程，这意味着可达到的挤出产量对生产过程的经济效益具有决定性的影响。然而，在挤出型材制品时，其可实现的产量大小并不是由挤出机决定的，而是由挤出机下游的定型系统与冷却系统的生产能力决定。正如前面指出的那样，挤出线中的定型和冷却设备不允许超过一定长度，其原因是为了降低型材移动时与定型设备之间的摩擦阻力，以免其变得太大；同样地，保证挤出机挤出的型材制品能够以相对简单的方式快速地进入定型装置也很重要[3]。

当设计定型设备时，定型模具（定径装置）所要求的长度是很有意义的。在计算定型模具的长度时，如图 11.1 所示，假设挤出的半成品上只需要很薄的一层是必须冷却到其软化温度以下，以保证型材能够保留其原有的基本形状与尺寸，这一点是非常明智的[1，21～23]。

这里所要求的冷却固化层 d_E 必须具有一定的厚度，以便制品在离开定型设备时能够承受一定的外力，如收卷力，或者是在利用压缩空气的外部定型过程中，能够承受制品内部压力所导致的切向力作用。

因此，根据挤出材料在固化温度以下的强度大小，分析制品上的受力情况，确定固化制品的断面形状及面积大小，或者确定需要传递受力载荷的固化层厚度的大小，这看来有一定的合理性。在文献［21，22］中，就列举了采用压缩空气进行外部定型的情况。在同一篇文章中，作者还从剖面可能发生变形的角度讨论了作用在制品上的作用力。

对于制品上所承受的外力作用，主要包括：定型压力、制品的重力、冷却浴槽中的浮力、收卷力、沿定径设备壁面上的摩擦阻力以及冷却介质中的静水压力所导致的压力[21，22]。

一般，作用在挤出制品上的作用力可以划分成如下两部分：

- 由挤出制品与其外表面之间的摩擦阻力所引起的纵向力，这增加了整个冷却段长度上的总拉紧力；
- 由挤出制品中的中空腔室（空腔）与其外表面（在压力定型和真空定型时）之间的压力差或者由重力（自重、水浴浮力）所引起的横向力作用。

这里，横向作用力仅仅只是直接作用在定型设备的壁面上或者被相应的支撑部件上（滚子），因此其不会在冷却段的长度上进行叠加。然而，横向力会影响摩擦阻力的大小。

关于挤出制品表面与定型设备之间的摩擦力，其可以采用下面的方程式进行表达：

$$F_{\text{friction}} = F_{\text{normal}}\mu \tag{11.1}$$

式中，μ 是摩擦系数，特别针对问题中两种材料之间的相互摩擦；F_{normal} 为表面间的法向力。

摩擦系数的大小本身与温度相关（图 11.14）。然而很清楚的是，其最低可能的接触温度（特别是在定型设备的入口处）会导致摩擦力的减小。

既定的事实是，对于 100℃ 附近的聚烯烃材料，其所表现出的黏性对其所具有的极高摩擦系数具有一定的影响。

如果确定了制件表面的冷却固化层 d_E 或者是根据实际经验给定，则可以通过几种不同的方法估算出其定型模具所需的长度大小。

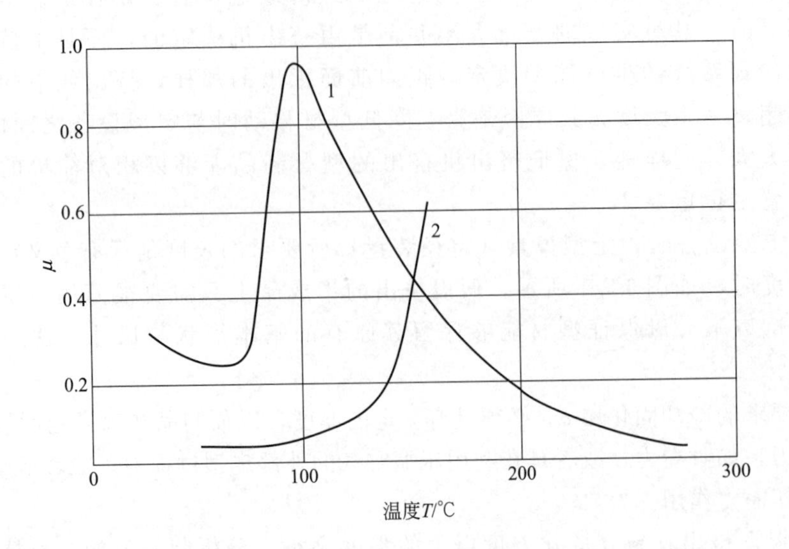

图 11.14　不同材料组合之间的摩擦系数[21]

1—聚乙烯；2—PVC，中等硬度

11.2.1　分析模拟计算模型

对于平板形物体（图 11.15）的一维传热过程，则可采用以下方程进行描述：

$$\frac{\partial T}{\partial t}=-\frac{\partial}{\partial x}\left(a\ \frac{\partial T}{\partial x}\right) \tag{11.2}$$

式中，a 为热扩散系数。

上述物体中其冷却表面上的热阻大小为

$$\dot{q}''=-\lambda\ \frac{\partial T}{\partial x}\bigg|_{x=D}=\alpha(T_{\mathrm{O}}-T_{\mathrm{F}}) \tag{11.3}$$

并基于以下的基本假设：

- 材料的基本物性参数与温度无关（λ，p，c_p）；
- 物体的几何形状和尺寸大小保持不变（无收缩）；
- 边界条件恒定不变（α，T_{F}）；
- 初始温度均匀分布（$t=0$ 时各处温度均为 T_{M}）。

因此，方程（11.2）的解析解为[24]：

$$\frac{T(x,t)-T_{\mathrm{F}}}{T_{\mathrm{M}}-T_{\mathrm{F}}}=\frac{2\sin\delta}{\delta+\sin\delta\cos\delta}e^{-\delta^2\frac{at}{D^2}}\cos\left(\delta\ \frac{x}{D}\right) \tag{11.4}$$

式中，δ 的值可由下面方程的迭代计算得到：

$$\delta=\frac{\alpha D}{\lambda}\cot(\delta)$$

式中，

$$0<\delta\leqslant\frac{\pi}{2} \tag{11.5}$$

式（11.5）中的有量纲商值为：

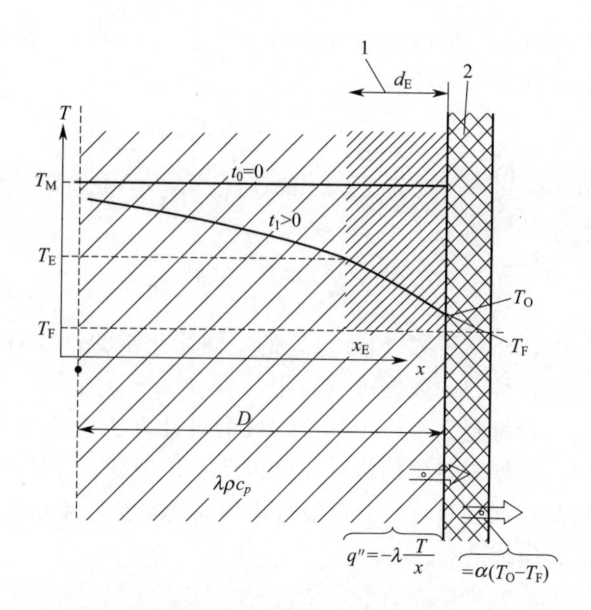

图 11.15　某挤出制品的冷却过程模型

1—t_1 时刻固化层的厚度；2—热阻；T—温度；T_M—$t_0=0$ 时刻的熔体温度；T_F—冷却介质的温度；T_O—表面温度；T_E—固化温度；ρ—密度；c_p—比热容；λ—热导率；α—传热系数；$\dot{q}''$—单位面积上的热流

$$\frac{\alpha D}{\lambda}=Bi \tag{11.6}$$

式中，Bi 为毕渥数，其大小为内部传热热阻（D/λ）与外部传热热阻（$1/\alpha$）之间的比值。

式（11.4）中的无量纲商值为：

$$\frac{at}{D^2}=\frac{\lambda t}{\rho c_p D^2}=Fo \tag{11.7}$$

式中，Fo 为傅里叶数，表示了无量纲冷却时间的大小。

式（11.4）中的另一个无量纲商值为：

$$\frac{T(x,t)-T_F}{T_M-T_F}=\Theta(x,t) \tag{11.8}$$

称之为冷却程度。

在上述平板物体中任何位置处，若当将冷却程度看作是时间的函数，则可以发现在初始时刻（$t_0=0$），有 $T=T_M$，且因此得到 $\Theta=1$；而对于冷却时间较长的情况，（$T=T_F$）则其大小接近于 0。

将固化层的冷却程度设定为：

$$\Theta_E=\frac{T_E-T_F}{T_M-T_F} \tag{11.9}$$

以及固化层所需的厚度大小为：

$$d_E = D - x_E \tag{11.10}$$

可以预见的是，式（11.4）可以通过式（11.6）与式（11.8）并根据无量纲冷却时间 Fo_E 进行求解［当引入式（11.5）后］：

$$Fo_E = -\ln\left[\Theta_E \frac{\delta + \sin\delta\cos\delta}{2\sin\delta\cos\left(\delta\dfrac{D-d_E}{D}\right)}\right] \tag{11.11}$$

式中，

$$\delta = Bi\cot(\delta) \text{并且} 0 < \delta \leqslant \frac{\pi}{2} \tag{11.12}$$

在文献［21～23］中，介绍了式（11.11）的不同简化步骤，并对其进行了比较。这些方法步骤主要是对基于经验得到的数据进行简化。

文献［22］中讨论了管材制品生产中其冷却段的设计方法，并得到了最佳的研究结果，如图 11.16 所示。其中，根据固化层的设计厚度以及冷却程度，可计算得到无量纲冷却时间 Fo_E 的大小；在已知制品移动线速度 v_{ab} 以及挤出制品的热扩散系数 α 的情况下，可用于计算其所需冷却段的长度，因此有：

$$L_E = Fo_E \frac{D^2}{a} v_{ab} \tag{11.13}$$

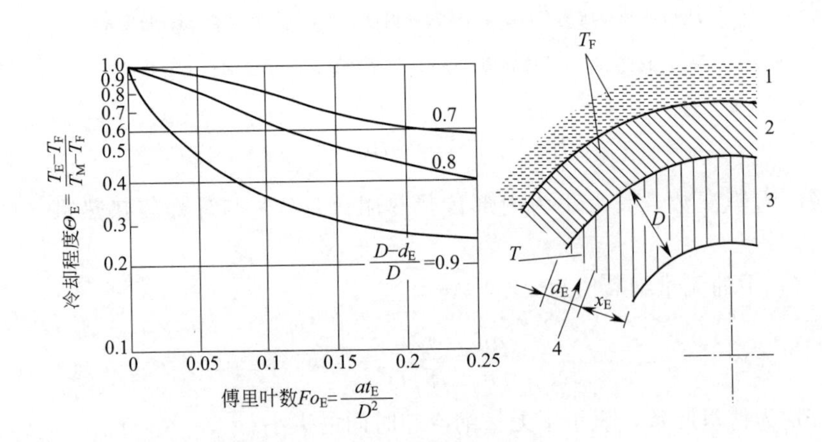

图 11.16　冷却段长度的评估[21,22]

1—加热/冷却介质；2—定心套；3—型材制品；4—固化层

为了简单起见，这里假设了挤出物与冷却介质之间的物理接触形态为理想热接触形态（$Bi \to 0$，$\delta = \frac{\pi}{2}$）。

当需要将已设计好的冷却段结构特征参数转换至结构不同的新挤出机中的冷却段时，则可借助于挤出制品的壁厚 D、固化层的厚度 d_E 以及式（11.10）中所描述的相对冷却强度 Bi 或者 δ 与所需的无量纲冷却时间 Fo_E 之间的函数关系[26]。在求解式（11.2）及式（11.3）的解析解时，需要设定简化条件，这可以实现对冷却段中的热力学过程进行大致的评估。这里，应该注意以下三个要点。

① 在真空的外部定型过程中，由于材料在冷却过程中会产生一定的收缩，定径模具和型材之间会形成一道间隙。该间隙既可以看作是绝热材料，也可以往其中填充冷却水——在

这种情况下，定型套将在冷却槽一侧的某个位置打开。当然，这会显著影响挤出制品表面的热传递行为，因此也不能再假定其热阻保持不变

② 因为在固化层中材料会发生结构转变（特别是对半结晶聚合物而言），因此为了简化，需要假设材料的物性参数保持恒定，而这也是相当重要的。

③ 在许多情况下，尤其是在型材的挤出过程中，不能认为热传递过程只发生在一维方向上。此时，针对挤出制品及定型设备，应采用一定的方法研究其典型二维结构形态上的热传递行为。

11.2.2　数值模拟计算模型

只有在针对特定材料考虑其材料热力学参数的温度依赖性以及热边界条件的时间依赖性时，式（11.2）的解才能够由数值模拟得到。可采用 FDM 方法及 FEM 方法进行计算。

如图 11.17 所示，给出了在不同冷却段结构配置下，挤出制品与冷却介质之间热阻数值的典型范围[23, 27～29]。而从图中所给的数值范围可以发现，对于给定的结构配置，几乎不存在典型的传热系数值。这在干法定型过程中尤其明显[27]，此时其传热系数的大小表现出 75%的浮动变化范围。在这种定型方法中，其传热系数（传热阻力特征值）的大小不仅与制品的断面形状及冷却时间相关，而且还严重依赖与挤出生产线的生产工艺条件（挤出产量、收卷速度及材料的温度）[29～31]。相比而言，“湿”法定型过程中的热阻变化范围倒是要小得多（一般只有 30%左右）。

一般情况下，不存在计算传热系数的通用方程。这是因为，基于摩擦力或收卷力的型材塑形过程、型材的收缩与结构变形（由于内应力）和传热机理二者之间的关系极其复杂，因此无法采用一般的方程进行描述。

然而，挤出过程中挤出物中具有时间依赖性的温度分布形态可以从传热的平均值进行估算。从这个角度来看，生产工艺变量（冷却介质温度的变化、各冷却段的长度或结构配置）对上述温度分布形态的影响可以大概地从数量级和趋势性方面正确计算出来。

例如，图 11.18 中表示了冷却段结构配置的变化（从水浴冷却变为喷雾冷却）或者管材壁面处温度分布形态的变化（由 FDM 模拟计算得到的结果）所带来的影响。以冷却段末端处管材厚度上的平均温度作为设计的基准基础，通过使用喷雾冷却系统，则冷却段的长度可以缩短 70%(相同收卷速度下)。

关于复杂结构型材的挤出过程中其冷却过程的模拟计算，可参考文献［27，28］中所述内容。这里，为了在二维平面内讨论挤出制品的热传递行为，我们采用了 FEM 模拟方法进行计算（图 11.19）。

同样的方法也在文献［32］中有所应用，其模拟计算了不同定型器制造材料对挤出制品表面温度分布的影响（图 11.21），并在图 11.20 中以矩形管材定型过程为例，讨论了这种因素的影响结果。

研究结果表明，当采用黄铜金属来制造定型模具时，除了管材的边角区域，其他地方的温度分布相对均匀；而对于钢制定型器部件，则必须对其冷却通道的位置布局进行优化，以达到类似均匀的温度分布形态。

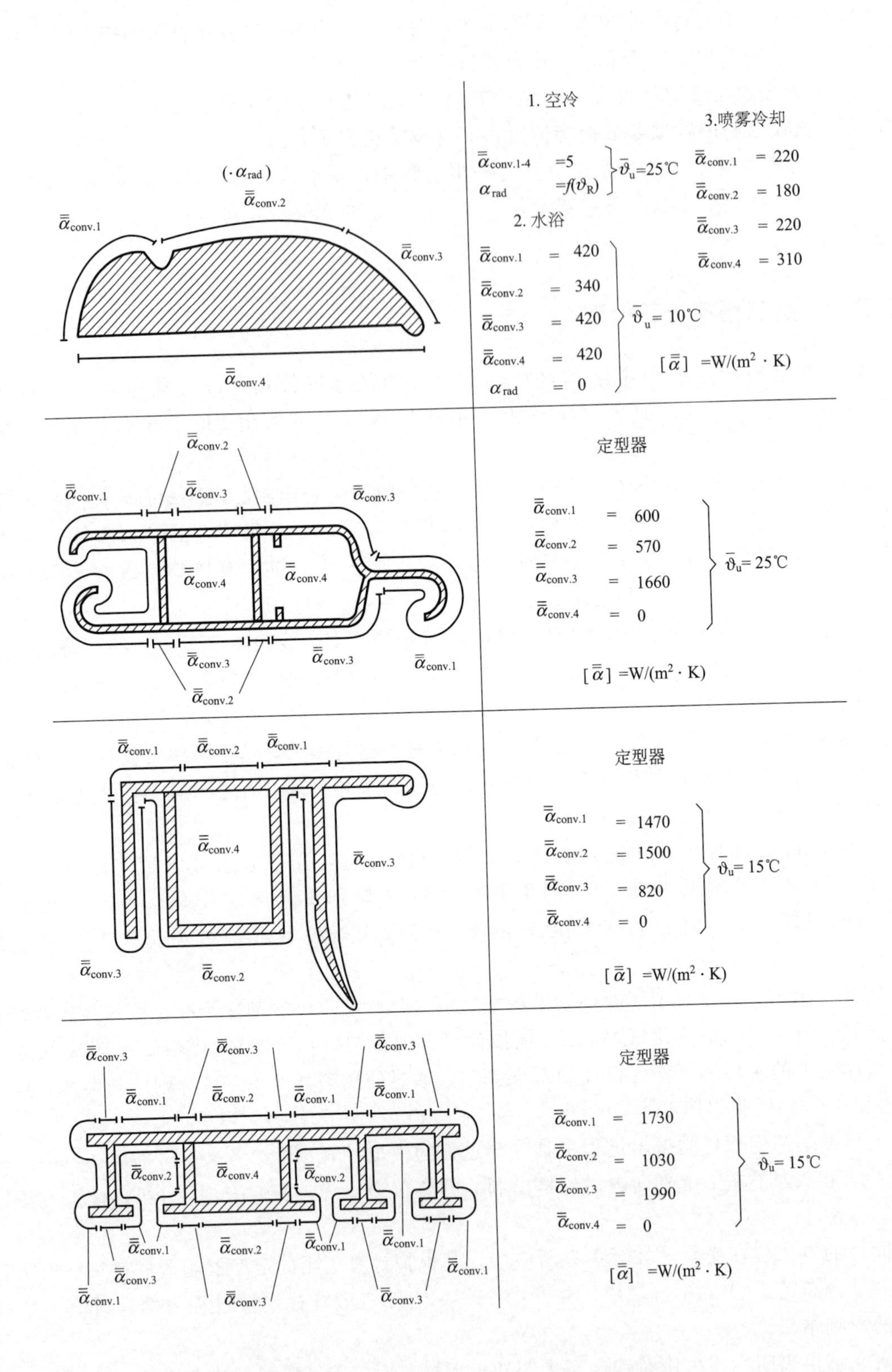

图 11.17　不同种类的型材定型生产线中的传热系数[27]

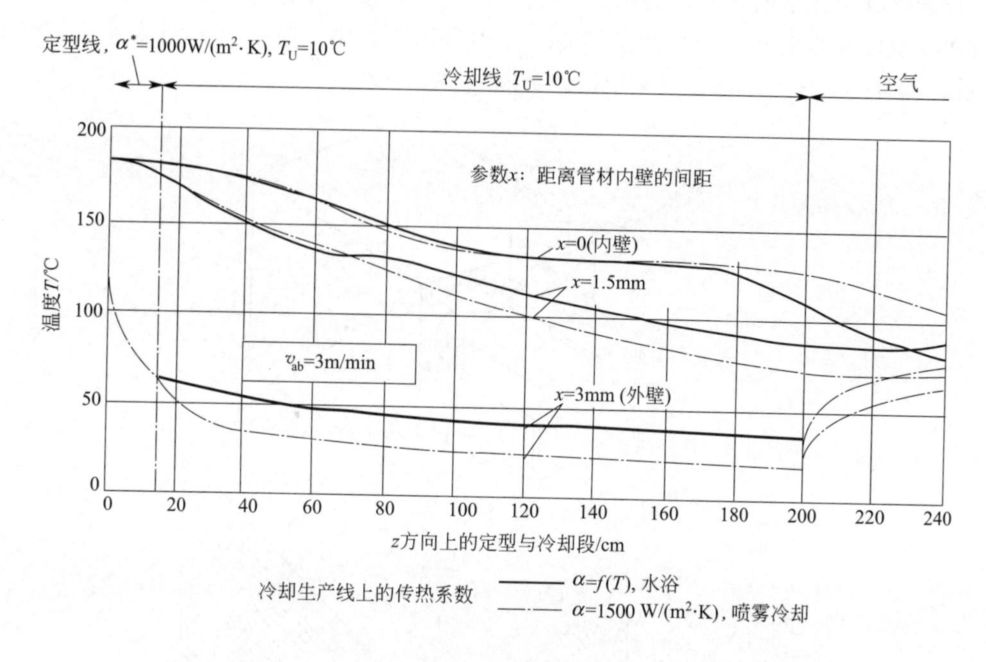

图 11.18　不同冷却条件下 PE-HD 管材（25×3）壁面上模拟得到的温度分布结果[23]

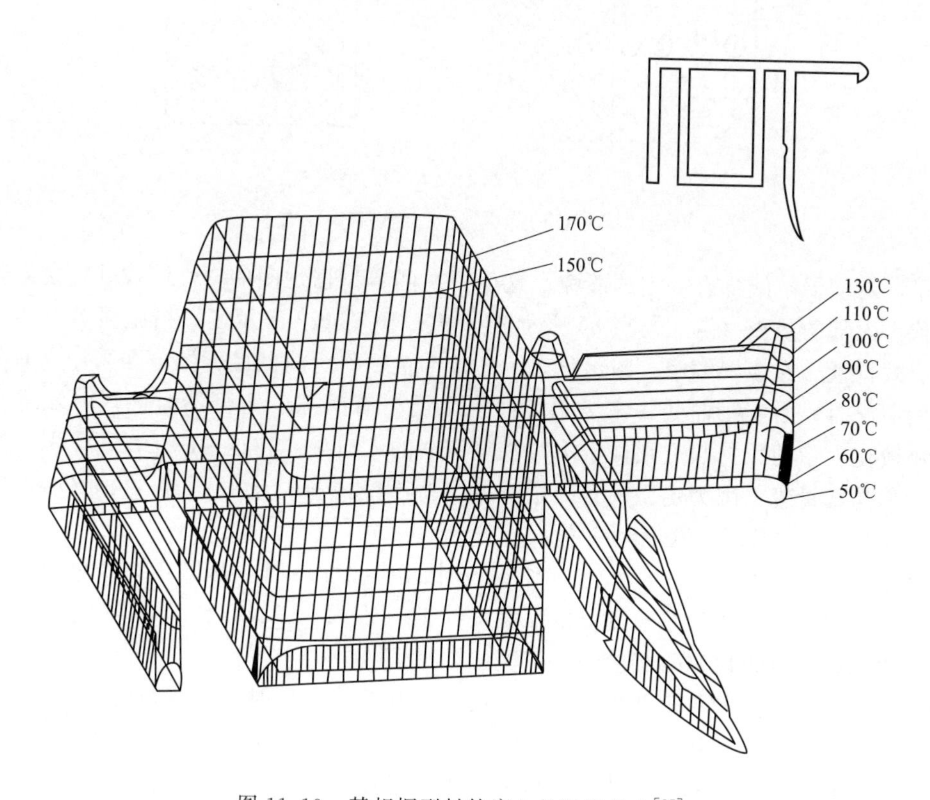

图 11.19　某相框型材轮廓上的温度分布[27]

对于管材壁中选定的点（参见图 11.20），关于其在使用干法定型器时由模拟计算得到的随时间的温度分布变化情况，则如图 11.21 中所示。其中，第一个定型器采用黄铜金属（M）制造，而接下来的定型器则采用钢铁金属（S）制造。

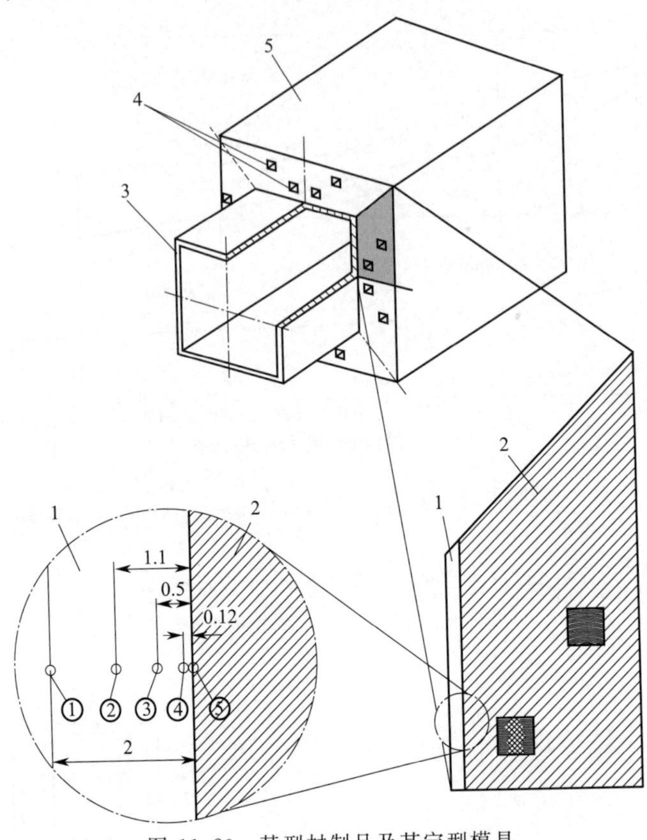

图 11.20　某型材制品及其定型模具

1—PVC；2—金属；3—挤出物；4—冷却流道；5—定型器

这里，定型器之间都有一定的缝隙，这使得在两定型器之间的空气缝隙处，挤出物的表面可以依靠内部的热流（点 4 与点 5）被加热升温。图 11.22 表示了该措施显著改善定型生产线的有效特性。在该图解中，图示化表示的温度被看作为时间的函数。当采用具有间隙的定型器的情况时，由实线曲线 a 来表示，而当采用没有间隙的定型器时，则由虚线 b 来表示。而函数化表示的数据起点则位于第四段定型器的入口处。在这两种情况下，其摩擦力的大小具有相同数量级，因为定型模具的总长度保持不变［相对于 b 而言，由于间隙的长度，a 冷却段的长度有所增加，这里大约增大了 38%］。

当基于内表面的温度 60℃（点 1）作为设计的基础标准时，从图 11.23 可以清晰地看到，第 1 种情况下定型线的总长度可以缩短大约 13%左右（总共 4×10s 中可节省 5.2s）或者制件的移动线速度可以进行相应地提升。

当改变冷却过程中的单个加工参数、几何形状和结构类型时，上述的这些例子表明了如何利用理论研究其有效性从而进一步评估冷却过程；而对于对定型模具材料的评估也可以采用这种方法。基于这样的模拟，我们有可能辨别出冷却过程中不同变量引起的趋势变化，并将重要的因素与不重要的因素分开。其他的关于不同模具中挤出物的后热处理研究，则可参考文献［27，33～39］。

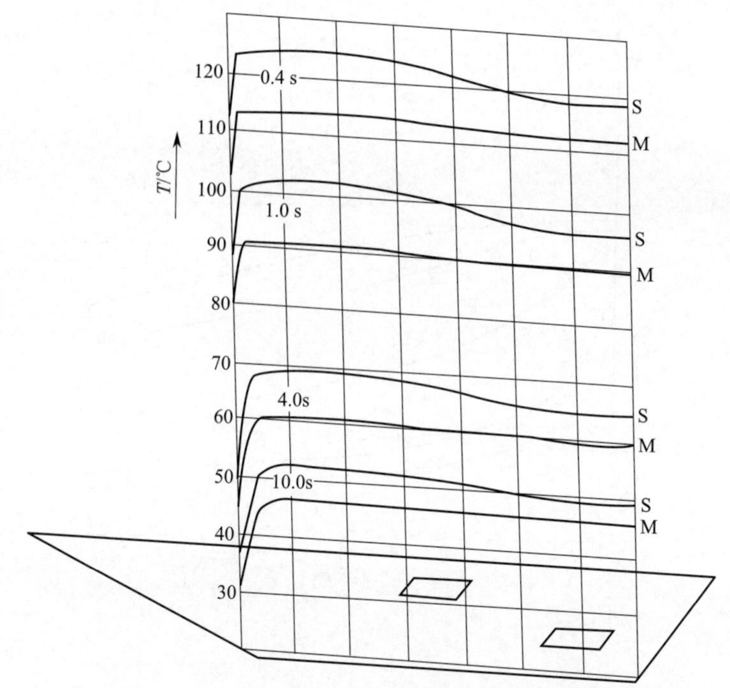

图 11.21　黄铜制（M）与钢铁制（S）定型器在不同冷却时间下其挤出物表面的温度分布形态

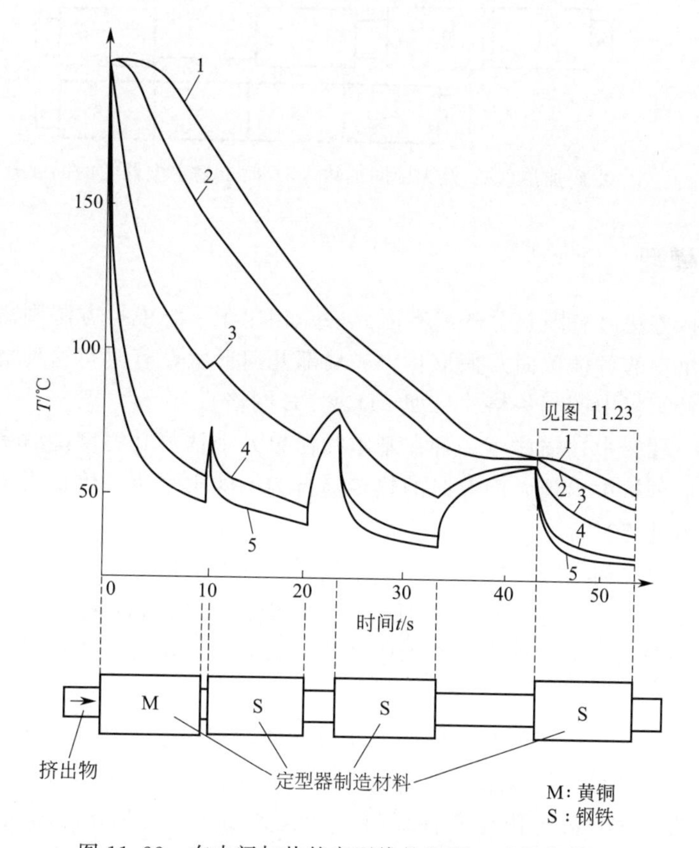

图 11.22　在中间加热的定型线的温度—时间曲线图

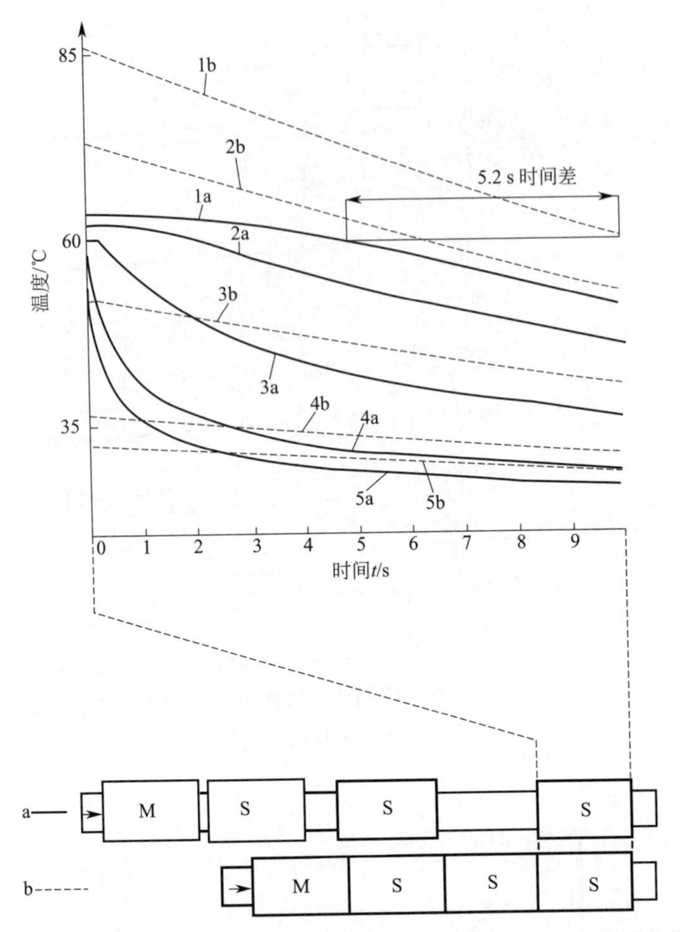

图 11.23 中间加热（a）及无中间加热（b）时上述定型器中的温度分布

11.2.3 近似模型

二维数值模拟方法（有限差分法或有限元法）相比于一维模拟方法则需要更长的计算时间，这是因为挤出物的各横截面几何形状（或局部几何形状，有时是这种情况）必须首先转换成适合载入到计算机中的相关格式（如 FD 或 FE 网格）。

在文献［40～42］中，描述了一种在基本几何单元中估算其温度随时间变化的方法，这种方法经常在断面分析中出现，而此时的热传递行为不能再采用一维形态描述。该方法绕过了要求苛刻的数值计算过程。

对于典型的型材几何结构，图 11.24 中给出了上述所谓的基本几何单元。因为表面体积比会发生一定的变化，所以这些基本几何单元（L 形以及 T 形区域）常常决定了冷却时间的长短。这就意味着相比于挤出物横截面中那些直板几何状部分，这些区域的冷却速率要慢一些。

这种模拟理论是基于一定的假设条件下才成立的，即根据类似于一维传热过程，这些基本几何单元中的热力学行为可以采用无量纲常数来表征。

假设材料的热力学参数与边界条件保持不变，如图 11.25 所示，则在 L 形结构处，三种冷却条件下其特征参数的定义为：

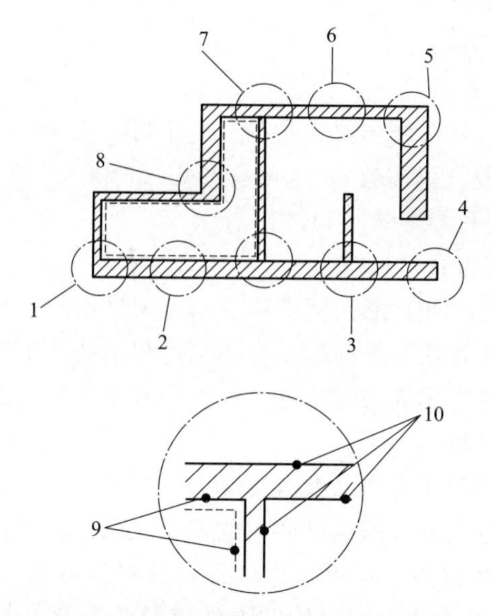

图 11.24　典型型材断面上的基本几何单元

1—封闭边角；2—平板面（单侧冷却）；3—T 形结构；4—端面平板；
5—L 形结构；6—平板面（双侧冷却）；7—边角加强筋；8—沟槽型边角；
9—非冷却面（中空腔室）；10—冷却面

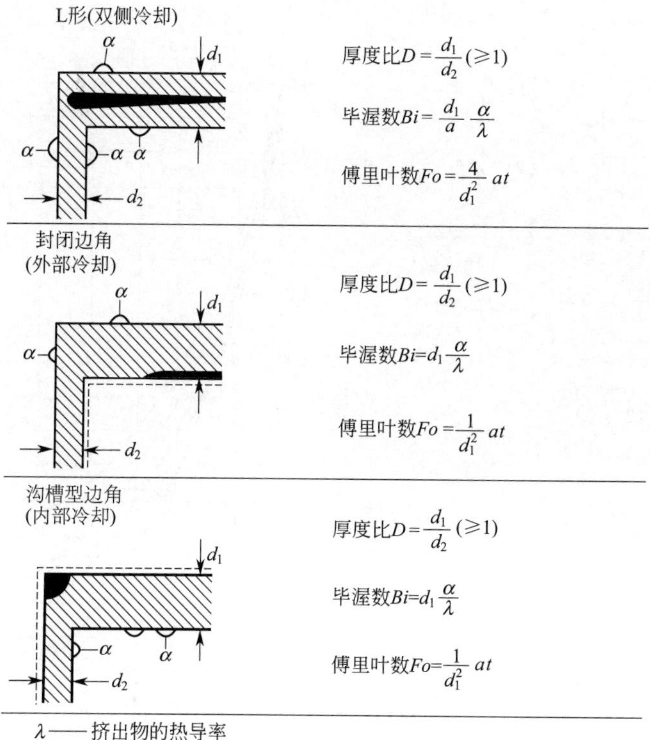

λ——挤出物的热导率

a——挤出物的热扩散系数

α——冷却表面的传热系数

几何结构形状上最热的部分

图 11.25　L 形结构在不同冷却条件下其特征参数的定义

■ L 形结构（两侧冷却）；

■ 封闭型边角（外部冷却）；

■ 沟槽型边角（内部冷却）。

此外，在 L 形结构处，从一维传热过程的研究中可以推导出三个特征参数，如下所示：

■ 相对冷却强度［Bi 数（毕渥数），也可参考式（11.6）］；

■ 无量纲冷却时间［也可参考式（11.7）］；

■ 无量纲温度［也可参考式（11.8）］；

■ 同时还包括一个常数：两 L 形长柄结构处的（无量纲的）厚度比 D。

当采用数值模拟方法计算基本几何单元在不同冷却条件及不同 Bi 数与 D 常数组合下的二维温度分布形态随时间的变化函数时，基本结构中单个几何点的以时间为变量的温度函数可以被绘制为傅里叶数的函数。

为了估算冷却段所需的长度大小（或者冷却时间的长短），目前，在大多数情况下，并不需要掌握挤出物断面上每个点处的温度随时间的变化函数。相反，通常只需了解几何结构中热量最迟钝的点处的冷却行为就足够了。然后，针对这些每一个热量最迟钝的点，根据 Bi 数与 D，采用便携式计算器或者图解绘制方法求解几个简单的函数方程，就可以大概地模拟估算温度随时间的分布场。

图 11.26 中就表示了上述方法的一个研究结果。最后，在具有与简单平板或管材壁面相同的条件下，基于这种方法，同样也可快速地确定出几何结构部分更加复杂的温度分布模式。

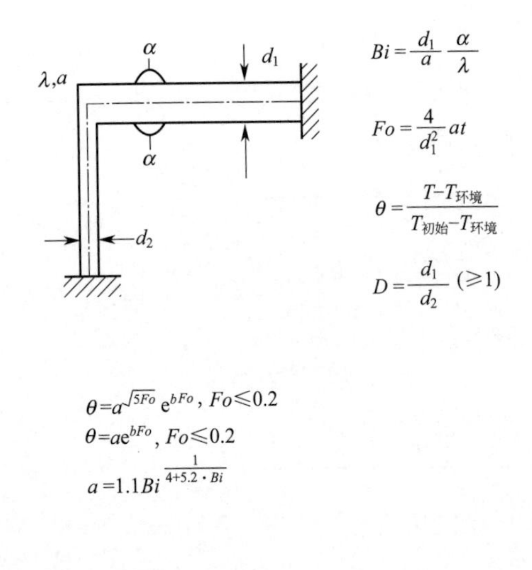

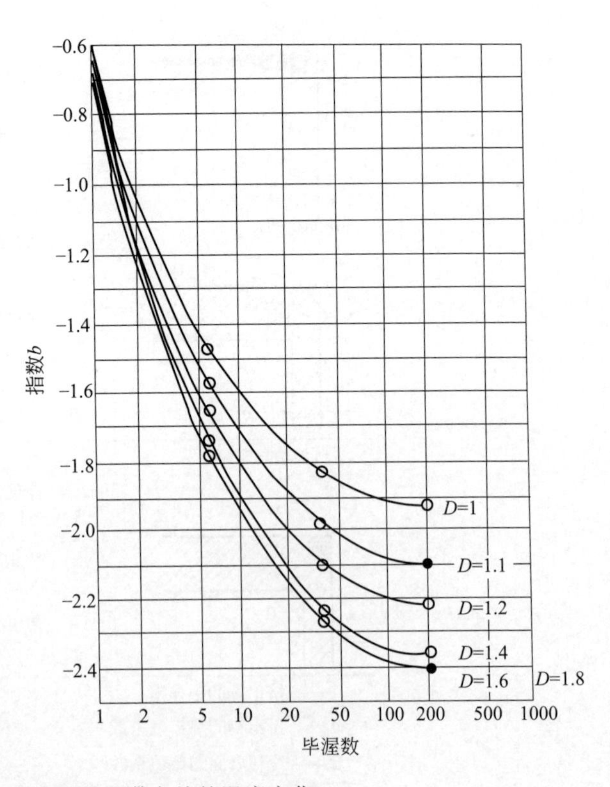

图 11.26 L 形结构中热量最迟滞点处的温度变化

在应用上述模拟模型时，在假定材料热力学参数及边界条件保持恒定不变时所提到的那些临界点参数，其在相同程度上也是有效的。

11.2.4　热边界条件及材料参数

挤出材料的热力学数据对模拟计算来说是必不可少的，其对模具的热力学设计也是意义重大的。任何基于错误的或不准确的数据进行计算时，其所得到的冷却时间相应地也会有差错。而要通过实验来测试上述的这些数据，不但难度比较大，其实验成本也很高，尤其是针对半结晶型材料，因为这种材料在其结晶熔点温度 T_m 附近的热导率以及热扩散率与温度的关系非常紧密。

此外，这些参数的大小还受到加工工艺参数的影响（如冷却速率、结晶度等）。在许多情况下，我们只能获得原材料的生产商所提供的平均数据。

当通过模拟计算来量化挤出物在冷却过程中的热边界条件时，这种情况下产生误差的可能因素尤其令人不安。

如前文所述，由于实际情况中传热系数直接无法测量，因此，需要测试挤出制品温度随时间的变化情况，从而间接计算得到材料的传热系数。

关于冷却过程的模拟计算，则需要将计算的边界条件代入到迭代运算过程中，直到测试所得的与模拟得到的温度分布形态相互一致[27, 29, 31]。

如若上述的模拟过程中采用了错误的或不准确的材料参数，则会严重影响传热系数的精确性[27, 31]。

11.3　冷却对制品性能的影响

关于可用于衡量挤出制品质量并受冷却过程影响的相关标准有：

- 表面质量（光泽度、表面沟槽）；
- 尺寸稳定性；
- 机械载荷与介质影响下的稳定性；
- 挤出制品固化后的结构。

在冷却过程中的第一阶段可明显地观察到挤出制品的表面光泽性。当挤出物以光滑、干燥的形态进入定型设备时，会产生较高的光泽度，而通过液体直接冷却却使挤出物表面丧失光泽性。挤出物表面的沟槽状缺陷则是由定型设备本身的磨损造成，或者由湿法定型过程中冷却液所夹带的磨料颗粒所造成（这常常也是优先使用干法定型的原因）。

在尺寸稳定性的要求下，产品不仅要具备所需的结构尺寸和公差，而且还需具有热条件下尺寸的稳定性（例如，收缩），后者主要受到挤出制品中被冻结的机械应力的影响（定型线中由于摩擦力所引起的上压力以及冷却导致的挤出物横截面中的内应力分布）。通过双侧冷却的方法，可以降低这种内应力的大小（但这并非总是可以实现的）[43]。

挤出制品中的残余应力也会影响制品承载机械载荷的稳定性和耐腐蚀能力。一般地，挤出物冷却时表面会产生压缩应力，而冷却过程中施加在固化表面层上的高拉伸力（例如，存在较大的摩擦力和收卷力）则会导致表面层产生残余拉伸应力[23, 44, 25]。在这种情况下，在使用时或在腐蚀性介质中，挤出物对表面的微小损伤非常敏感（环境应力开裂）。

挤出物的内部微观结构则取决于其壁厚的大小，尤其针对壁厚较大制品。这对半结晶型热塑性塑料而言尤其明显。在制品的冷却层附近，其结晶度可以忽略不计，因此该边界层没有任何纹理；然而，对于冷却速度更慢的内层而言，则具有高度结晶的结构。对于这种无纹理结构的边界层，其厚度随冷却速度的提高而显著增大[45, 46]。

11.4 定型生产线的力学设计

当在设计定型生产线时，有一点很重要，就是需要采用可靠的固定零部件以抵抗较高的收卷力。在许多情况下，会采用所谓的定型工作台，其具有可调节高度的安装板；在该定型工作台的下方，安装有其他的附加设备，例如真空泵以及冷却剂罐等。安装板上可以承载不同的定型工具。对于大型型材而言（例如，窗框的主要型材结构），其收卷力可达几吨以上，因此，这些设备必须牢靠地固定在生产车间的地板上。为了方便挤出生产线的启动，冷却段与挤出口模之间的间隙应该便于调节（例如，通过小齿轮设施）。

封闭型的外部定型器一般由好几部分拼接而成，以便于型材制品从式中穿插移动，尤其是对于几何结构非常复杂的型材制品，更需要如此。

而对于每一段的定型模块（或者是定型模块的上半部分），一般其重量不会超过 20kg，这样便于在实际生产中进行调控与操作。

定型器的制造材料，则需要根据生产需要进行选择。在许多情况下，黄铜与钢铁是使用最多的两种材料，有时偶尔也会用铝金属[47]。

相对于钢铁材料而言，黄铜与铝金属具有较高的导热性及机加工性；但其较易磨损的表面一般也需要进行特殊的处理（如黄铜表面镀铬，而铝表面需要氧化），并且当磨损过大时，需要对局部重新进行处理。

由于湿法定型过程中冷却液夹带了磨料颗粒，因此，湿法定型器具有更高的耐磨性要求。

11.5 实心棒材生产过程中的模具冷却

对于厚壁型材，如直径为 500mm 的实心棒和厚板（厚板），一般采用冷却型模具进行生产。该生产过程中含有一台定型模具，并直接连接到成型模具上（没有任何间隙），然后进行高强度的冷却（图 11.27）。在这种结构装置中，要使定型器与模具之间刚性连接固定，且同时对两者进行良好的热隔离，这一点非常重要。

在成型模具的流道内，熔体从直径相对较小的流道（与半成品的几何形状无关[13]）以相对较大的孔径角（可达 45°）流向过渡段区域，并进一步流向冷却段。在这一过程中，挤出物的表面开始形成冷却的固化层，且固化层的厚度沿挤出方向逐渐增大。这种挤出物的内部还含有熔融未固化的芯核，其形状为锥形或楔形，并可以一直保留至定型区域处。

在生产过程中，挤出机的生产工艺条件和定型线的牵引速度必须相匹配，使得挤出制品内部的熔体锥及其端部处的压力足够高，以防止由于聚合物冷却固化时的热收缩效应而形成内部空隙[48]。这些较高的熔体压力（约 100bar）会相应地增大定型模具和挤出物之间产生的法向力，最终提高了二者之间的摩擦力大小。通过将抛光模具的表面、使

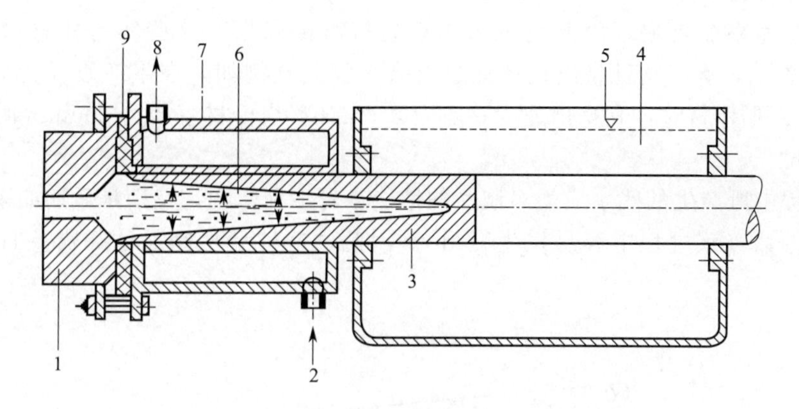

图 11.27　实心棒材的挤出过程[3]

1—成型模具；2—冷却水入口；3—冷却固化层；4—水槽；5—水位面；
6—熔体；7—定型段；8—冷却水出口；9—阻热垫

用特定的润滑剂（如油）或者通过表面涂敷（如 PTFE），可以有效降低摩擦力的大小[3,49]。另外，熔体压力则通过型材截面的法向面积来支撑挤出物的收卷。根据制品轮廓横断面的面积与其和定型模具接触并产生摩擦的那部分表面面积之比，必要时可以考虑减慢挤出制品的牵引速度，而不是将其牵引拉开，特别是在低速下挤出壁厚较大的制品时。

为了实现这个目的，可采用特殊的收卷装置（大多数情况下为履带式收卷器）来降低挤出制品的牵引速度；而对于这些设备的驱动部分，则必须满足一些特殊的要求，以便工作人员能自由操控（当改变负载时）。

另一种在尽可能靠近定型器出口后方的位置处将牵拉力传递至挤出物的方法是使用弹簧加载的闸片（也可参考摩擦定型部分的内容），其可在挤出物上施加可调节的压力作用。

挤出制品的冷却过程一般分为两个步骤。其中，定型线部分应该在满足足够厚的固化层时尽量设计得短一些，从而能够抵抗制品内部的熔体压力和收卷力。紧跟着定型器的是冷却段设备部分，一般可采用水浴槽或者喷雾冷却线（可能带有支撑滚子）[49]。

例如，如图 11.28 所示，表示了高度为 95mm 的 PP 实心型材制品的冷却固化过程。从图中可以发现，经过牵引 800mm 之后，型材固化层的最小厚度达到了 10mm 左右，因此，在该位置处可结束定型过程，并在接下来的水槽中对型材制品进行冷却[27]。

在同时具有定型过程与水槽冷却过程的挤出机生产线中，在挤出制品不同位置处，其具有时间依赖性的温度分布场则如图 11.29 所示。其定型段的末端位置设置在冷却时间为 1600s 的位置处（收卷速度为 0.03m/min）。很明显，挤出制品中表面附近位置的（点 1 和点 5）温度在进入水浴时略有升高，这可以归因于冷却段中该位置处相对较差的传热强度。

大约经过 6200s 的冷却过程后，挤出制品中热最迟滞点 4 处的温度达到了 50℃左右，此时冷却水槽的长度大约为 2.3m。

由于定型器内部具有较高的压力，因此需要注意定型器是否具有足够的机械力学强度，特别是与冷却流道位置相关的结构强度。

由于冷却速率非常慢，因此也可采用小型挤出机来生产这些实心棒材（螺杆直径为30～45mm）[4,50]，有时这种挤出机还配备有多个模具。例如，在生产直径为60mm的PA（聚酰亚胺）圆形棒材时，其挤出速度一般为2.5m/h；当棒材直径为200mm时，其挤出速度为0.5m/h[50]。

冷却过程中所产生的残余应力对制品的性能有着不利影响，特别是后期如果需要对制品进行机加工的话（该过程中容易发生变形）。因此，这种型材制品往往需要首先进行退火处理。

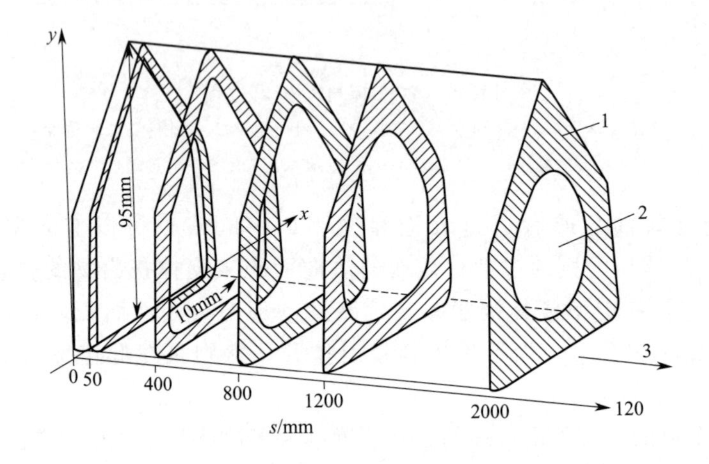

图 11.28 块状型材中的模拟等温面变化过程

1—已经固化的；2—仍为熔体状的；3—$v_{牵引}$＝0.03m/min

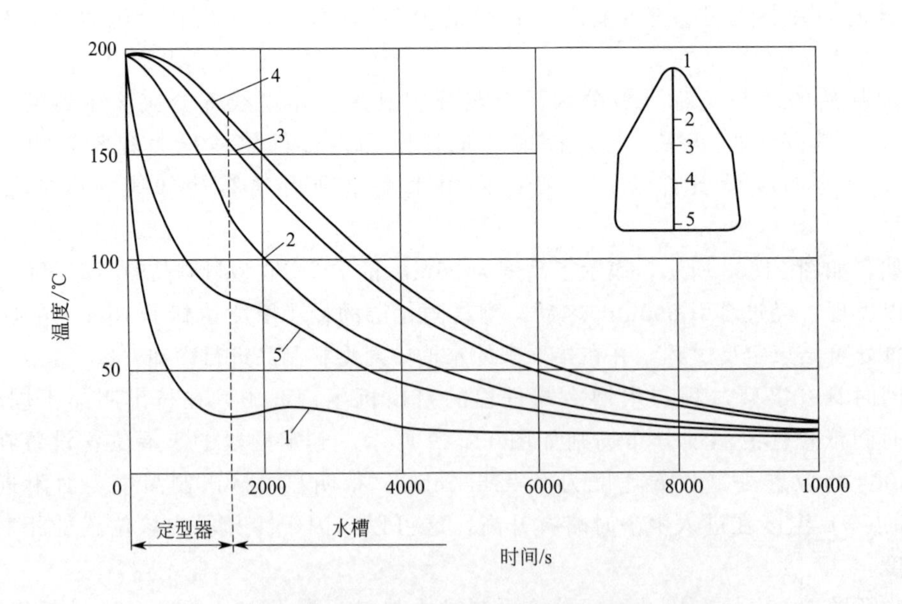

图 11.29 模拟得到的某块状型材制品的温度-时间曲线

符号与缩写

符号	含义	符号	含义
a	热扩散系数	T_F	冷却介质的温度
Bi	毕渥数	T_M	熔体温度
c_p	比热容	T_O	表面温度
D	挤出物厚度	T_U	环境温度
d_E	固化层厚度	v_{ab}	收卷速度
$F_{friction}$	摩擦力	x	高度坐标系
F_{normal}	法向力	x_E	熔体层厚度
Fo	傅里叶数	α	传热系数
Fo_E	无量纲冷却时间	Θ	冷却度（淬火）
L	冷却段的长度	Θ_E	固化层的冷却度（淬火）
$\dot{q}$	热流密度	λ	热导率
t	时间	μ	摩擦系数
T	温度	ρ	密度
T_E	固化温度		

参考文献

[1] Kleindienst, U.: Einflußgrößen beim Vakuumkalibrieren von extrudierten Kunststoffrohren. Kunststoffe 63 (1973) 1, pp. 7-11.

[2] Schiedrum, H. O.: Profilwerkzeuge für das Extrudieren von PVC. Ind. Anz. 90 (1968) 102, pp. 2241-2246.

[3] Schiedrum, H. O.: Profilwerkzeuge und-anlagen für das Extrudieren von thermoplastischen Kunststoffen. Plastverarbeiter 19 (1968) 6, pp. 417-423 and 19 (1968) 8, pp. 635-640 and 19 (1968), pp. 728-730.

[4] Kunststoffverarbeitung im Gespräch. 2: Extrusion. Ed. by BASF, Ludwigshafen (1986).

[5] Krämer, A.: Herstellen von Profilen aus PVC-hart. Kunststoffe 59 (1969) 7, pp. 409-416.

[6] Schiedrum, H. O.: Auslegung von Rohrwerkzeugen. Plastverarbeiter (1974) 10, pp. 1-11.

[7] Schiedrum, H. O.: Kalibrieren und Kühlen von Rohren. In: Kühlen von Extrudaten. VDI-Verl., Düsseldorf (1978).

[8] Schiedrum, H. O.: Extrudieren von PVC-Profilen am Beispiel des Fensterprofils. Kunststoffe 65 (1975) 5, pp. 250-257.

[9] Brinkschr. der, F. J. and Johannaber, F.: Profilextrusion schmelzeinstabiler Thermoplaste. Kunststoffe 71 (1981) 3, pp. 138-143.

[10] Weber, H.: Extrusion von Fensterprofilen. Plastverarbeiter 30 (1979) 10, pp. 608-614.

[11] Limbach, W.: Werkzeuge und Folgeaggregate für das Extrudieren von Profilen. In: Extrudieren von Profilen und Rohren. VDI-Verl., Düsseldorf (1974).

[12] Berger, P. and Kr. mer, A.: Kalibrieren von Rohren bei hohen Abzugsgeschwindigkeiten. Kunststoffe 65 (1975) 1, pp. 1-6.

[13] Domininghaus, H.: Einführung in die Technologie der Kunststoffe. 2.-Company document, Hoechst AG, Frankfurt.

[14] Gebler, H. et al.: Maschinen zur PP-Rohrherstellung. Kunststoffe 70 (1980) 5, pp. 246-253.

[15] Information of Fa. Plastic-Industrie. Ausrüstungs GmbH, L. hne (1979).

[16] Schiedrum, H. O.: Kalibrieren und Kühlen von Rohren. Plastverarbeiter 30 (1979) 5, pp. 255-258.

[17] DE-OS 2532085 (1977) Reifenhäuser KG, Troisdorf und Gofini AG, CH Glarus (German patent).

[18] Profilanlagen für die Extrusion von Vollprofilen nach dem Technoform-Pr. zisions-Profilzieh-Verfahren. Information of Reifenh. user KG, Troisdorf (1977).

[19] Barth, H.: Kalibrieren und Kühlen von Profilen. In: Kühlen von Extrudaten. VDI-Verl., Düsseldorf (1978).

[20] Ehnert, M.: Kontinuierliches Fertigen in sich geschlossener Flachhohlkörper. Kunststoffe 73 (1983) 1, pp. 13-16.

[21] Kreft, L. and Doboczky, Z.: Berechnung und Konstruktion von Kalibrierdüsen. Kunstst. Gummi 1 (1962) 1, pp. 15-20.

[22] Kreft, L. and Doboczky, Z.: Konstruktion und Berechnung der Kühlsysteme für die Kalibrierung von Halbzeugen. Kunstst. Gummi 6 (1967) 5, pp. 173-177 and 6 (1967) 6, pp. 207-212.

[23] Kleindienst, U.: Untersuchung des Abkühlungsvorganges und dessen Einfluβ auf das Eigenspannungsfeld in der Wand extrudierter Kunststoffrohre. Thesis at the University of Stuttgart (1976).

[24] Grigull, U.: Temperaturausgleich in einfachen Körpern. Springer, Berlin (1964).

[25] Menges, G. et al.: Der Einfluβ von Eigenspannungen auf das mechanische Verhalten von Kunststoffen. Kunststoffberater 33 (1988) p. 10

[26] Ast, W.: Einfache Methode zur Auslegung von Kühlstrecken bei der Kunststoff-Extrusion. Kunststoffe 69 (1979) 4, pp. 186-193.

[27] Schmidt, J.: Wärmetechnische Auslegung von Profilkühlstrecken mit Hilfe der FEM. Thesis at the RWTH Aachen (1985).

[28] Gesenhues, B. and Schmidt, J.: Auslegung von Düsen und Kühlstrecken in der PVC-Extrusion. Plastverarbeiter 35 (1984) Nr. 5, pp. 86-92.

[29] Grünschlo., E. and Radtschenko, L.: Experimentelle Bestimmung der W. rmeübergangszahlen bei der Kühlung extrudierter Kunststoffrohe aus HD-PE im Wasserbad. Plastverarbeiter 30 (1979) Nr. 10, pp. 631-639.

[30] Hader, W.: Parameterstudie bei der Extrusion von Profilen. Unpublished thesis at IKV, Aachen (1986).

[31] Tietz, W.: Analyse der Verteilung der Wärmeübergangswiderstände an einer Profilextrusionsanlage. Unpublished thesis at IKV, Aachen (1986).

[32] Menges, G. et al.: Anwendung der W. rmeausgleichsrechnung bei der Extrusion und beim Schwei. en. Kunststoffe 79 (1989) 2, pp. 182-187.

[33] Michaeli, W. et al.: Produktbeeinflussung durch Werkzeug und Folgeaggregate bei der Extrusion. Proceedings of 8. Kunststofftechnisches Kolloquium of IKV, Aachen (1976).

[34] Franzkoch, B.: Analyse eines neuen Verfahrens zur Herstellung vernetzter Polyethylen-kabel. Thesis at the RWTH Aachen (1979).

[35] Michaeli, W.: Zur Analyse des Flachfolien-und Tafelextrusionsprozesses. Thesis at the RWTH Aachen (1975).

[36] Michaeli, W.: Berechnen von Kühlprozessen bei der Extrusion. In: Kühlen von Extrudaten. VDI-Verl., Düsseldorf (1978).

[37] Menges, G. et al.: Entformungstemperatur und Kühlzeit bei der Herstellung extrusions-geblasener Hohlkörper. Plastverarbeiter 24 (1973), pp. 621-623 and 24 (1973), pp. 685-690.

[38] Menges, G. et al.: Zum Temperaturverhalten des als Zwischenprodukt beim Extrusions-Blasformen erstellten Vorformlings. Plastverarbeiter 24 (1973) 6, pp. 333-340.

[39] Ast, W.: Extrusion von Schlauchfolien-Theoretische und experimentelle Untersuchungen des Abkühlvorganges. Thesis at the University of Stuttgart (1976).

[40] Koch, A.: Berechnung der Temperaturfelder in Kühlstrecken unter Verwendung analytischer Lösungsansätze. Unpublished thesis at the IKV, Aachen (1985).

[41] Kalwa, M.: Anwendung der Finite Elemente Methode zur Simulation von W. rmetransportvorgängen in der Kunststoffverarbeitung. Thesis at the RWTH Aachen (1990).

[42] Rietmann, M.: Ermittlung von Kennzahlendiagrammen zum zweidimensionalen Wärmetransport in Elementargeometrien. Unpublished thesis at the IKV, Aachen (1988).

[43] Berndtsen, N.: Extrusion von Profilen. Kunststoffe 78 (1988) 10, pp. 960-963.

[44] Menges, G. and Kalwa, M: Berechnung von Eigenspannungen und Verzug in Extrusions-profilen. Final report of the DFG research project Me 272/179-1 (1988).

[45] Kamp, W. and Kurz, H.-D.: Kühlstrecken bei der Polyolefin-Rohrextrusion. Kunststoffe 70 (1980) 5, pp. 257-263.

[46] Kurz, H.-D.: Neue Untersuchungen zum Abkühlvorgang bei HDPE-und PP-Rohren. Conference Rohrsymposium,

Frankurt（1979）.

[47] Optimieren von Kalibrier-und Kühlverfahren. Plastverarbeiter 36（1985）3，pp. 50-51.

[48] Titomanlio，G. et al.：Analysis of Void Formation in Extruded Bars. Polym. Eng. Sci. 25（1985）2，pp. 91-97.

[49] Voigt，J. L.：Kontinuierliches Herstellen von Polyamid-Stäben. Kunststoffe 51（1961）8，pp. 450-452.

[50] Hinz，E.：Erfahrungen beim Herstellen von Vollprofilen aus thermoplastischen Kunststoffen. In：Extrudieren von Profilen und Rohren. VDI-Verl.，Düsseldorf（1974）.